Comunicaciones industriales

Fácil, sencillo y práctico

Sergio Pérez Canales

Acceda a www.marcombo.info
para descargar gratis
el contenido adicional
complemento imprescindible de este libro

Código: IND23

Comunicaciones industriales

Fácil, sencillo y práctico

Sergio Pérez Canales

Comunicaciones industriales

Primera edición, 2024

www.marcombo.com

Ilustración de cubierta: Jotaká
Corrección: Anna Alberola
Directora de producción: M.ª Rosa Castillo

ISBN: 978-84-267-3720-5
D.L.: B 20695-2023

Impreso en Service Point F. M. I., S. A.
Printed in Spain

Este libro va dedicado a todas esas personas que me han apoyado.

Sobre todo, a mi madre, que es una de las personas más extraordinarias que conozco.

Tabla de contenido

Prólogo

El objetivo de este libro es que resulte lo más fácil, sencillo y práctico para aquellas personas que quieran introducirse en las comunicaciones industriales o que ya están en ello.

Nos adentraremos en saber cómo crear comunicaciones y, lógicamente, en su simulación, para asegurar su eficiencia, su funcionalidad y su configuración antes de llevarlas al mundo real.

Principalmente, la comunicación industrial consiste en conectar todas las secciones de una planta en un único sistema interconectado en red, desde el nivel de gestión hasta el nivel de campo. Aprenderemos a programar los PLC entre ellos; cómo simularlo para el control y monitoreo de los procesos industriales y para automatizar las tareas; y veremos los protocolos de comunicación industrial, que son sistemas que hacen posible la transmisión de información entre diversos dispositivos y procesos.

En la actualidad, las comunicaciones o redes industriales son la columna vertebral de cualquier arquitectura de sistemas de automatización que permite, de manera eficiente y segura, el intercambio y control de datos y la flexibilidad para conectar varios dispositivos.

El libro irá de menos a más, de principio a fin, y será lo más práctico y sencillo posible. Está enfocado tanto en la experiencia industrial como en la enseñanza profesional, e incluye todos los recursos que han permitido probar y simular todos los procesos que se han planteado en este libro.

Sergio Pérez Canales

CAPÍTULO 1
INTRODUCCIÓN BÁSICA DE LAS COMUNICACIONES

1.1. Breve explicación sobre la comunicación industrial

Hoy en día, en la automatización de procesos industriales, son sumamente importantes las redes de comunicación industrial. Gracias a ellas, garantizamos un funcionamiento bueno y correcto sobre la supervisión y el control de estos procesos. Uno de los pilares fundamentales en un proceso industrial es la interconectividad. Las redes de comunicación industrial, lógicamente, han evolucionado con el paso del tiempo, y eso nos lleva a lograr una mayor transformación digital en los procesos de las plantas de producción.

Básicamente, la comunicación industrial es el intercambio de información entre dos o más partes, donde la información se transfiere de una parte a otra. El emisor manda la información, y el receptor recibe esa información, la procesa y la puede almacenar o desechar en función de su relevancia.

Los sistemas de automatización industrial a veces pueden ser bastantes complejos, pero también pueden ser sencillos. Están estructurados en varios niveles y cada uno de los niveles tiene un nivel de comunicación adecuado. Podemos ver los niveles gráficamente con la «pirámide de automatización CIM».

1.2. Pirámide de automatización CIM

Si nos fijamos en la pirámide, podemos ver que el flujo de los datos e información se establece en dirección horizontal y vertical.

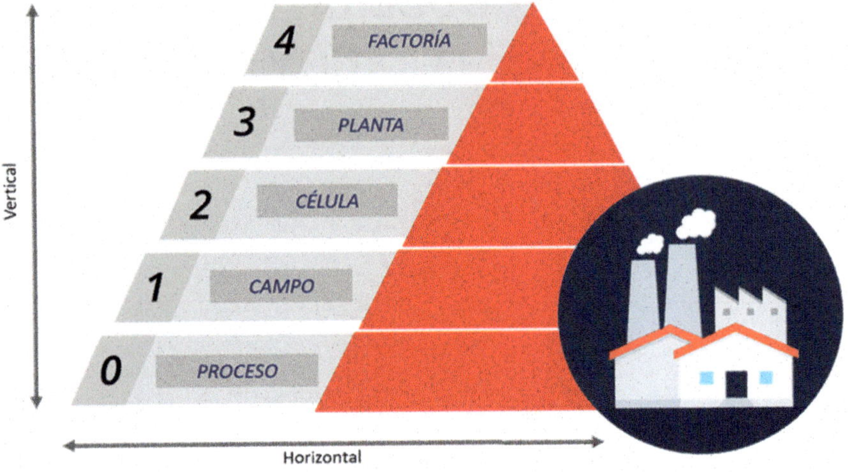

Figura 1.1

El flujo horizontal establece los diferentes dispositivos de cada nivel y el flujo vertical garantiza la comunicación a través de redes para una buena planificación, visualización y gestión de toda la producción.

Los niveles de proceso y campo son los más bajos de la pirámide; en esos niveles tendríamos los procesos de producción, los autómatas, actuadores, sensores, etc.

En el nivel de célula es donde se organiza y se coordina todo el proceso que se realiza en los niveles de campo y proceso. Aquí tendríamos los ordenadores, las redes de comunicación y también los PLC.

En el nivel de planta, se diseña, se organiza y se prepara todo ese trabajo para los niveles anteriores, célula, campo y proceso, aquí encontraríamos la oficina técnica, también donde se programarían los PLCs y robots o el departamento de diseño de CAD/CAM.

1.3. Protocolos

En las comunicaciones industriales, la comunicación entre dispositivos se realiza mediante lo que se llama «protocolos de comunicación». Un protocolo de comunicación es un conjunto de reglas que nos permite transferir e intercambiar datos entre los dispositivos que queremos comunicar. Veamos algunos protocolos que se utilizan actualmente.

Modbus

El protocolo Modbus se usa para establecer una comunicación entre cliente y servidor en los dispositivos.

Es un protocolo de comunicación que permite a los equipos industriales comunicarse sobre una red Ethernet; por ejemplo, PLC, PC y drivers para motores como dispositivos de E/S.

El Modbus RTU es una comunicación que permite el intercambio de los datos entre los controladores lógicos programables (PLC) y los ordenadores (PC).

Permite el control de una red de dispositivos; por ejemplo, un equipo de medición de temperatura y de humedad, también para una arquitectura de comunicación maestro/esclavo, o para sistemas de supervisión con SCADA.

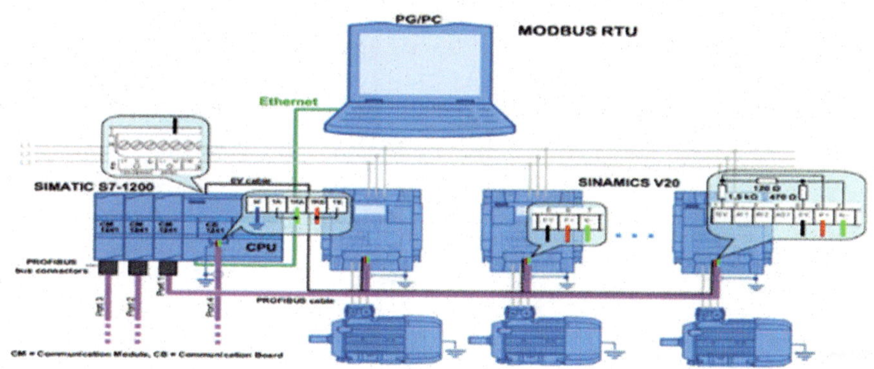

Figura 1.2

AS-Interface/Actuator sensor interface

El bus AS-Interface es una red estándar que cumple con todos los requerimientos para un bus de comunicación industrial; está diseñado para el nivel más bajo del proceso de control. La red de AS-I abre un solo maestro que consulta y actualiza los datos de todos los esclavos de la red. Esta red se configura automáticamente, así que el usuario no necesita realizar ningún ajuste. También podremos conectar señales de procesos digitales y analógicos.

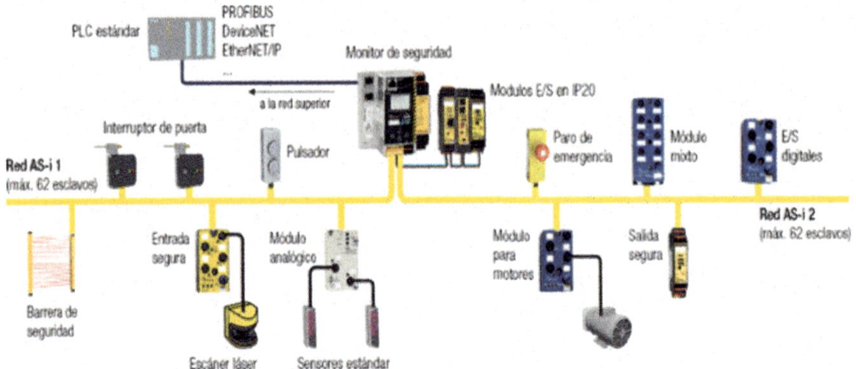

Figura 1.3

Ethernet/IP

Es un protocolo de red para aplicaciones de automatización industrial. Está basado en el protocolo estándar TCP/IP, que utiliza ya los conocidos hardware y software Ethernet para así establecer un nivel de protocolo que nos permita configurar, acceder y poder controlar dispositivos de automatización industrial.

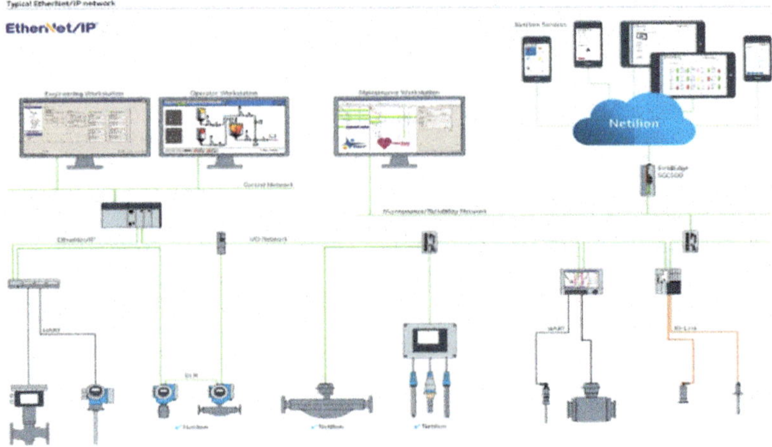

Figura 1.4

Profinet

El protocolo Profinet está basado en Ethernet industrial, así que los dispositivos que se comunican por el bus de campo cooperan en el procesamiento de solicitudes que se realizan dentro del bus.

Según la norma IEC 61784-2, este sería el estándar de comunicación actualmente más utilizado en las redes de automatización industrial.

El protocolo estándar TCP/IP se utiliza para funciones no deterministas, como la parametrización, la transmisión de vídeo/audio y la transferencia de datos a sistemas TI de nivel superior.

El protocolo Profinet/CBA está asociada a las aplicaciones de automatización distribuidas en entornos industriales.

El protocolo Profinet/IO, llamado a veces PROFINET-RT (RealTime), se utiliza para comunicaciones con periferias descentralizadas.

El protocolo Profinet/IRT se utiliza para las transferencias de datos isócronos en tiempo real.

El protocolo Profinet/RT se utiliza para las transferencias de datos en tiempo real.

El protocolo Profinet/MRP se utiliza para la redundancia de medios, y utiliza los principios básicos para la reestructuración de las redes en el caso de que puedan sufrir un fallo cuando la red posee una topología en anillo.

El protocolo Profinet/MRRT se utiliza para dar soluciones a la redundancia de medios para Profinet/RT.

El protocolo Profinet/PTCP, protocolo de control de precisión de tiempo basado en la capa de enlace, se utiliza para sincronizar señales de reloj/tiempo en varios PLC.

En el protocolo Profinet/Real Time, las capas TCP/IP no son aplicadas para dar un rendimiento determinista a las aplicaciones de automatización. Funciona con unos tiempos de retardo en el rango de 1-10 ms. Este hecho representa una solución, que está basada en software, adecuada para aplicaciones típicas de E/S, así que incluye control de movimiento y requisitos de alto rendimiento.

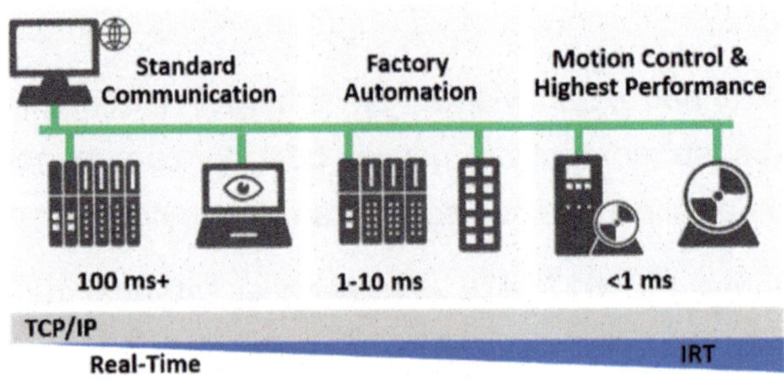

Figura 1.5

Profibus

El protocolo Profibus es un estándar de red de campo abierto e independiente. Sigue la norma UNE IEC 61158 y las internacionales IEC 61784. Al ser de campo abierto e independiente de proveedores, la interfaz permite una amplia aplicación en procesos, fabricación y también en automatización.

Hoy en día este bus se encuentra algo desfasado, ya que Profinet lo ha superado con creces, pero debemos tener en cuenta que aún hay muchos sistemas que lo siguen utilizando y que todavía se sigue instalando.

El protocolo Profibus/FMS se utiliza para la comunicación de autómatas a nivel de pequeñas células de red, donde lo principal es el volumen de información y no tanto el tiempo de respuesta.

El protocolo Profibus/PA está diseñado para conseguir una comunicación fiable a alta velocidad en ambientes que están expuestos a peligro de explosión. Se corresponde al estándar internacional IEC 1158-2, para DP y FMS, y se encuentra en el estándar IEC 61158, que coincide con el aspecto eléctrico con el estándar RS485.

El protocolo Profibus/DP está optimizado para conseguir una alta velocidad de transmisión para la comunicación de periferias descentralizadas. Está especialmente diseñado para poder establecer una comunicación entre el controlador programable y los dispositivos de E/S a nivel de campo. En la red suelen incorporar un maestro y varios esclavos, así que el maestro inicializa la red y verifica que los esclavos coinciden con la configuración.

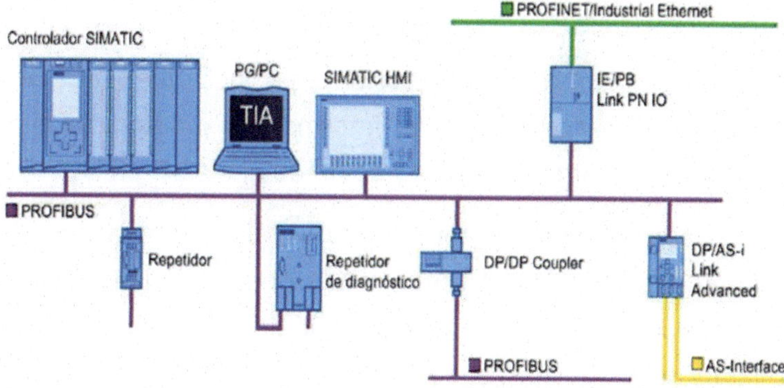

Figura 1.6

IO-Link

La solución IO-Link, de Siemens, garantiza la comunicación entre sensores y actuadores y completa los pasos finales del proceso con una transparencia de datos constante. Al estar integrado con el TIA (Totally Integrated Automation), este estándar de comunicación tiene un gran potencial de desarrollo tanto en el armario de control como a nivel de campo. Esto nos permite también disfrutar de una máxima precisión y rentabilidad en cualquier instalación de producción.

IO-Link se utiliza para conectar equipos de conmutación y sensores a nivel de control a través de una conexión punto a punto. Como interfaz abierta, se puede integrar en todos los sistemas de automatización y bus de campo habituales.

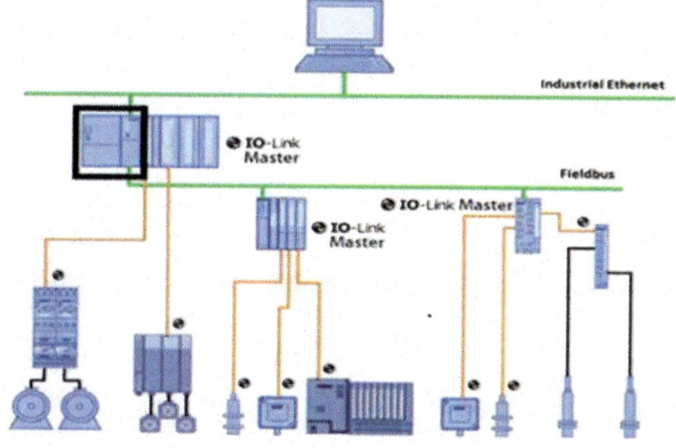

Figura 1.7

OPC UA

La OPC UA es un protocolo de comunicación específico para la automatización industrial. Permite el intercambio de información y datos en dispositivos dentro de máquinas, entre máquinas y de máquinas a sistemas.

OPC UA (Open Platform Communications/Unified Architecture) es un estándar abierto para la comunicación horizontal de máquina a máquina (M2M) y para la comunicación vertical de máquina a nube. Es independiente del proveedor y de la plataforma, admite amplios mecanismos de seguridad y puede combinarse de forma óptima con Profinet en una red Ethernet industrial compartida.

El estándar de comunicación abierto permite una comunicación fluida con aplicaciones de terceros y puede escalarse de forma flexible para satisfacer requisitos específicos. Algunas de las características de la OPC UA serían el concepto de seguridad integrado (cifrado, firma y autentificación) y el funcionamiento en paralelo ilimitado con Profinet. Algunos beneficios podrían ser conexión y comunicación directas a través de todos los niveles de automatización, redes sencillas basadas en Ethernet que utilizan la infraestructura del Ethernet industrial existente, e interpretación sencilla e inequívoca de los datos.

Por ejemplo, Siemens ofrece una amplia gama de hardware y software para TIA (Totally Integrated Automation), que se extiende desde el nivel de campo hasta los niveles de control y operador. Como estándar de comunicación abierto, OPC UA desempeña un papel fundamental en todo el porfolio de TIA.

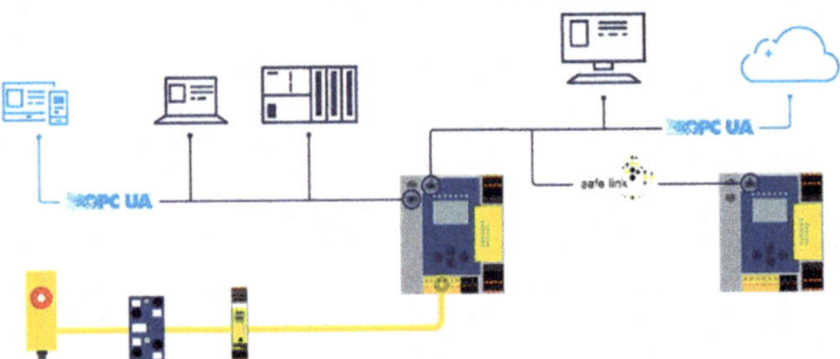

Figura 1.8

1.4. Maestro y esclavo

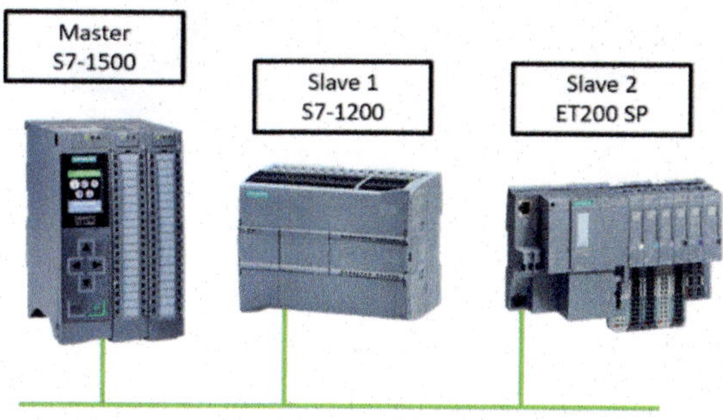

Figura 1.9

Maestro

Determina la comunicación de datos en el bus. Un maestro puede enviar mensajes, sin necesidad de una petición o solicitud externa, cuando posee los derechos del bus. En un DP, solo puede existir un maestro que gobierne la red y que se encargue de controlar la comunicación. En el protocolo Profibus también se les da el nombre de «estaciones activas».

Esclavo

Son elementos de periferias. Los esclavos típicos incluyen dispositivos de entrada/salida, válvulas, transmisores de medida y accionamientos. Un esclavo no tiene derecho de acceso al bus y solo pueden acusar los mensajes recibidos o enviar mensajes al maestro cuando este así lo requiere. A los esclavos también se los denomina «estaciones pasivas».

1.5. Topología de redes

Topología punto a punto

Una de las conexiones más sencillas que podemos encontrar es la de la comunicación punto a punto, que se hace entre dos dispositivos conectados.

Figura 1.10

Topología en anillo

En la topología en anillo cada equipo está conectado al siguiente, así que el último dispositivo estaría conectado al primero. Por lo tanto, la información va siempre en la misma dirección y pasa por todos los dispositivos. Hay que tener en cuenta que si un dispositivo falla, la comunicación en todo el anillo se pierde.

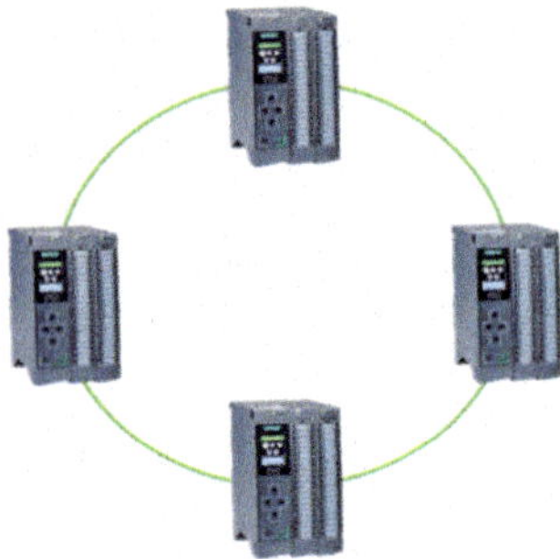

Figura 1.11

Topología en bus

Todos los dispositivos están conectados a un mismo sistema de transmisión. Es una de las configuraciones más simples y económicas. Para poder evitar que aparezcan ruidos inesperados en las señales, el bus se debe cerrar en sus extremos con un adaptador de impedancias.

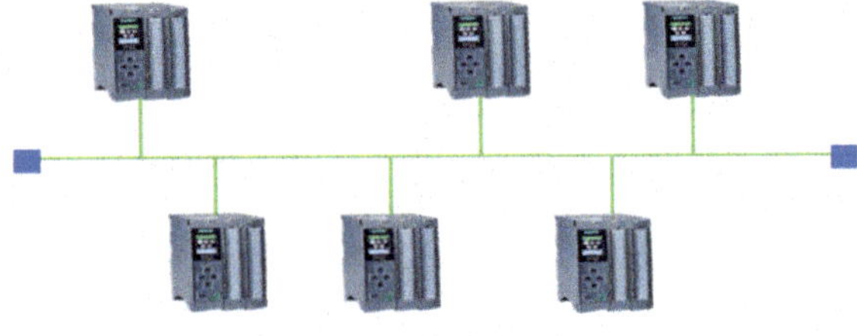

Figura 1.12

Topología en estrella

La topología en estrella requiere un componente de distribución que forme un punto de conexión central de la estrella, donde todos los dispositivos están conectados de forma individual y se comunican individualmente. Su ventaja es que si un nodo falla, solo se cae ese nodo.

Figura 1.13

Topología en malla

En la topología en malla, cada nodo presenta un enlace punto a punto, así que el tráfico de información se producirá únicamente entre los dispositivos que se encuentran en comunicación.

Figura 1.14

Topología en árbol

Sería como una variación o expansión de la topología de estrella, pero en este caso tendríamos un nodo de enlace troncal a partir del cual se empiezan a ramificar el resto.

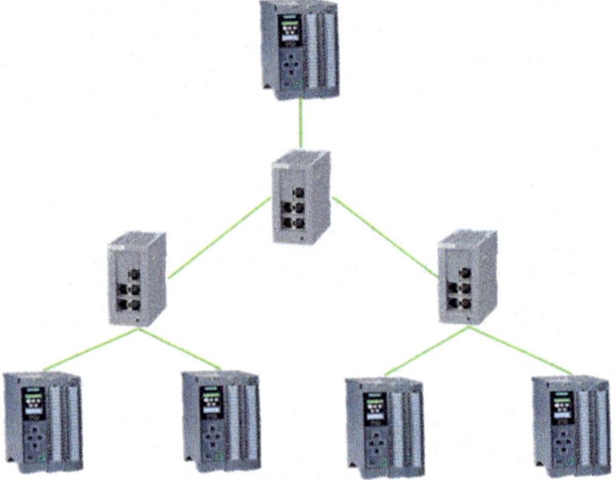

Figura 1.15

1.6. Cableado y conectores

El cable AS-I (Actuator Sensor Interface) es uno de los protocolos de red para soluciones automatizadas. Controla acciones binarias, por ejemplo encendido/apagado, y está destinado a aplicaciones con actuadores, sensores, entradas digitales/analógicas y sensores de posición de válvula.

El cable AS-I realiza el intercambio de datos entre sensores/actuadores, esclavo de AS-I y maestro AS-I, y también da alimentación de corriente a los sensores y actuadores.

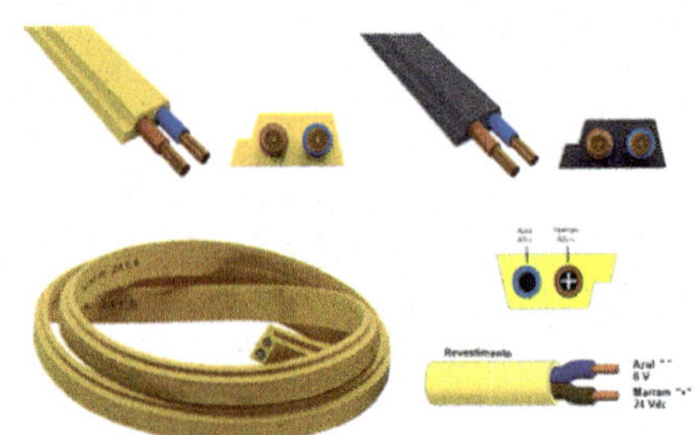

Figura 1.16

Módulo compacto AS-Interface digital y analógico para uso en el campo con alto grado de protección.

Series K45.

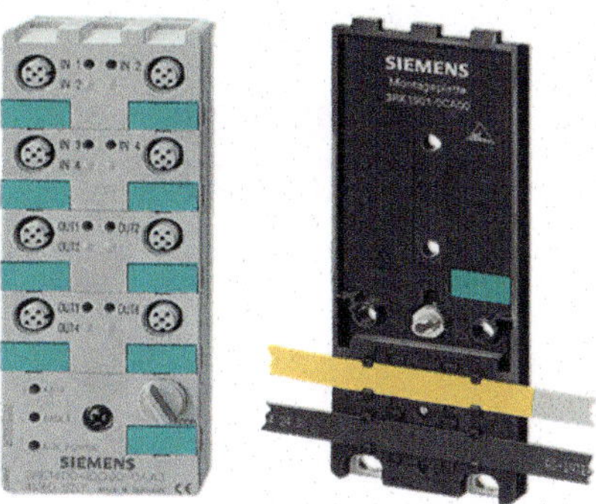

Figura 1.17

Los cables Profibus se utilizan para el cableado de la automatización en sistemas industriales de bus de campo. El tipo de conexión es rápida y están desarrollados especialmente para aplicaciones de proceso de periféricos descentralizados (DP) y también en automatización de procesos (PA). La norma de estandarización es la IEC 61158.

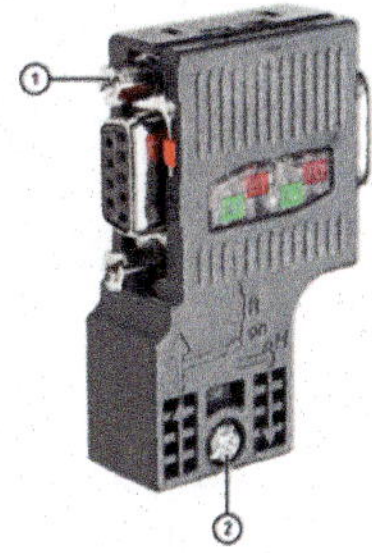

Figura 1.18

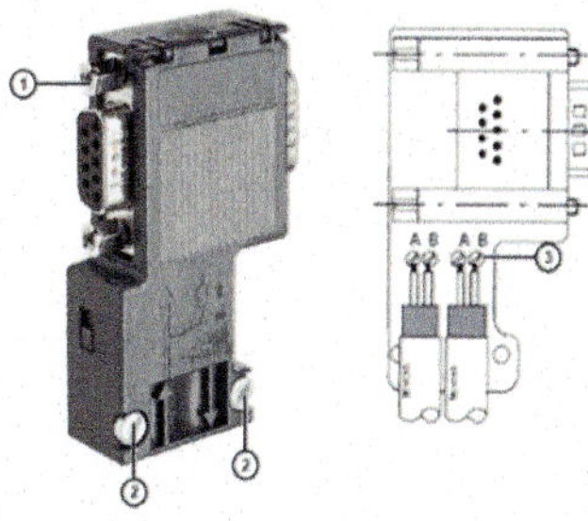

Figura 1.19

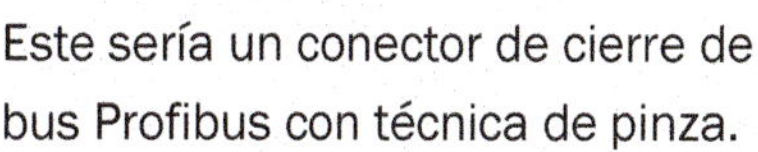

Este sería un conector de cierre de bus Profibus con técnica de pinza.

1. Tornillo de fijación.

2. Tornillo de la carcasa.

Este sería un conector de cierre Profibus con bornes de tornillo.

1. Tornillo de fijación.

2. Tornillo de la carcasa.

3. Bornes de tornillos.

Cable Profibus DP

Diseñado para la comunicación entre sistemas de automatización de procesos y periféricos.

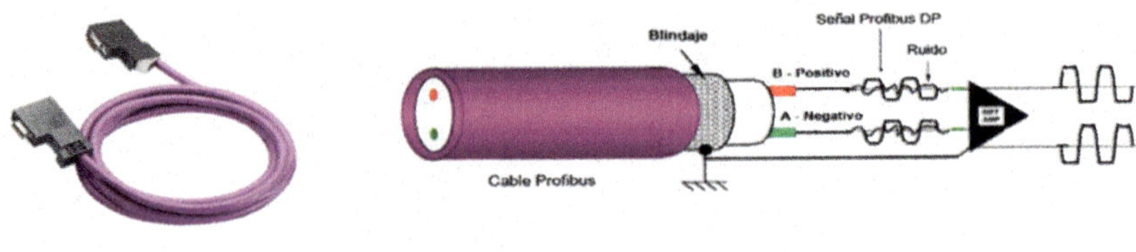

Figura 1.20 Figura 1.21

Los cables de Profinet son cables de Ethernet industriales. También se los llama «cables industriales de categoría 5», y están destinados al cableado de sistemas de bus de campo industriales con protocolo TCP/IP. Con Profinet, puede utilizar cualquier cable para una red Ethernet, ya que el conector que utiliza es el RJ45.

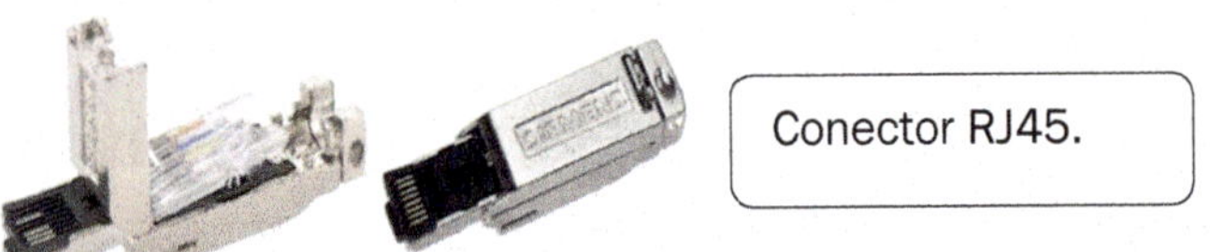

Figura 1.22

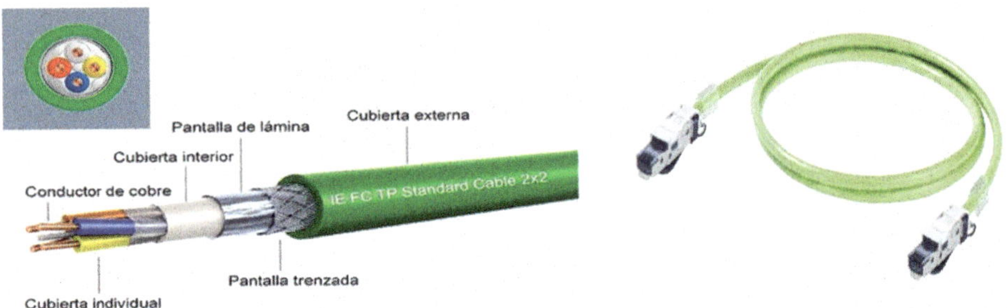

Figura 1.23 Figura 1.24

Cable Profinet

Facilita la transmisión extremadamente rápida de datos de E/S, lo cual permite la automatización en tiempo real. Hay dos tipos de cable: el cruzado y el directo.

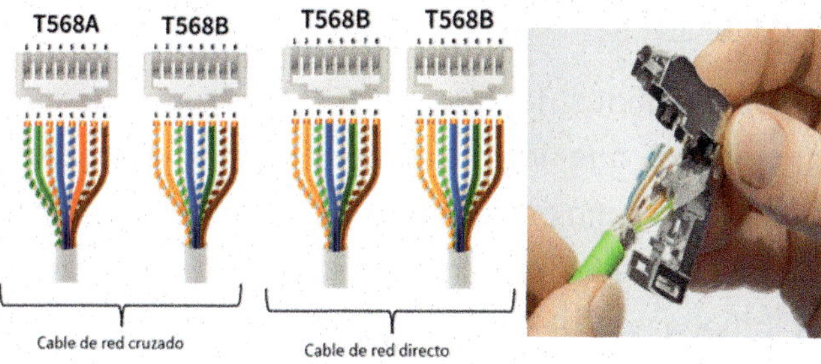

Figura 1.25 Figura 1.26

1.7. Sistemas de interconexión

En la comunicación industrial tenemos la posibilidad de integrar en una misma instalación diferentes tecnologías. Podemos enlazarlas y mantener la comunicación en redes distintas, o también en protocolos distintos. De esta manera, podemos ampliar una instalación industrial según el proceso o las necesidades de la empresa. Para eso, hay una serie de dispositivos que podemos implementar según nuestras necesidades.

Repetidores

Los repetidores son elementos activos de la red Profibus. Esto hace que interactúe directamente en los circuitos al a los que se conecta, y permite el aumento de la cantidad de estaciones, la atenuación de ruidos acoplados, la disminución de errores de comunicación y la solución de problemas. Su estándar es el RS-485.

SIMATIC DP. Repetidor RS-485 para conectar sistemas de bus Profibus/MPI con máx. 31 dispositivos. Velocidad máx. 12 Mbits/s. Grado de protección IP20. Propiedades de uso mejoradas.

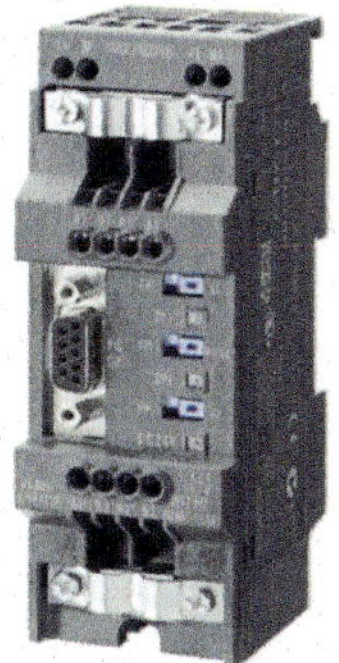

Figura 1.27

Pasarela IE/PB Link PN IO

El dispositivo conecta industrial Ethernet/Profinet con redes Profibus, lo que permite, por ejemplo, que los usuarios de Profibus estén vinculados a aplicaciones Profinet. También se utiliza para la comunicación PG/OP entre redes, por ejemplo para cargar programas y datos de configuración, para funciones de prueba y diagnóstico, y para la operación y el monitoreo. También ofrece la posibilidad de conectar la transición de red IE/PB Link PN IO a una red industrial Ethernet utilizando topología en estrella, lineal o en anillo, incluida la redundancia de medios con el protocolo Profinet MRP.

Figura 1.28

Switch

Los switches, también conocidos como «conmutadores», son dispositivos que nos permiten conectar y hacer de puente entre varias redes. Esta sería una diferencia frente un simple hub (que ya no se utilizan o, si se utilizan, es para realizar una topología en estrella, aunque hoy apenas se usan). El switch es una excelente opción para implementarlo en fábricas automatizadas.

SCALANCE XB208, gestionable Layer 2 IE Switch, 8 puertos RJ45 10/100 Mbits/s, 1 puerto de consola; LED de diagnóstico de alimentación redundante con certificación IEC 62443-4-2; rango de temperatura de 0 °C a +60 °C; montaje sobre perfil DIN; Profinet predeterminado.

Figura 1.29

Enrutadores (Routers)

Los routers industriales permiten el acceso a máquinas desde lugares sumamente remotos; pero también permiten, a través de diferentes protocolos, conectarse a la red interna de trabajo. También se ocupan de determinar la ruta más corta que debe tomar el paquete de datos entre redes diferentes.

Por cable

Enrutador ADSL SCALANCE M816-1 para la comunicación IP por cable desde dispositivos de automatización basados en Ethernet a través de un proveedor de servicios de Internet; VPN, cortafuegos, NAT; conmutador de 4 puertos; 1x entrada digital, 1x salida digital; ADSL2 +.

Figura 1.30

Inalámbrico

Router 4G SCALANCE M876-4 para comunicación IP inalámbrica de equipos de automatización basados en Ethernet a través de LTE optimizado para red de telefonía móvil (4G), para el uso en Europa, VPN, firewall, NAT; switch de 4 puertos; 2 antenas SMA, MIMO Technology; 1 entrada digital, 1 salida digital.

Figura 1.31

Infraestructura WLAN - Wi-Fi 6

El estándar WLAN IEEE 802.11ax para la comunicación LAN inalámbrica industrial es aumentar el rendimiento de datos por dispositivo. Esto hace posible manejar el creciente número de dispositivos móviles conectados a través de WLAN y aumentar la eficiencia en entornos con un gran número de participantes. Las mejoras adicionales específicas del dispositivo, como la E/S digital en combinación con el modo de suspensión, por ejemplo, mejoran la eficiencia de las aplicaciones que funcionan con baterías, como los vehículos guiados automatizados (AGV) y los dispositivos finales móviles.

Gracias al mayor rendimiento de la comunicación WLAN se habilitan nuevas aplicaciones, como la realidad aumentada para trabajo asistido —incluso de forma remota—, así como grúas teledirigidas, intralogística autónoma y mucho más.

Puntos de acceso y módulos cliente de SCALANCE W para Wi-Fi 6.

Figura 1.32

Optimización de la industria.

Figura 1.33

Velocidades máximas de datos.

Figura 1.34

Eficiencia energética.

Figura 1.35

Viabilidad futura.

Figura 1.36

Enrutador inalámbrico móvil industrial 5G

5G industrial

Fabricación inteligente, logística automatizada, cadenas de suministro transparentes o mantenimiento en la nube. Industrial 5G será el motor de conectividad que impulse los casos de uso de IoT seguros y eficientes. SCALANCE MUM856-1 proporciona banda ancha móvil mejorada (eMBB) y admite casos de uso de acceso remoto fáciles y seguros. Además, brinda conectividad 5G optimizada.

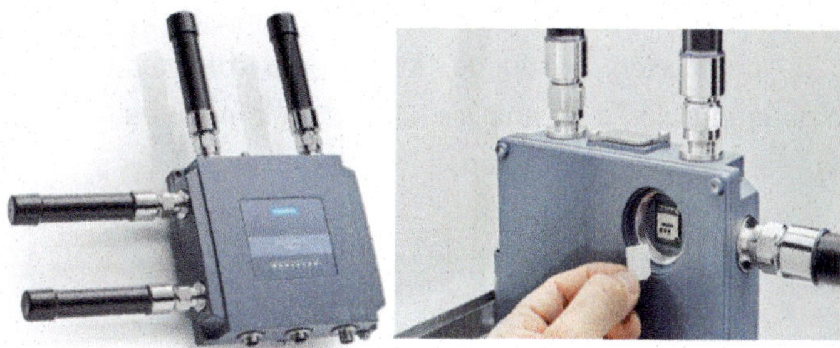

Figura 1.37

En la industria, además de la necesidad de conectividad inalámbrica local, existe una necesidad creciente de acceso remoto a maquinaria y equipos remotos. En estos casos, la comunicación debe salvar grandes distancias. Las redes móviles públicas se pueden utilizar para acceder a equipos ubicados a mayor distancia (por ejemplo, en otros países). SCALANCE MUM856-1, en combinación con la plataforma de gestión SINEMA Remote Connect para conexiones VPN, permite un acceso fácil y seguro a todos los activos, aplicaciones o máquinas remotas, incluso si están integrados en otras redes.

IOT Gateways

La conexión en red de las plantas existentes es, a menudo, un gran desafío. Las máquinas de diferentes fabricantes y en diferentes niveles tecnológicos no hablan el mismo lenguaje de datos. Las pasarelas inteligentes estandarizan la comunicación entre las diversas fuentes de datos, luego analizan los datos *in situ* en la producción y los envían a los receptores correspondientes, y son fáciles de implementar. De esta manera, es posible implementar una variedad de aplicaciones, desde el mantenimiento preventivo basado en datos de máquinas y plantas hasta la simple conexión de la producción al nivel ERP —haciendo así su producción más flexible, fiable y eficiente—.

SIMATIC IOT2050; 2 GBit Ethernet RJ45; Display Port; 2 USB 2.0; eMMC 16 GB; slot para tarjeta SD; fuente de alimentación industrial de 24 V DC. Simatic IOT2050 está diseñado para soluciones de TI industriales para la adquisición, procesamiento y transferencia de datos directamente en el entorno de producción. Se puede utilizar para conectar el proceso de producción a un análisis basado en la nube de la máquina y los datos de producción.

Figura 1.38

IO-Link

Integración de sensores y actuadores en Profibus y Profinet.

Para vincular dispositivos IO-Link con los sistemas de automatización, tendríamos una serie de dispositivos maestros IO-Link para periféricos no centrales. El SIMATIC ET 200 y el controlador SIMATIC S7-1200 admiten módulos maestros IO-Link que integran una comunicación rápida y sencilla con sensores y actuadores en los sistemas de bus de campo Profibus y Profinet establecidos.

Los maestros IO-Link se pueden utilizar para vincular sensores y actuadores con certificado IO-Link en todas las áreas de automatización de la producción.

Módulo maestro IO-Link para SIMATIC S7-1200, SM1278 IO-Link, 4xIO-Link Master.

Figura 1.39

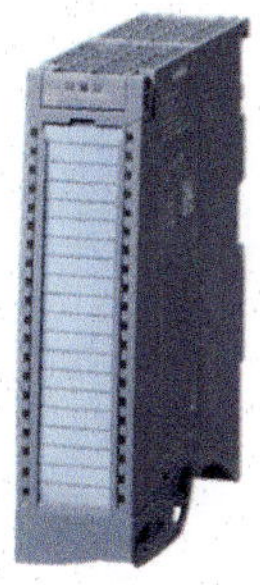

Módulo maestro IO-Link para SIMATIC ET 200SP, S7-1500, CM 8xIO-Link, módulo de comunicación IO-Link Master V1.1.

Figura 1.40

Módulo maestro IO-Link para SIMATIC ET 200SP, SIMATIC ET 200SP, CM 4xIO-Link ST módulo de comunicación Maestro IO-Link V1.1.

Figura 1.41

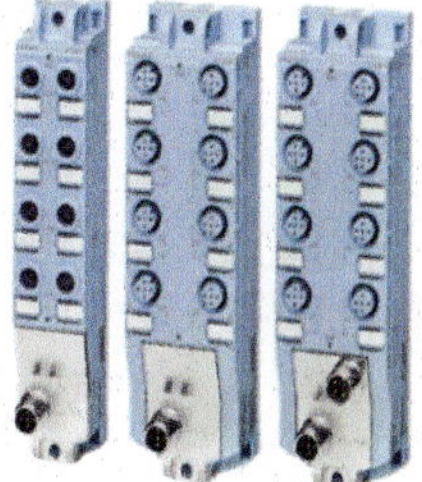

Módulo maestro IO-Link para SIMATIC ET 200AL.

Figura 1.42

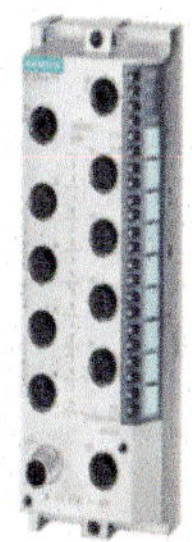

Módulo maestro IO-Link para SIMATIC ET 200eco PN.

Figura 1.43

Módulo maestro IO-Link para SIMATIC ET 200pro.

Figura 1.44

1.8. Modelo OSI

El modelo OSI (acrónimo de Open System Interconection) permite ejecutar la misma aplicación sin importar las características físicas y técnicas del equipo. Este modelo dispone de siete capas, y en cada una de ellas se define cómo debe comportarse la comunicación. Por tanto, dentro de cada nivel se establecerá el protocolo, que será el conjunto de reglas que se deberán cumplir para un tipo de comunicación determinada.

Estructura de las capas OSI

Figura 1.45

Capa física

En esta capa se reflejan las especificaciones eléctricas y mecánicas que garantizan la transmisión de la serie de bits. Esto incluye, por un lado, la determinación del medio físico y, por otro lado, la forma en que se transmite la información, como la modulación o el tipo de señal empleada. También se ocupa de la velocidad de transmisión o del tipo de conectores y terminales empleados. Esta capa recibe una trama binaria del emisor, que debe convertir a una señal eléctrica y que, a pesar de la degradación que pueda sufrir en el medio de transmisión, vuelva a ser interpretada correctamente por el receptor.

Capa de enlace de datos

Esta capa se encarga de garantizar la fiabilidad de la transmisión, regula el tráfico de la red y detecta y corrige errores.

De hecho, el bloque de datos de esta capa, llamado «trama», incluye cabeceras para la detección de errores, como también códigos de redundancia cíclica, paridad o suma de comprobación (Checksum).

Capa de red

El cometido de esta capa es que los datos del emisor lleguen al receptor, aunque los equipos no estén conectados directamente.

Pero no proporciona fiabilidad en la conexión, es decir, se incorpora la dirección de origen y de destino, que aseguran la conexión física entre los equipos, pero no la integridad de los datos recibidos. En esta capa actúan las direcciones IP y los mecanismos asociados a ellas, como los firewalls o los routers. En esta capa, el bloque de datos se llama «paquete».

Capa de transporte

Esta capa actúa como un puente entre las tres capas inferiores, totalmente orientadas a las comunicaciones, y las tres capas superiores, totalmente orientados al proceso, independizando la comunicación del tipo de red física que se esté utilizando.

La capa de transporte garantiza que la información que ha recibido el receptor es la correcta y, a partir de este punto, ya estamos seguros de poder trabajar con los datos. En esta capa, el bloque de datos se llama «segmento».

Capa de sesión

La finalidad de esta capa es asegurar que, dada una sesión establecida entre dos máquinas, esta se desarrolle de principio a fin, reanudándola en caso de interrupción; esto incluye establecer los mecanismos necesarios para iniciar, regular y finalizar la comunicación. En esta capa también se incluye un bloque de datos, y una cabecera que contiene lo referente a su control.

Capa de presentación

La capa de representación sería la primera capa que se centra en los propios datos en lugar de en la manera en que se transmiten. Es la encargada de manejar los bloques de datos en bruto y realizar las conversiones de representación de datos necesarios para la correcta interpretación de los mismos. También permite cifrar los datos y comprimirlos; en definitiva, es un traductor.

Capa de aplicación

Esta capa ofrece a las aplicaciones la posibilidad de acceder a los servicios de las demás capas OSI y define los protocolos que utilizan para intercambiar datos.

Tenemos que resaltar que nosotros, normalmente, no interactuamos directamente con la capa de aplicación, sino que solemos manejar programas que, a su vez, interactúan con la capa de aplicación. Suelen aparecer en forma de librerías, llamadas APIS (Aplication Programming Interface), que forman parte del sistema operativo y que utilizamos en el lenguaje de programación con el que desarrollamos la aplicación final.

Transmisión de datos modelo OSI

Usuario	Mensaje					
Aplicación	Cabecera					Mensaje
Presentación	Cabecera	CA				Mensaje
Sesión	Cabecera	CS		CA		Mensaje
Transporte	Cabecera	CT		CS	CA	Mensaje
Red	Cabecera	CR	CT	CS	CA	Mensaje
Enlace	Cabecera	CE	CR	CT	CS	CA	Mensaje
Física	Cadena de BITS					

Figura 1.46

En la capa de aplicación recibirá el mensaje por parte del usuario.

El mensaje se situará en la capa de aplicación, que le añade una cabecera ICI (Control de la Interfaz) para formar así la PDU (Unidad de Datos del Protocolo) de la capa de aplicación, y pasará a llamarse IDU (Unidad de Datos de la Interfaz). Entonces pasará a la siguiente capa.

El mensaje ahora está situado en la capa de presentación, que le añade su propia cabecera y se transfiere a la siguiente capa.

Ahora el mensaje está en la capa de sesión, y otra vez se vuelve a repetir el procedimiento anterior. Se envían después las capas físicas.

En las capas físicas el paquete será direccionado debidamente hasta el receptor.

Cuando el mensaje llega al receptor, cada capa elimina la cabecera que su capa homóloga ha colocado para transmitir el mensaje.

Ahora, el mensaje llega a la capa de aplicación del destino para entregarse al usuario de forma comprensible.

1.9. Jerarquía de las redes de comunicación

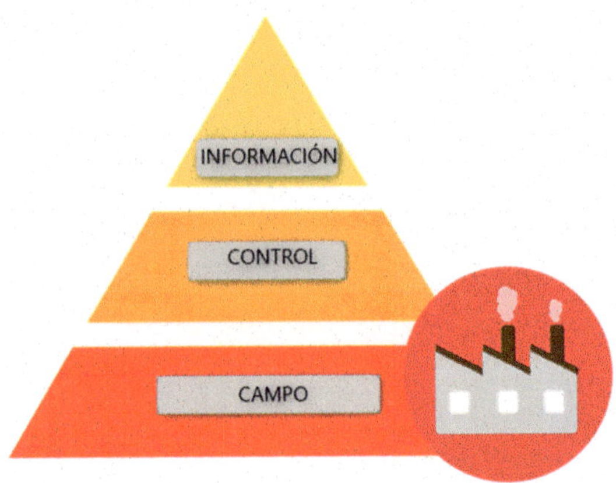

Figura 1.47

Campo

Se trata del nivel más bajo de la comunicación de los dispositivos en tiempo real, ya que la cantidad de datos que se mueve no es demasiado grande, pero la velocidad sí que es importante, porque comprende dispositivos de la planta (como actuadores, sensores y mecanismos de accionamiento de las propias máquinas).

Control

Sería el nivel intermedio. En este nivel, los sistemas PLC se comunican entre sí, con sensores y actuadores a nivel de campo, y también con los sistemas informáticos del departamento de ingeniería. Hablaríamos de redes que se conectan tanto con el nivel inferior como con el nivel superior.

Información

Este sería el nivel más alto, que comprende todas las herramientas de manejo de los datos, como los sistemas MES (Manufacturing Execution System). Sería un software diseñado para organizar, controlar y monitorizar procesos —en este caso, industriales (fábricas) y los ERP (Enterprise Resource Planning)—. Sería un sistema de planificación de recursos empresariales. Esto permite a la organización gestionar de manera integral todas o gran parte de sus áreas, trabajando con una gran cantidad de información para la planificación de los procesos industriales.

CAPÍTULO 2
EJERCICIOS PRÁCTICOS GUIADOS DE PROFIBUS

2.1. Comunicar S7-1516-3 PN/DP con una periferia descentralizada ET 200S

Vamos a abrir el programa TIA Portal 

.

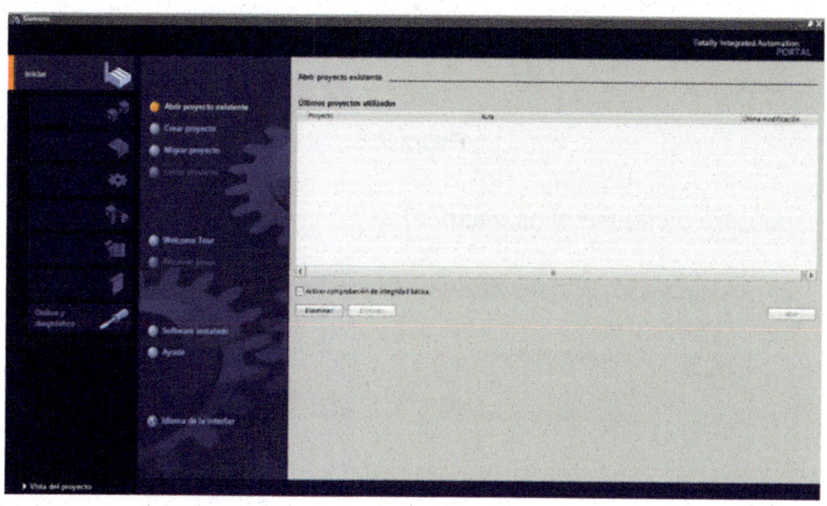

Figura 2.1

Pulsaremos con el ratón sobre la opción «Crear proyecto».

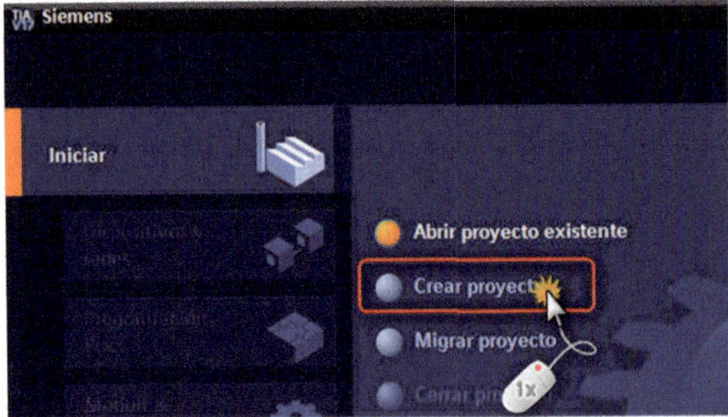

Figura 2.2

En Nombre del proyecto, escribiremos «Comunicar CPU S7-1500 con una ET 200S» y, seguidamente, pulsaremos sobre el botón Crear.

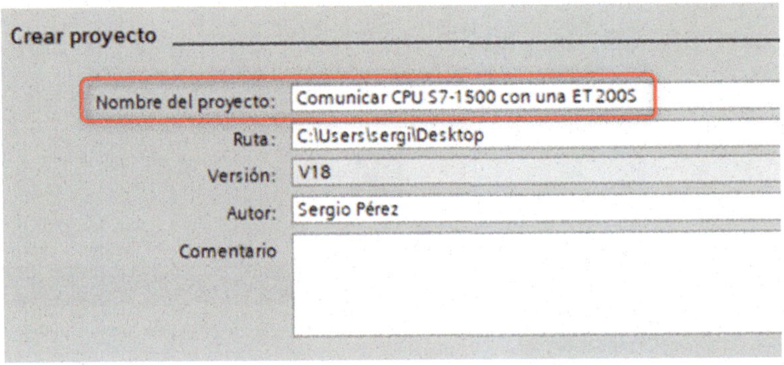

Crear proyecto

Nombre del proyecto: Comunicar CPU S7-1500 con una ET 200S
Ruta: C:\Users\sergi\Desktop
Versión: V18
Autor: Sergio Pérez
Comentario

Figura 2.3

Comenzará a crearse el proyecto.

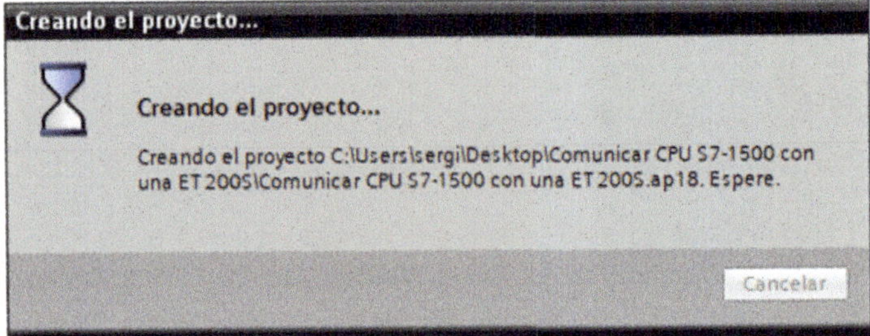

Figura 2.4

En esta ventana, en la parte inferior izquierda, pulsaremos sobre «Vista del proyecto».

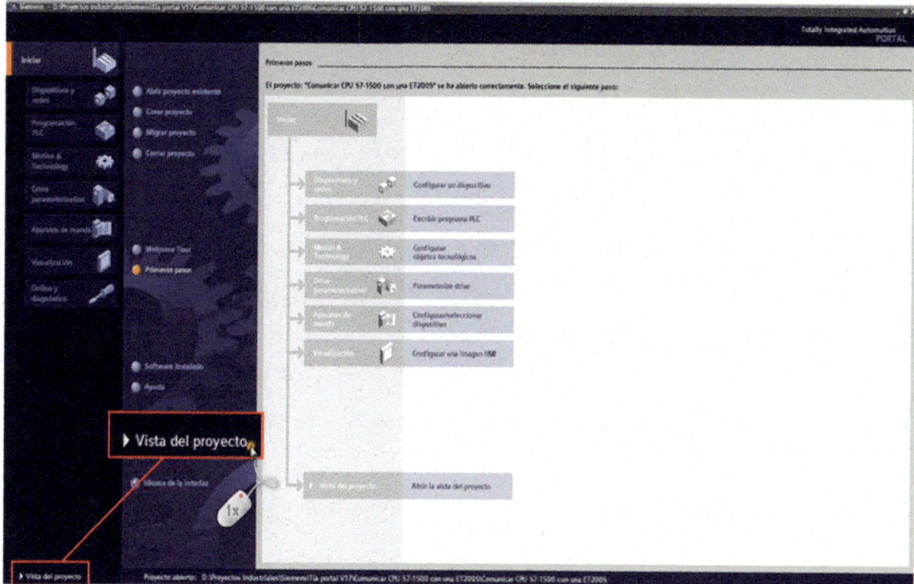

Figura 2.5

Se abre otra ventana.

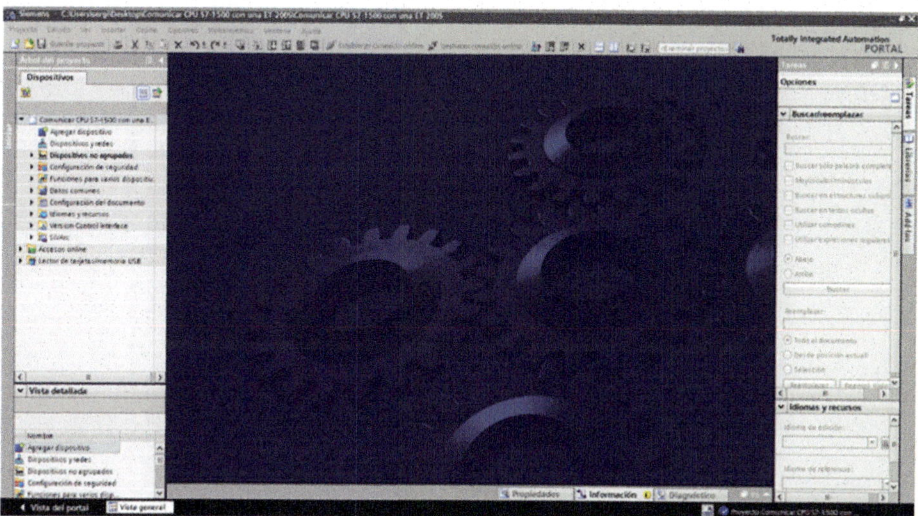

Figura 2.6

En «Árbol del proyecto», haremos doble clic con el ratón sobre la opción «Dispositivos y redes».

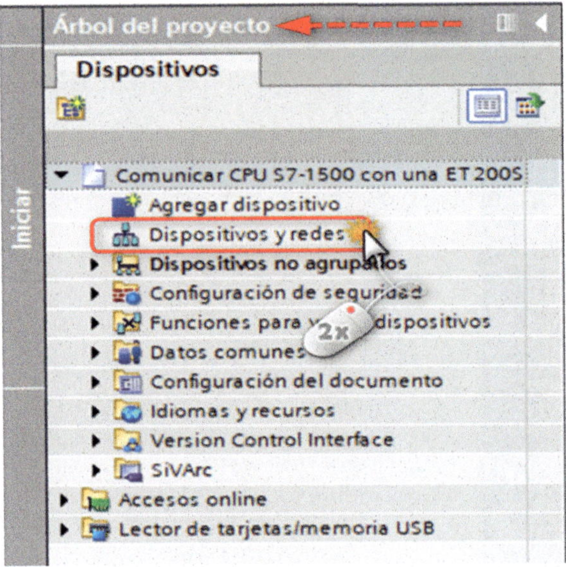

Figura 2.7

Veremos que, en el lado derecho de la ventana del TIA, tenemos la ventana «Catálogo de hardware».

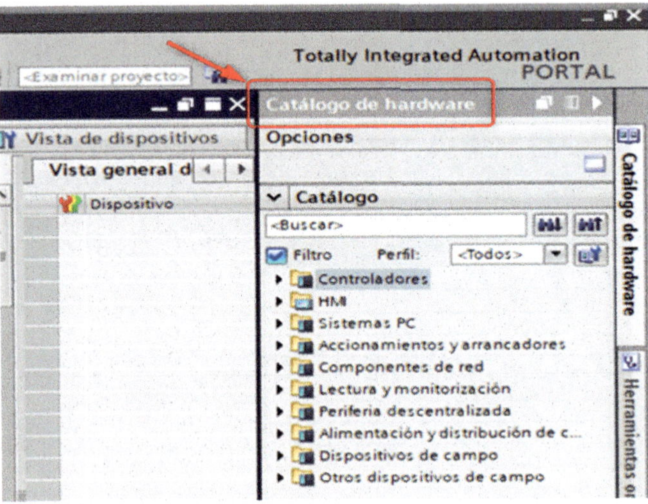

Figura 2.8

Lo que vamos a hacer será abrir el contenido de las carpetas que están dentro de los rectángulos. Para ello, iremos haciendo doble clic con el ratón sobre ellas y seleccionaremos la referencia «6ES7 516-3AN01-0AB0», que está dentro de la carpeta «CPU 1516-3 PN/DP». Una vez seleccionado, podremos ver, en la ventana «Información>», que nos aparece el dispositivo «CPU 1516-3 PN/DP» que hemos seleccionado, con su referencia «6ES7 516-3AN01- 0AB0» y su versión «V2.9», además de una descripción. Esta sería la última versión de este dispositivo. Acordaos que si a vosotros no os sale esta versión, no pasa nada. Si utilizáis el TIA Portal V16, la versión que os saldrá será la «V2.8»; y si utilizáis el TIA Portal V15.1, la versión que os saldrá será la «V2.6». Así que no hay problema en hacerlos con otra versión inferior; en la versión V17 está hasta la «V2.9».

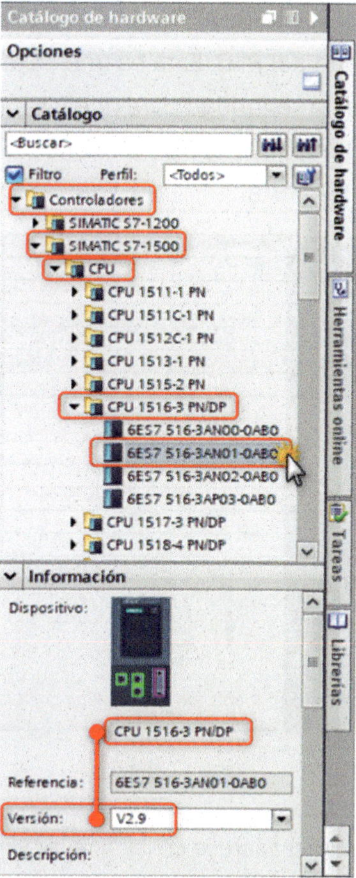

Figura 2.9

Haremos doble clic con el ratón sobre la referencia «6ES7 516-3AN01-0AB0».

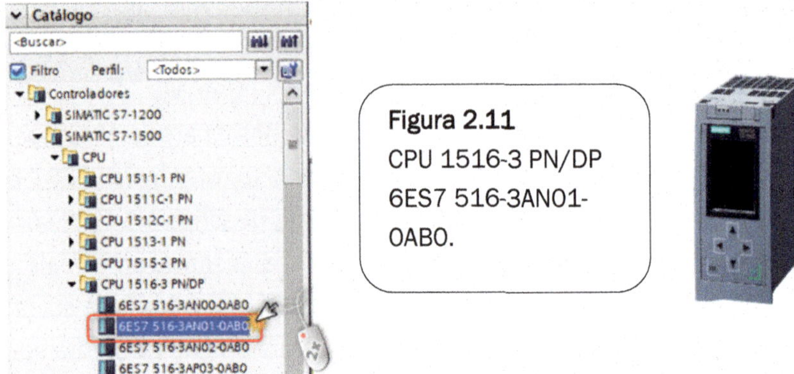

Figura 2.11
CPU 1516-3 PN/DP
6ES7 516-3AN01-0AB0.

Figura 2.10

Nos aparecerá esta ventana (Figura 2.12), que corresponde a la configuración de seguridad del PLC. Esta es una de las novedades que trae el TIA Portal V18 (asistente de seguridad para nuevos mecanismos de seguridad de PLC), que ya se integró en la V17. En versiones anteriores, este asistente no está integrado en el TIA Portal.

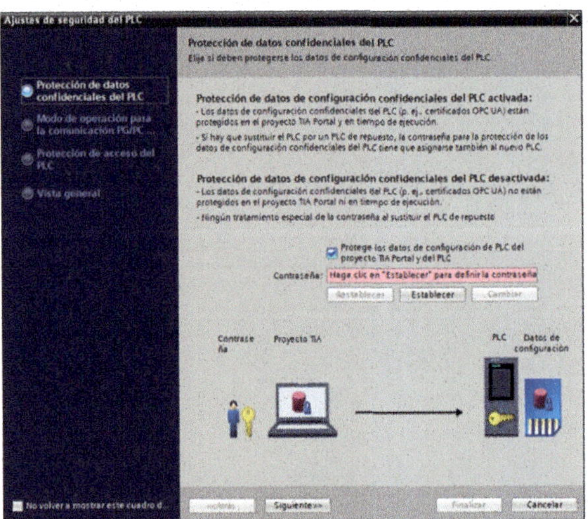

Figura 2.12

Este asistente de seguridad aparece en las nuevas versiones de firmware del PLC. El asistente aparece cuando se inserta una nueva CPU (S7-1500 a partir de la versión V2.9 y S7-1200 a partir de la versión V4.5).

Si tenemos una versión inferior al V2.9, la ventana de asistente de seguridad del PLC no aparecerá, y veremos que se añadirá la CPU que hemos seleccionado en la ventana de «Vista de redes».

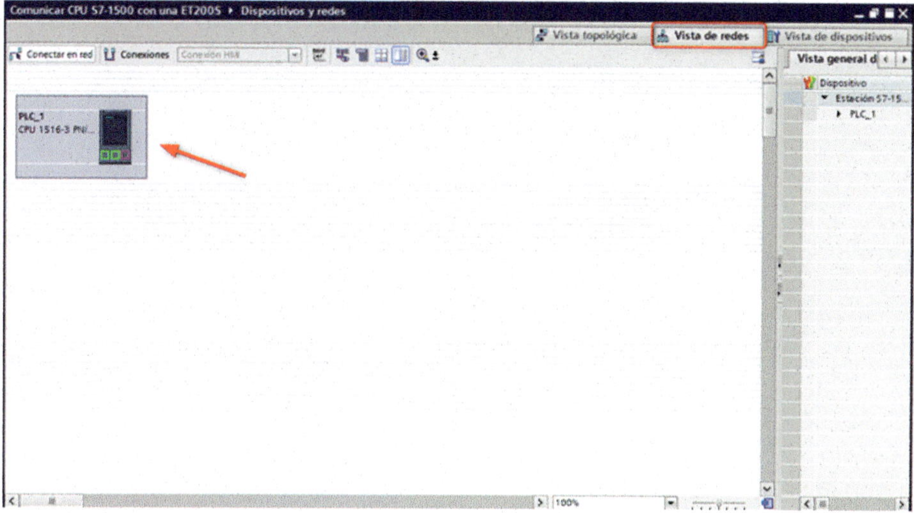

Figura 2.13

Desmarcaremos la casilla «Protege los datos de configuración de PLC del proyecto TIA Portal y del PLC».

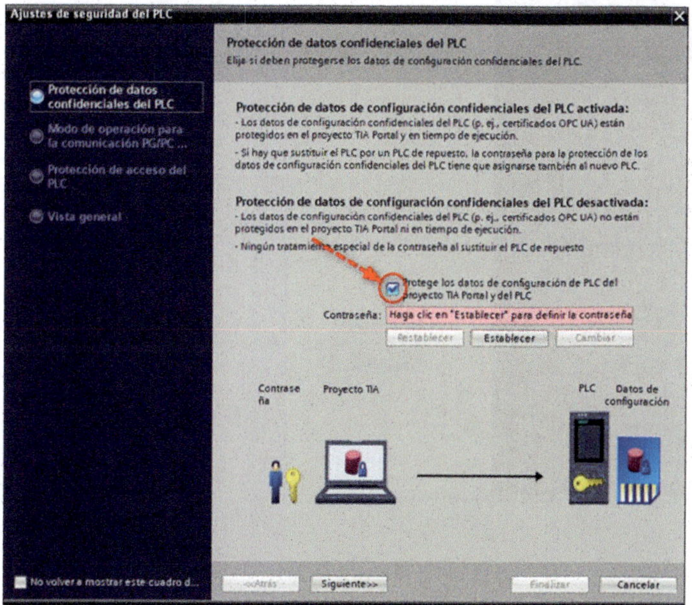

Figura 2.14

Pulsaremos sobre el botón «Siguiente».

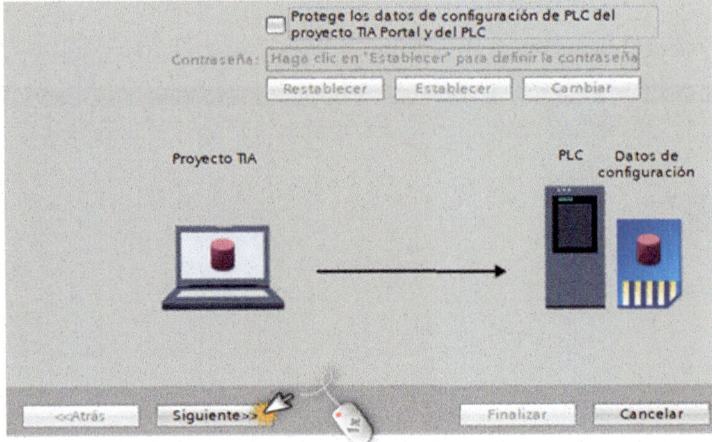

Figura 2.15

En la siguiente ventana, pulsaremos sobre «Siguiente».

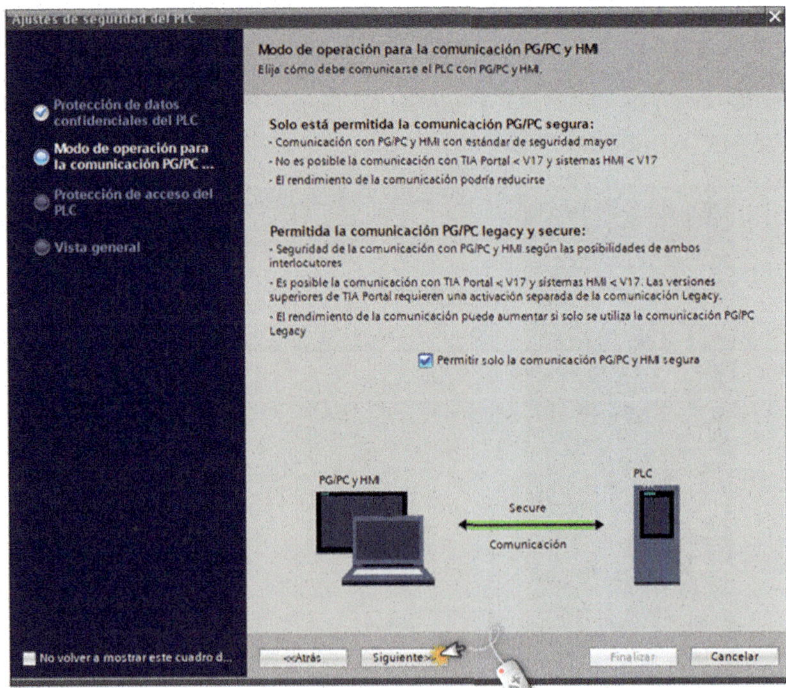

Figura 2.16

Pulsaremos con el ratón sobre la flechita desplegable de la celda «Nivel de acceso sin contraseña».

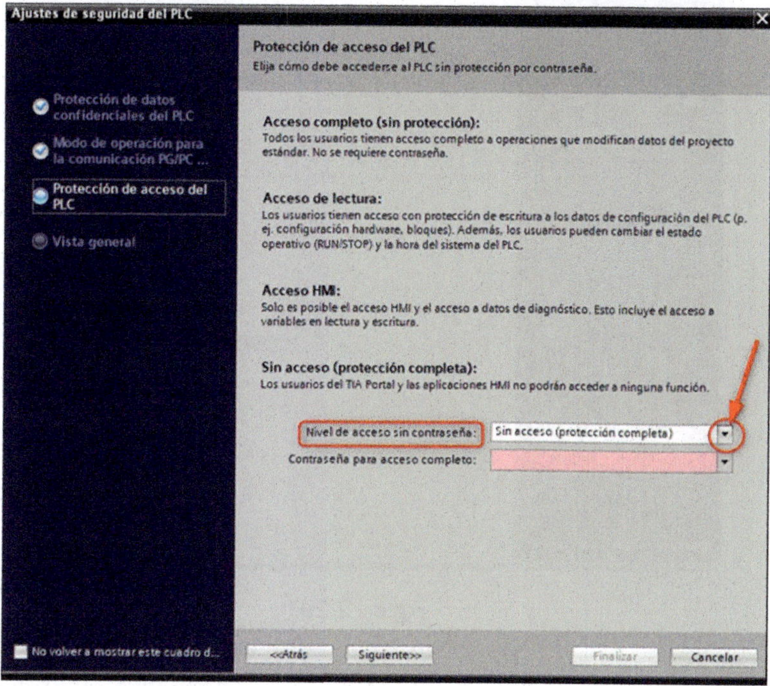

Figura 2.17

En el desplegable, seleccionaremos «Acceso completo (sin protección)».

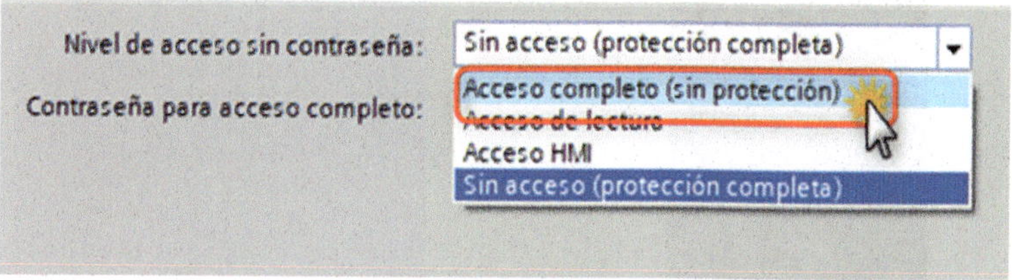

Figura 2.18

Pulsamos «Siguiente».

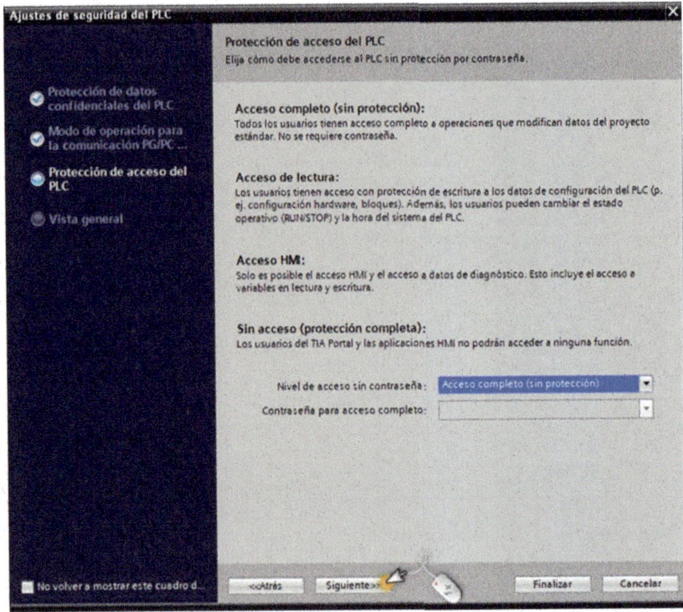

Figura 2.19

En esta ventana, tendremos un resumen, y pulsaremos sobre el botón «Finalizar».

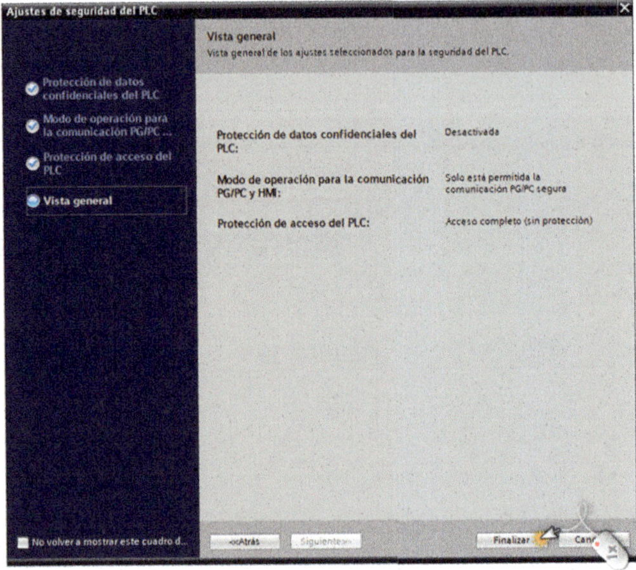

Figura 2.20

Ya tenemos añadida la CPU que hemos seleccionado en la ventana «Vista de redes».

Figura 2.21

Haremos doble clic sobre «CPU 1516-3 PN/DP».

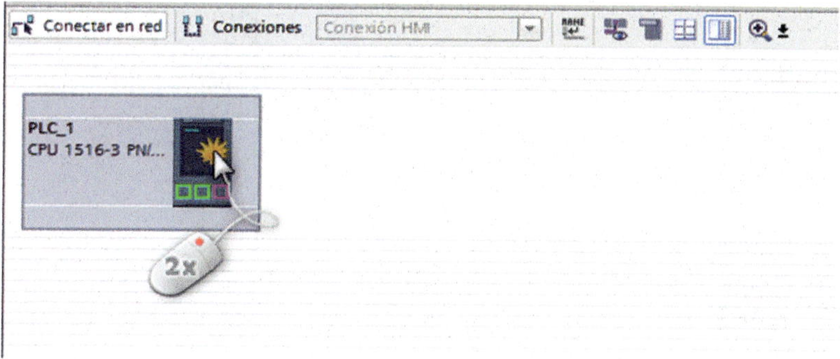

Figura 2.22

Ahora vamos a configurar el hardware.

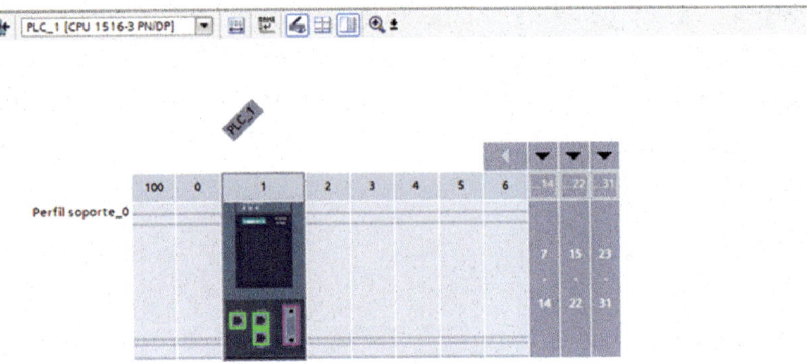

Figura 2.23

Abriremos el contenido de las carpetas que están dentro de los rectángulos, y haremos doble clic sobre la referencia «6EP1333-4BA00». Esto añadirá la fuente de alimentación a la configuración del hardware.

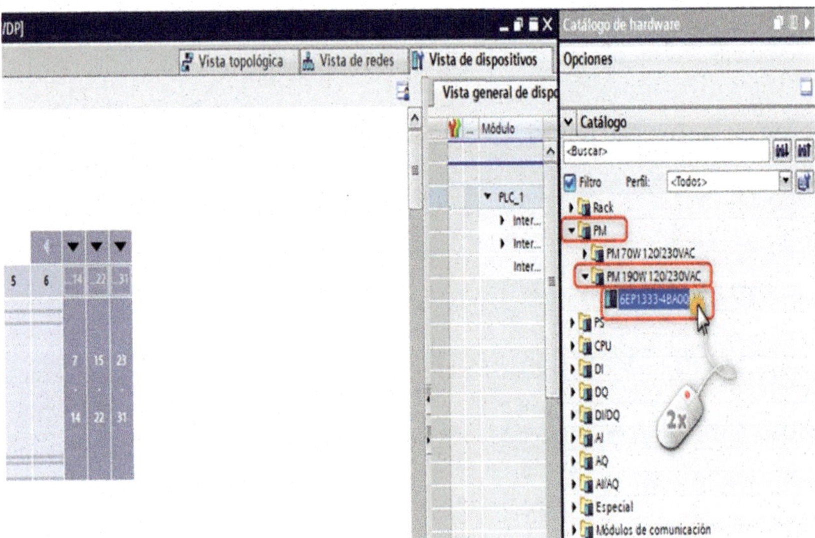

Figura 2.24

Figura 2.25

Fuente de alimentación 6EP1333-4BA00.

Para ocultar el contenido de la carpeta «PM», simplemente haremos doble clic con el ratón sobre la carpeta.

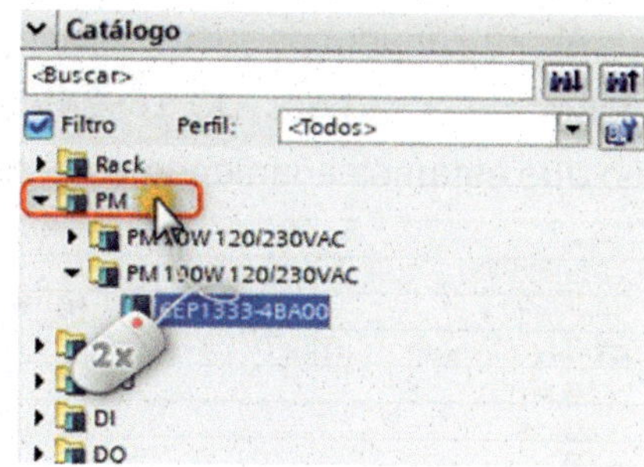

Figura 2.26

Ahora, añadimos la referencia «6ES7 521-1BH00-0AB00», que está dentro de la carpeta «DI 16x24VDC HF», tal como vemos en la imagen. Lo que estamos añadiendo es el módulo de entradas digitales «DI».

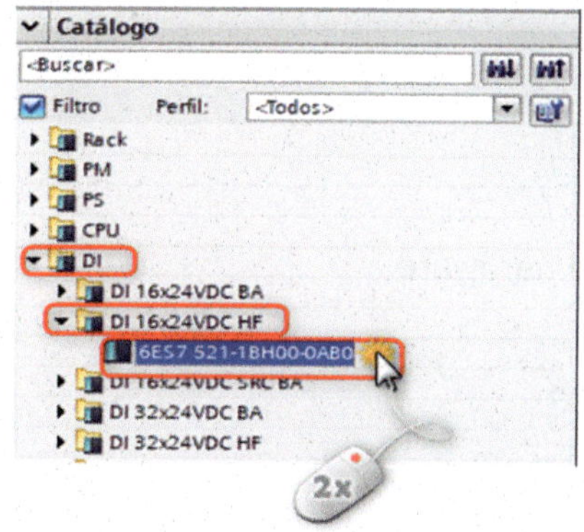

Figura 2.27

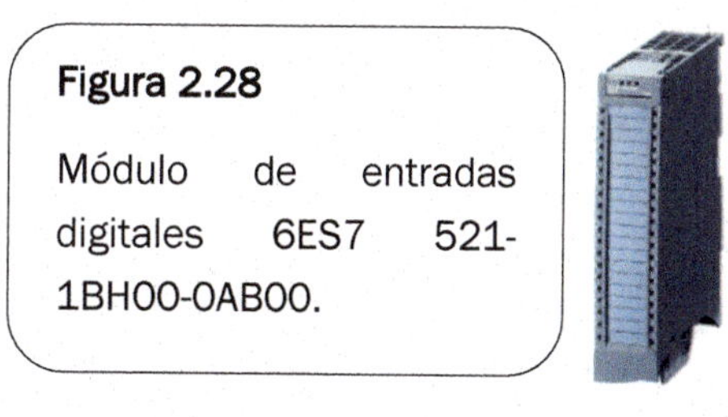

Figura 2.28

Módulo de entradas digitales 6ES7 521-1BH00-0AB00.

Ahora, añadimos la referencia «6ES7 522-1BH01-0AB0», que tenemos dentro de la carpeta «DQ 16x24VDC/0.5A HF», tal como vemos en la imagen. Lo que estamos añadiendo es el módulo de salidas digitales (DQ).

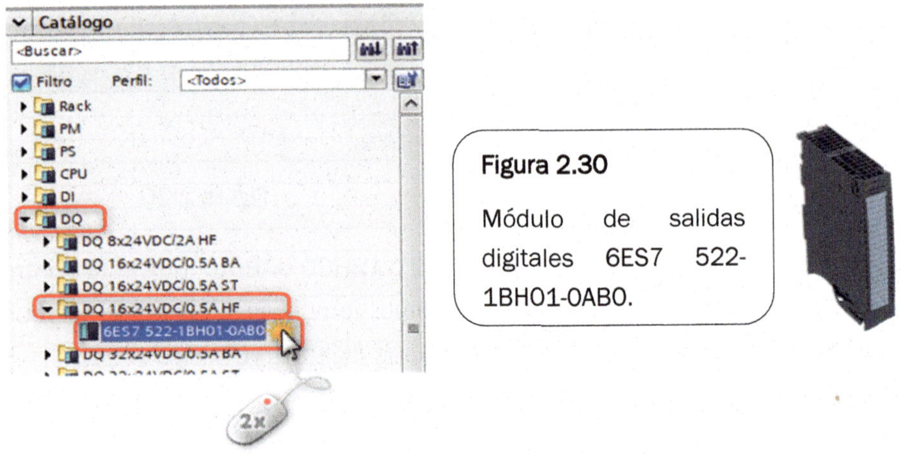

Figura 2.30

Módulo de salidas digitales 6ES7 522-1BH01-0AB0.

Figura 2.29

Ya tenemos realizada la configuración de hardware.

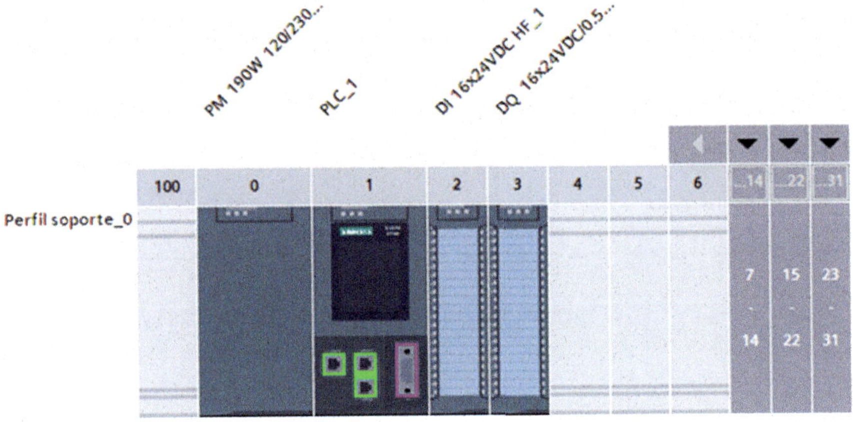

Figura 2.31

Ahora pulsaremos sobre la pestaña «Vista de redes».

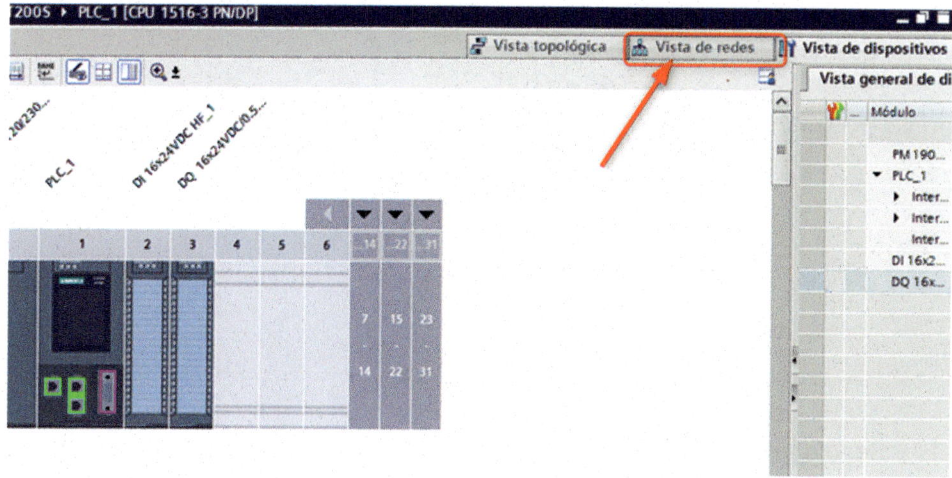

Figura 2.32

Ahora vamos a añadir la «Periferia descentralizada».

Iremos a la ventana «Catálogo de hardware», y abriremos el contenido de la carpeta «Periferia descentralizada» haciendo doble clic con el ratón sobre la carpeta.

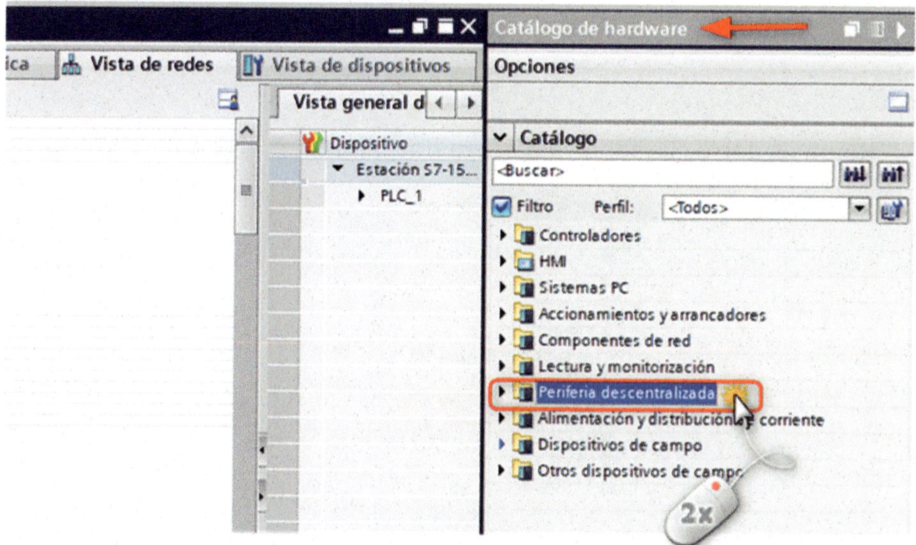

Figura 2.33

Ahora haremos doble clic sobre la carpeta «ET 200S».

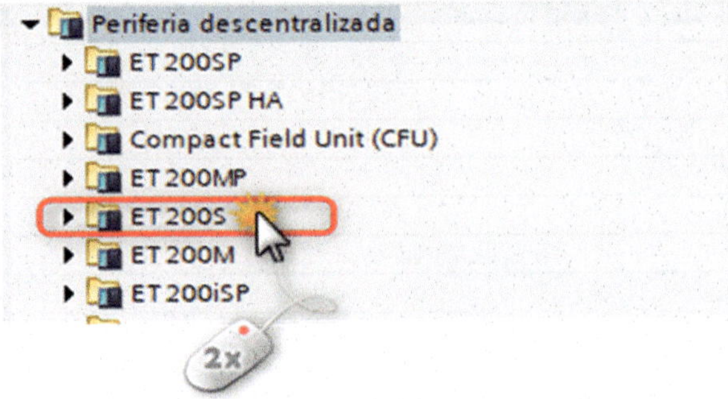

Figura 2.34

Seguidamente, haremos doble clic sobre la carpeta «Módulos de interfaz».

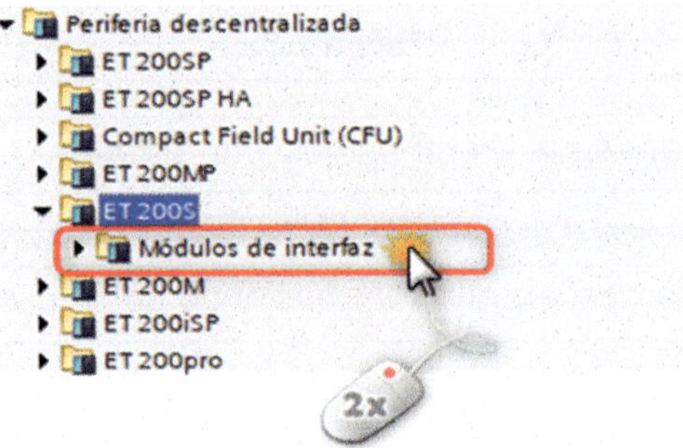

Figura 2.35

Haremos doble clic sobre la carpeta «PROFIBUS».

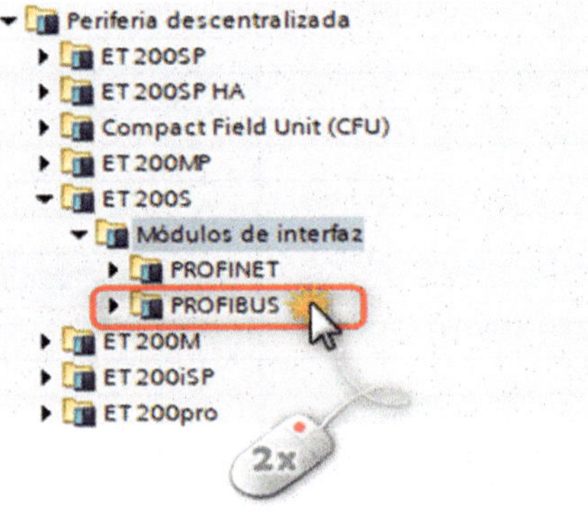

Figura 2.36

Ahora haremos doble clic sobre la carpeta «IM 151-1 Standard».

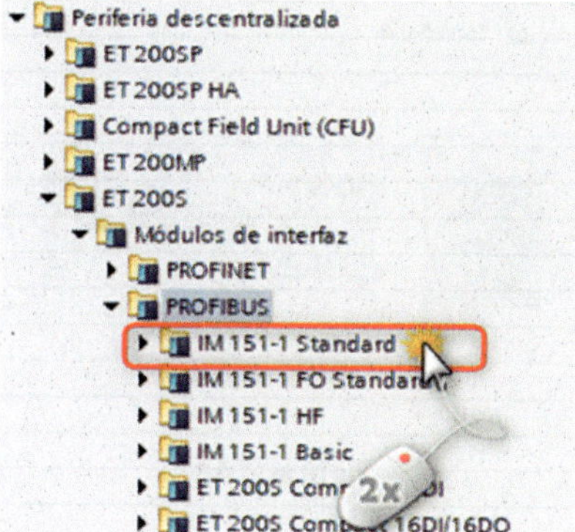

Figura 2.37

A continuación, haremos doble clic sobre la referencia «6ES7 151-1AA04-0ABO», para añadirla a la ventana «Vista de redes».

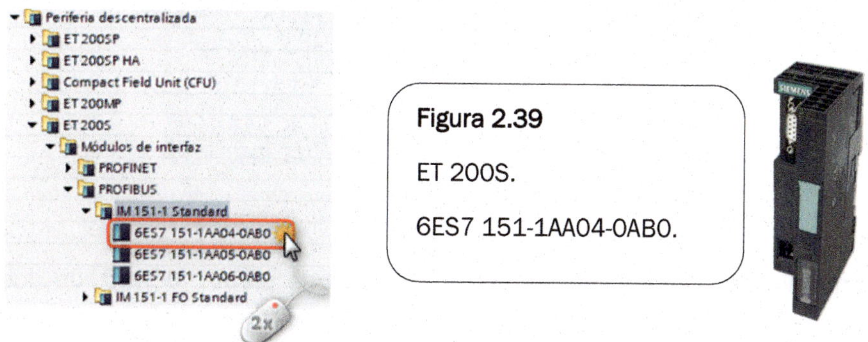

Figura 2.39

ET 200S.

6ES7 151-1AA04-0ABO.

Figura 2.38

Vemos que se ha añadido la periferia descentralizada.

Figura 2.40

Haremos doble clic sobre la periferia descentralizada «IM 151-1 Standard».

Figura 2.41

Vamos a configurar el hardware de la periferia.

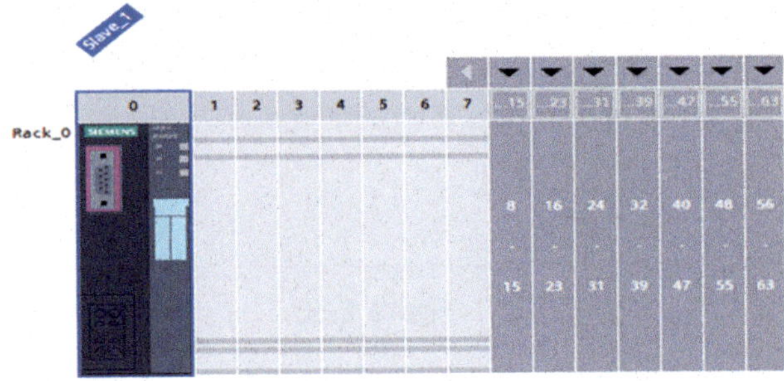

Figura 2.42

Abriremos el contenido de las carpetas que están dentro de los rectángulos, y haremos doble clic sobre la referencia «6ES7 138-4CA01-0AA0». Esto añadirá el módulo de potencia a la configuración del hardware.

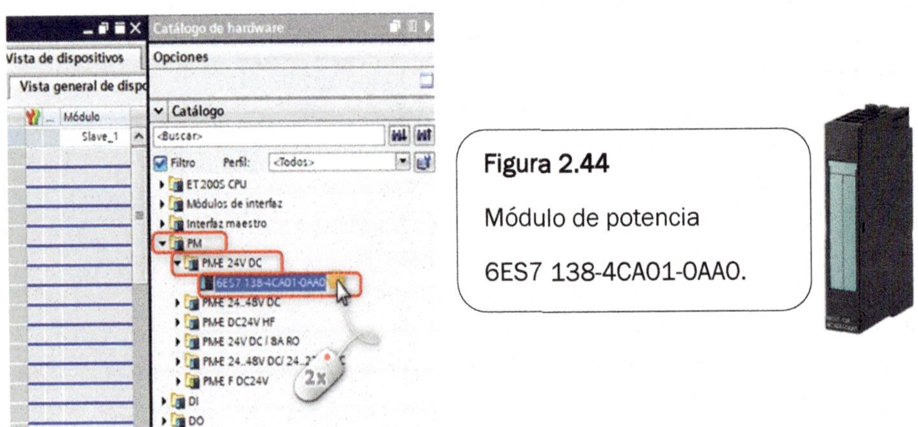

Figura 2.43

Figura 2.44

Módulo de potencia

6ES7 138-4CA01-0AA0.

Ahora añadiremos el módulo de entradas digitales (DI). Desplegaremos el contenido de la carpeta «DI» y, seguidamente, haremos lo mismo en la carpeta «8DI x 24V DC». Haremos doble clic sobre la referencia «6ES7 131-4BF00-0AA0».

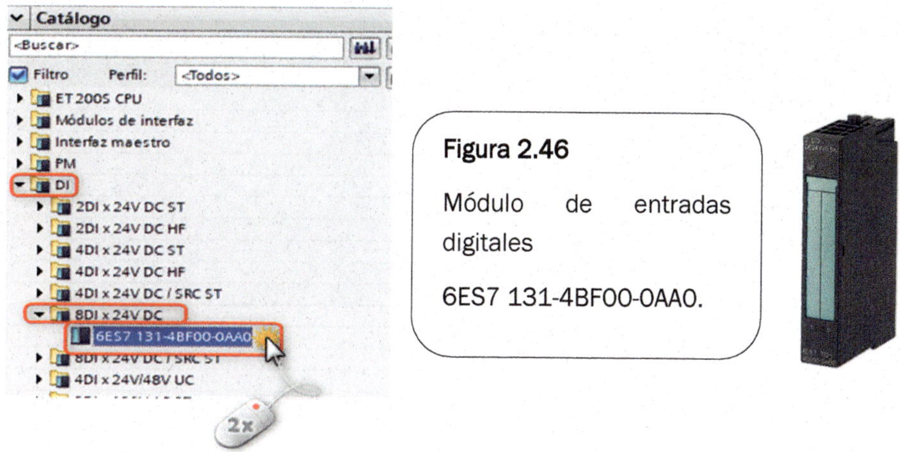

Figura 2.46

Módulo de entradas digitales

6ES7 131-4BF00-0AA0.

Figura 2.45

Ahora añadiremos el módulo de salidas digitales (DO). Desplegaremos el contenido de la carpeta «DO» y, seguidamente, haremos lo mismo en la carpeta «8DO x 24V DC/0.5A». Haremos doble clic sobre la referencia «6ES7 132-4BF00-0AA0».

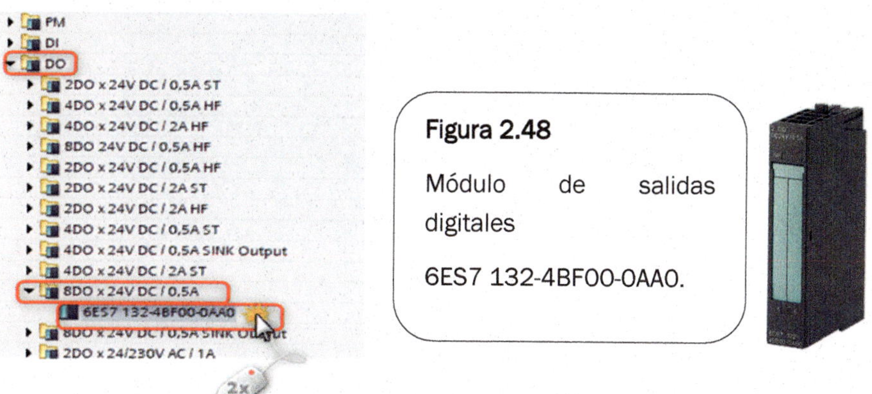

Figura 2.48

Módulo de salidas digitales

6ES7 132-4BF00-0AA0.

Figura 2.47

Ya tenemos realizada la configuración de hardware.

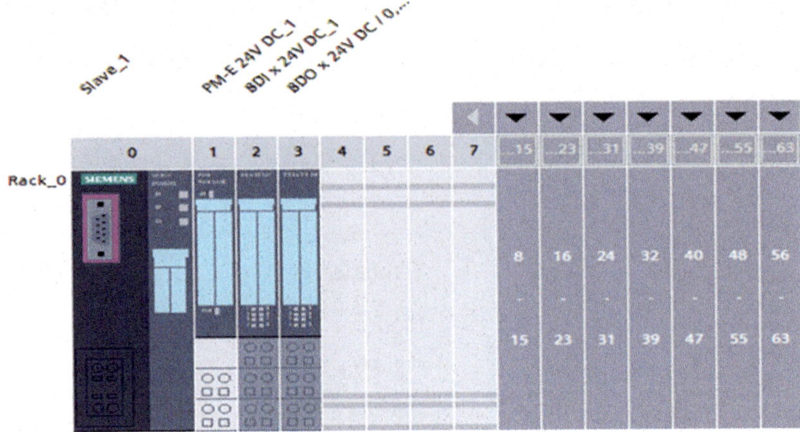

Figura 2.49

Haremos un clic sobre la flechita desplegable que vemos en la imagen y, en el desplegable, seleccionaremos la opción «PLC_1 CPU 1516-3 PN/DP».

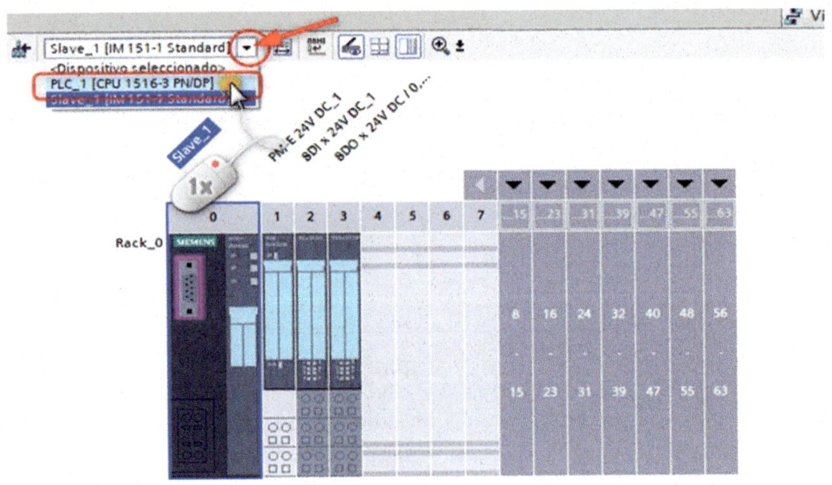

Figura 2.50

Seleccionaremos el «PLC_1» y, seguidamente, pulsaremos sobre la pestaña «Propiedades» y sobre la pestaña «General».

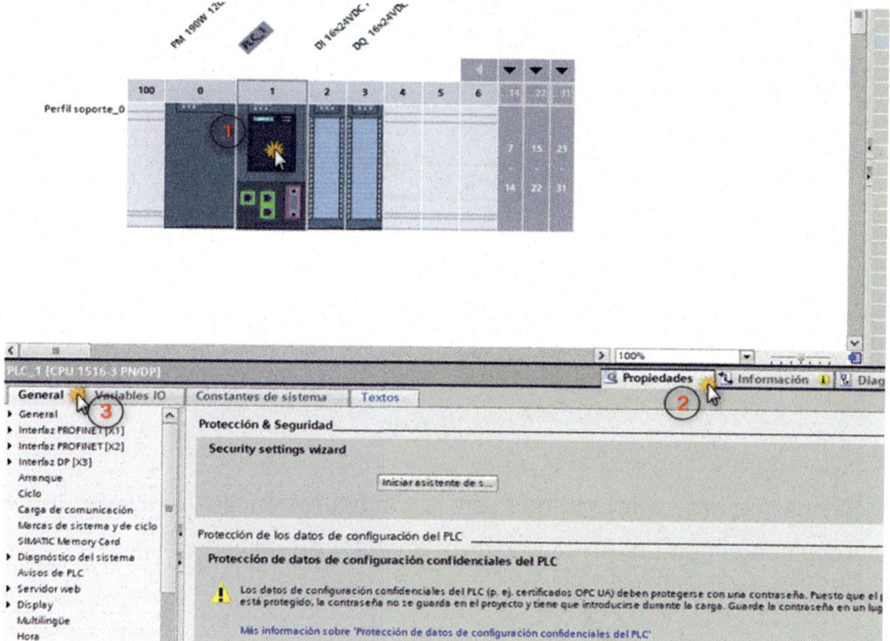

Figura 2.51

Ahora, seleccionaremos la opción «General», tal como vemos en la Figura 2.52.

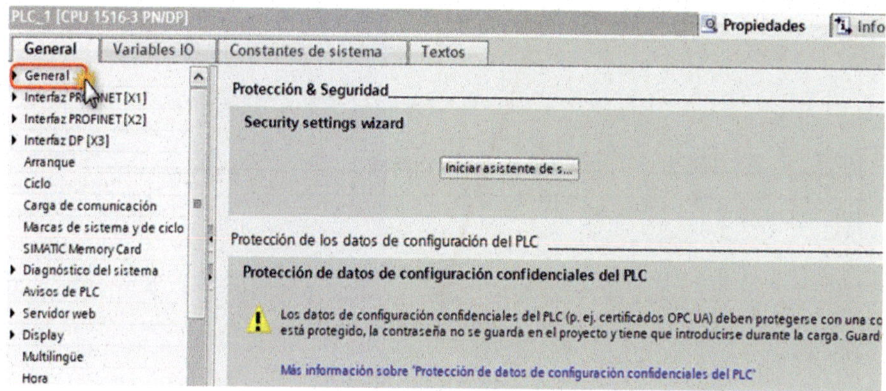

Figura 2.52

En «Nombre», lo que vamos a hacer será eliminarlo, y en su lugar escribiremos «CPU_Maestro».

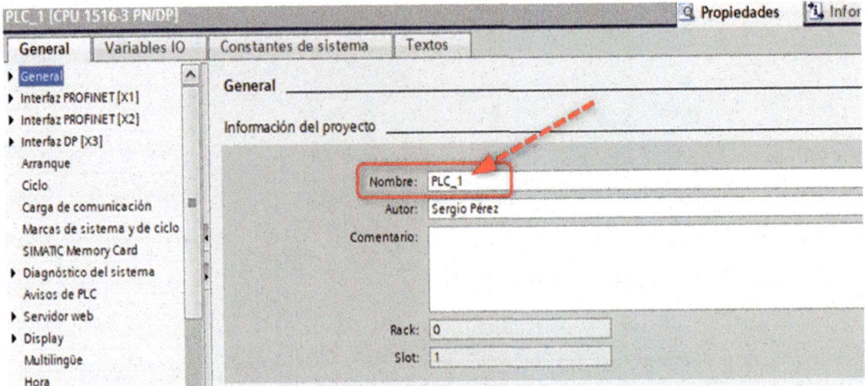

Figura 2.53

Si nos fijamos, veremos que, en la configuración de hardware, la CPU aparece con el nombre «CPU_Maestro» en lugar de «PLC_1».

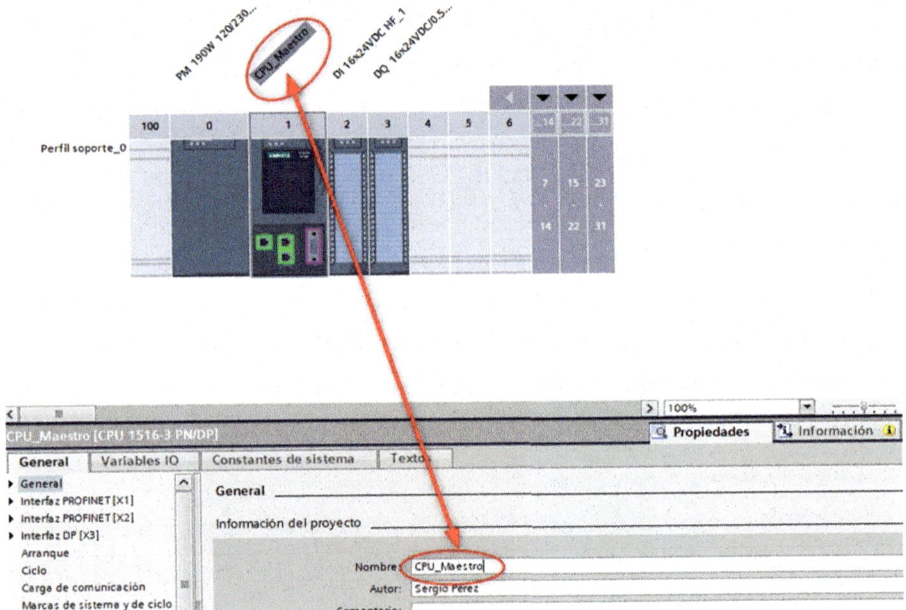

Figura 2.54

Ahora haremos doble clic con el ratón sobre la opción «Interfaz DP [X3]».

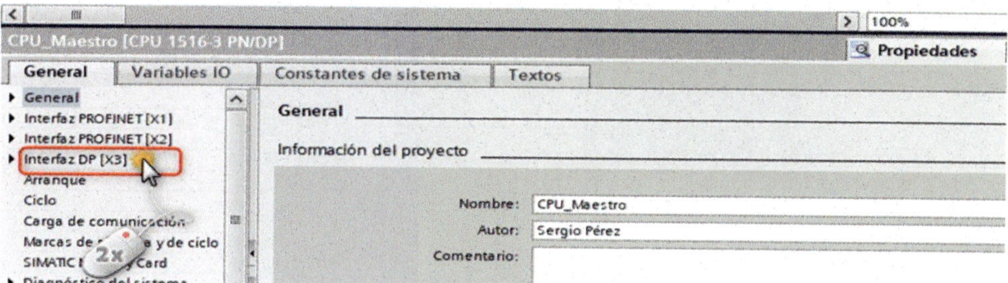

Figura 2.55

Seleccionaremos la opción «Modo de operación».

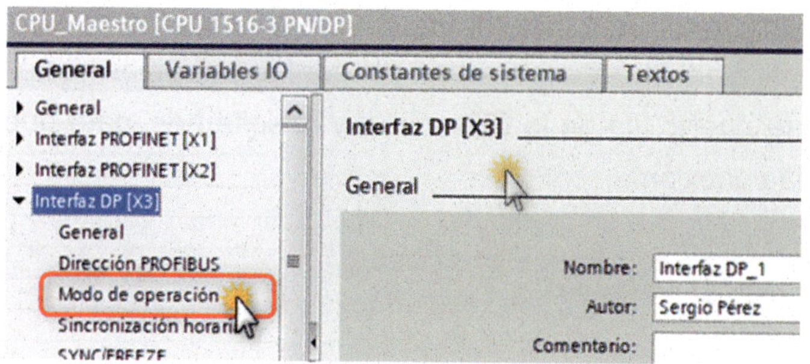

Figura 2.56

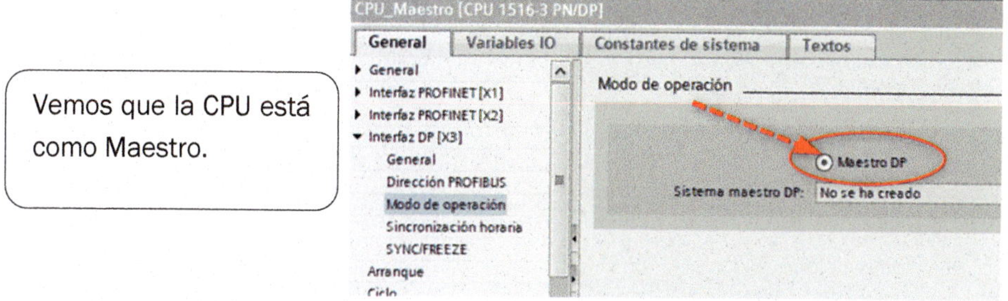

Figura 2.57

Pulsaremos sobre la pestaña «Vista de redes».

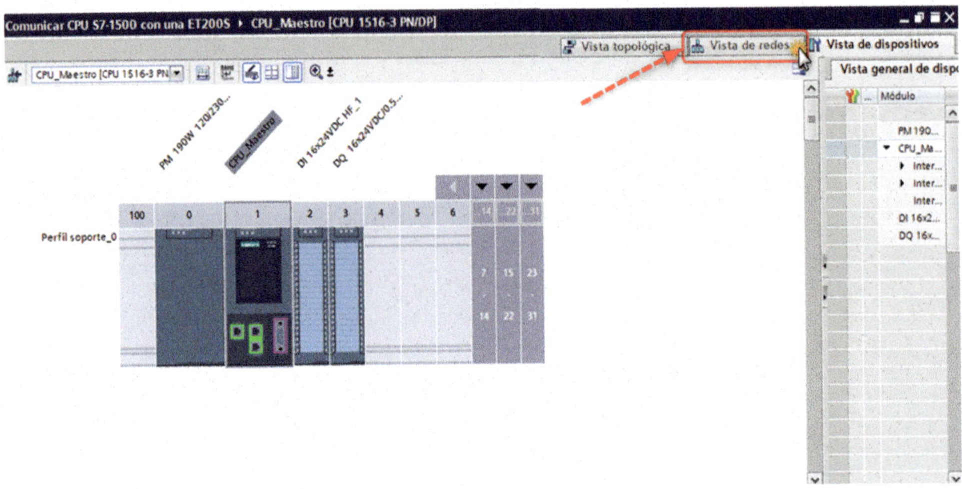

Figura 2.58

Ahora uniremos la «CPU_Maestro» y el «Slave_1» mediante una conexión Profibus. Para ello, con el puntero del ratón, hacemos un clic sobre el puerto de conexión lila del PLC Maestro y, sin soltarlo, arrastramos hasta la conexión del siguiente puerto lila de la ET esclavo y lo soltamos, para que así pueda realizarse la conexión.

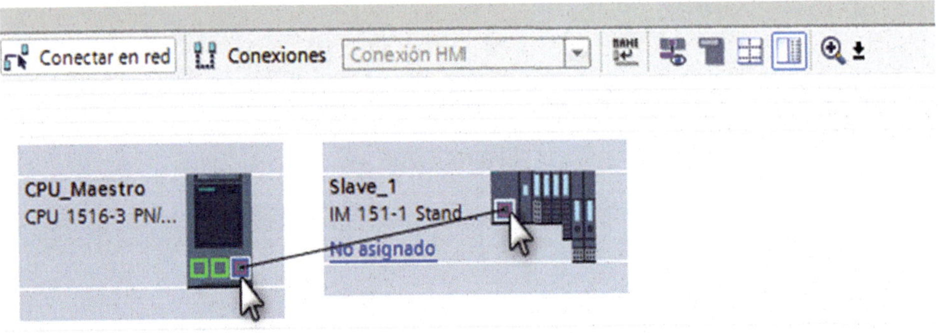

Figura 2.59

Nos quedará como podemos ver en la Figura 2.60.

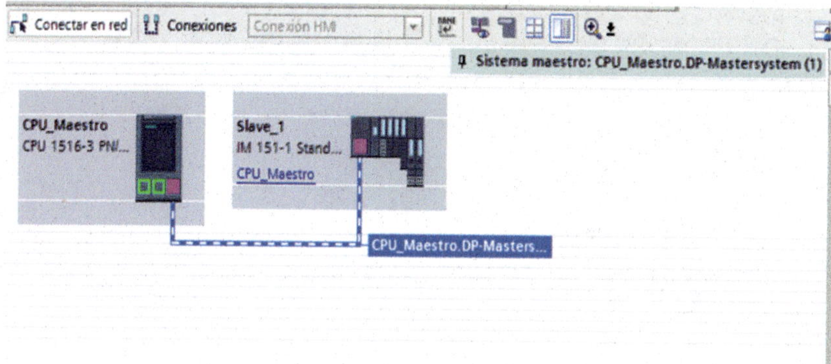

Figura 2.60

Haremos un clic sobre el icono «Mostrar direcciones».

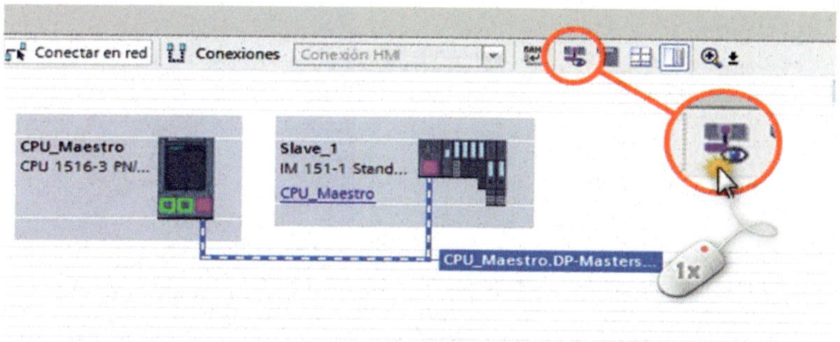

Figura 2.61

Al realizar la conexión entre el «Maestro» y el «Esclavo», se le asignarán unas direcciones de PROFIBUS, tal como vemos en la Figura 2.62.

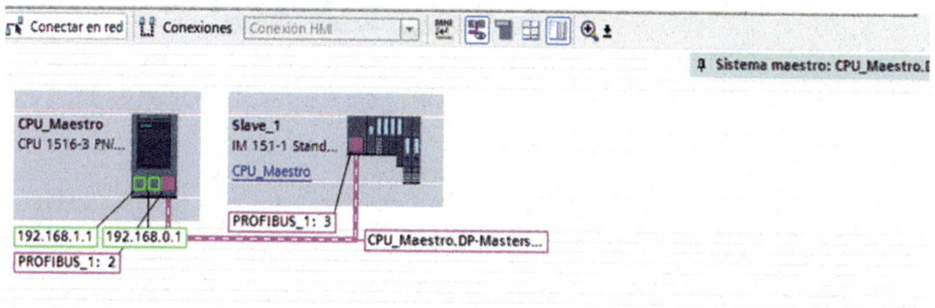

Figura 2.62

Pincharemos sobre la pestaña «Conexiones».

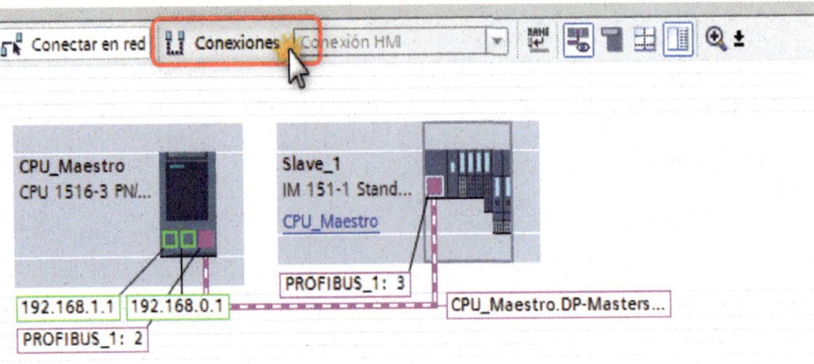

Figura 2.63

Ahora pulsaremos sobre la flechita desplegable de la celda de «Conexión», tal como vemos en la Figura 2.64.

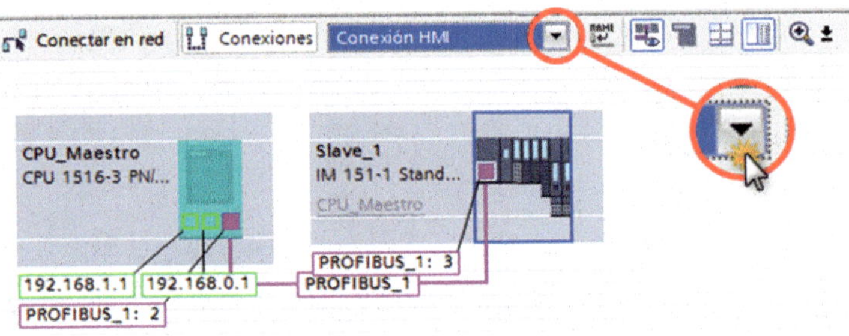

Figura 2.64

En el desplegable que nos aparece, seleccionaremos «Conexión S7».

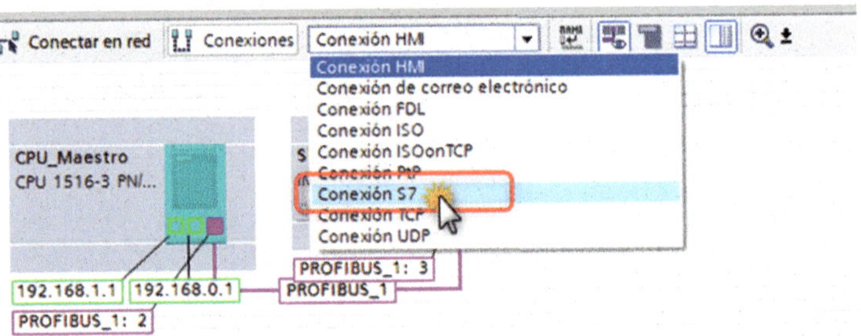

Figura 2.65

Pincharemos sobre la pestaña «Conectar en red».

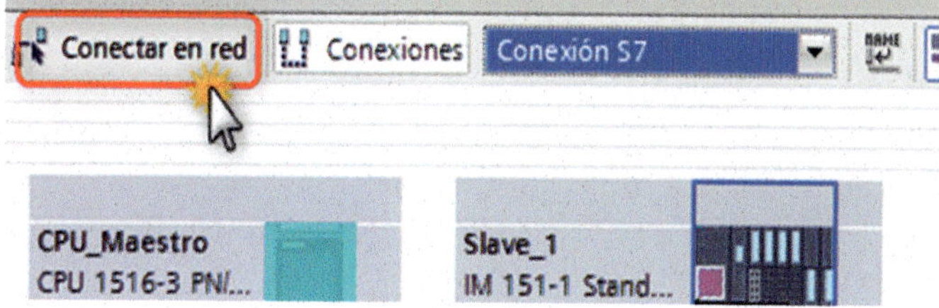

Figura 2.66

Ahora haremos un clic para seleccionar la «CPU_Maestro».

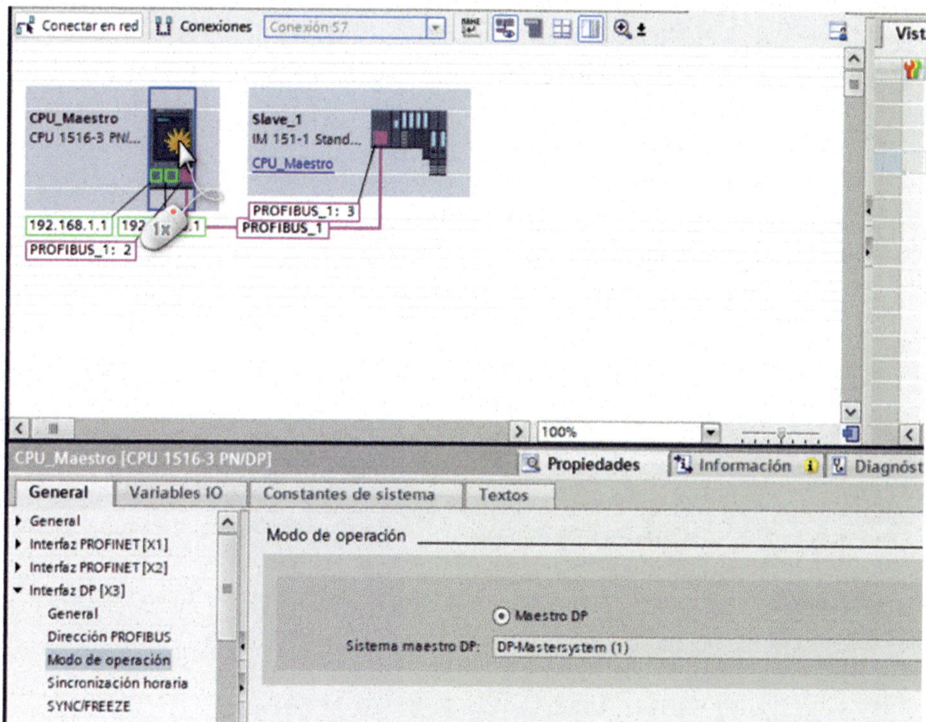

Figura 2.67

Pulsaremos sobre «Dirección PROFIBUS», que está dentro de la Interfaz DP [X3].

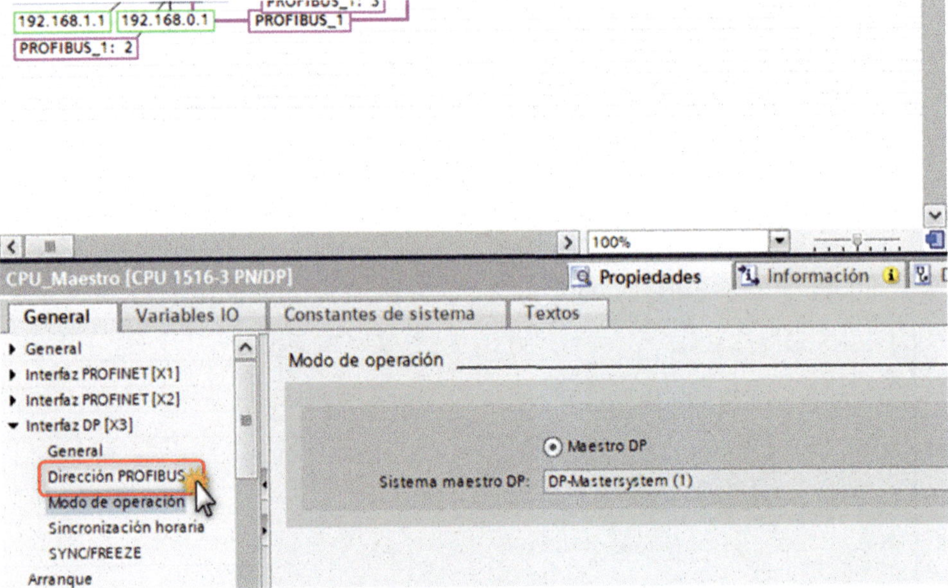

Figura 2.68

Pulsaremos sobre la flecha verde, para cambiar la velocidad de transferencia.

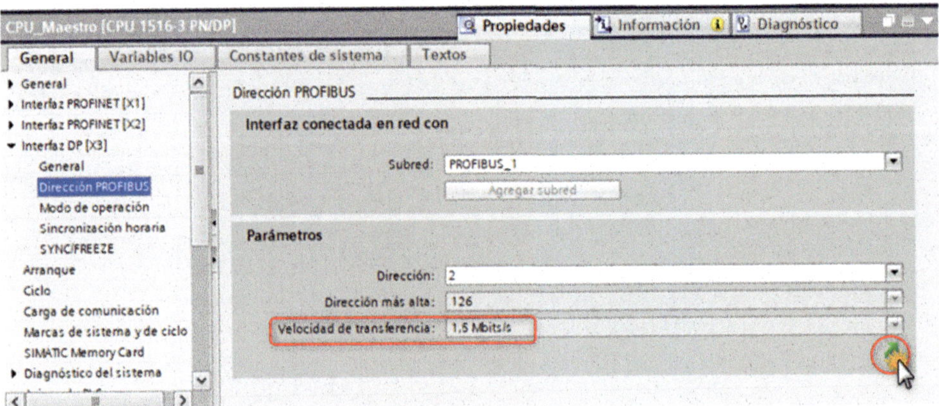

Figura 2.69

Pulsaremos sobre la flechita negra desplegable y, en el desplegable que nos aparece, seleccionaremos la opción «12 Mbits/s».

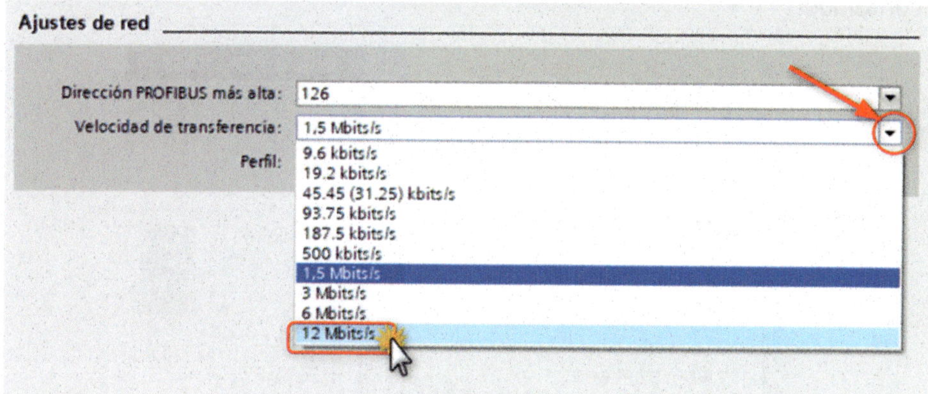

Figura 2.70

El protocolo Profibus DP define una serie de tasas de comunicación que pueden ser utilizadas: de 9.6 Kbit/s hasta 12 Mbit/s. En cada segmento del bus sin repetidor pueden conectarse hasta 32 dispositivos, y hasta 127 dispositivos cuando utilizamos repetidores.

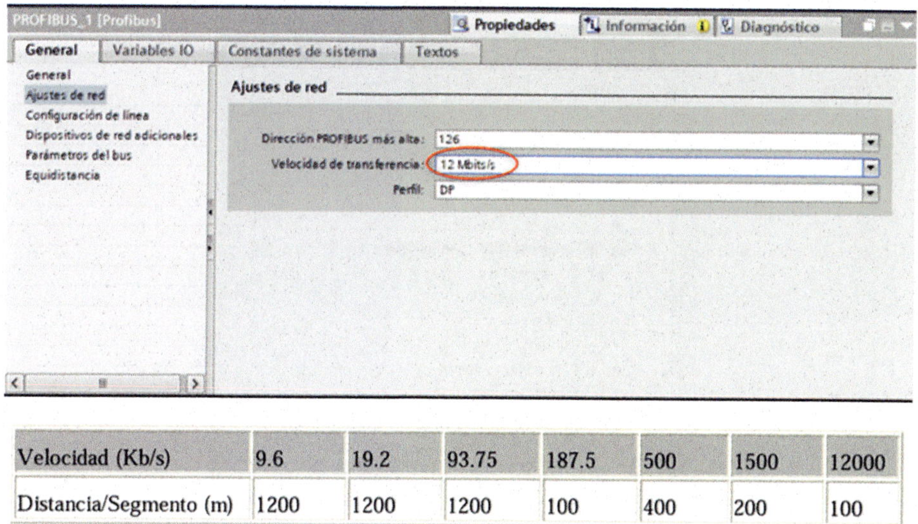

Velocidad (Kb/s)	9.6	19.2	93.75	187.5	500	1500	12000
Distancia/Segmento (m)	1200	1200	1200	100	400	200	100

Figura 2.71

Iremos a la ventana «Árbol del proyecto» y haremos doble clic con el ratón sobre la carpeta «CPU_Maestro [CPU 1516-3 PN/DP]», para desplegar su contenido.

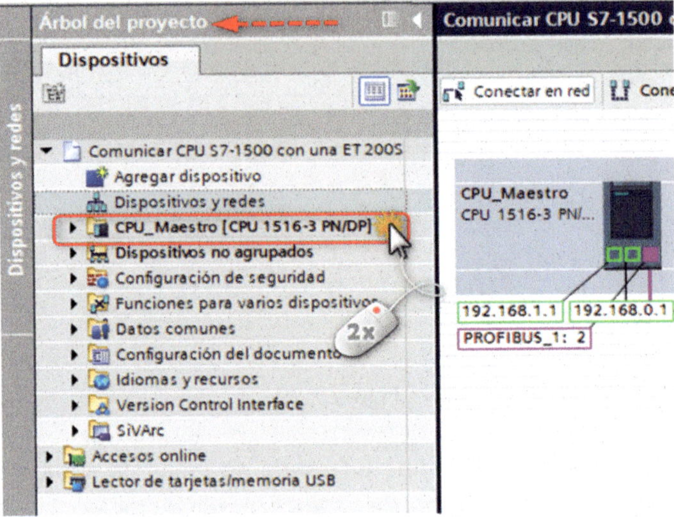

Figura 2.72

Haremos doble clic sobre la carpeta «Variables PLC».

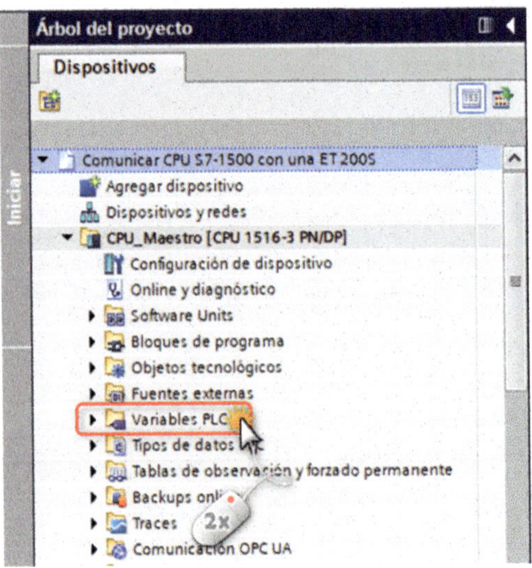

Figura 2.73

Seguidamente, haremos doble clic con el ratón sobre la opción «Tabla de variables estándar».

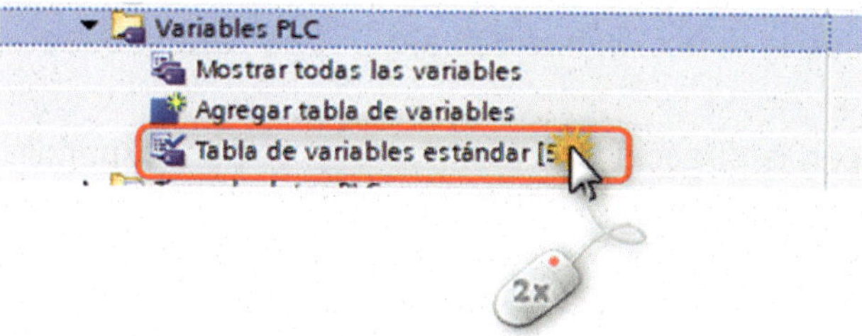

Figura 2.74

Veremos que se nos abre la ventana «Tabla de variables estándar». Si nos fijamos en la ventana central, vemos que la tenemos dividida en dos partes. Vamos a ocultar la parte de abajo.

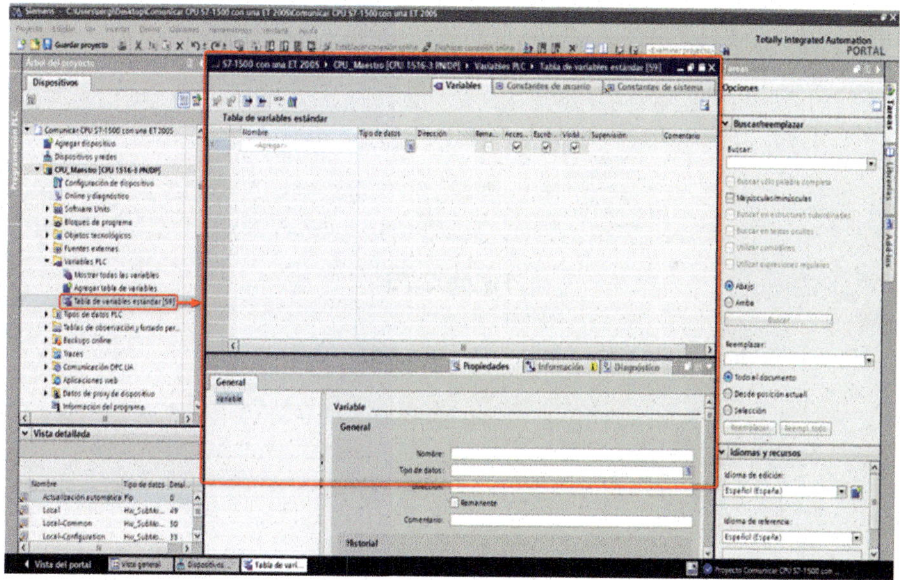

Figura 2.75

Para ocultarla, basta con pulsar sobre la flechita blanca que vemos en la Figura 2.76.

La flecha con la dirección hacia abajo es para contraer.

La flecha con la dirección hacia arriba es para expandir.

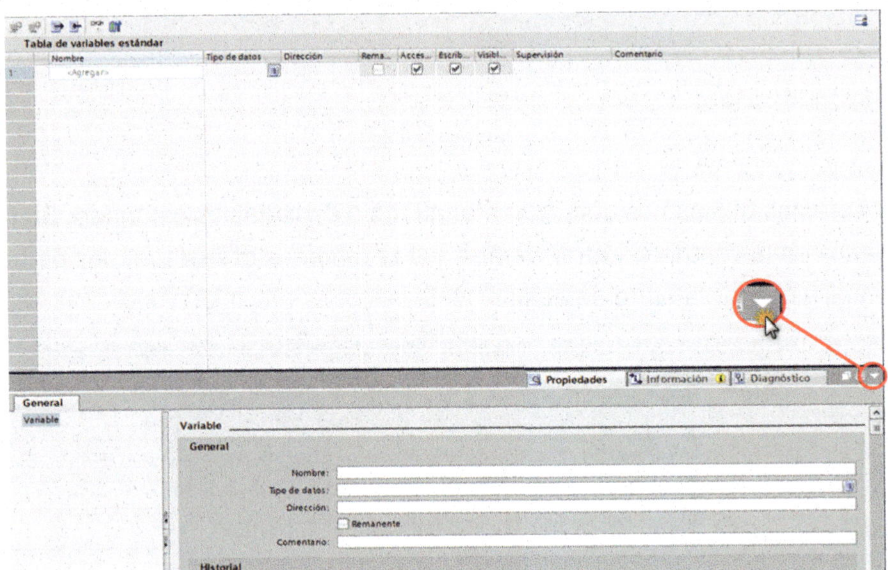

Figura 2.76

Haremos doble clic sobre la celda «Agregar».

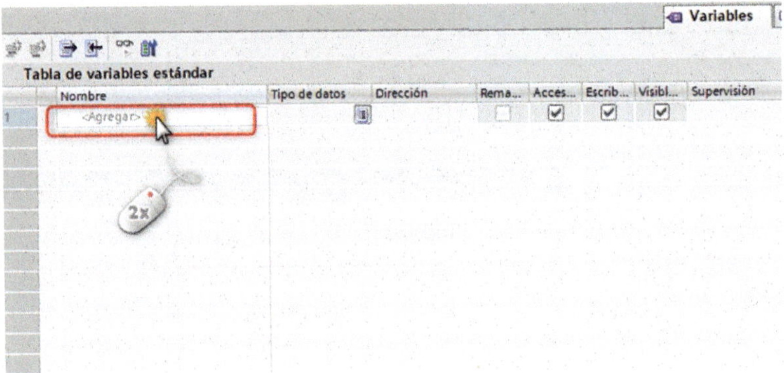

Figura 2.77

Veremos que la celda se habilita para poder escribir. Escribiremos «Entrada_PLC_Maestro».

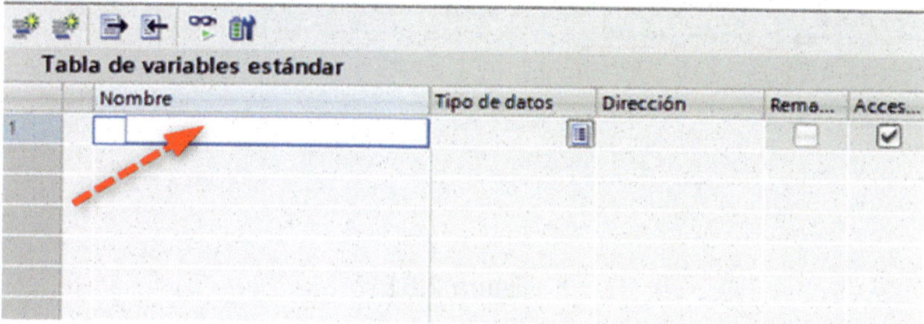

Figura 2.78

Una vez escrito el nombre, lo que haremos será pulsar la tecla «Intro» del teclado.

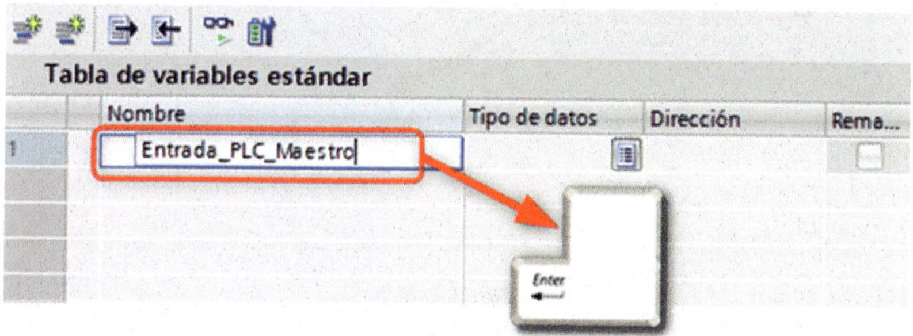

Figura 2.79

Aparte del nombre, veremos que nos ha añadido el «Tipo de datos» y la «Dirección».

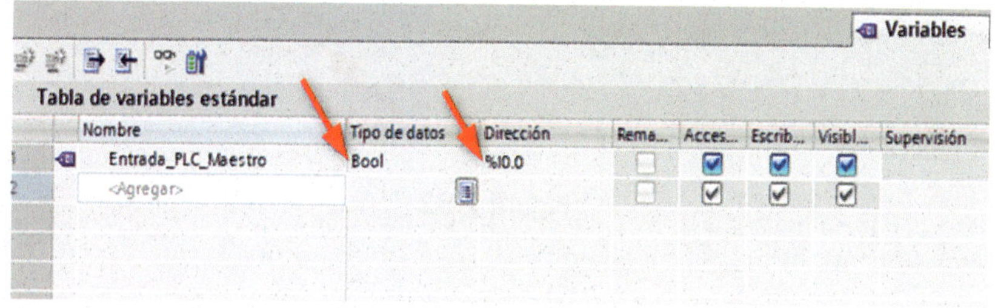

Figura 2.80

En la segunda celda, haremos doble clic sobre «Agregar».

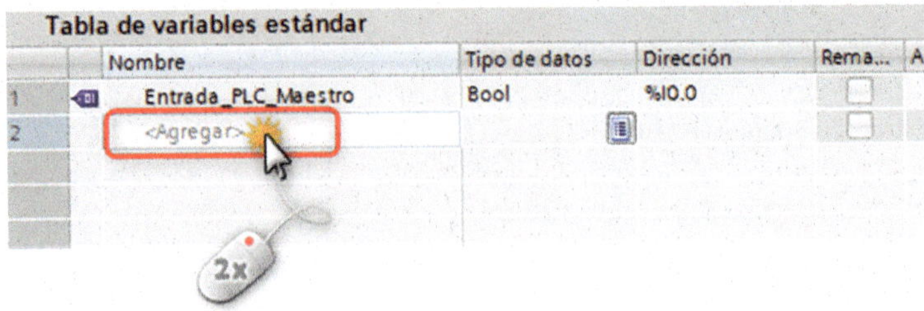

Figura 2.81

Dentro de la celda, escribiremos «Activa_Salida_ET 200S» y, seguidamente, pulsaremos la tecla «Intro» del teclado.

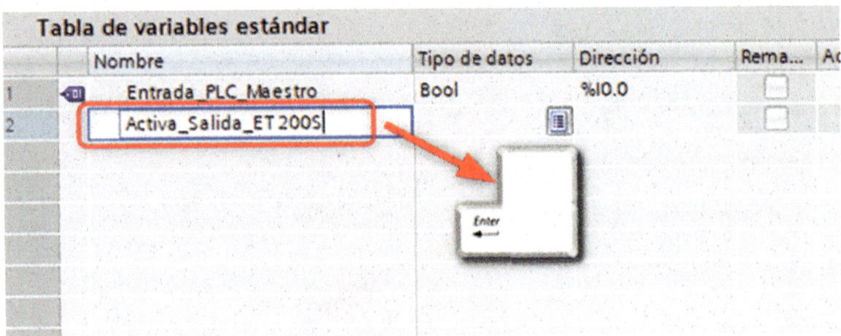

Figura 2.82

Vemos que nos da una dirección de entrada (I). Lo que tenemos que hacer es cambiarla por una dirección de salida (Q).

Tabla de variables estándar

	Nombre	Tipo de datos	Dirección	Rema...
1	Entrada_PLC_Maestro	Bool	%I0.0	
2	Activa_Salida_ET 200S	Bool	%I0.1	
3	<Agregar>			

Figura 2.83

Haremos un clic sobre la flechita negra desplegable de la celda de dirección, tal como vemos en la Figura 2.84.

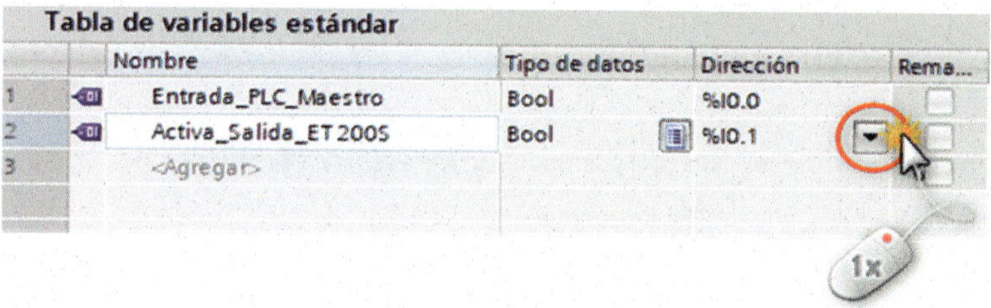

Figura 2.84

En la ventana que nos aparece, pulsaremos sobre la flechita desplegable de la celda «Identificador del operando».

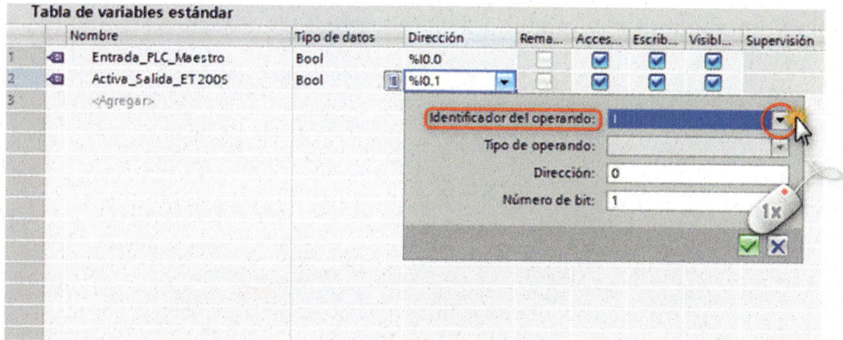

Figura 2.85

En el desplegable, seleccionaremos la letra «Q».

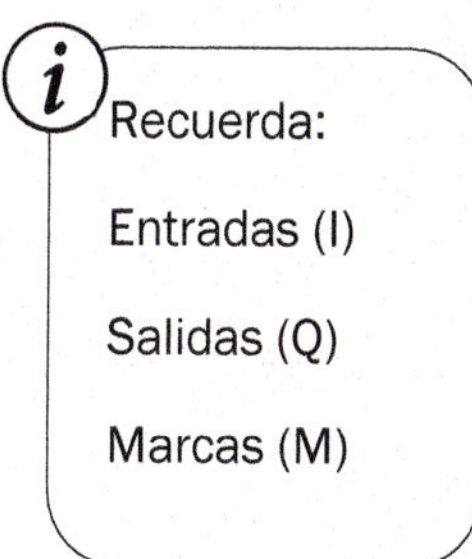

Recuerda:

Entradas (I)

Salidas (Q)

Marcas (M)

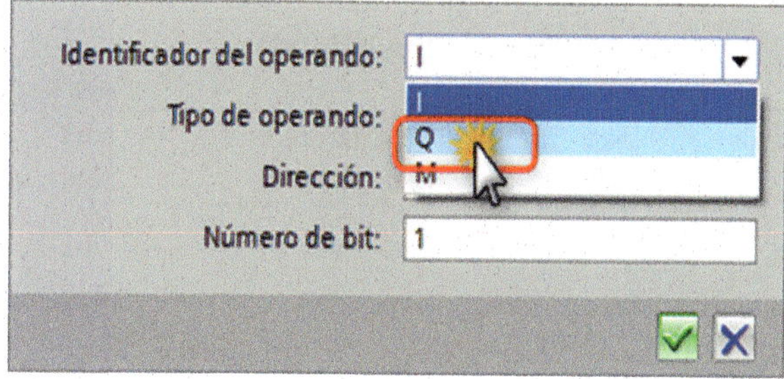

Figura 2.86

Ahora cambiaremos los valores de «Dirección» y «Número de bit».

En «Dirección» pondremos «2».

En «Número de bit» pondremos «0».

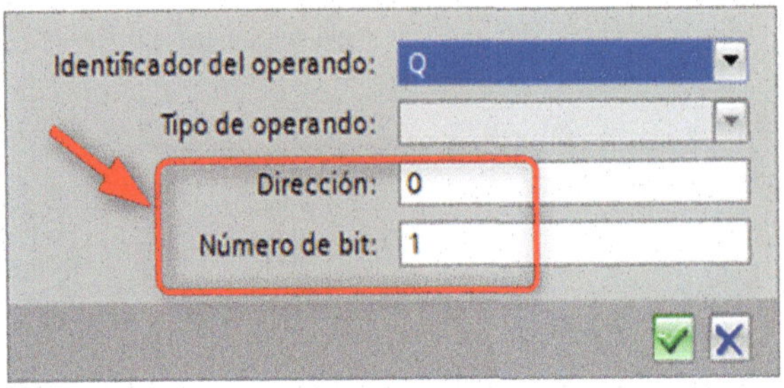
Identificador del operando:
Q
Tipo de operando:
Dirección:
0
Número de bit:
1

Figura 2.87

Pulsaremos sobre el símbolo del *check* verde.

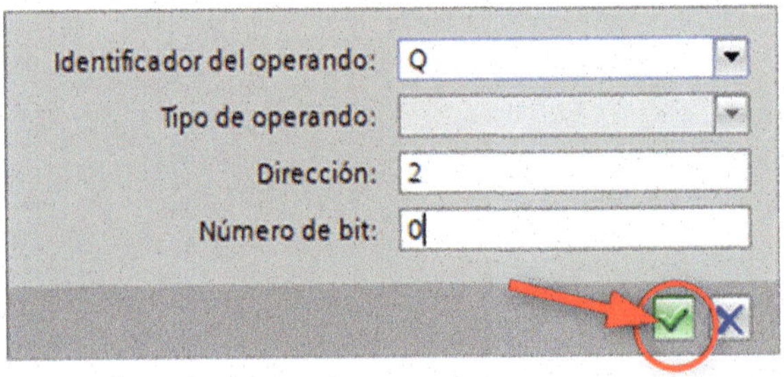
Identificador del operando:
Q
Tipo de operando:
Dirección:
2
Número de bit:
0

Figura 2.88

Como podemos ver, ya tenemos cambiada la dirección.

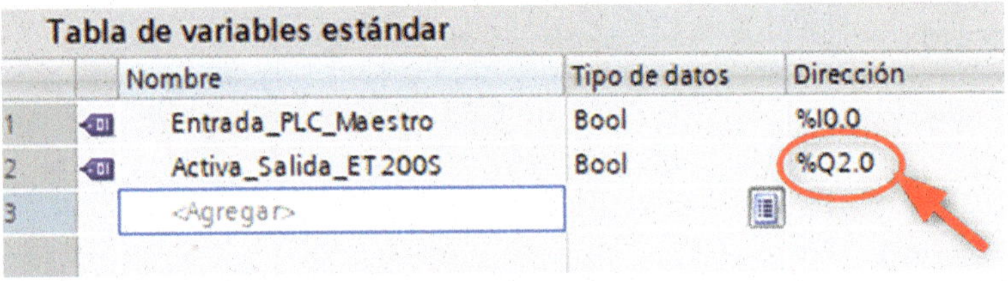
Tabla de variables estándar
Nombre
Tipo de datos
Dirección
1
Entrada_PLC_Maestro
Bool
%I0.0
2
Activa_Salida_ET200S
Bool
%Q2.0
3
<Agregar>

Figura 2.89

Vamos a ver de dónde salen las direcciones que hemos asignado a las variables.

Iremos a la ventana «Árbol del proyecto», y haremos doble clic sobre la opción «Dispositivos y redes».

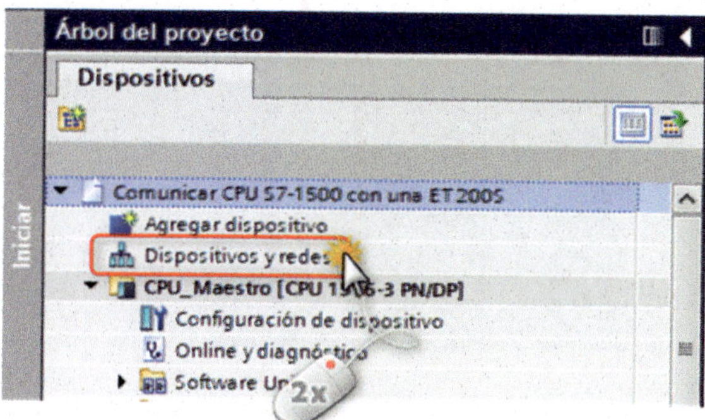

Figura 2.90

Haremos doble clic sobre «CPU_Maestro».

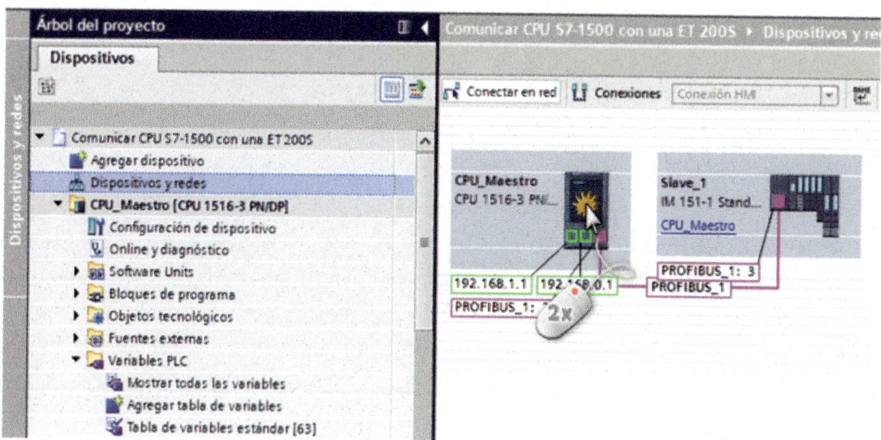

Figura 2.91

Vamos a seleccionar el módulo de entradas digitales «DI».

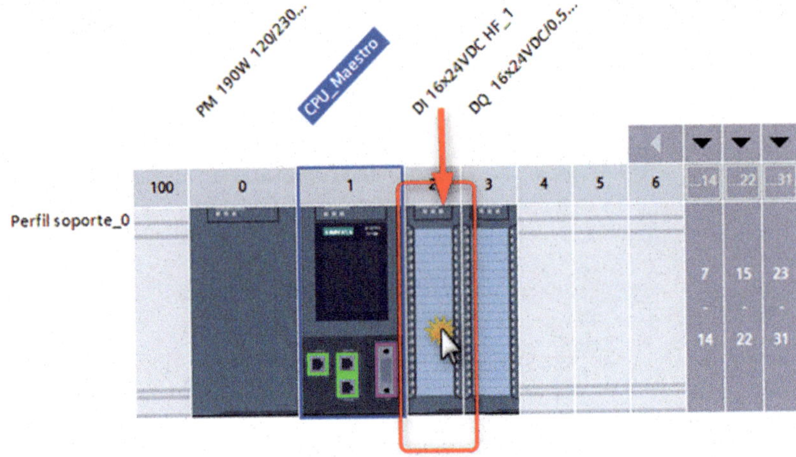

Figura 2.92

Haremos doble clic con el ratón sobre la opción «Entradas 0-15» de la pestaña «General».

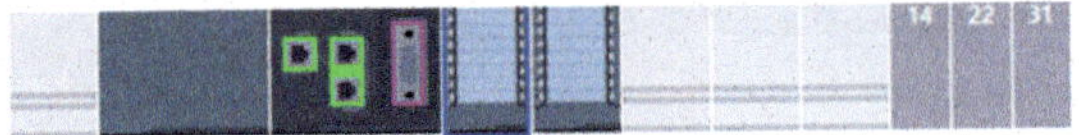

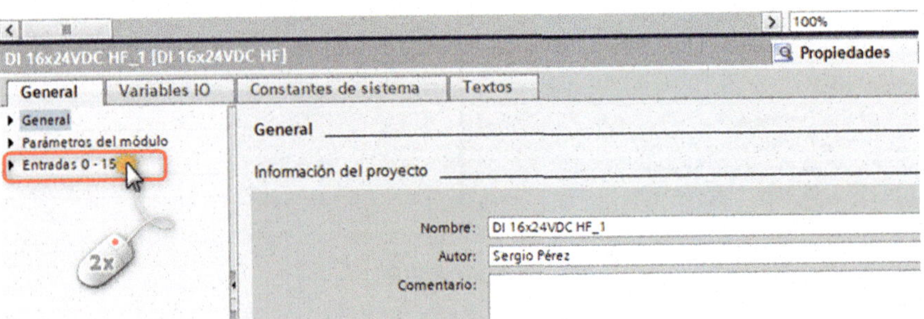

Figura 2.93

Ahora seleccionaremos la opción «Direcciones E/S».

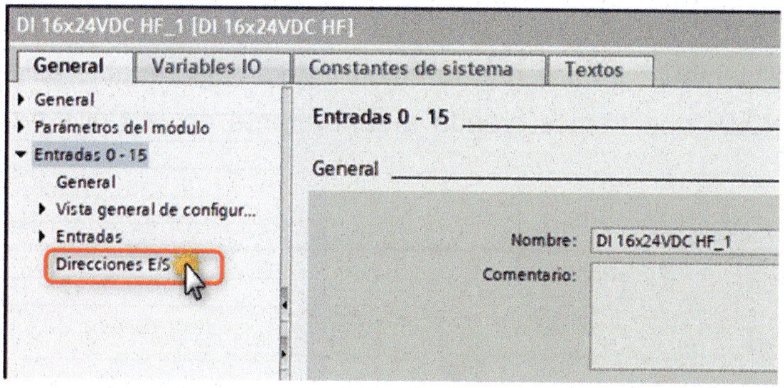

Figura 2.94

Podemos ver cuál es la dirección de entrada inicial y final.

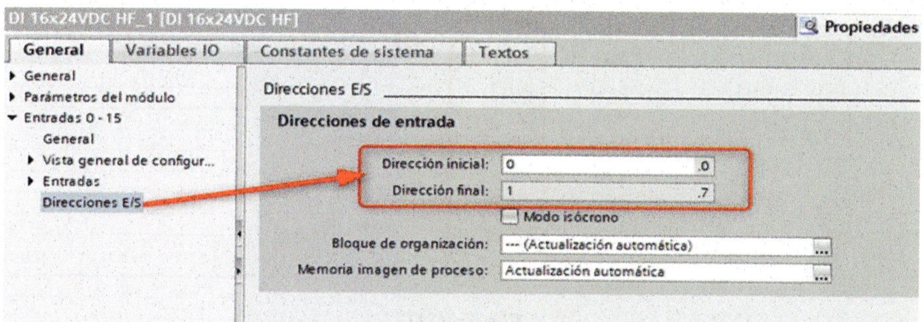

Figura 2.95

Pulsaremos sobre la pestaña «Variables IO».

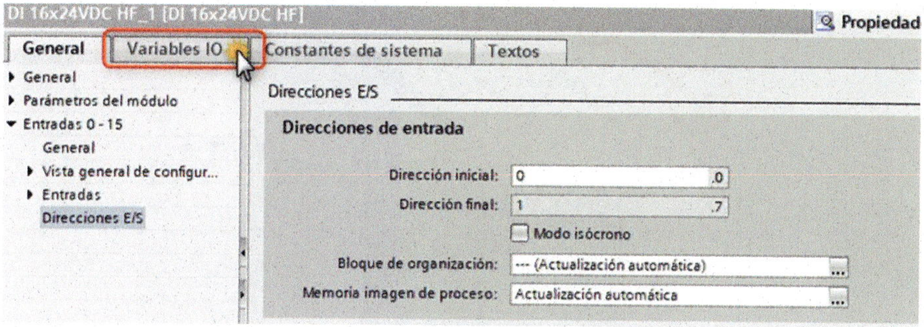

Figura 2.96

Como podemos ver, tenemos los dos bloques de direcciones del módulo de «DI». Bloque A = «I0.0 - I0.7», bloque B = I1.0 - I1.7».

Si nos fijamos, veremos que también tenemos la variable asignada a la entrada «I0.0» que hemos creado anteriormente en la tabla de variables estándar.

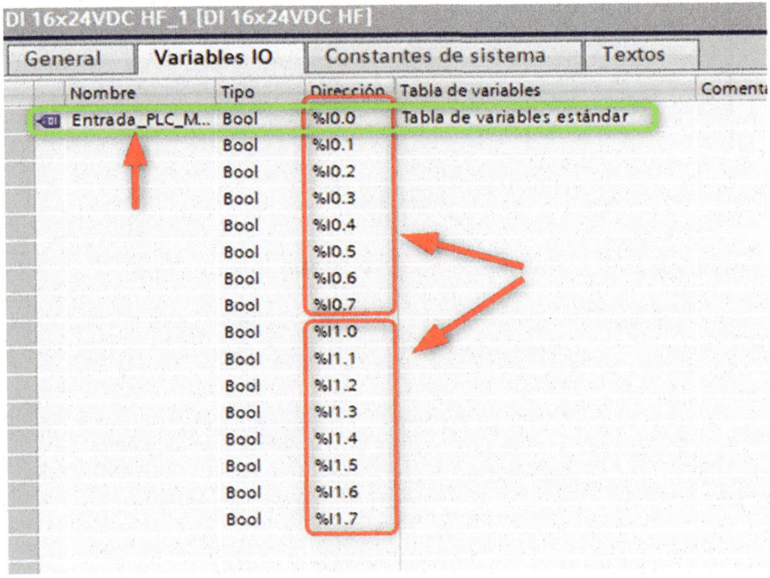

Figura 2.97

Ahora pulsaremos sobre la flechita desplegable de la celda donde tenemos el nombre de la CPU_ Maestro.

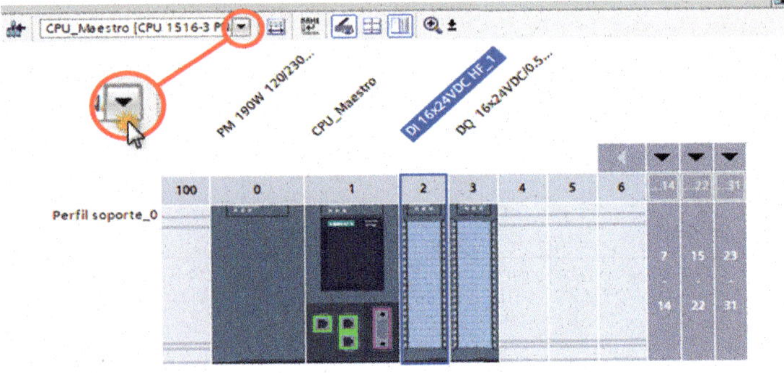

Figura 2.98

En el desplegable, seleccionaremos «Slave_1 [IM 151-1 Standard]».

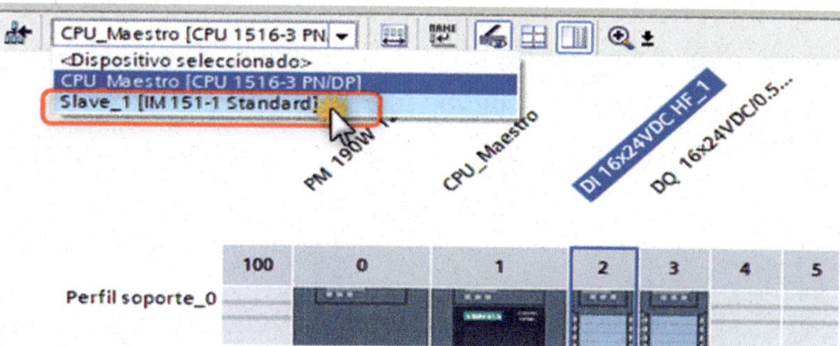

Figura 2.99

Vamos a seleccionar el módulo de salidas digitales «DO».

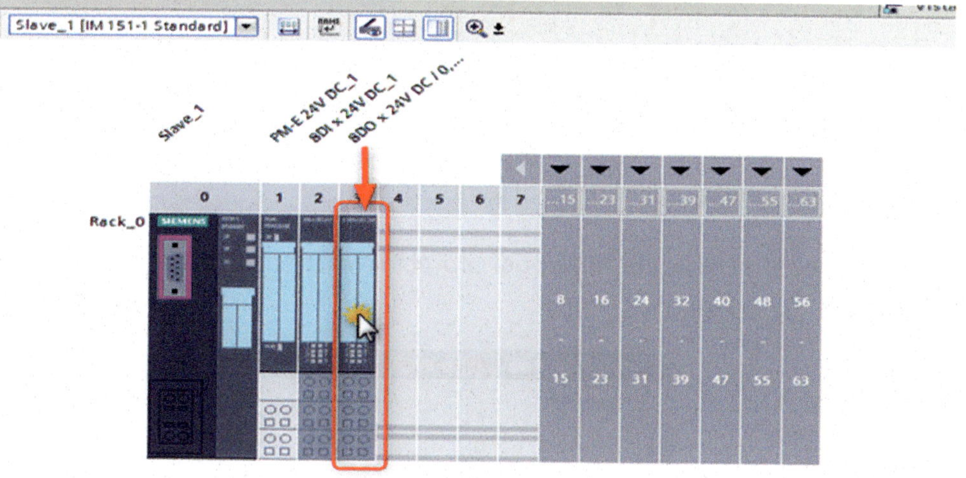

Figura 2.100

Por defecto, nos sale seleccionada la pestaña «Variables IO». De no ser así, pincharemos sobre la pestaña, como podemos ver en la Figura 2.101. Aquí tenemos las direcciones de las salidas del módulo «DO» y, si nos fijamos, vemos que también tenemos la variable asignada a la salida «Q2.0» que hemos creado anteriormente en la tabla de variables estándar.

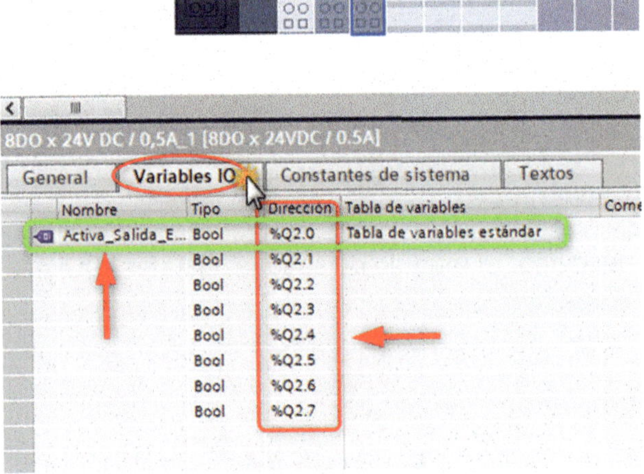

Figura 2.101

Iremos a la ventana «Árbol del proyecto» y haremos doble clic sobre la carpeta «Bloques de programa».

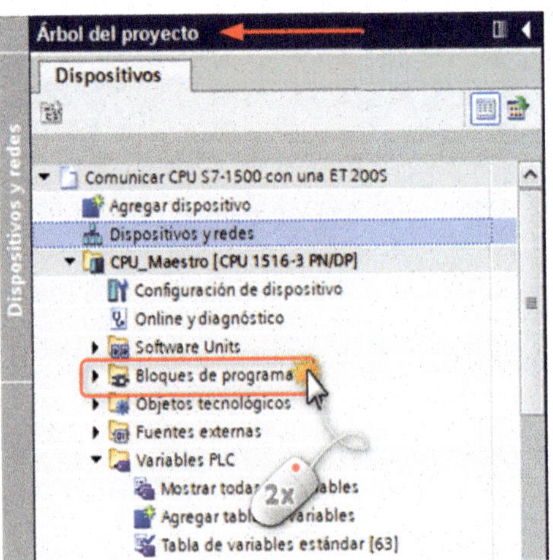

Figura 2.102

Seguidamente, haremos doble clic sobre «Main [OB1]».

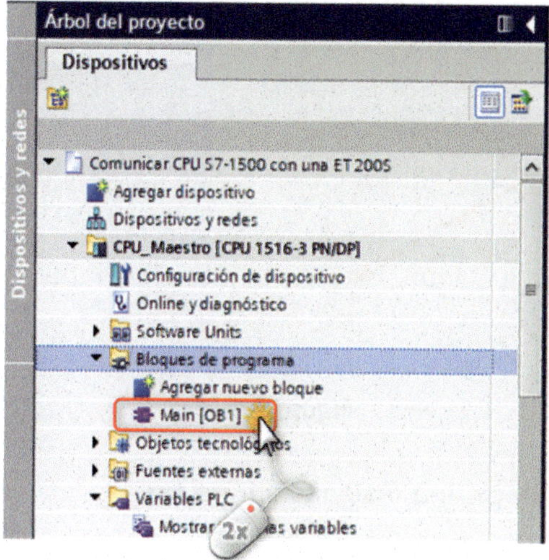

Figura 2.103

Se nos abre la ventana del «Main [OB1]».

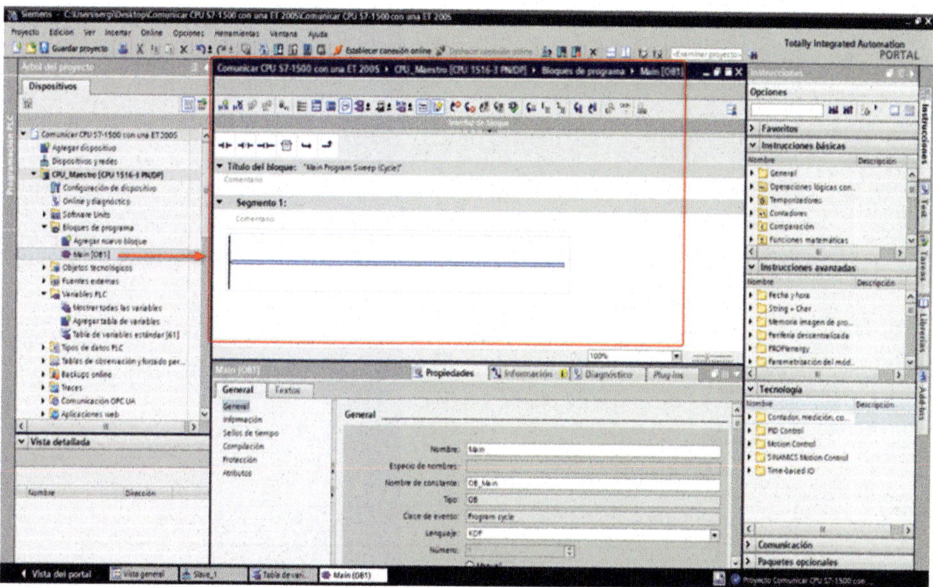

Figura 2.104

Arrastraremos al segmento un «Contacto NO» -| |-.

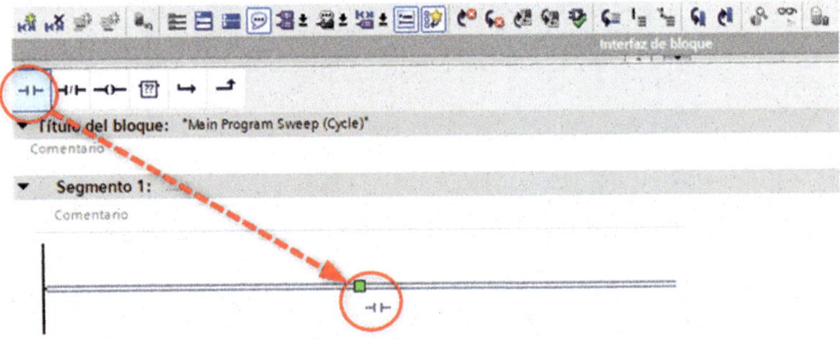

Figura 2.105

Ahora arrastraremos una «Asignación» -( )-.

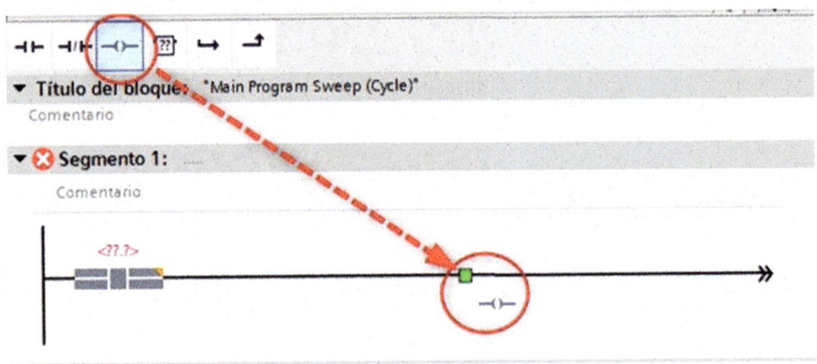

Figura 2.106

Nos quedará tal como vemos en la Figura 2.107.

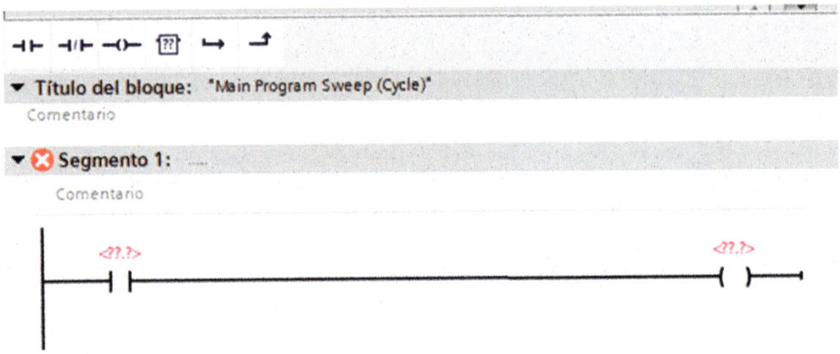

Figura 2.107

Haremos doble clic sobre los interrogantes del «Contacto NO».

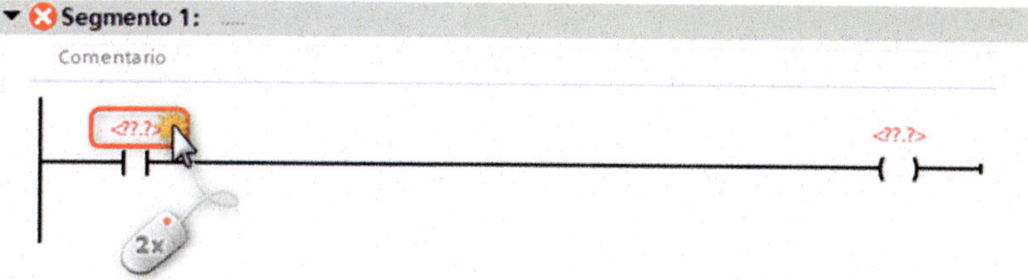

Figura 2.108

Ahora, dentro de la celda escribiremos la dirección «I0.0».

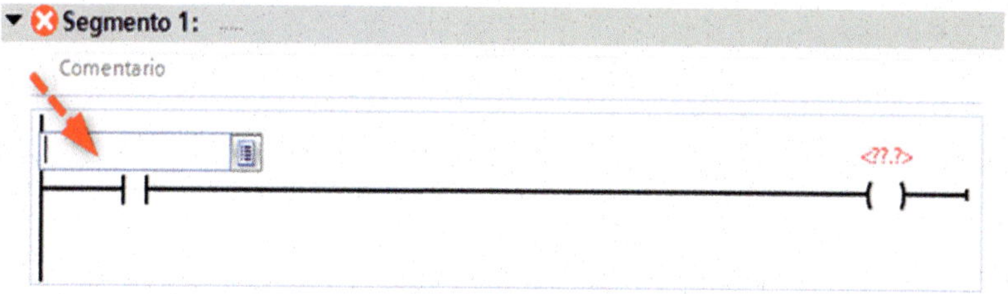

Figura 2.109

En el desplegable que nos aparece, seleccionaremos la variable «I0.0» y, seguidamente, pulsaremos la tecla Intro del teclado.

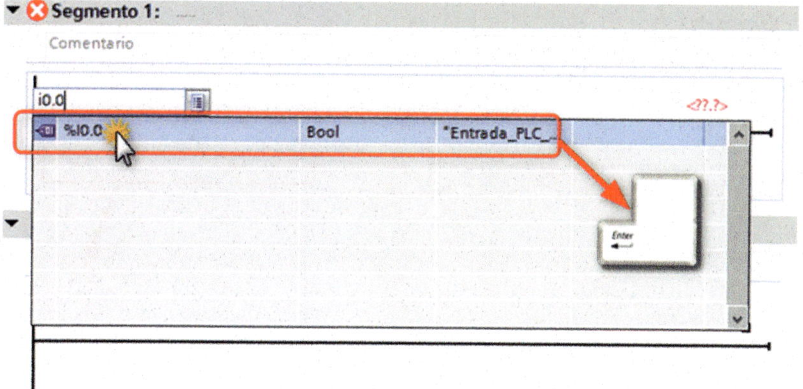

Figura 2.110

Haremos doble clic sobre los interrogantes de la «Asignación».

Figura 2.111

Ahora, dentro de la celda escribiremos la dirección «Q2.0».

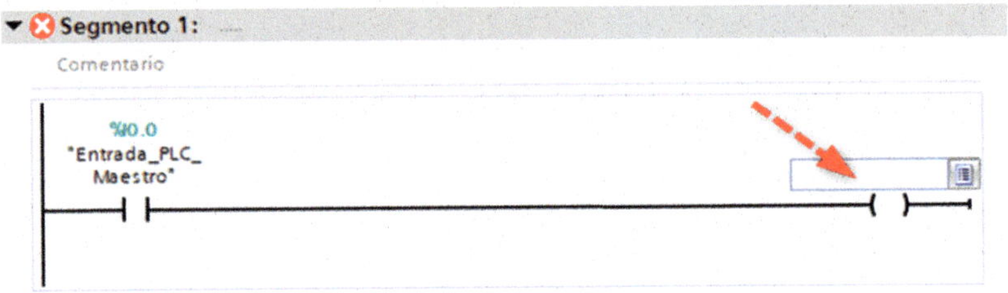

Figura 2.112

En el desplegable que nos aparece, seleccionaremos la variable «Q2.0» y, seguidamente, pulsaremos la tecla Intro del teclado.

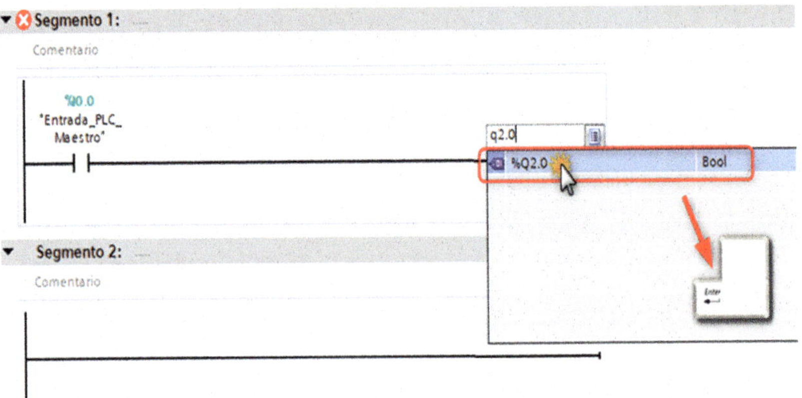

Figura 2.113

El segmento 1 nos quedará como vemos en la Figura 2.114.

Segmento 1:

Comentario

%I0.0
"Entrada_PLC_
Maestro"

%Q2.0
"Activa_Salida_ET
200S"

Figura 2.114

Iremos a la ventana «Árbol del proyecto» y haremos doble clic con el ratón sobre «Dispositivos y redes».

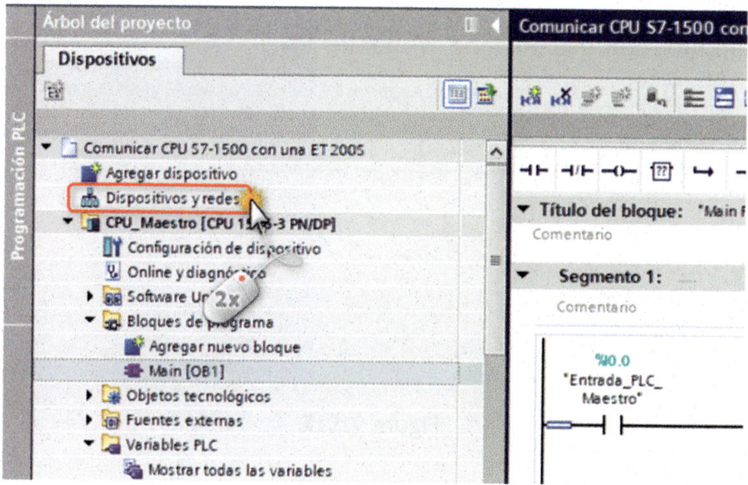

Figura 2.115

Ahora haremos doble clic con el ratón sobre el «Esclavo».

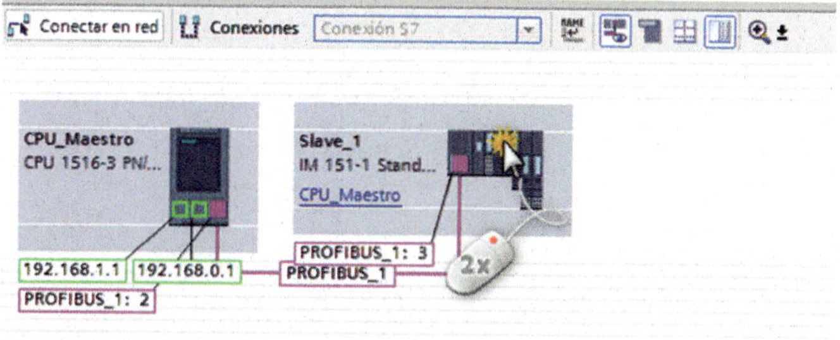

Figura 2.116

Haremos doble clic sobre el módulo de entradas digitales «DI».

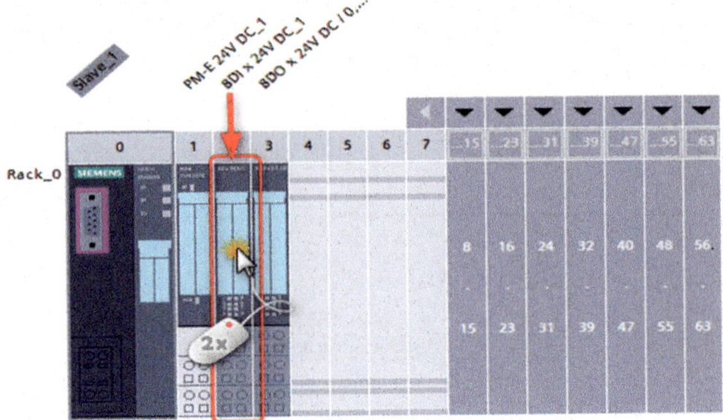

Figura 2.117

Pulsaremos sobre la pestaña «Variables IO».

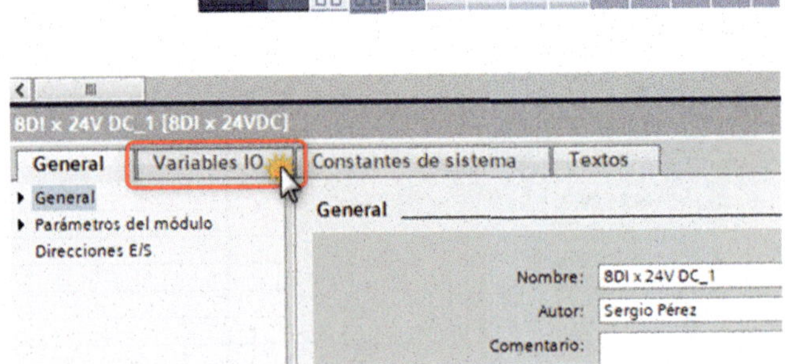

Figura 2.118

Como podemos ver, estas son las direcciones del módulo de entradas digitales «DI» que comienzan con la dirección «2».

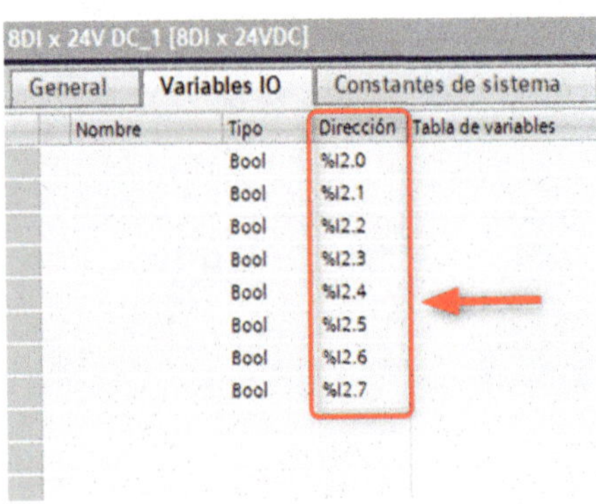
8DI x 24V DC_1 [8DI x 24VDC]

General | Variables IO | Constantes de sistema

Nombre	Tipo	Dirección	Tabla de variables
	Bool	%I2.0	
	Bool	%I2.1	
	Bool	%I2.2	
	Bool	%I2.3	
	Bool	%I2.4	
	Bool	%I2.5	
	Bool	%I2.6	
	Bool	%I2.7	

Figura 2.119

Pulsaremos sobre la flechita desplegable de la celda donde tenemos el nombre del «Slave_1 [IM 151-1 Standard]».

Figura 2.120

En el desplegable, seleccionaremos «CPU_Maestro [CPU 1516-3 PN/DP]».

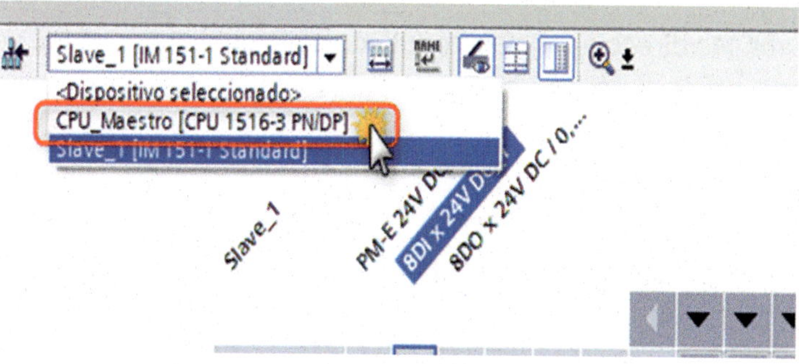

Figura 2.121

Lo que haremos será seleccionar el módulo de salidas digitales «DQ».

Figura 2.122

Estas son las direcciones del módulo de salidas digitales «DQ». Vemos que la dirección inicial es «0» y la dirección final es «1».

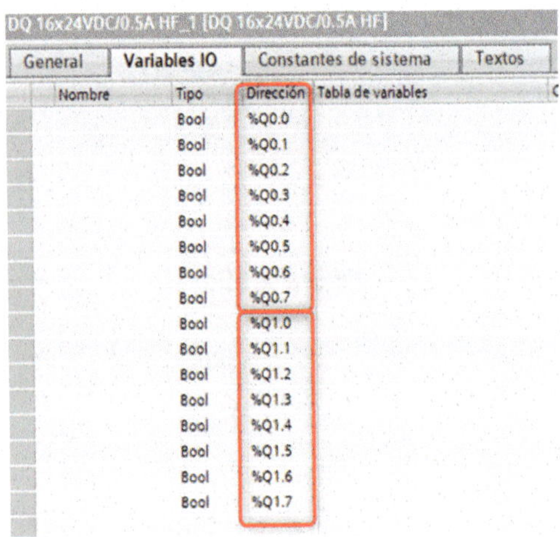

DQ 16x24VDC/0.5A HF_1 [DQ 16x24VDC/0.5A HF]

General | Variables IO | Constantes de sistema | Textos

Nombre	Tipo	Dirección	Tabla de variables
	Bool	%Q0.0	
	Bool	%Q0.1	
	Bool	%Q0.2	
	Bool	%Q0.3	
	Bool	%Q0.4	
	Bool	%Q0.5	
	Bool	%Q0.6	
	Bool	%Q0.7	
	Bool	%Q1.0	
	Bool	%Q1.1	
	Bool	%Q1.2	
	Bool	%Q1.3	
	Bool	%Q1.4	
	Bool	%Q1.5	
	Bool	%Q1.6	
	Bool	%Q1.7	

Figura 2.123

Iremos a la ventana «Árbol del proyecto» y haremos doble clic con el ratón sobre «Tabla de variables estándar», que está dentro de la carpeta «Variables PLC».

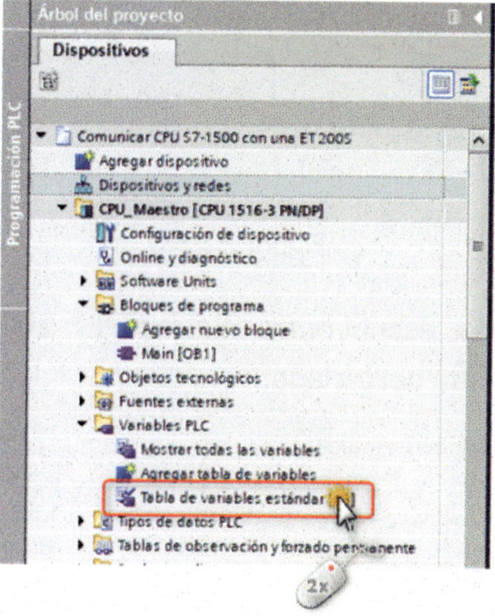

Figura 2.124

Ya estamos en la ventana de la «Tabla de variables estándar».

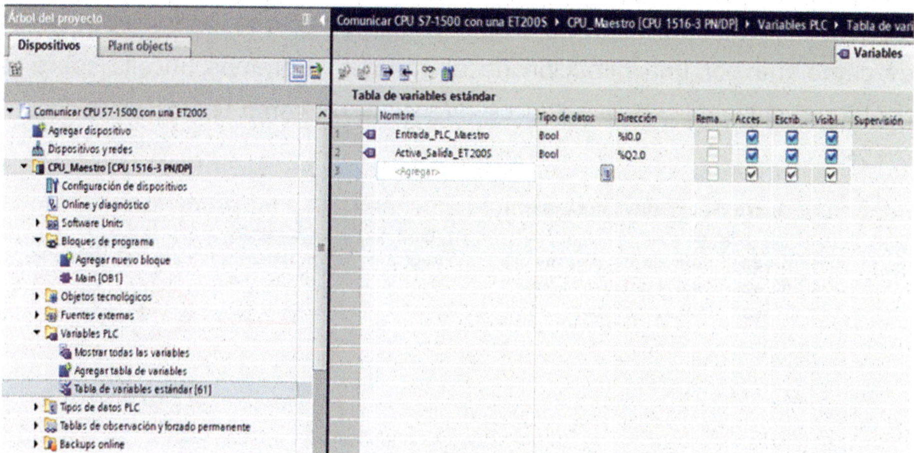

Figura 2.125

Haremos doble clic sobre la celda «Agregar».

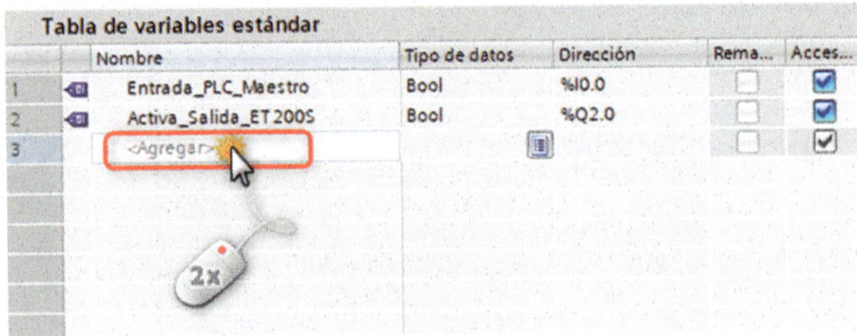

Figura 2.126

Dentro de la celda, escribiremos «Entrada_ET 200S» y, seguidamente, pulsaremos la tecla Intro del teclado.

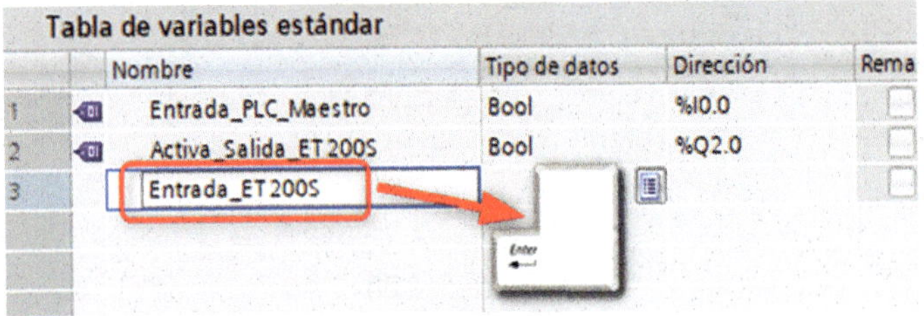

Figura 2.127

Vemos que nos da una dirección de salida «Q». Lo que tenemos que hacer es cambiarla por una dirección de entrada «I». Haremos un clic sobre la flechita desplegable de la celda de dirección, tal como vemos en la Figura 2.128.

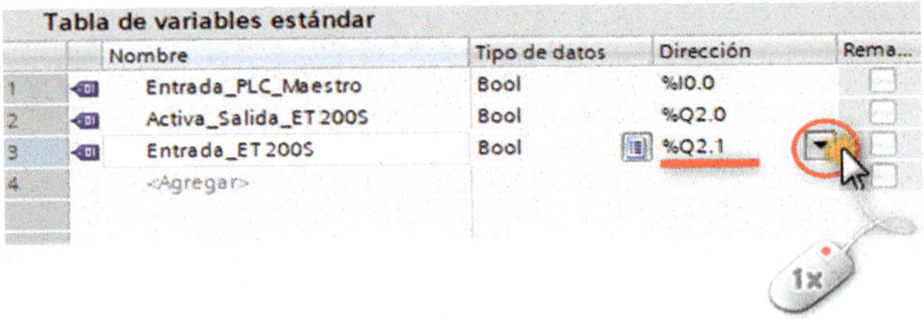

Figura 2.128

En la ventana que nos aparece, pulsaremos sobre la flechita desplegable de la celda «Identificador del operando».

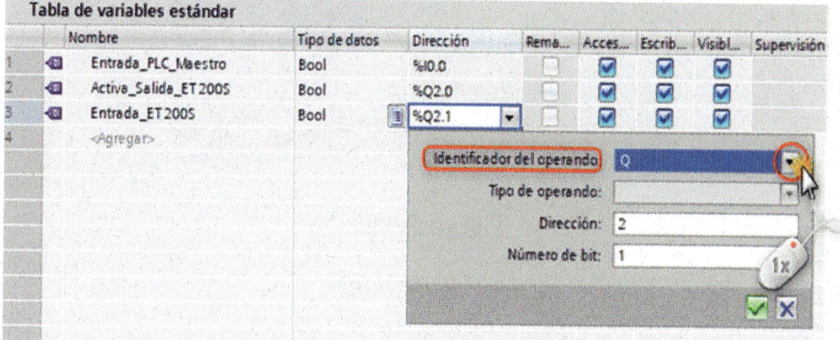

Figura 2.129

En el desplegable, seleccionaremos la letra «I».

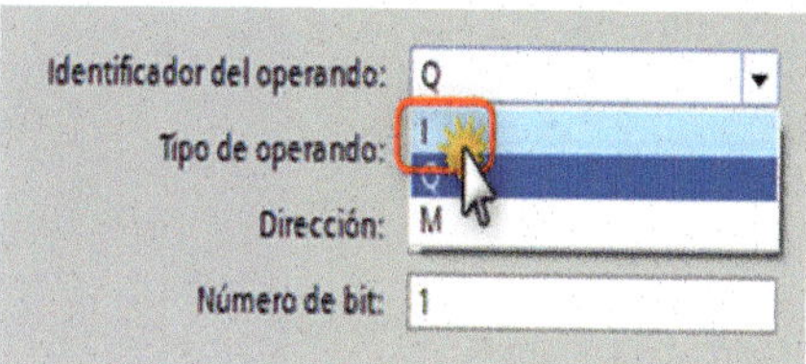

Figura 2.130

Ahora cambiaremos el valor de «Número de bit».

En «Número de bit» pondremos «0».

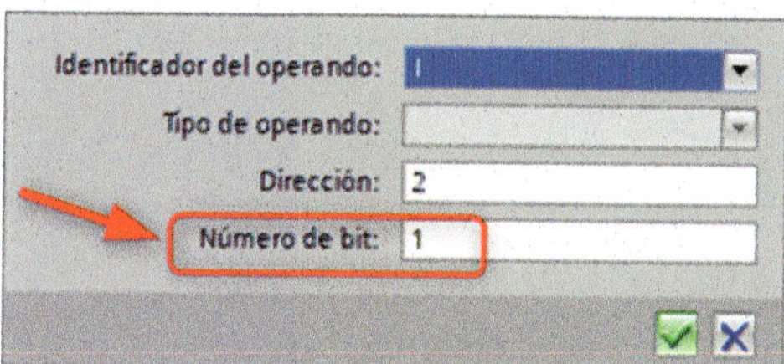

Figura 2.131

Pulsaremos sobre el *check* verde.

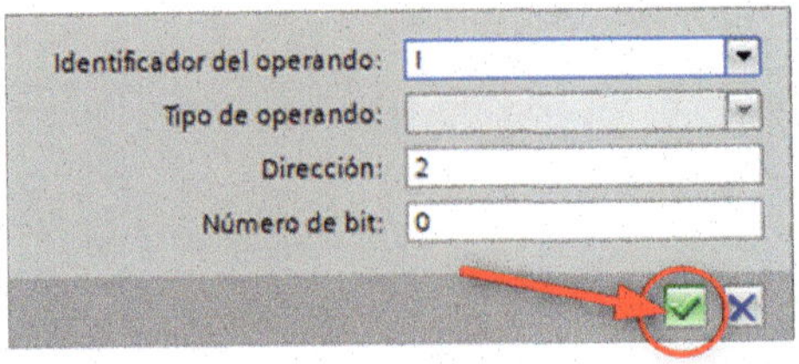

Identificador del operando:
I
Tipo de operando:
Dirección:
2
Número de bit:
0

Figura 2.132

Nos quedará tal como vemos en la imagen.

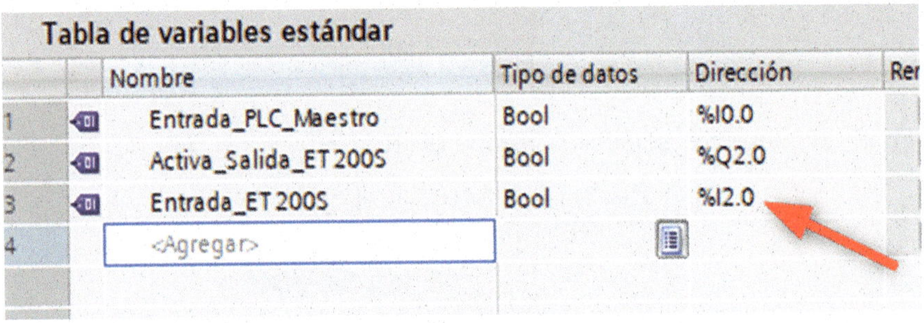

Tabla de variables estándar
Nombre
Tipo de datos
Dirección
1
Entrada_PLC_Maestro
Bool
%I0.0
2
Activa_Salida_ET200S
Bool
%Q2.0
3
Entrada_ET200S
Bool
%I2.0
4
<Agregar>

Figura 2.133

Haremos doble clic sobre la celda «Agregar».

Tabla de variables estándar
Nombre
Tipo de datos
Dirección
Rema...
1
Entrada_PLC_Maestro
Bool
%I0.0
2
Activa_Salida_ET200S
Bool
%Q2.0
3
Entrada_ET200S
Bool
%I2.0
4
<Agregar>
2x

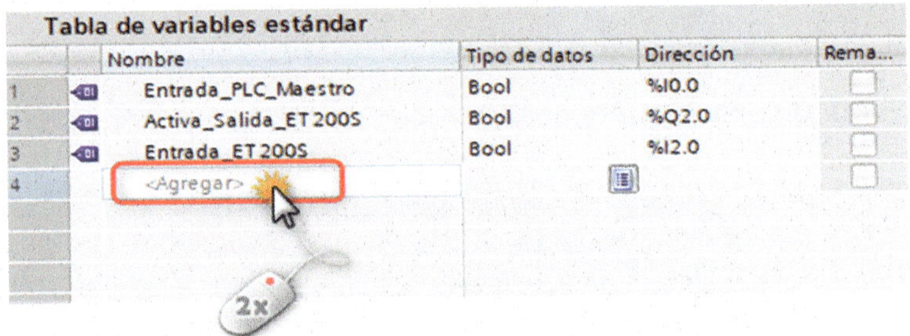

Figura 2.134

Dentro de la celda, escribiremos «Activa_Salida_PLC_Maestro» y, seguidamente, pulsaremos la tecla Intro del teclado.

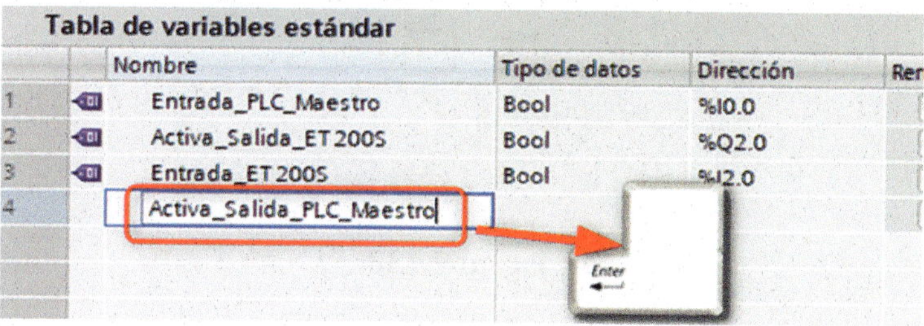

Figura 2.135

Vemos que nos da una dirección de entrada «I». Lo que tenemos que hacer es cambiarla por una dirección de salida «Q». Haremos un clic sobre la flechita desplegable de la celda de dirección, tal como vemos en la Figura 2.136.

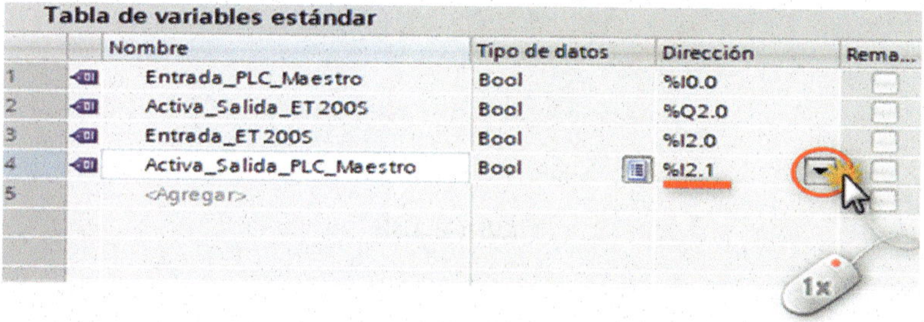

Figura 2.136

En la ventana que nos aparece, pulsaremos sobre la flechita desplegable de la celda «Identificador del operando».

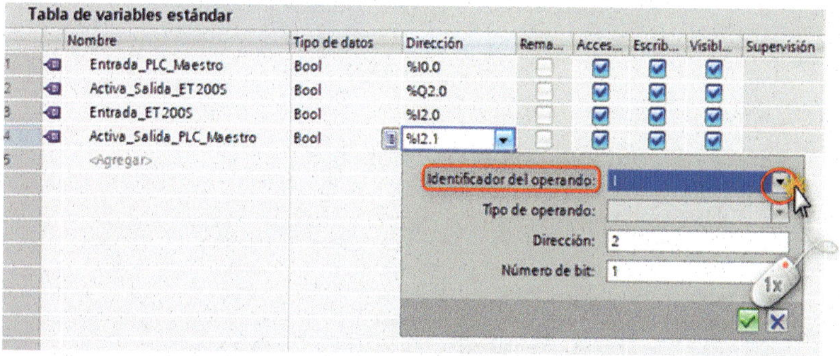

Figura 2.137

En el desplegable, seleccionaremos la letra «Q».

Figura 2.138

Ahora cambiaremos los valores de «Dirección» y «Número de bit».

En «Dirección» pondremos «0».

En «Número de bit» pondremos «0».

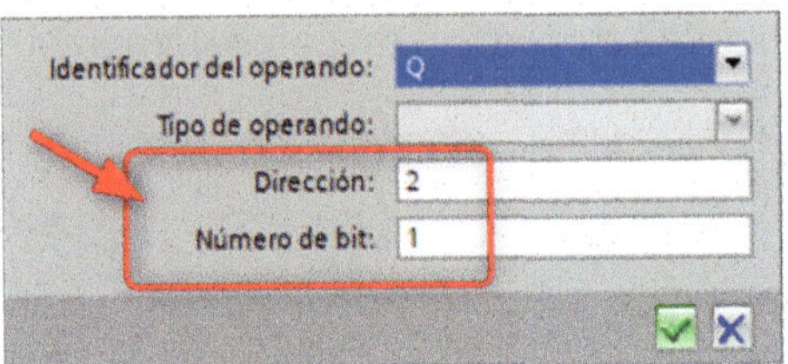

Figura 2.139

Pulsaremos sobre el *check* verde.

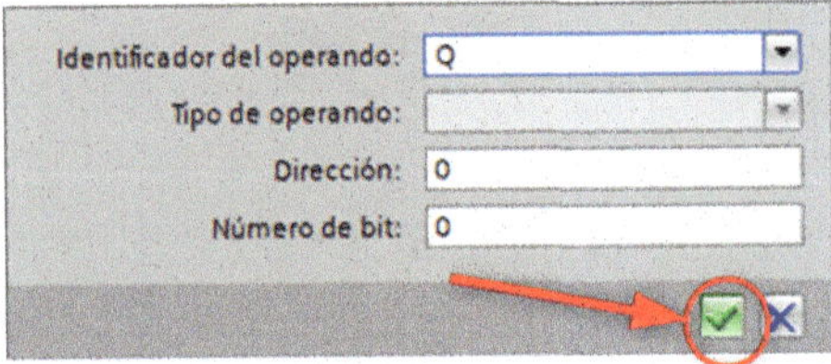

Figura 2.140

Nos quedará tal como vemos en la imagen.

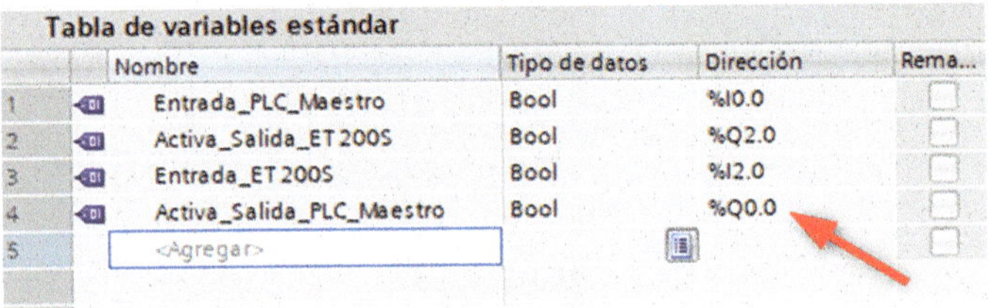

Tabla de variables estándar

	Nombre	Tipo de datos	Dirección	Rema...
1	Entrada_PLC_Maestro	Bool	%I0.0	
2	Activa_Salida_ET 200S	Bool	%Q2.0	
3	Entrada_ET 200S	Bool	%I2.0	
4	Activa_Salida_PLC_Maestro	Bool	%Q0.0	
5	<Agregar>			

Figura 2.141

Iremos a la ventana «Árbol del proyecto» y haremos doble clic con el ratón sobre el «Main [OB1]», que está dentro de la carpeta «Bloques de programa».

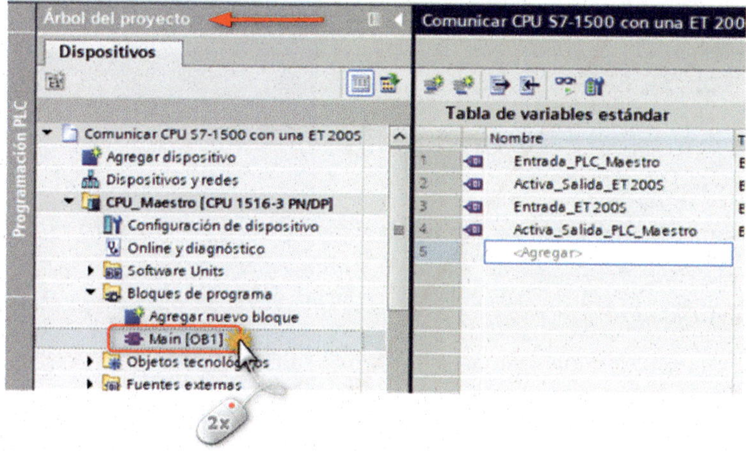

Figura 2.142

Arrastraremos al segmento 2 un «Contacto NO».

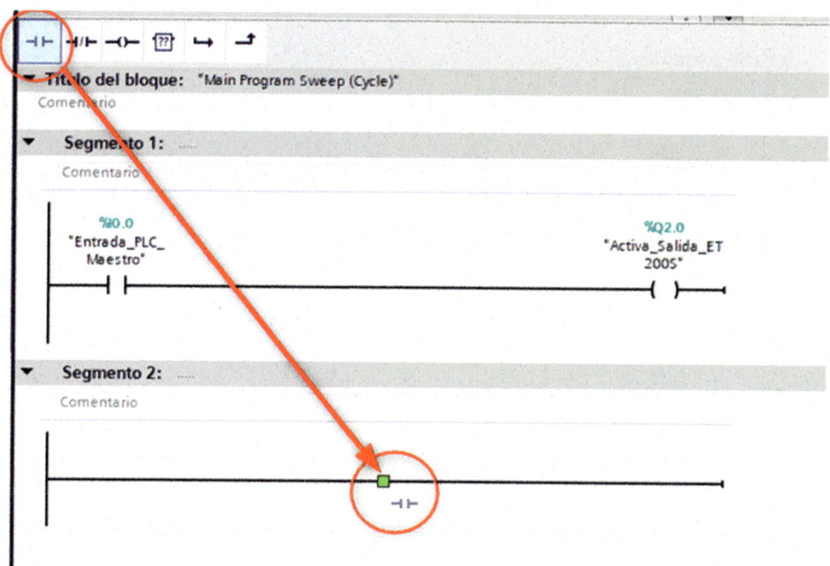

Figura 2.143

Ahora arrastraremos una «Asignación».

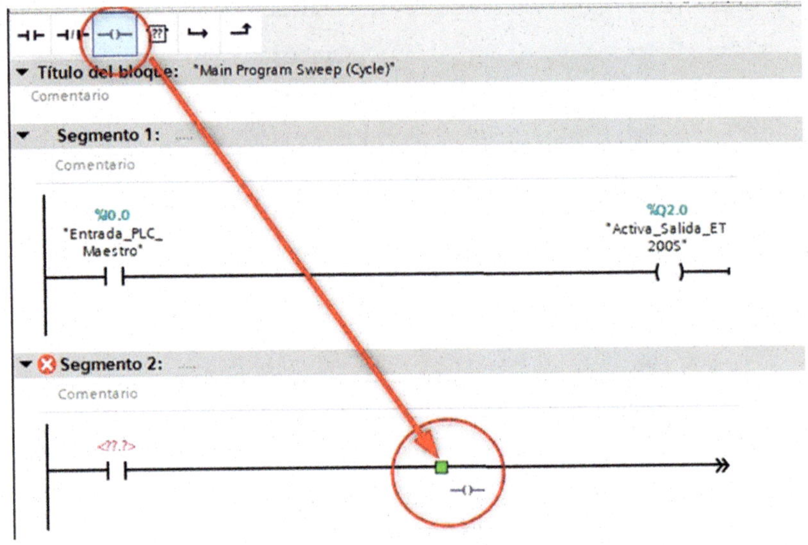

Figura 2.144

Haremos doble clic sobre los interrogantes del «Contacto NO».

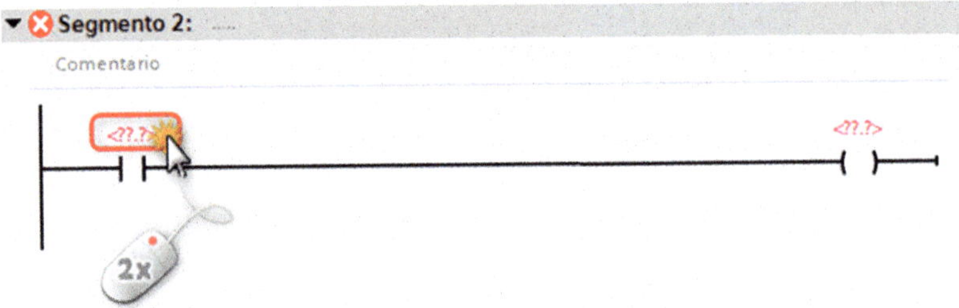

Figura 2.145

Dentro de la celda, escribiremos la dirección «I2.0».

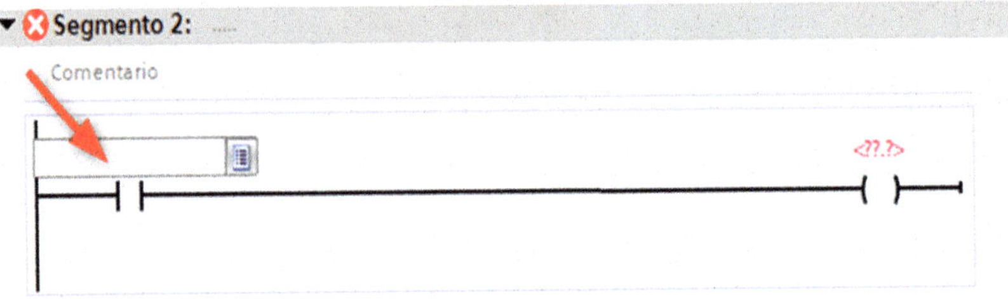

Figura 2.146

En el desplegable que nos aparece, seleccionaremos la variable «I2.0» y, seguidamente, pulsaremos la tecla Intro del teclado.

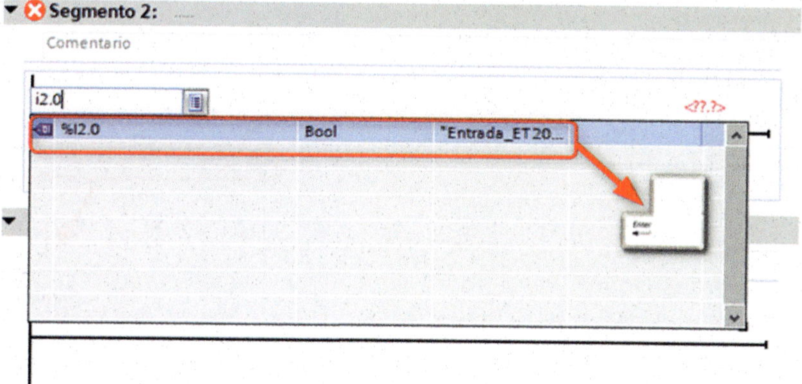

Figura 2.147

Ahora haremos doble clic sobre los interrogantes de la «Asignación».

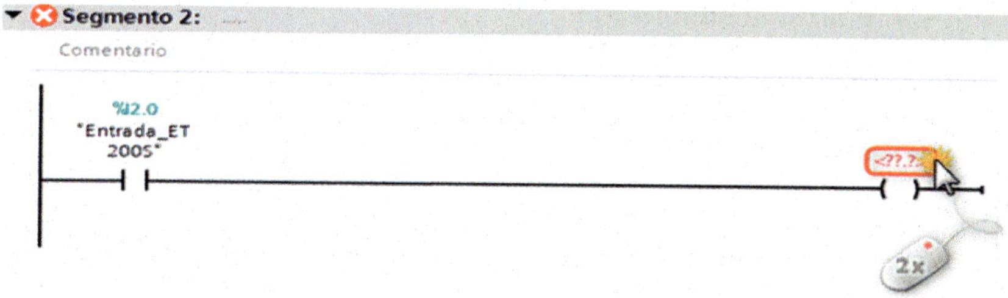

Figura 2.148

Dentro de la celda, escribiremos la dirección «Q0.0».

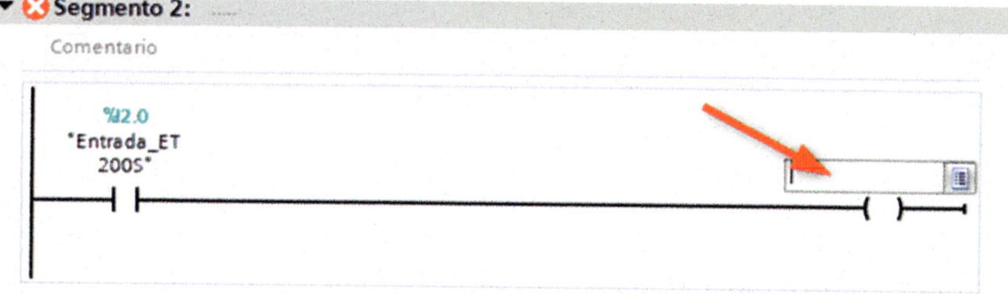

Figura 2.149

En el desplegable que nos aparece, seleccionaremos la variable «Q0.0» y, seguidamente, pulsaremos la tecla Intro del teclado.

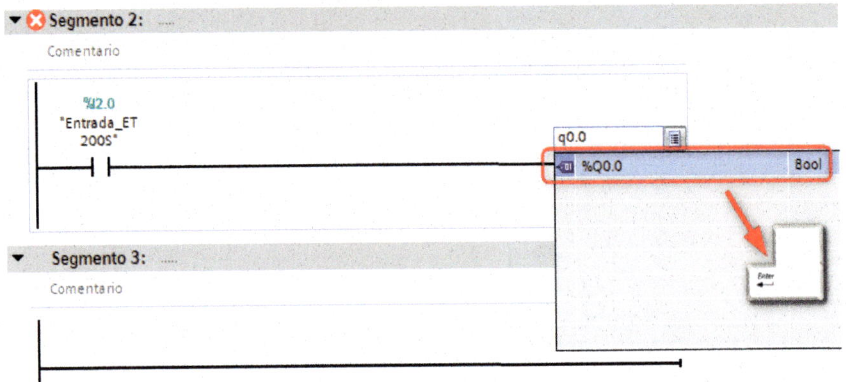

Figura 2.150

El segmento 2 nos quedará tal como vemos en la imagen.

Vamos a realizar la simulación.

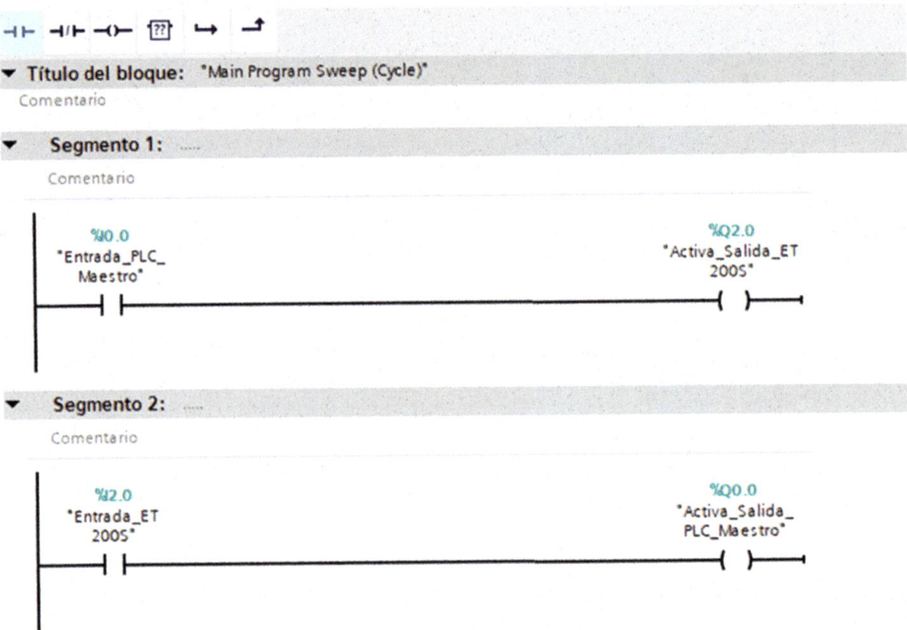

Figura 2.151

Para comenzar la simulación, tenemos que hacer un clic sobre el icono «Iniciar simulación».

Figura 2.152

Si nos aparece esta ventana, pulsaremos sobre el botón «Aceptar».

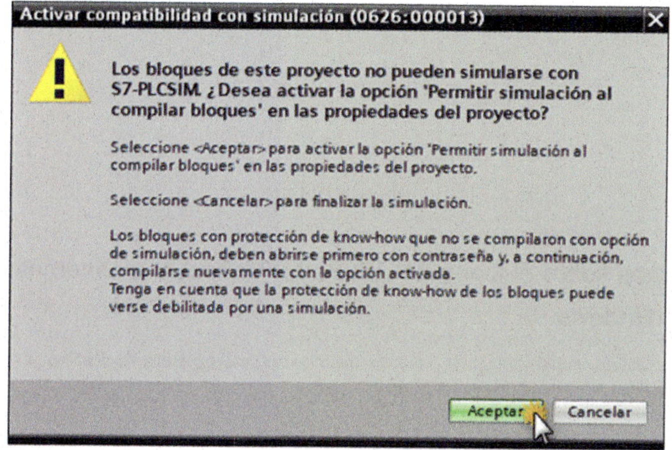

Figura 2.153

En la siguiente ventana que nos aparece, también pulsaremos sobre el botón «Aceptar».

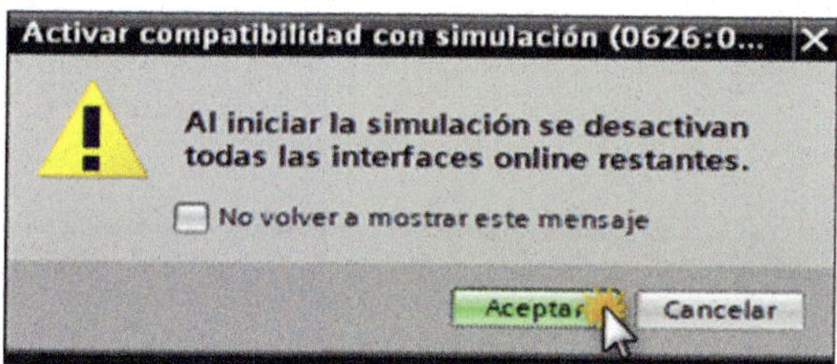

Figura 2.154

Veremos que se nos abre el simulador S7-PLCSIM V18. Si nos fijamos, la interfaz no tiene nada que ver con las versiones anteriores; le han dado un lavado de cara y esta sería la nueva interfaz del simulador de Siemens PLCSIM, que tiene un aspecto mucho más amigable. Más adelante veremos cómo funciona.

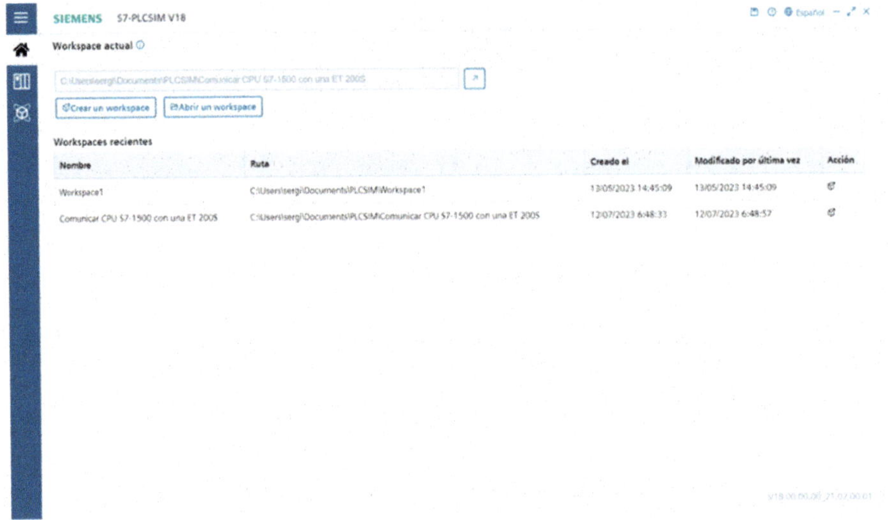

Figura 2.155

Pulsaremos sobre el icono del TIA Portal V18, que lo tenemos en la barra inferior de Windows.

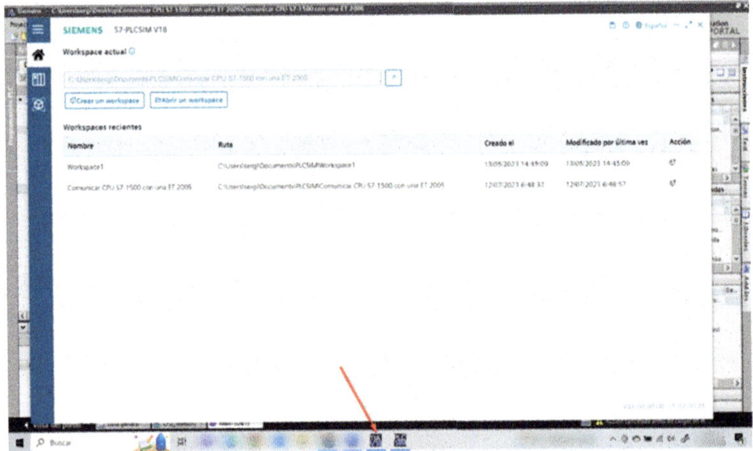

Figura 2.156

Si nos fijamos en los «Nodos de acceso», vemos que tenemos la «CPU_Maestro». La configuración de interfaz la dejaremos tal como vemos en la imagen, y pulsaremos sobre el botón «Iniciar búsqueda».

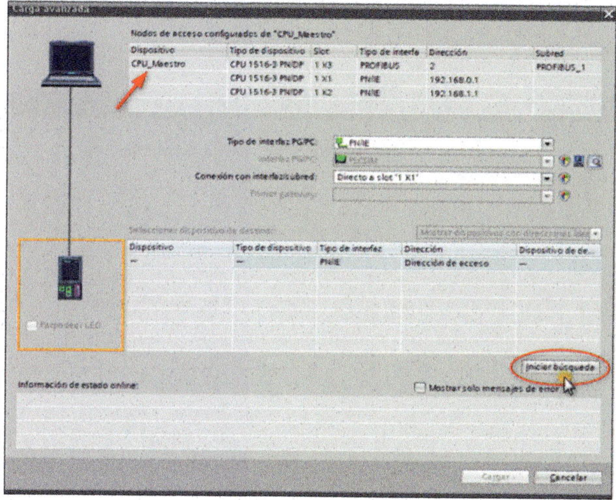

Figura 2.157

Vemos que nos detecta la CPU. Lo que haremos será pulsar sobre el botón «Cargar».

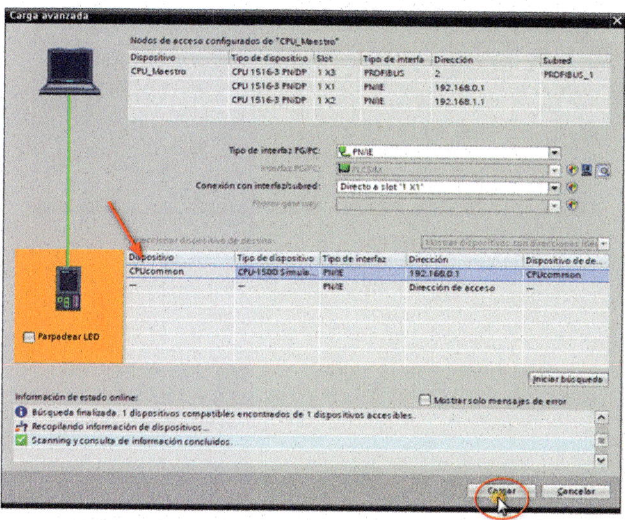

Figura 2.158

Como comentábamos al principio, sobre algunas novedades que trae el TIA Portal V18, esta CPU tiene una versión «V2.9», y por eso nos sale esta ventana. Si la CPU que se utiliza es una versión inferior, esta ventana no aparecerá. En esta ventana, simplemente, pulsaremos sobre el botón «Establecer conexión».

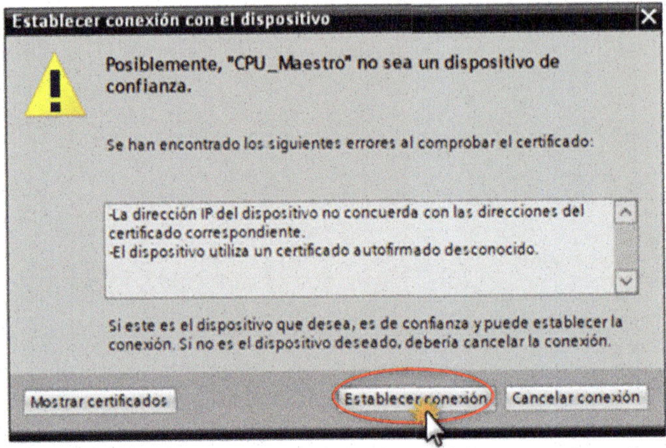

Figura 2.159

Comenzará la compilación, para verificar si está todo bien.

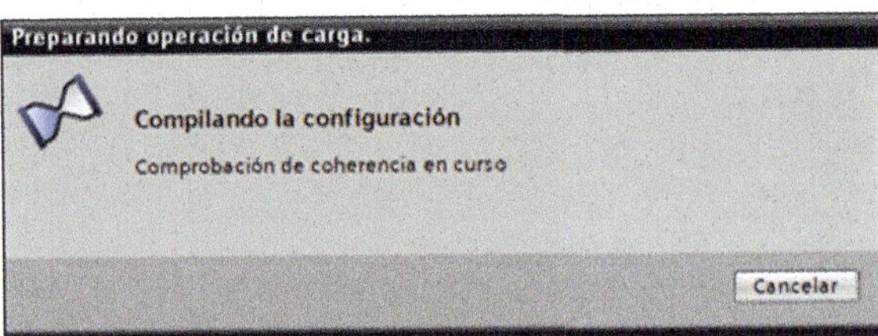

Figura 2.160

Vemos que la comprobación de carga está OK; lo sabemos por los *checks* que están de color azul. Así que pulsaremos sobre el botón «Cargar».

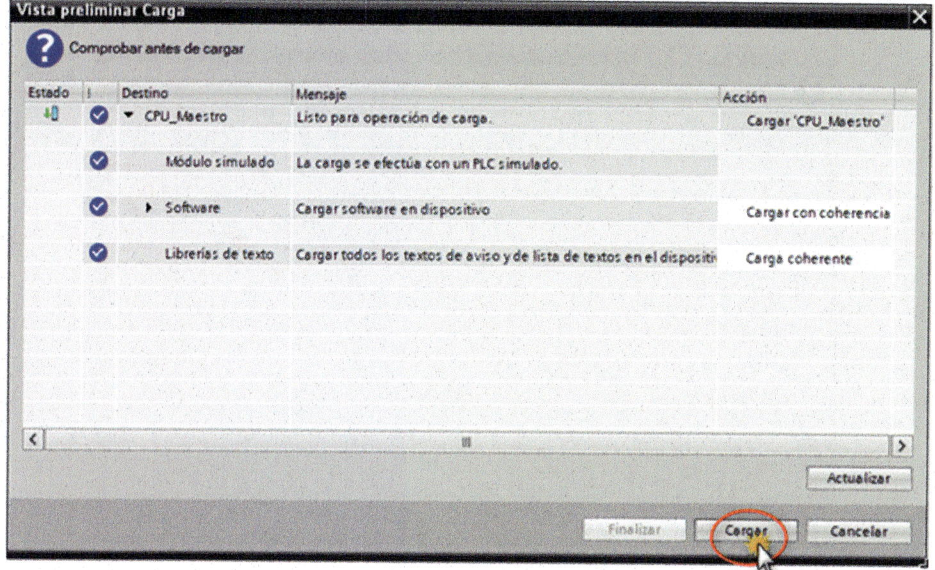

Figura 2.161

Comenzará la carga al dispositivo.

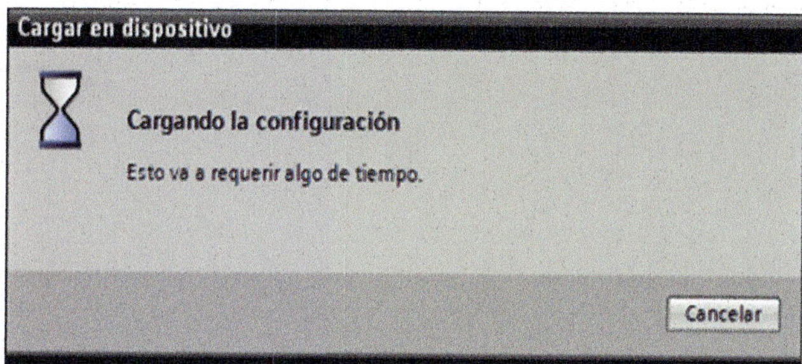

Figura 2.162

Haremos clic sobre la celda «Ninguna acción» y, en el desplegable que aparece, seleccionaremos «Arrancar módulo». Seguidamente, pulsaremos sobre el botón «Finalizar».

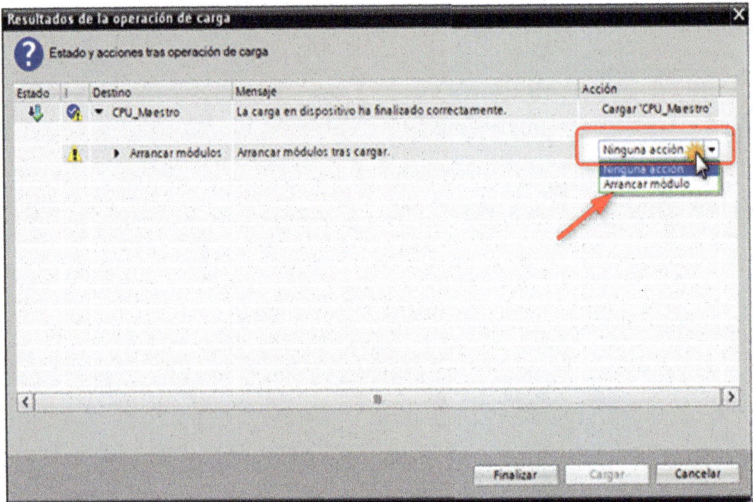

Figura 2.163

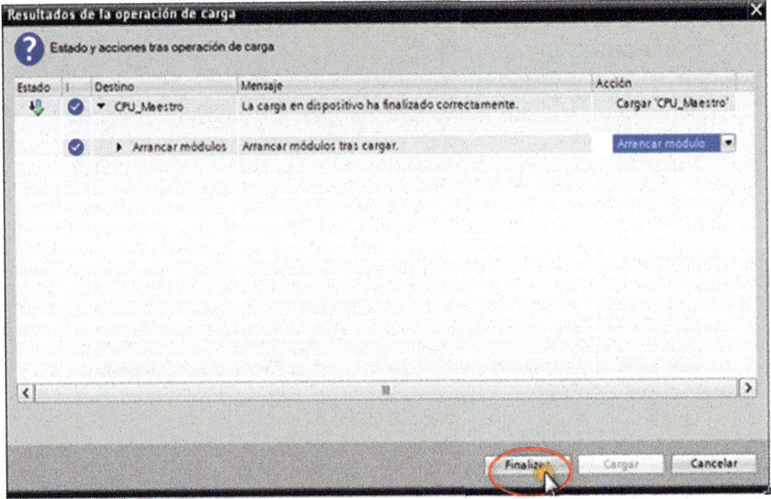

Figura 2.164

Pulsaremos sobre el icono «Activar observación».

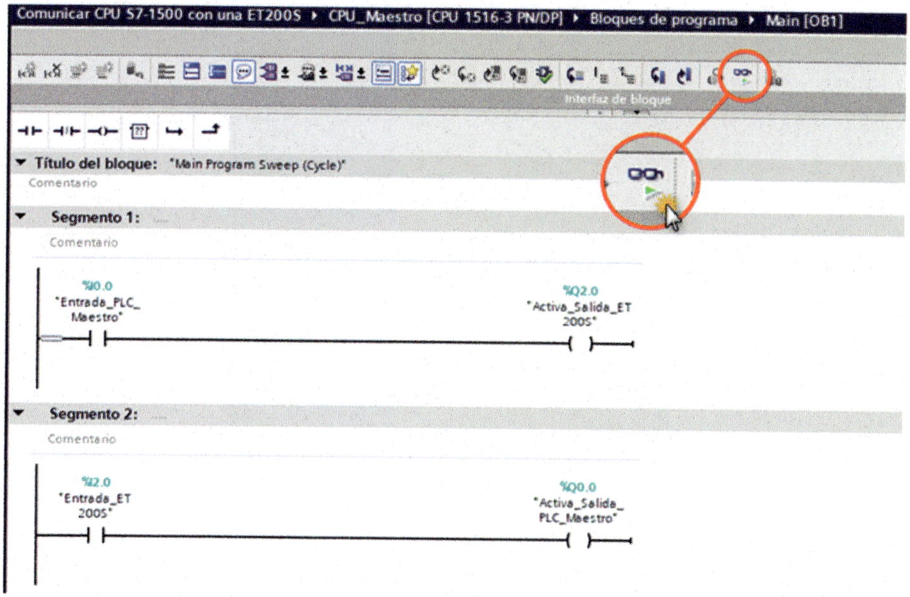

Comunicar CPU S7-1500 con una ET200S ▸ CPU_Maestro [CPU 1516-3 PN/DP] ▸ Bloques de programa ▸ Main [OB1]

Interfaz de bloque

Título del bloque: "Main Program Sweep (Cycle)"
Comentario
Segmento 1:
Comentario
%I0.0
"Entrada_PLC_Maestro"
%Q2.0
"Activa_Salida_ET 200S"
Segmento 2:
Comentario
%I2.0
"Entrada_ET 200S"
%Q0.0
"Activa_Salida_PLC_Maestro"

Figura 2.165

Ya tenemos activada la observación.

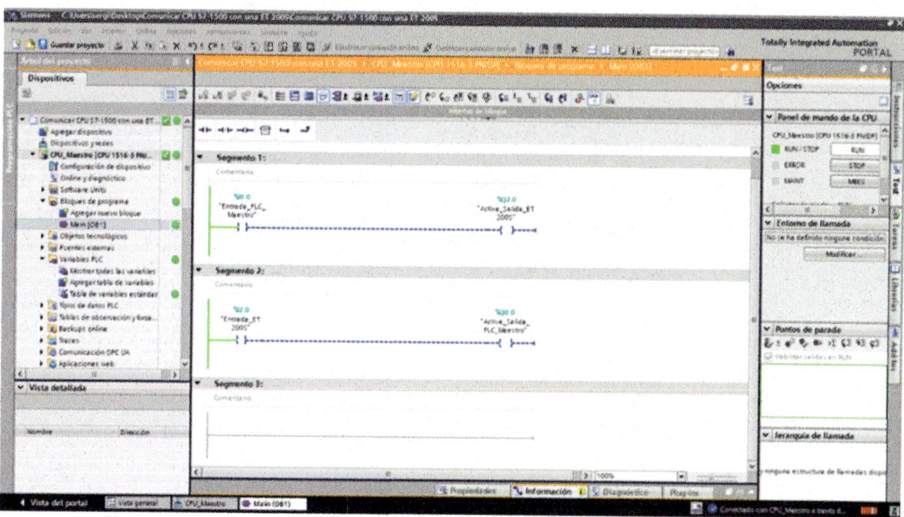

Figura 2.166

Ahora iremos a la ventana «Árbol del proyecto» y haremos doble clic con el ratón sobre la carpeta «Tablas de observación y forzado permanente».

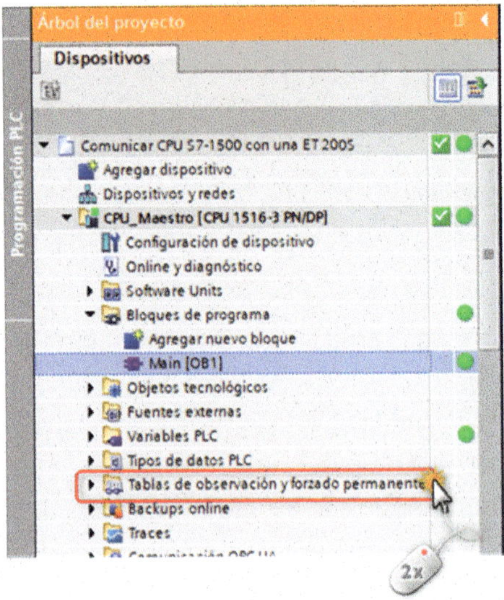

Figura 2.167

Haremos doble clic sobre la opción «Tabla de forzado permanente».

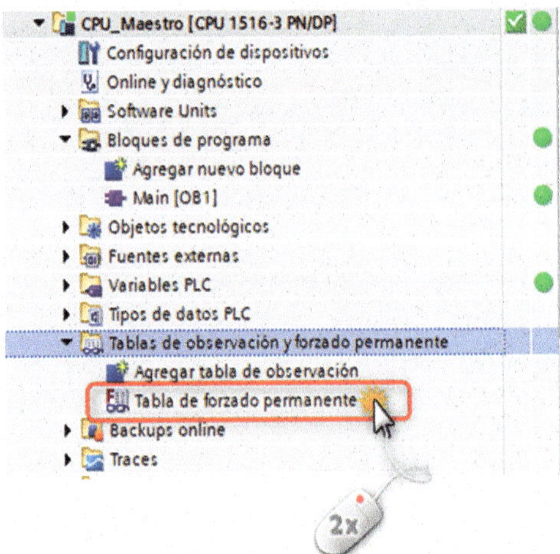

Figura 2.168

Se nos abrirá una ventana muy parecida a la «Tabla de variables estándar». La diferencia es que aquí añadiremos las variables de entrada para forzar su activación y cambiar su condición de 0 a 1 y de 1 a 0. Así que haremos doble clic sobre la celda «Agregar».

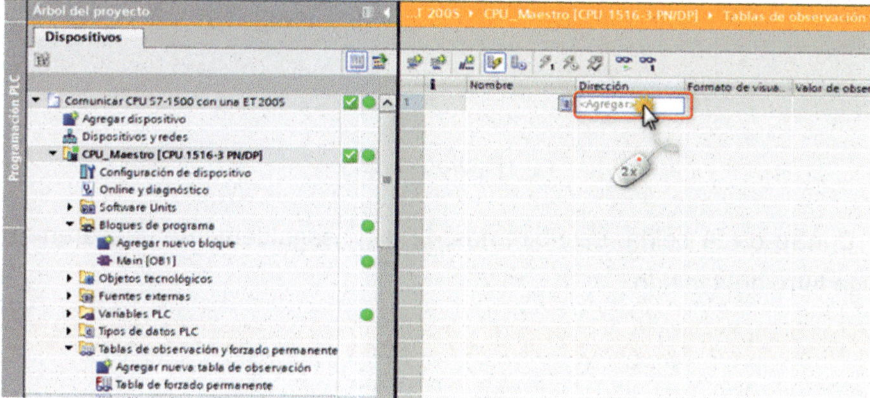

Figura 2.169

Dentro de la celda «Dirección», escribiremos «I0.0».

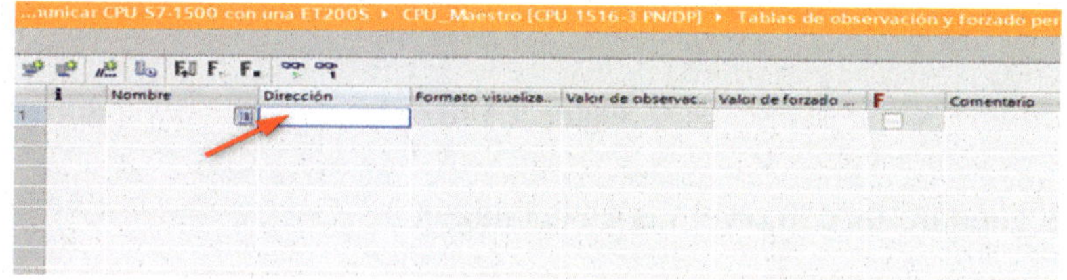

Figura 2.170

Una vez escrito, pulsaremos la tecla Intro del teclado.

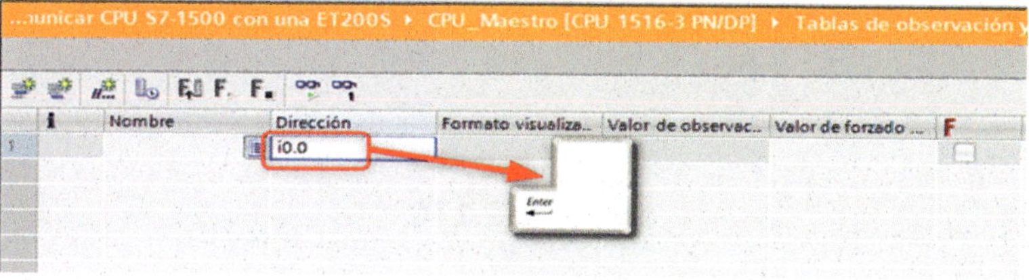

Figura 2.171

Haremos doble clic sobre «Agregar» en la siguiente celda.

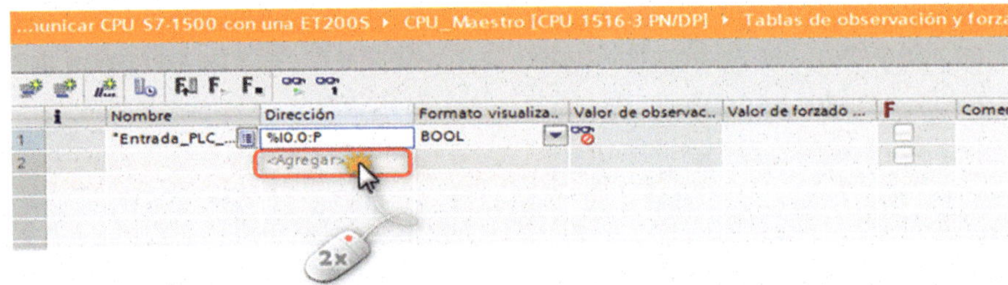

Figura 2.172

Dentro de la celda, escribiremos «I2.0» y, seguidamente, pulsaremos la tecla Intro del teclado.

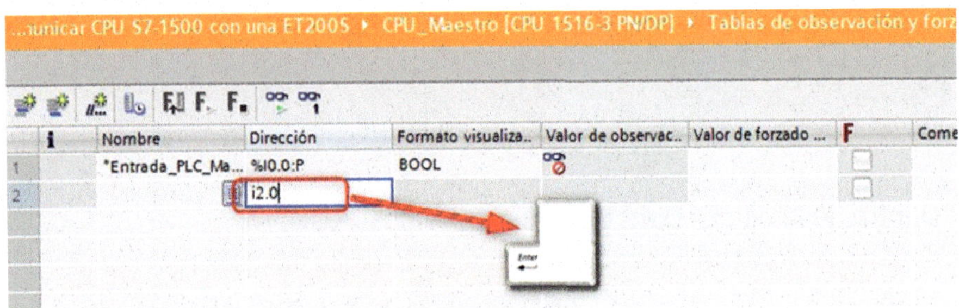

Figura 2.173

Nos quedará tal como vemos en la imagen.

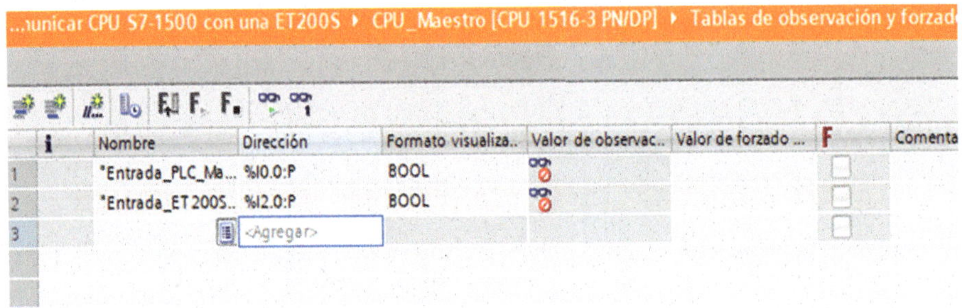

Figura 2.174

Ahora haremos clic sobre el símbolo «Soltar».

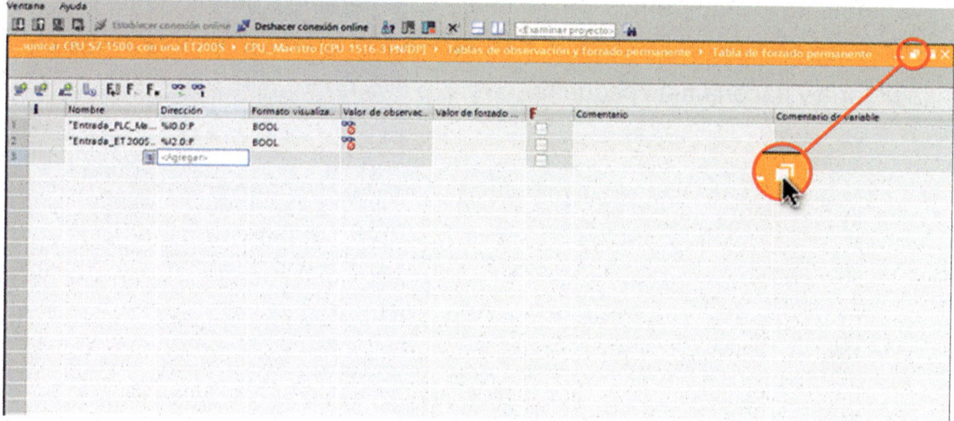

Figura 2.175

Veremos que la ventana se desacopla.

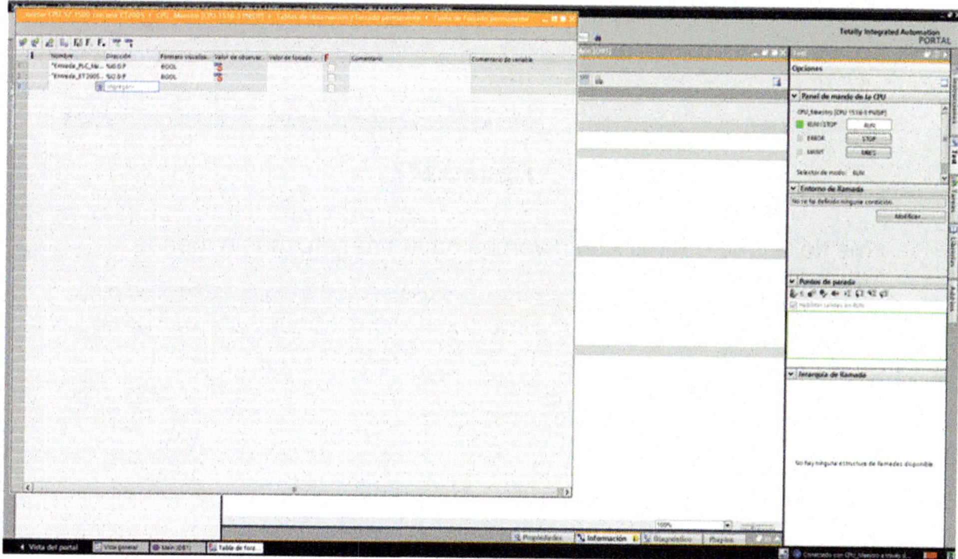

Figura 2.176

Pondremos el puntero del ratón sobre la esquina derecha inferior de la ventana, tal como vemos en la imagen, y haremos un clic con el botón izquierdo del ratón. Sin soltarlo, desplazaremos la ventana hacia arriba para ajustarla y hacerla más pequeña.

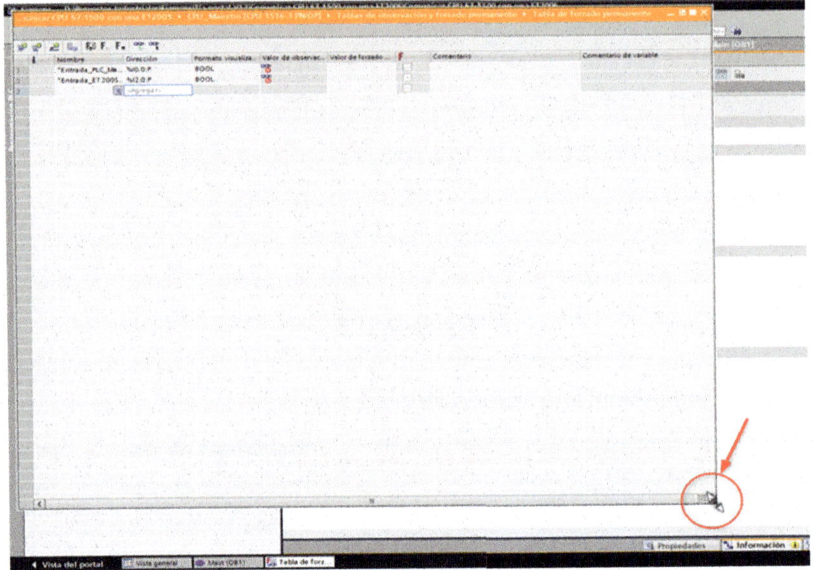

Figura 2.177

Nos tiene que quedar como vemos en la imagen, más o menos.

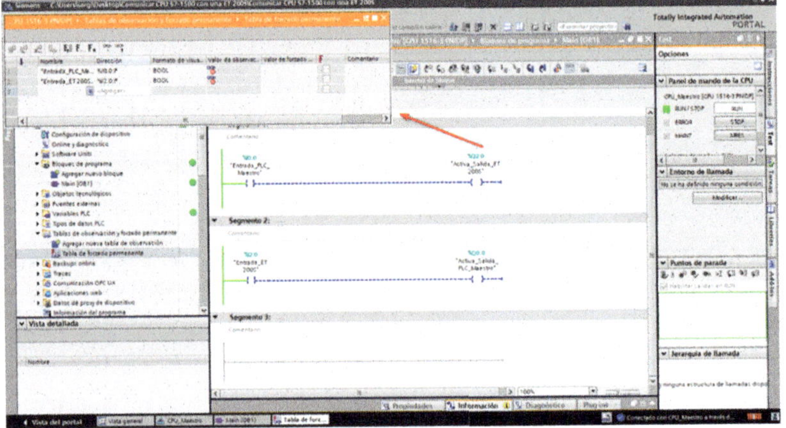

Figura 2.178

Arrastraremos la ventana de forzado permanente a la parte inferior de la ventana del TIA Portal, tal como vemos en la Figura 2.179.

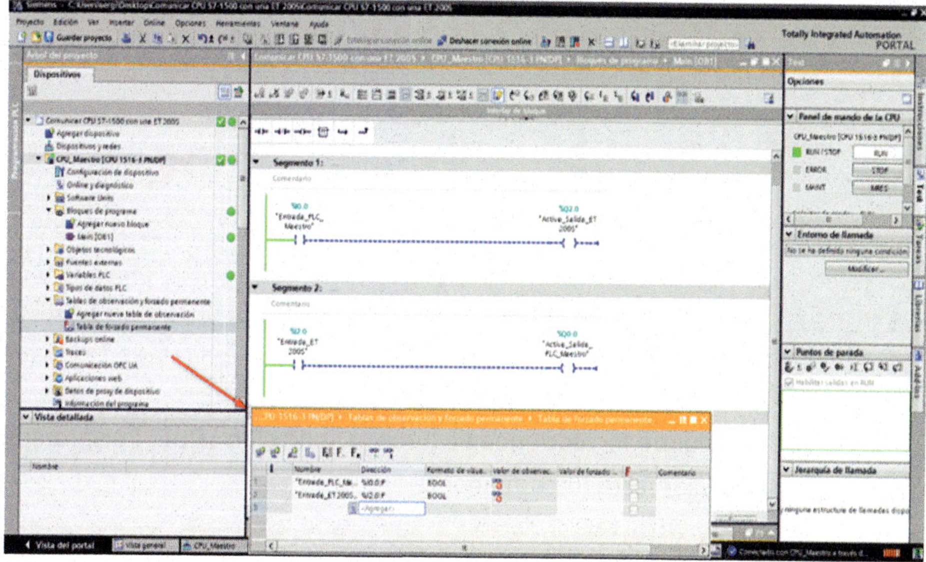

Figura 2.179

Ahora haremos doble clic con el ratón sobre la celda «Valor de forzado».

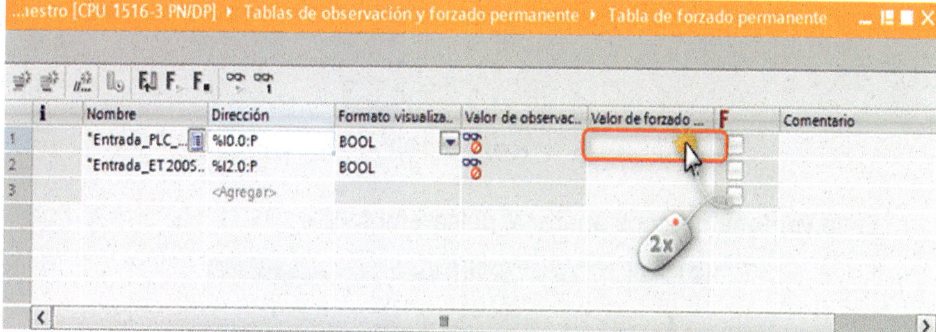

Figura 2.180

Dentro de la celda, pondremos el valor «1» y, seguidamente, pulsaremos la tecla Intro del teclado.

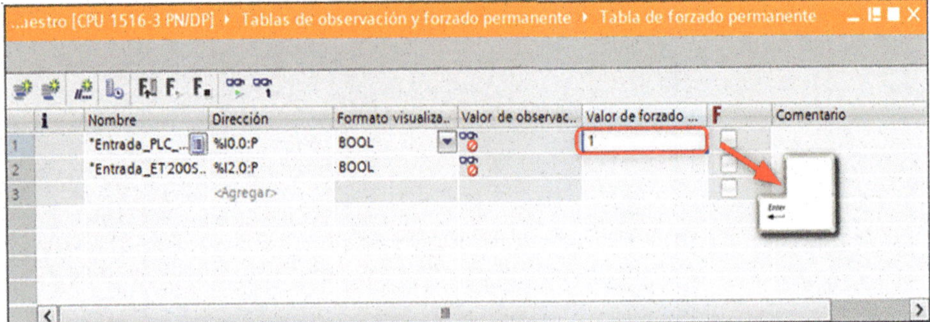

Figura 2.181

En la celda «Valor de forzado» nos aparece la condición TRUE. Pulsaremos sobre el icono «Iniciar forzado permanente».

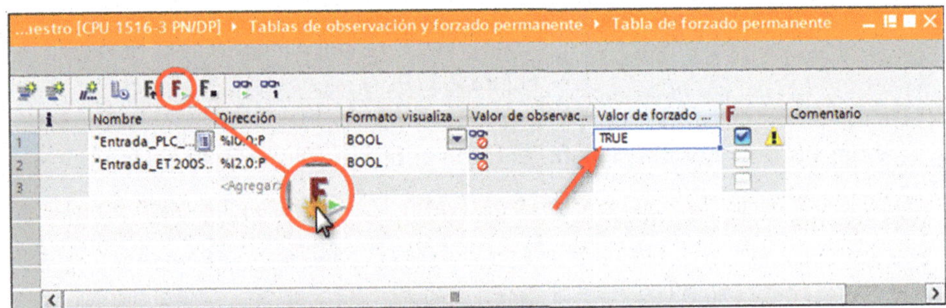

Figura 2.182

En la ventana que nos aparece, pulsaremos «Sí».

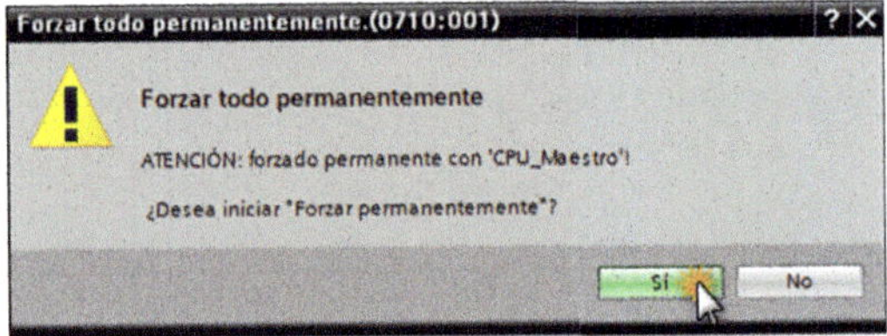

Figura 2.183

Vemos cómo la entrada cambia su condición de 0 a 1 y activa la salida, que también cambia su condición de 0 a 1. Así que la entrada del PLC_Maestro activa la salida de la ET 200S.

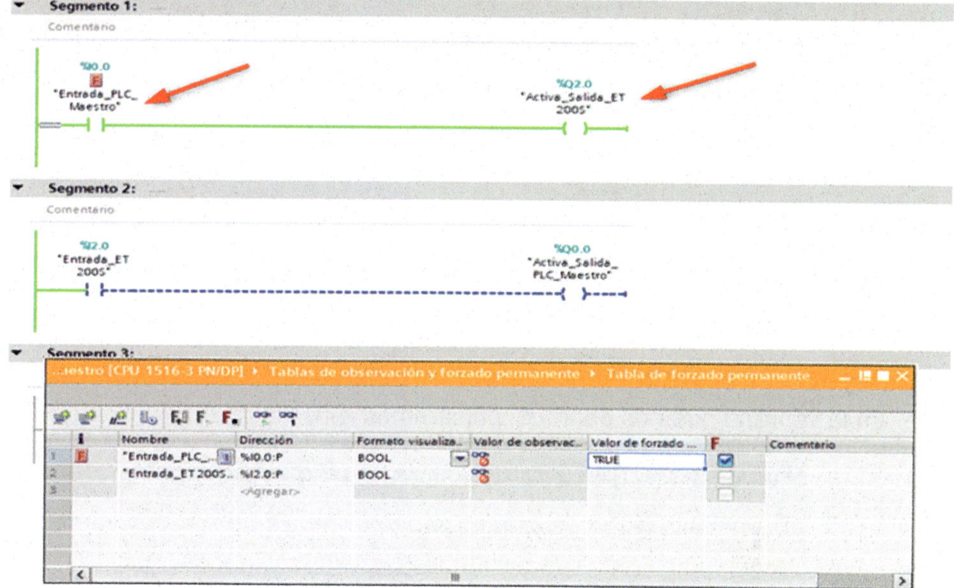

Figura 2.184

Ahora, dentro de la siguiente celda de «Valor de forzado» pondremos el valor «1» y, seguidamente, pulsaremos la tecla Intro del teclado.

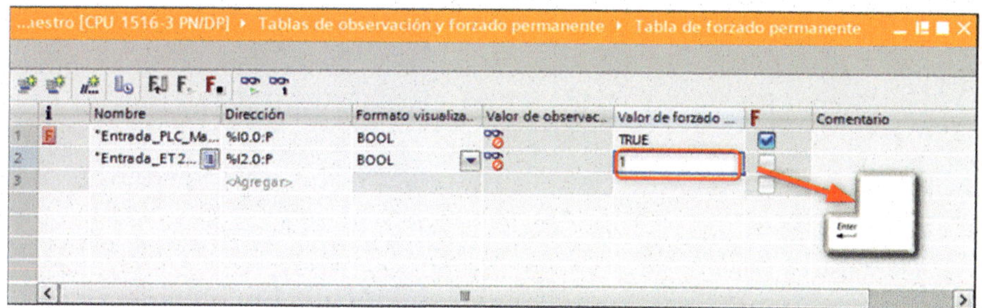

Figura 2.185

En la celda «Valor de forzado» nos aparece la condición TRUE. Lo que haremos ahora será volver a pulsar sobre el icono «Iniciar forzado permanente».

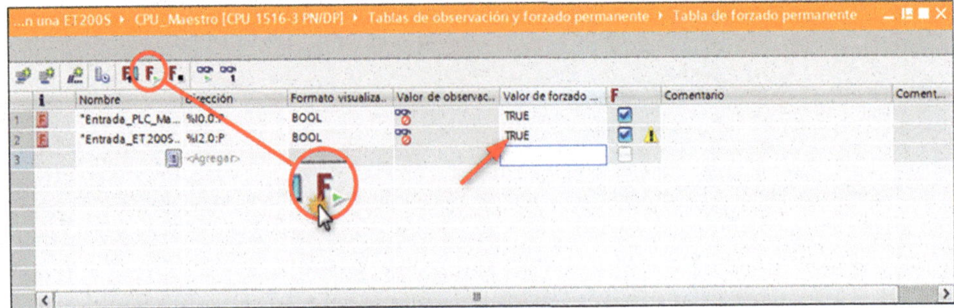

Figura 2.186

En la ventana que nos aparece, pulsaremos «Sí».

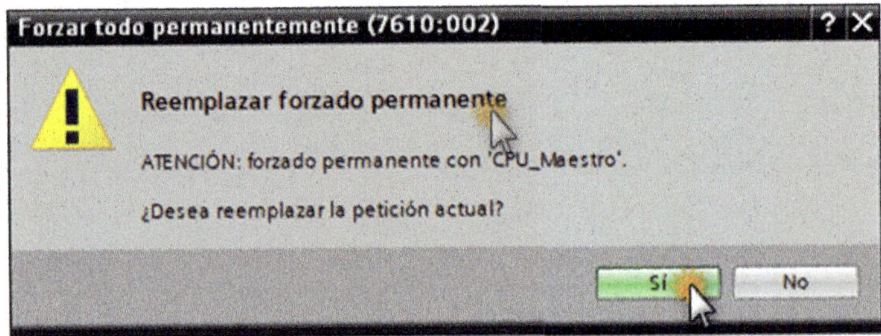

Figura 2.187

Vemos cómo la entrada cambia su condición de 0 a 1 y activa la salida, que también cambia su condición de 0 a 1. Así que la entrada de la ET 200S activa la salida del PLC_Maestro.

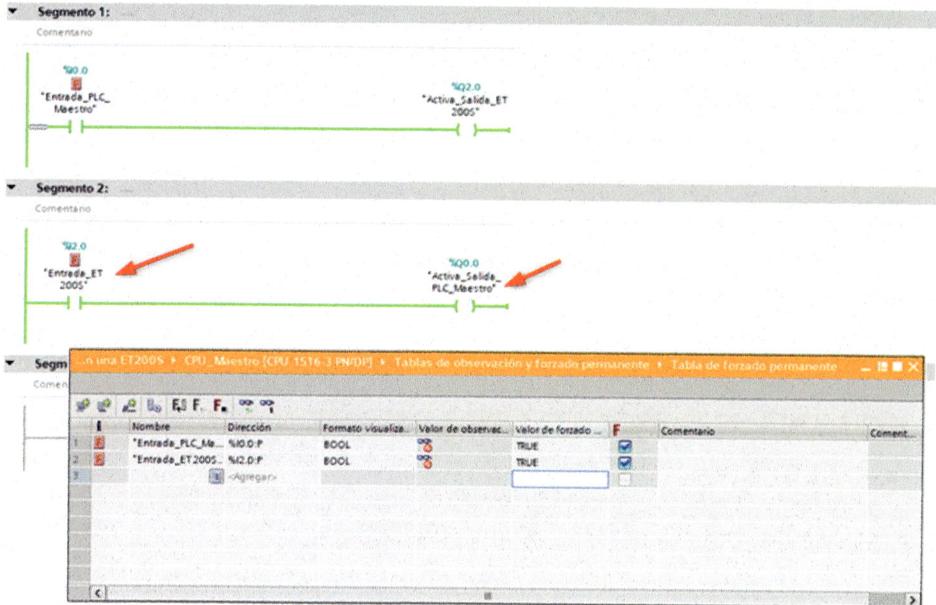

Figura 2.188

Haremos doble clic sobre la celda «Valor de forzado» de la entrada «PLC_Maestro».

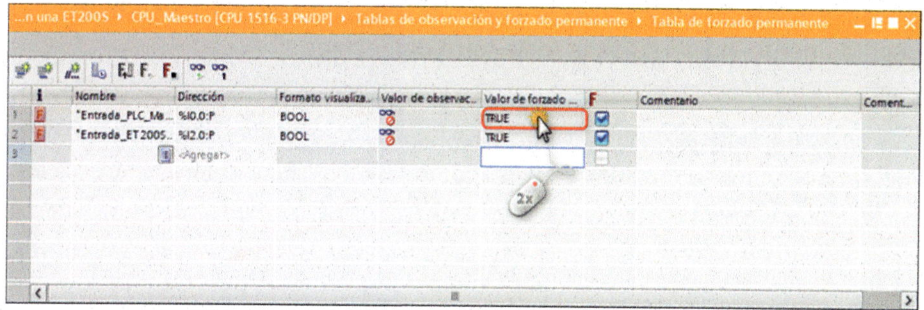

Figura 2.189

Dentro de la celda «Valor de forzado», pondremos el valor «0» y, seguidamente, pulsaremos la tecla Intro del teclado.

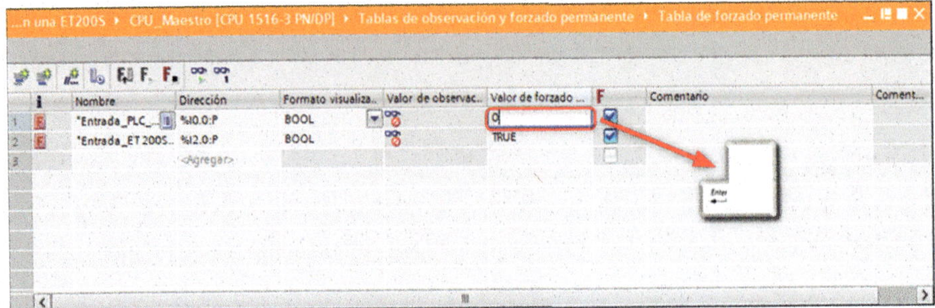

Figura 2.190

Haremos doble clic sobre la celda «Valor de forzado» de la entrada ET 200S.

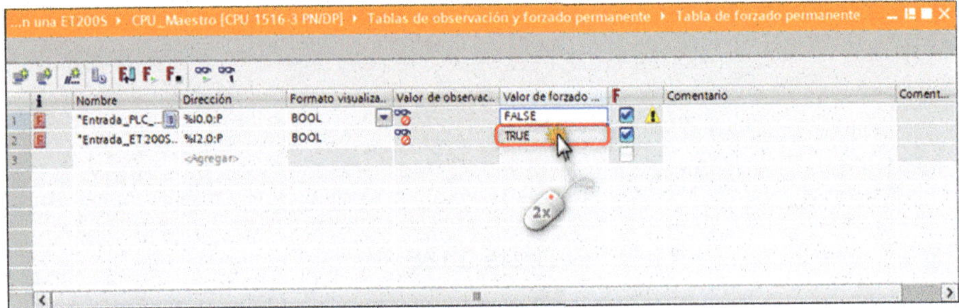

Figura 2.191

Dentro de la celda «Valor de forzado», pondremos el valor «0» y, seguidamente, pulsaremos la tecla Intro del teclado.

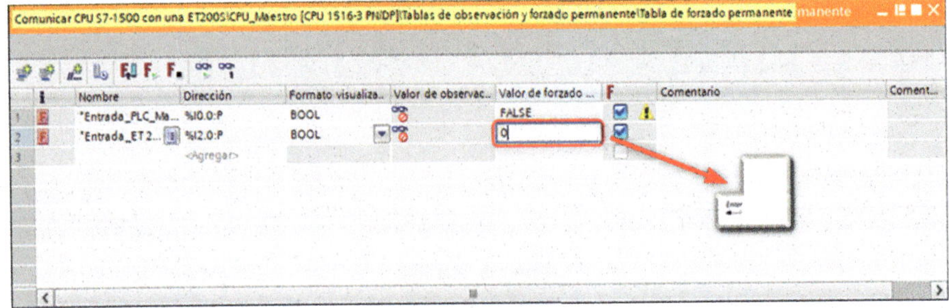

Figura 2.192

Vemos que en ambas celdas de «Valor de forzado» nos aparece la condición FALSE. Lo que haremos será volver a pulsar sobre el icono «Iniciar forzado permanente».

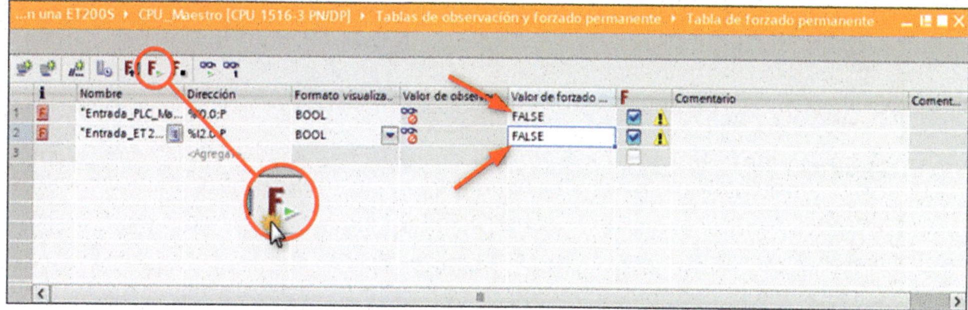

Figura 2.193

En la ventana que nos aparece, pulsaremos «Sí».

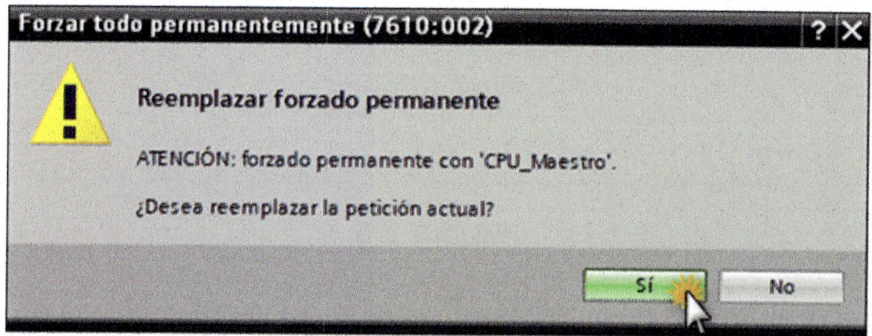

Figura 2.194

Vemos cómo las entradas cambian su condición de 1 a 0 y desactivan las salidas, que también cambian su condición de 1 a 0.

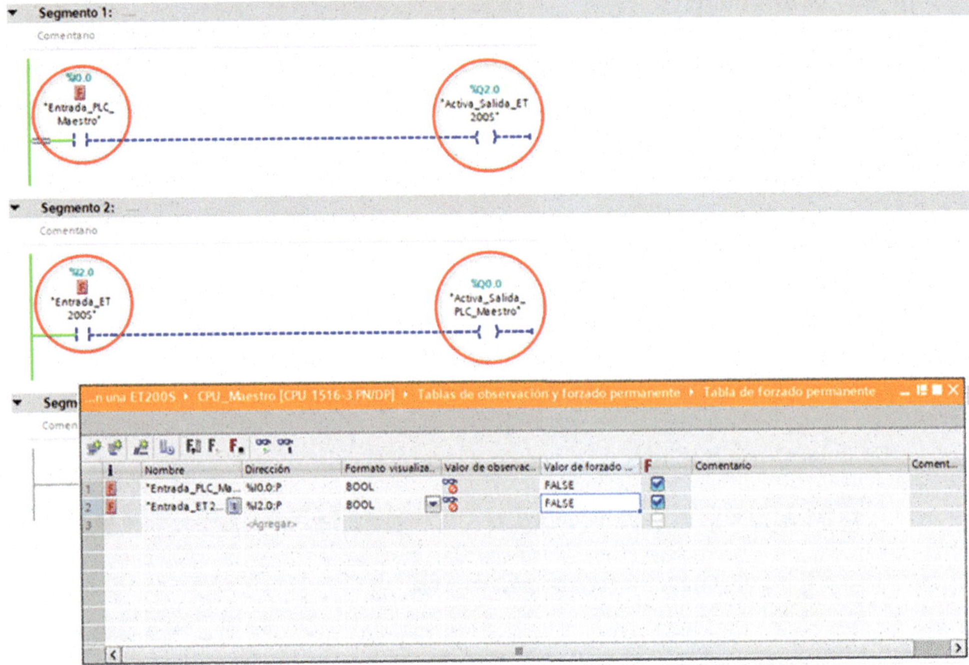

Figura 2.195

Para finalizar el forzado permanente, pulsaremos sobre el icono «Finalizar forzado».

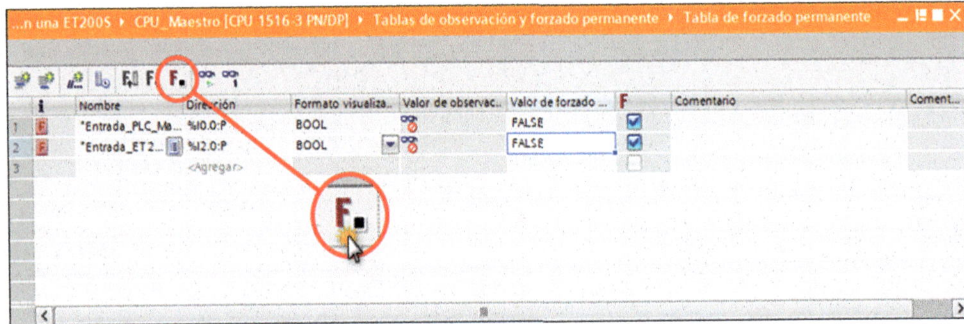

Figura 2.196

En la ventana que nos aparece, pulsaremos «Sí».

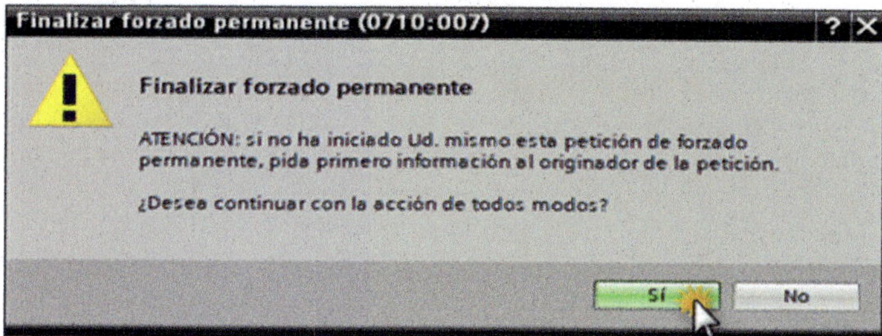

Figura 2.197

Para volver a poner la ventana «Forzado permanente» en su estado inicial, pulsaremos sobre el icono «Acoplar».

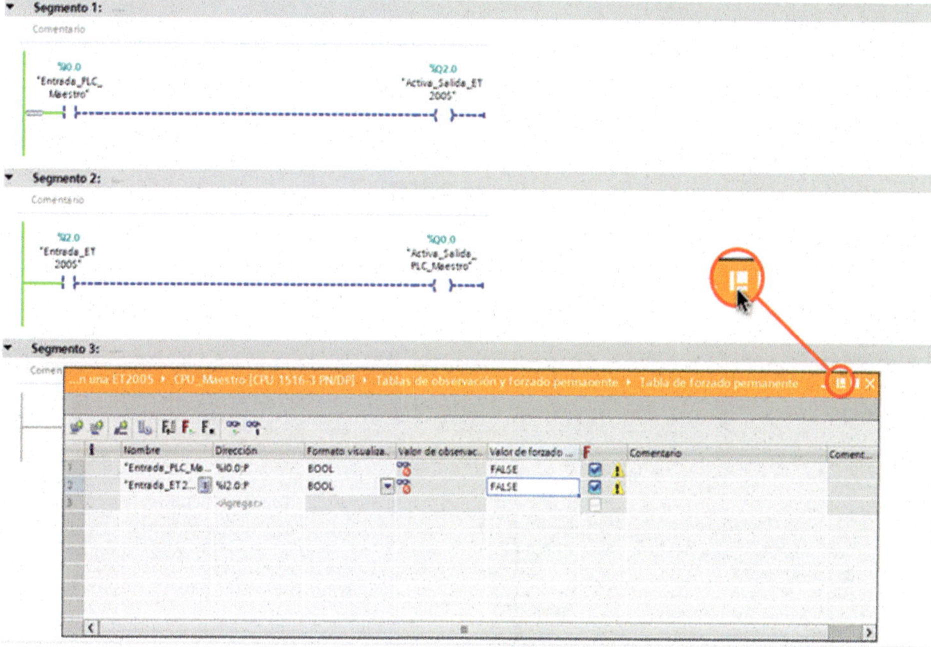

Figura 2.198

Vemos que la ventana vuelve a su estado inicial.

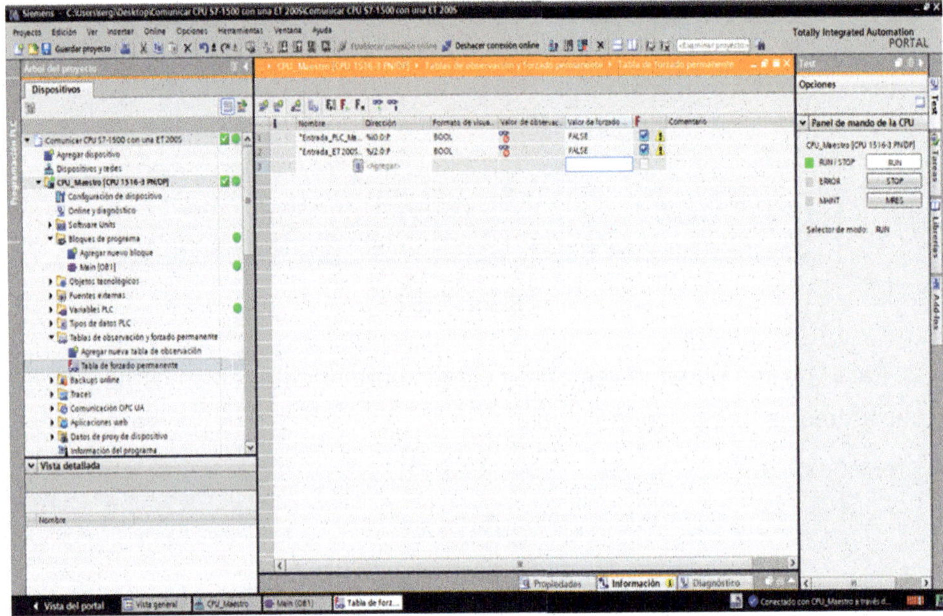

Figura 2.199

Para finalizar la simulación, pulsaremos sobre el botón «Deshacer conexión online».

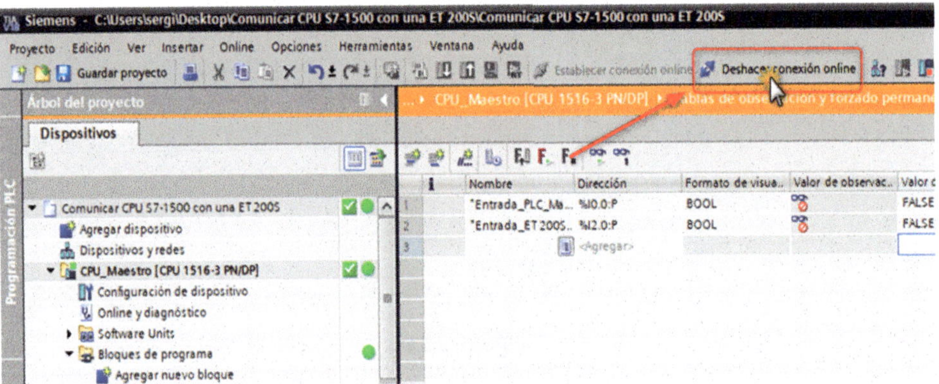

Figura 2.200

Pulsaremos sobre «Guardar proyecto».

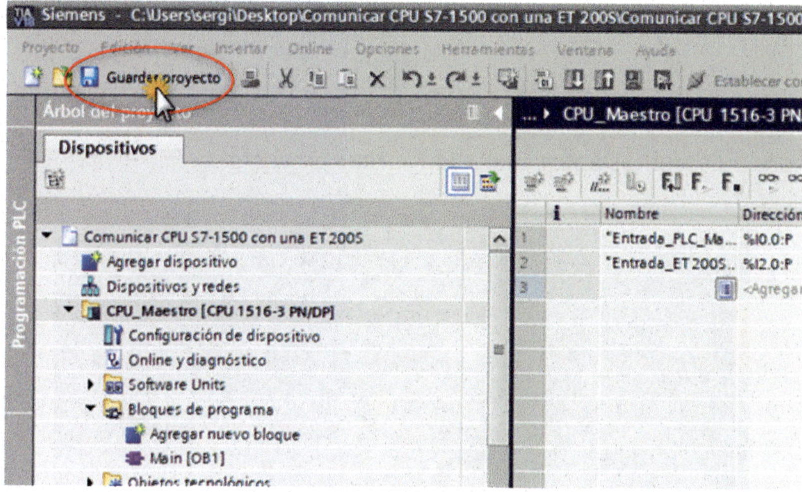

Figura 2.201

Pulsaremos sobre la pestaña «Proyecto» y, en el desplegable, pulsaremos sobre la opción «Salir».

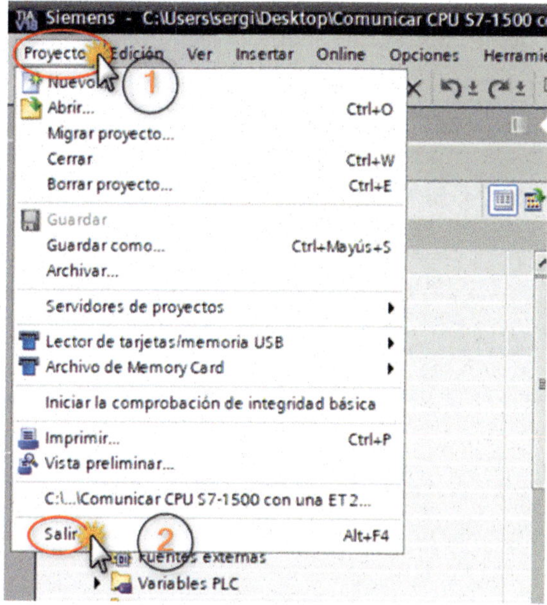

Figura 2.202

2.2. Comunicar S7-1516-3 PN/DP con sistema abierto

Vamos a abrir el programa TIA Portal  .

Ahora pulsaremos sobre la opción «Crear proyecto».

Figura 2.203

En «Nombre del proyecto», escribiremos «PLC + Estación Omron» y, seguidamente, pulsaremos sobre el botón Crear .

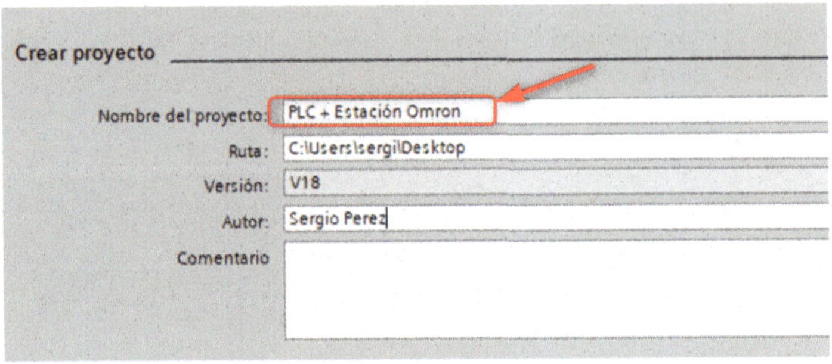

Crear proyecto
Nombre del proyecto: PLC + Estación Omron
Ruta: C:\Users\sergi\Desktop
Versión: V18
Autor: Sergio Perez
Comentario

Figura 2.204

En esta ventana, en la parte inferior izquierda, pulsaremos sobre «Vista del proyecto».

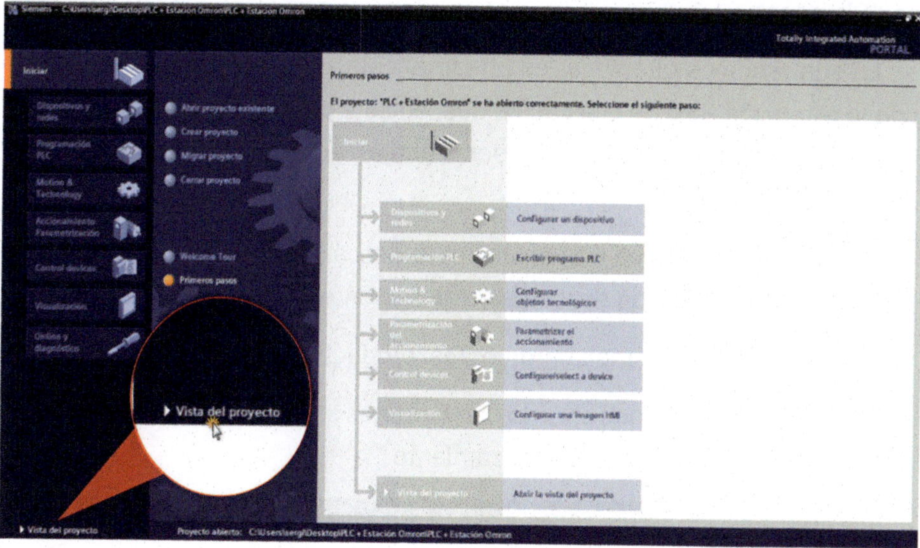

Figura 2.205

Esta es la ventana que aparece.

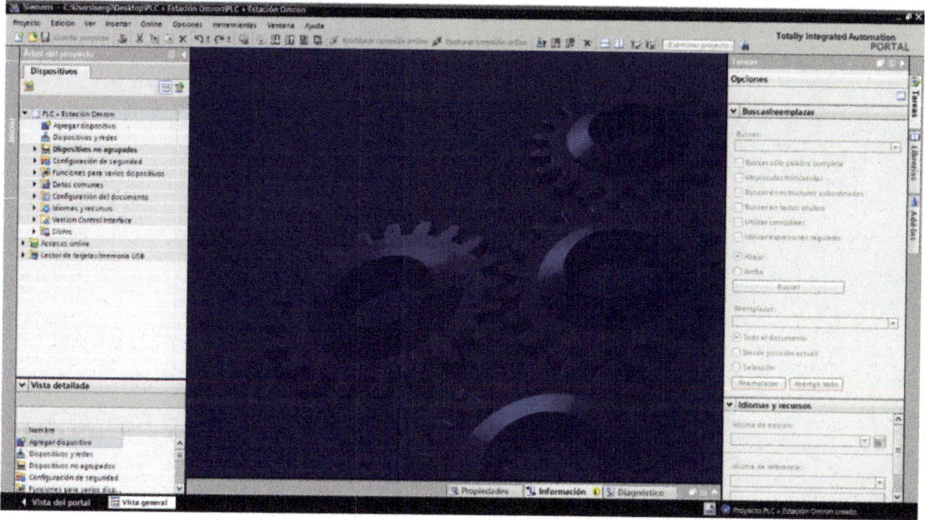

Figura 2.206

Vamos a añadir una estación Omron que funcionará juntamente con dispositivos de hardware y software de otros fabricantes (en este caso, será con Siemens).

Lo que tenemos que hacer es añadir al catálogo de dispositivo el fichero con la extensión GSD de la estación que, en este caso, es la del Omron. Estos ficheros son necesarios para poder trabajar en cualquier plataforma de sistema abierto.

Primero, tenemos que ir al enlace para descargar el fichero. Esto se hace por Internet. El enlace de descarga es el siguiente:

https://industrial.omron.es/es/products/smartslice#ddf

En la página que se nos abre, lo que haremos será ir desplazando la página hacia abajo con la barra de desplazamiento.

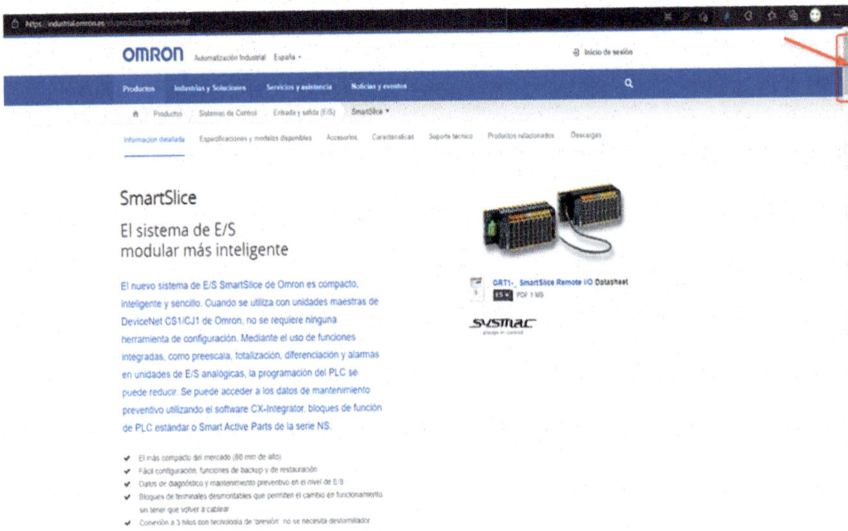

Figura 2.207

Cuando lleguemos a la altura de «Descargas», haremos clic sobre la opción «GRT1-PRT-PROFIBUS GSD OC_098F» para, así, poder descargar el fichero en el ordenador.

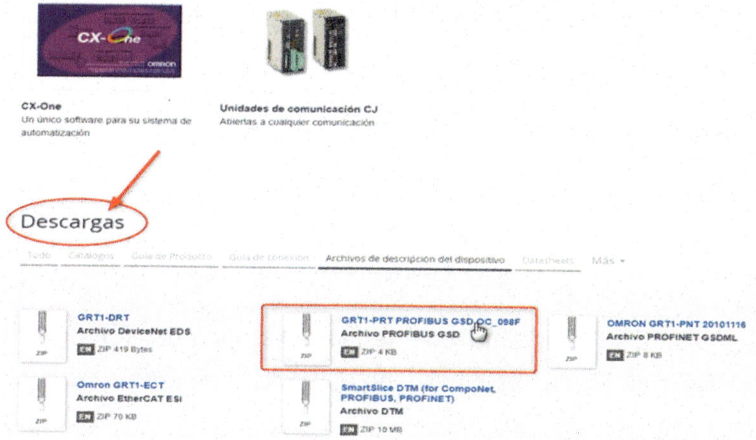

Figura 2.208

Iremos a la carpeta «Descargas». Por lo general, cuando descargamos algo de Internet, los archivos suelen ir a esa carpeta, a no ser que tengamos cambiada la dirección para las descargas. Una vez localizado el archivo que hemos descargado, veremos que este puede estar comprimido. Si es así, lo que tenemos que hacer es descomprimirlo, para extraer el archivo que nos interesa. Para la descompresión, podemos utilizar programas como 7-Zip, Winrar, etc.

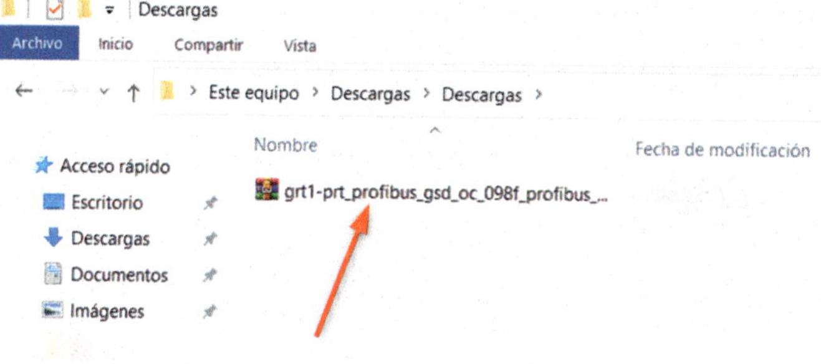

Figura 2.209

Haremos doble clic con el ratón sobre el archivo comprimido.

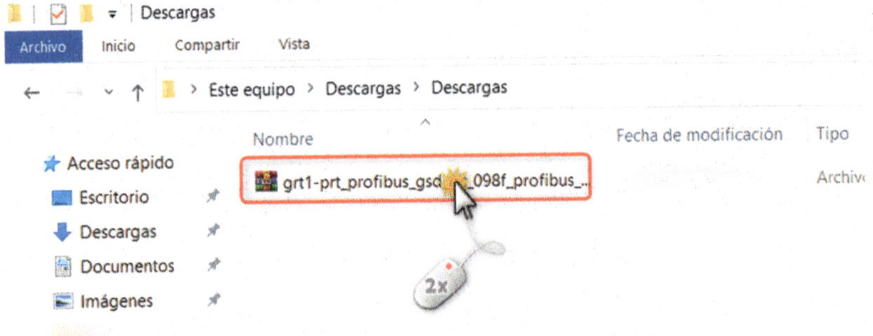

Figura 2.210

Se nos abrirá el programa que tengamos instalado por defecto para descomprimir archivos; en este caso, he utilizado el programa Winrar.

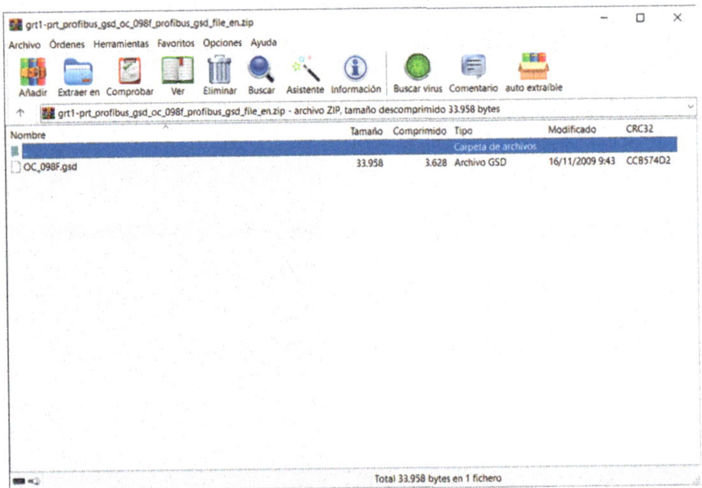

Figura 2.211

Haremos clic sobre el botón «Extraer en».

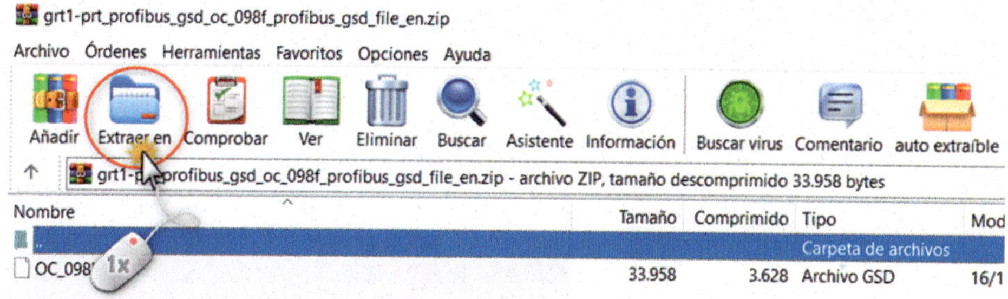

Figura 2.212

Pulsaremos sobre el botón «Aceptar».

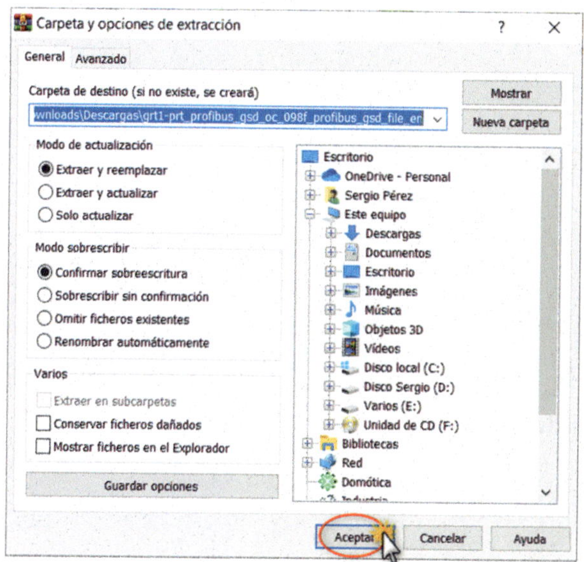

Figura 2.213

Veremos que aparece una carpeta con el mismo nombre del archivo comprimido.

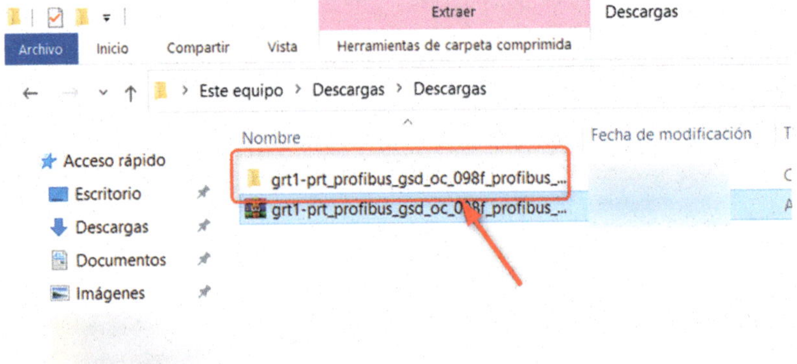

Figura 2.214

Haremos doble clic con el ratón sobre la carpeta.

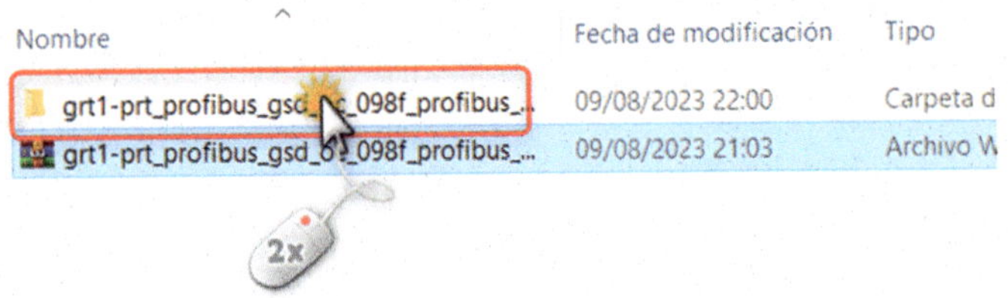

Figura 2.215

Dentro de la carpeta, tenemos el archivo GSD que cargaremos en el catálogo de hardware del TIA Portal.

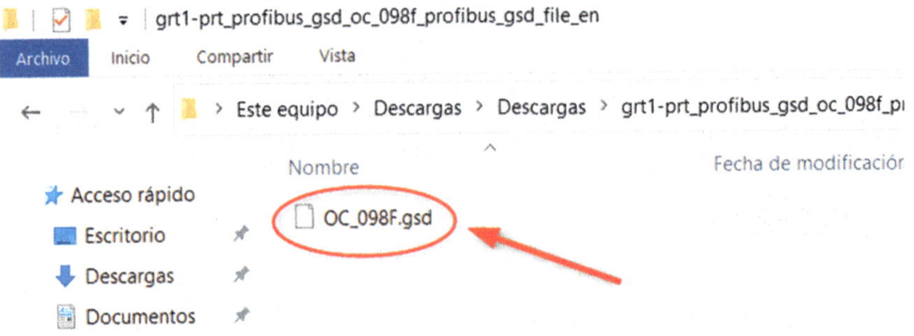

Figura 2.216

Pulsaremos sobre «Opciones».

Figura 2.217

En el desplegable que nos aparece, seleccionaremos la opción «Administrar archivos de descripción de dispositivos».

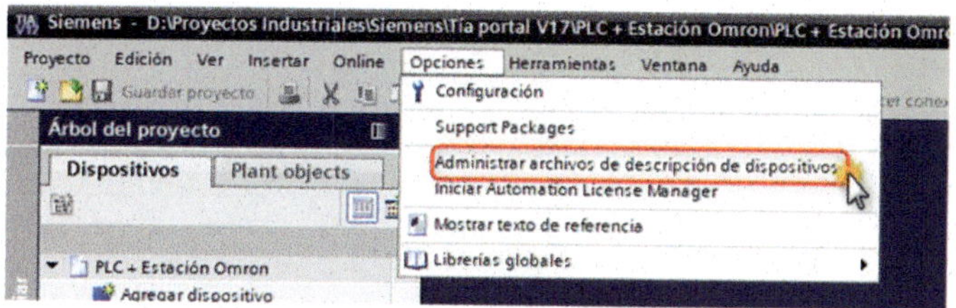

Figura 2.218

En la ventana que se nos abre, pulsaremos sobre el botón con los tres puntos, tal como vemos en la Figura 2.219. Se nos abrirá la ventana del «Explorador de archivos», donde buscaremos la carpeta que hemos descomprimido previamente, que contiene el archivo GSD.

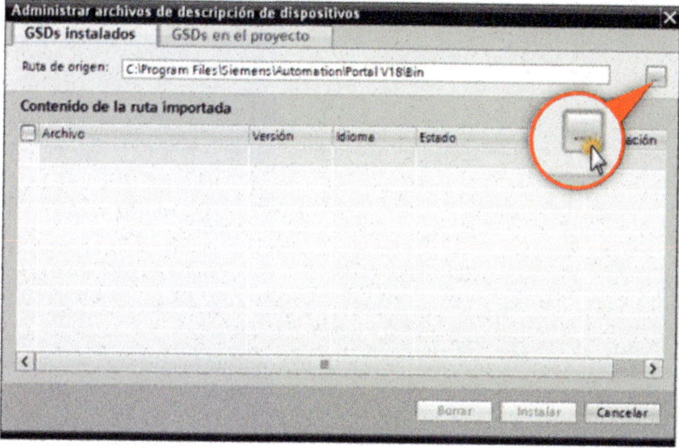

Figura 2.219

Una vez localizada la carpeta que hemos descomprimido, la seleccionamos y, seguidamente, pulsamos sobre el botón «Seleccionar carpeta».

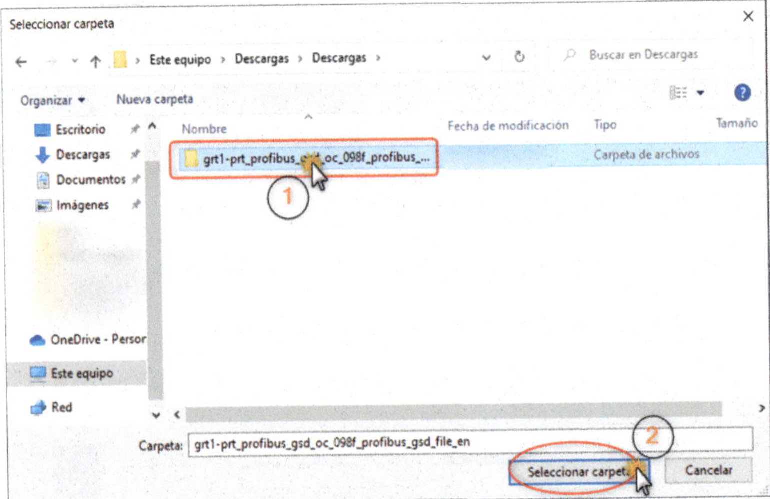

Figura 2.220

Vemos que nos carga el archivo GSD. Lo que haremos ahora será marcar la casilla.

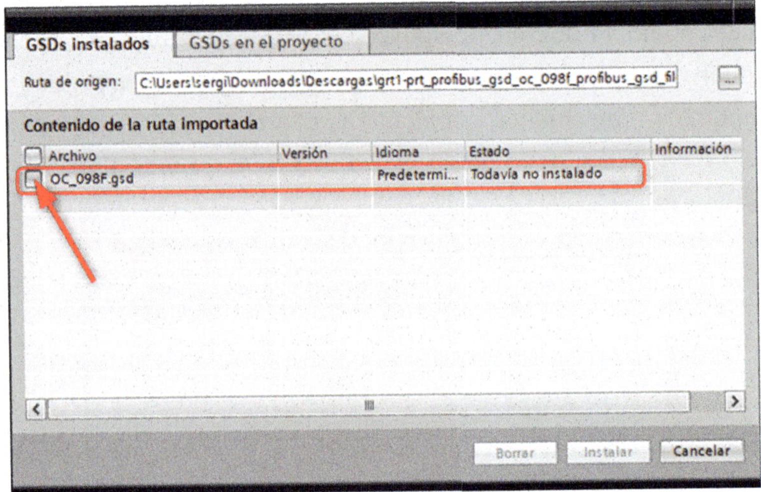

Figura 2.221

Una vez seleccionada la casilla, pulsaremos sobre el botón «Instalar».

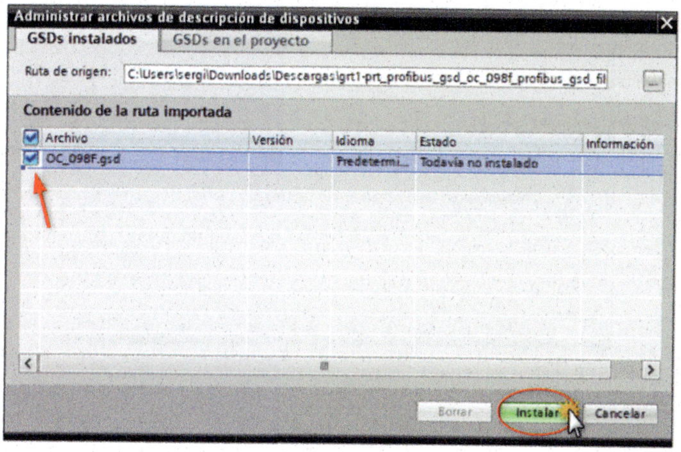

Figura 2.222

Comenzará la instalación del archivo GSD.

Figura 2.223

En esta ventana, pulsaremos sobre el botón «Cerrar».

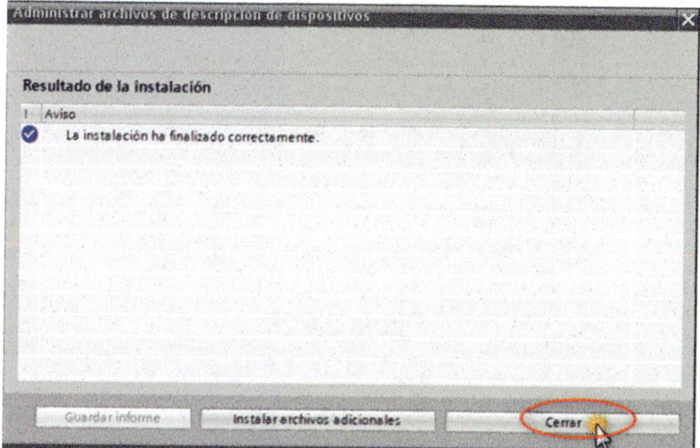

Figura 2.224

Comenzará a actualizar el catálogo de hardware del TIA Portal.

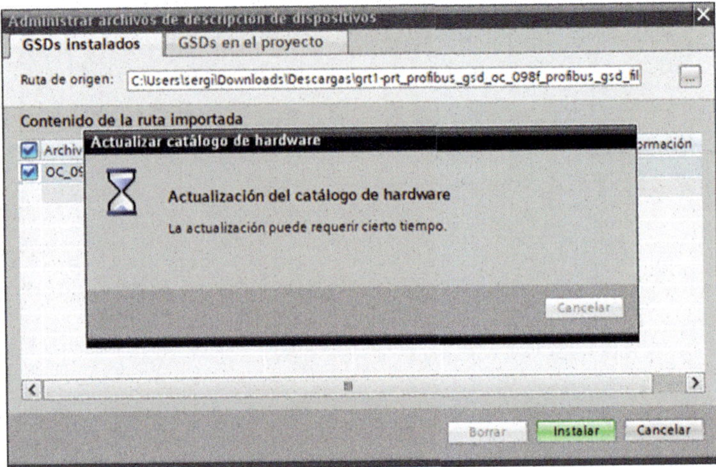

Figura 2.225

Iremos a la ventana «Árbol del proyecto» y haremos doble clic con el ratón sobre «Dispositivos y redes».

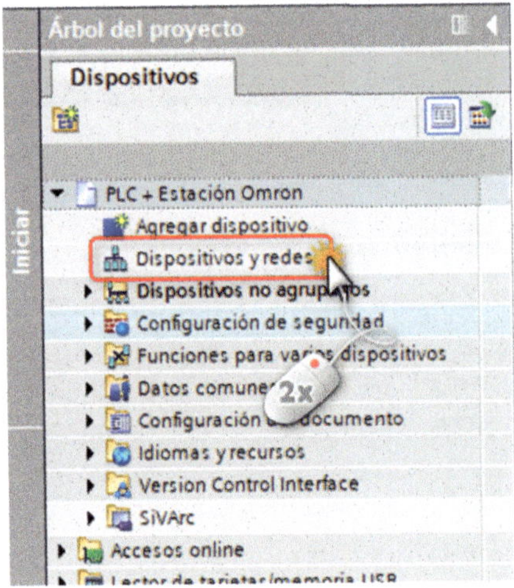

Figura 2.226

Ahora iremos a la ventana «Catálogo de hardware».

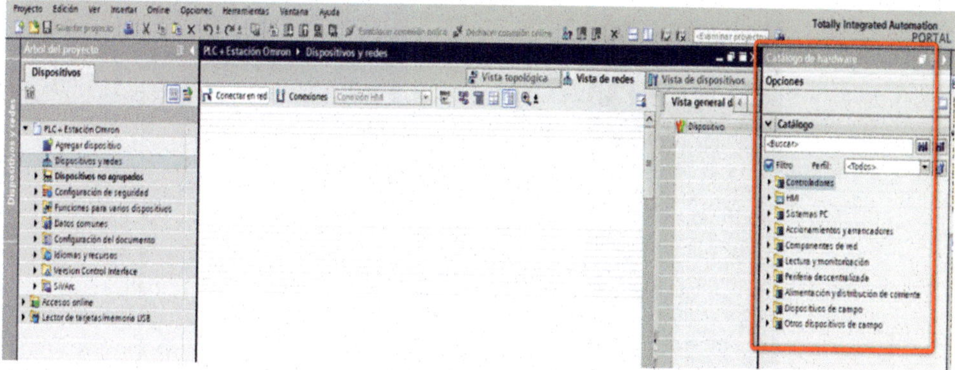

Figura 2.227

Añadiremos la CPU 1516-3 PN/DP, con la referencia «6ES7 516-3AN01-0AB00», haciendo doble clic con el ratón sobre ella.

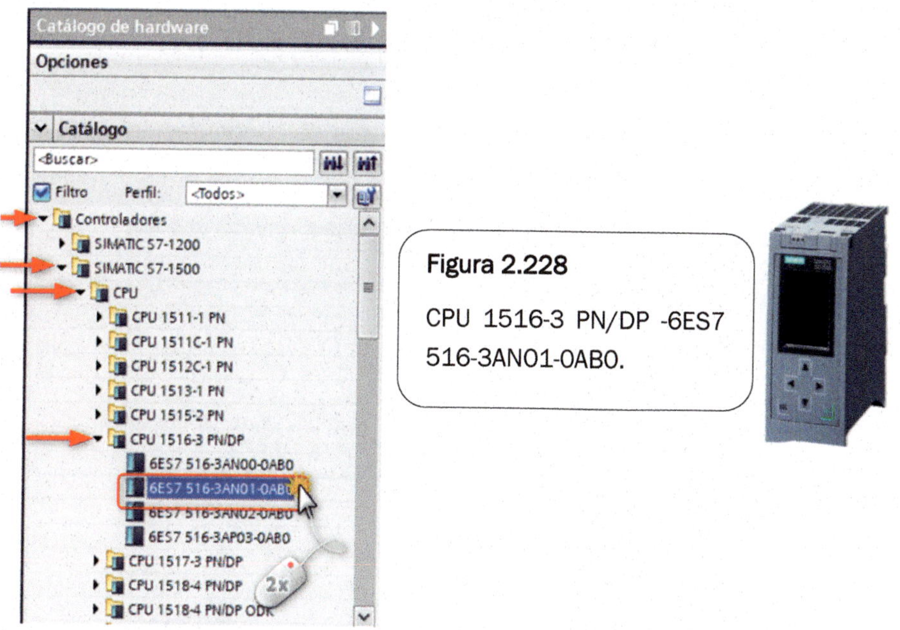

Figura 2.228

CPU 1516-3 PN/DP -6ES7 516-3AN01-0AB0.

Figura 2.229

Nos aparecerá esta ventana del asistente de seguridad del PLC.

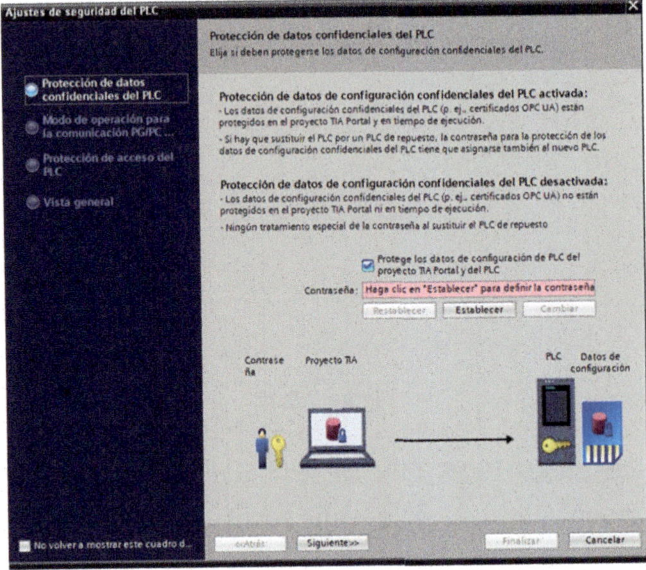

Figura 2.230

Desmarcaremos la casilla «Protege los datos de configuración de PLC del proyecto TIA Portal y del PLC».

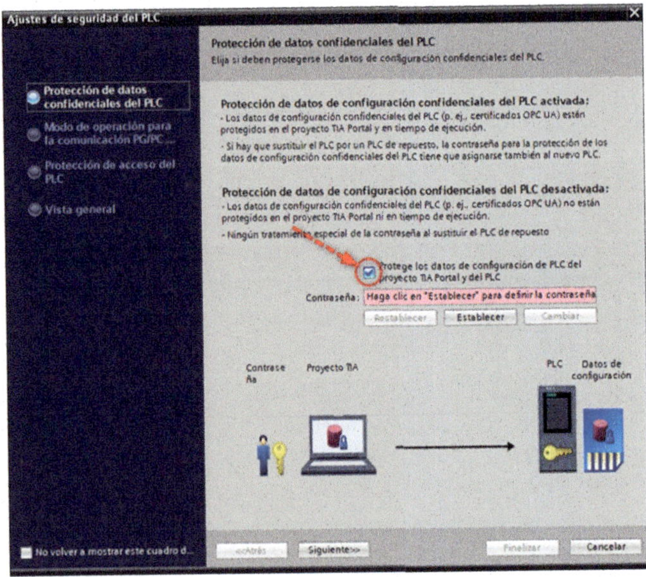

Figura 2.231

Pulsaremos «Siguiente».

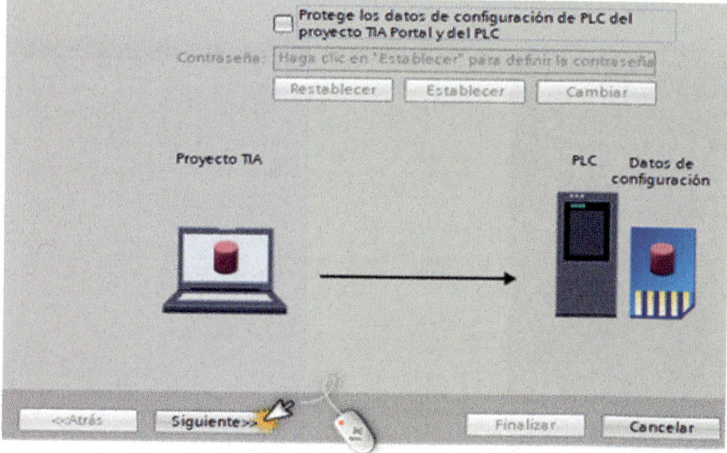

Figura 2.232

En la siguiente ventana, pulsaremos «Siguiente».

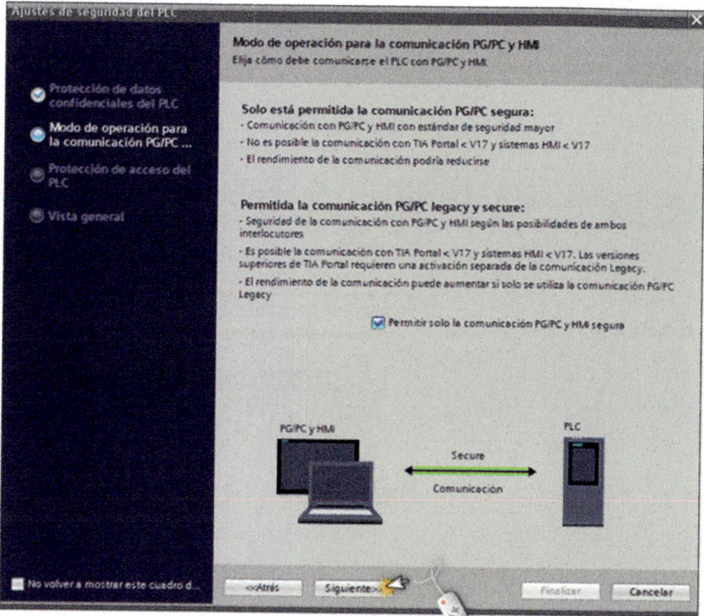

Figura 2.233

Pulsaremos con el ratón sobre la flechita despegable de la celda «Nivel de acceso sin contraseña».

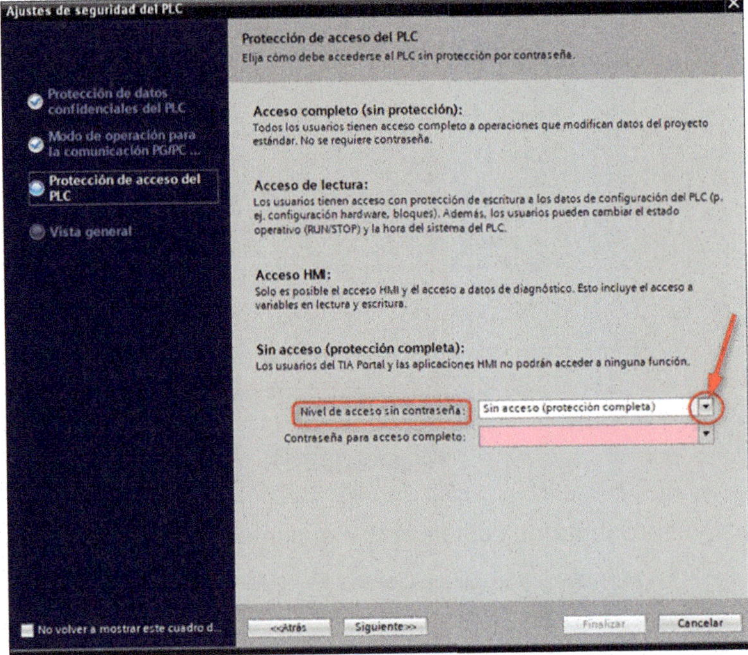

Figura 2.234

En el desplegable, seleccionaremos «Acceso completo (sin protección)».

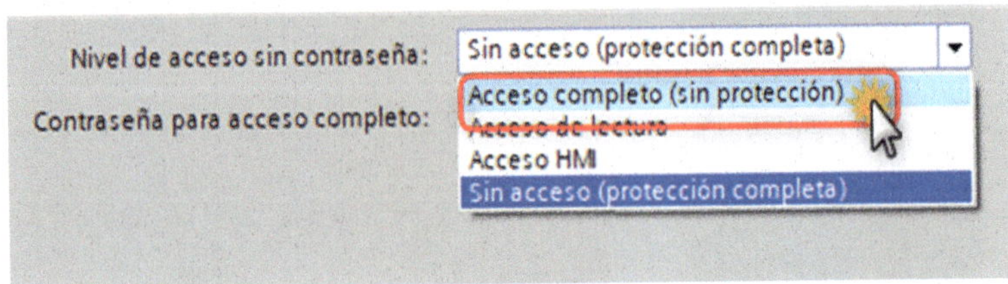

Figura 2.235

Pulsaremos «Siguiente».

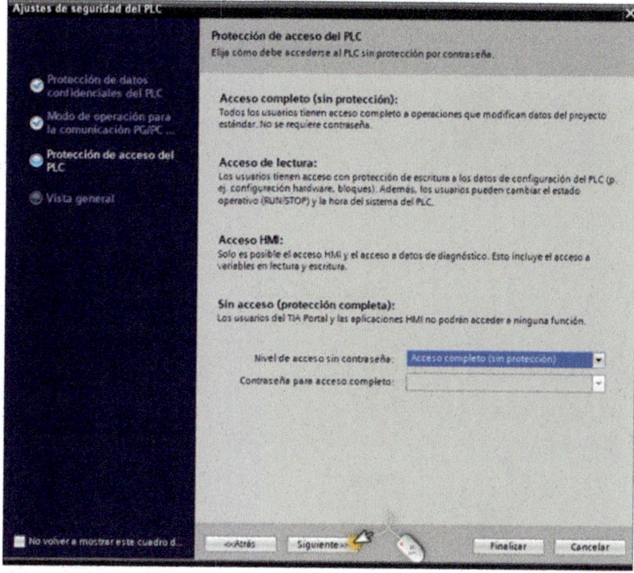

Figura 2.236

En esta ventana, tendremos un resumen. Pulsaremos sobre el botón «Finalizar».

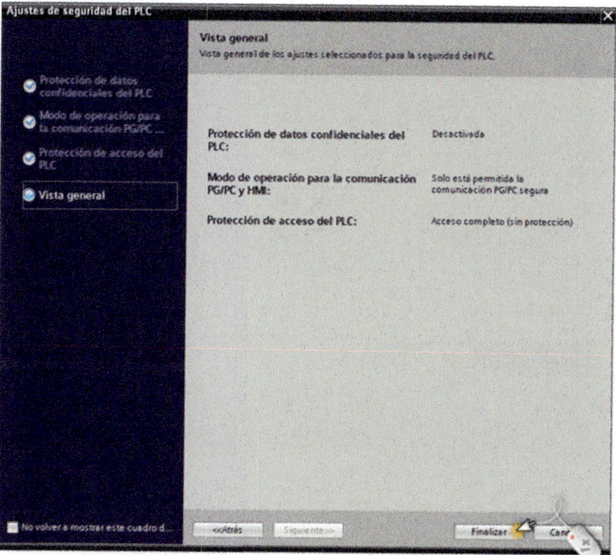

Figura 2.237

Haremos doble clic sobre «CPU 1516-3 PN/DP».

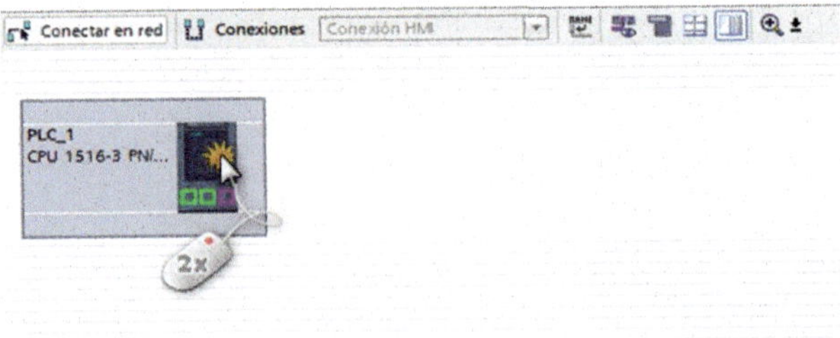

Figura 2.238

Vamos a configurar el hardware.

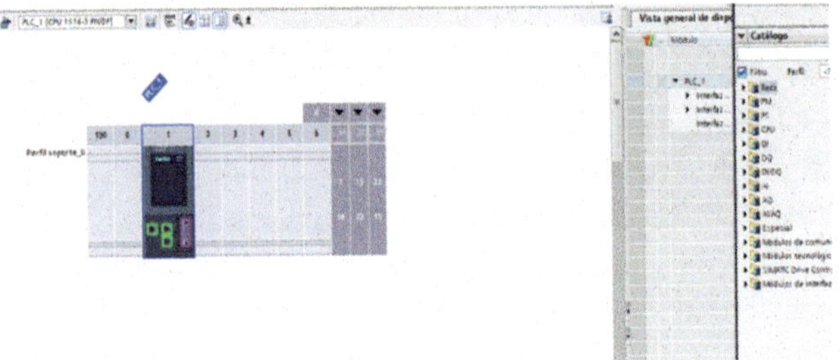

Figura 2.239

Ahora haremos doble clic sobre la referencia «6EP1333-4BA00», que está dentro de la carpeta «PM 190W 120/230VAC». Esto añadirá la fuente de alimentación.

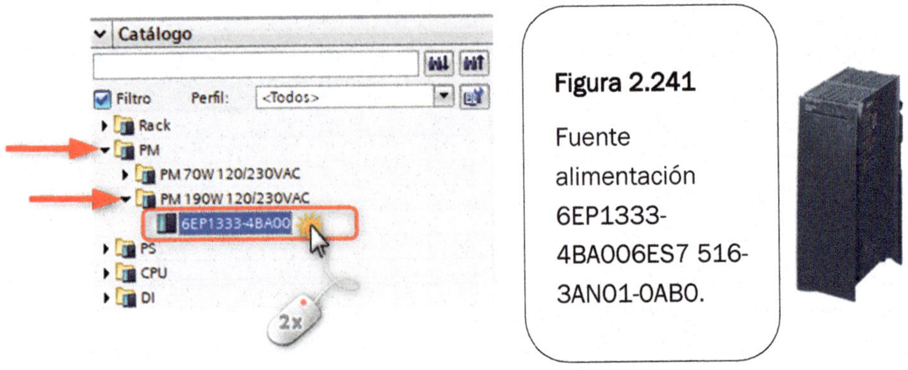

Figura 2.241

Fuente alimentación 6EP1333-4BA006ES7 516-3AN01-0AB0.

Figura 2.240

Haremos doble clic sobre la referencia «6ES7 521-1BH00-0AB0», que está dentro de la carpeta «DI 16x24VDC HF». Esto añadirá el módulo de entradas digitales.

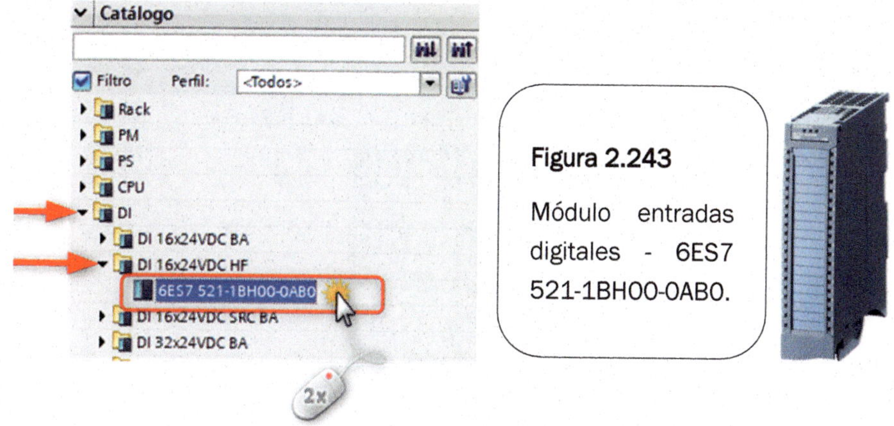

Figura 2.243

Módulo entradas digitales - 6ES7 521-1BH00-0AB0.

Figura 2.242

Seguidamente, haremos doble clic con el ratón sobre la referencia «6ES7 522-1BH01-0AB0», que está dentro de la carpeta «DQ 16x24VDC/0.5A HF». Esto añadirá el módulo de salidas digitales.

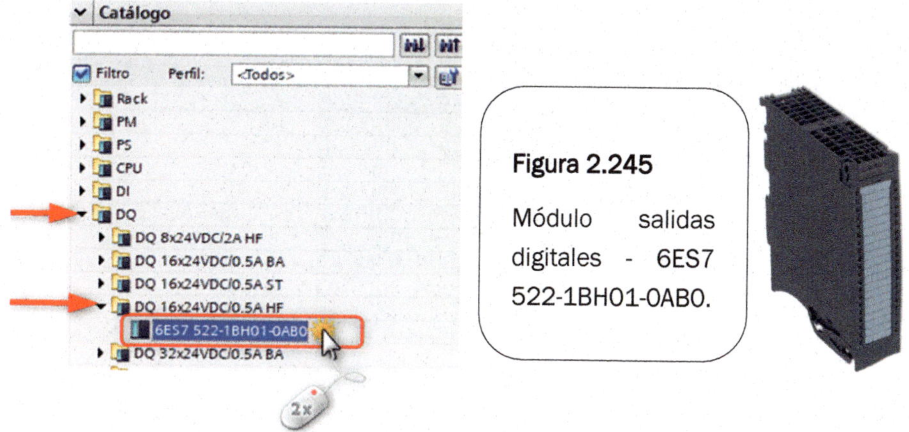

Figura 2.245

Módulo salidas digitales - 6ES7 522-1BH01-0AB0.

Figura 2.244

Ya tenemos el hardware configurado.

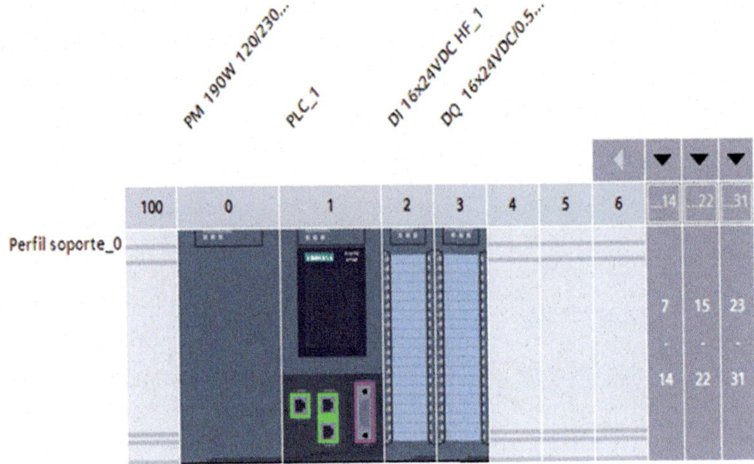

Figura 2.246

Lo que haremos ahora será seleccionar el nombre «PLC_1».

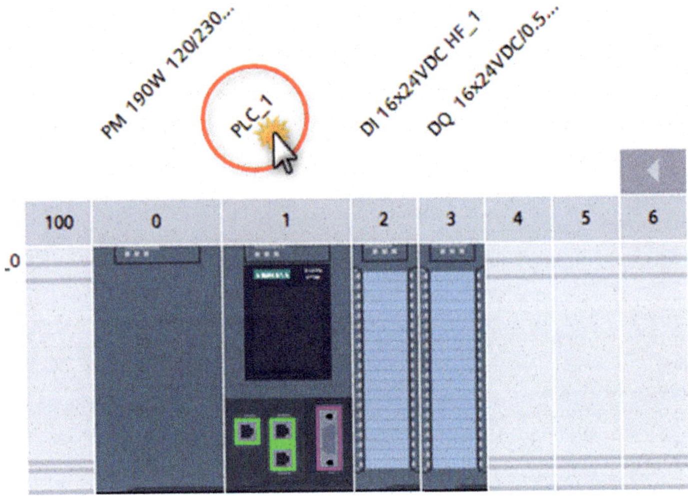

Figura 2.247

Veremos que resaltará de color azul el nombre. Volveremos a hacer clic sobre el nombre.

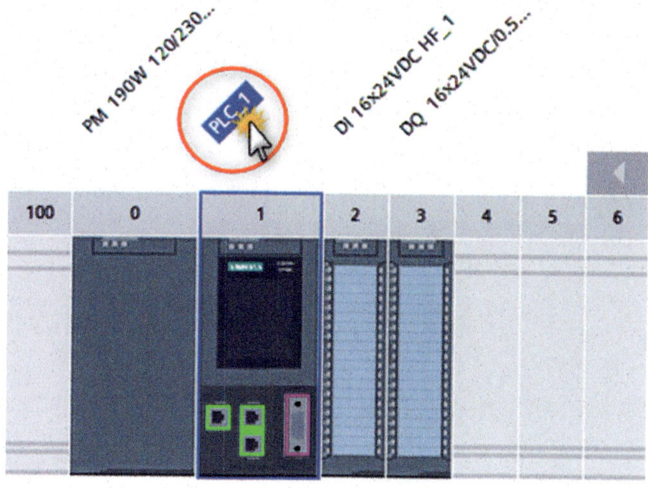

Figura 2.248

Aparecerá una celda con el nombre «PLC_1». Escribiremos «MAESTRO» dentro de la celda y, seguidamente, pulsaremos la tecla Intro del teclado.

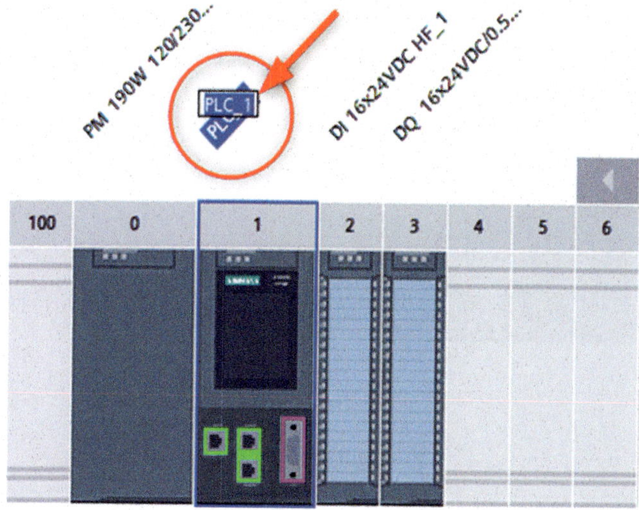

Figura 2.249

Quedará como vemos en la Figura 2.250.

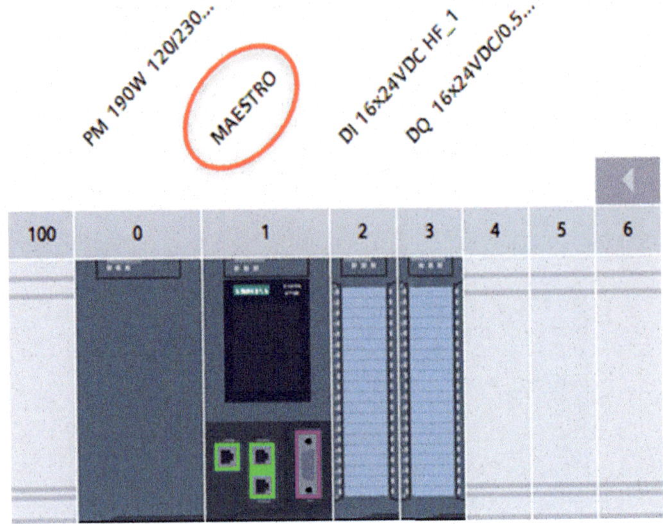

Figura 2.250

Pulsaremos sobre la pestaña «Vista de redes».

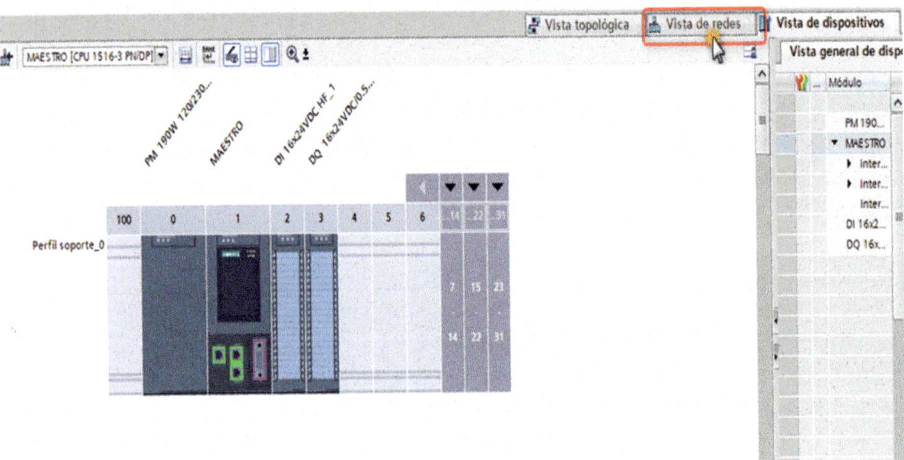

Figura 2.251

Ahora añadiremos el sistema abierto Omron.

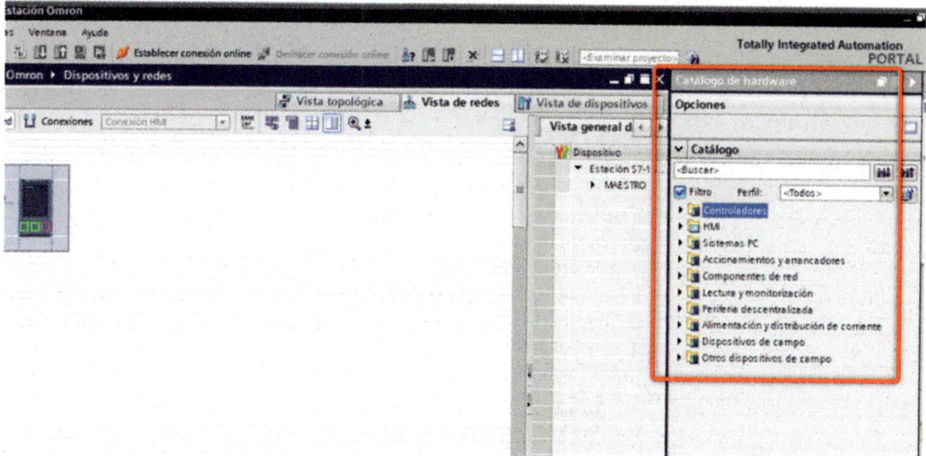

Figura 2.252

Haremos doble clic sobre la carpeta «Otros dispositivos de campo».

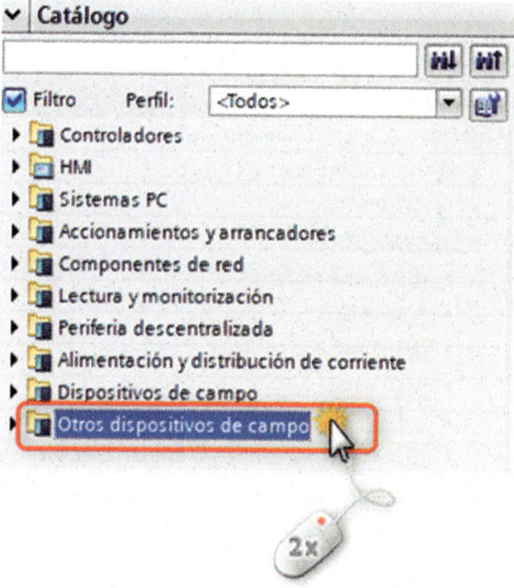

Figura 2.253

Luego, haremos doble clic sobre «PROFIBUS DP».

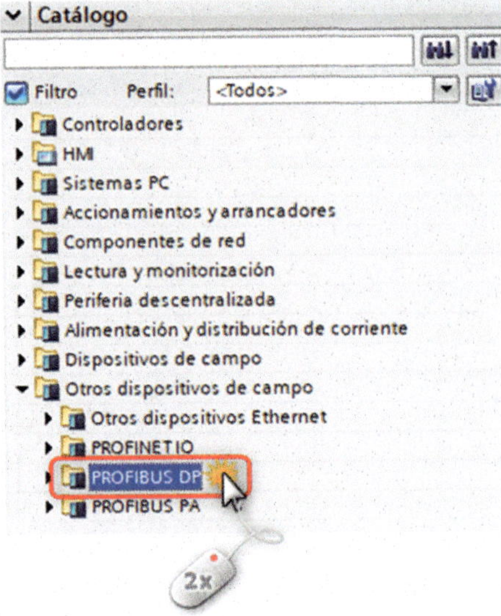

Figura 2.254

Y doble clic sobre «I/O».

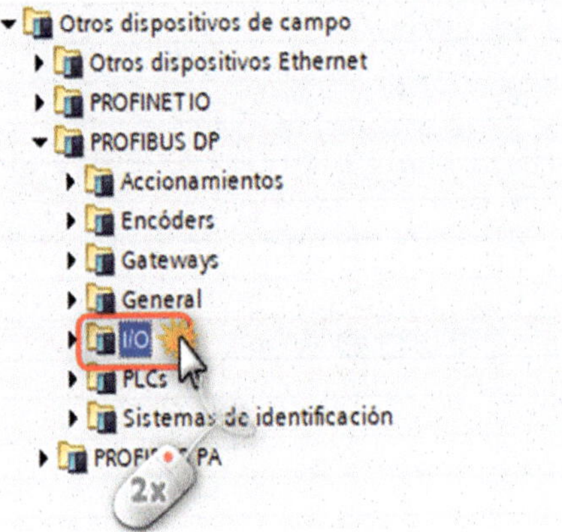

Figura 2.255

Ahora, haremos doble clic sobre la carpeta «OMRON Corporation».

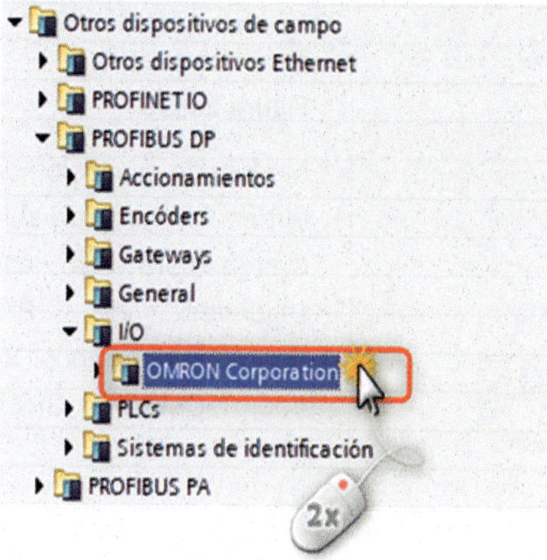

Figura 2.256

Y sobre la carpeta «OMRON GRT1-PRT».

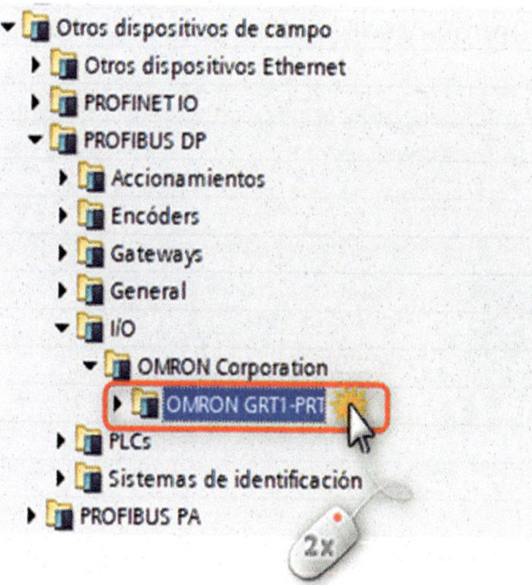

Figura 2.257

Ahora haremos doble clic sobre la referencia «OMRON GRT1-PRT».

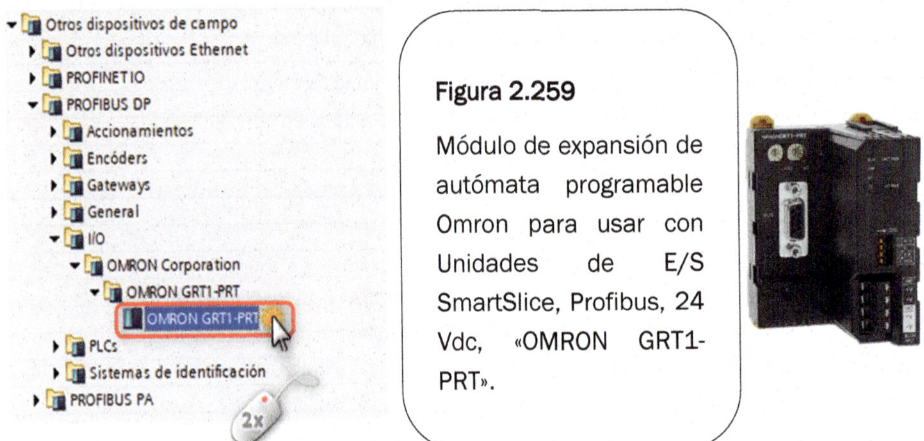

Figura 2.259

Módulo de expansión de autómata programable Omron para usar con Unidades de E/S SmartSlice, Profibus, 24 Vdc, «OMRON GRT1-PRT».

Figura 2.258

Haremos un clic con el botón izquierdo del ratón sobre el puerto de Profibus de la CPU «MAESTRO», arrastraremos el puntero hasta el puerto Profibus de la CPU «Omron» y soltaremos para crear la conexión entre ambos.

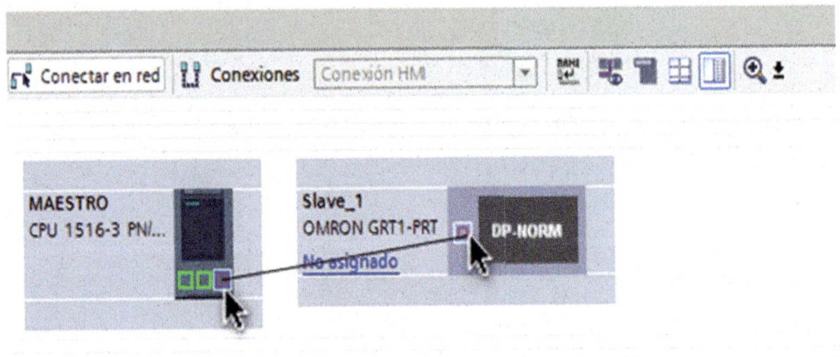

Figura 2.260

Pulsaremos sobre el icono «Mostrar direcciones».

Figura 2.261

Haremos doble clic con el botón izquierdo del ratón sobre la CPU «Omron».

Figura 2.262

Colocaremos el puntero sobre la línea, tal como vemos en la Figura 2.263. El puntero cambiará de estado y aparecerá así ◆. Lo que haremos a continuación será hacer un clic con el botón izquierdo del ratón y, sin soltarlo, lo arrastraremos hacia la izquierda para abrir la información de la tabla «Vista general de dispositivo».

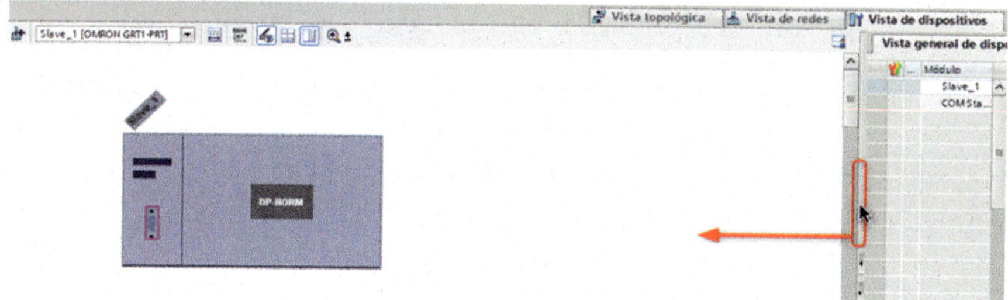

Figura 2.263

Podemos ver que en la dirección de entrada tenemos unas direcciones y en la de salida no hay ninguna dirección.

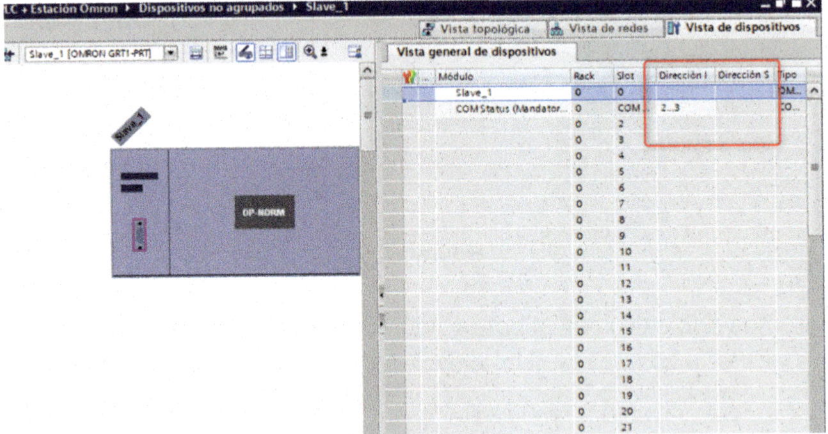

Figura 2.264

En las celdas de «Vista general de dispositivo», nos aparece el módulo «COMStatus (Mandatory)_1». Si no apareciera, lo tenemos en la ventana de catálogo, tal como vemos en la Figura 2.265; simplemente haciendo doble clic con el ratón sobre el módulo, lo agregaríamos a la configuración de hardware.

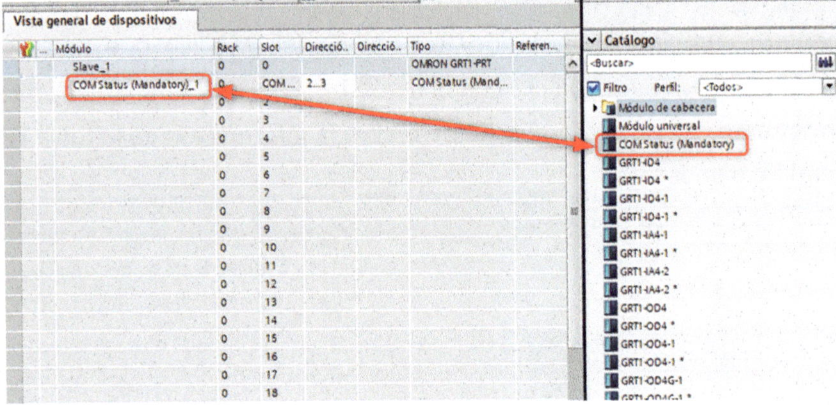

Figura 2.265

Como podemos observar, en la ventana «Catálogo» vemos que tenemos los módulos de entradas y salidas (E/S).

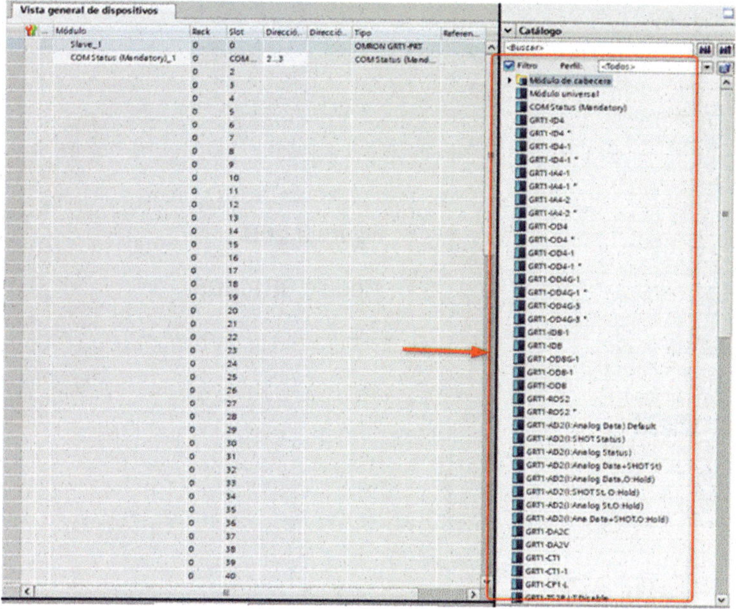

Figura 2.266

Buscaremos el módulo «GRT1-ID8» y lo seleccionaremos. Vemos que en la tabla se resaltan las celdas.

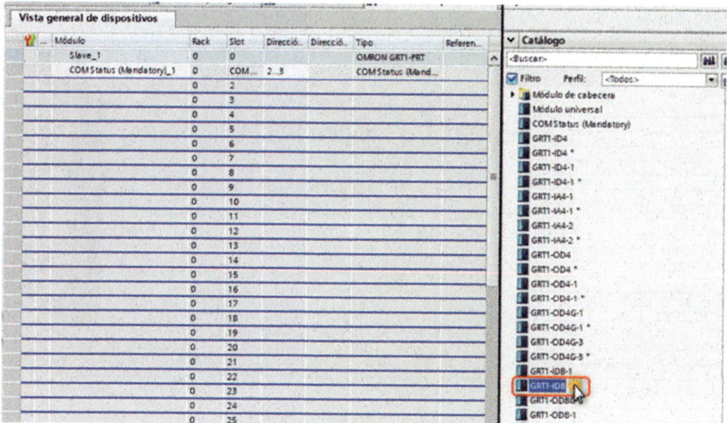

Figura 2.267

Lo que haremos a continuación será hacer doble clic sobre el módulo «GRT1-ID8» para agregarlo a la configuración.

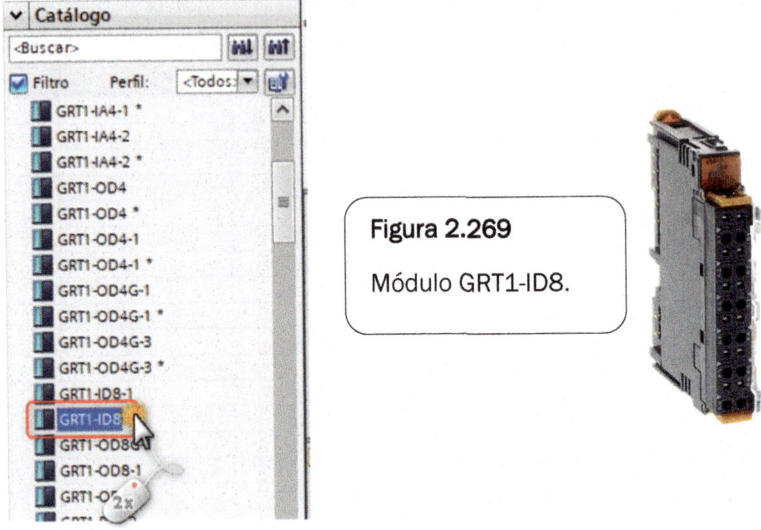

Figura 2.269

Módulo GRT1-ID8.

Figura 2.268

Ahora, lo que haremos será hacer doble clic sobre el módulo «GRT1-OD8» para agregarlo a la configuración.

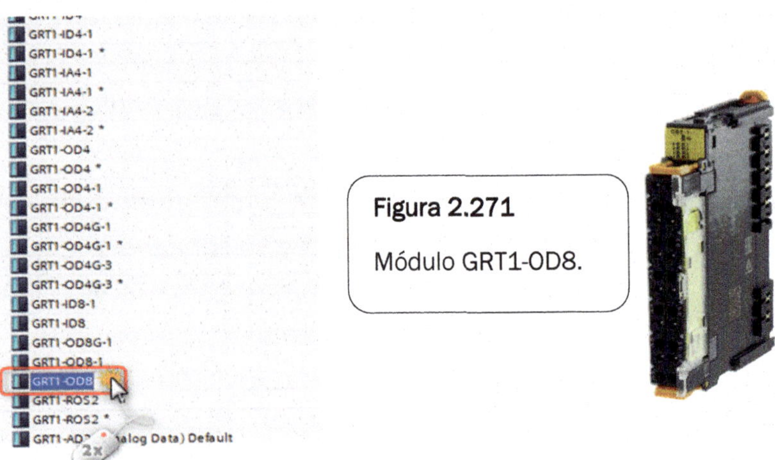

Figura 2.271

Módulo GRT1-OD8.

Figura 2.270

Como podemos comprobar, ya tenemos añadidos los módulos y, si nos fijamos en las direcciones de entradas y salidas, vemos que ya aparecen las direcciones de inicio y fin.

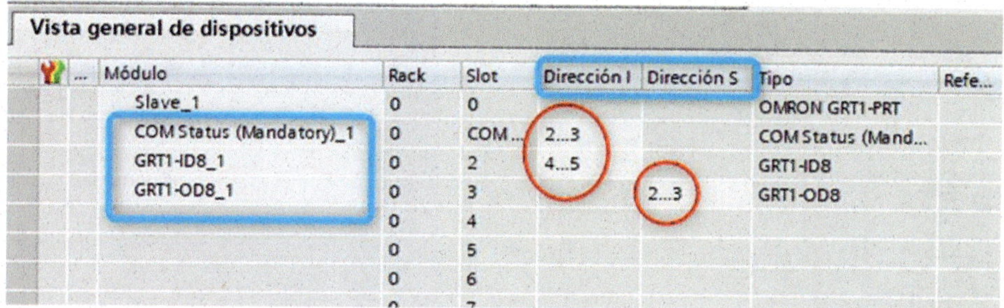

Vista general de dispositivos

Módulo	Rack	Slot	Dirección I	Dirección S	Tipo	Refe...
Slave_1	0	0			OMRON GRT1-PRT	
COM Status (Mandatory)_1	0	COM...	2...3		COM Status (Mand...	
GRT1-ID8_1	0	2	4...5		GRT1-ID8	
GRT1-OD8_1	0	3		2...3	GRT1-OD8	
	0	4				
	0	5				
	0	6				

Figura 2.272

Pulsaremos sobre la pestaña «Vista de redes».

Vista topológica | Vista de redes | Vista de dispositivos

Vista general de dispositivos

Módulo	Rack	Slot	Direcció...	Direcció...	Tipo	Referen...
Slave_1	0	0			OMRON GRT1-PRT	
COM Status (Mandatory)_1	0	COM...	2...3		COM Status (Mand...	
GRT1-ID8_1	0	2	4...5		GRT1-ID8	
GRT1-OD8_1	0	3		2...3	GRT1-OD8	
	0	4				
	0	5				
	0	6				
	0	7				

Figura 2.273

Haremos doble clic sobre la «CPU 1516-3 PN/DP Maestro».

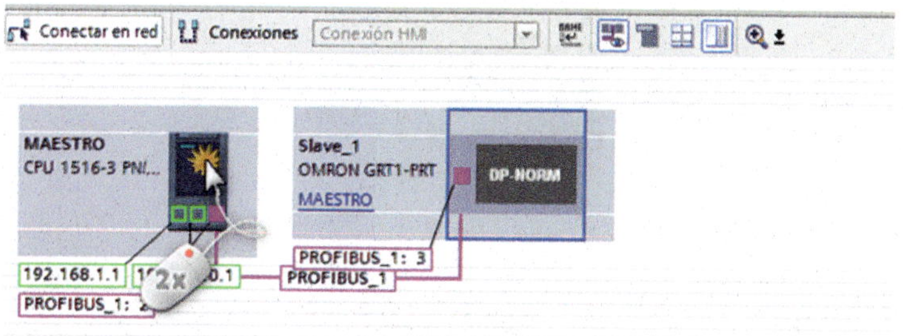

Figura 2.274

Si nos fijamos en las columnas de direcciones de entradas y salidas, veremos que también tenemos las direcciones de inicio y fin.

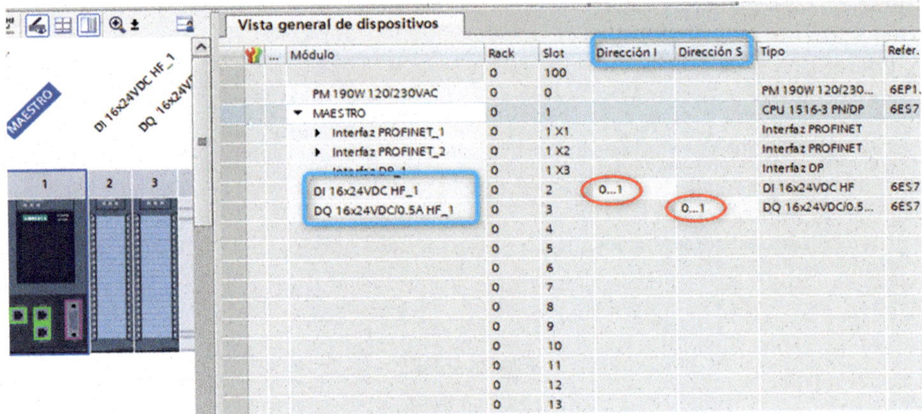

Figura 2.275

Ahora iremos a la ventana «Árbol del proyecto» y haremos doble clic sobre la carpeta «MAESTRO».

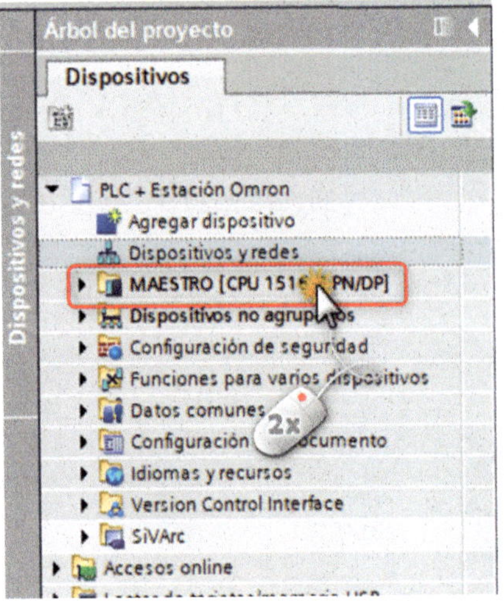

Figura 2.276

Seguidamente, desplegaremos el contenido de la carpeta «Bloques de programa».

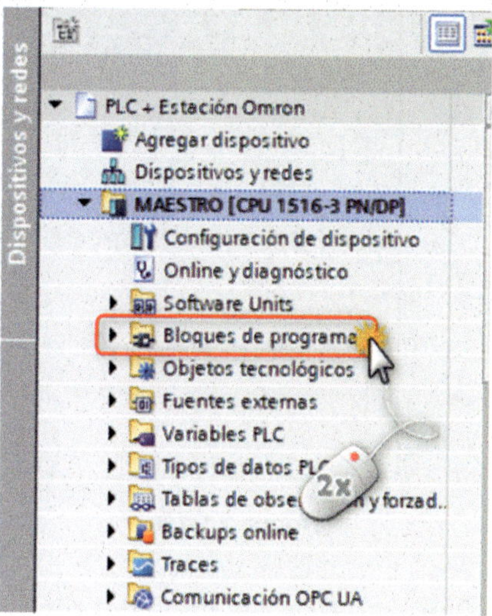

Figura 2.277

A continuación, haremos doble clic sobre «Main [OB1]».

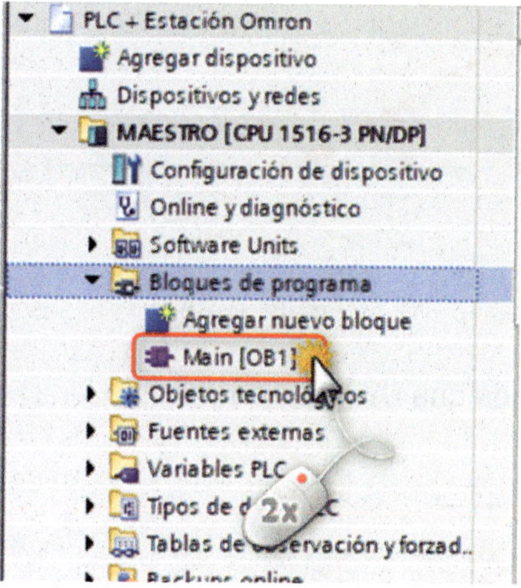

Figura 2.278

En la ventana central, nos aparece el segmento 1.

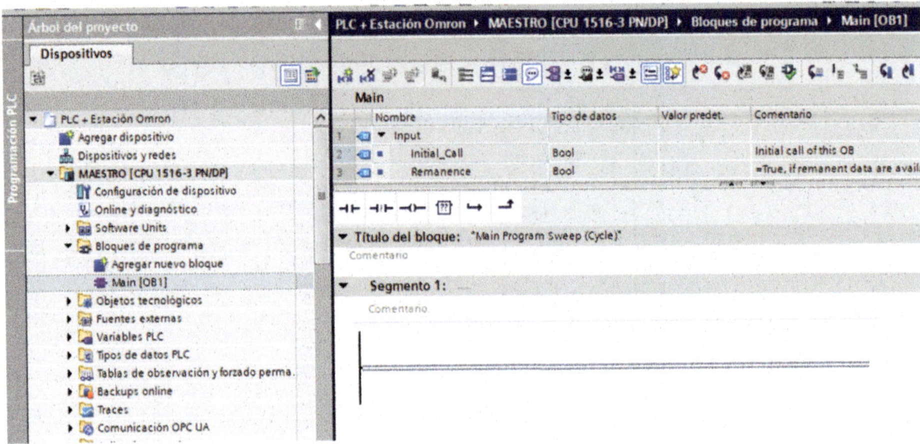

Figura 2.279

Arrastraremos un «Contacto NO» a la línea del segmento 1.

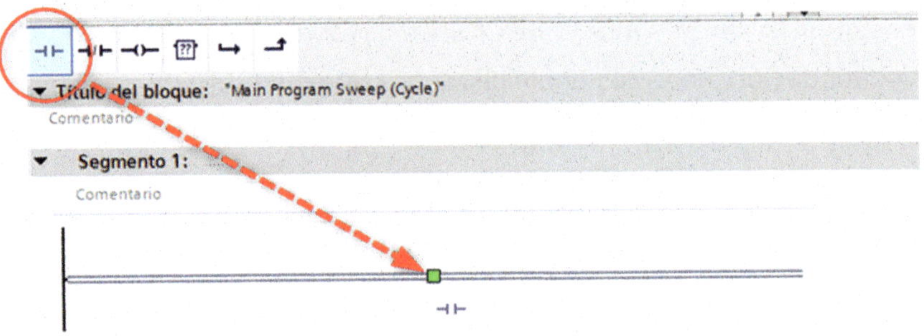

Figura 2.280

Ahora arrastraremos una «Asignación».

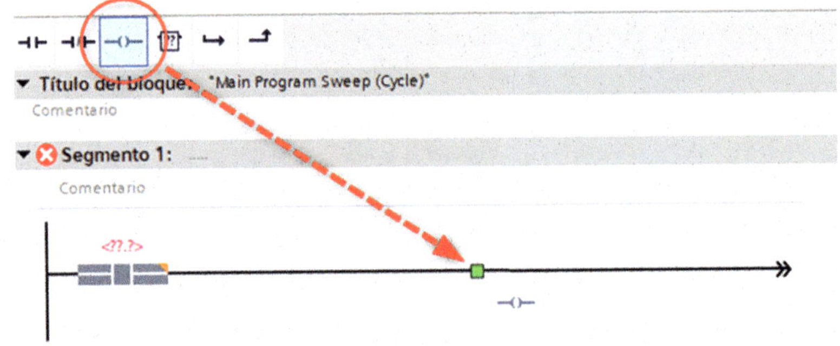

Figura 2.281

De momento, nos quedará tal como vemos en la Figura 2.282.

Figura 2.282

Haremos doble clic sobre los interrogantes del «Contacto NO».

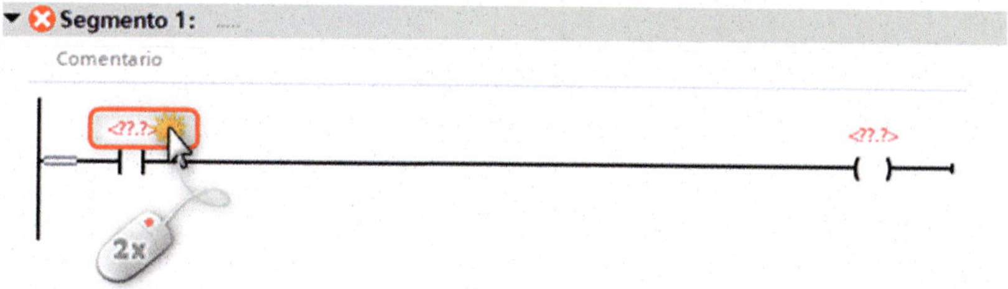

Figura 2.283

Dentro de la celda, escribiremos la dirección «I0.0».

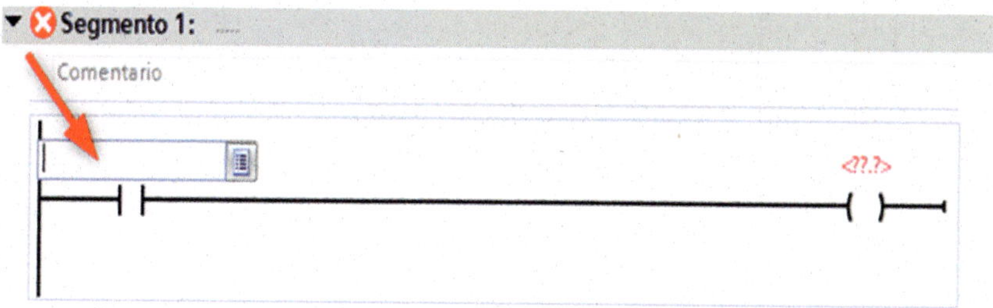

Figura 2.284

Una vez escrita la dirección, pulsaremos la tecla Intro del teclado.

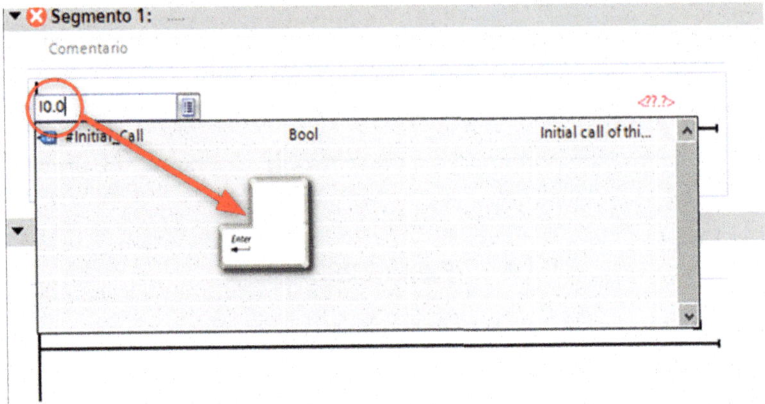

Figura 2.285

Haremos clic con el botón derecho del ratón sobre el nombre «Tag_1» y, en el desplegable que nos aparecerá, seleccionaremos la opción «Cambiar nombre de la variable».

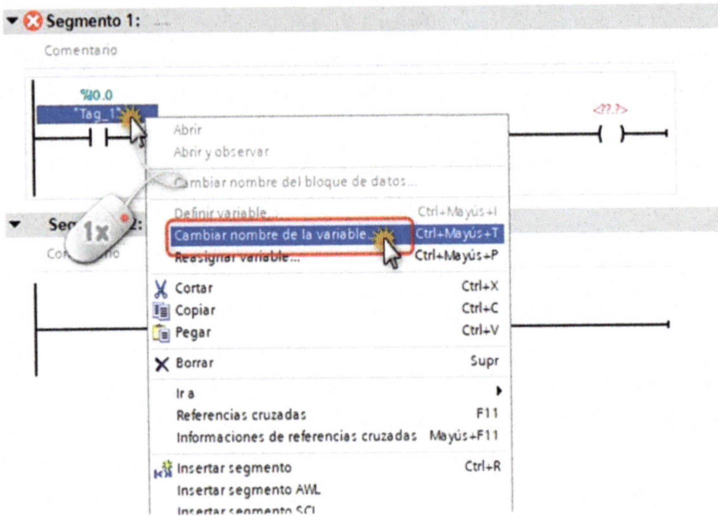

Figura 2.286

Pulsaremos la tecla Suprimir del teclado para eliminar el nombre actual, y escribiremos en su lugar «Pulsador marcha 1 Maestro activa salida Omron».

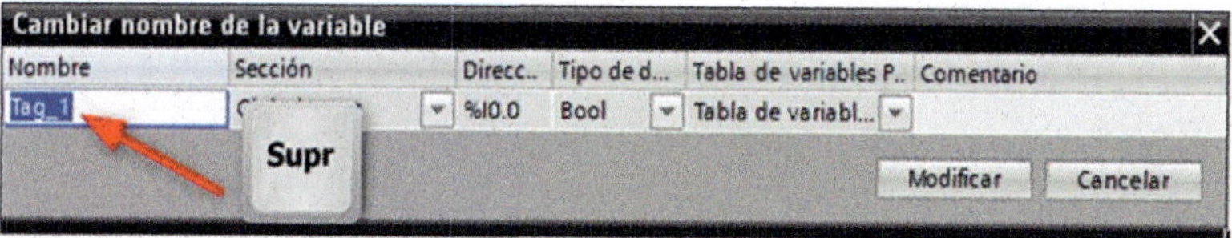

Figura 2.287

Una vez escrito el nombre, pulsaremos sobre el botón «Modificar».

Figura 2.288

Como podemos ver, ya tenemos creada la variable.

Figura 2.289

Ahora haremos doble clic sobre los interrogantes de la «Asignación».

Figura 2.290

Dentro de la celda, escribiremos la dirección «Q2.0».

Figura 2.291

Una vez escrita la dirección, pulsaremos la tecla Intro del teclado.

Figura 2.292

Haremos un clic con el botón derecho del ratón sobre el nombre «Tag_1» y, en el desplegable que nos aparecerá, seleccionaremos la opción «Cambiar nombre de la variable».

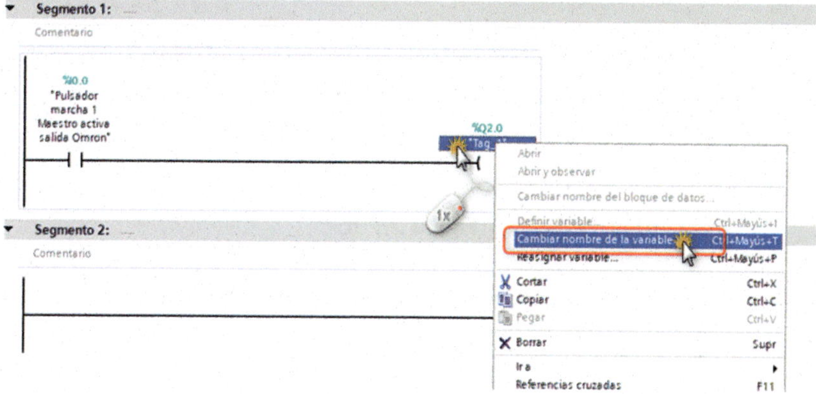

Figura 2.293

Pulsaremos la tecla Suprimir del teclado para eliminar el nombre actual, y escribiremos en su lugar el nombre «Salida CPU Omron».

Figura 2.294

Una vez escrito el nombre, pulsaremos sobre el botón «Modificar».

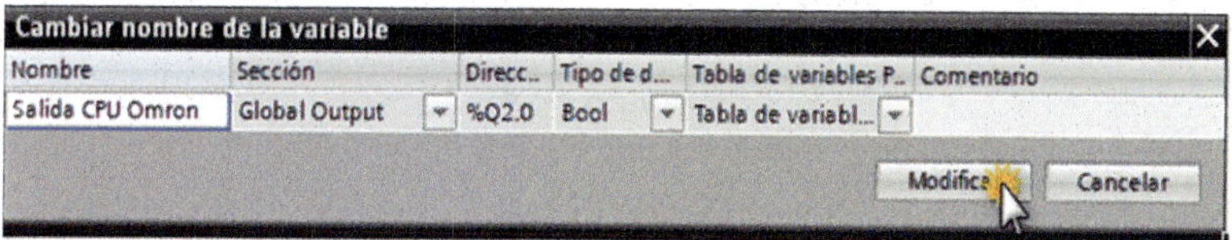

Figura 2.295

Como podemos ver, ya tenemos creada la variable.

Figura 2.296

Ahora, lo que vamos a hacer en el segmento 2 será añadir un «Contacto NO» y una «Asignación».

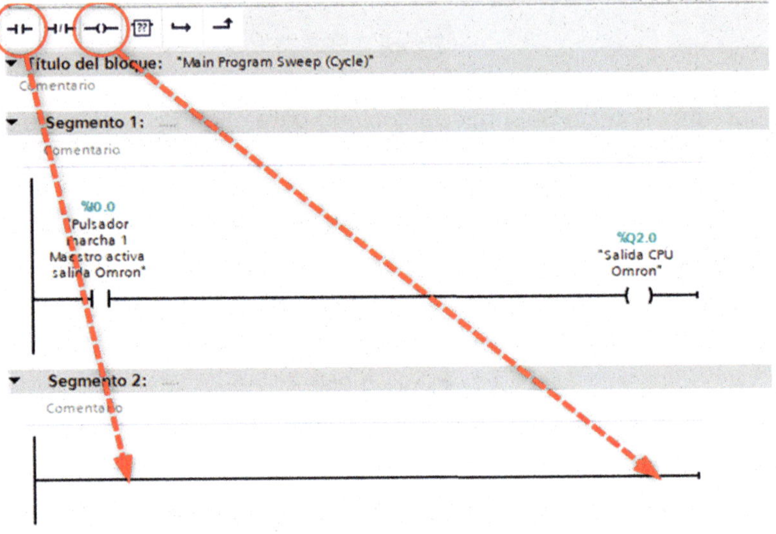

Figura 2.297

Nos quedará tal como vemos en la imagen.

Segmento 1:
Comentario
%I0.0
"Pulsador marcha 1 Maestro activa salida Omron"
%Q2.0
"Salida CPU Omron"
Segmento 2:
Comentario
<??.?>
<??.?>

Figura 2.298

Realizaremos exactamente los mismos pasos que hemos hecho en el segmento 1; crearemos las dos variables, la del «Contacto NO» y la de la «Asignación».

Contacto NO Dirección = I4.0

Nombre = Pulsador marcha 2 Esclavo activa salida 1500 Asignación

Asignación Dirección = Q0.0

Nombre = Salida CPU 1516-3 PN/DP

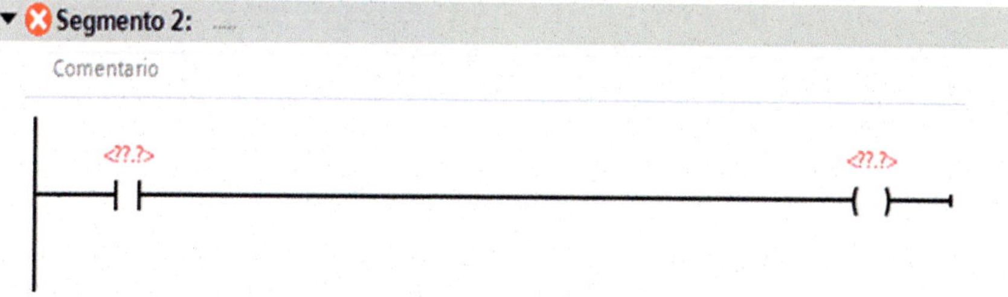

Figura 2.299

Nos quedará tal como vemos en la imagen.

Ahora realizaremos la simulación.

Segmento 2:
Comentario
%I4.0
"Pulsador marcha 2 Esclavo activa salida 1500"
%Q0.0
"Salida CPU 1516-3 PN/DP"

Figura 2.300

Pulsaremos sobre el icono «Iniciar simulación».

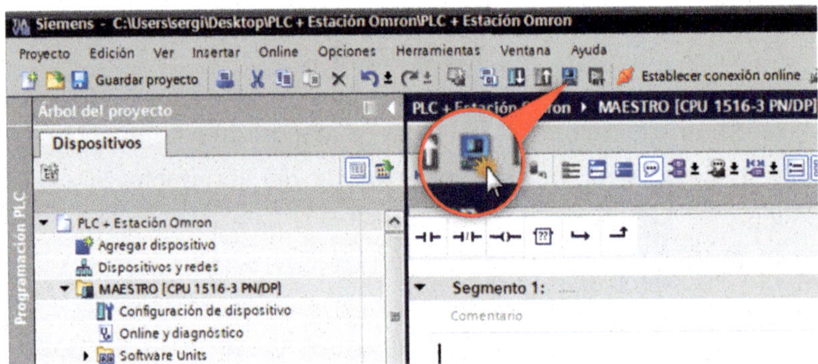

Figura 2.301

Si nos sale esta ventana, pulsaremos sobre el botón «Aceptar».

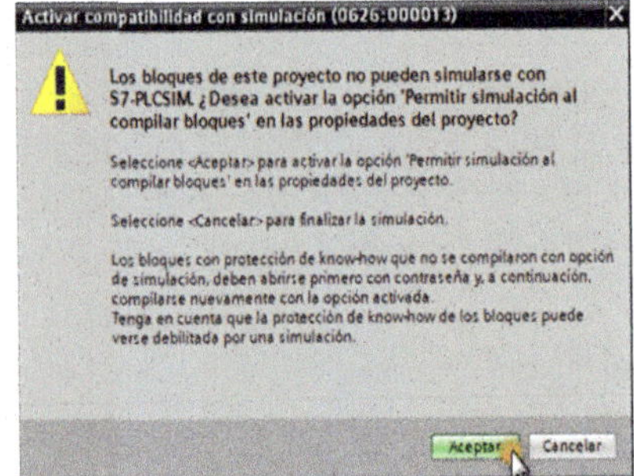

Figura 2.302

En esta ventana que nos aparece, pulsaremos sobre el botón «Aceptar».

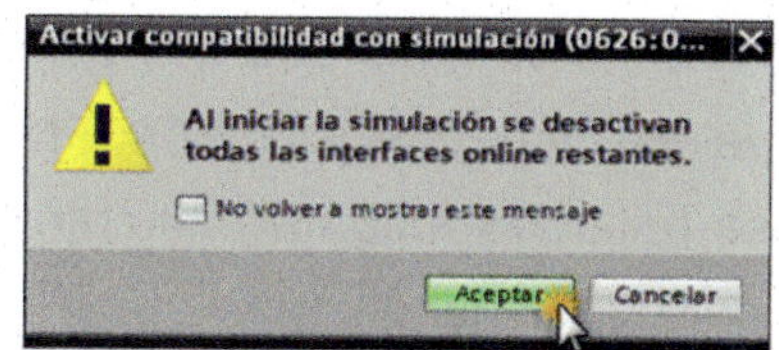

Figura 2.303

Se nos abrirá el PLCSIM V18. Como hemos comentado antes, veremos una nueva interfaz de usuario.

En la ventana central, en el apartado Workspaces recientes (Espacio de trabajo), tenemos asociado el nombre del proyecto que hemos creado en el TIA PORTAL (PLC + Estación Omron).

Pasado unos segundos, cuando ya se haya abierto completamente el PLCSIM V18, volveremos a la ventana del TIA PORTAL V18.

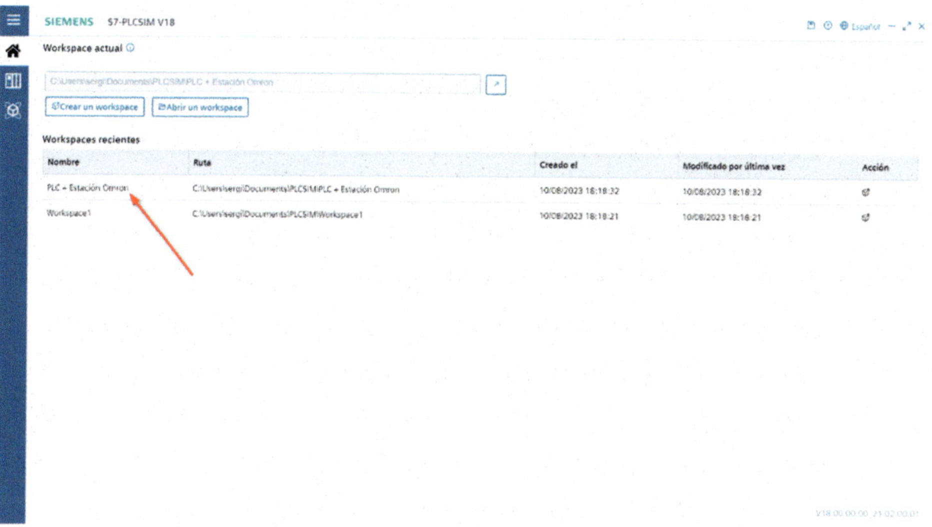

Figura 2.304

En la ventana que nos aparecerá, en la celda «Tipo de interfaz PG/PC», seleccionaremos la opción «PN/IE». La celda «Conexión con interfaz/subred» se rellenará automáticamente, y seguidamente pulsaremos sobre el botón «Iniciar búsqueda».

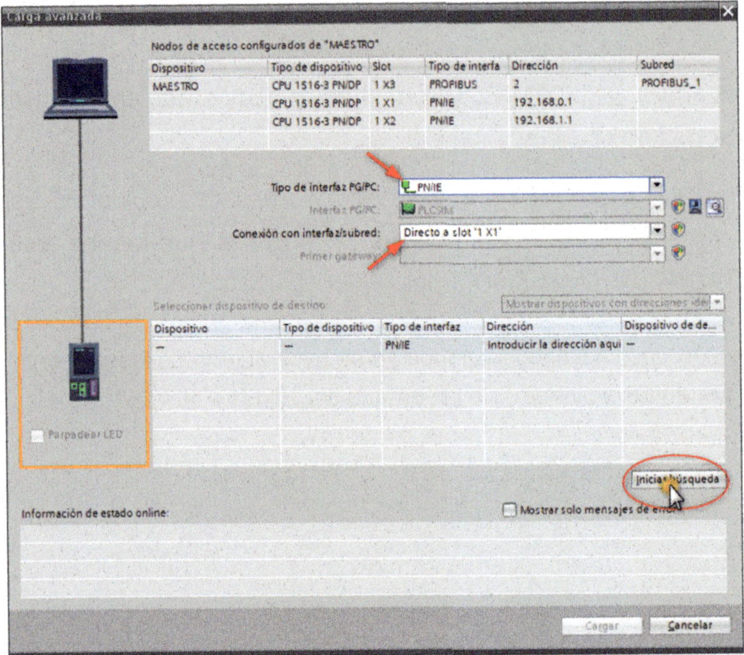

Figura 2.305

Seguidamente, pulsaremos «Cargar».

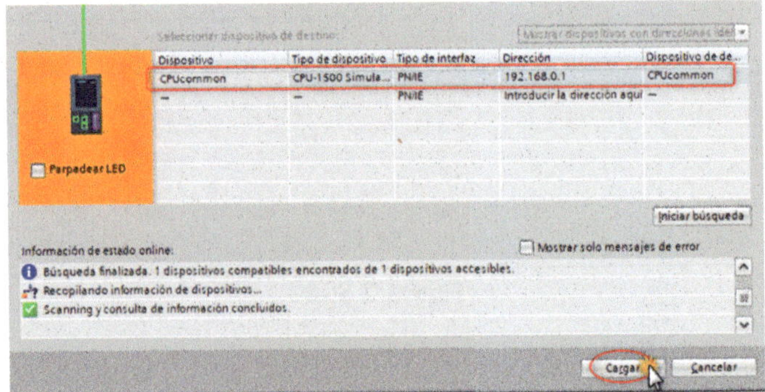

Figura 2.306

Si nos salta la ventana «Establecer conexión con el dispositivo», nos estará preguntando si queremos establecer conexión con el dispositivo o cancelar conexión. Esta es una de las novedades que trae el TIA Portal V18; ya lo integraron en la versión V17. Como es un dispositivo de confianza, pulsaremos sobre el botón «Establecer conexión».

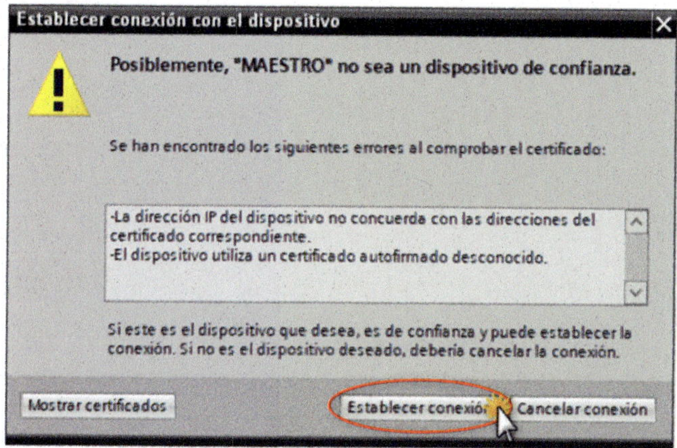

Figura 2.307

Pulsaremos sobre «Cargar».

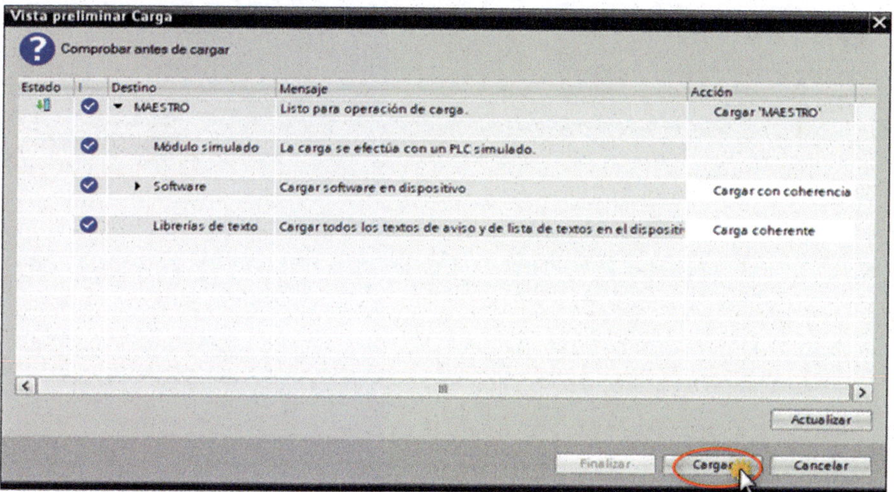

Figura 2.308

En esta ventana, haremos clic con el ratón al lado del nombre «Ninguna acción».

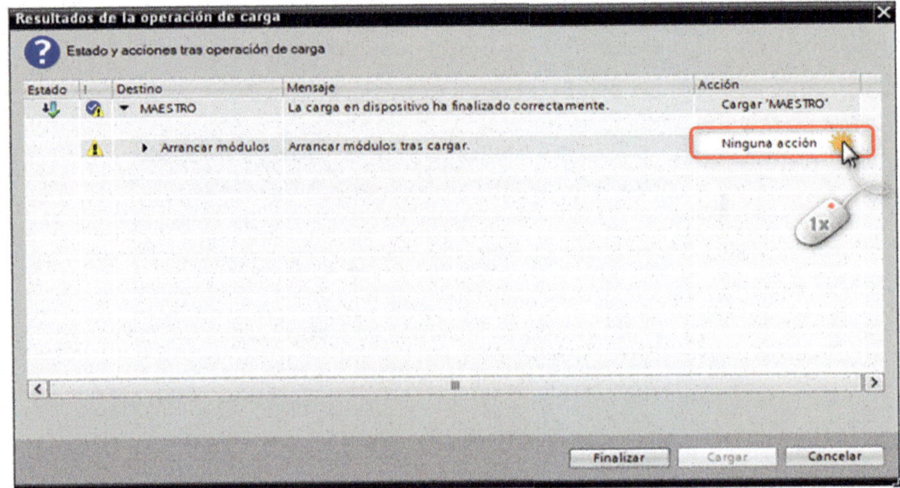

Figura 2.309

En el desplegable que nos aparecerá, seleccionaremos la opción «Arrancar módulo».

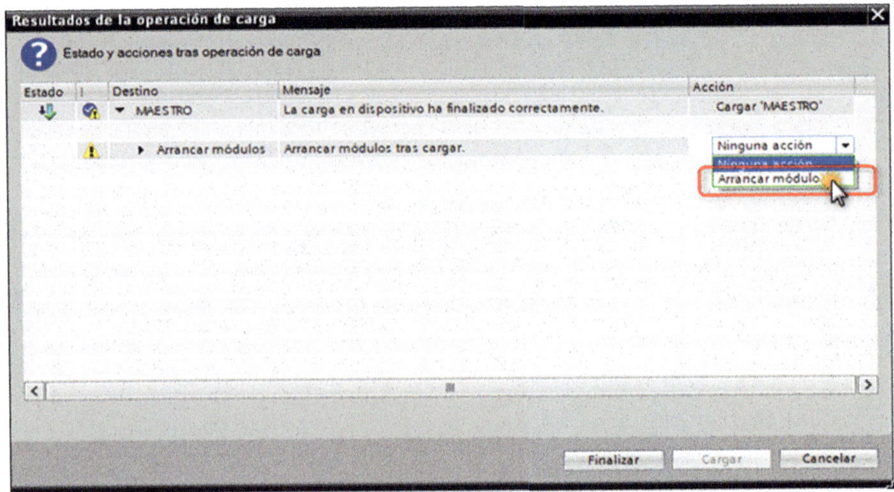

Figura 2.310

Ahora pulsaremos sobre el botón «Finalizar».

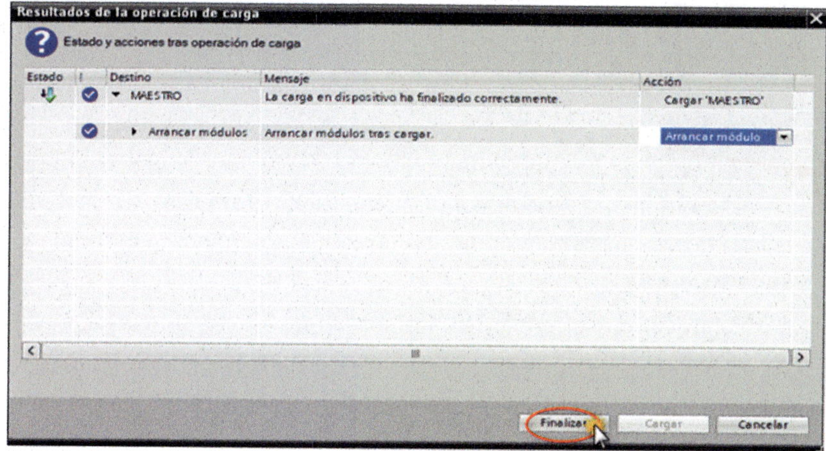

Figura 2.311

Pulsaremos sobre el icono «Activar observación».

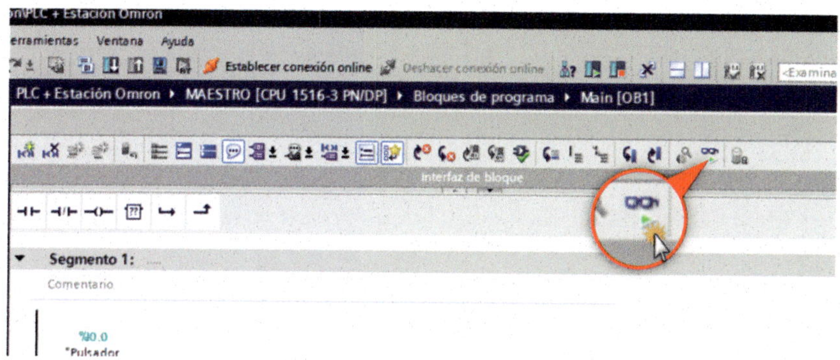

Figura 2.312

Vemos que tenemos activada la observación.

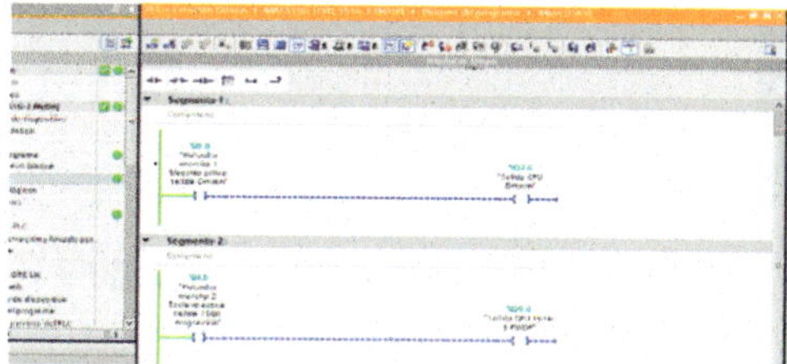

Figura 2.313

Volveremos a la ventana del PLCSIM y pulsaremos sobre el icono «Modo de comunicación».

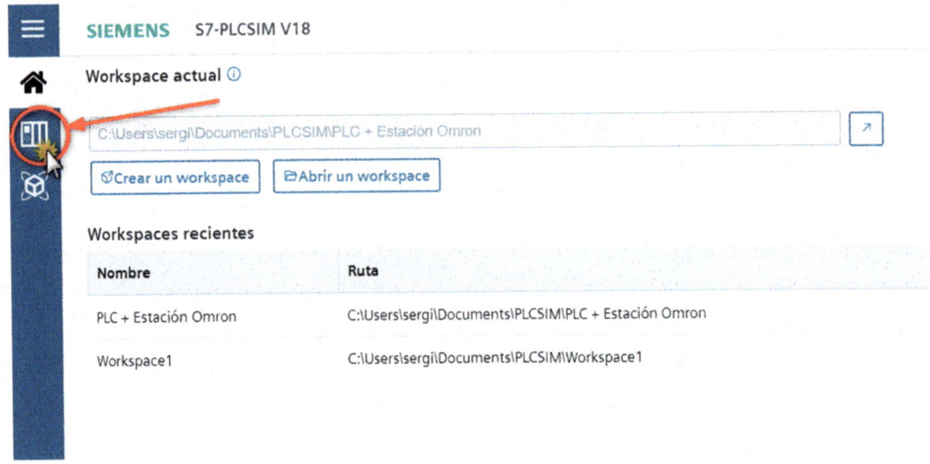

Figura 2.314

Veremos la CPU S7-1500 con el nombre «Maestro», que está en modo RUN.

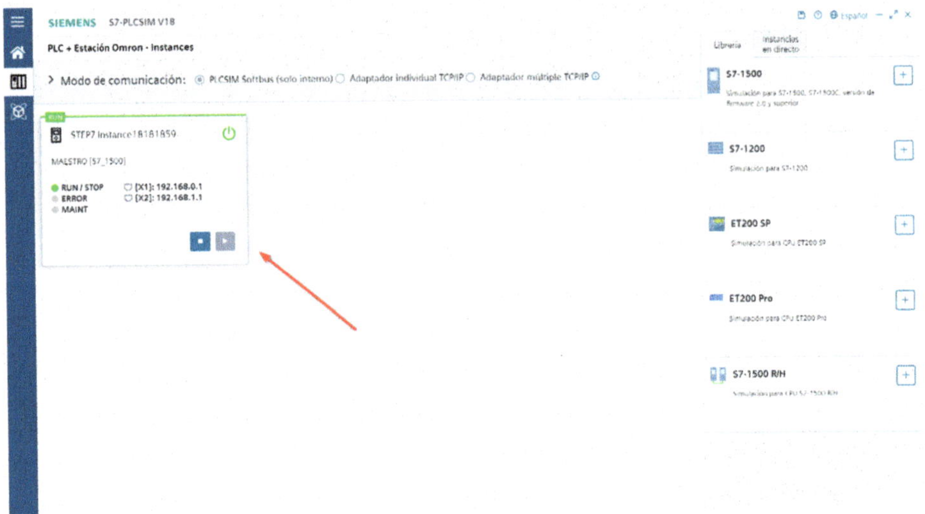

Figura 2.315

Pulsaremos sobre el icono «Simulación».

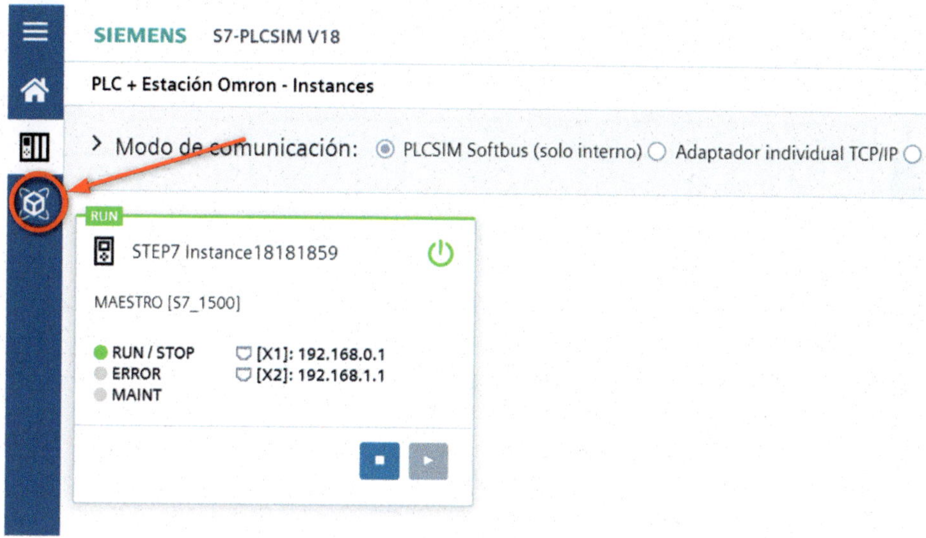

Figura 2.316

En la siguiente ventana, en la pestaña «Librería», pulsaremos sobre el símbolo [+] de la tabla SIM.

Figura 2.317

En la tabla que nos aparecerá, introduciremos las variables.

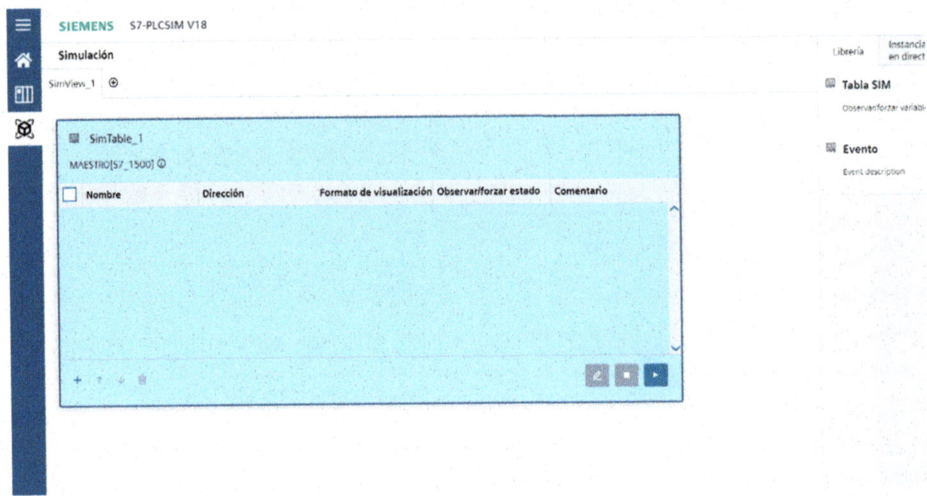

Figura 2.318

Seguidamente, pulsaremos sobre la pestaña «Variables».

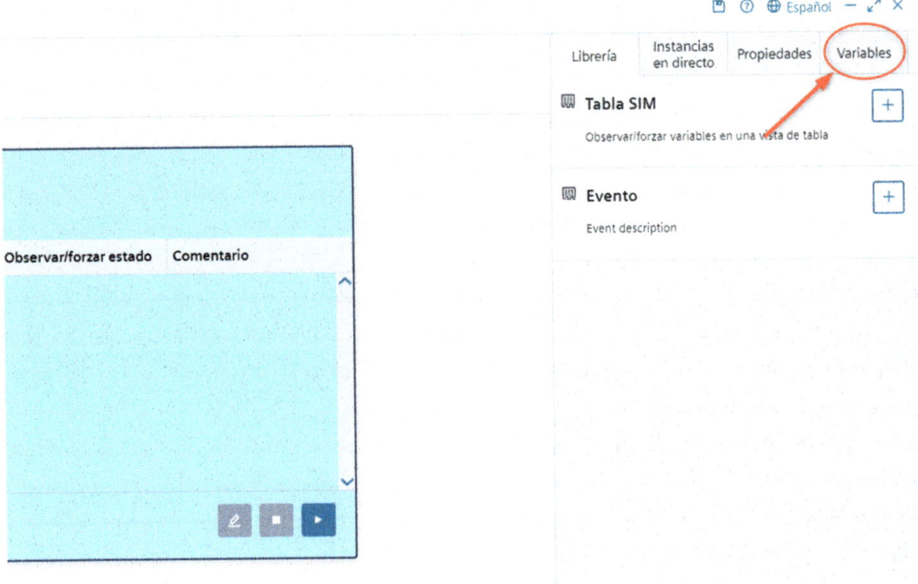

Figura 2.319

En la pestaña «Variables», veremos que en la categoría «Área» están activadas las casillas de entrada, salida, memoria y DB. Las dejaremos marcadas, ya que, cuando marquemos la casilla de la categoría «Instancias», aparecerán las variables que hemos creado en el TIA Portal. Por tanto, marcaremos la casilla «Instancia».

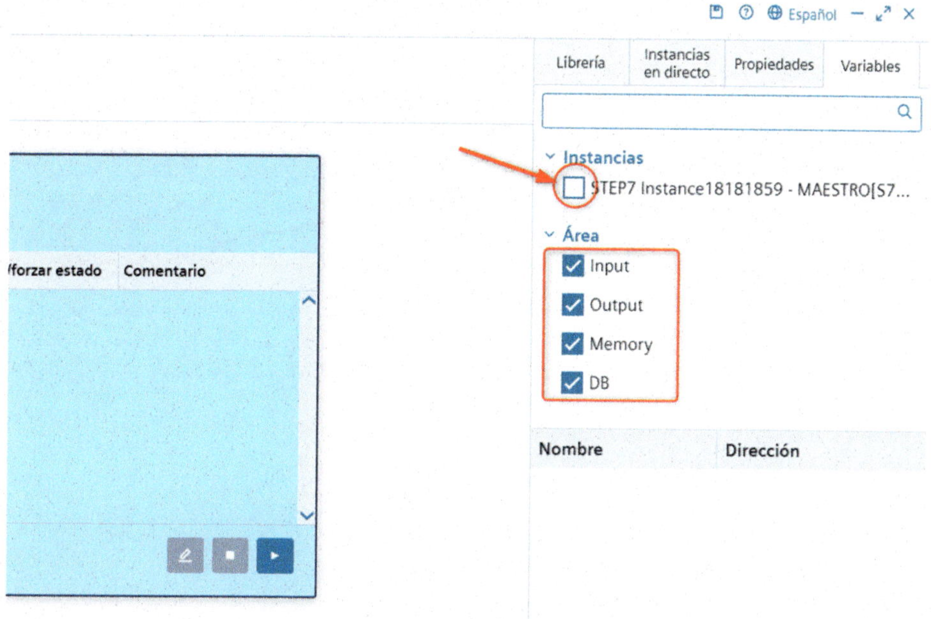

Figura 2.320

Vemos que nos aparecen las variables que hemos creado en el TIA Portal.

Figura 2.321

Para añadir las variables a la tabla, simplemente debemos pulsar sobre ellas. Pulsaremos sobre «Pulsador Marcha 1 Maestro» y sobre «Pulsador Marcha 2 Esclavo».

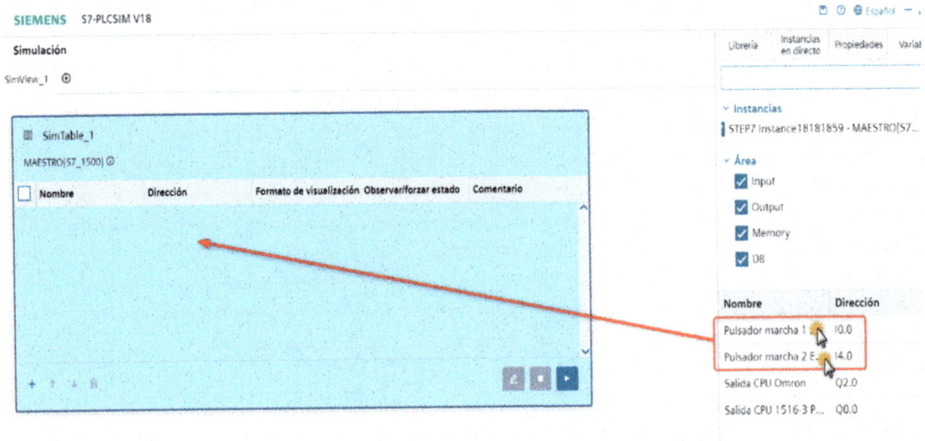

Figura 2.322

Ahora pulsaremos sobre el botón «Iniciar».

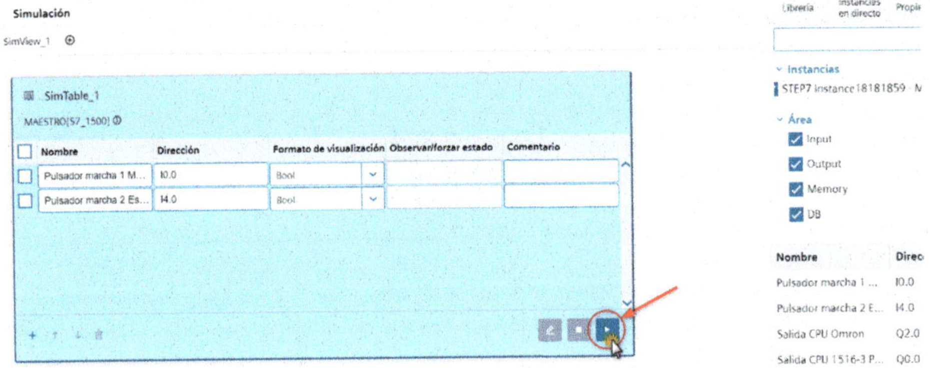

Figura 2.323

Iremos a la celda «Observar/forzar estado», y haremos doble clic con el botón izquierdo del ratón sobre la condición «false» que está en el estado «0».

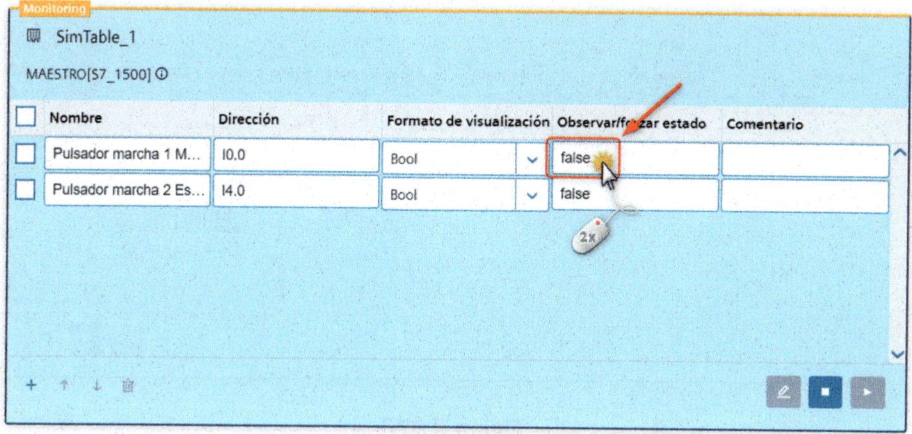

Figura 2.324

Cuando la condición «false» quede resaltada en azul, añadiremos el valor «1».

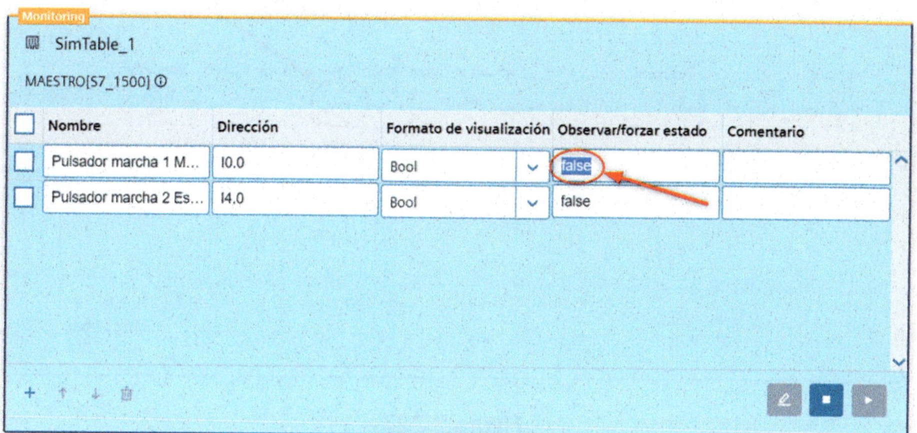

Figura 2.325

Una vez introducido el valor «1», pulsaremos la tecla Intro del teclado.

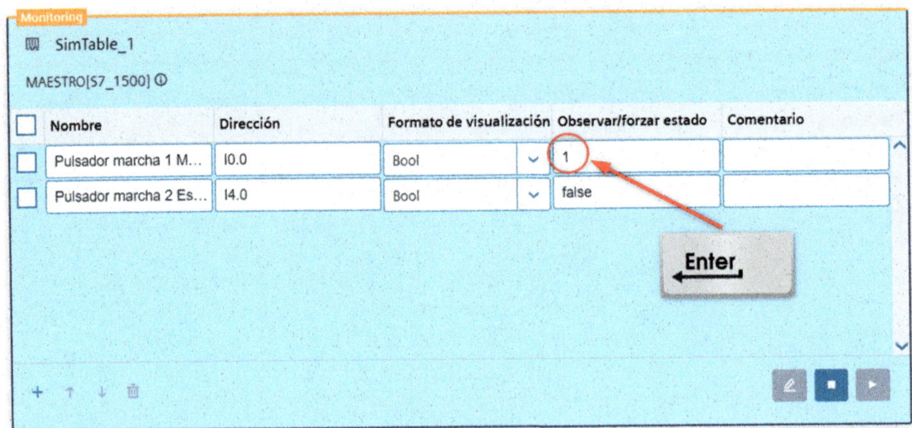

Figura 2.326

Veremos qué ha cambiado su condición de «false» a «true», así que su estado ha pasado de estar a 0 a estar a 1.

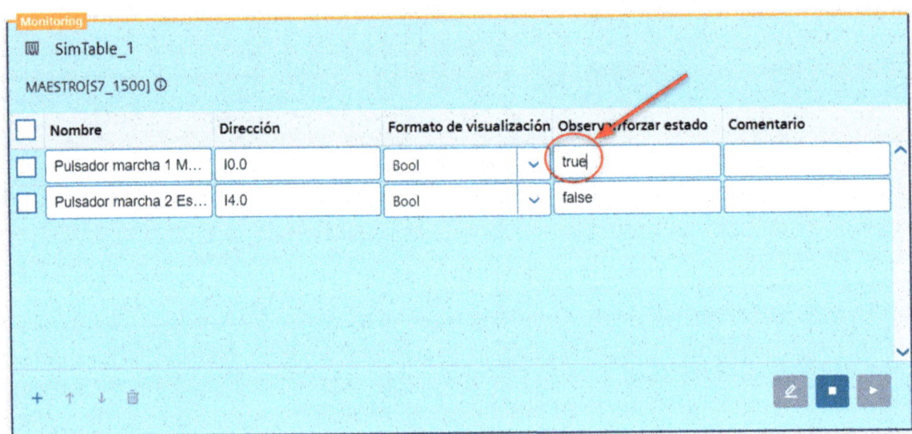

Figura 2.327

Ahora iremos a la ventana del TIA Portal. Si nos fijamos, veremos que, en el segmento 1, tenemos activado el «Pulsador de marcha de la entrada I0.0 de la CPU Maestro». Al estar en la condición 1, vemos que nos activa la «salida Q2.0 de la CPU Omron», que pasa de 0 a 1.

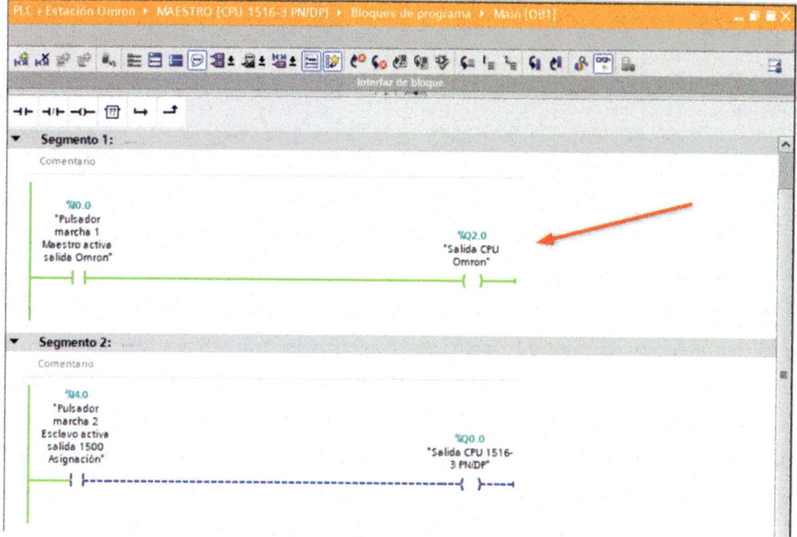

Figura 2.328

Ahora iremos a la ventana del PLCSIM y cambiaremos la condición «false» de la celda «Pulsador marcha 2 Esclavo» a «true», igual que acabamos de hacer con el «Pulsador marcha 1 Maestro».

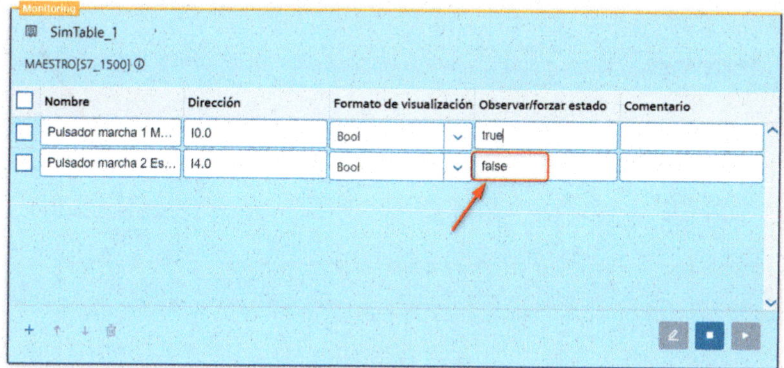

Figura 2.329

Una vez lo tengamos en la condición «true», iremos a la ventana del TIA Portal.

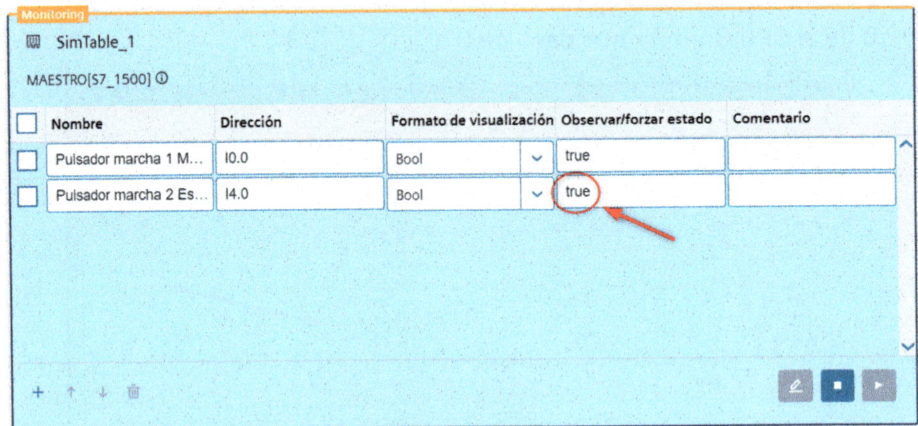

Figura 2.330

Ahora vemos que, en el segmento 2, tenemos activado el «Pulsador de marcha de la entrada I4.0 del Esclavo». Al estar en la condición 1, vemos que nos activa la «salida Q0.0 de la CPU 1516-3 PN/DP», que pasa de 0 a 1.

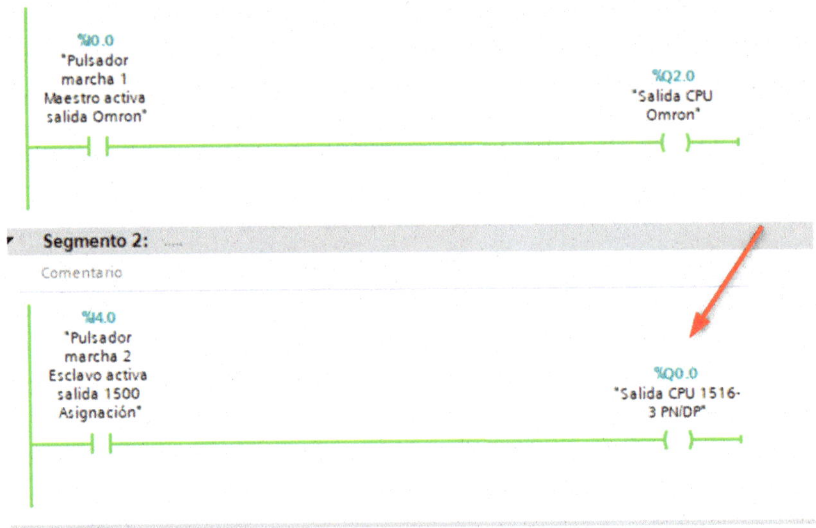

Figura 2.331

Volveremos a ir a la ventana del PLCSIM, y cambiaremos las condiciones de los dos pulsadores; están en «true» y las vamos a cambiar a «false». Para ello, pondremos el valor numérico «0». Una vez puesto el valor, pulsaremos la tecla Intro del teclado.

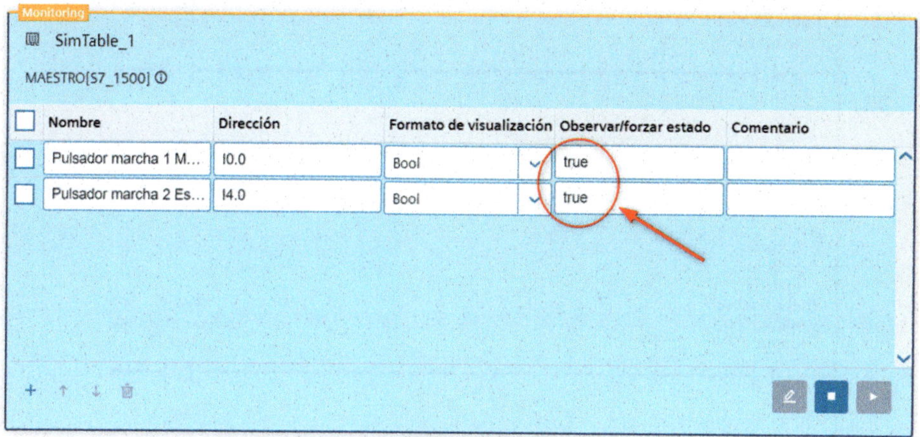

Figura 2.332

Una vez cambiadas las condiciones a «false», iremos a la ventana del TIA Portal.

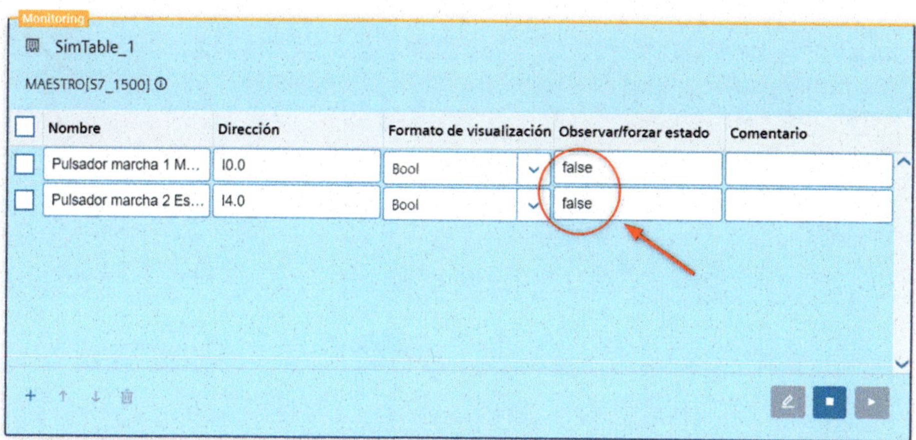

Figura 2.333

Como podemos ver, ha cambiado su condición; las entradas han pasado de «1» a «0», y las salidas también.

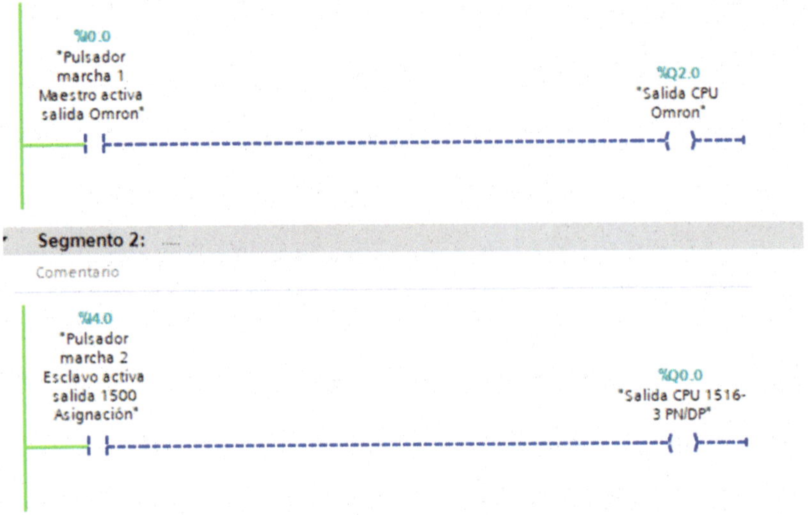

%I0.0
"Pulsador marcha 1 Maestro activa salida Omron"
%Q2.0
"Salida CPU Omron"
Segmento 2:
Comentario
%I4.0
"Pulsador marcha 2 Esclavo activa salida 1500 Asignación"
%Q0.0
"Salida CPU 1516-3 PN/DP"

Figura 2.334

Pulsaremos sobre el botón «Stop» y, posteriormente, sobre la «X» para cerrarlo.

SIEMENS S7-PLCSIM V18
Simulación
SimTable_1
Nombre
Dirección
Formato de visualización
Observar/forzar estado
Comentario
I0.0
I4.0
Bool
false
1
2
Instancias
Área
Input
Output
Memory
DB
Q2.0
Q0.0

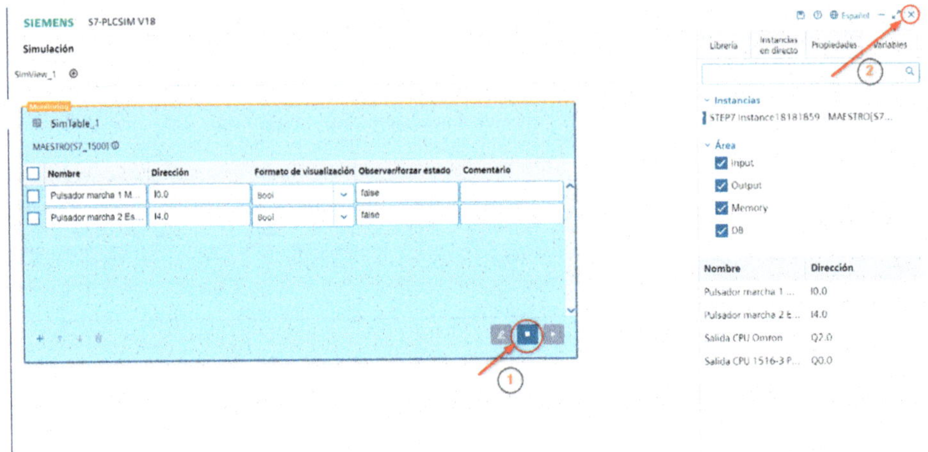

Figura 2.335

En esta ventana que nos aparecerá, si quieren guardar deben pulsar en el botón «Sí»; en caso contrario, deben pulsar en el botón «No».

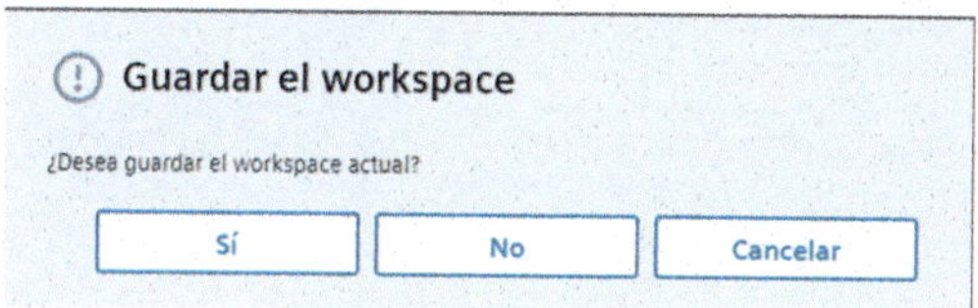

Figura 2.336

Ahora, en el TIA Portal, pulsaremos sobre el botón «Deshacer conexión online» y, seguidamente, pulsaremos sobre el botón «Guardar proyecto». Ahora ya podemos cerrar el TIA Portal.

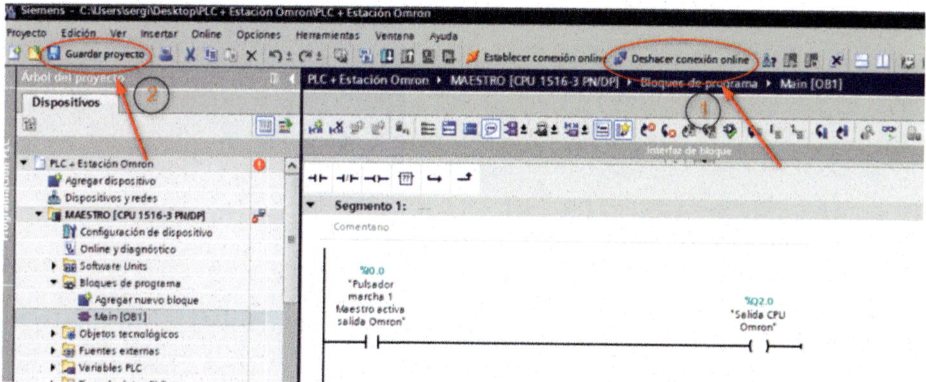

Figura 2.337

CAPÍTULO 3
EJERCICIOS PRÁCTICOS GUIADOS DE PROFINET (TSEND_C/TRCV_C)

3.1. Comunicar CPU 1516-3 PN/DP y CPU 1214C AC/DC/Rly

Esquema S7 1516-3 PN/DP.

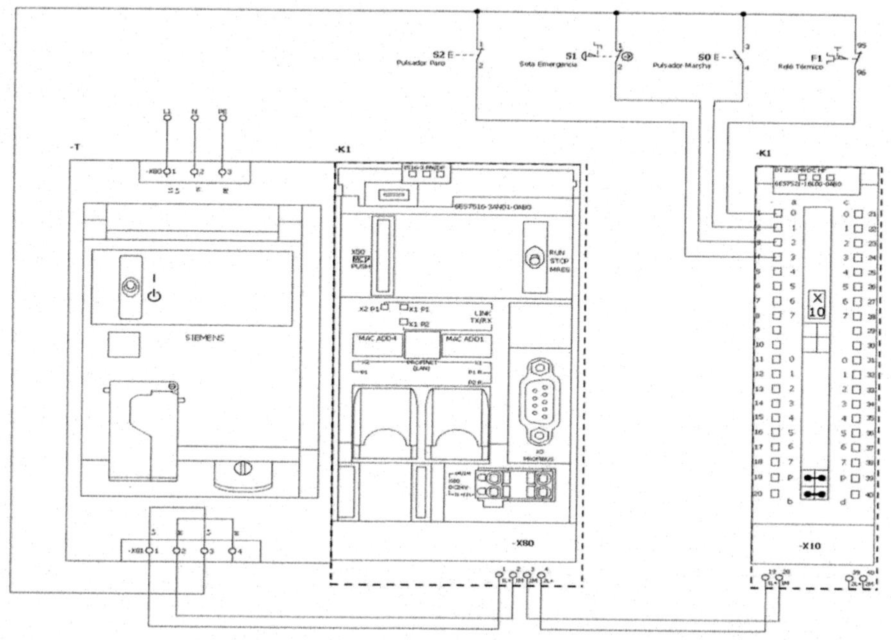

Figura 3.1

Esquema S7 1214C AC/DC/Rly.

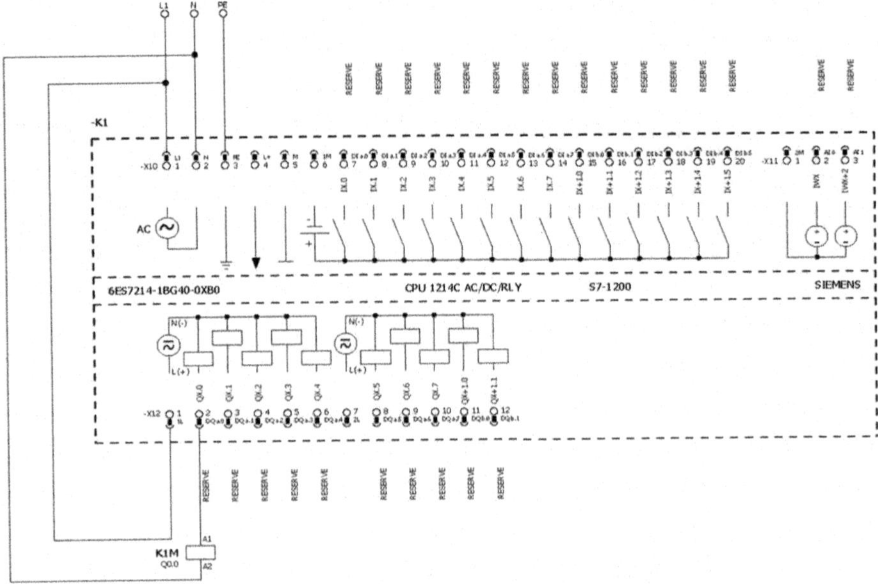

Figura 3.2

Conexión entre CPU S7 1516-3 PN/DP y S7 1214C AC/DC/Rly.

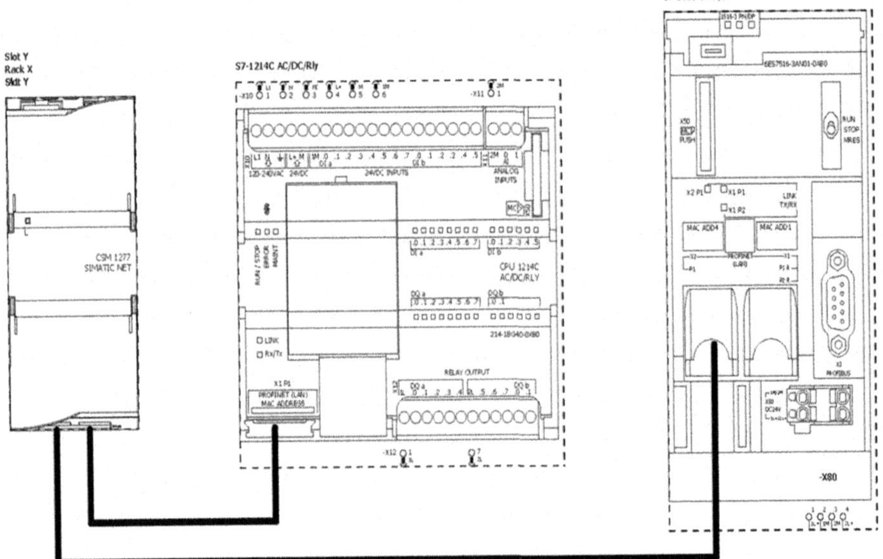

Figura 3.3

Vamos a abrir el programa TIA Portal TIA V18 .

Pulsaremos sobre la opción «Crear proyecto».

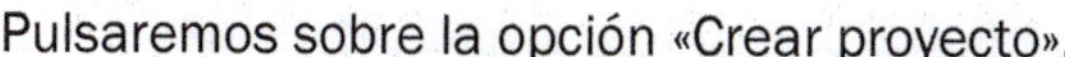

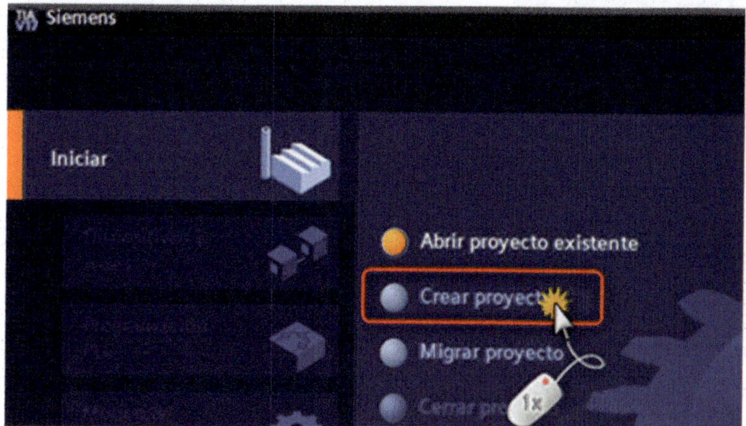

Figura 3.4

En «Nombre del proyecto», escribiremos «Comunicar S7-1500 con S7-1200» y pulsaremos sobre el botón Crear .

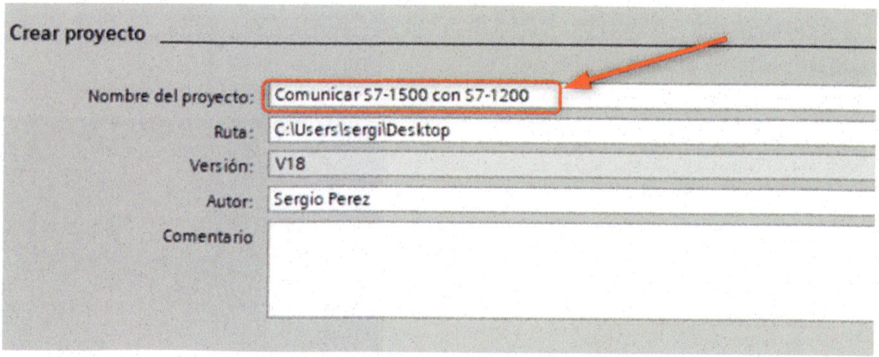

Crear proyecto
Nombre del proyecto: Comunicar S7-1500 con S7-1200
Ruta: C:\Users\sergi\Desktop
Versión: V18
Autor: Sergio Perez
Comentario

Figura 3.5

En esta ventana, en la parte inferior izquierda, pulsaremos sobre «Vista del proyecto».

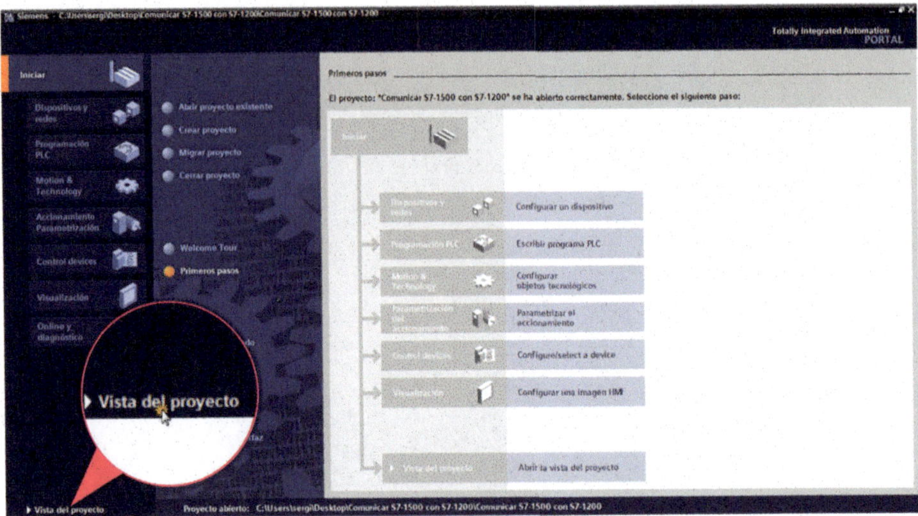

Figura 3.6

Haremos doble clic con el ratón sobre «Dispositivos y redes», que encontraremos en la ventana «Árbol del proyecto».

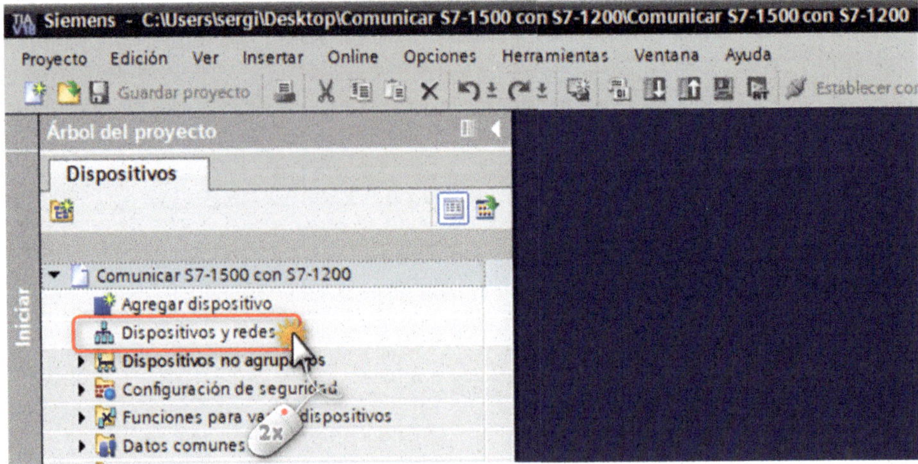

Figura 3.7

En la ventana «Catálogo de hardware», añadiremos los PLC.

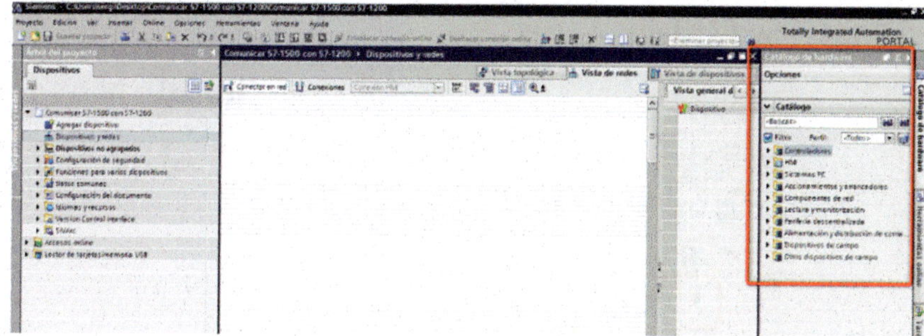

Figura 3.8

Haremos doble clic con el ratón sobre la carpeta «Controladores».

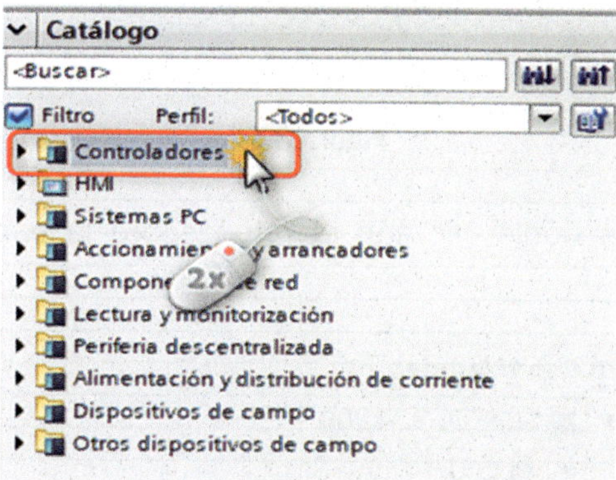

Figura 3.9

A continuación, haremos doble clic sobre la carpeta «SIMATIC S7-1200».

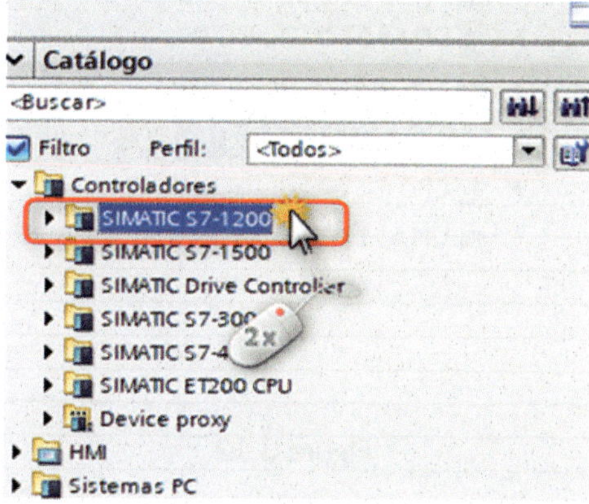

Figura 3.10

Seguidamente, haremos doble clic sobre la carpeta «CPU».

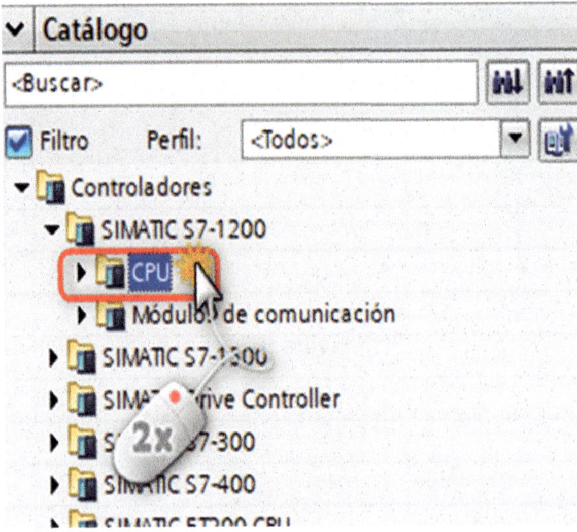

Figura 3.11

Ahora, haremos doble clic con el ratón sobre la carpeta «CPU 1214C AC/DC/Rly».

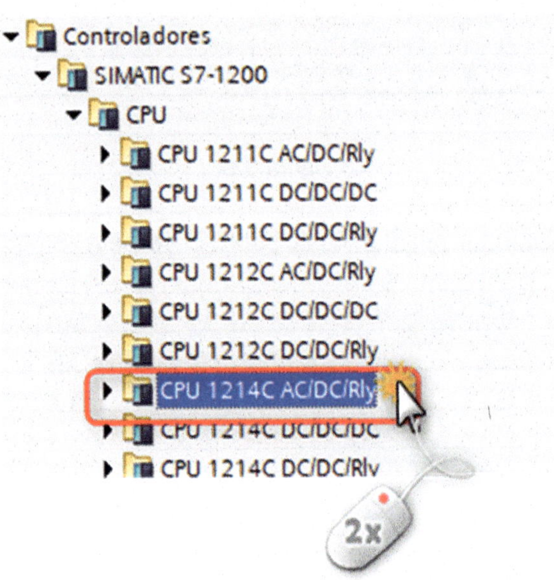

Figura 3.12

De las referencias que nos aparecen, haremos doble clic sobre «6ES7 214-1BG40-0XB0».

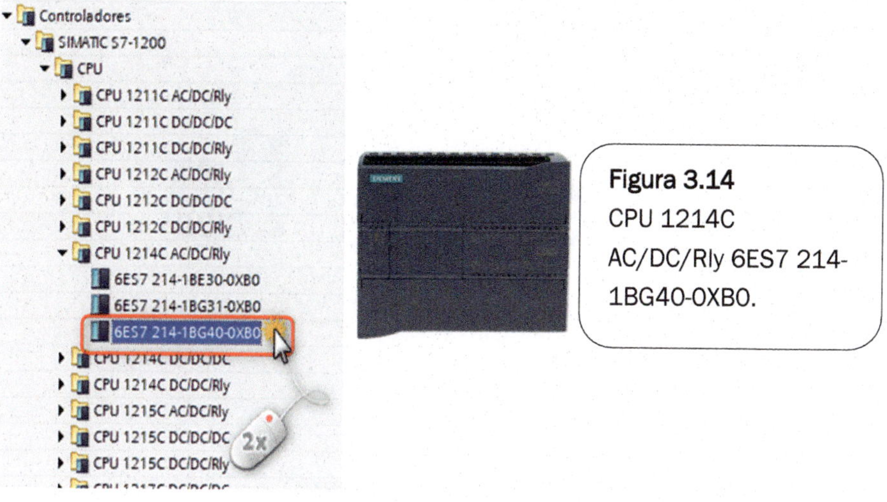

Figura 3.13

Figura 3.14
CPU 1214C AC/DC/Rly 6ES7 214-1BG40-0XB0.

Ahora desmarcaremos la casilla «Protege los datos de configuración de PLC del proyecto TIA Portal y del PLC».

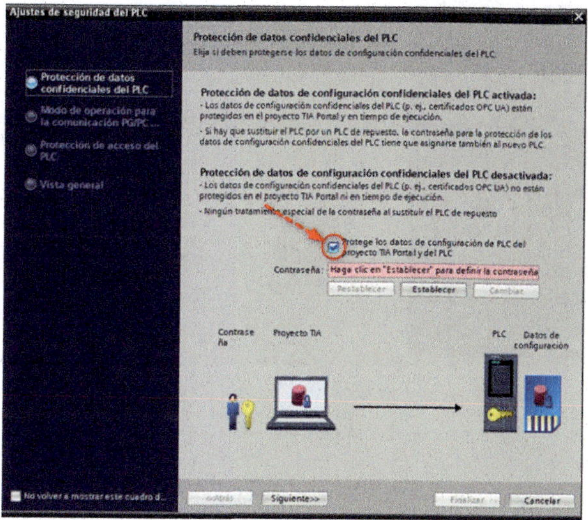

Figura 3.15

Pulsaremos sobre el botón «Siguiente».

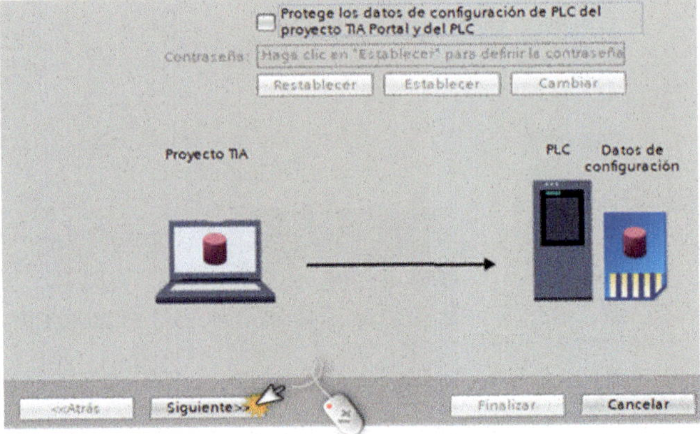

Figura 3.16

En la siguiente ventana, pulsaremos «Siguiente».

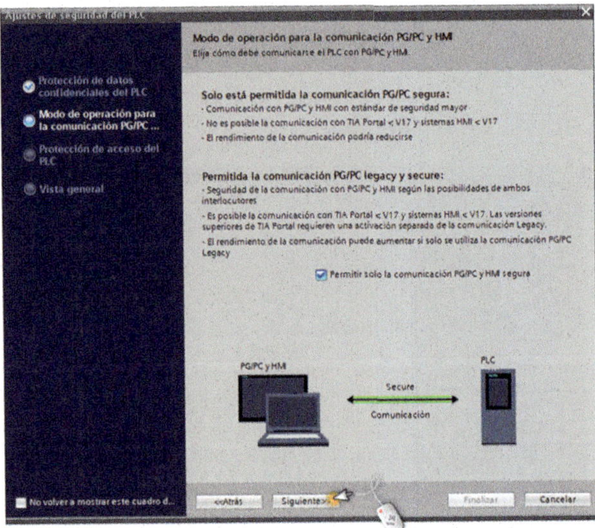

Figura 3.17

Ahora pulsaremos sobre la flechita desplegable de la celda «Nivel de acceso sin contraseña».

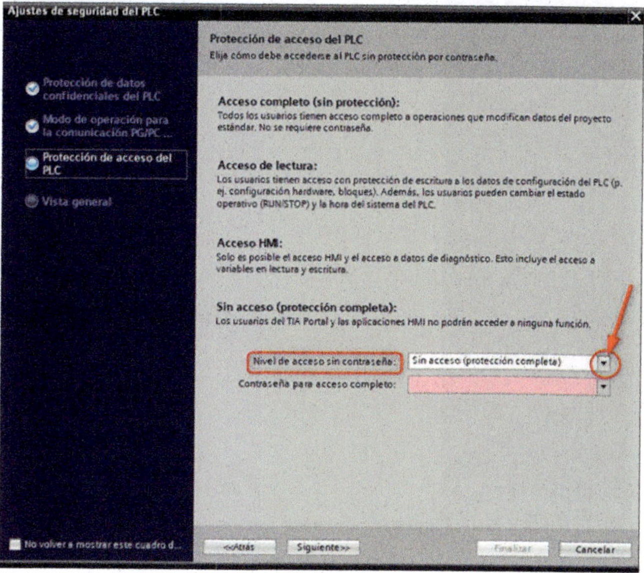

Figura 3.18

En el desplegable, seleccionaremos «Acceso completo (sin protección)».

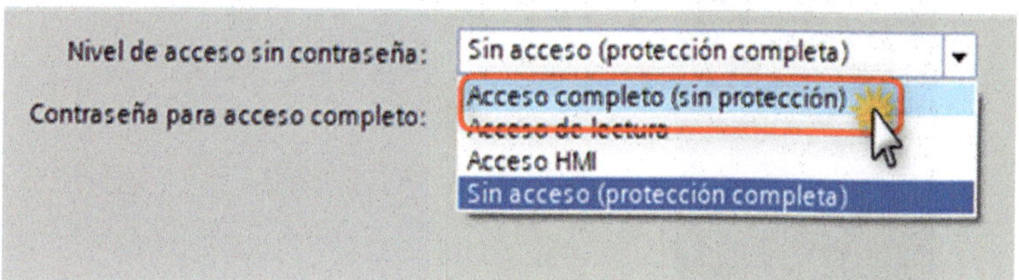

Figura 3.19

Pulsaremos sobre «Siguiente».

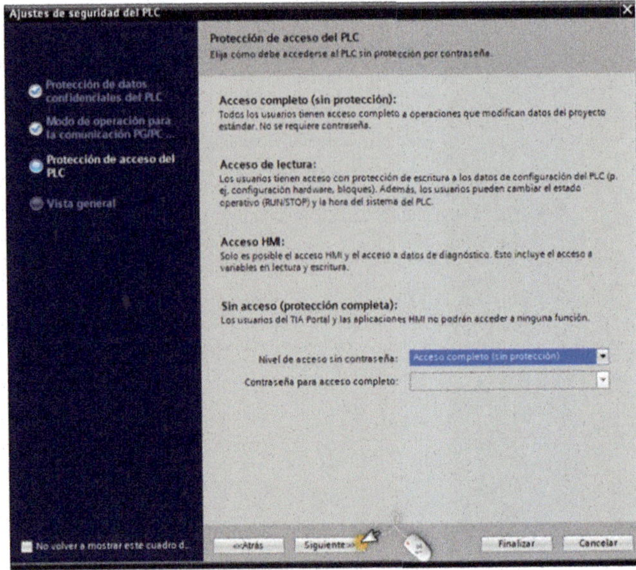

Figura 3.20

En esta ventana, tendremos un resumen. Pulsaremos «Finalizar».

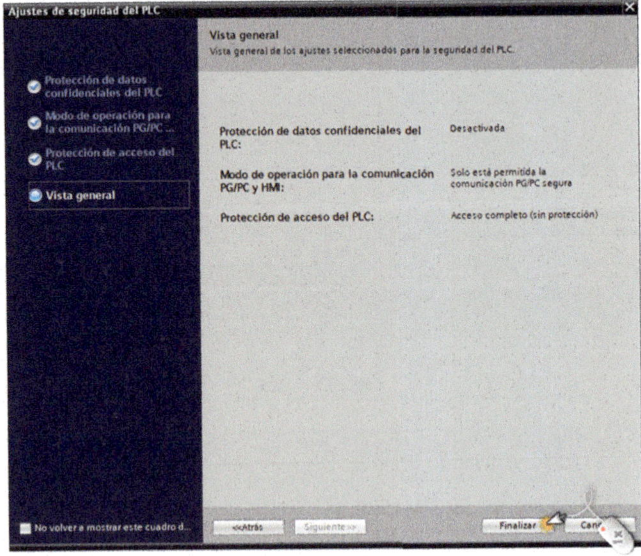

Figura 3.21

Veremos que en la ventana «Dispositivos y redes» se ha añadido el PLC.

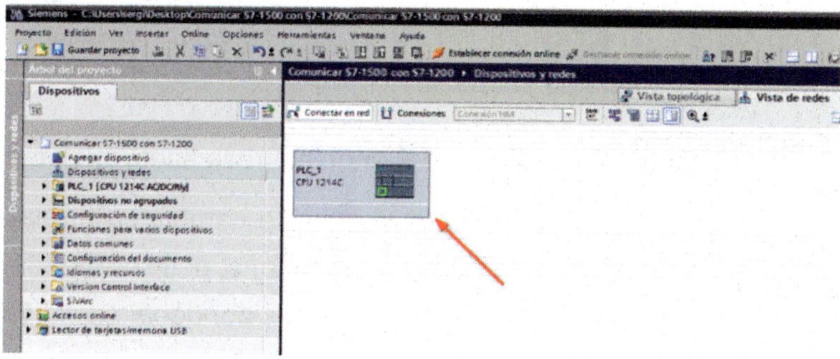

Figura 3.22

Haremos doble clic sobre «CPU 1214C AC/DC/Rly».

Figura 3.23

Si no nos aparece la ventana expandida con las propiedades generales del PLC, ¿qué podemos hacer?

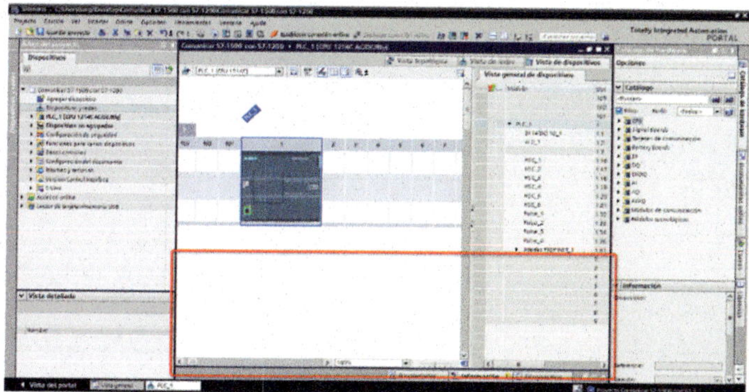

Figura 3.24

1. Nos aseguraremos de que la flecha blanca está indicando hacia arriba. De no ser así (si estuviera indicando hacia abajo), pulsaremos sobre ella y esta cambiará su sentido.

2. Luego colocaremos el puntero del ratón sobre la línea, tal como vemos en la Figura 3.25. Veremos que el puntero cambia su forma. Con el botón izquierdo del ratón pulsado, y sin soltarlo, desplazaremos la línea hacia arriba, hasta que quede más o menos por debajo de la CPU.

Figura 3.25

Nos quedará como podemos ver en la Figura 3.26.

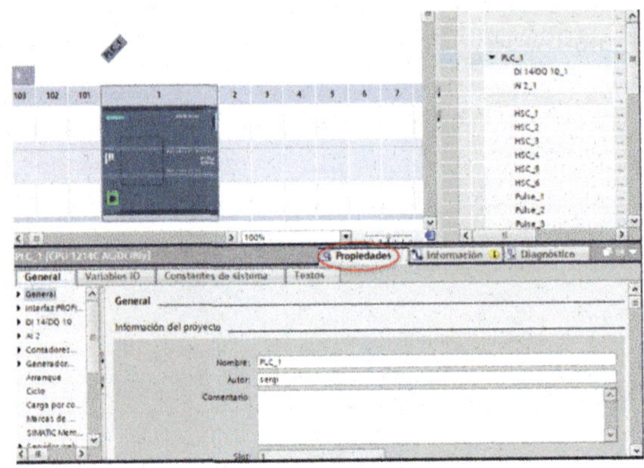

Figura 3.26

Por defecto, ya sale seleccionada la pestaña «General». En la categoría «General», en «Nombre», vemos que pone «PLC_1»; vamos a renombrarlo con el nombre «S7-1200 Esclavo».

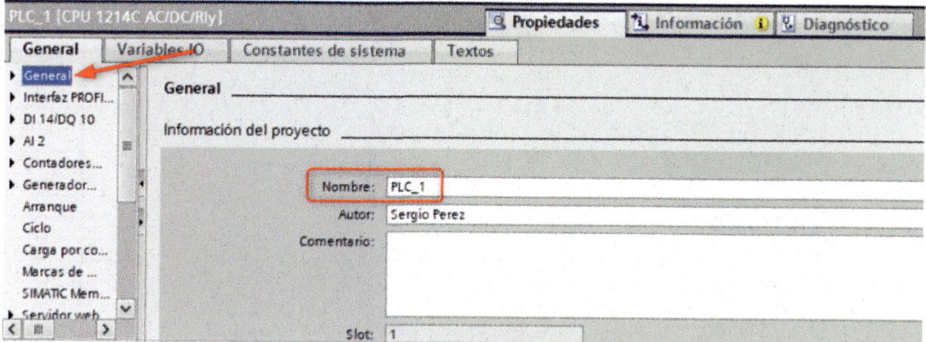

Figura 3.27

Al lado del nombre, haremos doble clic con el ratón y veremos que se pondrá de color azul. Pulsaremos la tecla «Suprimir» del teclado y, seguidamente, escribiremos «S7-1200 Esclavo».

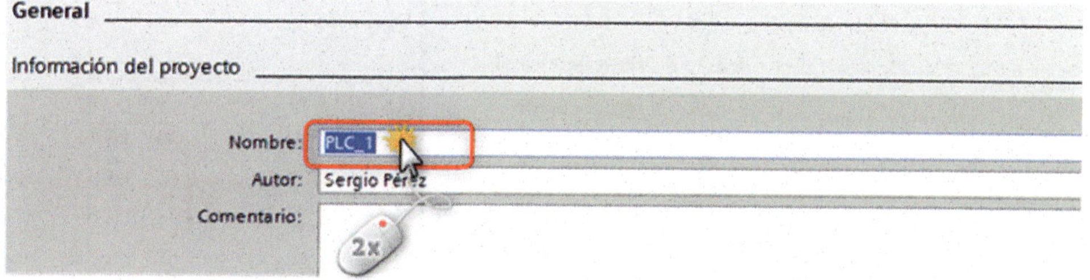

Figura 3.28

Quedará como vemos en la Figura 3.29.

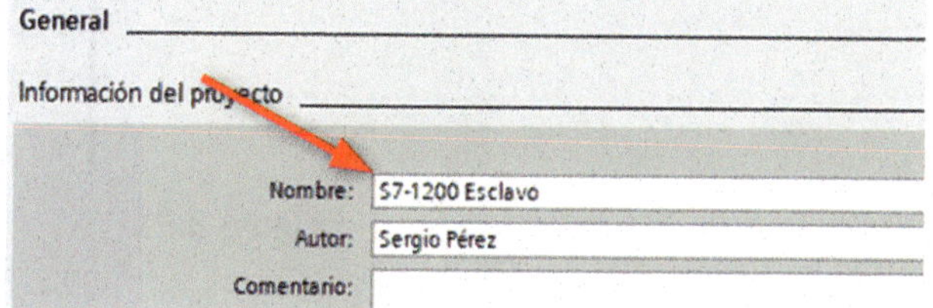

Figura 3.29

Pulsaremos sobre la pestaña «Vista de redes».

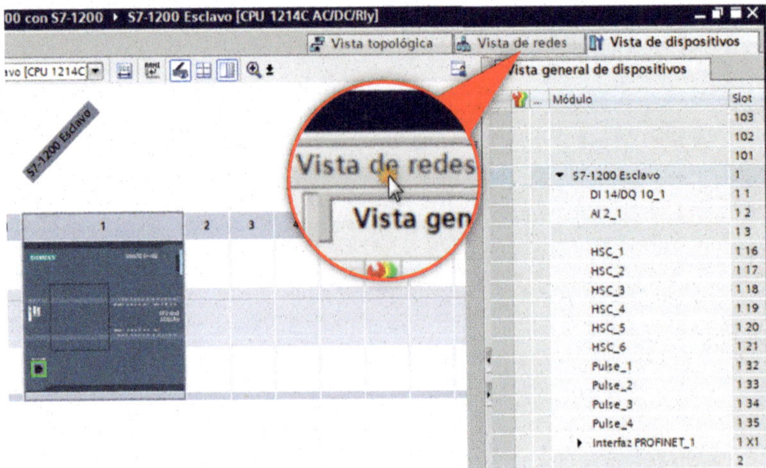

Figura 3.30

Ahora haremos doble clic sobre la carpeta «Controladores», que encontraremos en la ventana «Catálogo de hardware».

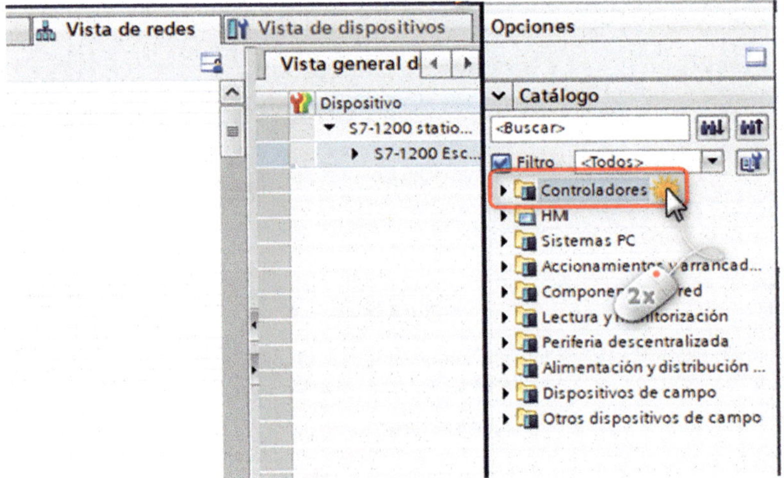

Figura 3.31

Seguidamente, haremos doble clic sobre la carpeta «SIMATIC S7-1500».

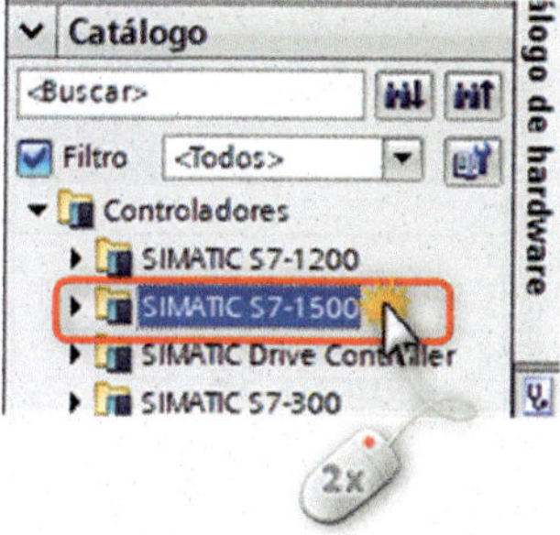

Figura 3.32

Ahora haremos doble clic con el ratón sobre la carpeta «CPU».

Figura 3.33

Y, luego, sobre la carpeta «CPU 1516-3 PN/DP».

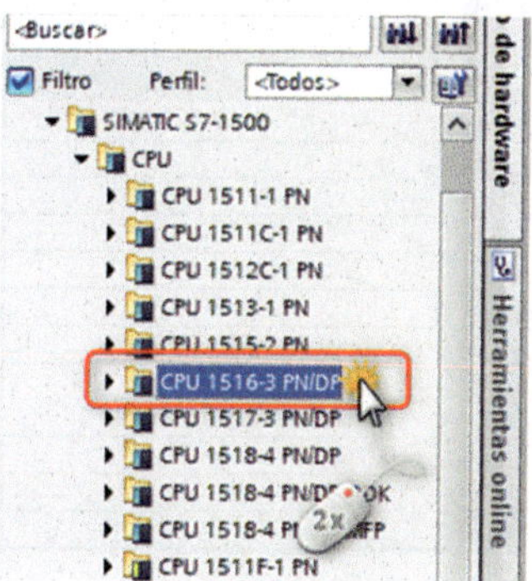

Figura 3.34

En el desplegable que nos aparece, haremos doble clic sobre la referencia «6ES7 516-3AN01- 0AB0».

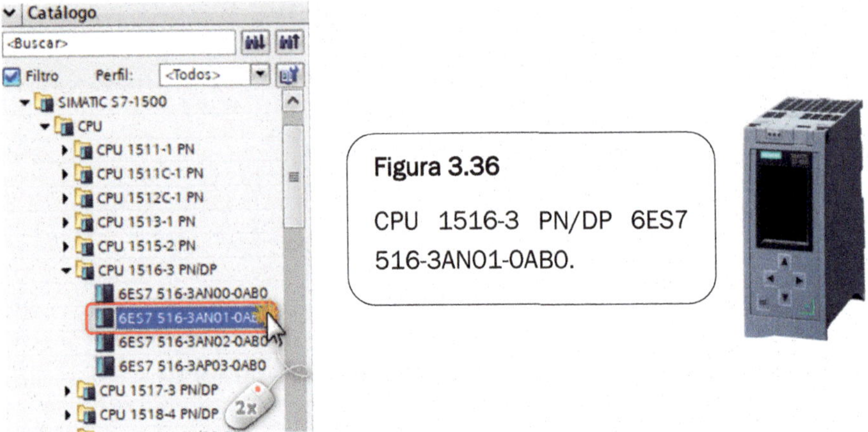

Figura 3.36

CPU 1516-3 PN/DP 6ES7 516-3AN01-0AB0.

Figura 3.35

Si nos sale otra vez el asistente de seguridad, desmarcaremos la casilla «Protege los datos de configuración de PLC del proyecto TIA Portal y del PLC».

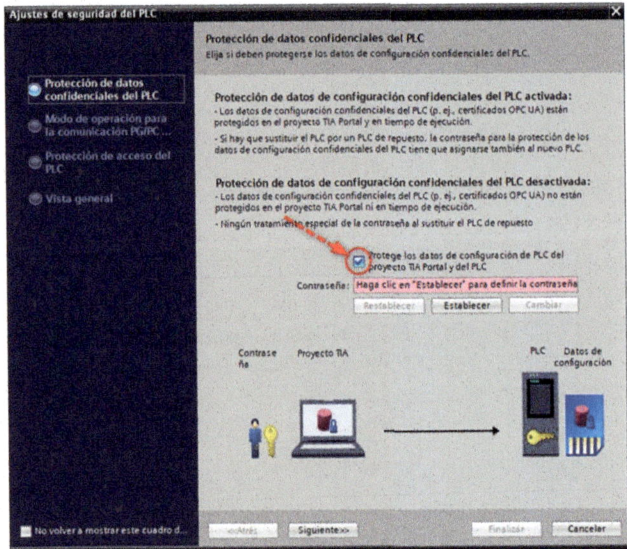

Figura 3.37

Pulsamos sobre el botón «Siguiente».

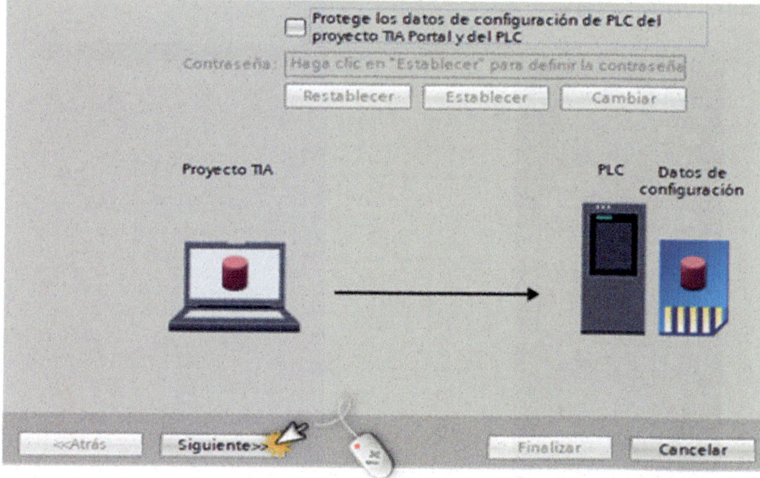

Figura 3.38

En la siguiente ventana, pulsaremos sobre el botón «Siguiente».

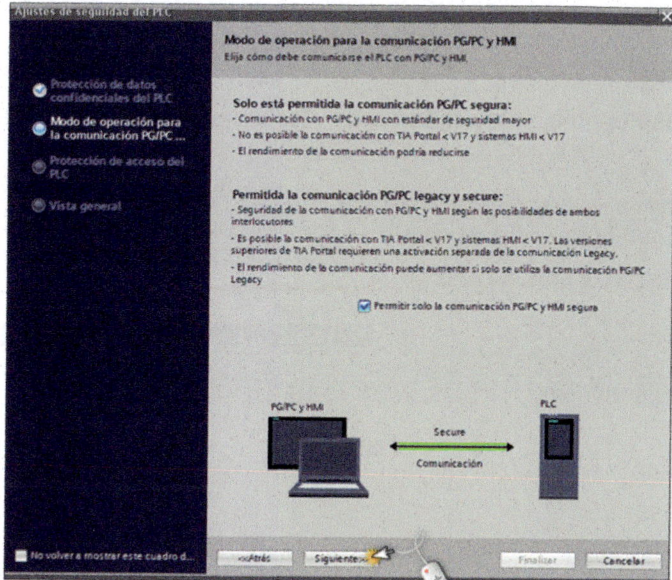

Figura 3.39

Pulsaremos con el ratón sobre la flechita desplegable de la celda «Nivel de acceso sin contraseña».

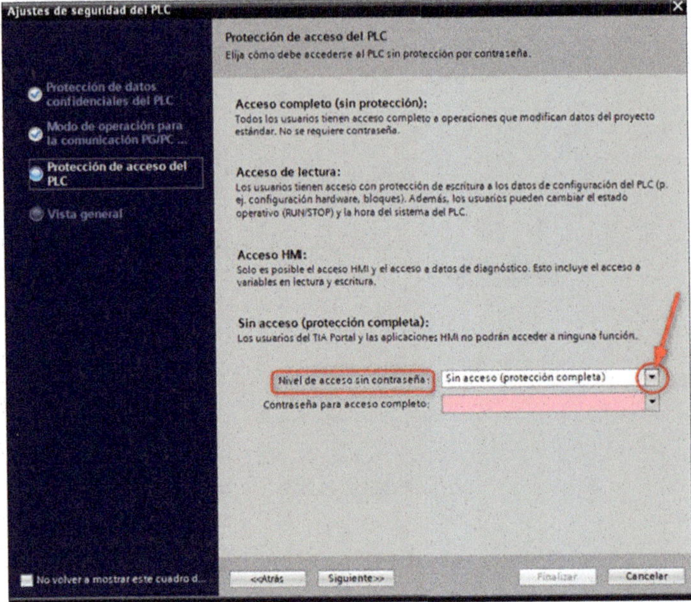

Figura 3.40

En el desplegable, seleccionaremos «Acceso completo (sin protección)».

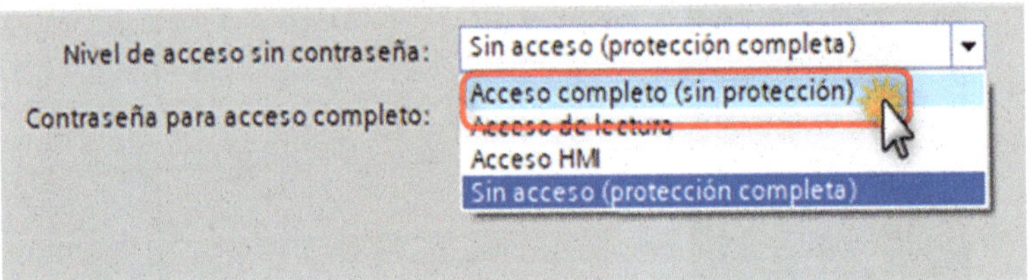

Figura 3.41

Pulsamos sobre el botón «Siguiente».

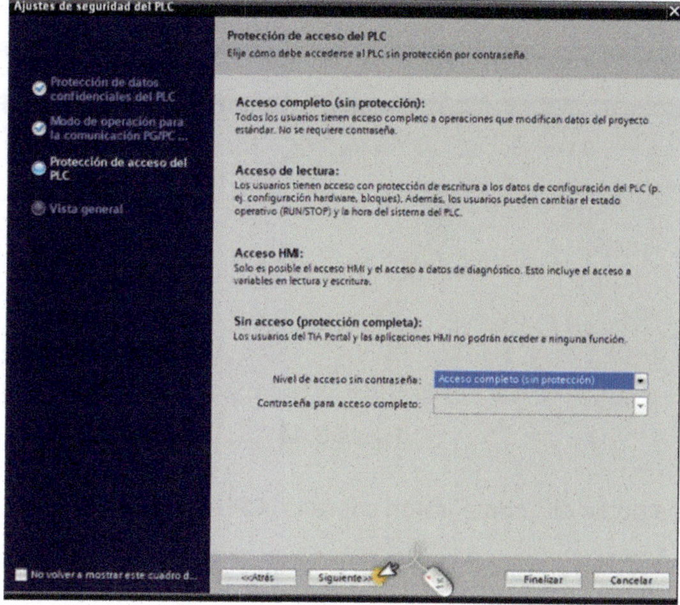

Figura 3.42

En esta ventana, tendremos un resumen. Pulsaremos sobre el botón «Finalizar».

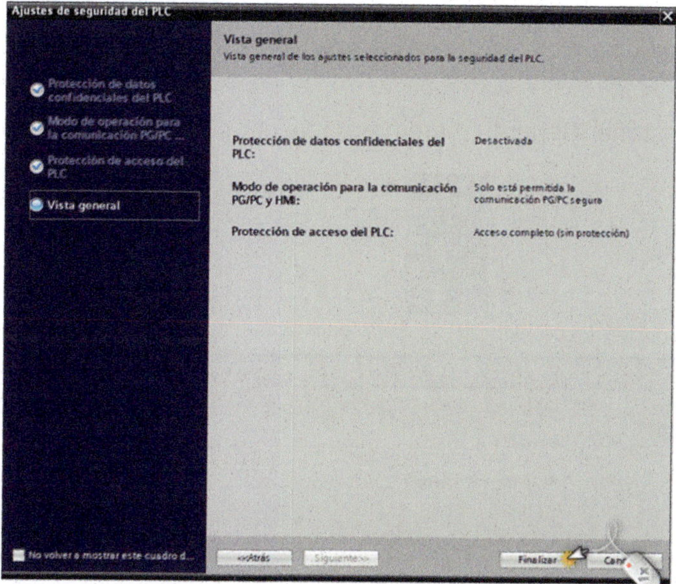

Figura 3.43

Veremos que en la ventana de «Vista de redes» se ha añadido la CPU 1516-3 PN/DP.

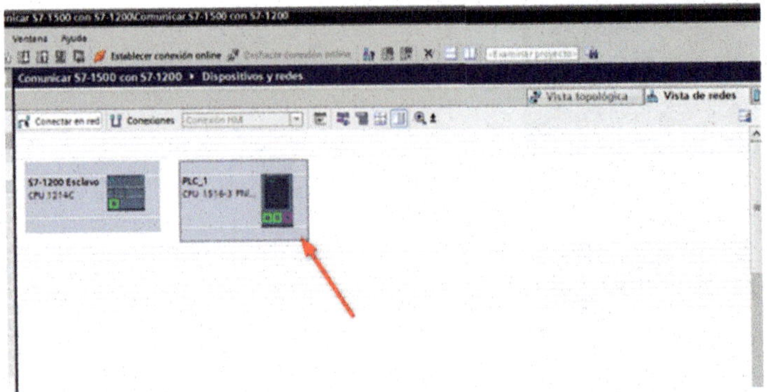

Figura 3.44

Haremos doble clic con el ratón sobre la «CPU 1516-3 PN/DP».

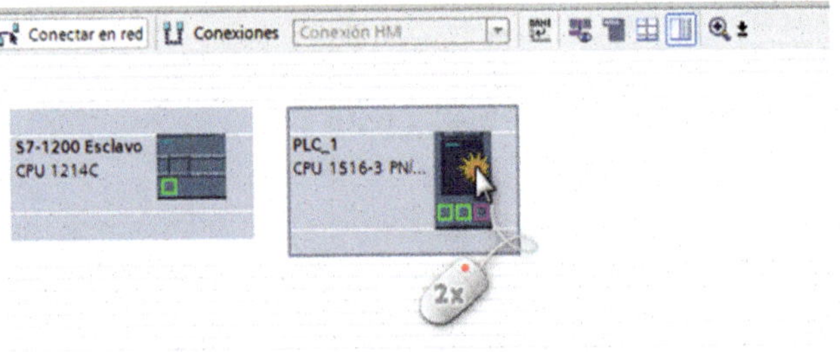

Figura 3.45

En la pestaña «General», haremos doble clic sobre la categoría «General».

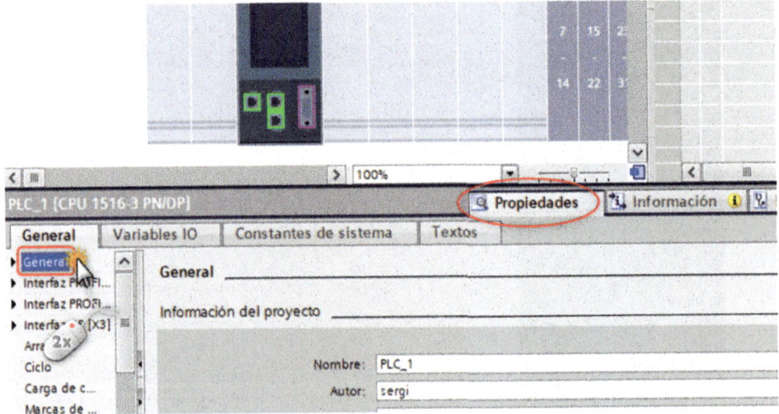

Figura 3.46

Seleccionaremos la opción «Información del proyecto».

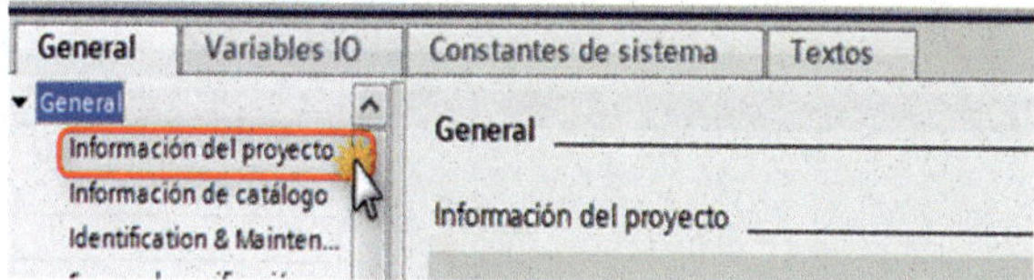

Figura 3.47

Vamos a renombrar el dispositivo. Lo llamaremos «S7-1500 Maestro».

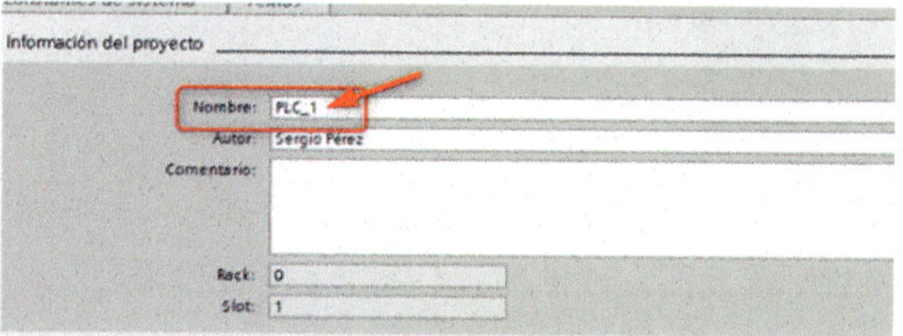

Figura 3.48

Una vez escrito el nuevo nombre, veremos que la etiqueta del PLC cambia y aparece el nombre que le hemos asignado.

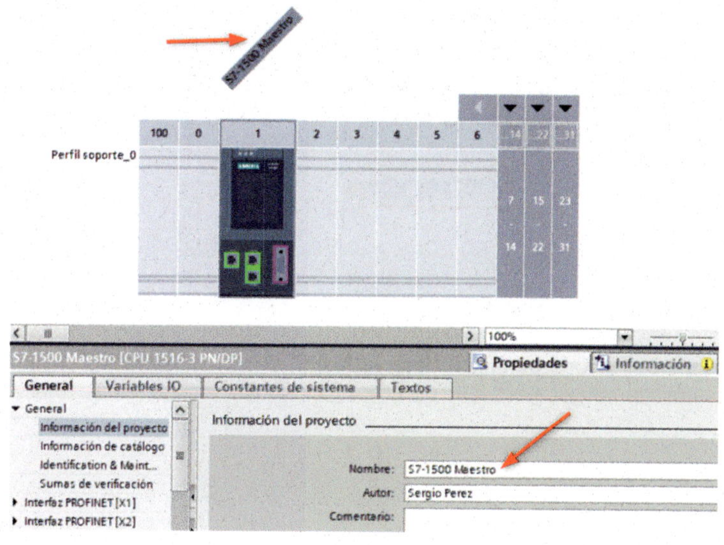

Figura 3.49

Al lado derecho de la ventana del TIA Portal, tenemos la ventana «Catálogo de hardware». Haremos doble clic con el ratón sobre la carpeta «PM».

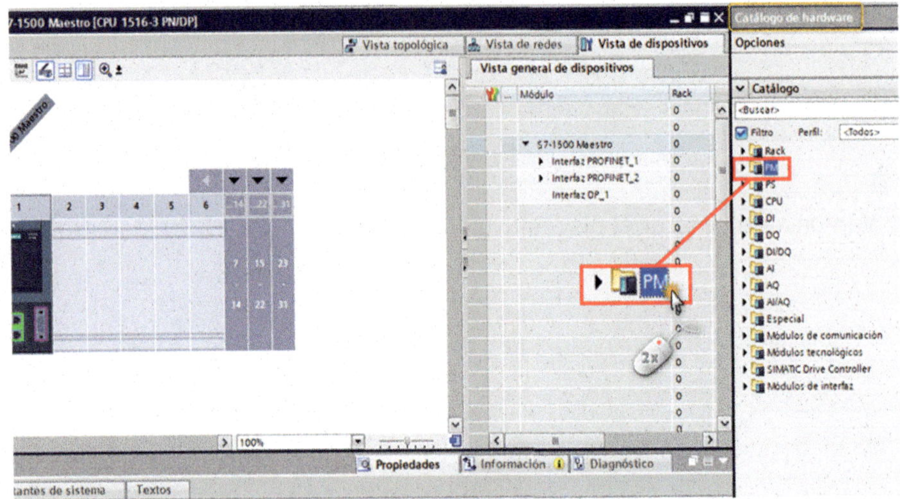

Figura 3.50

Seguidamente, haremos doble clic sobre la carpeta «PM 190W 120/230VAC».

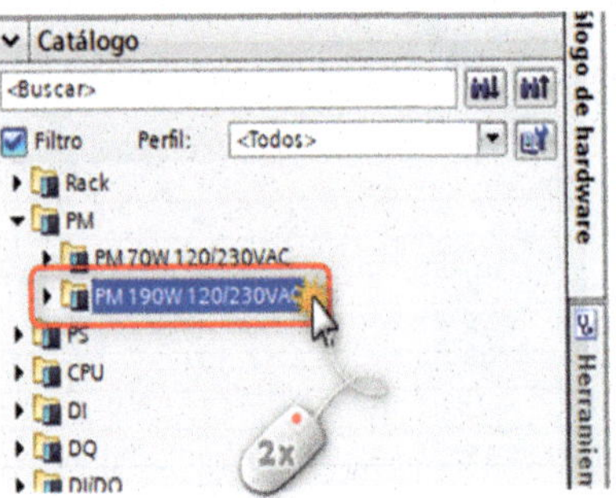

Figura 3.51

Haremos doble clic con el ratón sobre la referencia «6EP1333-4BA00».

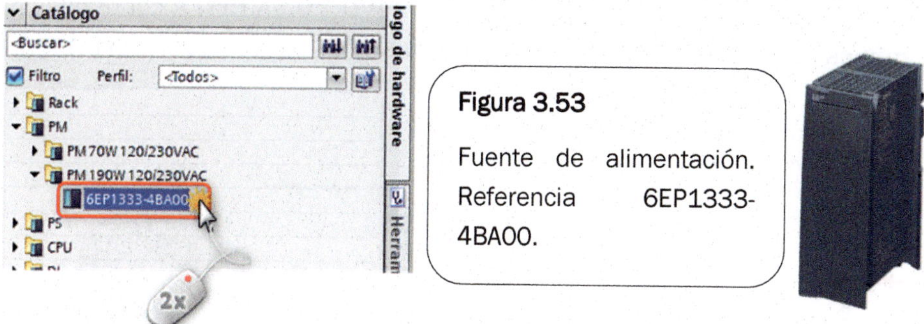

Figura 3.52

Figura 3.53

Fuente de alimentación. Referencia 6EP1333-4BA00.

Ahora desplegaremos el contenido de la carpeta «DI» y, seguidamente, haremos lo mismo con la carpeta «DI 32x24VDC HF». A continuación, haremos doble clic con el ratón sobre la referencia «6ES7 521-1BL00-0AB0».

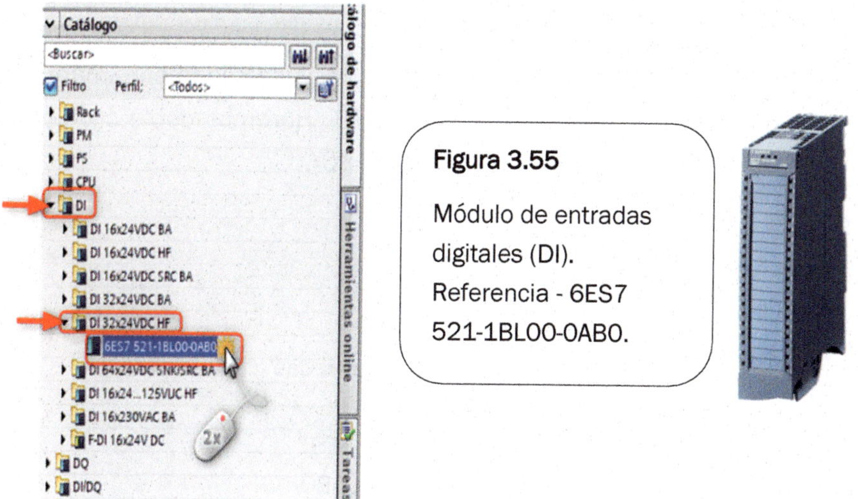

Figura 3.54

Figura 3.55

Módulo de entradas digitales (DI). Referencia - 6ES7 521-1BL00-0AB0.

Ahora desplegaremos el contenido de la carpeta «DQ» y, seguidamente, haremos lo mismo con la carpeta «DO 32x24VDC/0.5A HF». A continuación, haremos doble clic con el ratón sobre la referencia «6ES7 522-1BL01-0AB0».

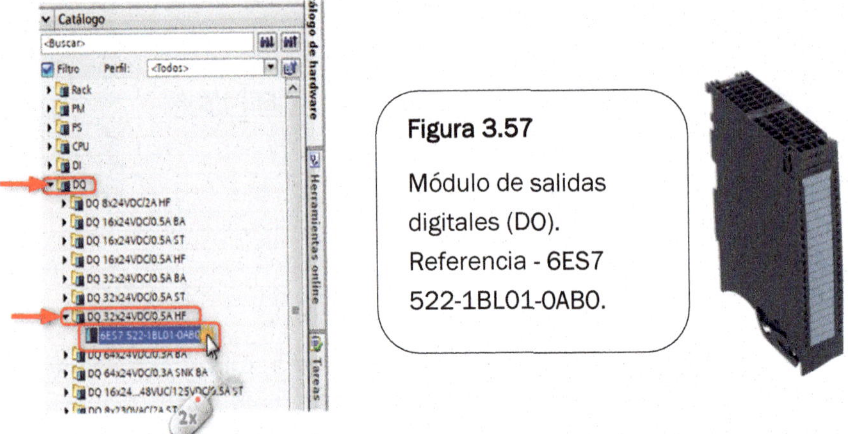

Figura 3.57

Módulo de salidas digitales (DO). Referencia - 6ES7 522-1BL01-0AB0.

Figura 3.56

Desplegaremos el contenido de la carpeta «AI» y, seguidamente, haremos lo mismo con la carpeta «AI 8xU/R/RTD/TC HF». Haremos doble clic con el ratón sobre la referencia «6ES7 531-7PF00-0AB0».

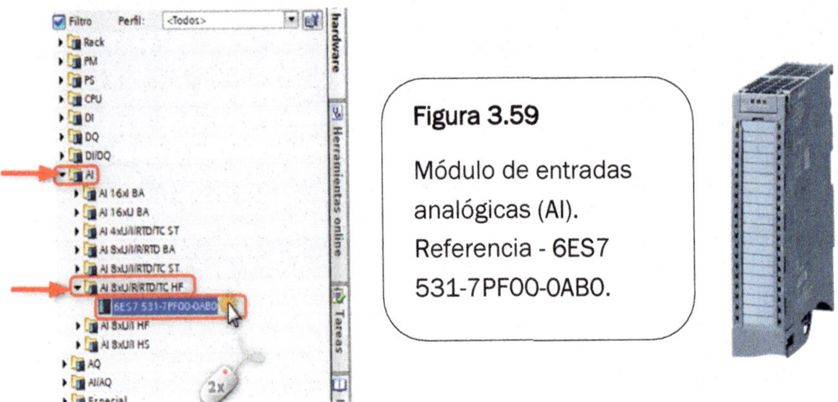

Figura 3.59

Módulo de entradas analógicas (AI). Referencia - 6ES7 531-7PF00-0AB0.

Figura 3.58

Desplegaremos el contenido de la carpeta «AQ» y, seguidamente, haremos lo mismo con la carpeta «AO 4xU/I HF». Haremos doble clic con el ratón sobre la referencia «6ES7 532-5ND00- 0AB0».

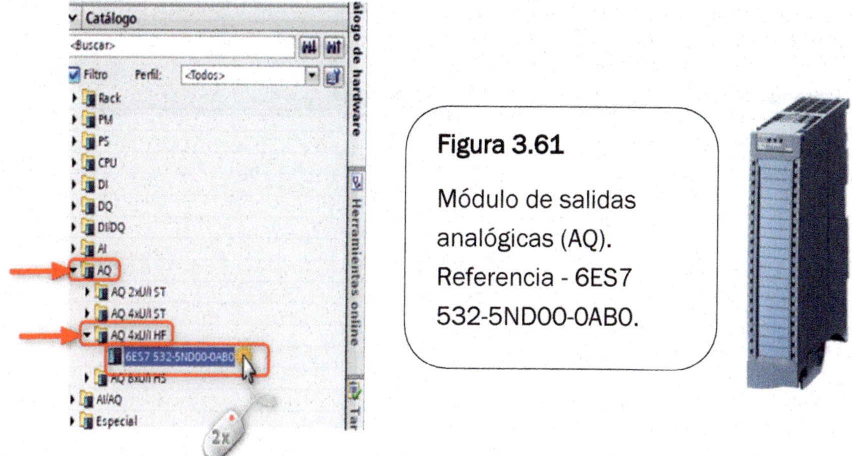

Figura 3.61

Módulo de salidas analógicas (AQ). Referencia - 6ES7 532-5ND00-0AB0.

Figura 3.60

Pulsaremos sobre la pestaña «Vista de redes».

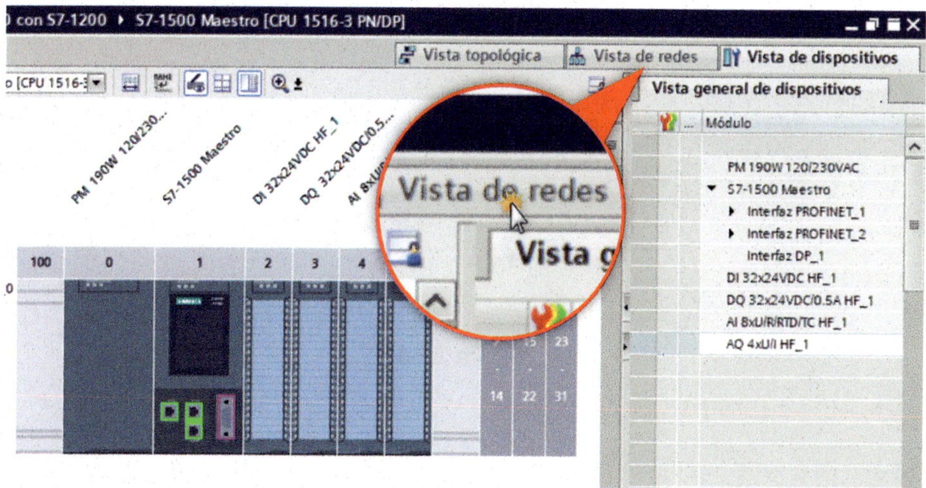

Figura 3.62

Ahora haremos un clic con el botón izquierdo del ratón sobre la conexión de la interfaz Ethernet del esclavo y, sin soltar el botón izquierdo del ratón, lo arrastraremos hasta la siguiente conexión de la interfaz Ethernet del maestro, tal como vemos en la imagen. Cuando lo tengamos en la interfaz Ethernet del maestro, soltaremos el botón izquierdo del ratón.

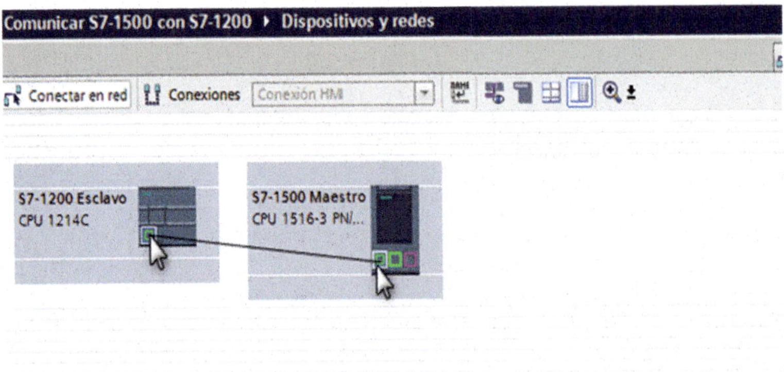

Figura 3.63

La conexión nos quedará tal como vemos en la Figura 3.64.

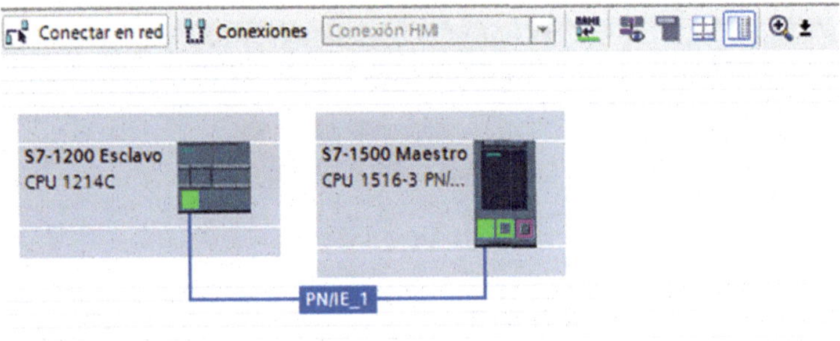

Figura 3.64

En la ventana «Árbol del proyecto», haremos clic con el botón derecho del ratón sobre la carpeta «S7-1200 Esclavo» y, en el desplegable que nos aparecerá, seleccionaremos la opción «Propiedades».

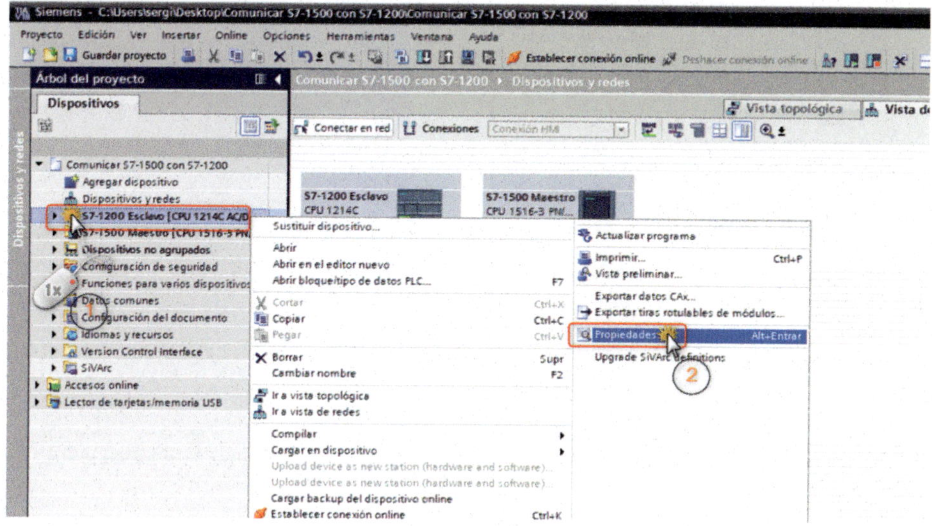

Figura 3.65

En la ventana que se nos abre, seleccionaremos la opción «Marcas de sistema y de ciclo».

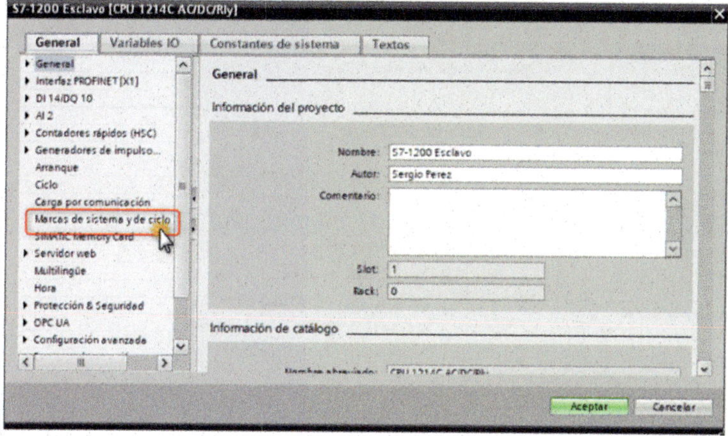

Figura 3.66

A continuación, marcaremos la casilla «Activar la utilización del byte de marcas de ciclo».

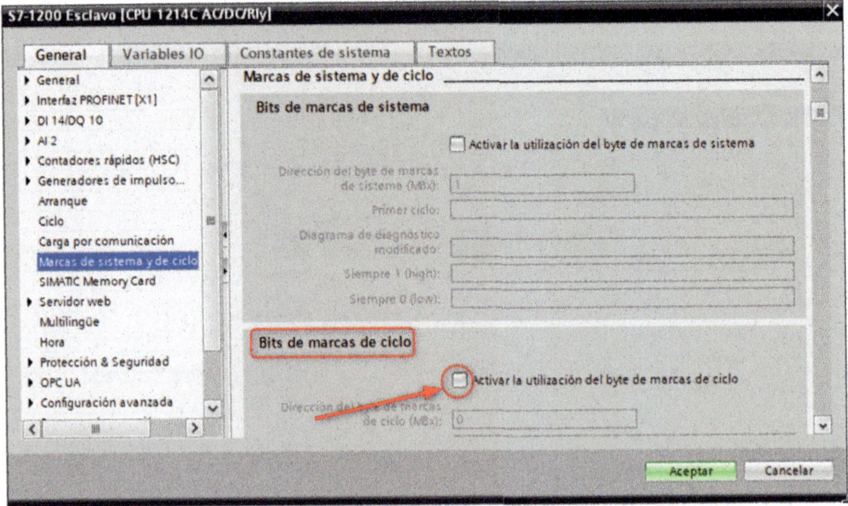

Figura 3.67

Con la barra de desplazamiento, bajaremos un poco, y quedará como vemos en la Figura 3.68.

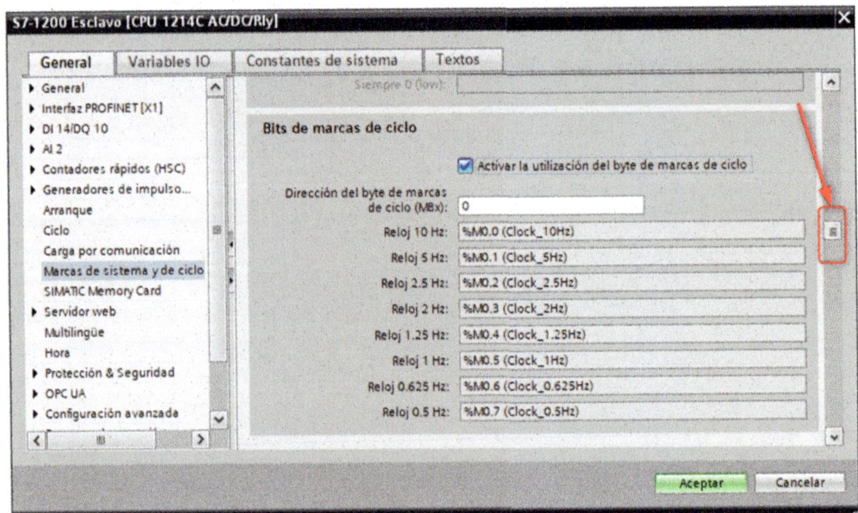

Figura 3.68

En «Dirección del byte de marcas de ciclo», vemos el número «0»; cambiaremos ese valor por el número «100».

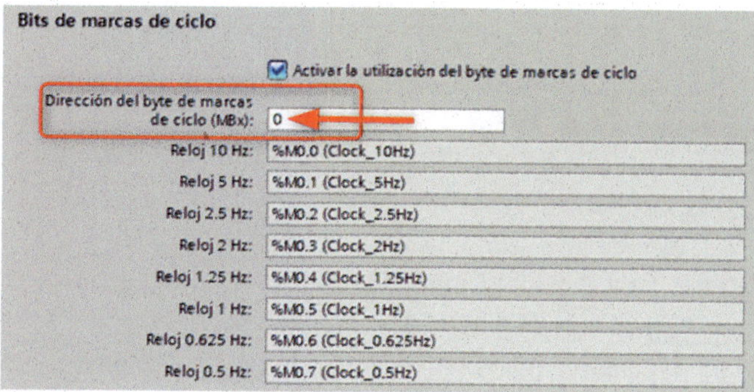

Figura 3.69

Haremos doble clic dentro de la celda y, cuando veamos que el número «0» se resalta con un cuadro azul, escribiremos el número «100».

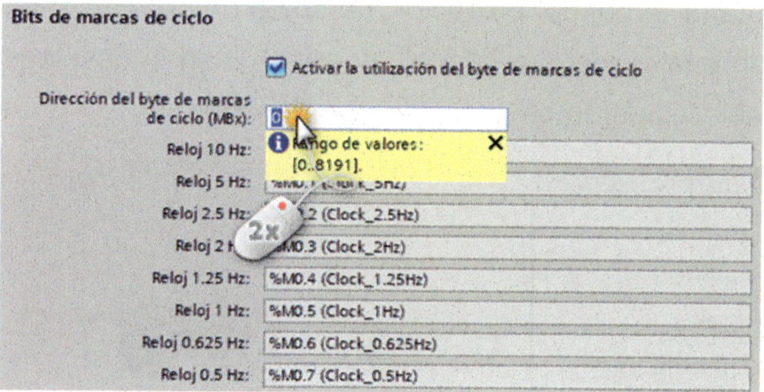

Figura 3.70

Una vez escrito el número «100», pulsaremos la tecla Intro del teclado.

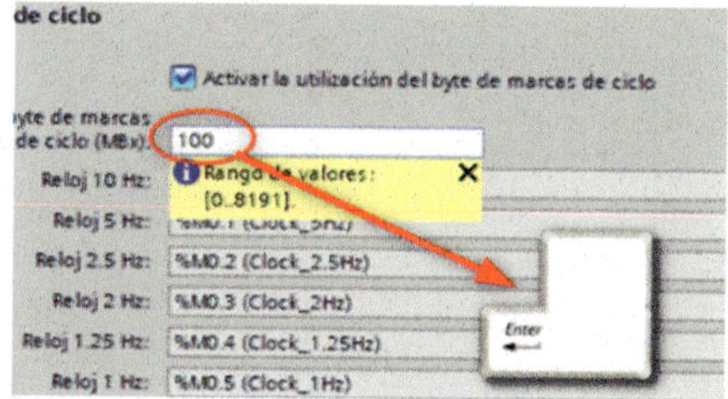

Figura 3.71

Ahora pulsaremos sobre el botón «Aceptar».

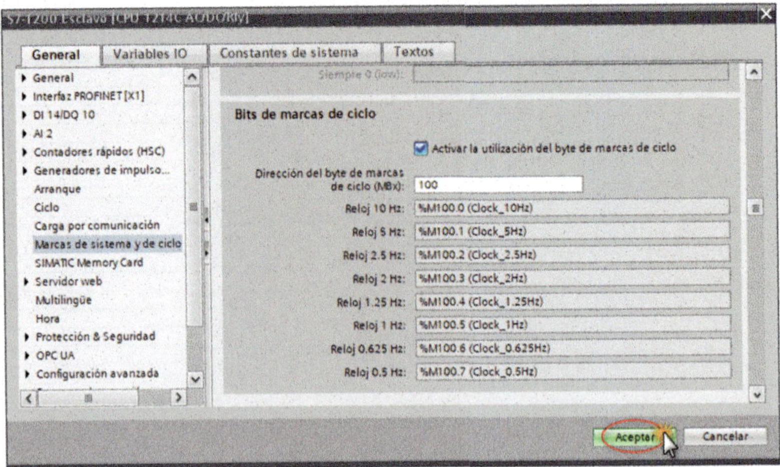

Figura 3.72

En la ventana «Árbol del proyecto», haremos un clic con el botón derecho del ratón sobre la carpeta «S7-1500 Maestro» y, en el desplegable que nos aparecerá, seleccionaremos la opción «Propiedades».

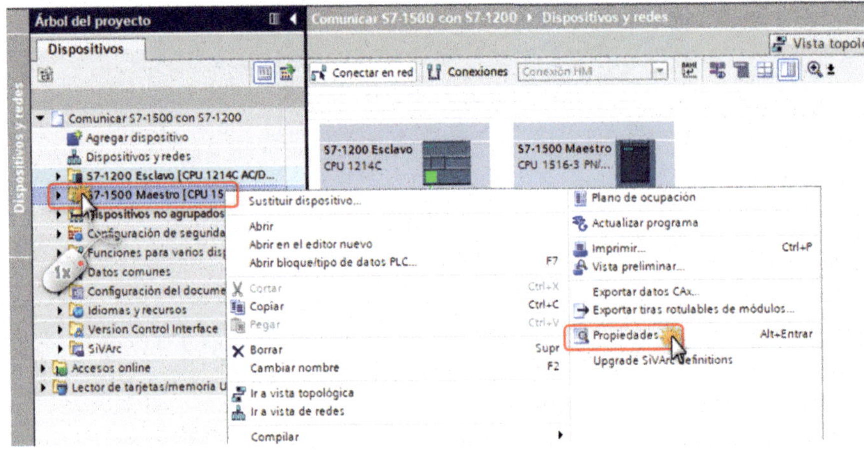

Figura 3.73

Ahora seleccionaremos la opción «Marcas de sistema y de ciclo».

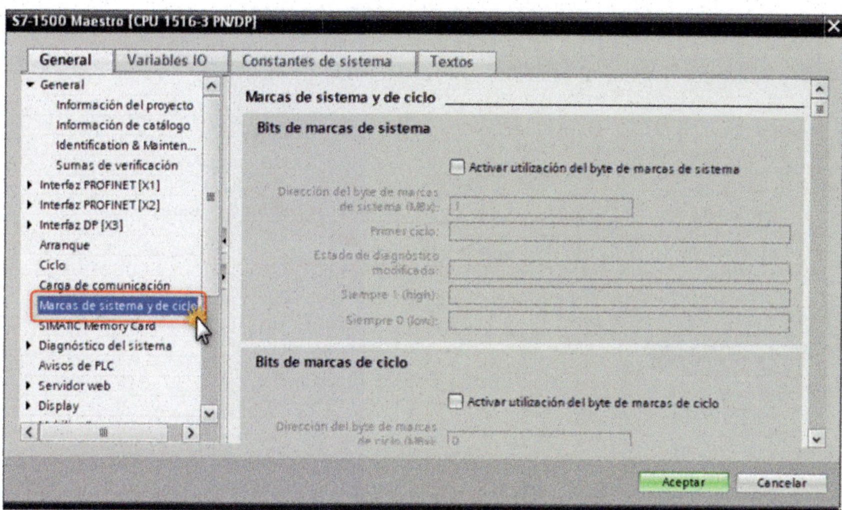

Figura 3.74

Marcaremos la casilla «Activar la utilización del byte de marcas de ciclo».

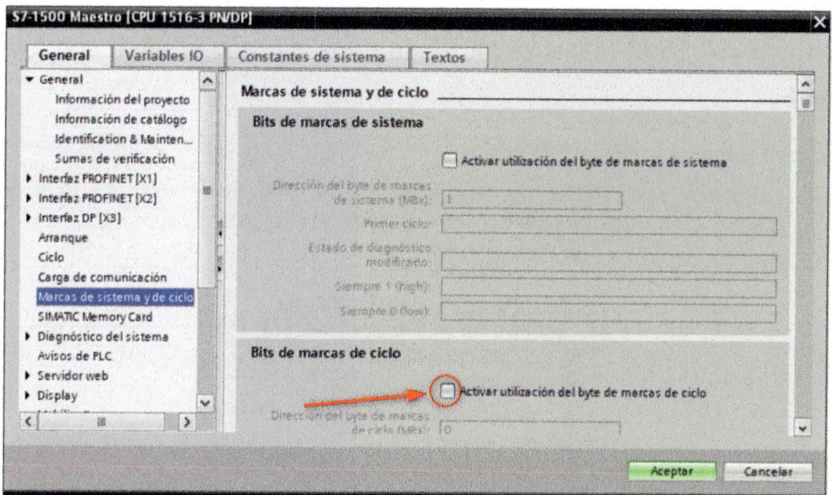

Figura 3.75

En «Dirección del byte de marcas de ciclo», pondremos el valor numérico «100» y, a continuación, pulsaremos el botón «Aceptar».

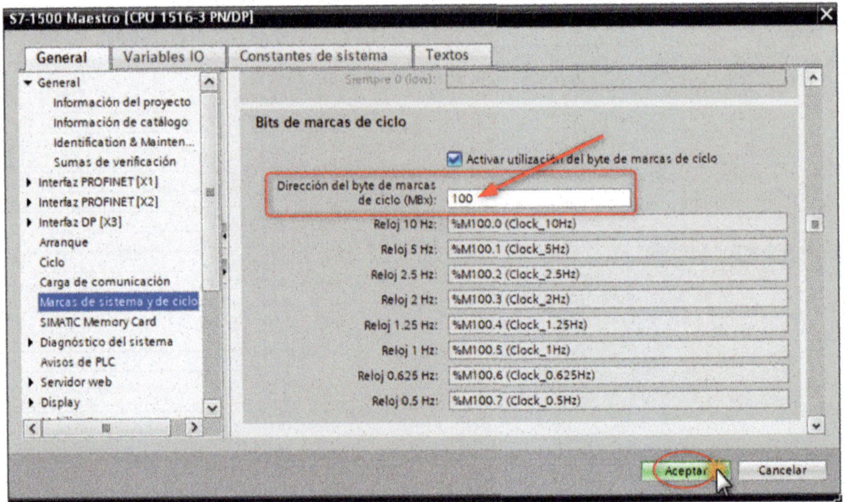

Figura 3.76

Iremos a la ventana «Árbol del proyecto» y desplegaremos el contenido de la carpeta «S7-1500 Maestro» haciendo doble clic con el ratón sobre dicha carpeta.

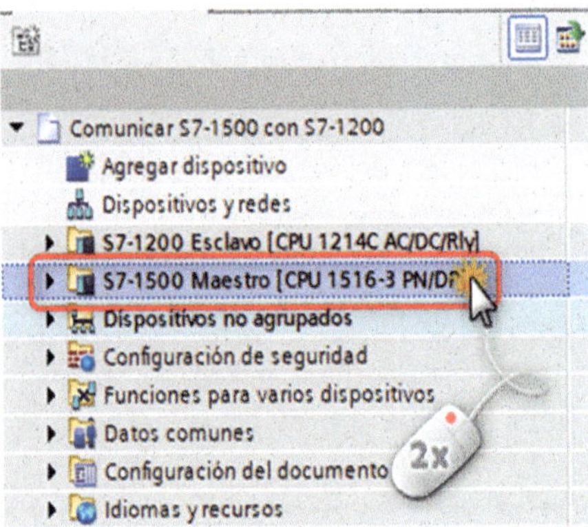

Figura 3.77

Seguidamente, haremos lo mismo con la carpeta «Bloques de programa»; desplegaremos su contenido.

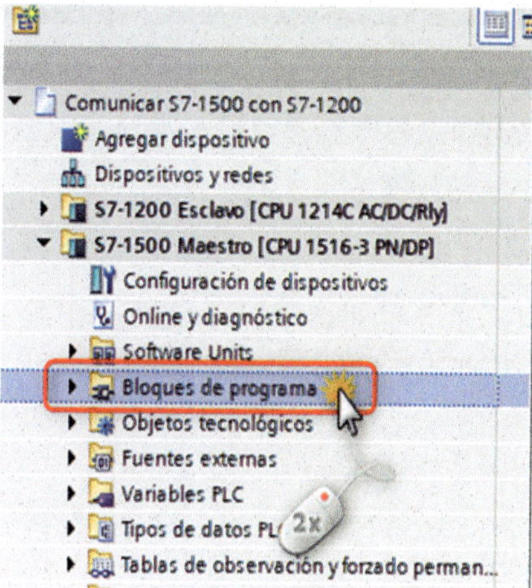

Figura 3.78

Ahora haremos doble clic con el ratón sobre la opción «Main [OB1]».

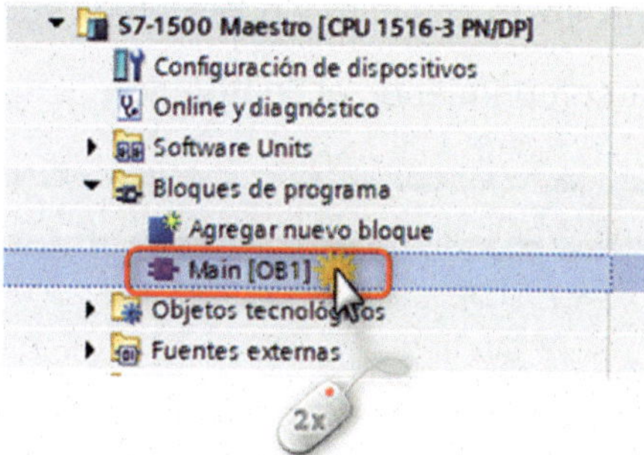

Figura 3.79

Como podemos ver, en la ventana central ya tenemos la ventana del «Main OB1».

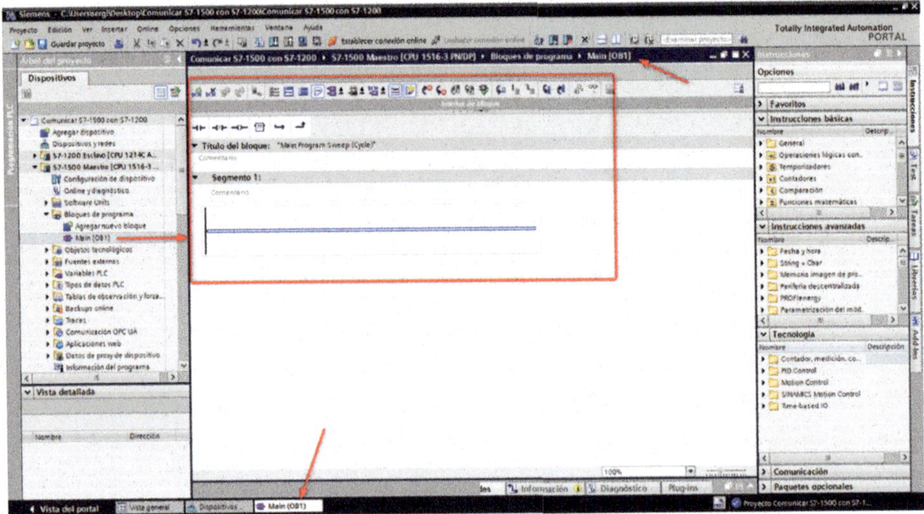

Figura 3.80

Iremos a la ventana «Instrucciones» y pulsaremos sobre las flechas de las categorías para ir comprimiendo el contenido.

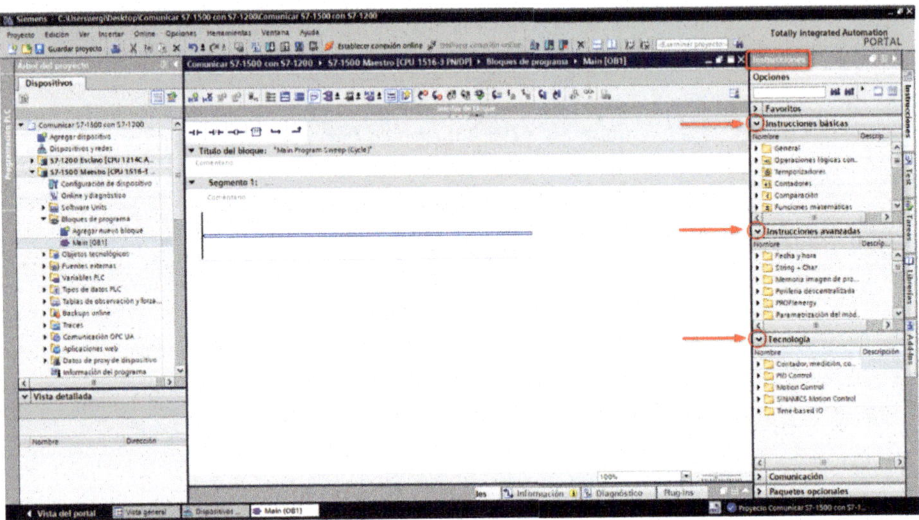

Figura 3.81

Una vez que tengamos las categorías comprimidas, como podemos ver en la Figura 3.82, pulsaremos sobre la flecha > de la categoría «Comunicación» para mostrar su contenido.

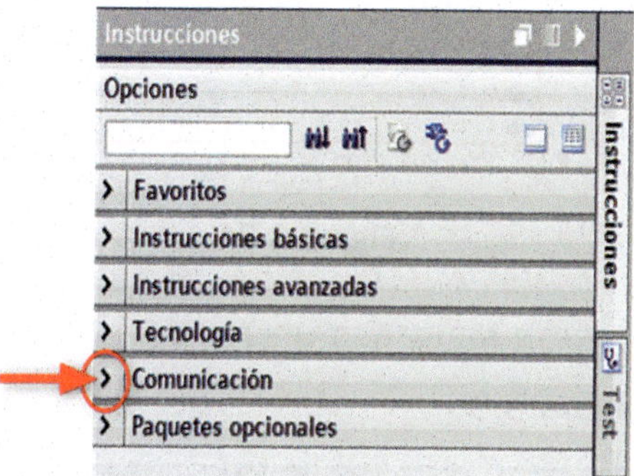

Figura 3.82

Seguidamente, haremos doble clic con el ratón para desplegar el contenido de la carpeta «Open user communication».

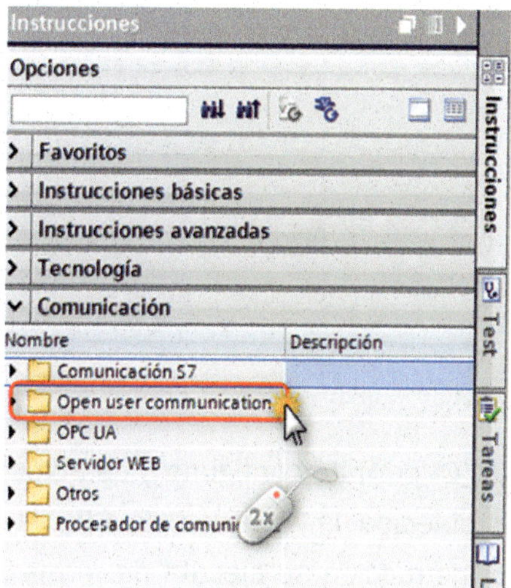

Figura 3.83

Como podemos ver en la imagen, nos aparecerá el contenido de la carpeta.

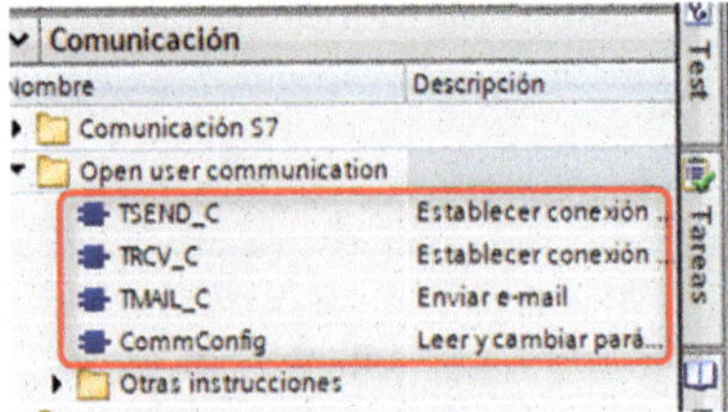

Figura 3.84

Ahora arrastraremos la función «TSEND_C» a la línea del segmento 1, tal como vemos en la Figura 3.85.

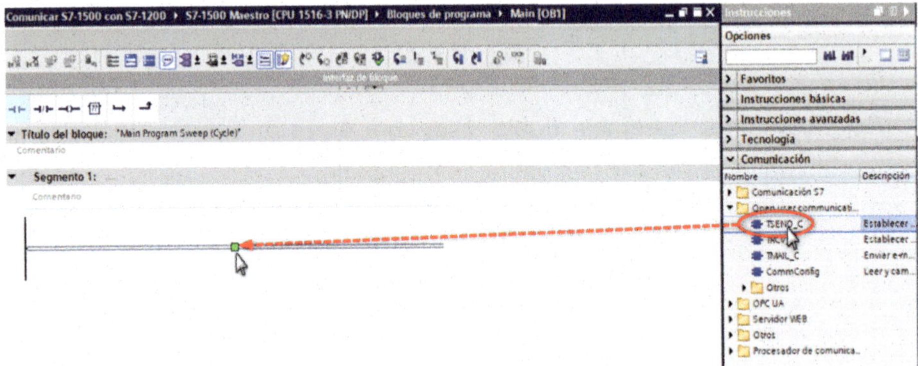

Figura 3.85

Descripción

La instrucción «TSEND_C» permite configurar y establecer una conexión. Una vez configurada y establecida la conexión, la CPU la mantiene y la vigila automáticamente. La instrucción se ejecuta de forma asíncrona y tiene las funciones siguientes:

- Configurar y establecer una conexión.
- Enviar datos a través de la conexión existente.
- Deshacer o inicializar la conexión.

En la ventana que nos aparecerá, renombraremos «TSEND_C_DB» por «Enviar_Datos».

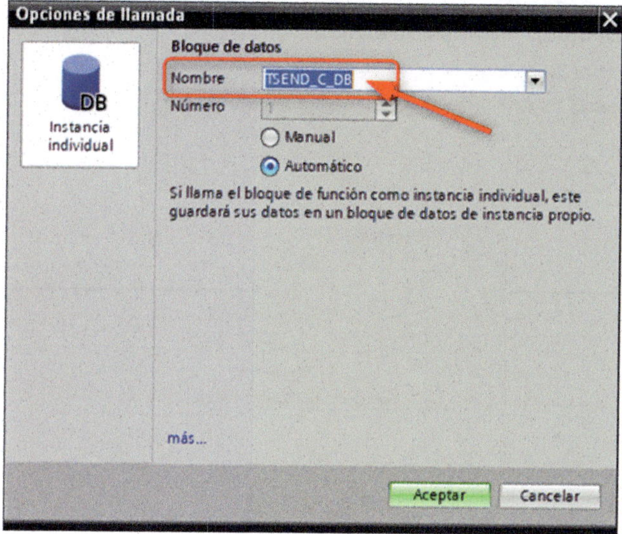

Figura 3.86

Una vez renombrado, pulsaremos sobre el botón «Aceptar».

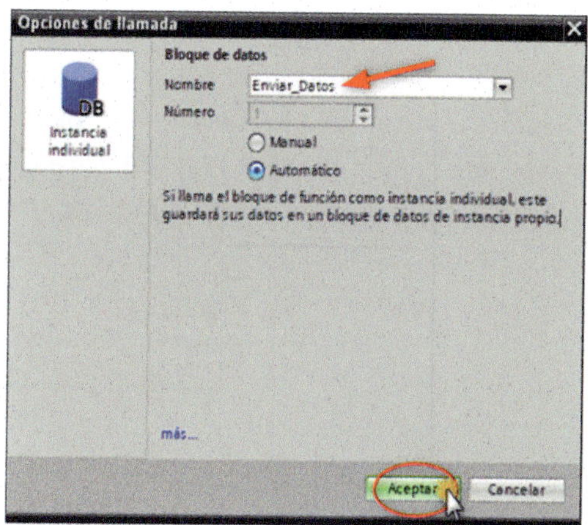

Figura 3.87

Acabamos de añadir el bloque de instrucción «TSEND_C».

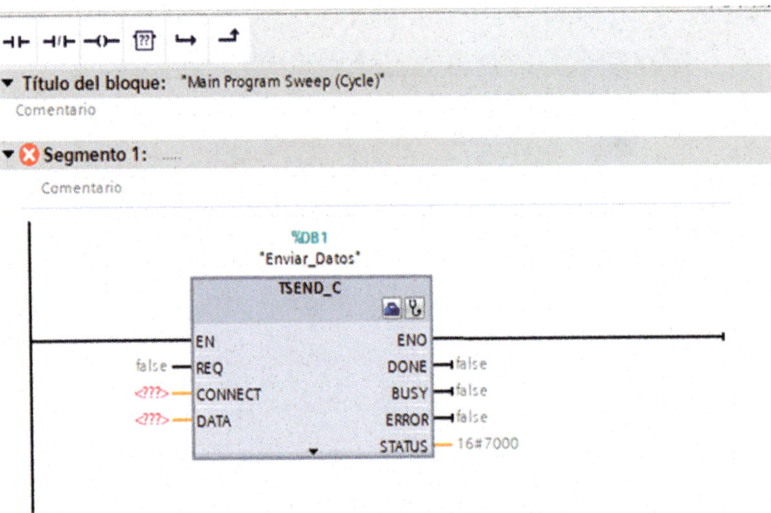

Figura 3.88

Pulsaremos sobre el icono «Iniciar configuración».

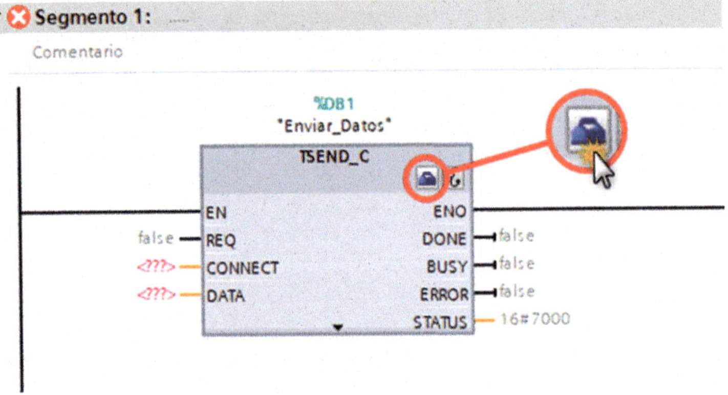

Figura 3.89

Haremos un clic con el ratón sobre la flechita desplegable ▼ del interlocutor, para así seleccionar el dispositivo con el que nos queremos comunicar.

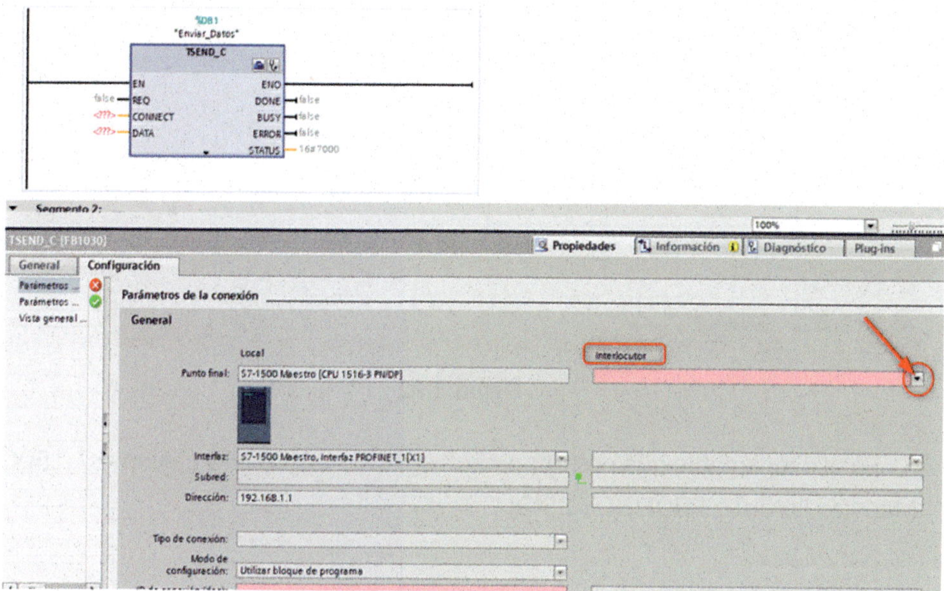

Figura 3.90

En el desplegable que aparecerá, seleccionaremos la opción «S7-1200 Esclavo».

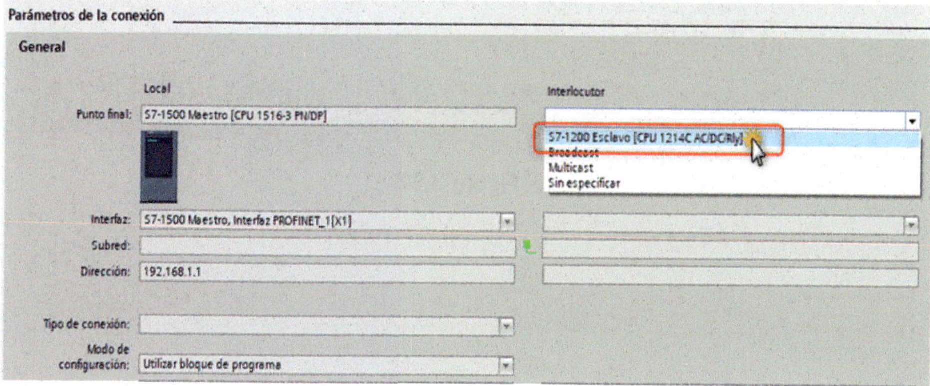

Figura 3.91

Ahora haremos un clic sobre la flechita desplegable ▼ de la celda «Interfaz» del Local.

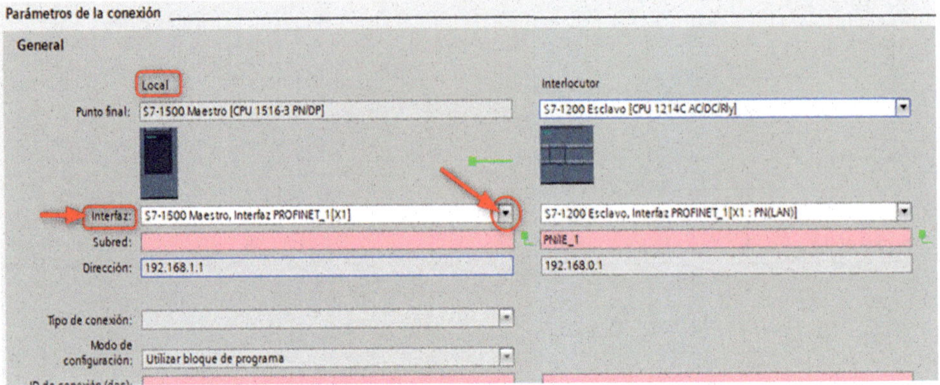

Figura 3.92

En el desplegable que nos aparecerá, seleccionaremos la opción «S7-1500 Maestro, Interfaz PROFINET_2[X2]».

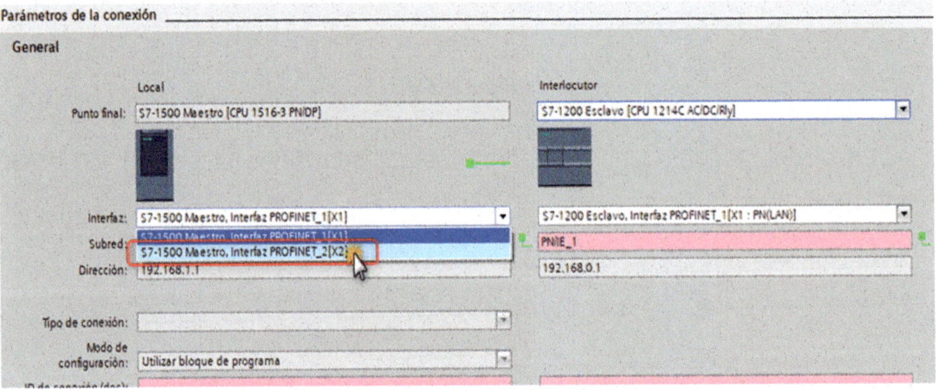

Figura 3.93

Pulsaremos sobre la flechita desplegable ▼ de la celda «Datos de conexión» del Local.

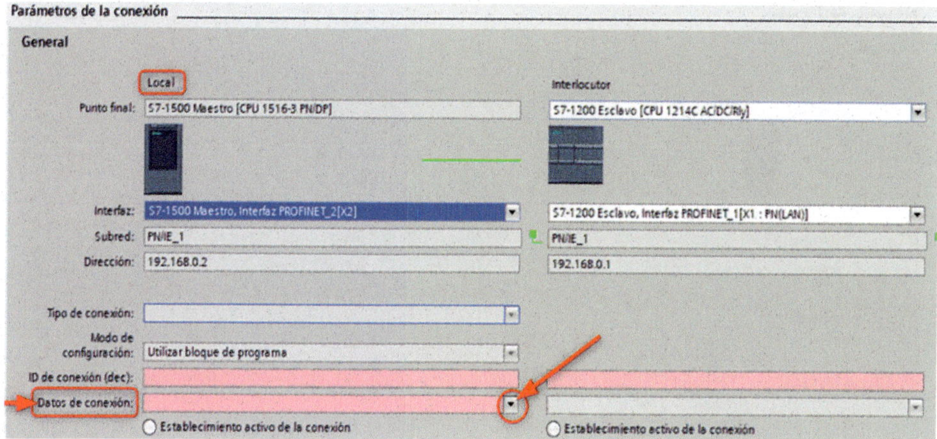

Figura 3.94

En el desplegable, seleccionaremos la opción «Nuevo».

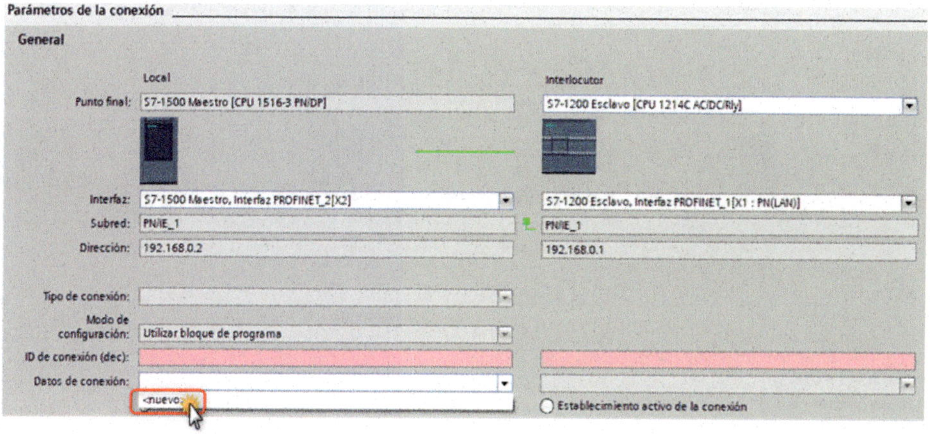

Figura 3.95

Ahora pulsaremos sobre la flechita desplegable ▼ de la celda «Datos de conexión» del Interlocutor.

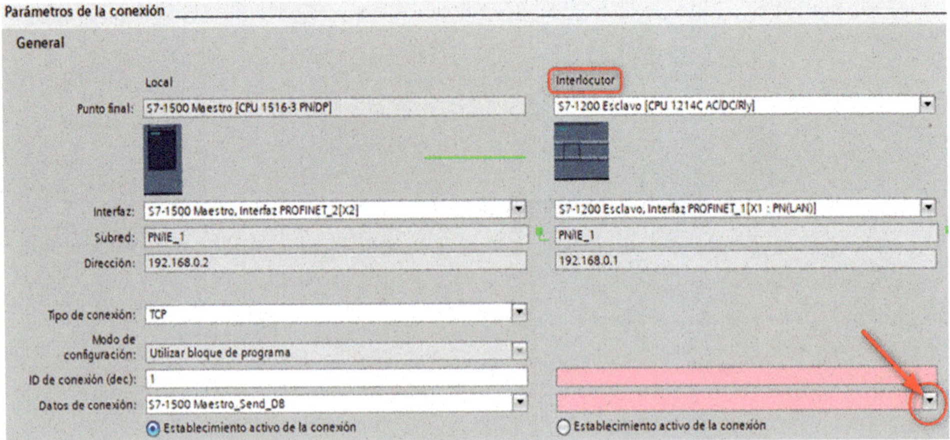

Figura 3.96

En el desplegable, seleccionaremos la opción «Nuevo».

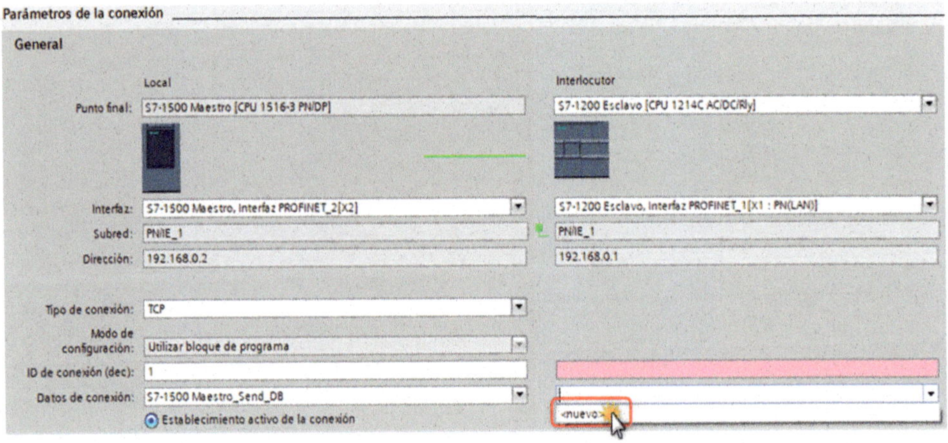

Figura 3.97

Pulsaremos sobre la opción «Parámetros del bloque».

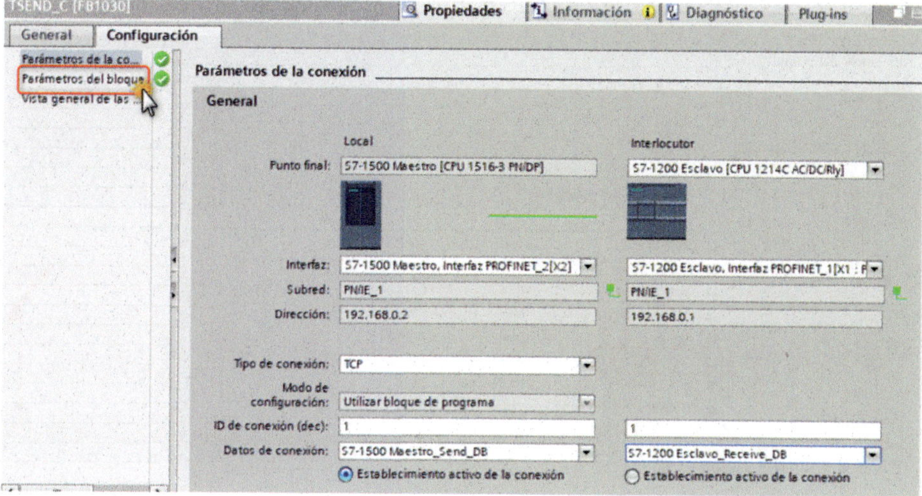

Figura 3.98

Haremos un clic sobre el icono  de la celda «REQ».

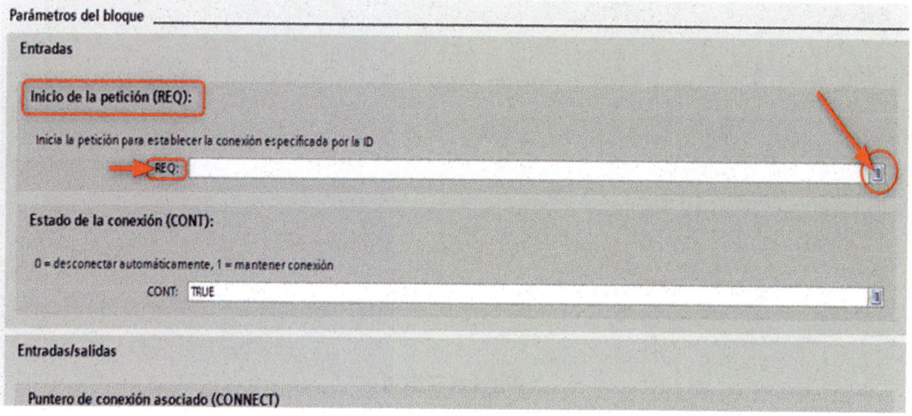

Figura 3.99

En el desplegable que nos aparecerá, con la barra de desplazamiento buscaremos la variable «Clock_10Hz»; una vez localizada, la seleccionaremos.

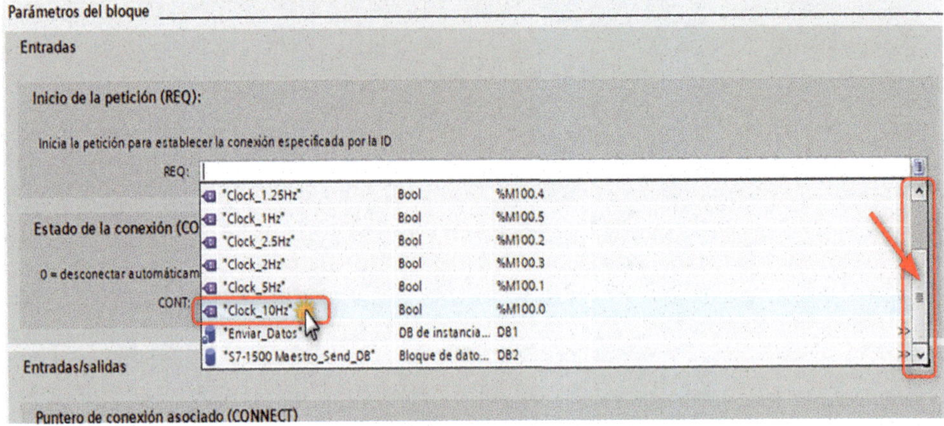

Figura 3.100

En la opción «CONT», renombraremos «TRUE» por el valor numérico «1».

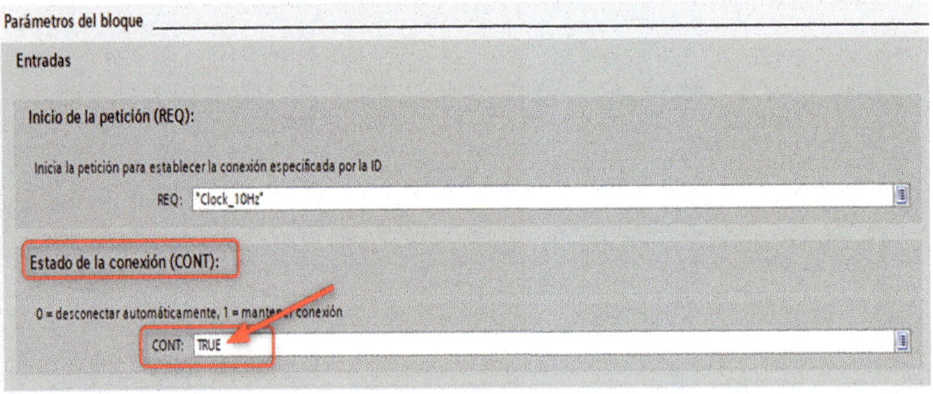

Parámetros del bloque

Entradas

Inicio de la petición (REQ):

Inicia la petición para establecer la conexión especificada por la ID

REQ: "Clock_10Hz"

Estado de la conexión (CONT):

0 = desconectar automáticamente, 1 = mantener conexión

CONT: TRUE

Figura 3.101

Nos quedará como vemos en la Figura 3.102.

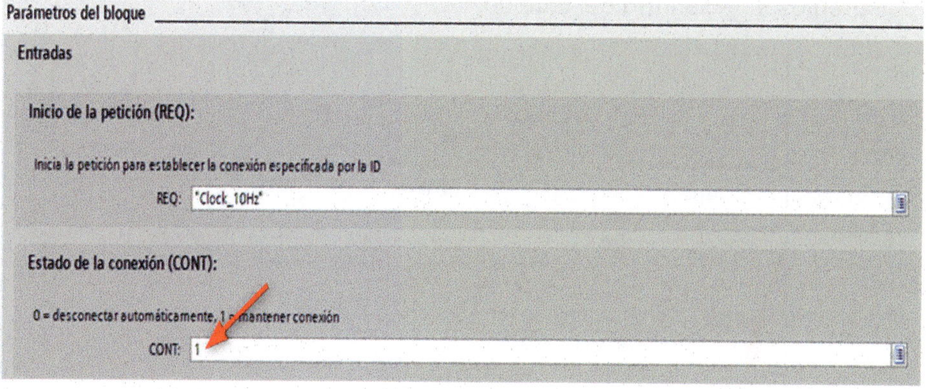

Parámetros del bloque

Entradas

Inicio de la petición (REQ):

Inicia la petición para establecer la conexión especificada por la ID

REQ: "Clock_10Hz"

Estado de la conexión (CONT):

0 = desconectar automáticamente, 1 = mantener conexión

CONT: 1

Figura 3.102

Ahora haremos doble clic sobre los interrogantes de la opción «DATA» del bloque de instrucciones «TSEND_C».

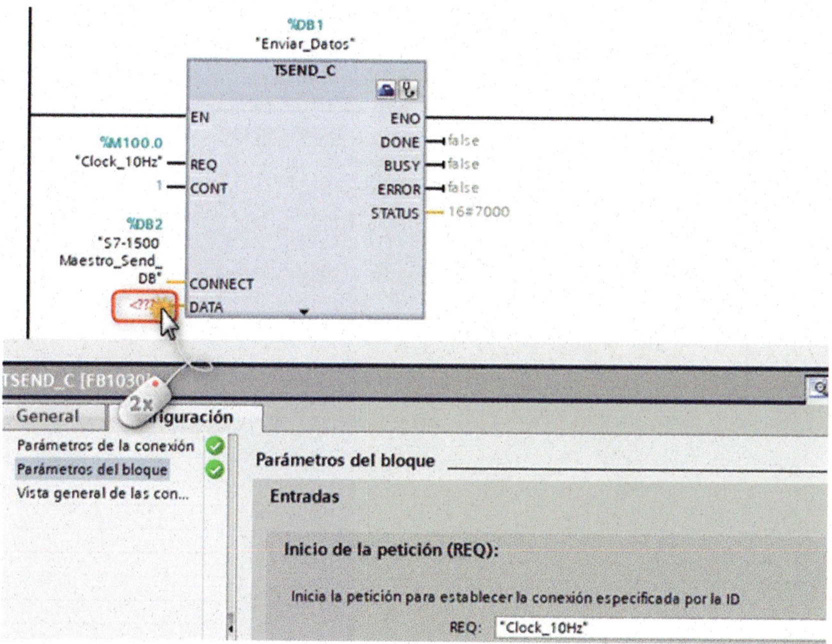

Figura 3.103

En la celda que nos aparecerá, escribiremos «MB0» y, seguidamente, pulsaremos la tecla Intro del teclado.

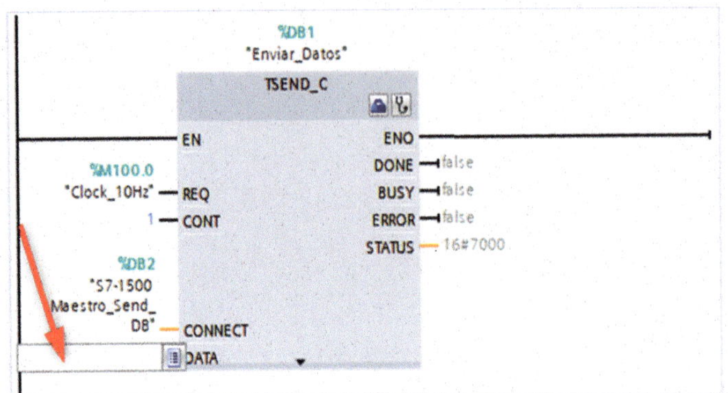

Figura 3.104

Haremos un clic con el botón derecho del ratón sobre la opción «Tag_1».

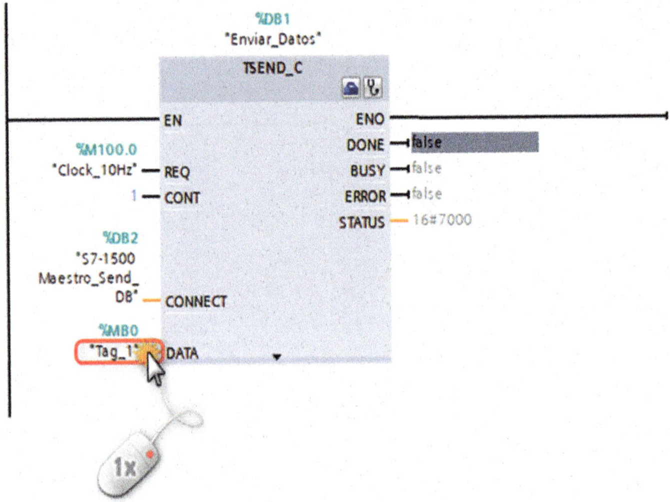

Figura 3.105

En el desplegable, seleccionaremos la opción «Cambiar nombre de la variable».

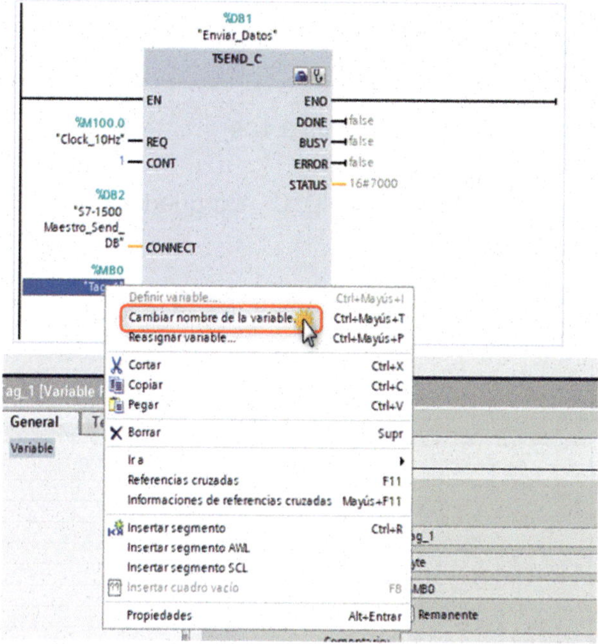

Figura 3.106

Pulsaremos el botón «Suprimir» del teclado para eliminar el nombre «Tag_1».

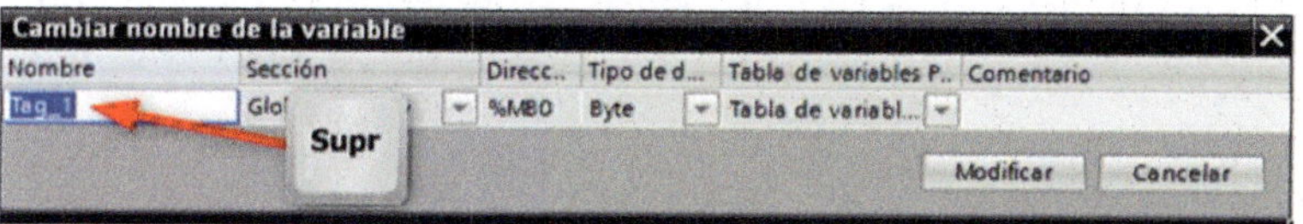

Figura 3.107

Dentro de la celda «Nombre», escribiremos «Datos a enviar».

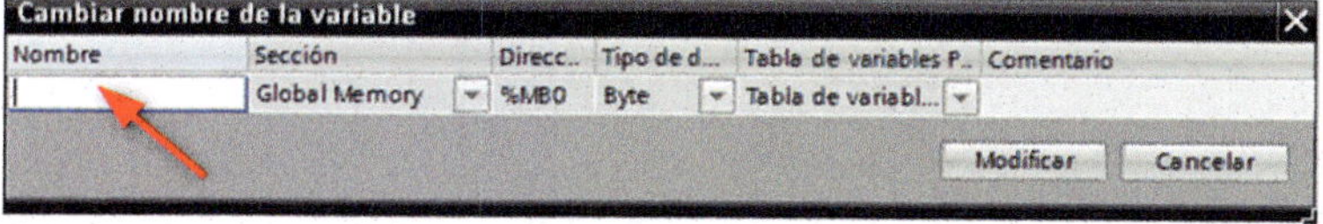

Figura 3.108

Seguidamente, pulsaremos sobre el botón «Modificar».

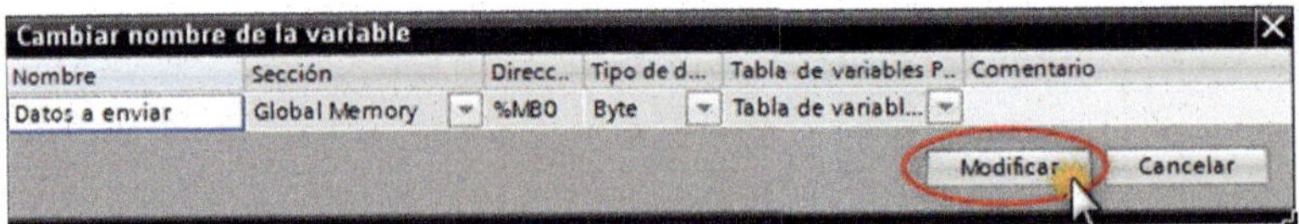

Figura 3.109

El bloque de instrucciones «TSEND_C» nos quedará tal como vemos en la Figura 3.110.

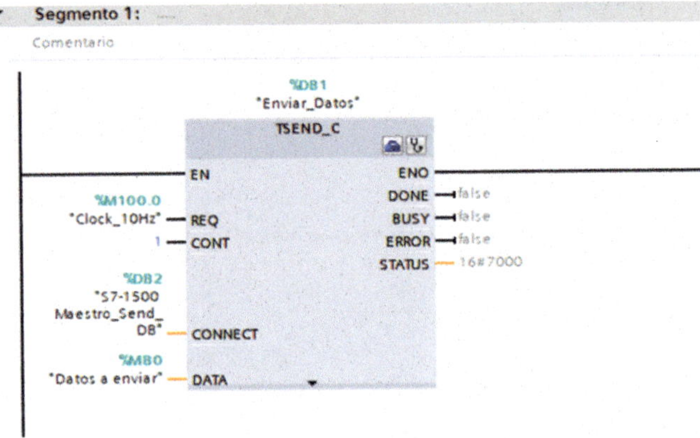

Figura 3.110

Ahora iremos a la ventana «Árbol del proyecto», y desplegaremos el contenido de la carpeta «S7-1200 Esclavo» haciendo doble clic con el ratón sobre ella.

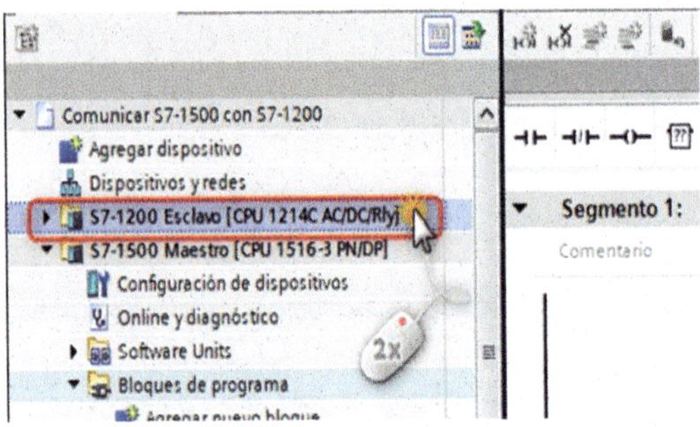

Figura 3.111

Seguidamente, desplegaremos también el contenido de la carpeta «Bloques de programa».

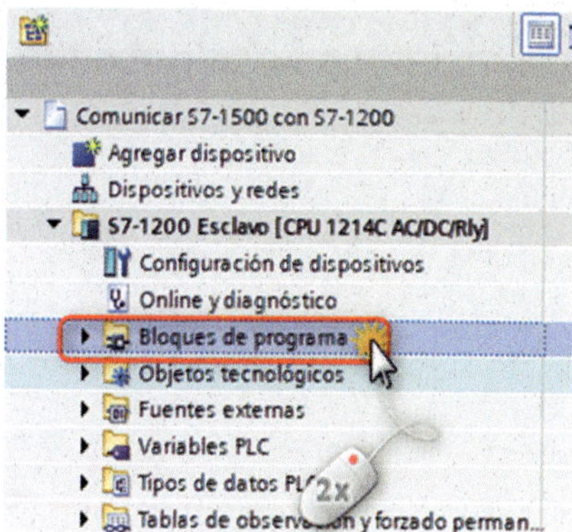

Figura 3.112

Haremos doble clic con el ratón sobre la opción «Main OB1».

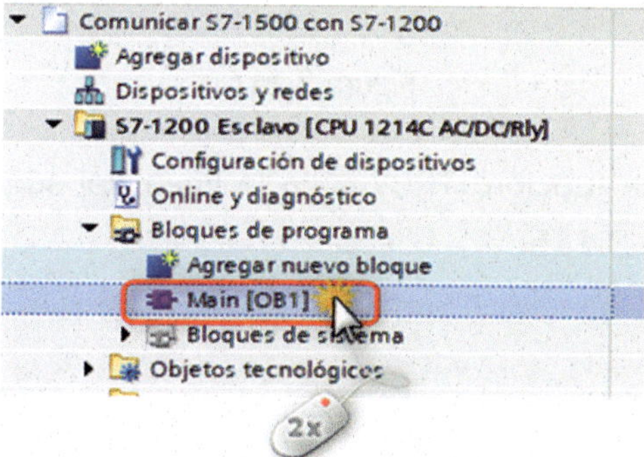

Figura 3.113

En la ventana «Instrucciones», iremos a la categoría «Comunicación» y haremos doble clic con el ratón sobre la carpeta «Open user communication».

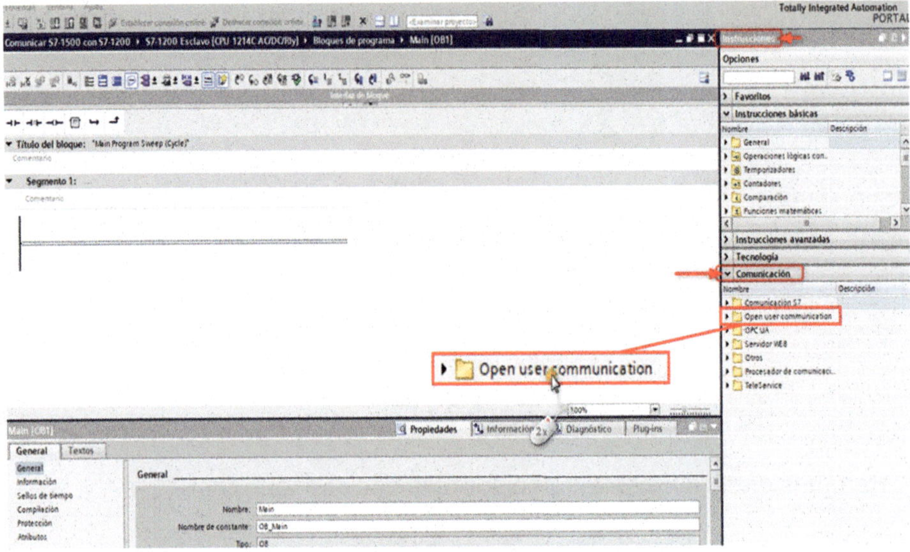

Figura 3.114

Arrastraremos la función «TRCV_C» a la línea del segmento 1, tal como vemos en la Figura 3.115.

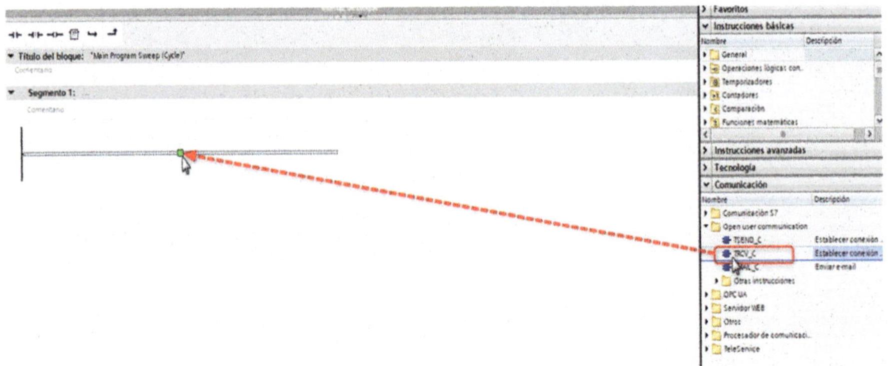

Figura 3.115

TRCV_C

Descripción

La instrucción establece una conexión TCP, ISO-on-TCP o UDP y recibe datos.

La instrucción «TRCV_C» se ejecuta de forma asíncrona y ejecuta por orden las funciones siguientes:

- Configurar y establecer una conexión.
- Recibir datos a través de la conexión existente.
- Deshacer o inicializar la conexión.

En la ventana que nos aparecerá, renombraremos «TRCV_C_DB» por «Recibir_Datos».

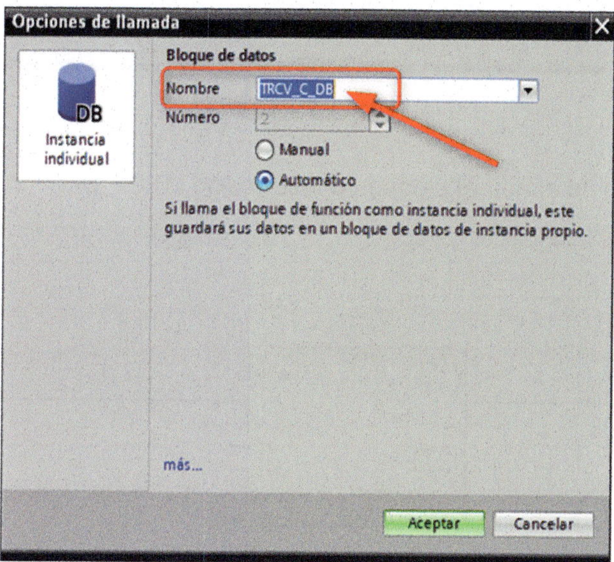

Figura 3.116

Una vez renombrado, pulsaremos sobre el botón «Aceptar».

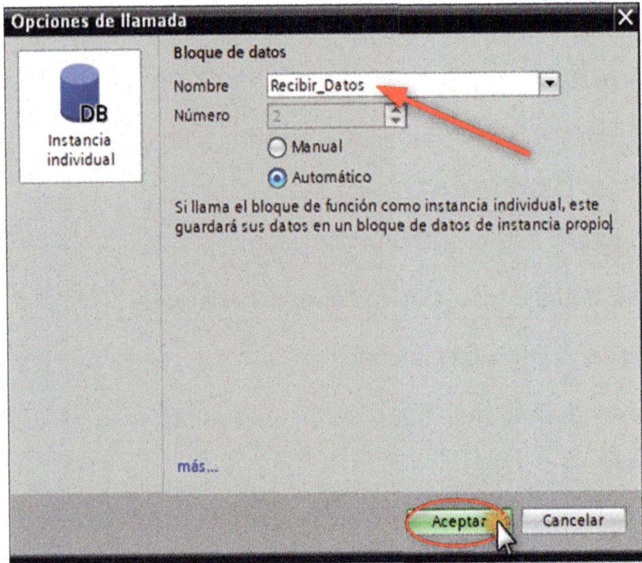

Figura 3.117

Acabamos de añadir el bloque de instrucción «TRCV_C».

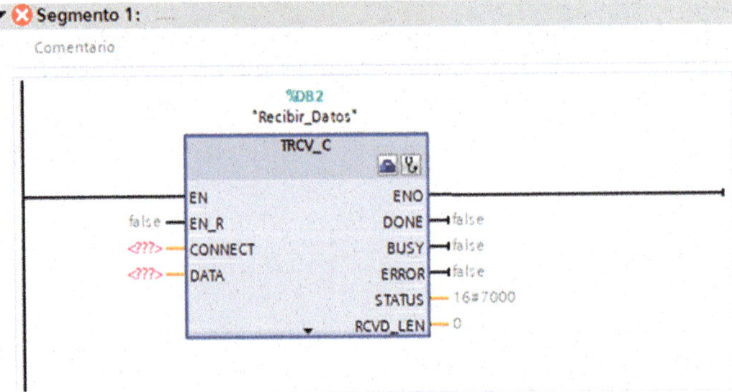

Figura 3.118

Pulsaremos sobre el icono «Iniciar configuración».

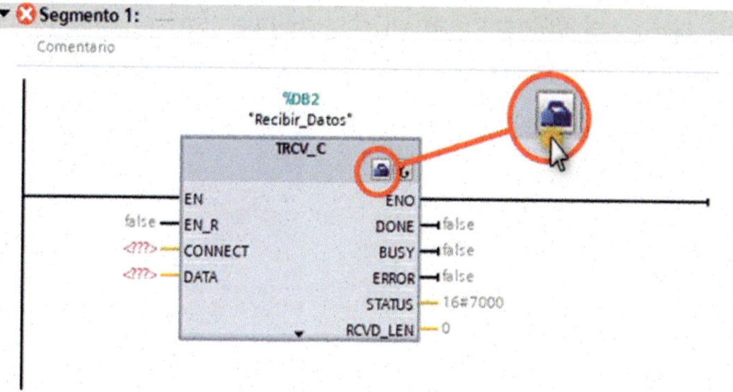

Figura 3.119

Ahora pulsaremos sobre la opción «Parámetros de la conexión».

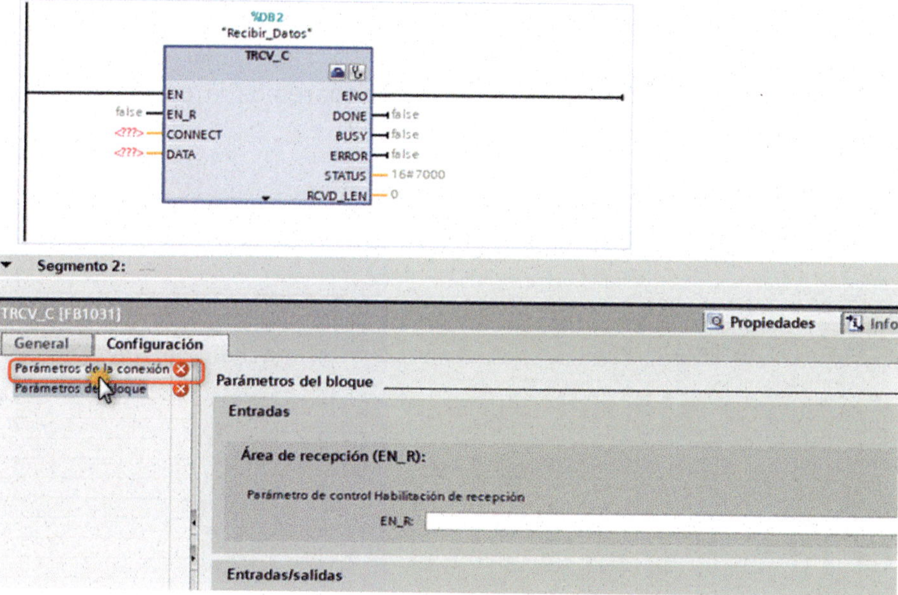

Figura 3.120

Haremos un clic con el ratón sobre la flechita desplegable del ▼ interlocutor, para así seleccionar el dispositivo con el que nos queremos comunicar.

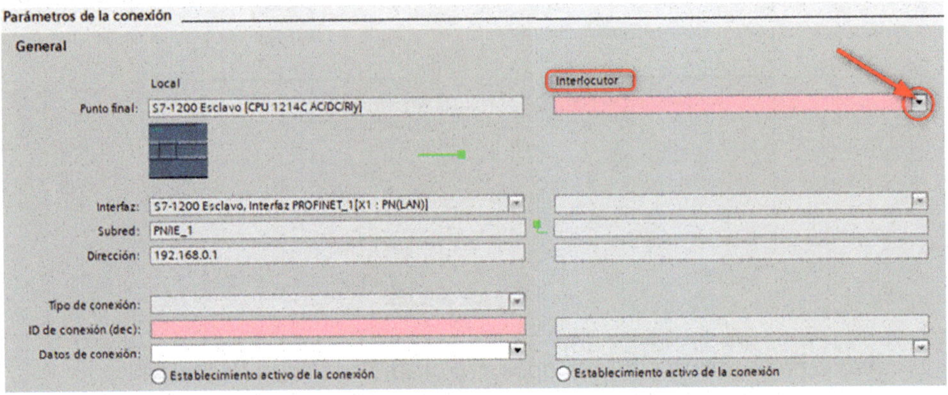

Figura 3.121

En el desplegable que aparecerá, seleccionaremos la opción «S7-1500 Maestro [CPU 1516-3 PN/ DP]».

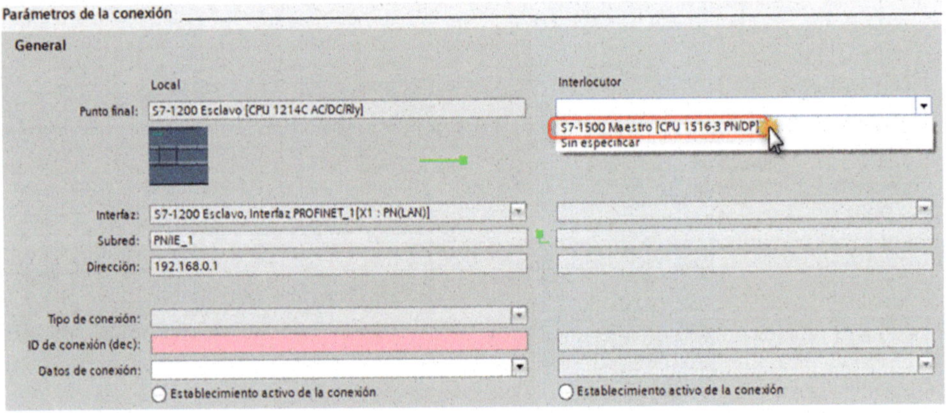

Figura 3.122

Ahora haremos un clic sobre la flechita desplegable ▼ de la celda «Interfaz» del Interlocutor.

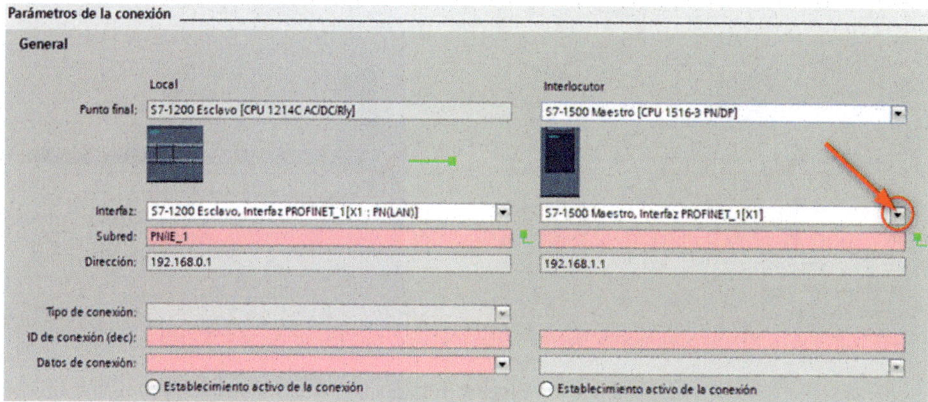

Figura 3.123

En el desplegable que nos aparecerá, seleccionaremos la opción «S7-1500 Maestro, Interfaz PRO- FINET_2[X2]».

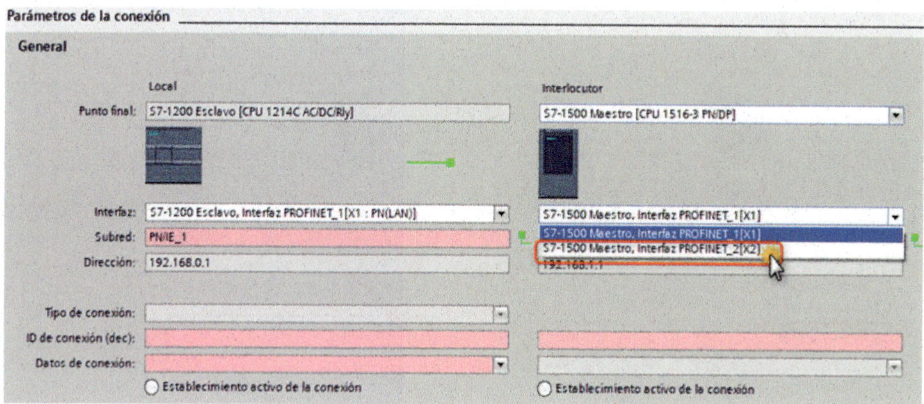

Figura 3.124

De esta manera, tendremos las dos CPU en la misma «Subred».

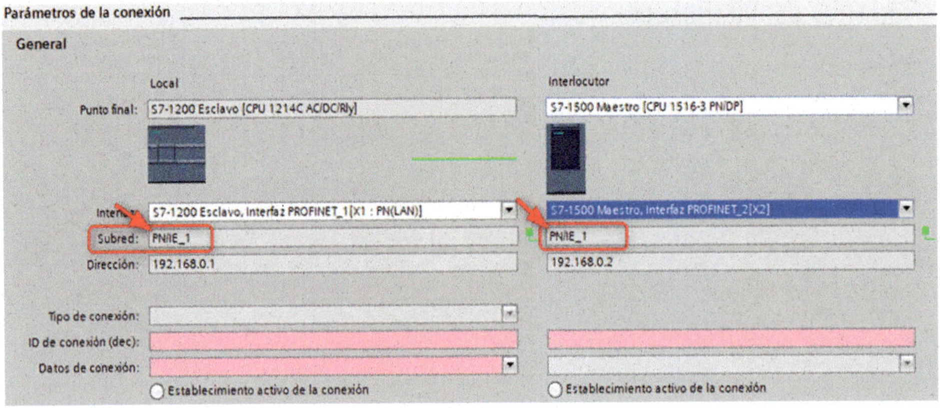

Figura 3.125

Pulsaremos sobre la flechita desplegable de la celda «Datos de conexión» del Local.

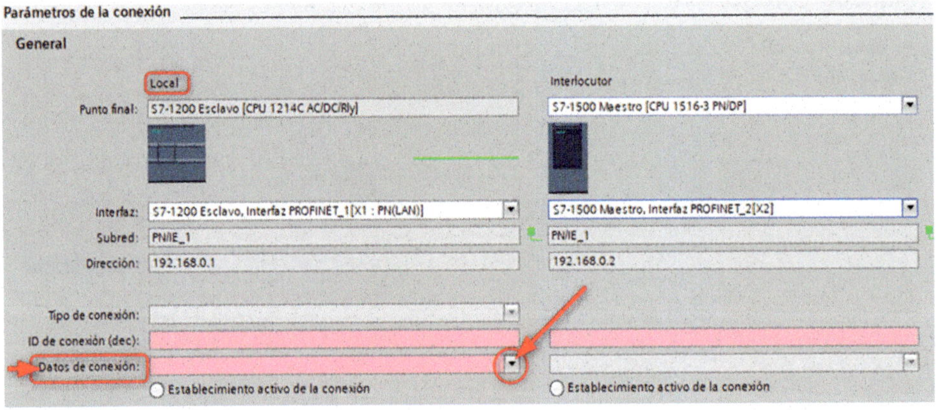

Figura 3.126

En el desplegable, seleccionaremos «S7-1200 Esclavo_Receive_DB».

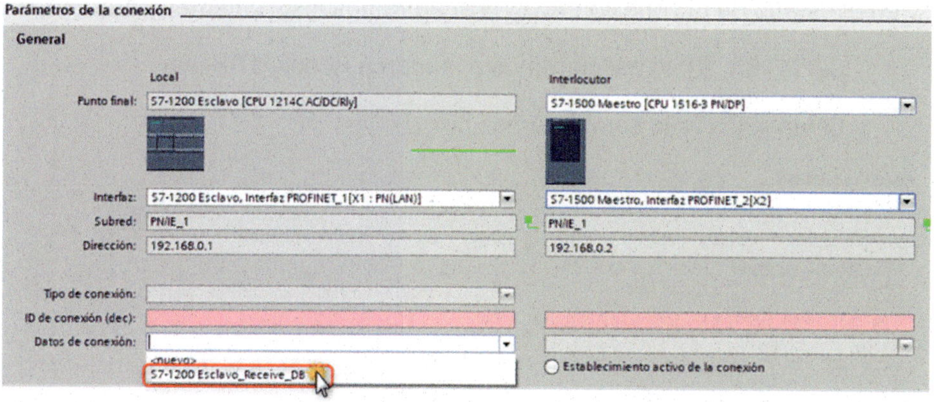

Figura 3.127

Nos quedará como vemos en la Figura 3.128. Pulsaremos sobre la opción «Parámetros del bloque».

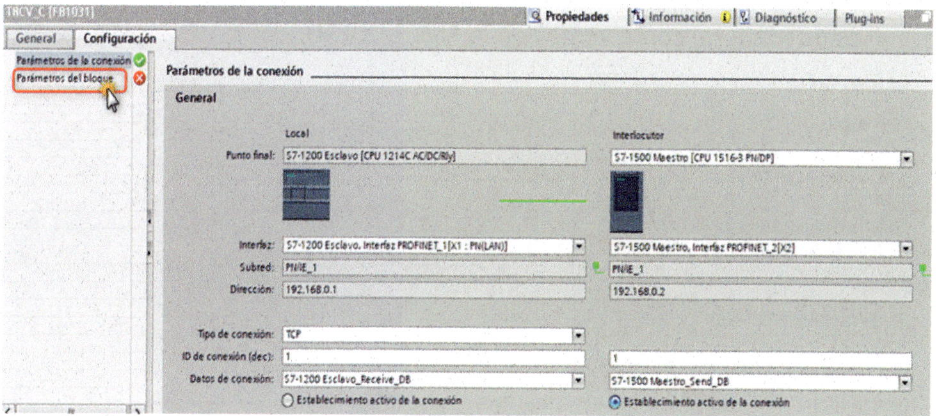

Figura 3.128

En las opciones «Parámetros del bloque», en el área de recepción «EN_R» y en el estado de la conexión «CONT» añadiremos los siguientes parámetros:

- Celda «EN_R»: lo asociaremos a la marca «Clock_10Hz».
- Celda «CONT»: lo cambiaremos por «1».

Parámetros del bloque

Entradas

Área de recepción (EN_R):

Parámetro de control Habilitación de recepción

EN_R:

Estado de la conexión (CONT):

0 = desconectar automáticamente, 1 = mantener conexión

CONT: TRUE

Figura 3.129

Nos quedará tal como vemos en la Figura 3.130.

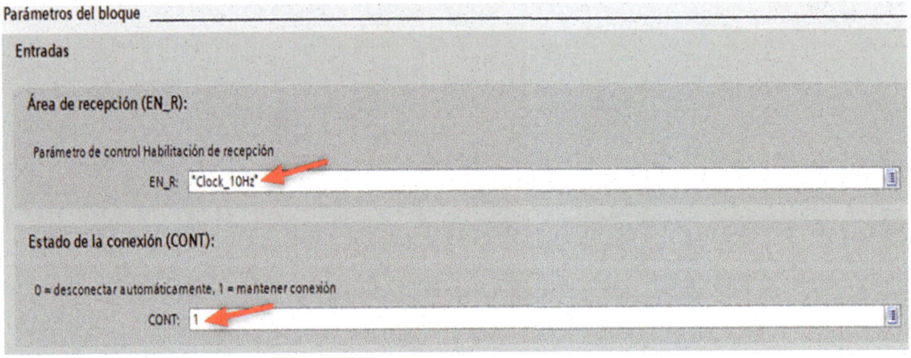

Parámetros del bloque

Entradas

Área de recepción (EN_R):

Parámetro de control Habilitación de recepción

EN_R: "Clock_10Hz"

Estado de la conexión (CONT):

0 = desconectar automáticamente, 1 = mantener conexión

CONT: 1

Figura 3.130

Ahora, en el bloque de instrucción «TRCV_C», igual que hemos hecho en el bloque de instrucción «TSEND_C», añadiremos el parámetro en la opción «DATA». Añadiremos los siguientes datos:

- Dirección: MB0
- Nombre: Datos Recibidos

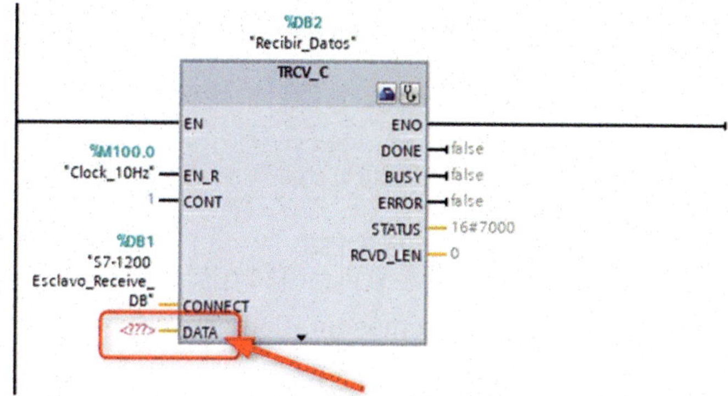

Figura 3.131

Nos quedará como vemos en la Figura 3.132.

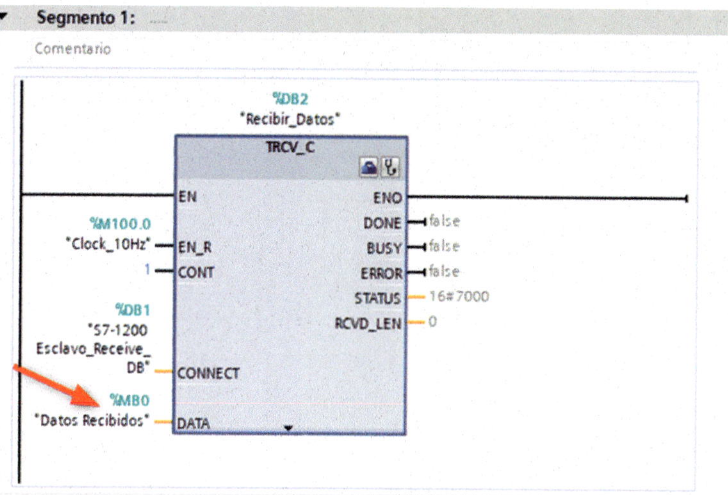

Figura 3.132

Pulsaremos sobre la flecha que vemos en la Figura 3.133 para contraer la ventana.

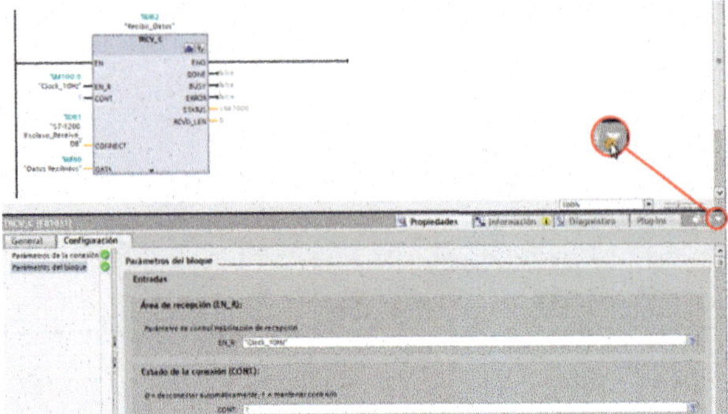

Figura 3.133

Ahora, en el segmento 2, añadiremos un «Contacto NO».

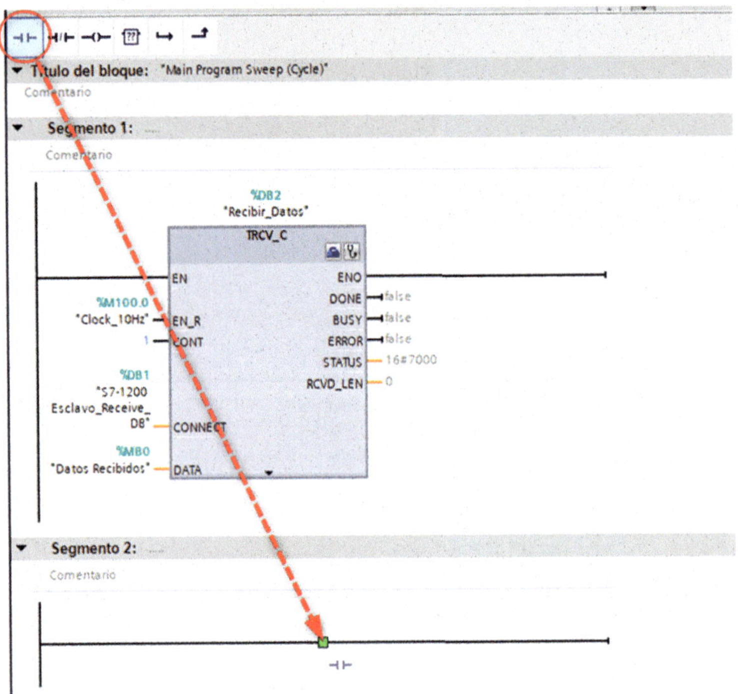

Figura 3.134

Ahora, también en el segmento 2, añadiremos una «Asignación».

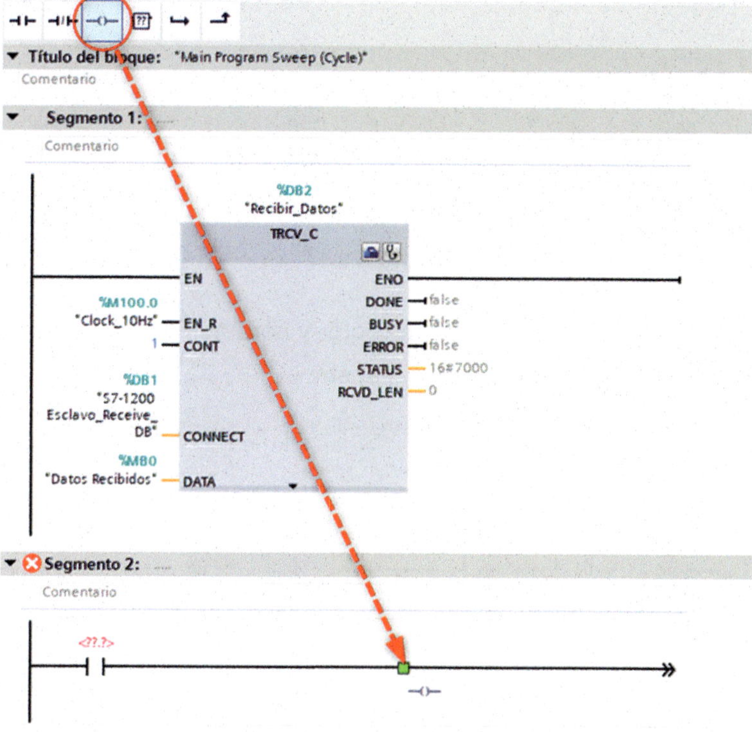

Figura 3.135

Añadiremos los siguientes parámetros en el «Contacto NO» y en la «Asignación»:

- Contacto NO: Dirección: M0.0 / Nombre: Recibe del S7-1500

- Asignación: Dirección: Q0.0 / Nombre: Salida 1

Figura 3.136

Nos quedará como vemos en la Figura 3.137.

Segmento 2:

Comentario

%M0.0
"Recibe del S7-1500"

%Q0.0
"Salida 1"

Figura 3.137

Iremos a la ventana «Árbol del proyecto» y haremos doble clic con el ratón sobre el «Main [OB1]» del «S7-1500 Maestro».

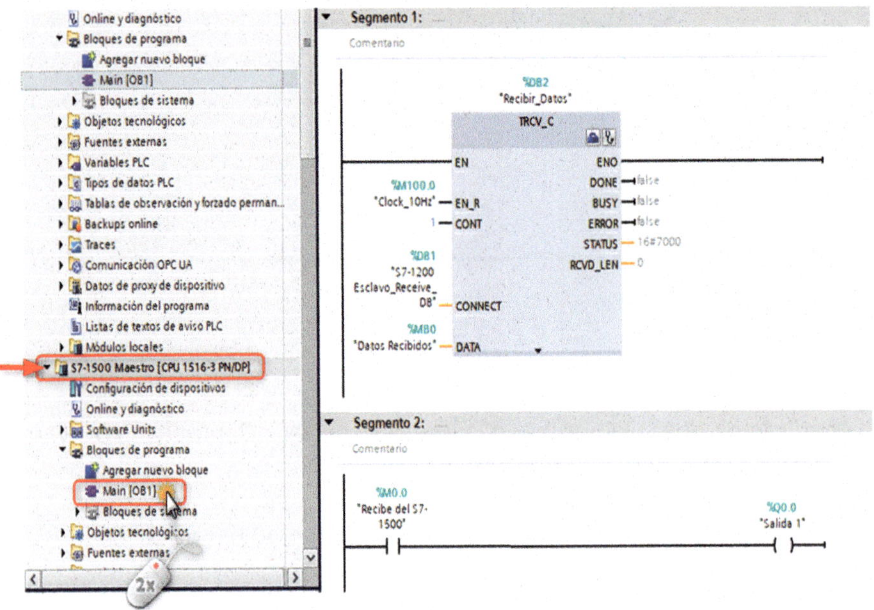

Figura 3.138

De momento, añadiremos cuatro «Contactos NO» y una «Asignación», tal como podemos ver en la Figura 3.139.

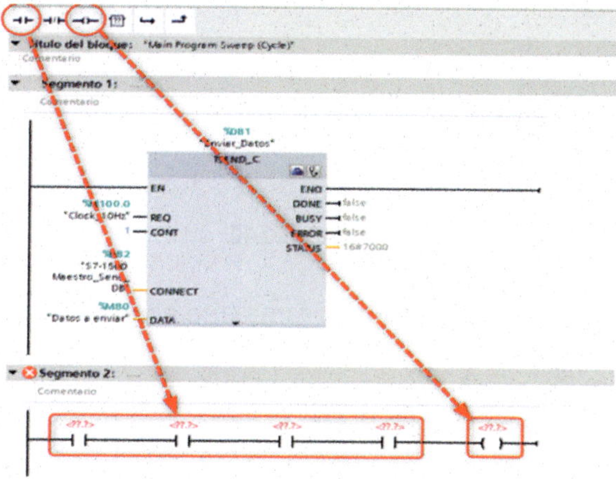

Figura 3.139

Pincharemos sobre la línea del segmento, entre los dos primeros «Contactos NO», tal como vemos en la Figura 3.140, para que quede seleccionado; a continuación, pulsaremos sobre el símbolo «Abrir rama».

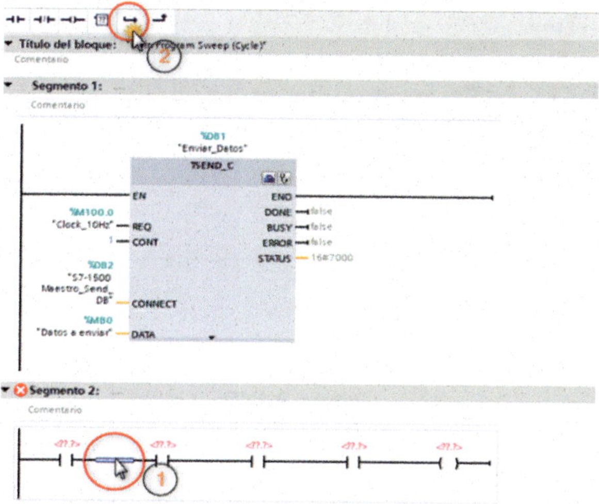

Figura 3.140

Veremos que nos añade una rama en el segmento.

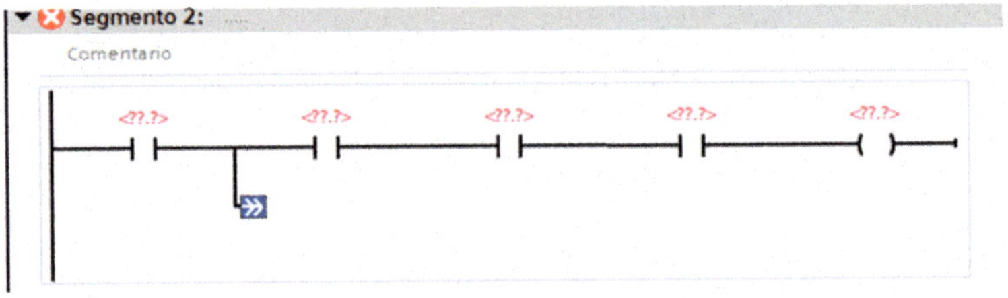

Figura 3.141

Añadiremos un «Contacto NO» a la rama que acabamos de crear.

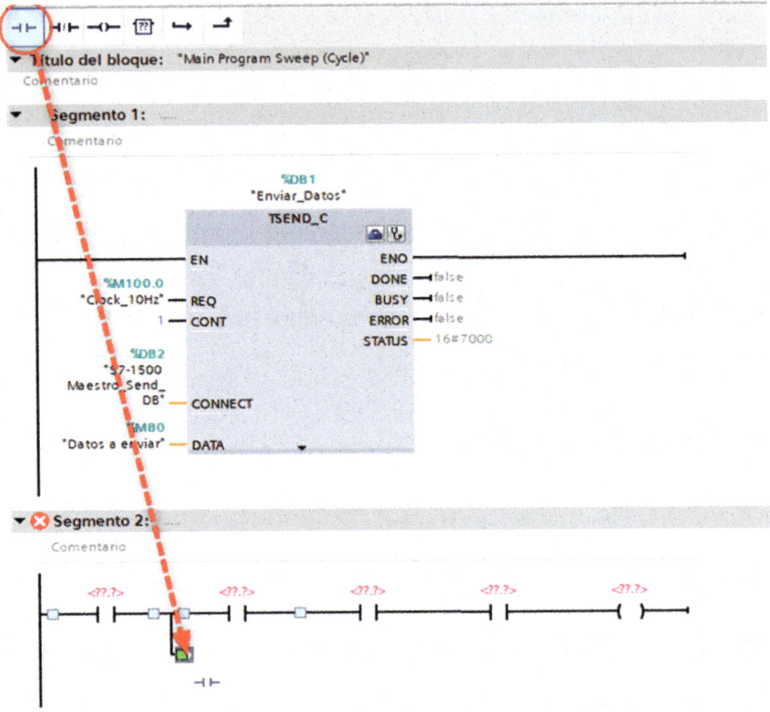

Figura 3.142

Nos quedará tal como vemos en la Figura 3.143.

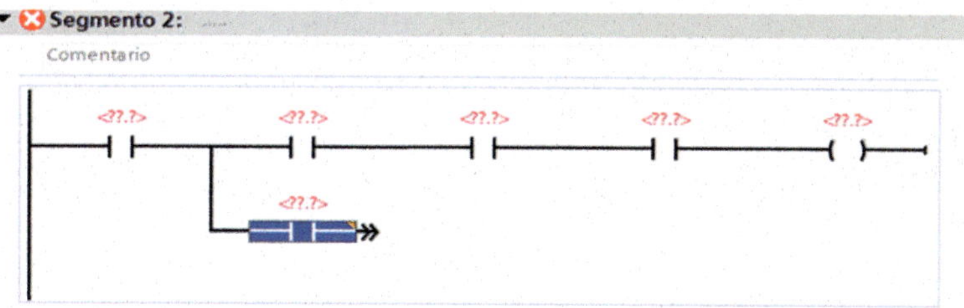

Figura 3.143

Ahora pulsaremos sobre la doble flecha y, sin soltar el botón izquierdo del ratón, lo arrastraremos hasta el segmento, tal como vemos en la Figura 3.144. Una vez en el segmento, soltaremos el botón izquierdo del ratón para que se realice la unión.

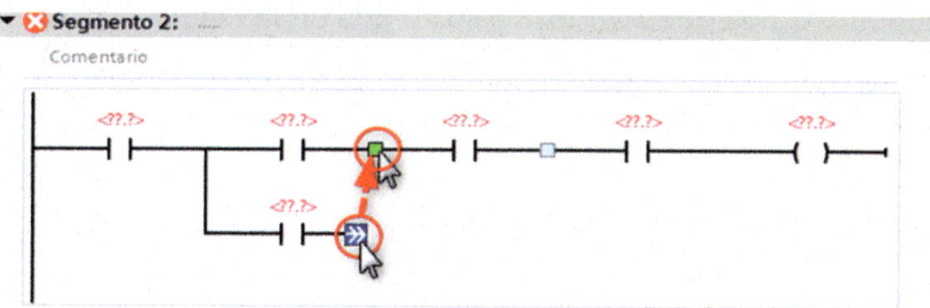

Figura 3.144

De momento, el segmento nos quedará tal como podemos ver en la Figura 3.145. Ahora tenemos que crear las variables a los contactos y a la asignación.

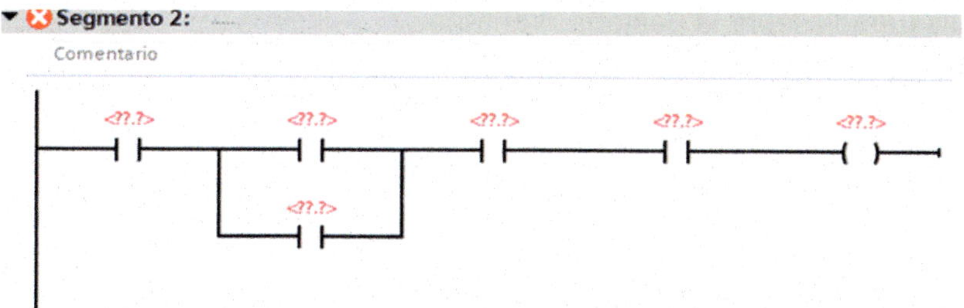

Figura 3.145

Aquí tenemos la tabla de nemónicos con las variables que tenemos que utilizar.

Tabla de Nemónicos

Entradas	
Dirección	Nombre
I0.0	Relé Térmico
I0.1	Pulsador Marcha
I0.2	Seta Emergencia
I0.3	Pulsador Paro
M0.0	Envía al S7-1200

Salidas	
Dirección	Nombre
M0.0	Envía al S7-1200

Figura 3.146

El segmento 2 nos quedará tal como vemos en la Figura 3.147.

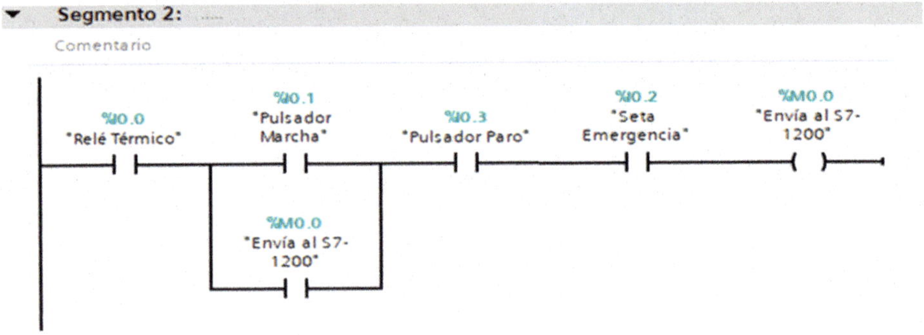

Segmento 2:

Comentario

%I0.0 "Relé Térmico"
%I0.1 "Pulsador Marcha"
%I0.3 "Pulsador Paro"
%I0.2 "Seta Emergencia"
%M0.0 "Envía al S7-1200"
%M0.0 "Envía al S7-1200"

Figura 3.147

Pulsaremos sobre la pestaña «Ventana».

Figura 3.148

En el desplegable que nos aparecerá, pulsaremos sobre la opción «Dividir área del editor verticalmente».

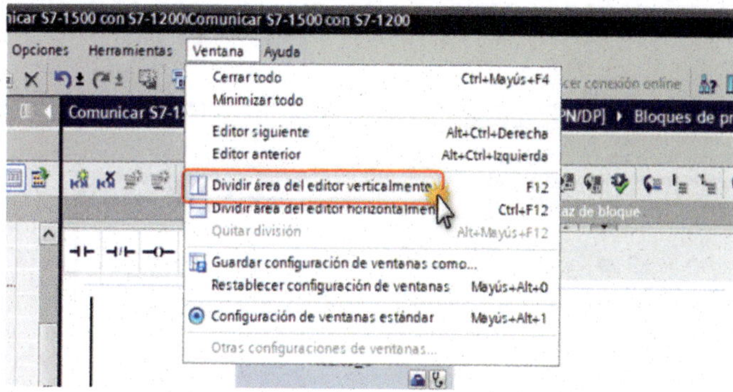

Figura 3.149

Como podemos ver, ahora tenemos los dos «Main (OB1)» en una misma ventana; el de la izquierda pertenece al «S7-1500 Maestro» y el de la derecha pertenece al «S7-1200 Esclavo».

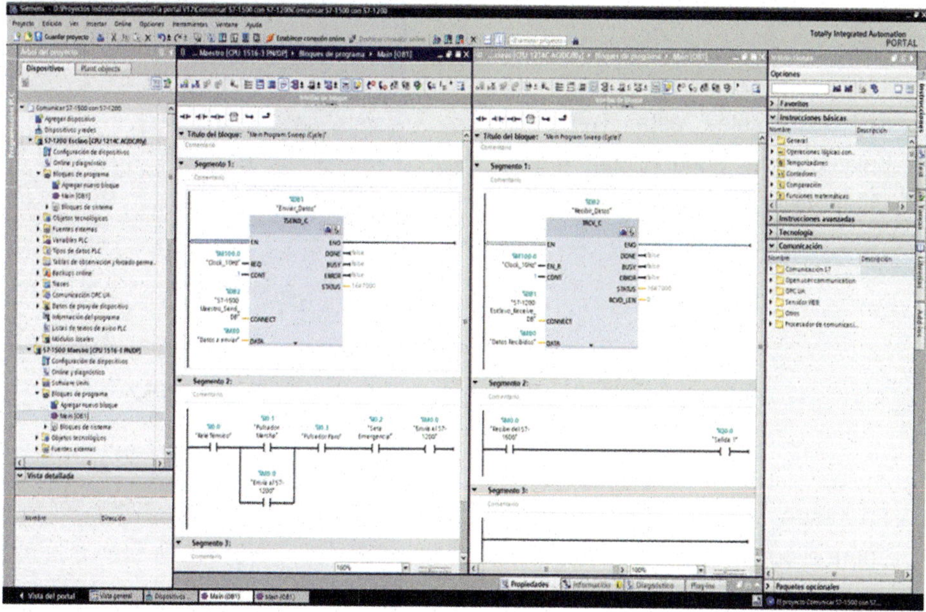

Figura 3.150

Ahora iniciaremos la simulación. Lo primero que haremos será pulsar sobre el título de la ventana del «S7-1500 Maestro» para que quede la ventana seleccionada y, seguidamente, pulsaremos sobre el icono «Iniciar simulación».

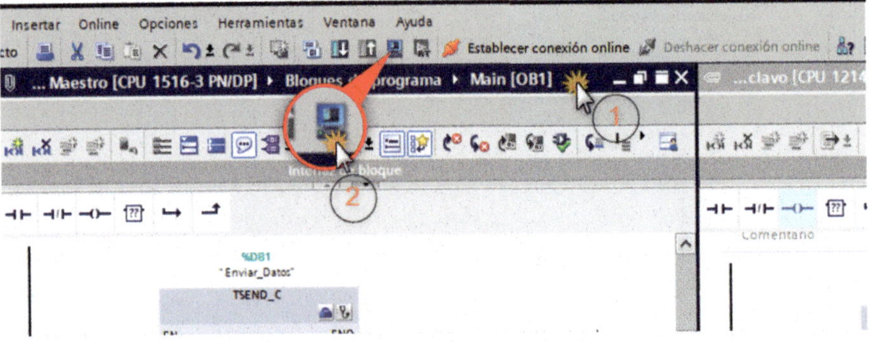

Figura 3.151

Si nos sale esta ventana, pulsaremos sobre el botón «Aceptar».

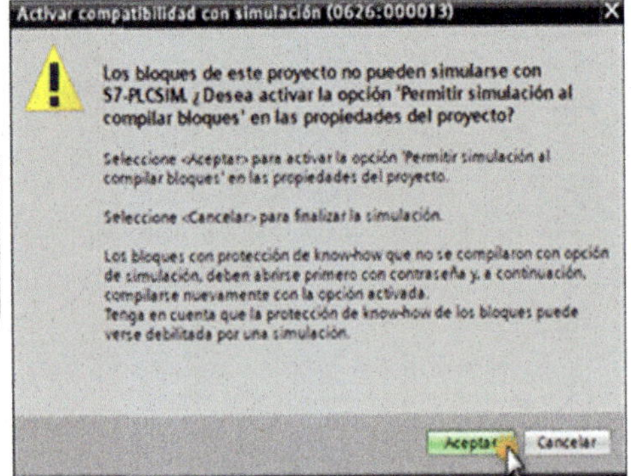

Figura 3.152

En esta ventana, pulsaremos sobre el botón «Aceptar».

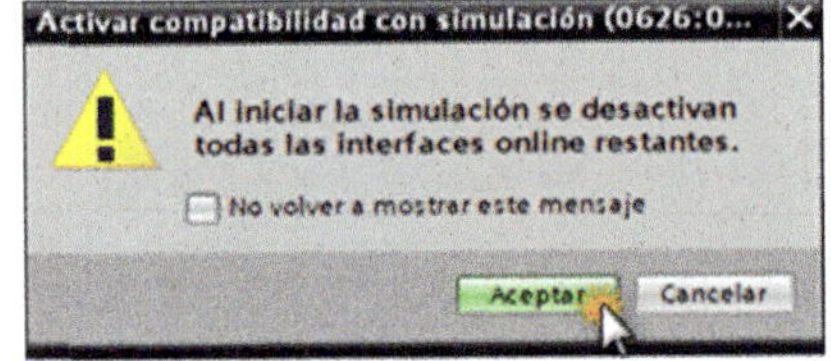

Figura 3.153

Una vez abierto el PLCSIM, volveremos a la ventana del TIA Portal.

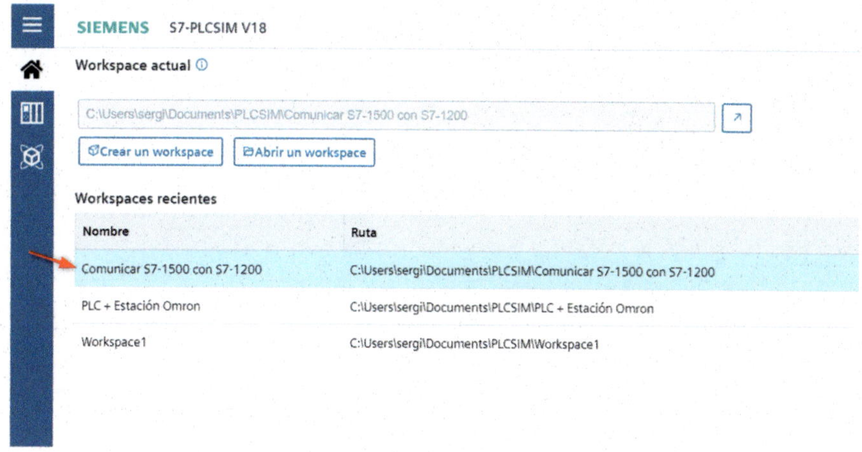

Figura 3.154

En la ventana que nos aparece, en la celda «Tipo de interfaz PG/PC», pulsaremos sobre la flecha desplegable y seleccionaremos la opción «PN/IE».

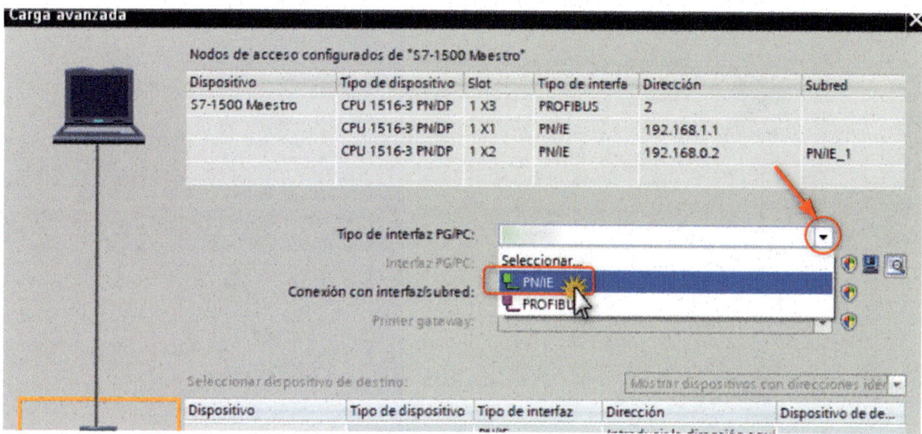

Figura 3.155

En la celda «Conexión con interfaz/subred», pulsaremos sobre la flecha desplegable y seleccionaremos la opción «PN/IE_1».

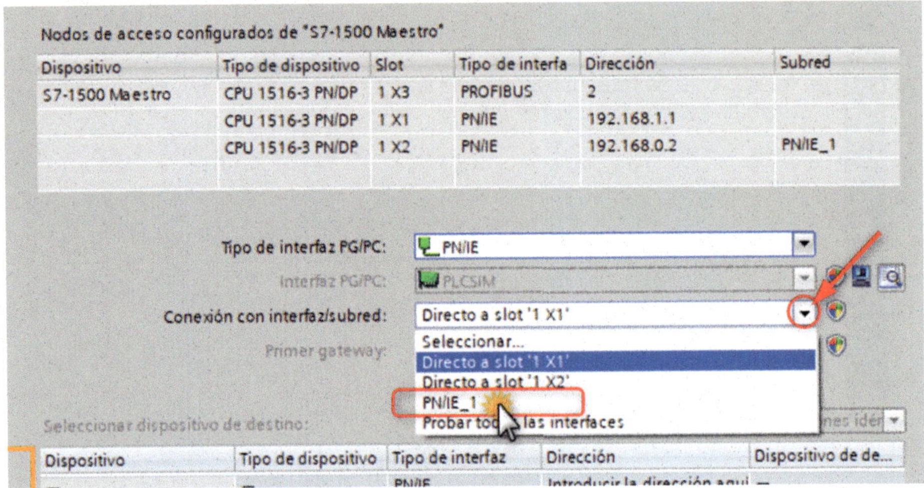

Figura 3.156

Pulsaremos sobre el botón «Iniciar búsqueda».

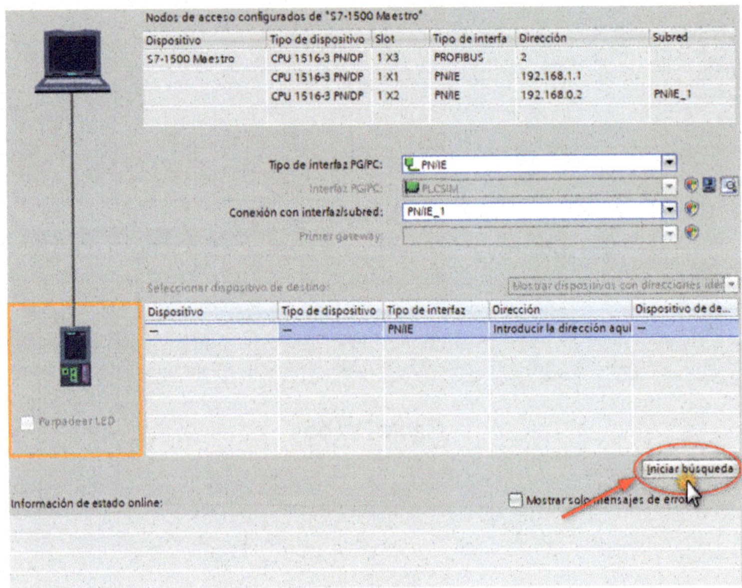

Figura 3.157

Una vez detectada la CPU, pulsaremos sobre el botón «Cargar».

Figura 3.158

En esta ventana, pulsaremos sobre el botón «Establecer conexión».

> Hay que recordar que esta ventana no aparecerá si se trabaja con una versión de TIA Portal inferior a la versión V18 y V17.

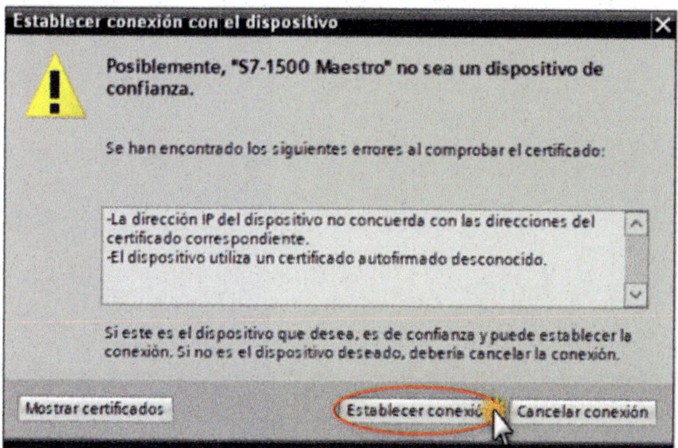

Figura 3.159

Pulsaremos sobre el botón «Cargar».

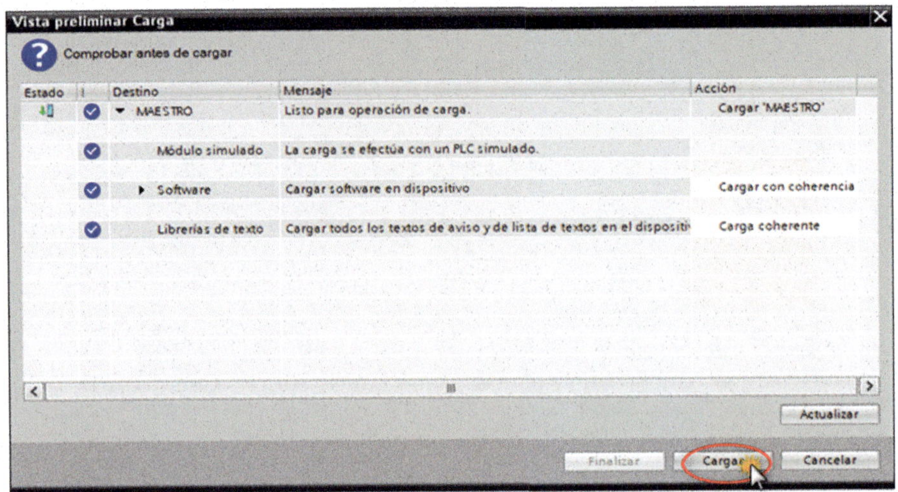

Figura 3.160

En esta ventana, haremos un clic con el ratón al lado del nombre «Ninguna acción».

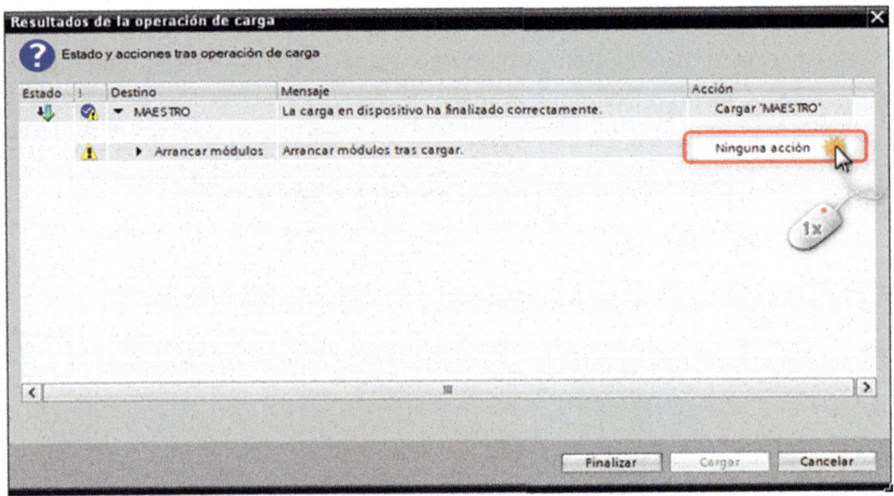

Figura 3.161

En el desplegable que nos aparecerá, seleccionaremos la opción «Arrancar módulo».

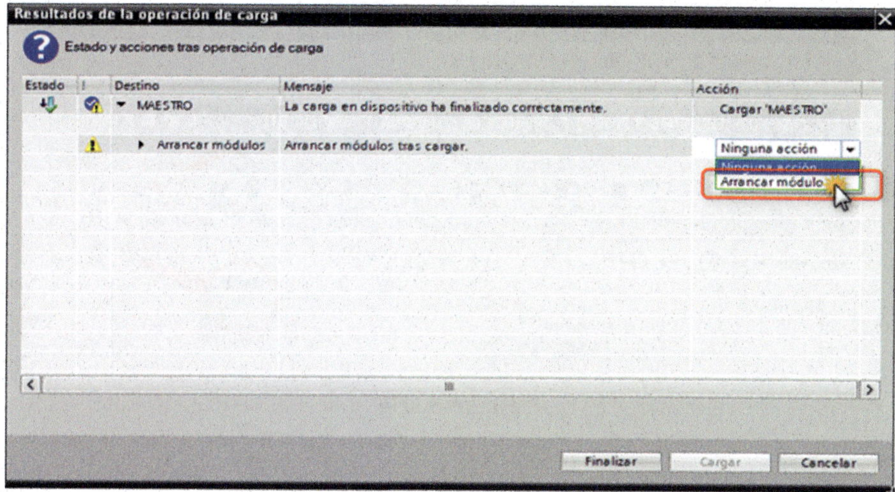

Figura 3.162

Ahora pulsaremos sobre el botón «Finalizar».

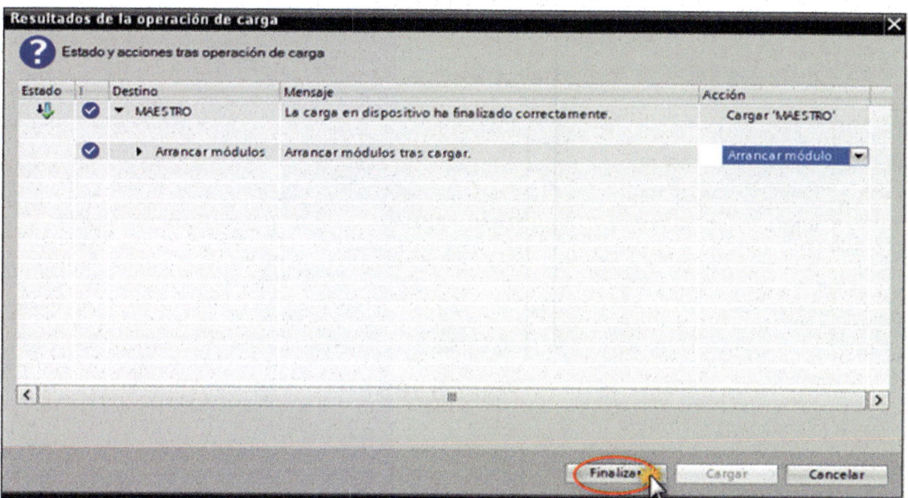

Figura 3.163

Pulsaremos sobre la flecha ▶ desplegable y, seguidamente, pulsaremos sobre el icono «Activar observación».

Figura 3.164

Ahora pulsaremos sobre el título de la ventana del «S7-1200 Esclavo», para que quede la ventana seleccionada.

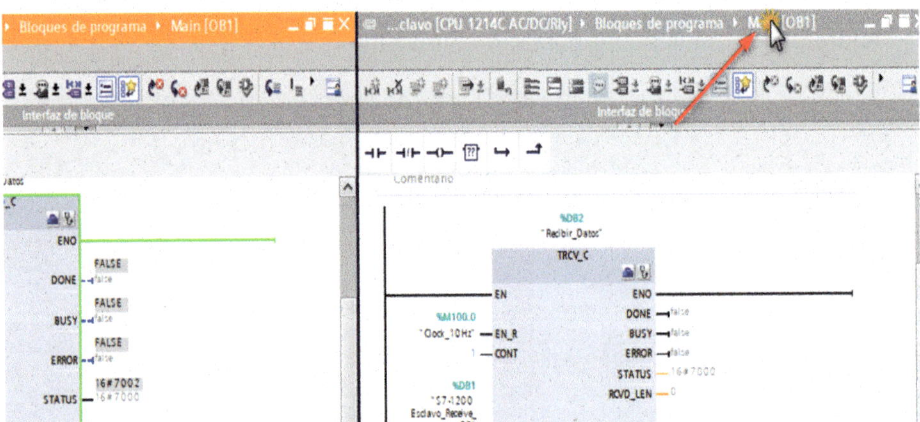

Figura 3.165

Pulsaremos sobre el icono «Iniciar simulación».

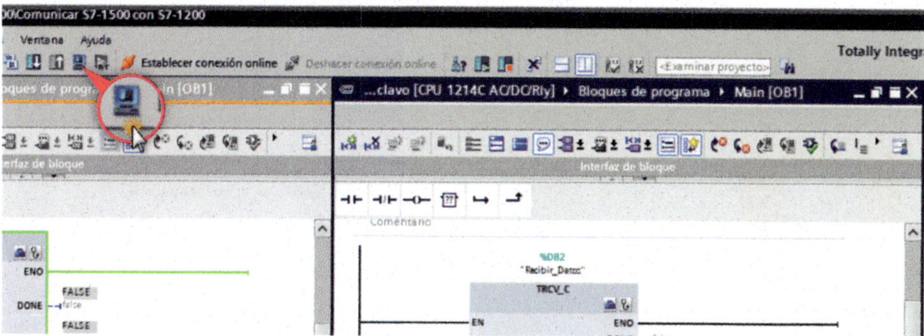

Figura 3.166

Vemos que en «Conexión con interfaz/subred» ya está asignado el «PN/IE_1», así que lo que haremos será pulsar sobre el botón «Iniciar búsqueda».

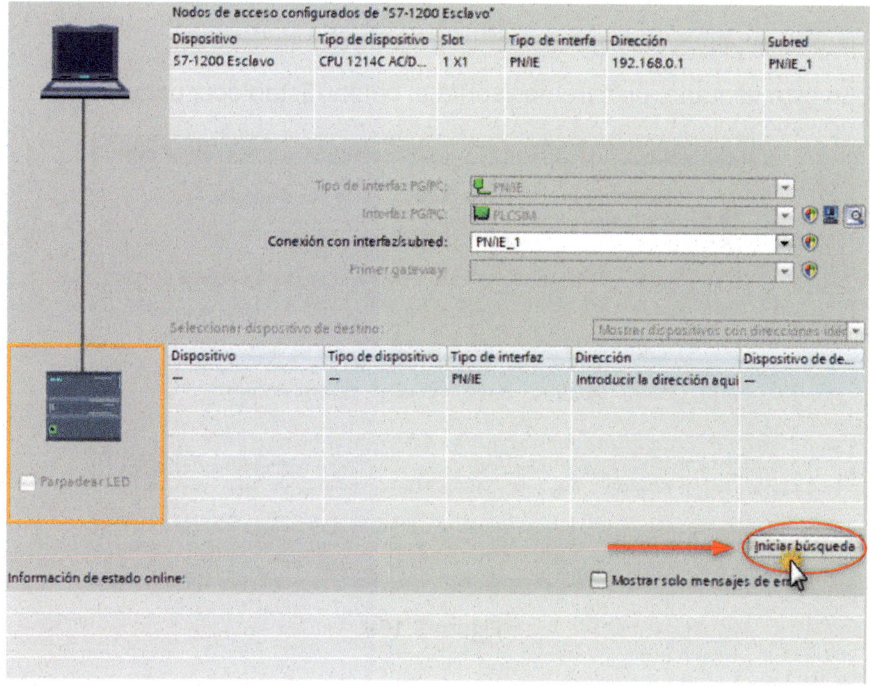

Figura 3.167

Una vez detectada la CPU, pulsaremos sobre el botón «Cargar».

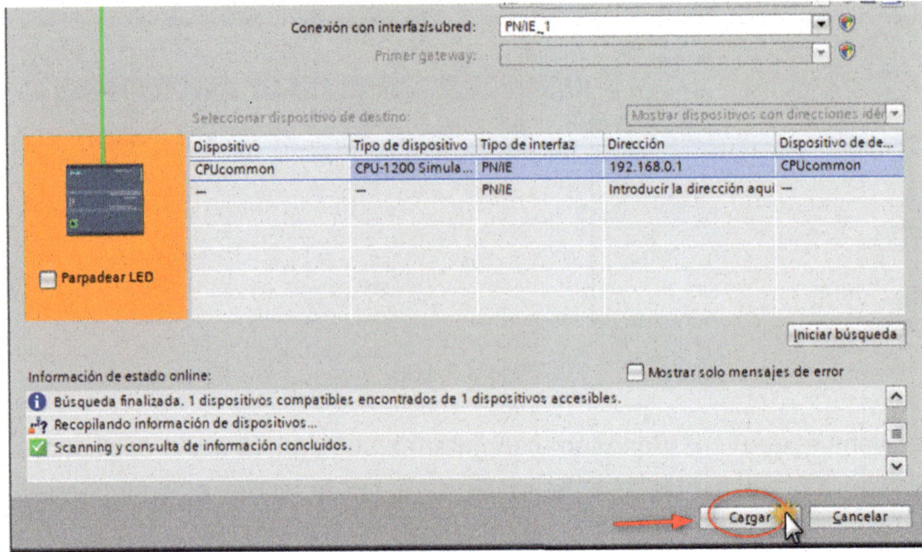

Figura 3.168

En esta ventana, pulsaremos sobre el botón «Establecer conexión».

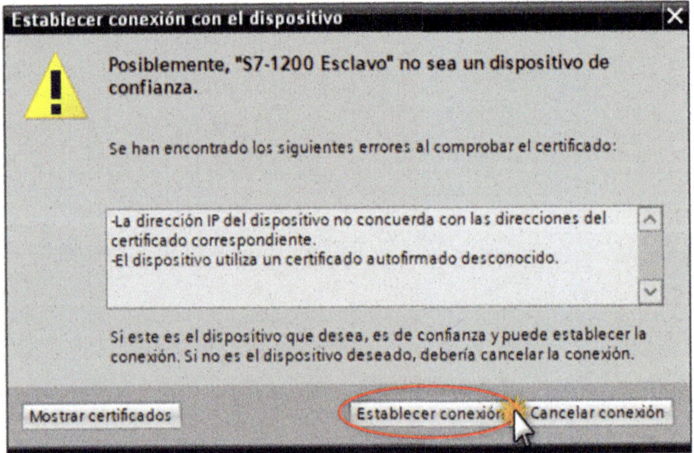

Figura 3.169

Pulsaremos «Cargar».

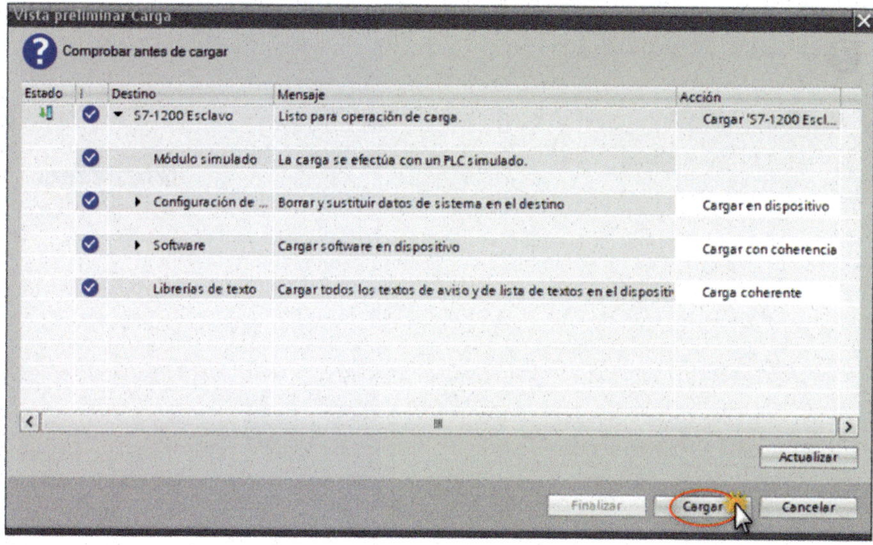

Figura 3.170

Haremos clic con el botón izquierdo del ratón al lado del nombre de la celda «Ninguna acción».

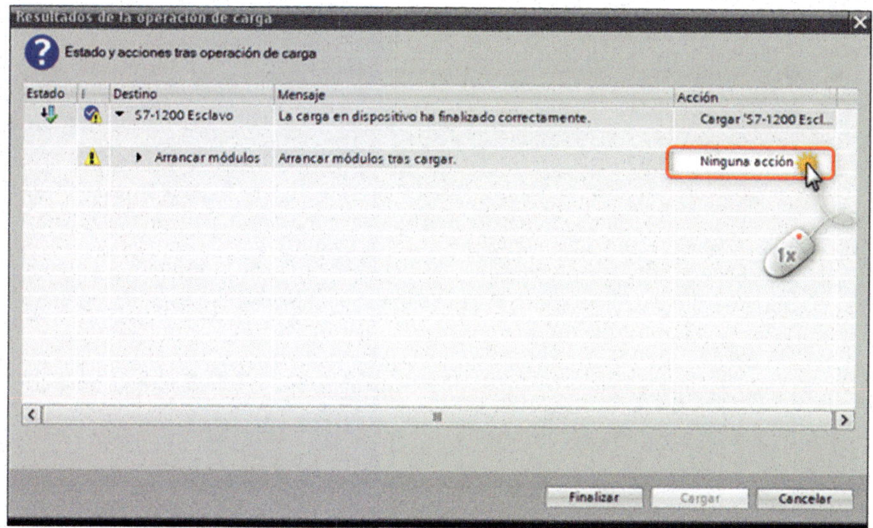

Figura 3.171

En el desplegable, seleccionaremos la opción «Arrancar módulo».

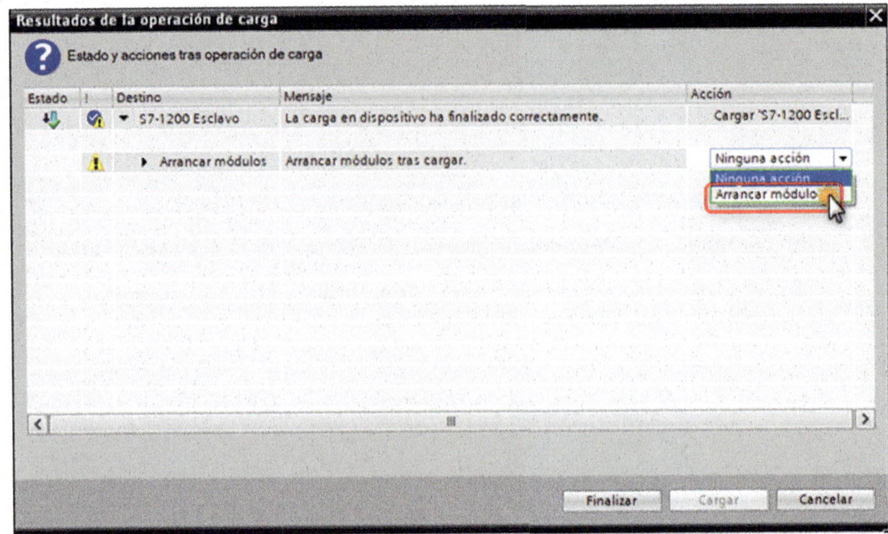

Figura 3.172

Seguidamente, pulsaremos sobre el botón «Finalizar».

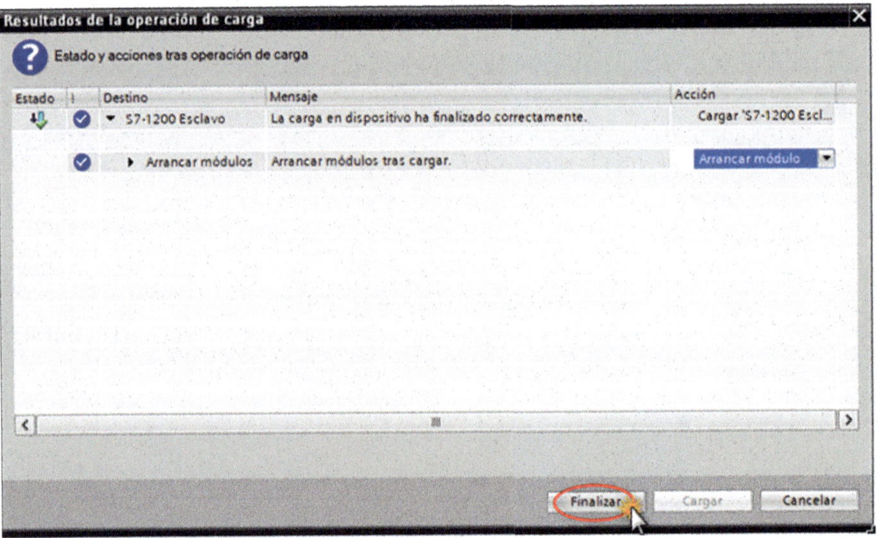

Figura 3.173

Pulsaremos sobre la flecha ▶ desplegable y, seguidamente, pulsaremos sobre el icono «Activar observación».

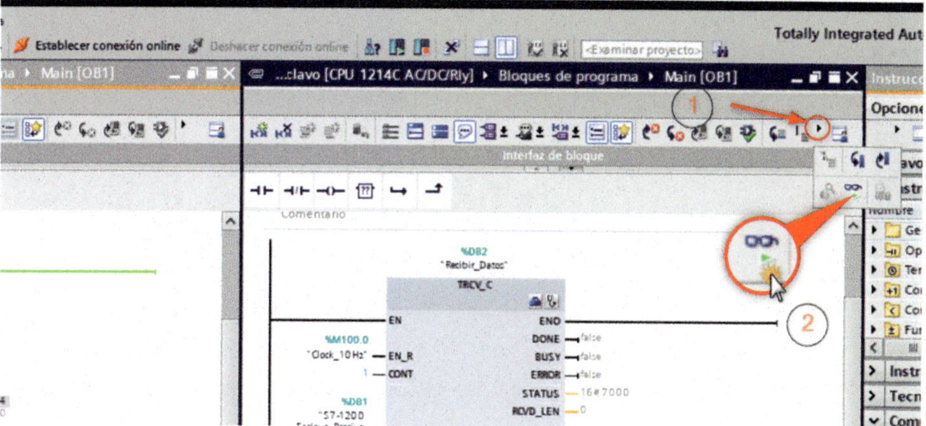

Figura 3.174

Como podemos ver, ya tenemos las dos CPU comunicadas entre sí.

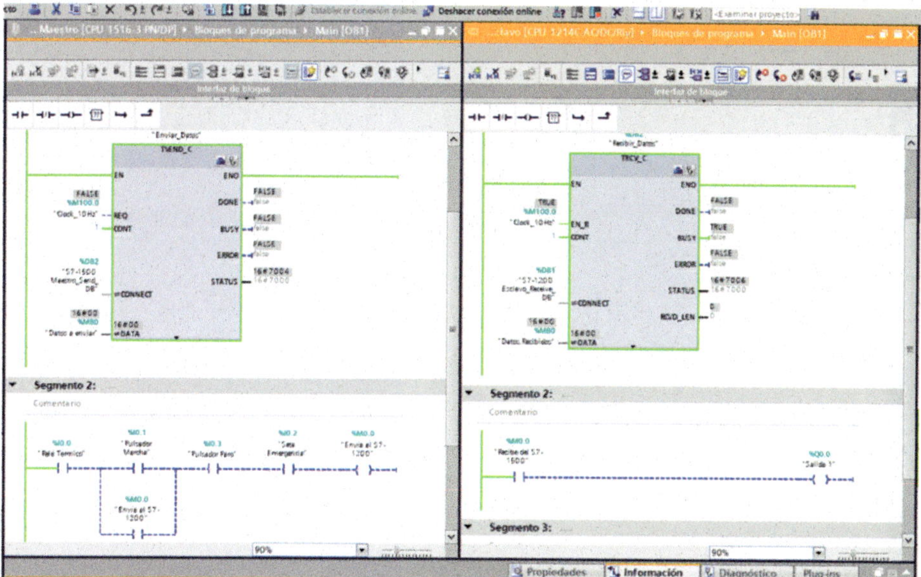

Figura 3.175

Pulsaremos sobre el icono «Simulación».

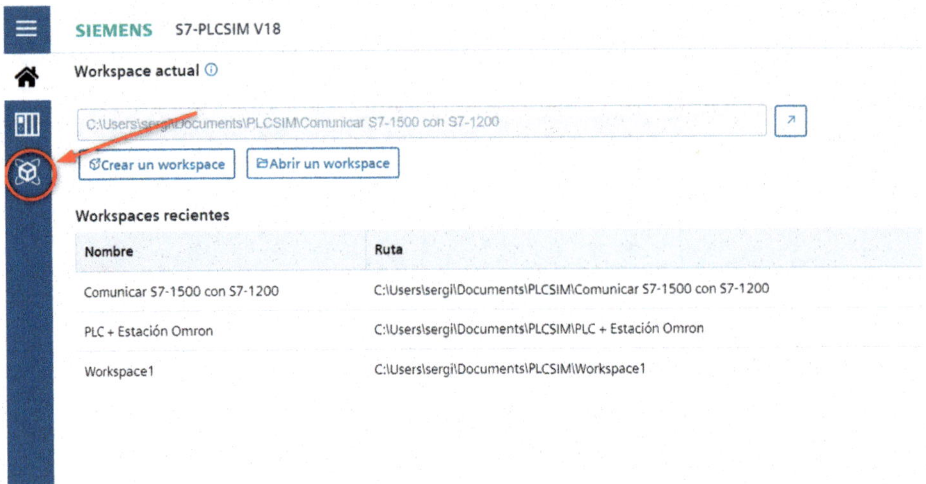

Figura 3.176

En la siguiente ventana, en la pestaña «Librería», pulsaremos sobre el símbolo [+] de la tabla SIM.

Figura 3.177

Vemos que la tabla está asociada a la CPU S7-1200 Esclavo. Pulsaremos sobre la pestaña «Propiedades».

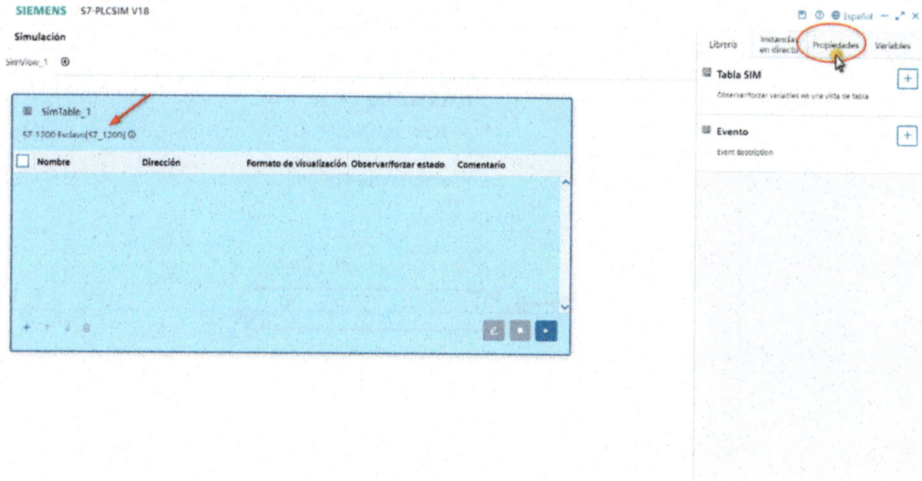

Figura 3.178

La instancia corresponde a la CPU S7-1200 Esclavo. Pulsaremos sobre la flecha desplegable para cambiar la instancia.

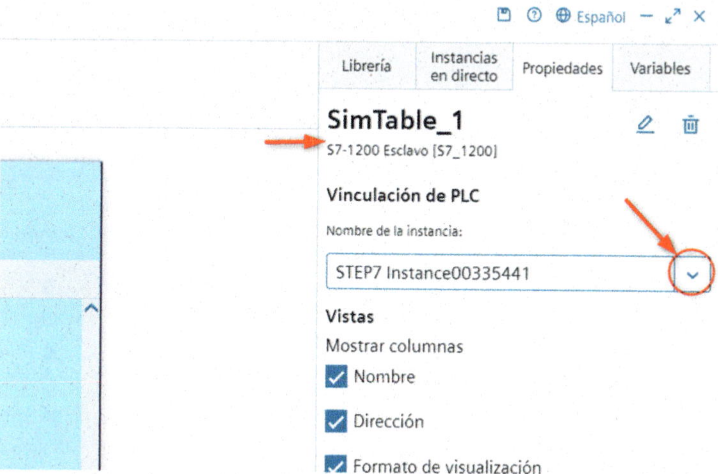

Figura 3.179

En el desplegable, seleccionaremos la siguiente instancia.

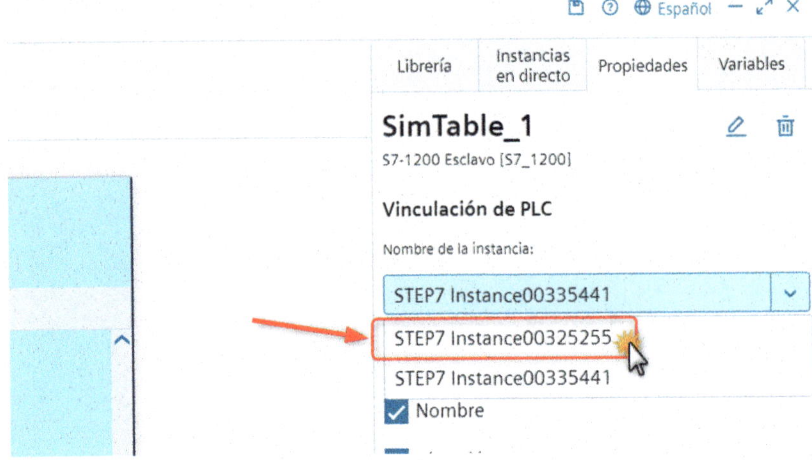

Figura 3.180

Vemos que la instancia ha cambiado a la S7-1500 Maestro. Pulsaremos sobre la pestaña «Librería».

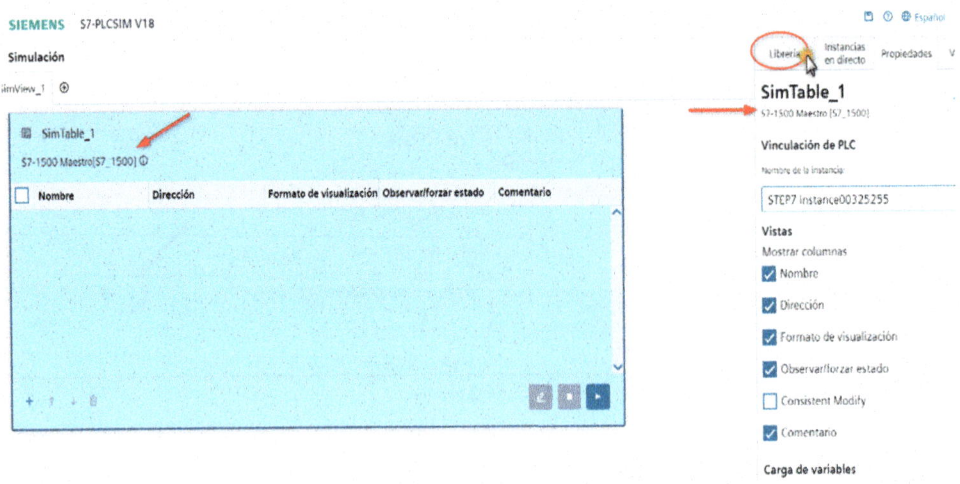

Figura 3.181

Pulsaremos otra vez sobre el símbolo [+] de la tabla SIM, para agregar otra tabla.

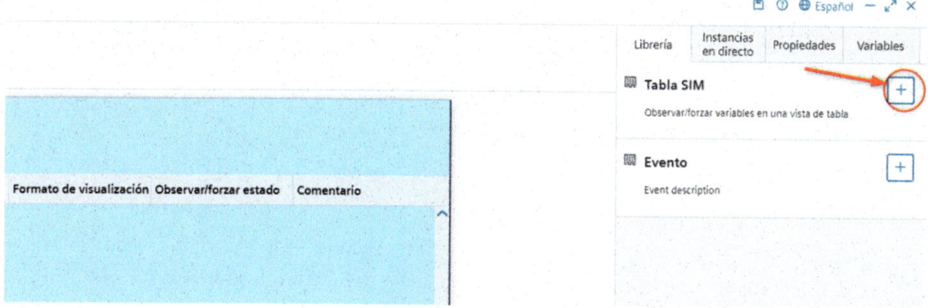

Figura 3.182

Añadiremos otra tabla. Veremos que la instancia corresponderá al S7 1200 Esclavo. Moveremos la tabla un poco hacia abajo y pulsaremos la pestaña «Variables».

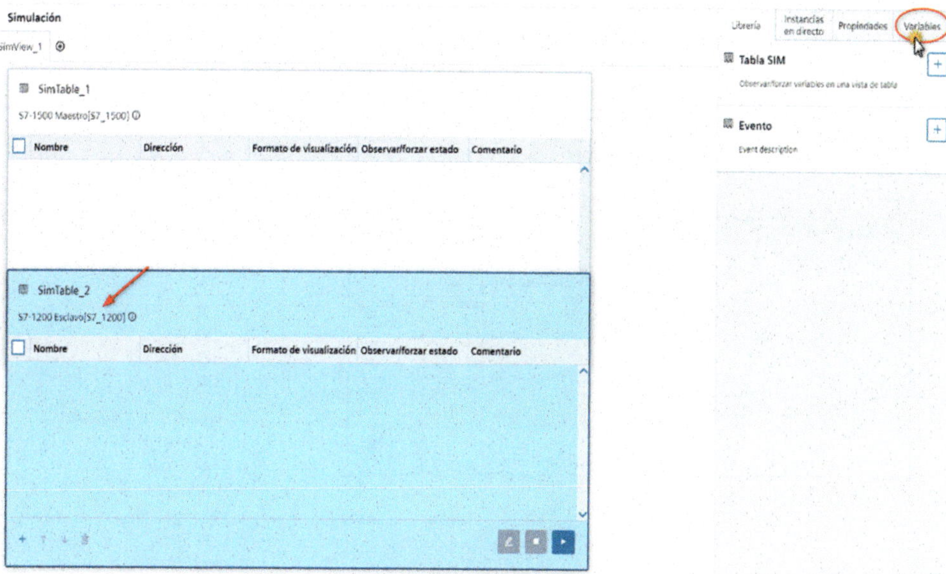

Figura 3.183

Marcaremos las casillas de la categoría «Instancias»; aparecerán las variables que hemos creado en el TIA Portal.

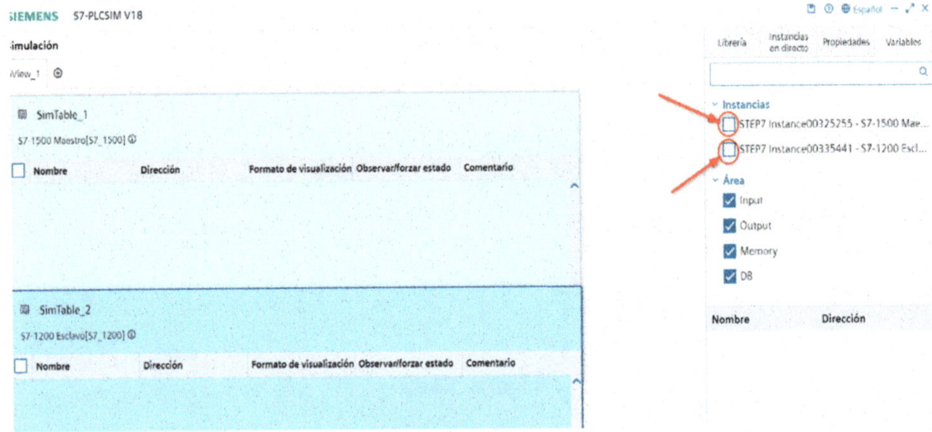

Figura 3.184

Seleccionaremos la tabla del S7-1500 Maestro y, con la barra de desplazamiento, iremos bajando hasta encontrar las variables «ENTRADAS» de la CPU 1516-3 PN/DP. Pulsaremos sobre ellas para introducirlas en la tabla.

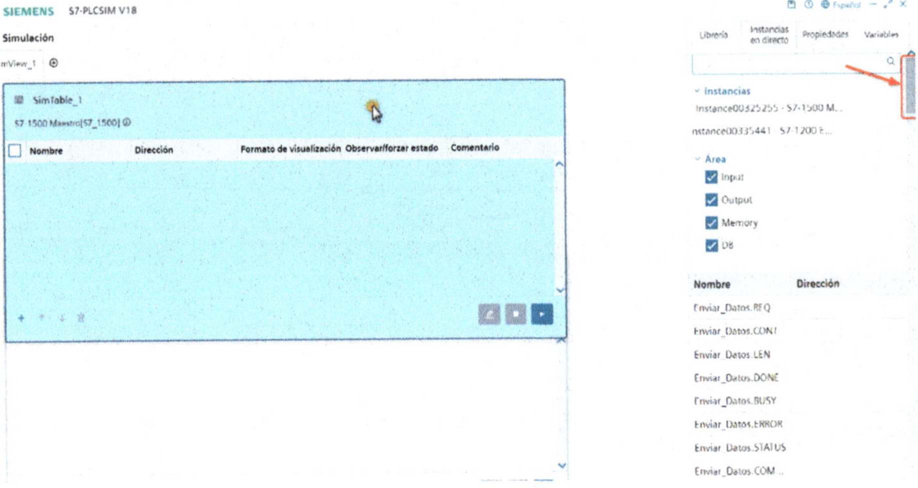

Figura 3.185

Seleccionaremos la tabla del S7-1200 Esclavo y, con la barra de desplazamiento, iremos bajando hasta encontrar la variable «SALIDAS» de la CPU 1214 AC/DC/Rly. Pulsaremos sobre ella para introducirla en la tabla.

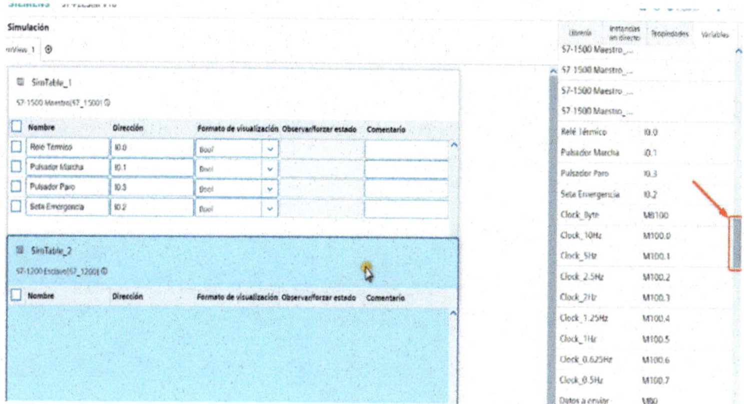

Figura 3.186

Pulsamos sobre el botón «Iniciar» y, seguidamente, pulsaremos sobre la tabla S7-1500 Maestro para seleccionarla.

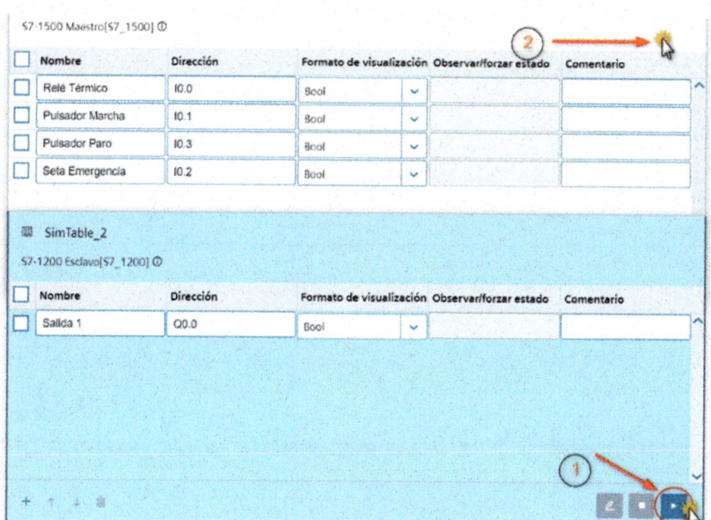

Figura 3.187

Pulsaremos sobre el botón «Iniciar».

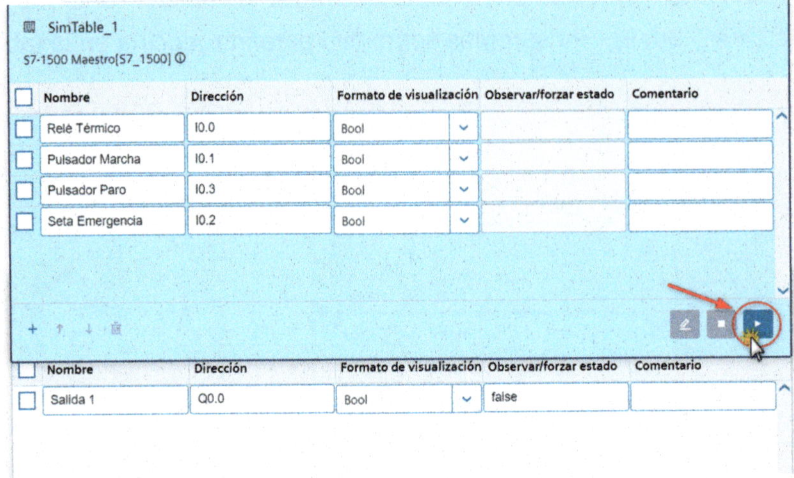

Figura 3.188

Ahora cambiaremos las condiciones de las entradas «I0.0, I0.3 y I0.2». En la celda «Observar/forzar estado», escribiremos el valor «1», tal como hicimos en el ejercicio práctico guiado 2.2.

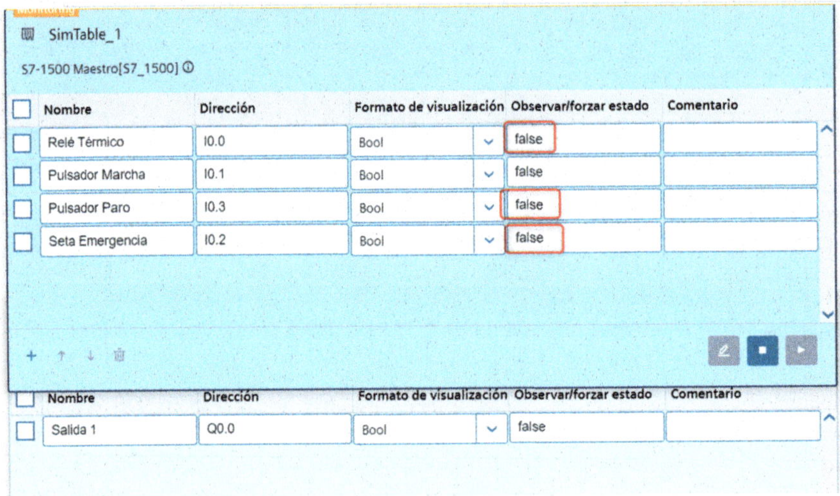

Figura 3.189

Una vez cambiada la condición, iremos a la ventana del TIA Portal.

SimTable_1

S7-1500 Maestro[S7_1500]

Nombre	Dirección	Formato de visualización	Observar/forzar estado	Comentario
Relé Térmico	I0.0	Bool	true	
Pulsador Marcha	I0.1	Bool	false	
Pulsador Paro	I0.3	Bool	true	
Seta Emergencia	I0.2	Bool	true	

Figura 3.190

En el segmento 1 de la CPU S7-1500 Maestro, veremos que las entradas han cambiado su condición de 0 a 1, ya que, en la realidad, estos componentes son normalmente cerrados «NC». Iremos a la ventana del PLCSIM.

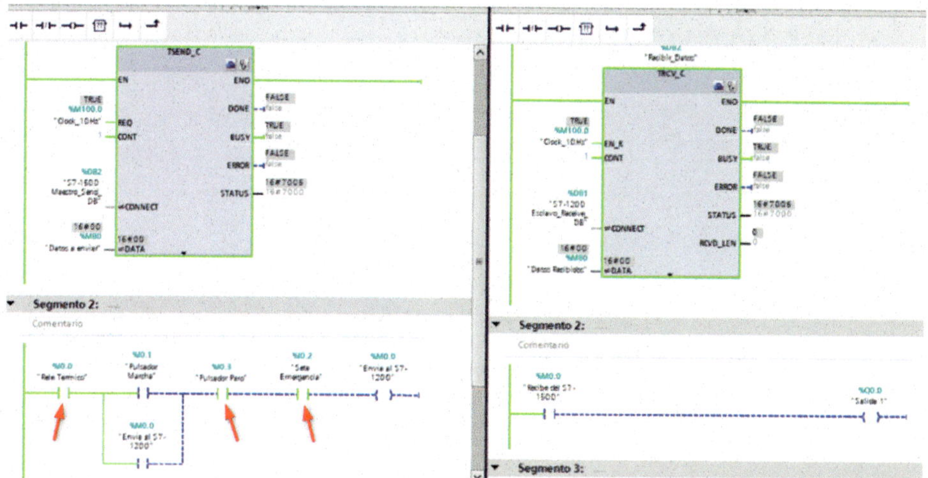

Figura 3.191

Ahora cambiaremos la condición de la entrada «I0.1» a «1».

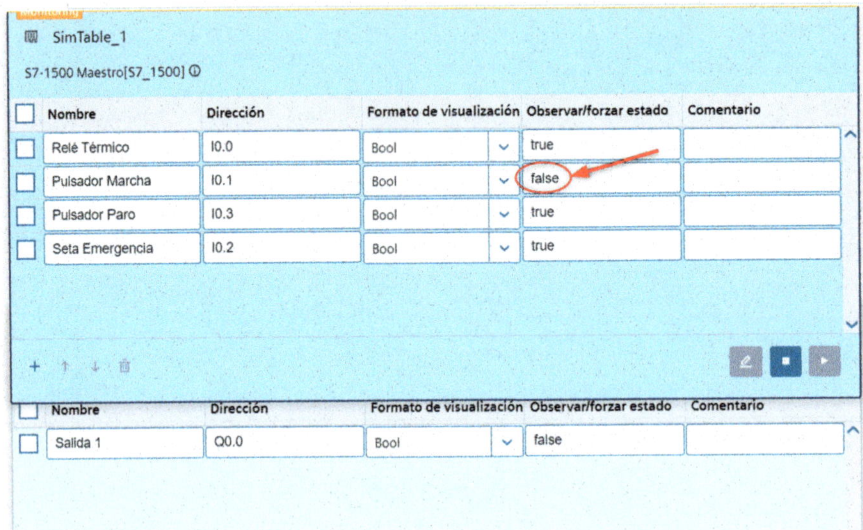

Figura 3.192

Volveremos a cambiar la condición de la entrada «I0.1» a «0».

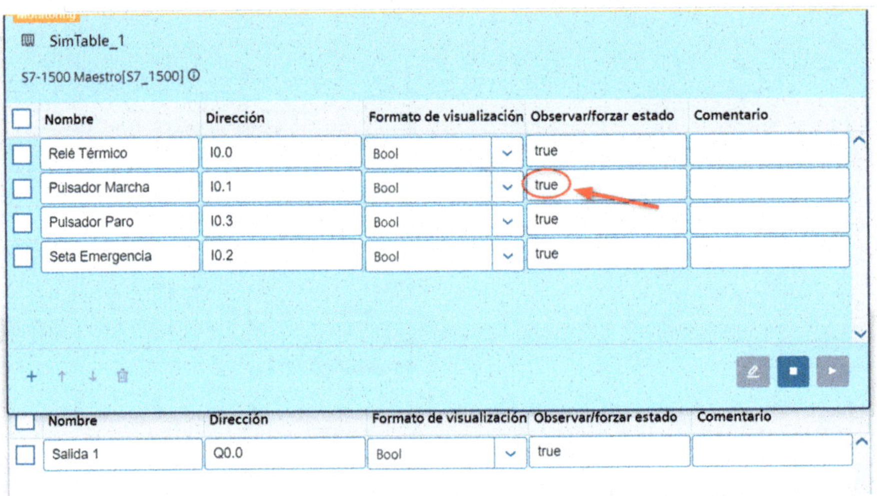

Figura 3.193

Si nos fijamos en la tabla del S7-1200 Esclavo, veremos que la salida ha cambiado su condición a «1». Iremos a la ventana del TIA Portal.

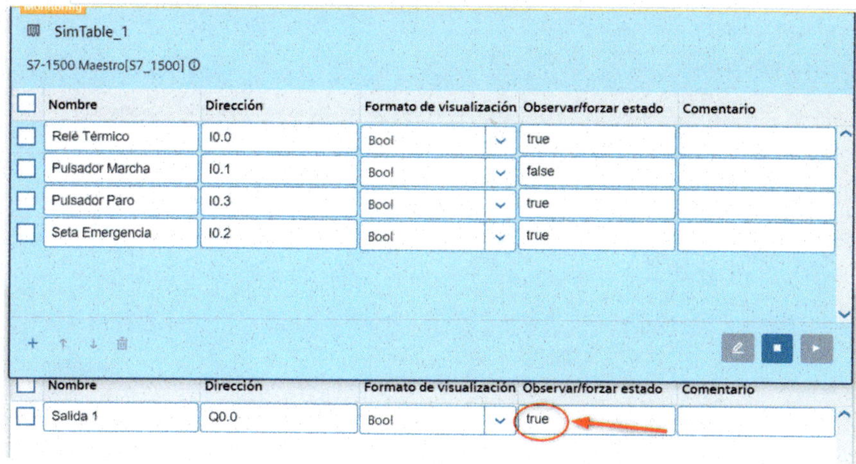

Figura 3.194

Veremos que tenemos activada la salida de la CPU S7-1200 Esclavo. Iremos a la ventana del PLCSIM.

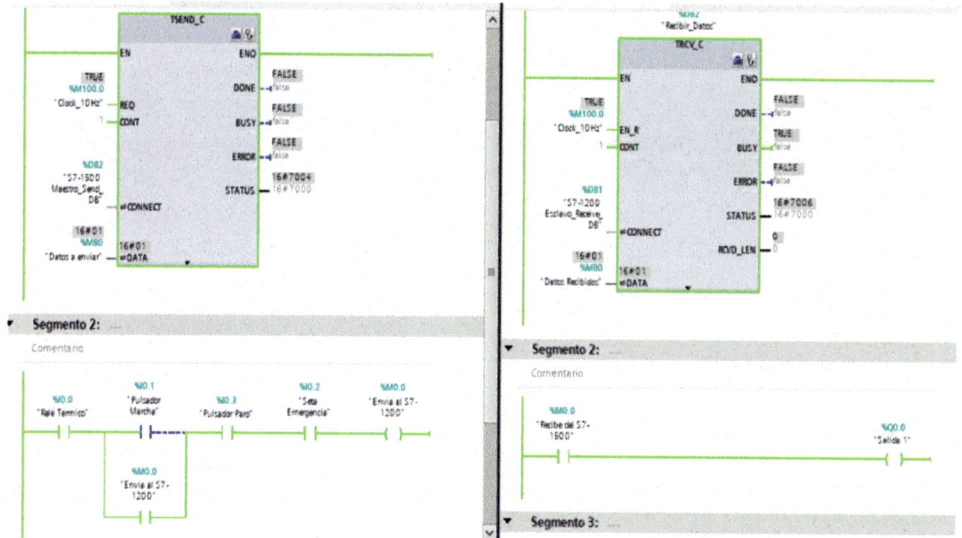

Figura 3.195

Cambiaremos la condición de la entrada «I0.3» a «0» y, seguidamente, la volveremos a cambiar a «1».

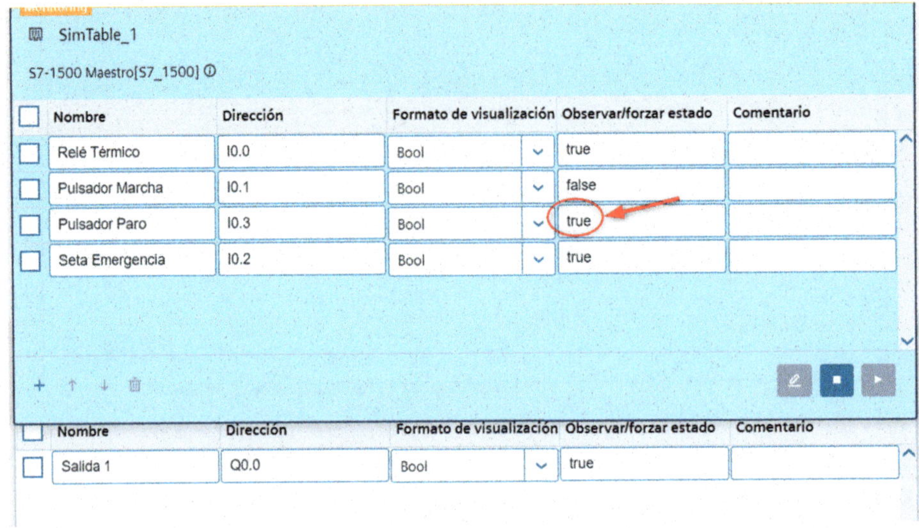

Figura 3.196

En la tabla S7-1200 Esclavo, veremos que la salida ha cambiado su condición a «0». Iremos a la ventana del TIA Portal.

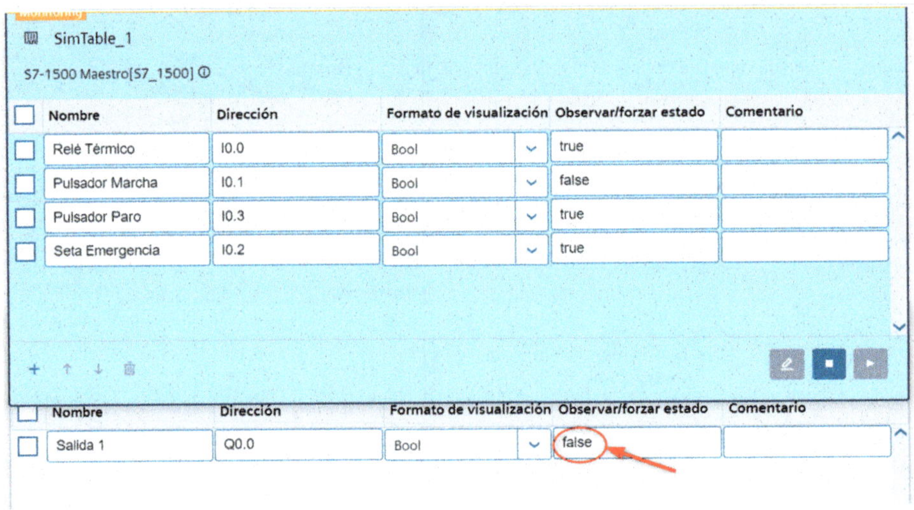

Figura 3.197

Veremos que la salida del Esclavo está desactivada.

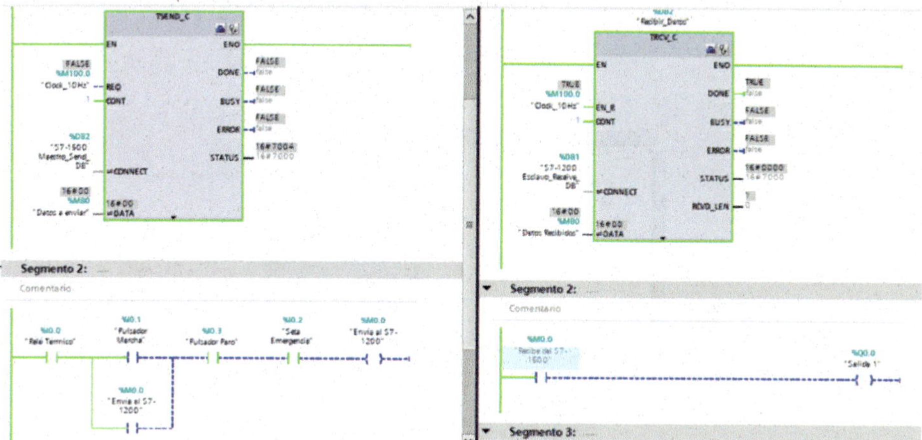

Figura 3.198

Ahora podemos probar diferentes combinaciones y, una vez hayamos terminado, guardaremos el programa, como hemos hecho con los ejercicios guiados anteriores.

Para deshacer el «Dividir el área del editor verticalmente», pulsaremos sobre su icono.

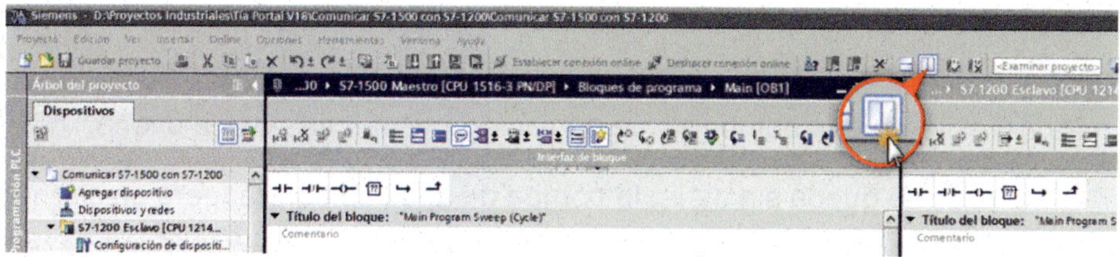

Figura 3.199

3.2. Llenado de un depósito de agua con dos PLC, 1 CPU 1516-3 PN/DP y 1 CPU 1214C AC/DC/Rly

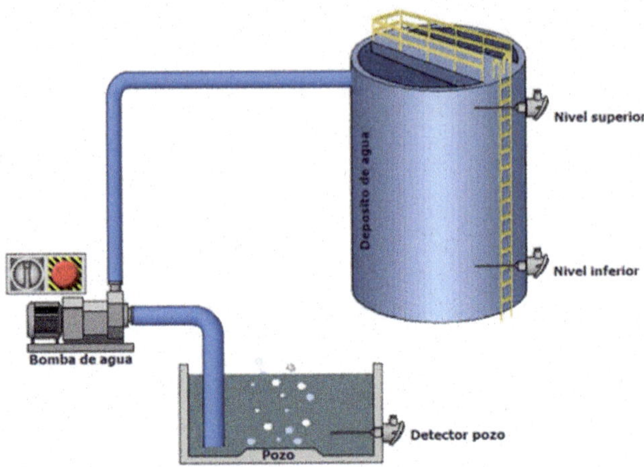

PROCESO

Tendremos que activar la bomba de agua desde un interruptor. Se abastecerá desde un pozo para el llenado del depósito de agua, contará con un detector de nivel inferior –que mandará para que comience el llenado del depósito–, y un detector de nivel superior –que será el que nos indicará que el depósito de agua está lleno y que, acto seguido, la bomba de agua se detendrá–. El pozo tendrá un detector, que nos indicará si hay agua o no hay agua en él, para así evitar que la bomba actúe en vacío y pueda causar una avería.

Si el pozo se queda sin agua, la bomba de agua se parará; pero en cuanto el pozo vuelva a tener agua, la bomba de agua volverá a ponerse en funcionamiento. La bomba se detendrá si hay un fallo en el motor; en ese caso, se activará el relé térmico. Y también se parará si activamos la seta de emergencia y, cómo no, desde el propio interruptor.

Esquema S7-1516-3 PN/DP.

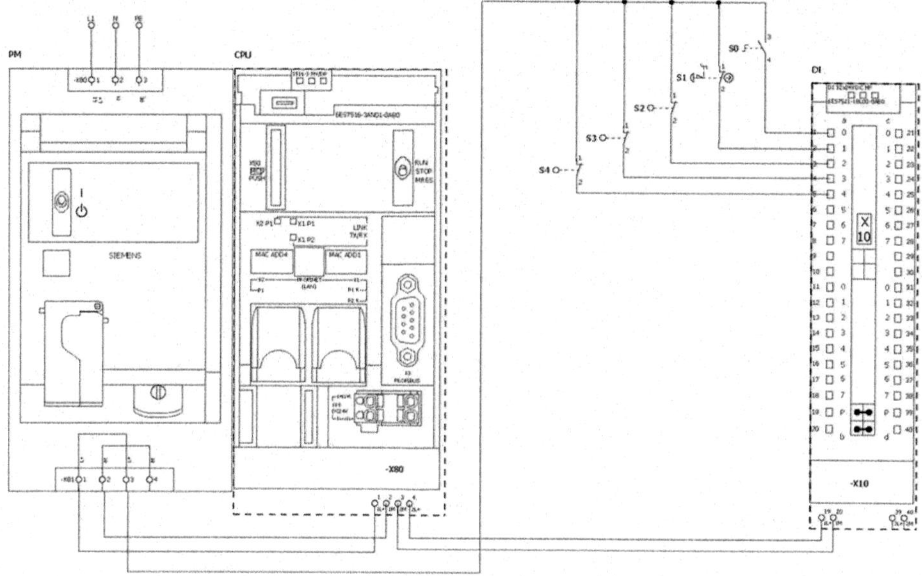

Figura 3.200

Esquema S7-1214C AC/DC/Rly.

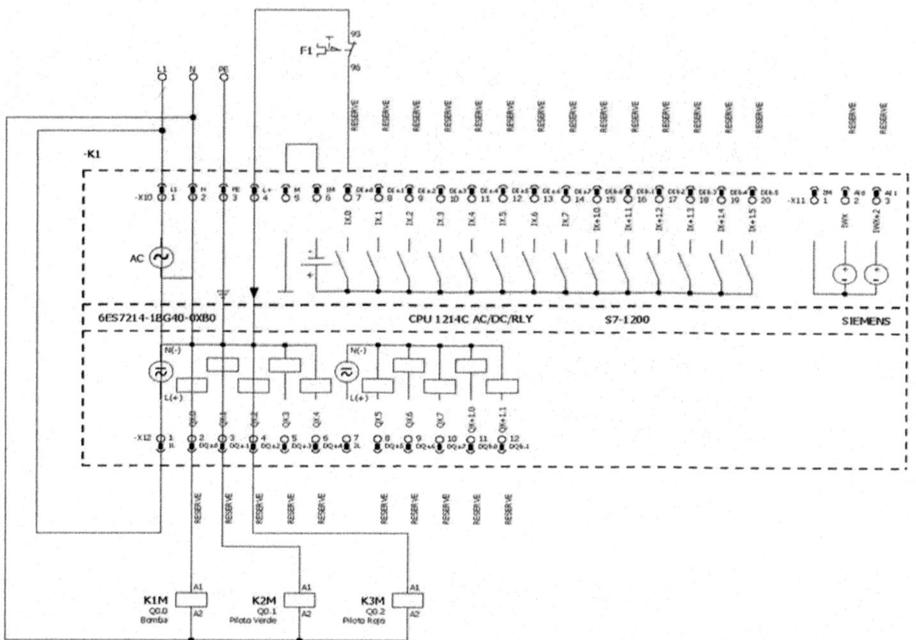

Figura 3.201

Conexión entre CPU S7-1516-3 PN/DP y S7-1214C AC/DC/Rly.

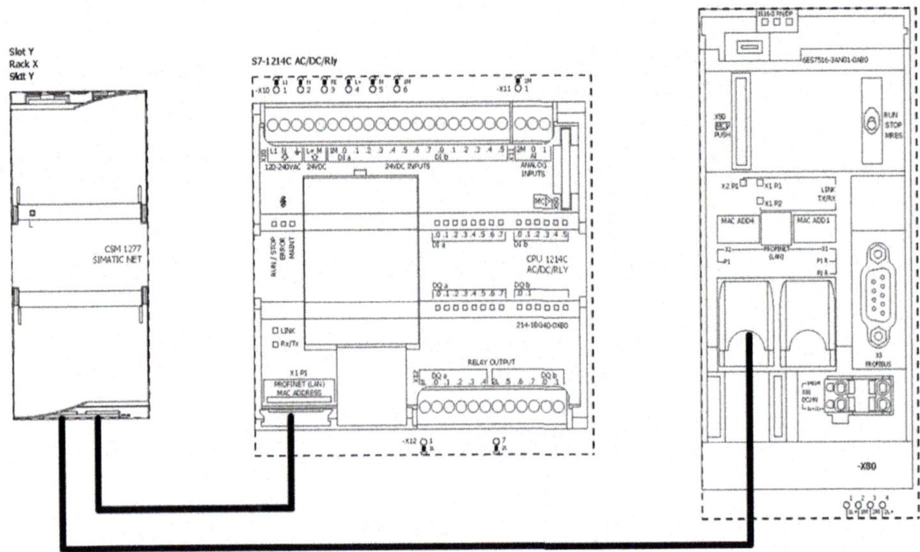

Figura 3.202

Vamos a abrir el programa TIA Portal  .

Una vez abierto el programa, pulsaremos sobre la opción «Crear proyecto».

Figura 3.203

En «Nombre del proyecto», escribiremos «Llenado de un depósito de agua» y pulsaremos sobre el botón Crear.

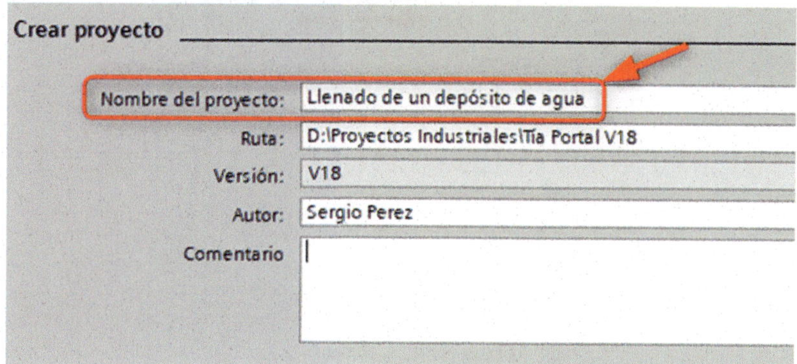

Figura 3.204

En esta ventana, pulsaremos sobre «Vista del proyecto», en la parte inferior izquierda de la ventana del TIA Portal.

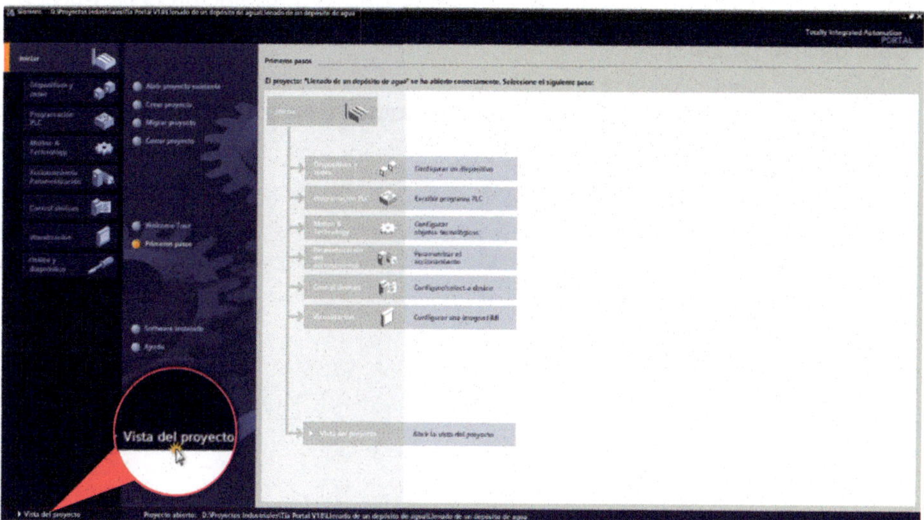

Figura 3.205

Ahora, iremos a la ventana «Árbol del proyecto», y haremos doble clic sobre la opción «Dispositivos y redes».

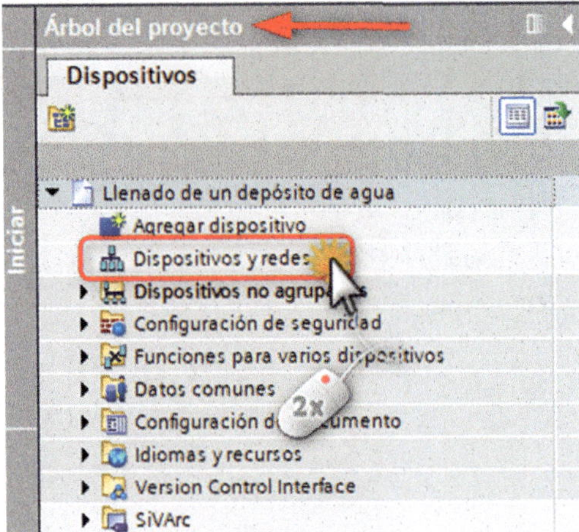

Figura 3.206

A continuación, añadiremos el hardware, que lo tenemos en la ventana de «Catálogo de hardware».

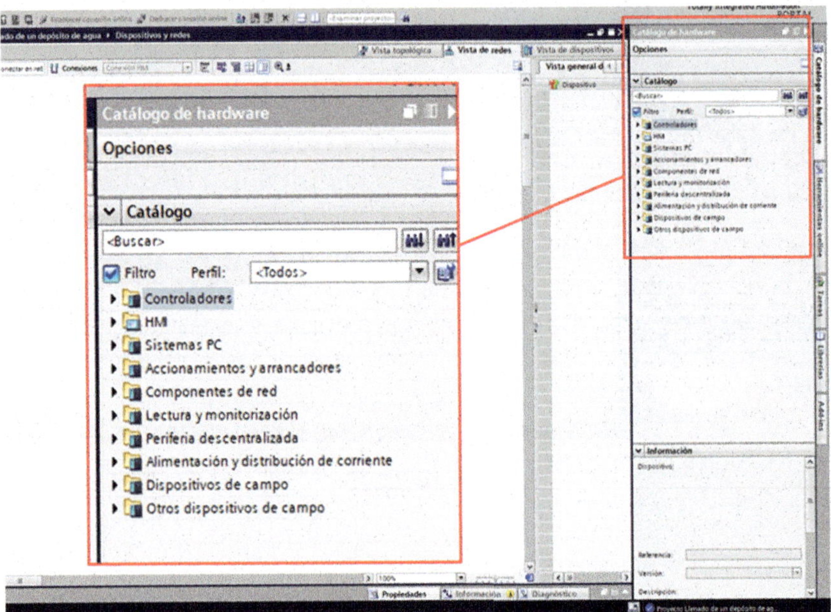

Figura 3.207

Desplegaremos el contenido de la carpeta «Controladores».

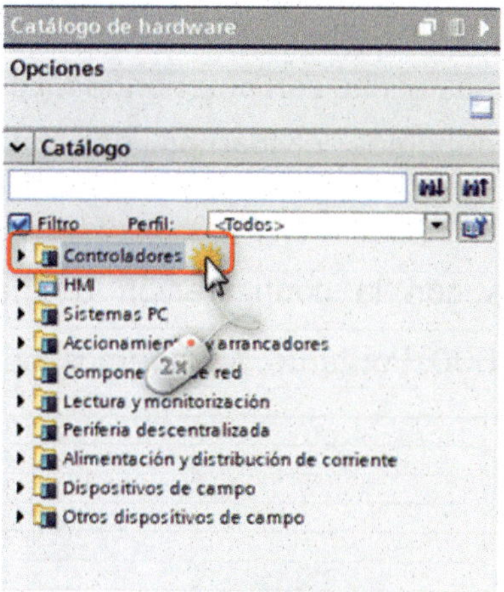

Figura 3.208

Como podemos ver en la Figura 3.209, nos aparecen las familias de CPU SIMATIC S7-1200 y SIMATIC S7-1500, aparte de otras familias.

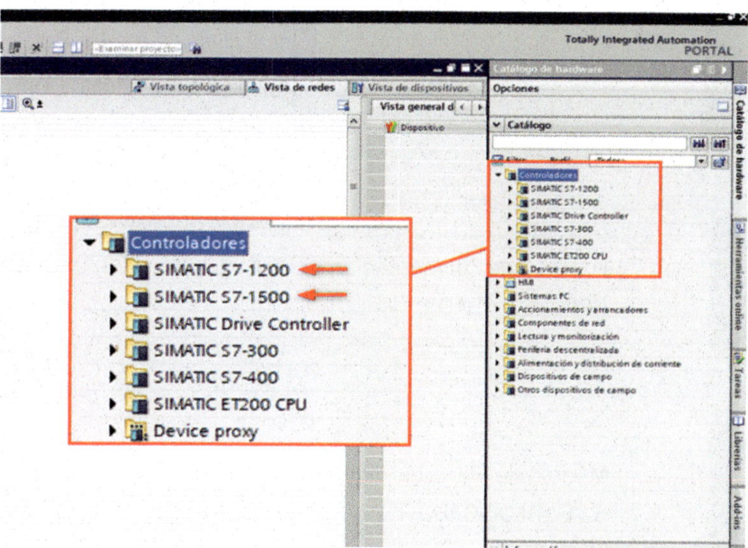

Figura 3.209

Ya hemos visto cómo añadir una CPU SIMATIC S7-1500 con sus respectivos módulos de entradas (DI) y salidas (DQ) digitales, así como los módulos de entradas (AI) y salidas (AQ) analógicas, aparte del módulo de fuente alimentación; y también una CPU SIMATIC S7-1200.

Hemos visto cómo renombrar las CPU como «Maestro» y «Esclavo».

Lo que haremos ahora será añadir al proyecto los siguientes componentes de hardware, como hemos hecho con anterioridad. Lógicamente, también los renombraremos. No debemos olvidarnos del asistente de ajustes de seguridad del PLC.

(1) Empezaremos con la configuración de hardware de la familia SIMATIC S7-1500. Por tanto, añadiremos los siguientes elementos.

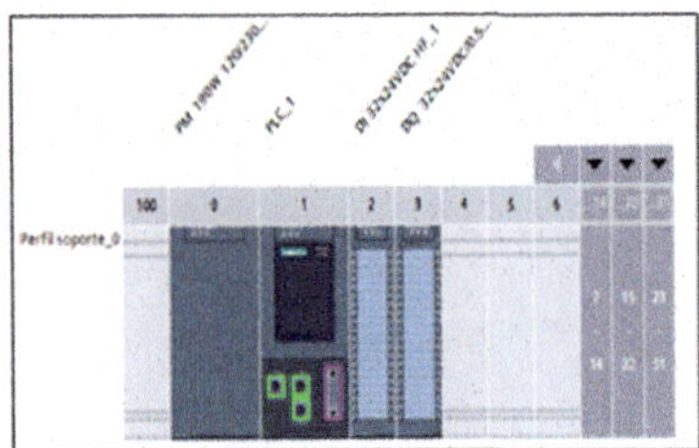

Figura 3.210

CPU 1516-3 PN/DP - Ref. 6ES7 516-3AN01-0AB0.

Fuente de alimentación - PM 190W 120/230VAC Ref. 6EP1333-4BA00.

Módulo de entradas digitales (DI) - DI 32x24VDC HF Ref. 6ES7 521-1BL00-0AB0.

Módulo de salidas digitales (DO) - DQ 32x24VDC/0.5A HF Ref. 6ES7 522-1BL01-0AB0.

Ahora añadiremos el hardware de la familia SIMATIC S7-1200. Para ello, añadiremos el siguiente elemento.

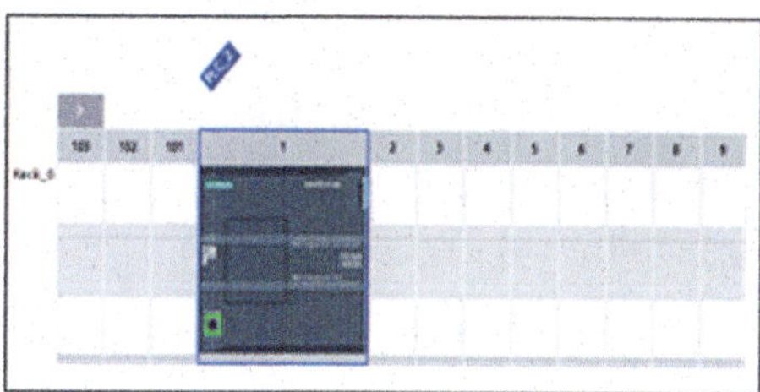

Figura 3.211

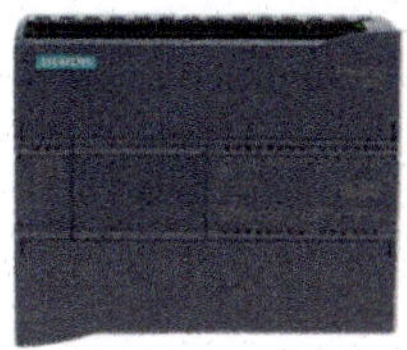

CPU 1214C AC/DC/Rly - Ref. 6ES7 214-1BG40-0XB0.

En la ventana «Vista de redes», renombraremos el «PLC_1» como «S7-1500 Maestro» y el «PLC_2» como «S7-1200 Esclavo».

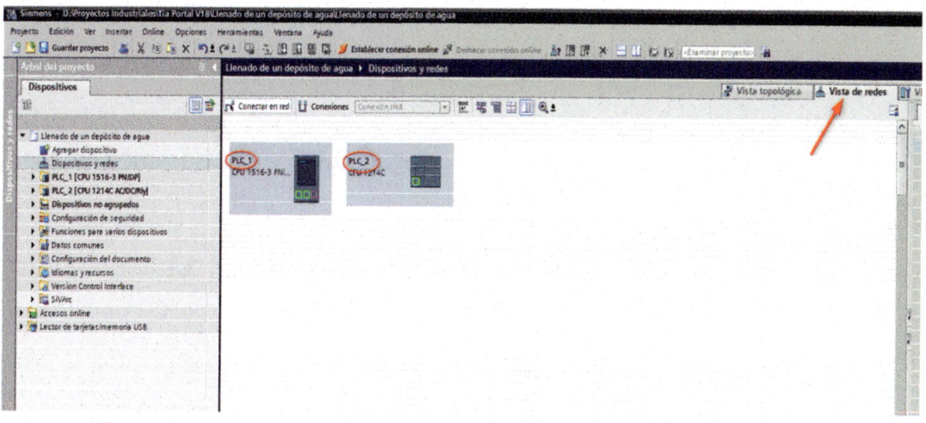

Figura 3.212

Haremos un clic sobre «PLC_1» para que quede seleccionado.

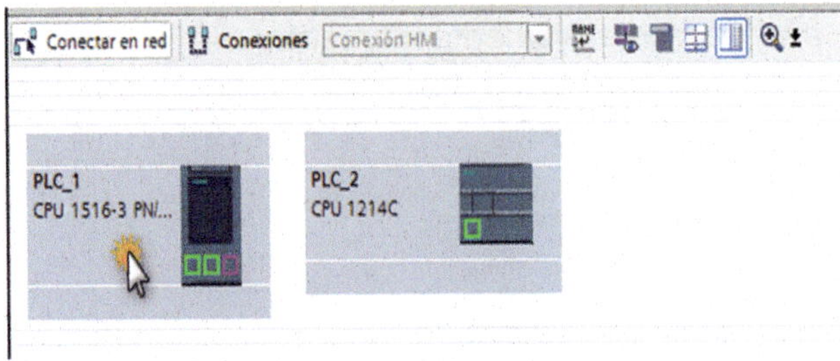

Figura 3.213

Una vez seleccionado, haremos un clic sobre el nombre «PLC_1» (o al lado del nombre). Veremos que se activa la celda para que podamos escribir dentro de ella.

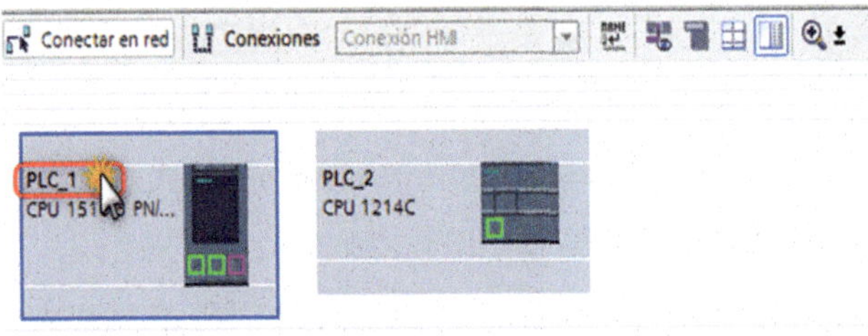

Figura 3.214

Escribiremos «S7-1500 Maestro» y, seguidamente, pulsaremos la tecla Intro del teclado.

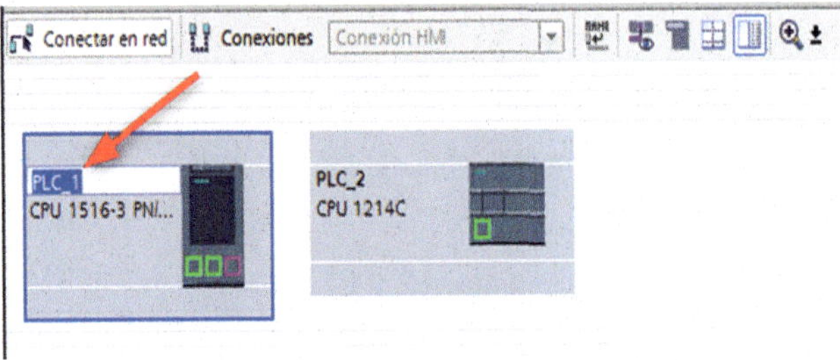

Figura 3.215

Veremos que se ha renombrado el PLC_1. Ahora haremos lo mismo con el PLC_2, y lo renombraremos como «S7-1200 Esclavo».

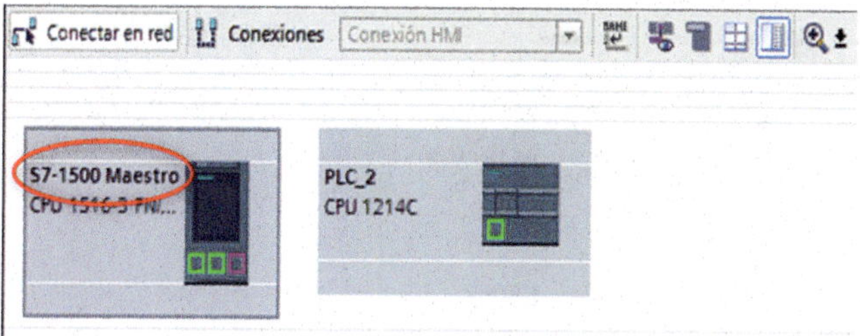

Figura 3.216

Ya tenemos renombrados los dos PLC. Nos quedará tal como vemos en la Figura 3.217.

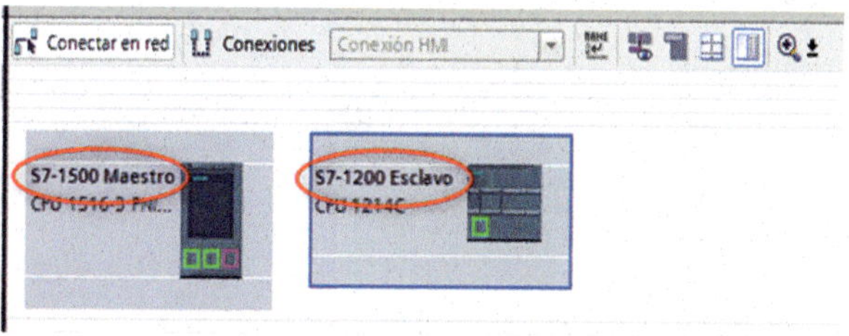

Figura 3.217

Ahora haremos un clic con el botón izquierdo del ratón sobre la conexión de Ethernet del «S7-1500 Maestro», tal como vemos en la Figura 3.218. Sin soltarlo, lo arrastraremos hasta la conexión de Ethernet del «S7-1200 Esclavo» y soltaremos el botón del ratón para realizar la conexión.

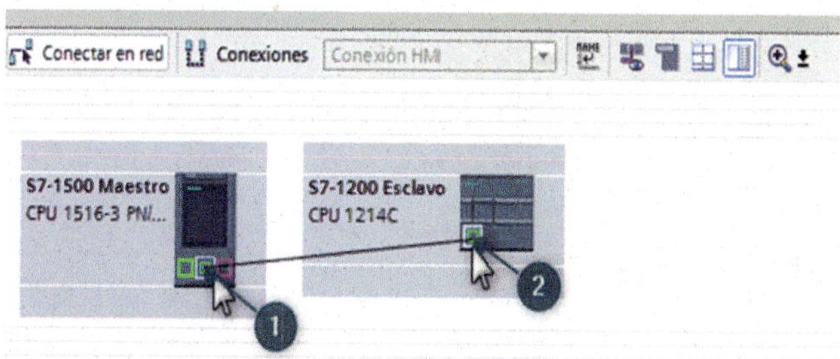

Figura 3.218

Como podemos ver en la Figura 3.219, ya tenemos la conexión realizada entre las dos CPU.

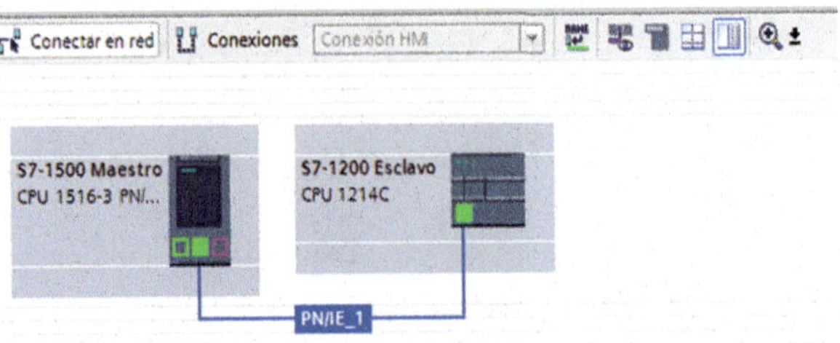

Figura 3.219

Haremos un clic con el botón derecho del ratón sobre la carpeta «S7-1200 Esclavo», que encontraremos en la ventana «Árbol del proyecto». En el desplegable que se nos abre, seleccionaremos la opción «Propiedades».

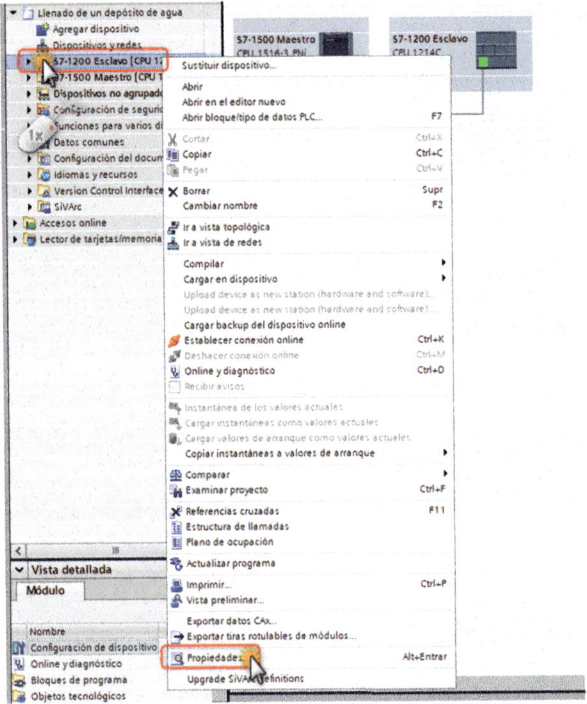

Figura 3.220

En la ventana que se nos abre, con la pestaña «General» seleccionada, seleccionaremos la opción «Marcas de sistema y de ciclo».

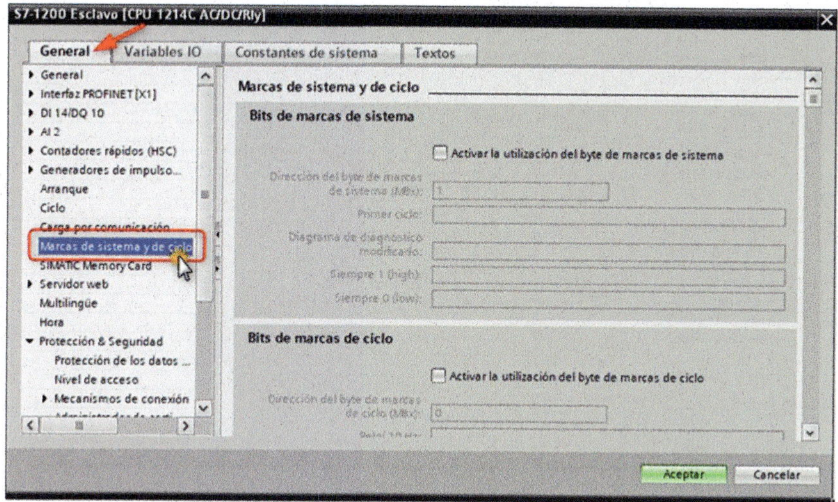

Figura 3.221

Ahora, en «Bits de marcas de ciclo», marcaremos la casilla «Activar la utilización del byte de marcas de ciclo».

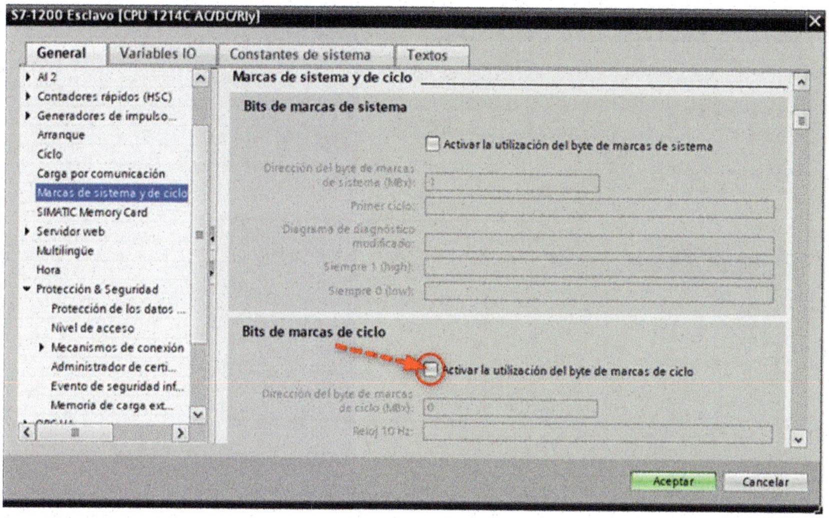

Figura 3.222

Cambiaremos el número «0» por el número «100». Haremos clic dentro de la celda y escribiremos «100».

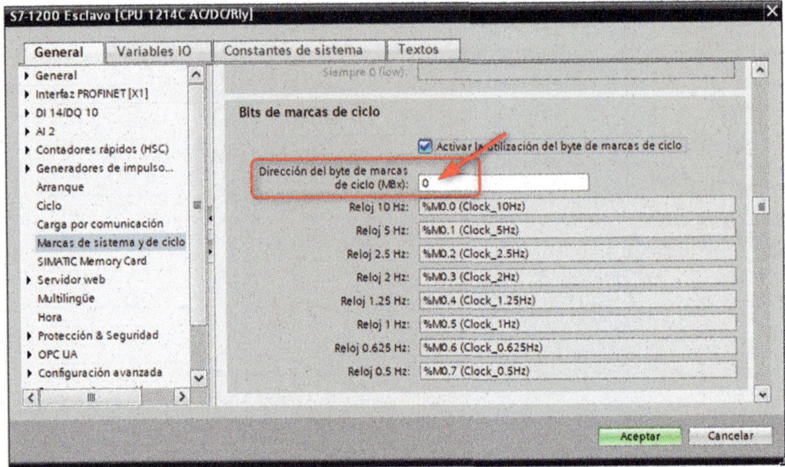

Figura 3.223

Veremos que, ahora, la «Dirección del byte de marcas de ciclo» ha cambiado. Pulsaremos sobre el botón «Aceptar» para guardar el cambio que hemos realizado.

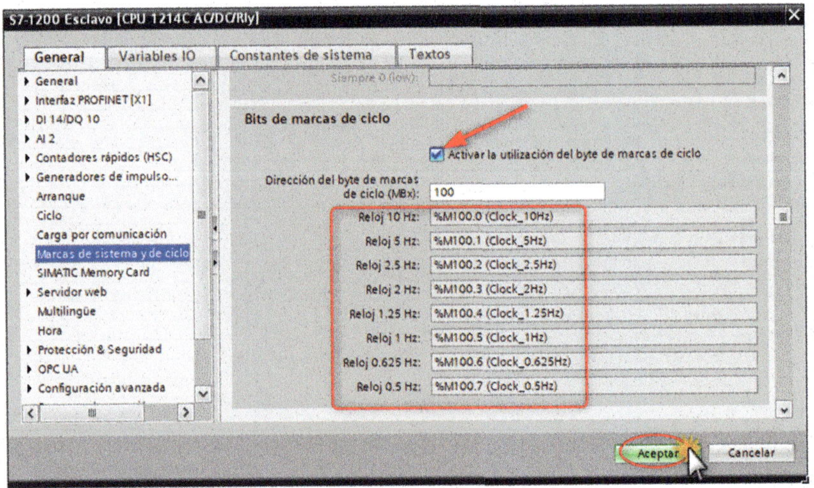

Figura 3.224

Haremos un clic con el botón derecho del ratón sobre la carpeta «S7-1500 Maestro», que tenemos en la ventana «Árbol del proyecto». En el desplegable que se nos abre, seleccionaremos la opción «Propiedades».

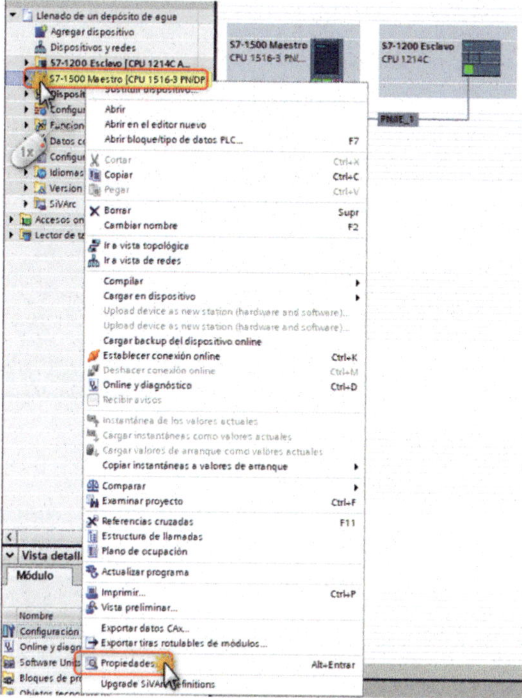

Figura 3.225

En «Bits de marcas de ciclo», marcaremos la casilla «Activar la utilización del byte de marcas de ciclo».

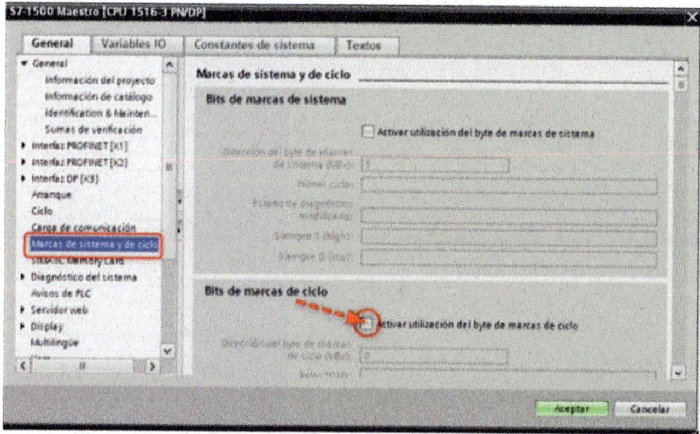

Figura 3.226

Cambiaremos el número «0» por el número «100». Haremos clic dentro de la celda y escribiremos «100».

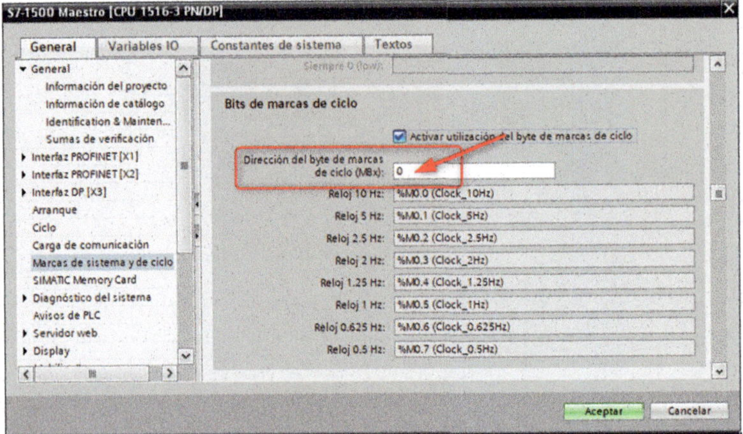

Figura 3.227

Veremos que, ahora, la «Dirección del byte de marcas de ciclo» ha cambiado. Pulsaremos sobre el botón «Aceptar» para guardar el cambio que hemos realizado.

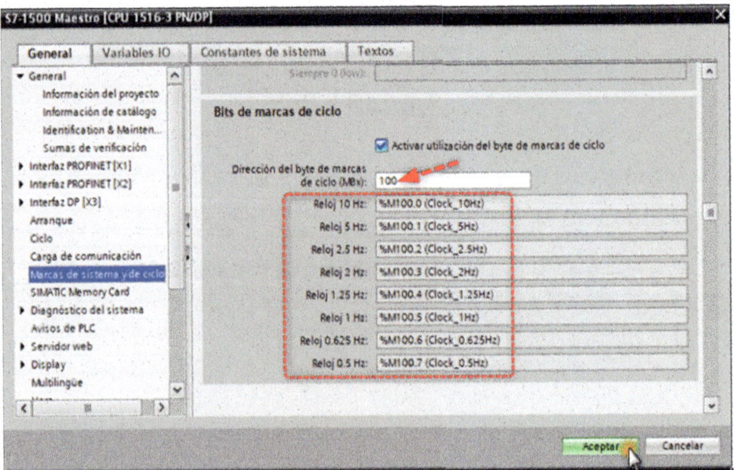

Figura 3.228

Iremos a la ventana «Árbol del proyecto» y haremos doble clic con el ratón sobre la carpeta «S7-1500 Maestro».

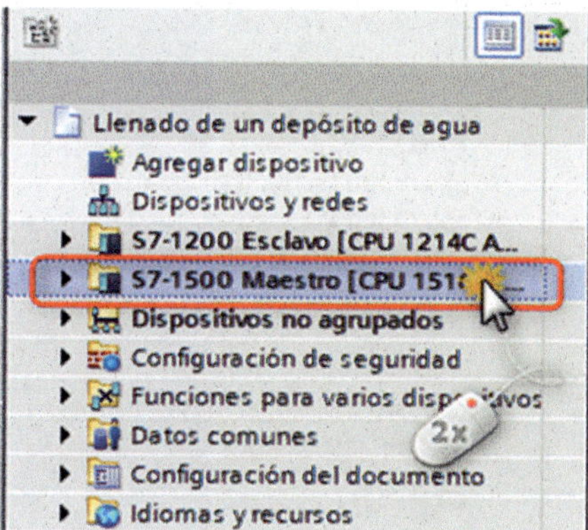

Figura 3.229

Seguidamente, haremos doble clic con el ratón sobre la carpeta «Bloques de programa».

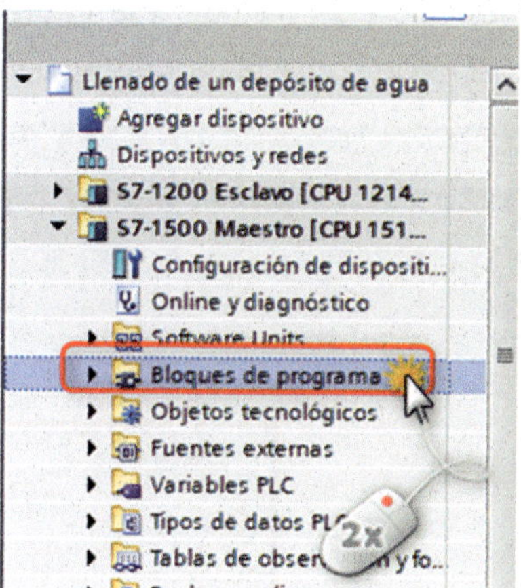

Figura 3.230

A continuación, haremos doble clic con el ratón sobre la opción «Main OB1».

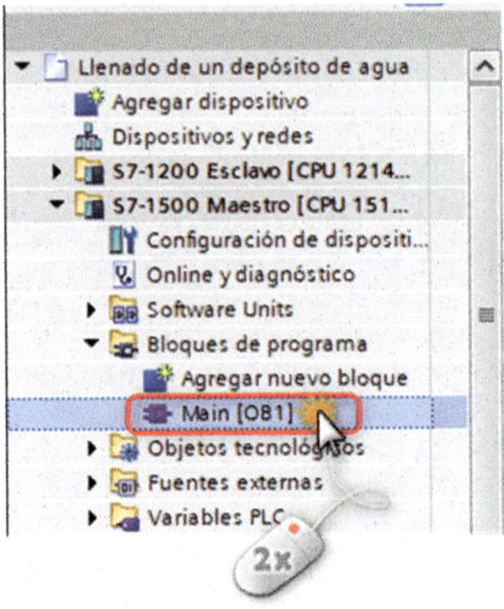

Figura 3.231

En la ventana «Instrucciones», iremos a la categoría «Comunicación», y haremos doble clic con el ratón sobre la carpeta «Open user communication».

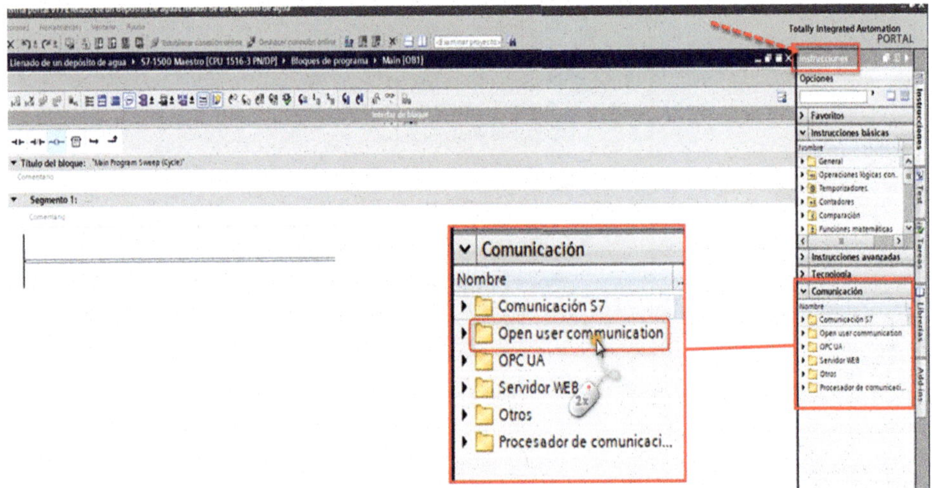

Figura 3.232

De las instrucciones que aparecen dentro de la carpeta, arrastraremos la instrucción TSEND_C a la línea del segmento 1.

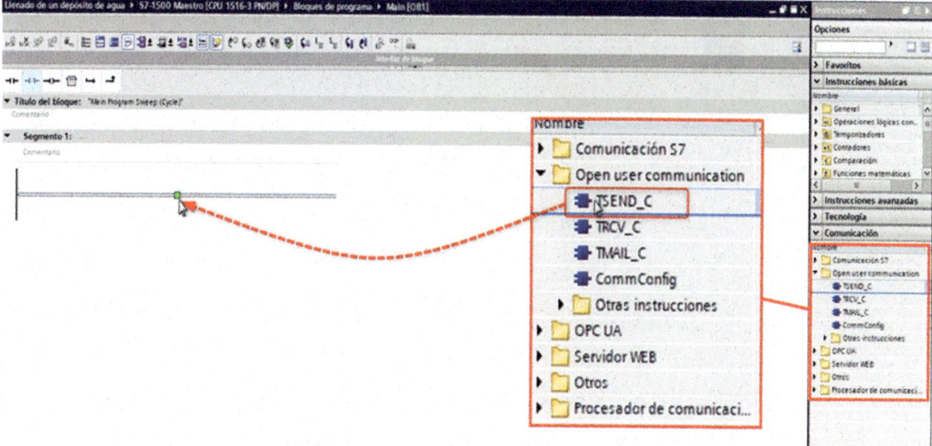

Figura 3.233

En la ventana que nos aparece, renombraremos «TSEND_C_DB» por «Enviar_Datos».

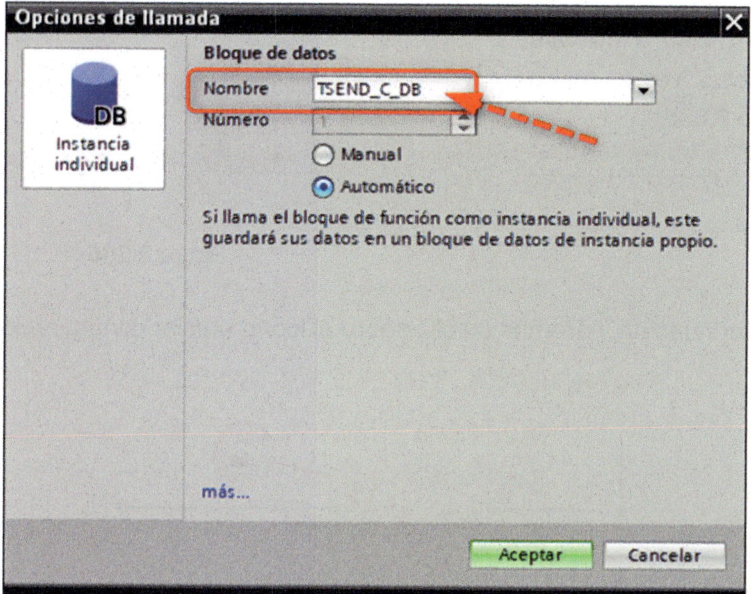

Figura 3.234

Una vez renombrado, pulsaremos sobre el botón «Aceptar».

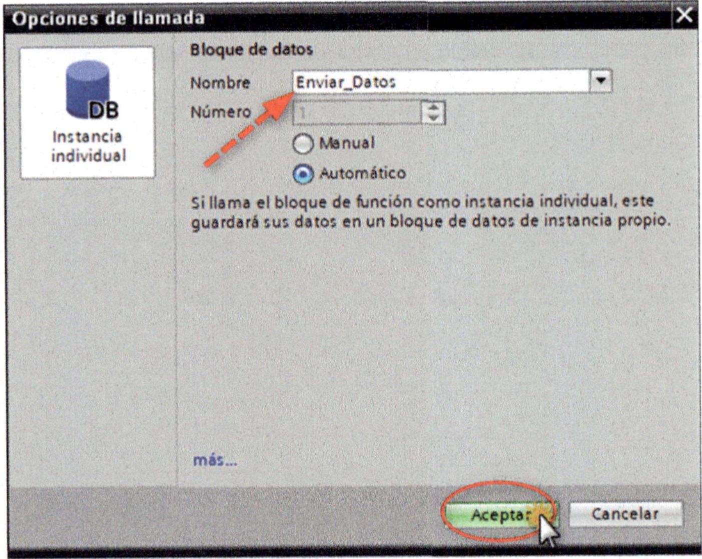

Figura 3.235

El segmento 1 quedará tal como vemos en la Figura 3.236.

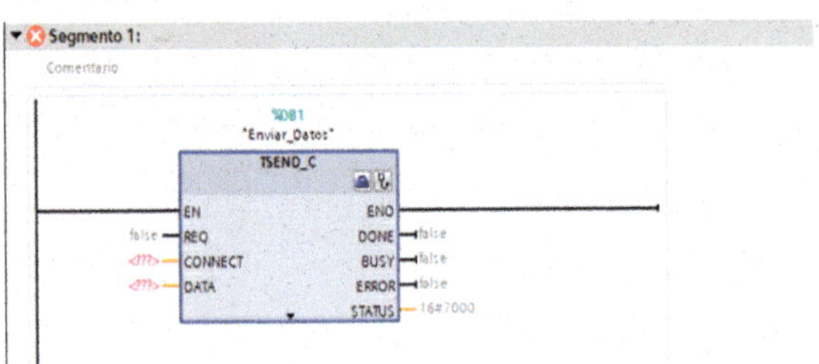

Figura 3.236

A continuación, haremos un clic sobre el icono «Iniciar configuración».

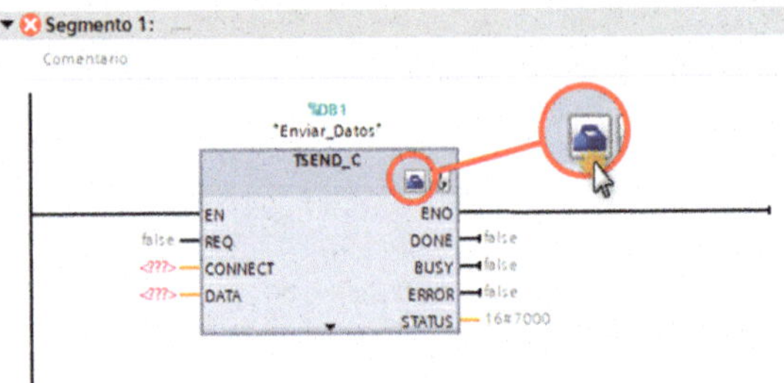

Figura 3.237

Primero seleccionaremos la opción «Parámetros de la conexión» y, seguidamente, haremos un clic sobre la flechita desplegable del «Interlocutor» para seleccionar el dispositivo con el que nos queremos comunicar.

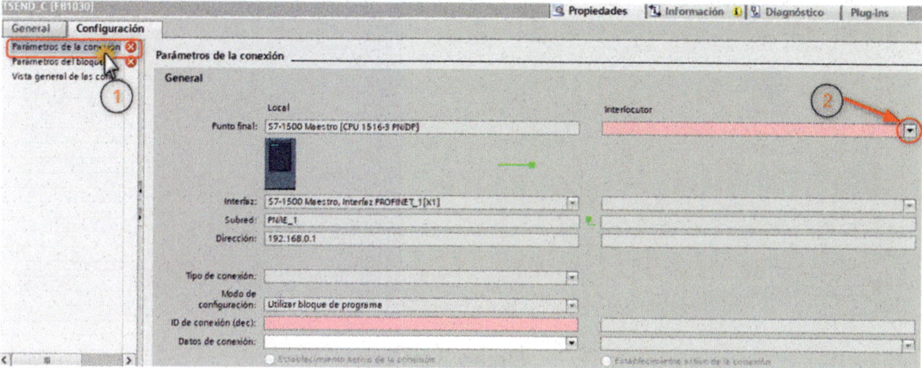

Figura 3.238

En el desplegable que nos aparece, seleccionaremos la opción «S7-1200 Esclavo [CPU 1214C AC/ DC/Rly]».

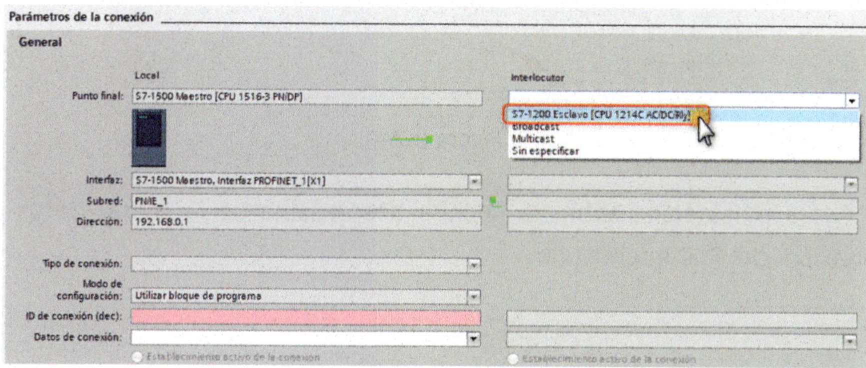

Figura 3.239

Ahora, pulsaremos sobre la flechita desplegable de la celda «Datos de conexión» del PLC Local.

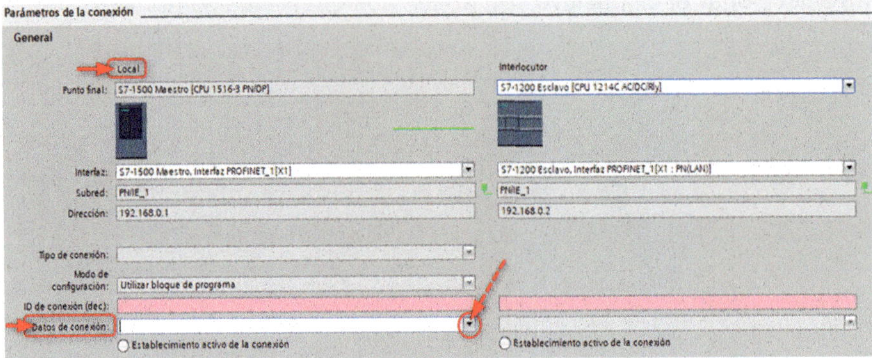

Figura 3.240

En el desplegable, seleccionaremos «Nuevo».

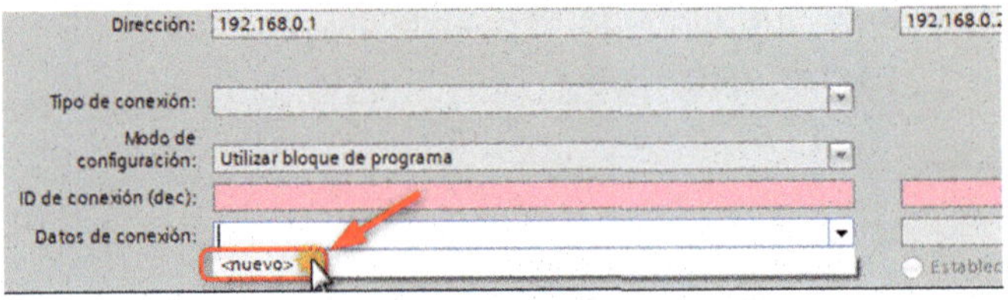

Figura 3.241

Ahora pulsaremos sobre la flechita desplegable de la celda «Datos de conexión» del PLC Interlocutor.

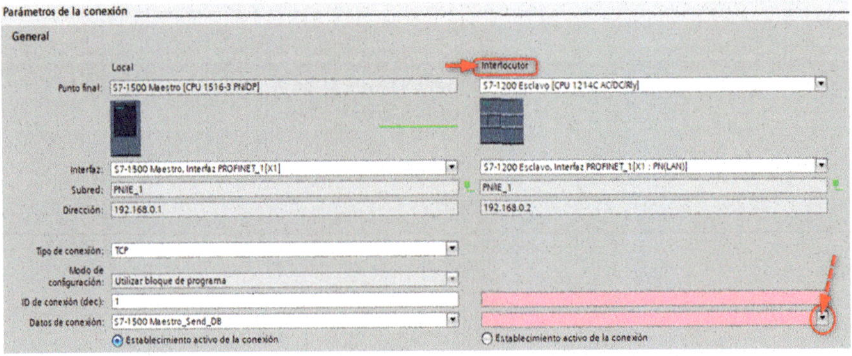

Figura 3.242

En el desplegable, seleccionaremos «Nuevo».

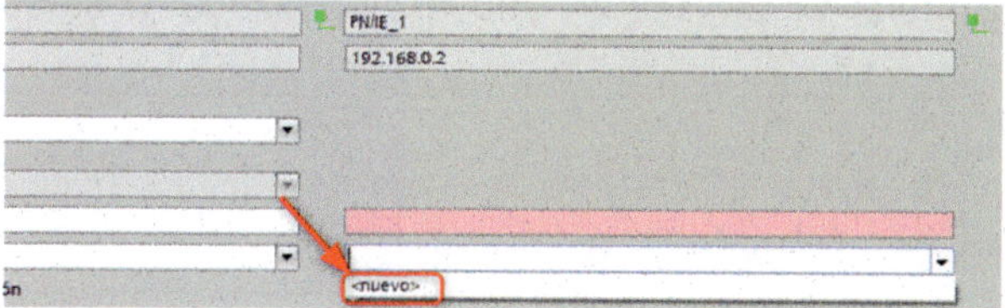

Figura 3.243

A continuación, pulsaremos sobre la opción «Parámetros del bloque».

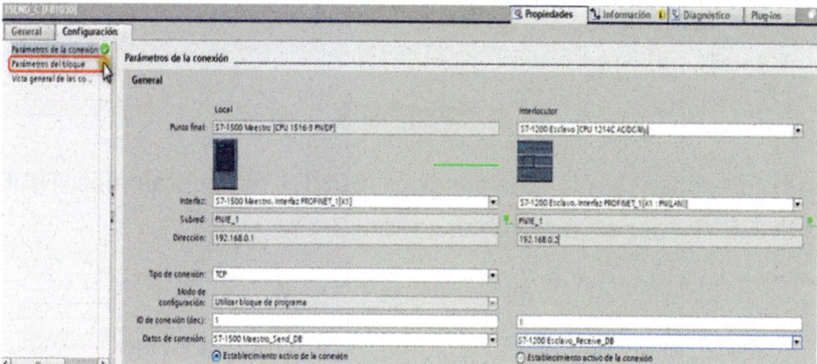

Figura 3.244

En la categoría «Inicio de la petición (REQ)», pulsaremos sobre el icono de la celda «REQ».

Figura 3.245

En el desplegable, con la barra de desplazamiento bajaremos hasta encontrar la variable «Clock_10Hz». Una vez localizada, la seleccionaremos.

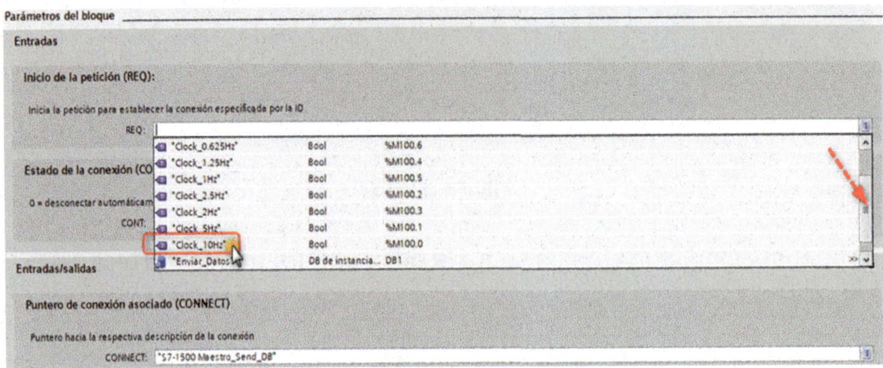

Figura 3.246

En la categoría «Estado de la conexión (CONT)», renombraremos «TRUE», de la celda «CONT», por el valor numérico «1».

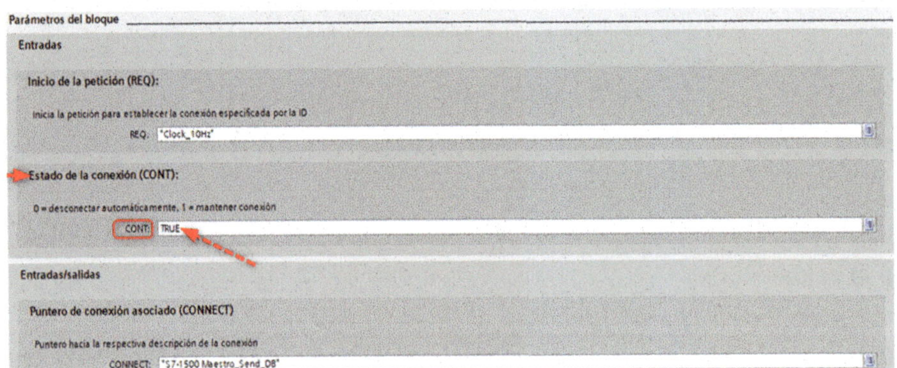

Figura 3.247

Ahora, en la instrucción «TSEND_C», haremos doble clic sobre los interrogantes de la opción «DATA».

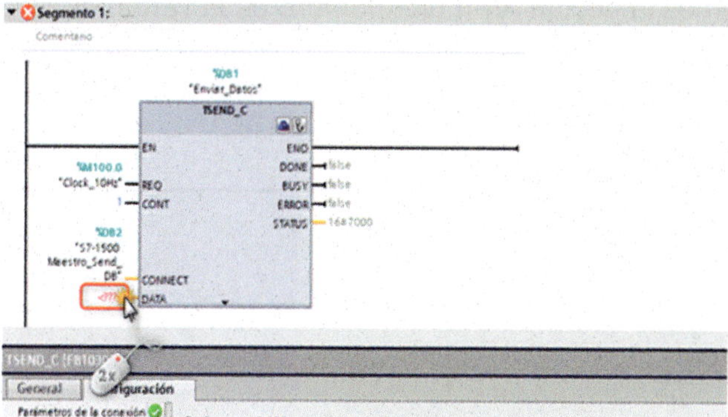

Figura 3.248

Dentro de la celda que aparece, escribiremos «MB0» y pulsaremos la tecla Intro del teclado.

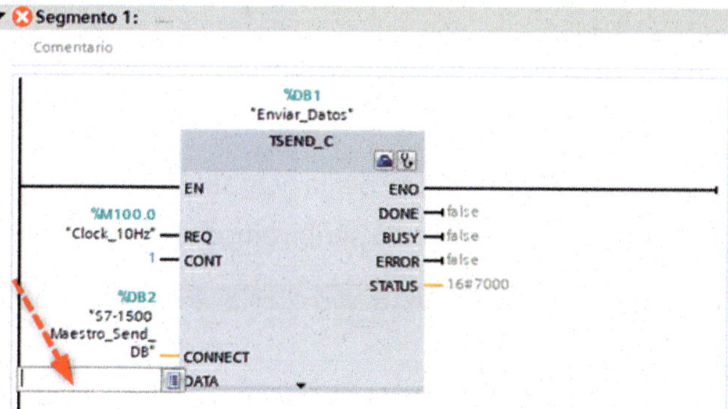

Figura 3.249

Quedará como vemos en la Figura 3.250.

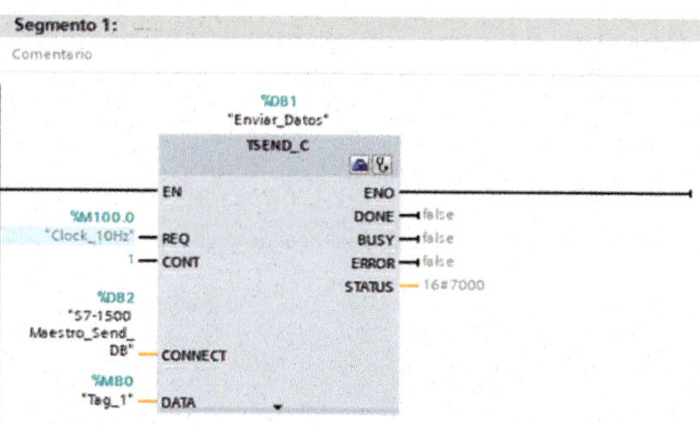

Figura 3.250

Haremos un clic con el botón derecho del ratón sobre el nombre «Tag_1», tal como vemos en la Figura 3.251 y, en el desplegable que nos aparece, seleccionaremos la opción «Cambiar nombre de la variable».

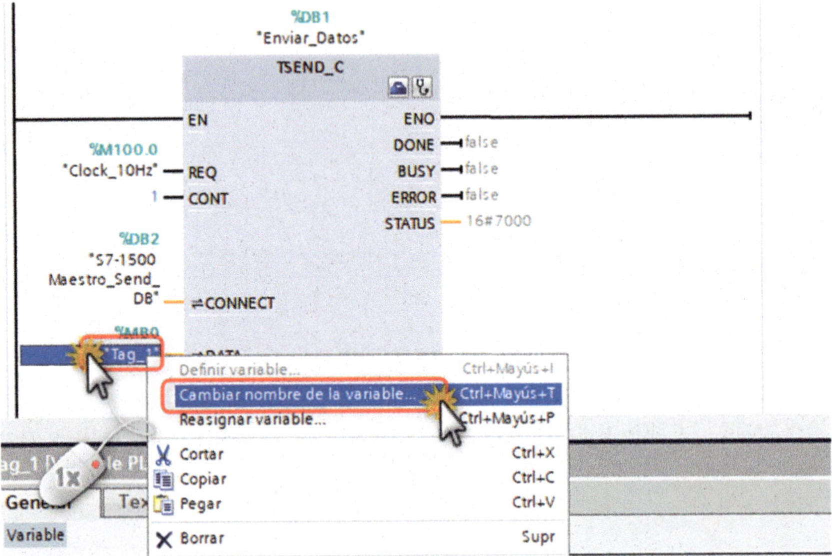

Figura 3.251

En la ventana «Cambiar nombre de la variable», en la celda «Nombre», eliminaremos «Tag_1» y, en su lugar, escribiremos «Datos a enviar».

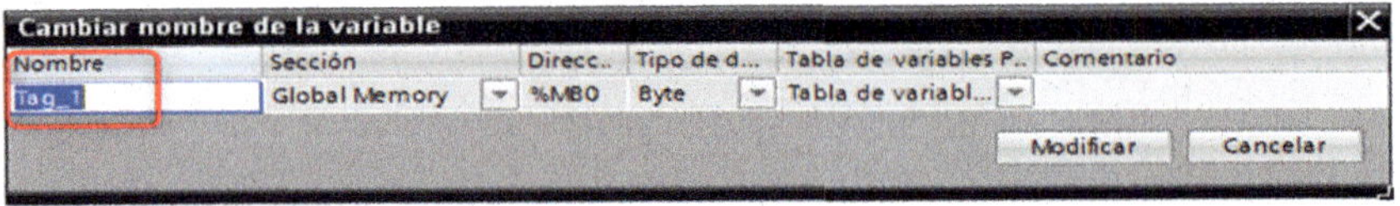

Figura 3.252

Una vez cambiado el nombre, pulsaremos sobre el botón «Modificar».

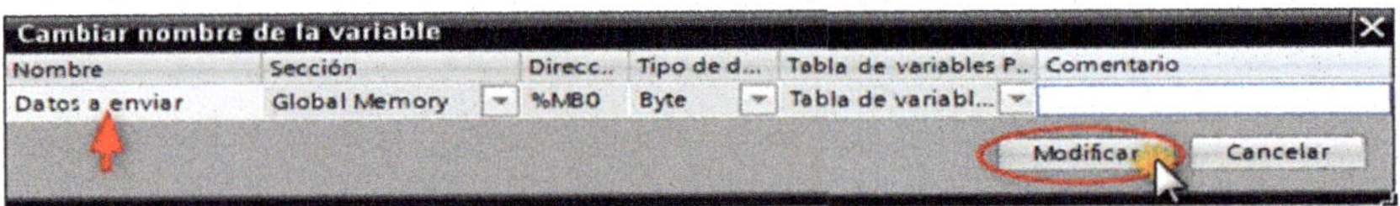

Figura 3.253

Iremos a la ventana «Árbol del proyecto», y haremos doble clic con el ratón sobre la carpeta «S7-1200 Esclavo».

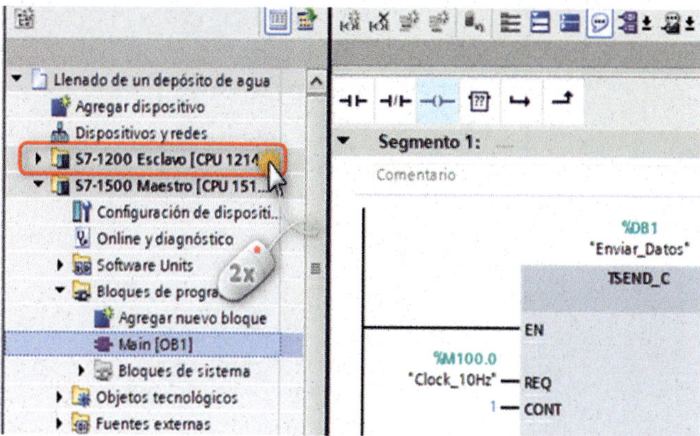

Figura 3.254

Seguidamente, haremos doble clic sobre la carpeta «Bloques de programa».

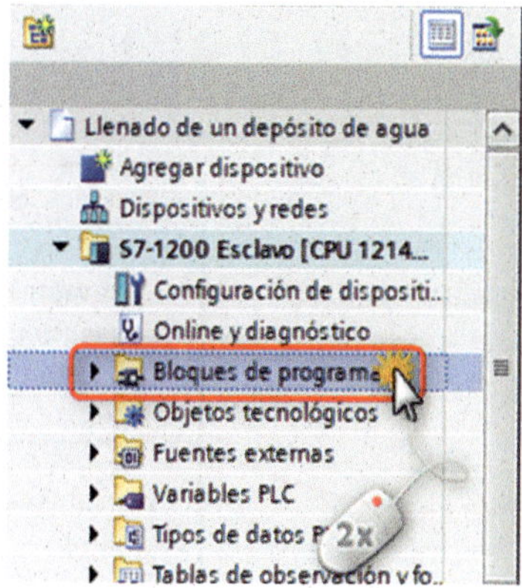

Figura 3.255

A continuación, haremos doble clic con el ratón sobre la opción «Main OB1».

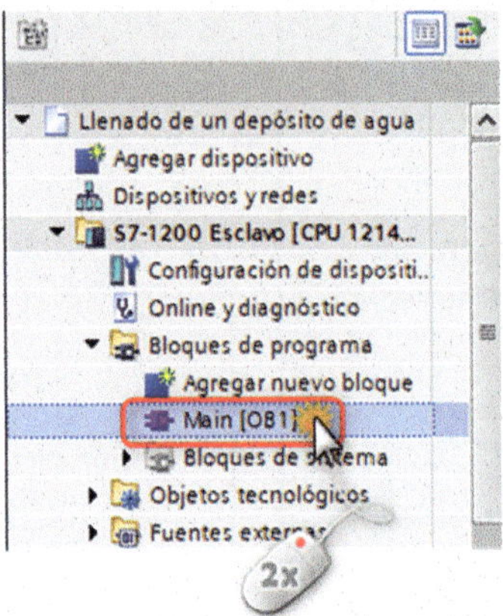

Figura 3.256

De las instrucciones que aparecen dentro de la carpeta «Open user communication», arrastraremos la instrucción TRCV_C a la línea del segmento 1.

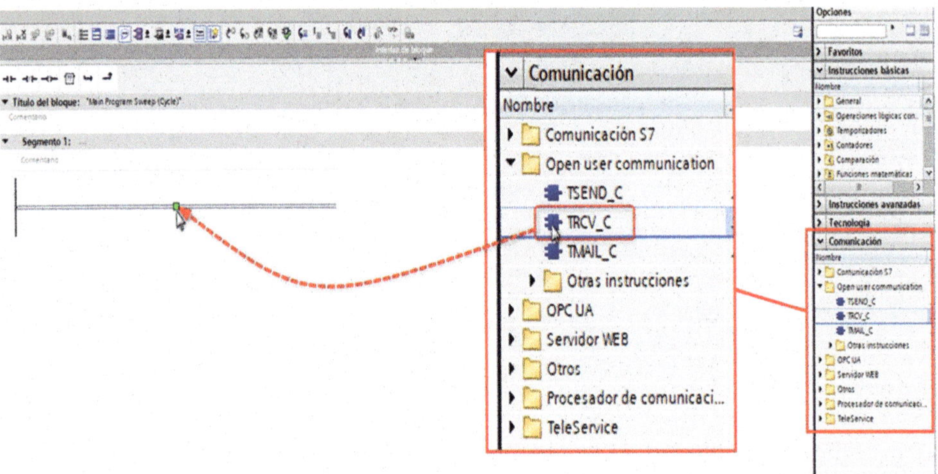

Figura 3.257

En la ventana que aparece, renombraremos «TRCV_C_DB» por «Recibir_Datos».

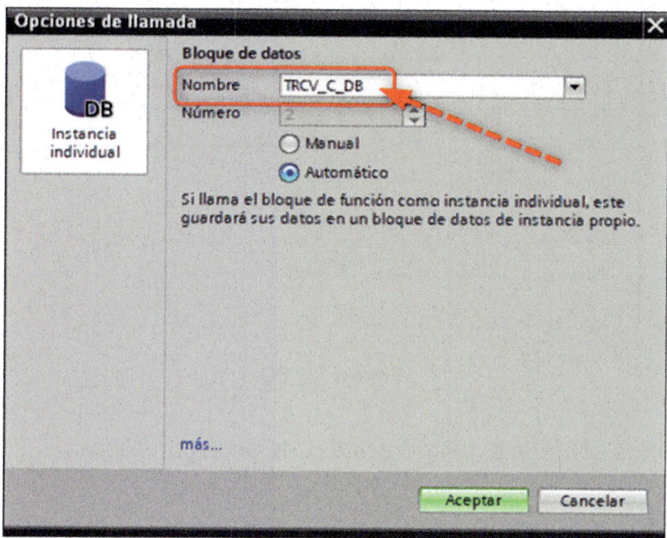

Figura 3.258

Una vez renombrado, pulsaremos sobre el botón «Aceptar».

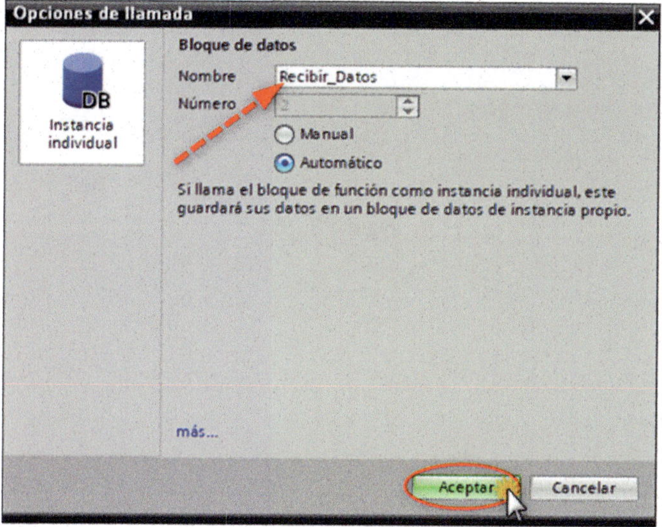

Figura 3.259

Ahora haremos clic sobre el icono «Iniciar configuración».

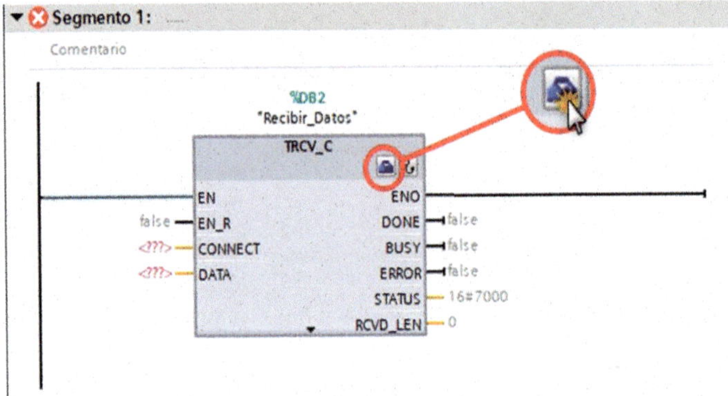

Figura 3.260

Pulsaremos sobre la opción «Parámetros de la conexión».

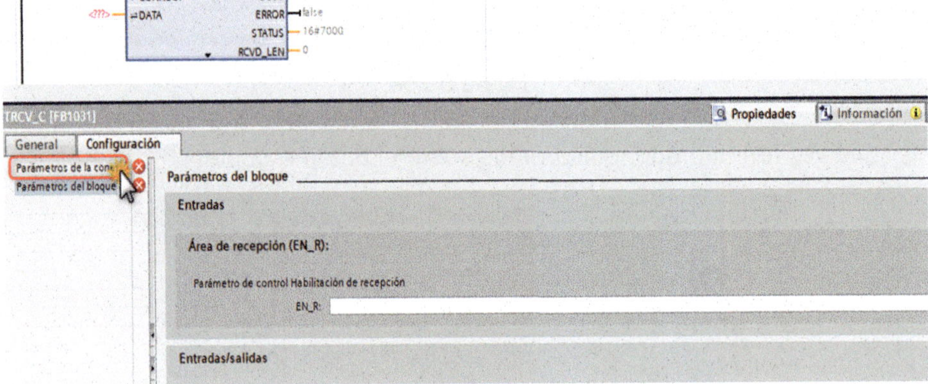

Figura 3.261

Haremos clic sobre la flechita desplegable del «Interlocutor» para seleccionar el dispositivo con el que nos queremos comunicar.

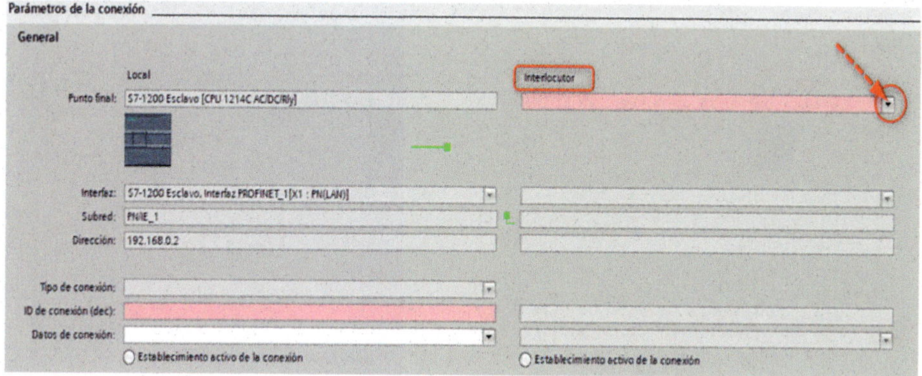

Figura 3.262

En el desplegable que nos aparece, seleccionaremos la opción «S7-1500 Maestro [CPU 1516-3 PN/ DP]».

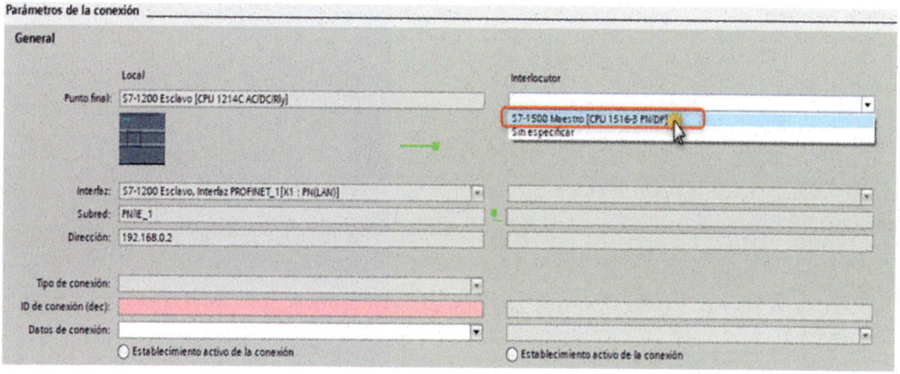

Figura 3.263

Ahora, pulsaremos sobre la flechita desplegable de la celda «Datos de conexión» del PLC Local.

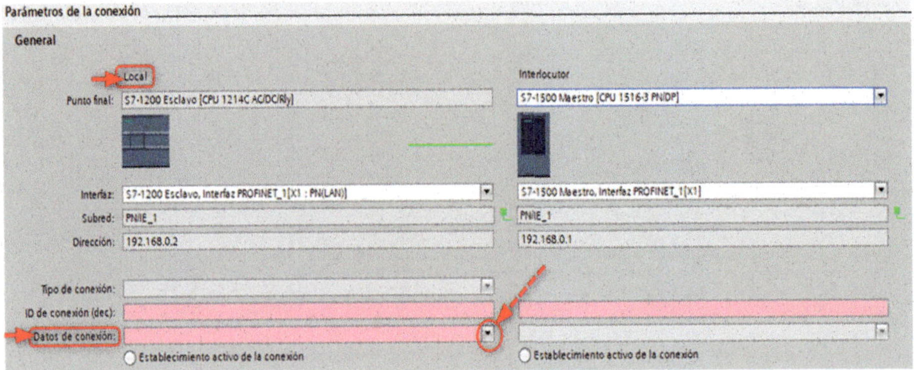

Figura 3.264

En el desplegable que nos aparece, seleccionaremos la opción «S7-1200 Esclavo_Receive_DB».

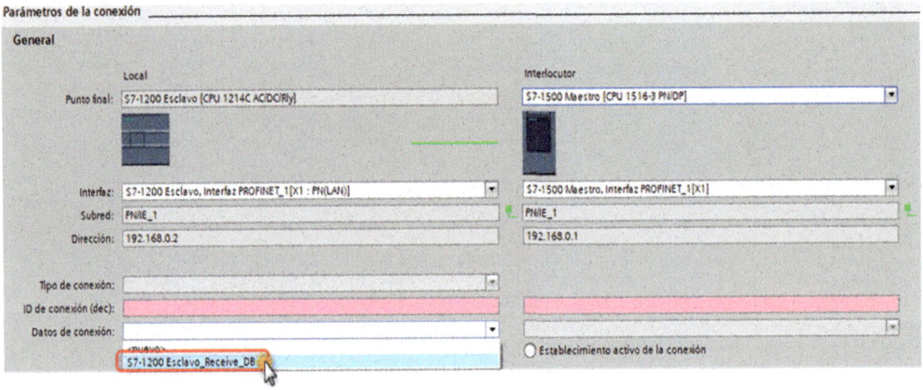

Figura 3.265

Los parámetros de la conexión nos quedarán tal como vemos en la Figura 3.266. Ahora, lo que haremos será pulsar sobre la opción «Parámetros del bloque».

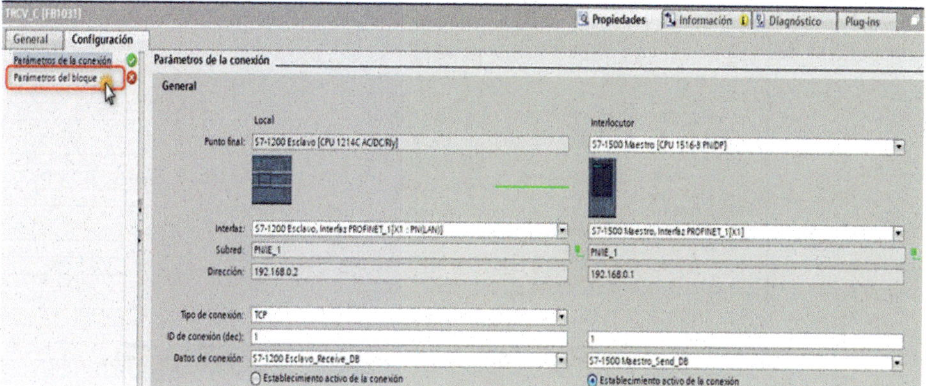

Figura 3.266

Igual que hemos hecho con anterioridad con los parámetros del bloque de la instrucción «TSEND_C», ahora haremos lo mismo con los parámetros del bloque «TRCV_C». Así que, en la categoría «Área de recepción (EN_R)», en la celda «EN_R», le asignaremos la marca «Clock_10Hz»; y en la categoría «Estado de la conexión (CONT)», en la celda «CONT», eliminaremos el nombre «TRUE» y lo cambiaremos por el valor numérico «1».

Figura 3.267

En la instrucción «TRCV_C», en la opción «DATA», asignaremos la marca «MB0», y de nombre pondremos «Datos Recibidos».

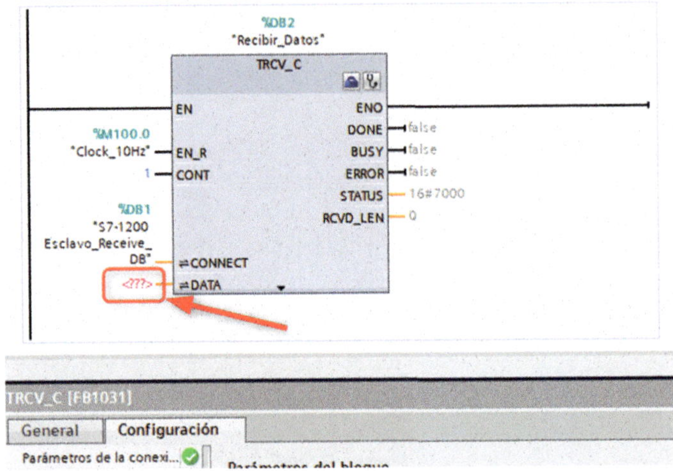

Figura 3.268

Ahora nos toca realizar la programación, tanto en la CPU S7-1500 como en la CPU S7-1200. Esto lo realizaremos respectivamente en el «Main [OB1]» de cada CPU, que tenemos dentro de la carpeta «Bloques de programa».

A continuación, vemos la tabla de Nemónicos para cada CPU.

Tabla de Nemónicos - CPU S7-1500

Entradas	
Dirección	Nombre
I0.0	Interruptor
I0.1	Seta Emergencia
I0.2	Nivel Inferior
I0.3	Nivel Superior
I0.4	Detector Pozo
M2.0	Marca

Salidas	
Dirección	Nombre
M2.0	Marca
M0.0	Envía al S7-1200
M0.1	Envía al S7-1200
M0.2	Envía al S7-1200

Figura 3.269

Tabla de Nemónicos - CPU S7-1200

Entradas	
Dirección	**Nombre**
M0.0	Recibe del S7-1500
M1.0	Marca
I0.0	Relé Térmico
M0.1	Recibe del S7-1500
M0.2	Recibe del S7-1500

Salidas	
Dirección	**Nombre**
M1.0	Marca
Q0.0	K1M Bomba
Q0.1	Piloto Rojo Vacio
Q0.2	Piloto Verde Lleno

Figura 3.270

Ya que estamos en el «Main [OB1]» de la CPU S7-1200, empezaremos la programación por ahí.

Añadiremos al segmento 2 un «Contacto NO» normalmente abierto y una «Asignación».

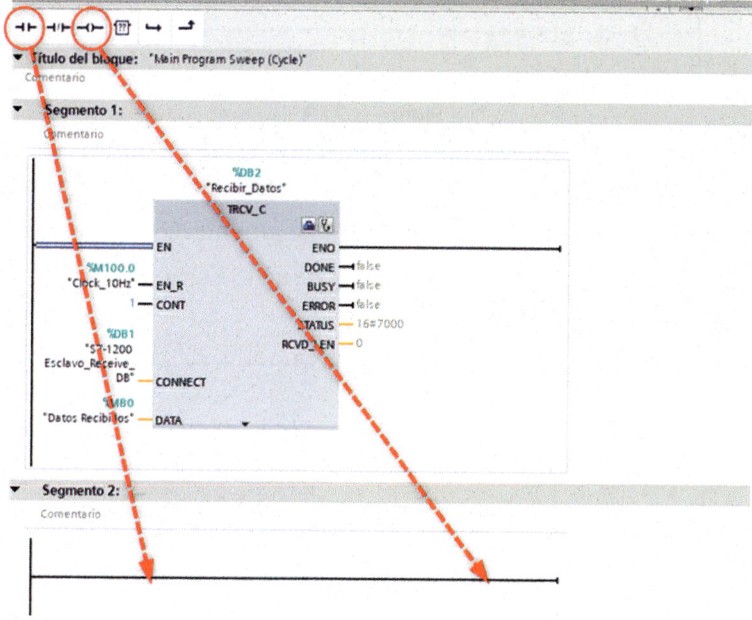

Figura 3.271

En el segmento 3, añadiremos dos «Contacto NO» y una «Asignación».

Figura 3.272

De momento, nos irá quedando tal como vemos en la Figura 3.273.

Figura 3.273

En el segmento 4, añadiremos dos «Contacto NO» y dos «Asignaciones», y lo haremos en dos líneas dentro del mismo segmento.

Figura 3.274

Ya hemos visto con anterioridad cómo se les asigna la dirección y el nombre a los «Contactos NO» y a las «Asignaciones», desde el mismo segmento y sin añadirlos previamente a la tabla de variables. Así que vamos a ello.

El segmento 4 nos quedará tal como vemos en la Figura 3.275.

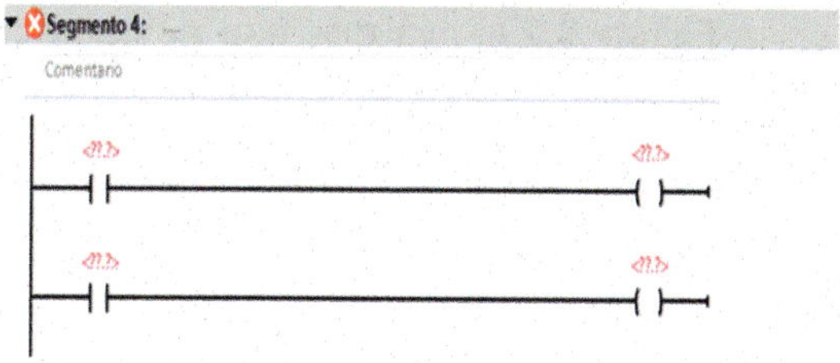

Segmento 4:
Comentario
<??.?> <??.?>
<??.?> <??.?>

Figura 3.275

Los segmentos 2, 3 y 4 quedarán como en la Figura 3.276.

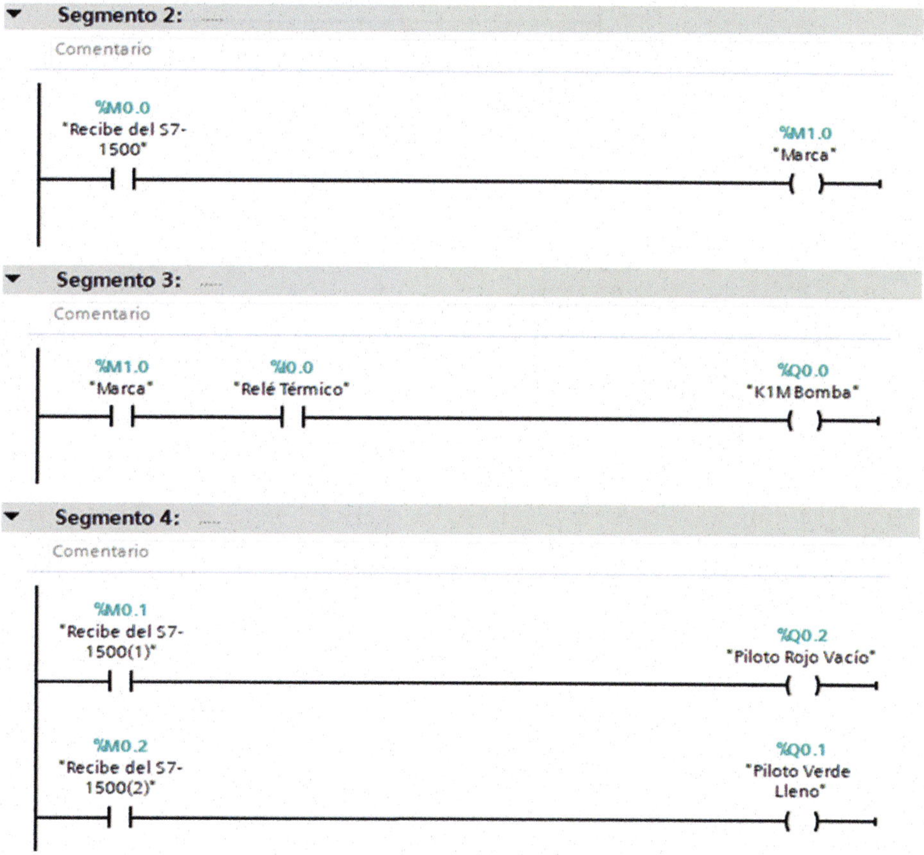

Segmento 2:
Comentario
%M0.0 "Recibe del S7-1500"
%M1.0 "Marca"

Segmento 3:
Comentario
%M1.0 "Marca"
%I0.0 "Relé Térmico"
%Q0.0 "K1M Bomba"

Segmento 4:
Comentario
%M0.1 "Recibe del S7-1500(1)"
%Q0.2 "Piloto Rojo Vacío"
%M0.2 "Recibe del S7-1500(2)"
%Q0.1 "Piloto Verde Lleno"

Figura 3.276

Ahora iremos al «Main [OB1]» del S7-1500 Maestro.

En la parte inferior de la ventana del TIA Portal, veremos las pestañas que hemos ido abriendo. Pulsaremos sobre la pestaña «Main (OB1)», que vemos en la Figura 3.277, ya que esa pestaña corresponde a la ventana del «S7-1500 Maestro». También podemos ir a la ventana «Árbol del proyecto» y hacer doble clic sobre «Main [OB1]», que está dentro de la carpeta «Bloques de programa» del S7-1500 Maestro.

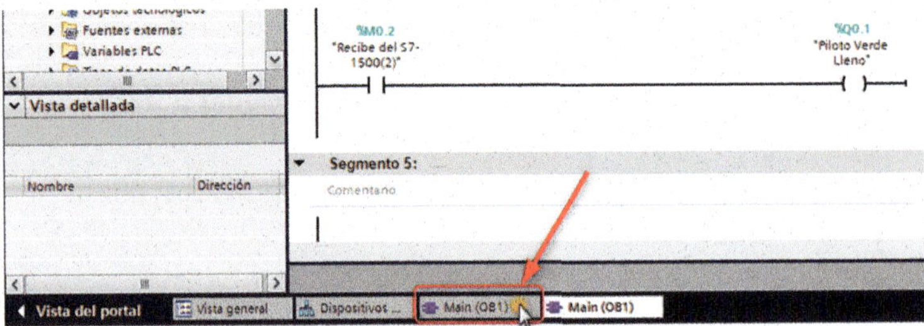

Figura 3.277

Ahora añadiremos los «Contacto NO» y la «Asignación» al segmento 2.

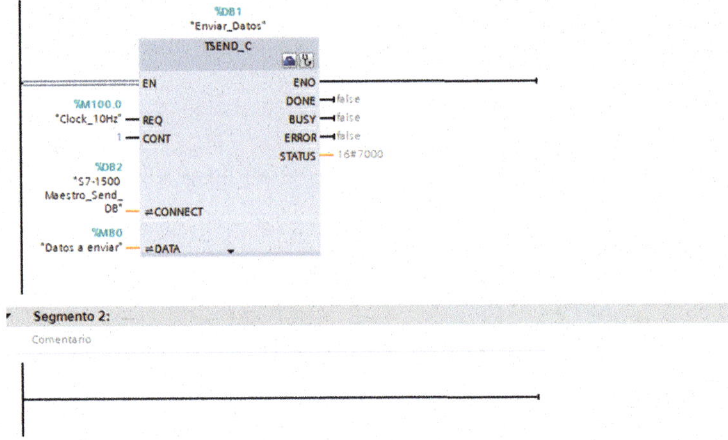

Figura 3.278

El segmento 2 nos tiene que quedar tal como vemos en la Figura 3.279.

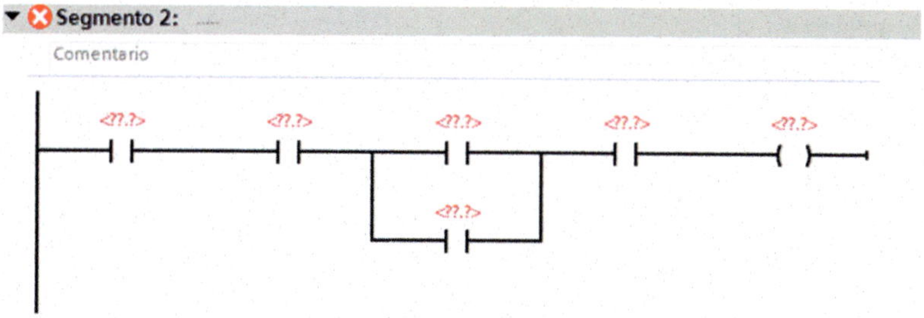

Figura 3.279

Ahora añadiremos los «Contacto NO» y las «Asignaciones» al segmento 3. También añadiremos un contacto normalmente cerrado «NC». Esto lo haremos en varias líneas.

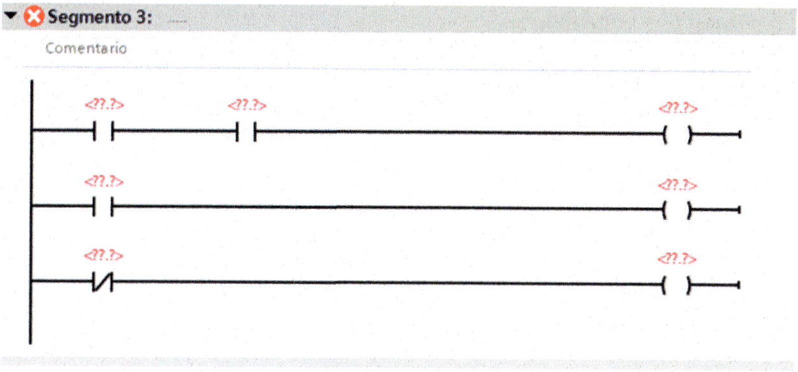

Figura 3.280

Así nos tendrán que quedar los segmentos 2 y 3 (Figura 3.281).

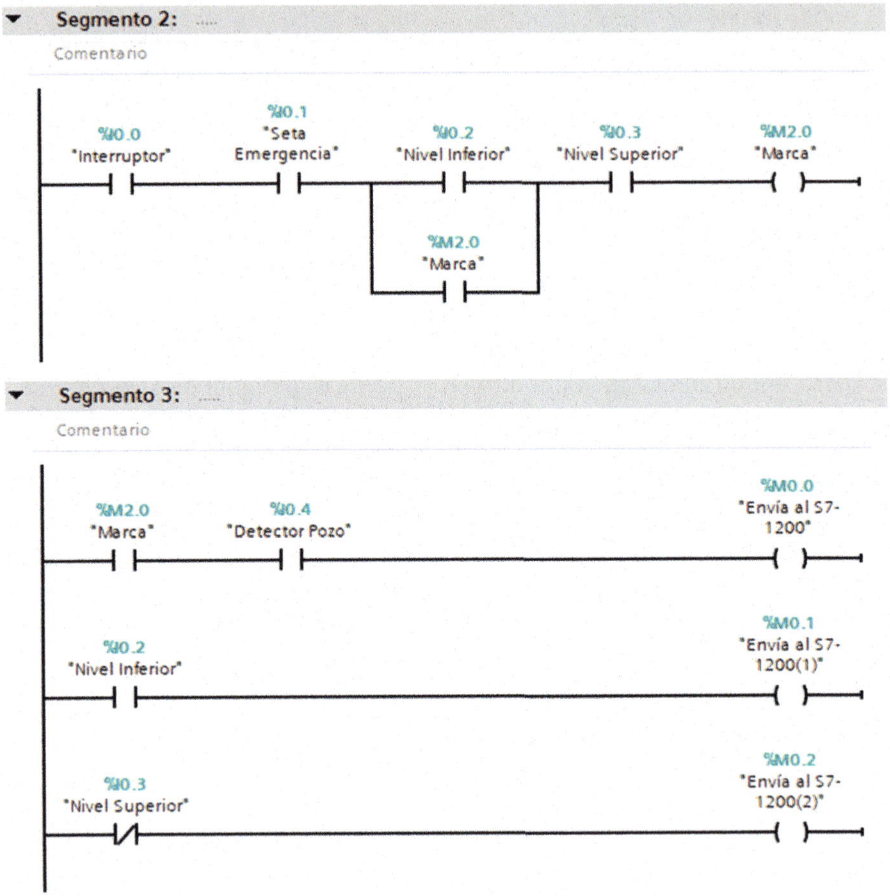

Segmento 2:
Comentario
%I0.0
"Interruptor"
%I0.1
"Seta Emergencia"
%I0.2
"Nivel Inferior"
%I0.3
"Nivel Superior"
%M2.0
"Marca"
%M2.0
"Marca"
Segmento 3:
Comentario
%M2.0
"Marca"
%I0.4
"Detector Pozo"
%M0.0
"Envía al S7-1200"
%I0.2
"Nivel Inferior"
%M0.1
"Envía al S7-1200(1)"
%I0.3
"Nivel Superior"
%M0.2
"Envía al S7-1200(2)"

Figura 3.281

Ahora pulsaremos sobre la pestaña «Ventana».

triales\Tia Portal V18\Llenado de un depósito de agua\Llenado de un depósito de agu
Online
Opciones
Herramientas
Ventana
Ayuda
Establecer conexión online
Llenado de un depósito de agua ▸ S7-1500 Maestro [CPU 1516-3

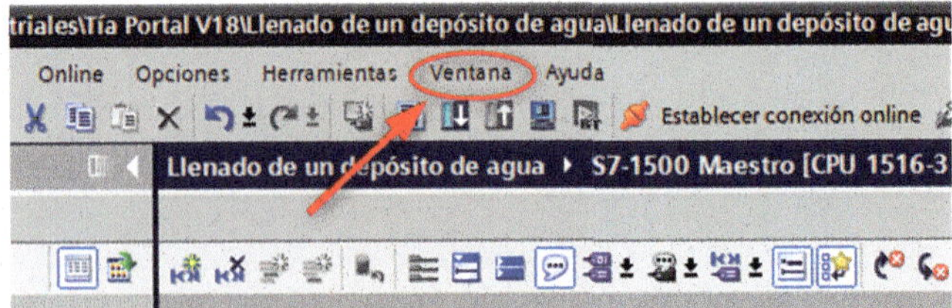

Figura 3.282

En el desplegable que nos aparece, pulsaremos sobre la opción «Dividir área del editor verticalmente».

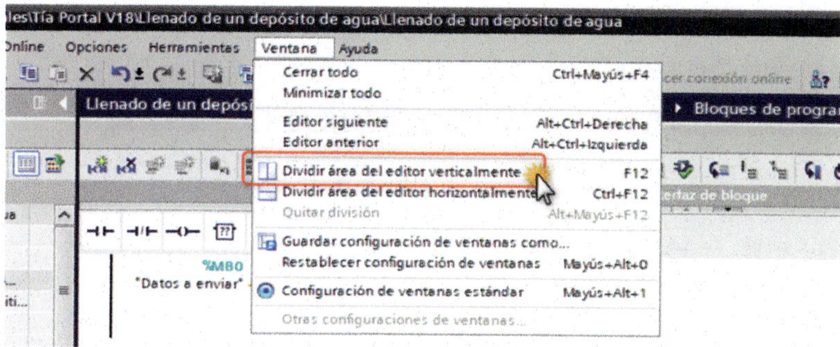

Figura 3.283

De esta manera, podremos ver las dos ventanas de las CPU (S7-1500 Maestro y S7-1200 Esclavo).

1. Programación Main [OB1] S7-1500 Maestro.

2. Programación Main [OB1] S7-1200 Esclavo.

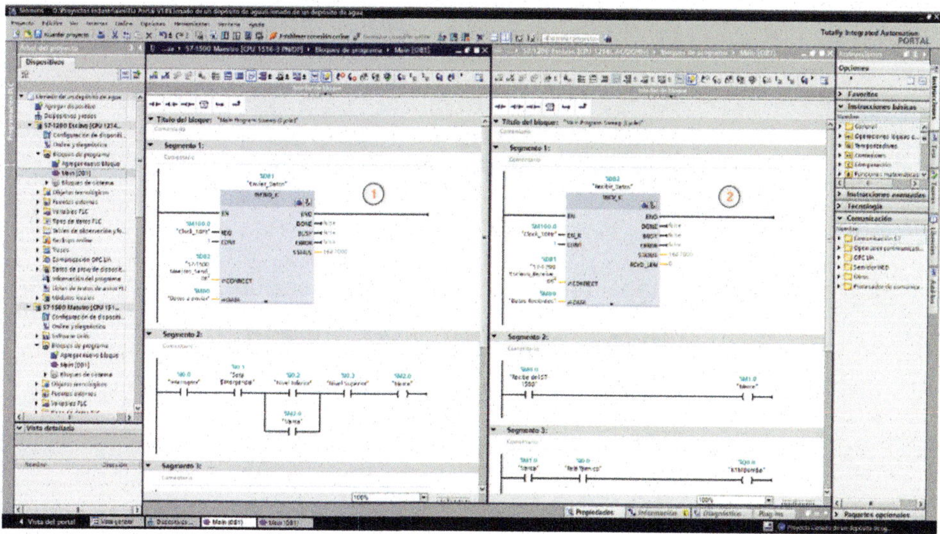

Figura 3.284

Haremos clic sobre el título de la ventana del «Main [OB1] del S7-1500 Maestro» para que quede seleccionado y, seguidamente, pulsaremos sobre el icono «Iniciar simulación».

Figura 3.285

Si nos aparece la ventana «Activar compatibilidad con simulación», pulsaremos «Aceptar».

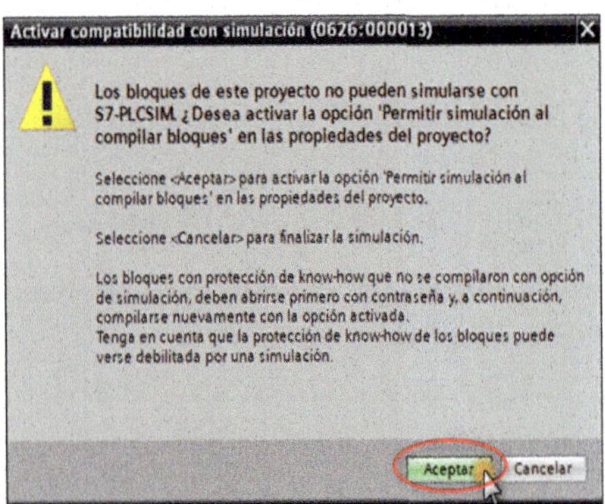

Figura 3.286

En la siguiente ventana que aparece, pulsaremos sobre el botón «Aceptar».

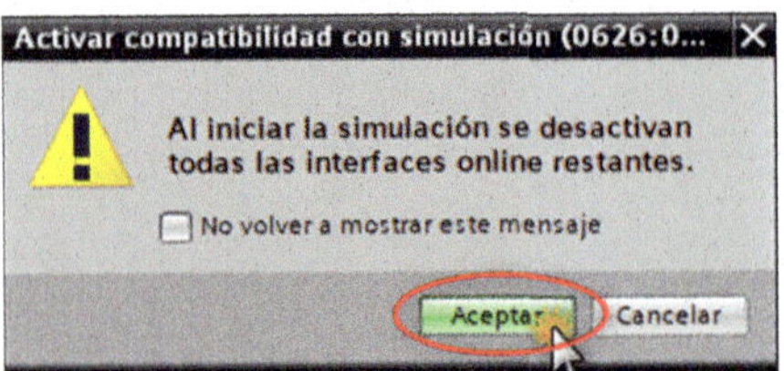

Figura 3.287

Una vez abierto el PLCSIM, volveremos a la ventana del TIA Portal.

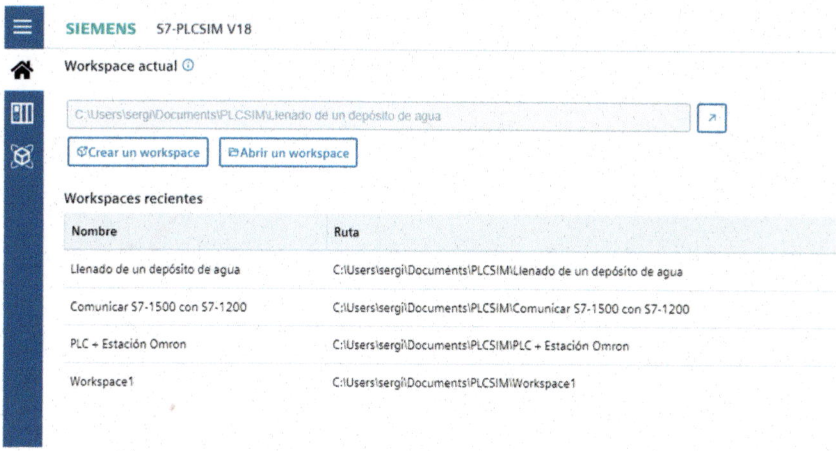

Figura 3.288

Pulsaremos sobre la flechita desplegable de la celda «Tipo de interfaz PG/PC» y, en el desplegable, seleccionaremos «PN/IE».

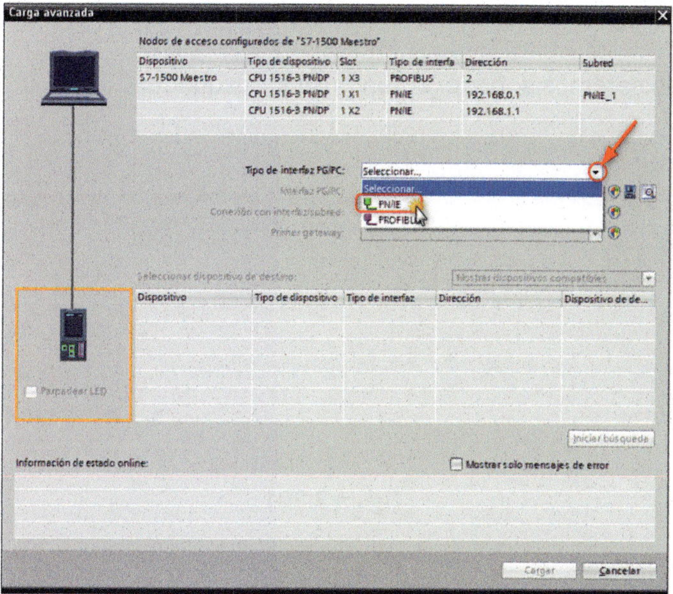

Figura 3.289

Pulsaremos sobre la flechita desplegable de la celda «Conexión con interfaz/subred» y, en el desplegable, seleccionaremos «PN/IE_1».

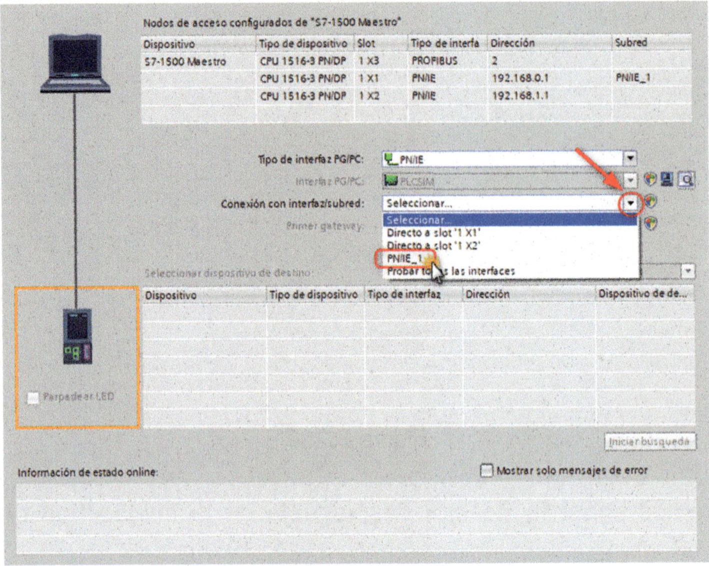

Figura 3.290

Ahora pulsaremos sobre el botón «Iniciar búsqueda».

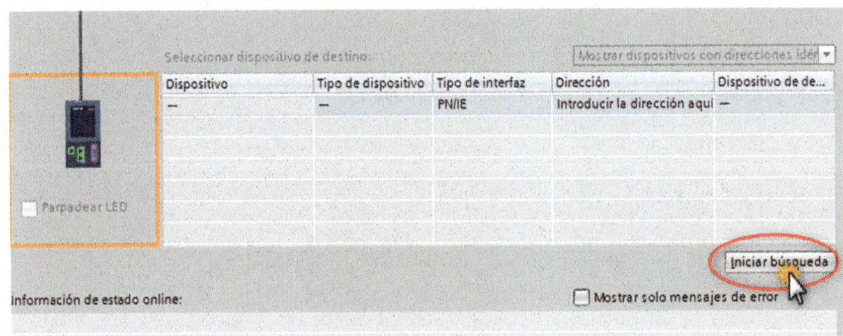

Figura 3.291

Vemos que nos detecta la CPU, así que pulsaremos sobre el botón «Cargar».

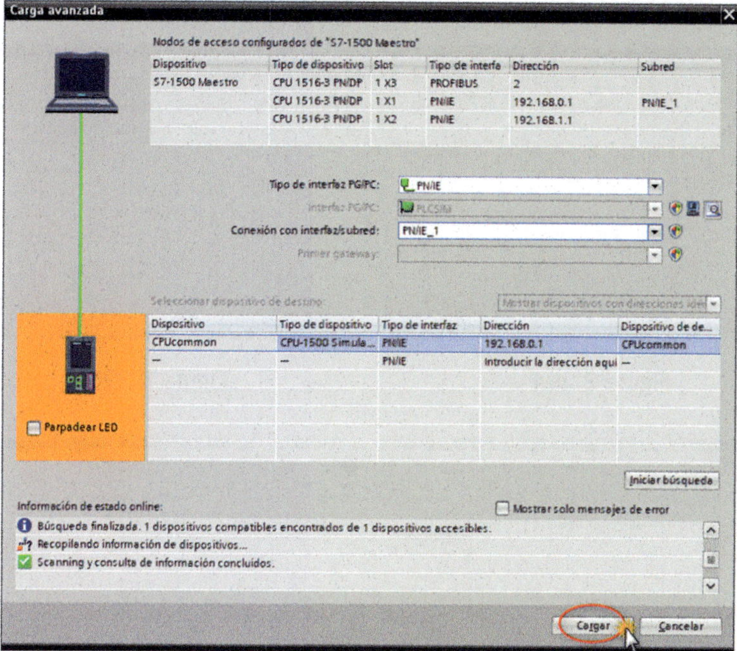

Figura 3.292

Hay que recordar que si trabajamos con la versión del TIA Portal V18 o V17, nos saldrá esta ventana, donde simplemente pulsaremos sobre el botón «Establecer conexión».

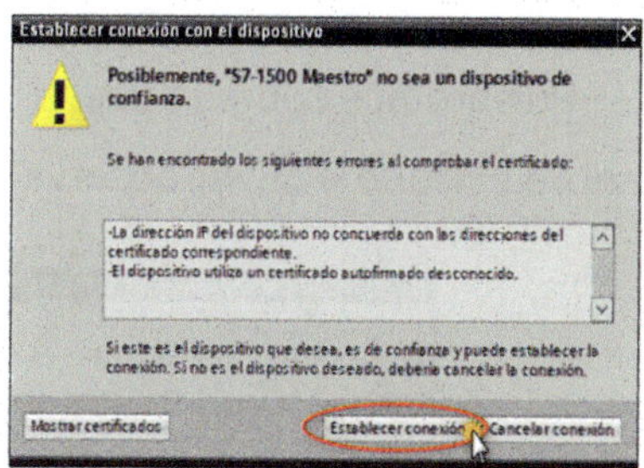

Figura 3.293

Pulsaremos sobre el botón «Cargar». Seguidamente, pulsaremos al lado del nombre «Ninguna acción>>, en el desplegable, seleccionaremos «Arrancar módulo». Para terminar, pulsaremos «Finalizar>>.

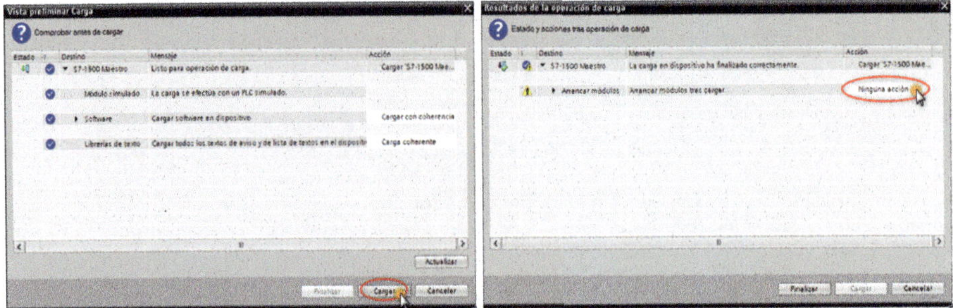

Figura 3.294 Figura 3.295

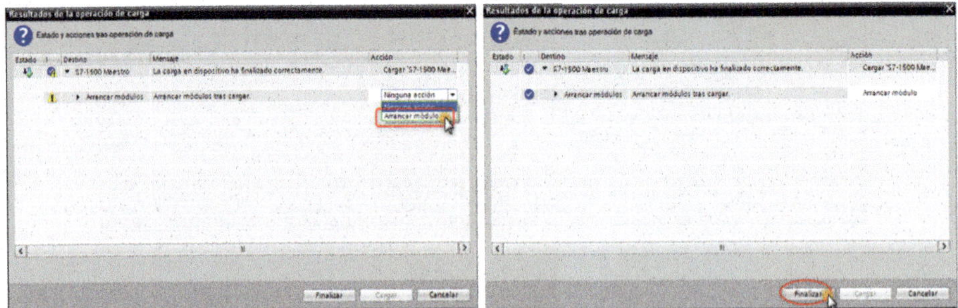

Figura 3.296 Figura 3.297

Pulsaremos sobre la flecha ▶ desplegable y, seguidamente, pulsaremos sobre el icono «Activar observación».

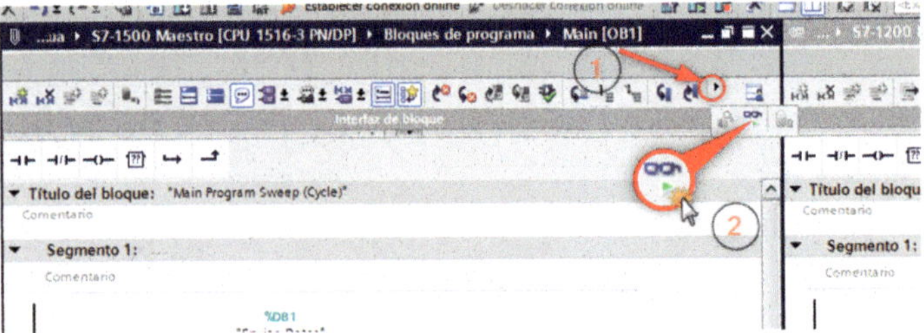

Figura 3.298

Ahora haremos un clic sobre el título de la ventana «Main [OB1] del S7-1200 Esclavo», para que quede seleccionado.

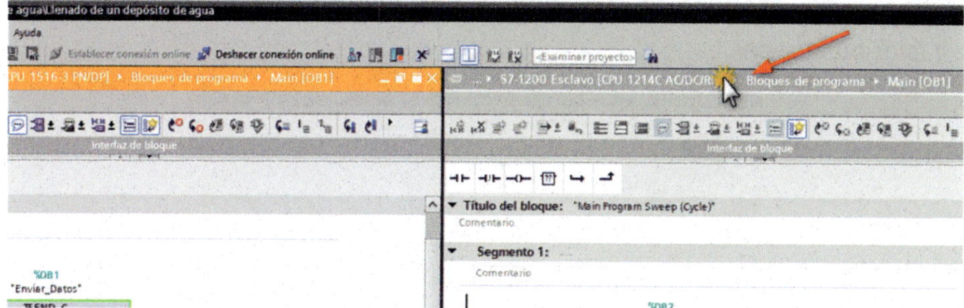

Figura 3.299

Pulsaremos sobre el icono «Iniciar simulación».

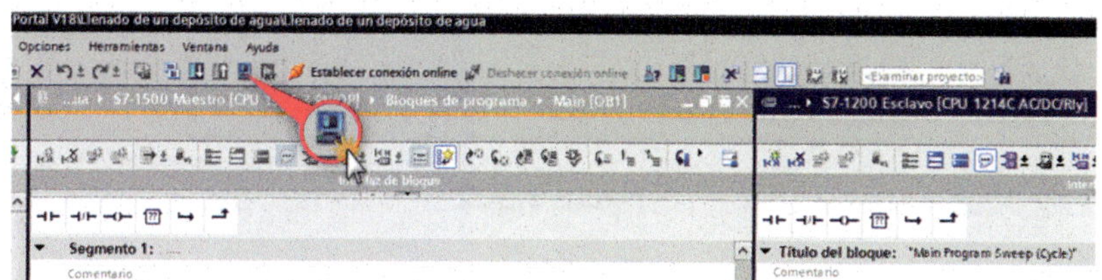

Figura 3.300

Una vez abierto el PLCSIM, volveremos a la ventana del TIA Portal.

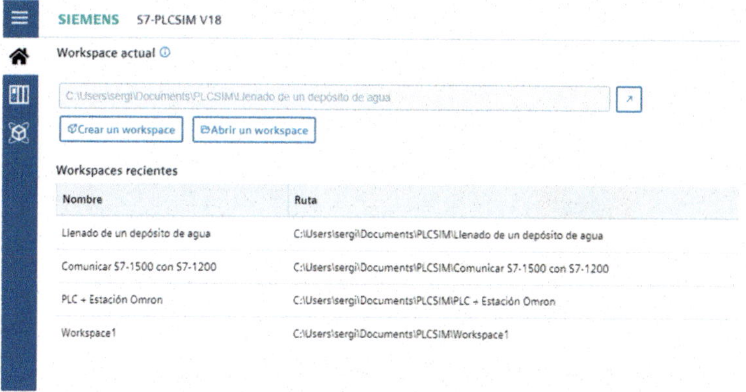

Figura 3.301

Se nos abrirá la ventana de carga avanzada, en la que podremos ver que en la «Conexión con interfaz/subred» ya aparece la conexión «PN/IE_1». Si no estuviera así, tendríamos que cambiarlo. Luego pulsaremos sobre el botón «Iniciar búsqueda».

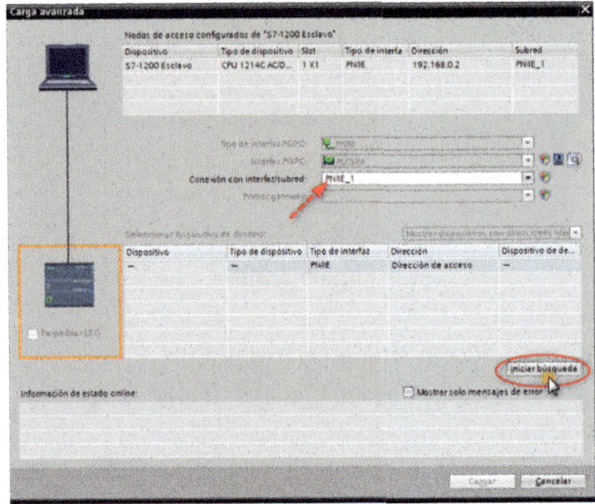

Figura 3.302

Vemos que nos detecta la CPU, así que pulsaremos sobre el botón «Cargar».

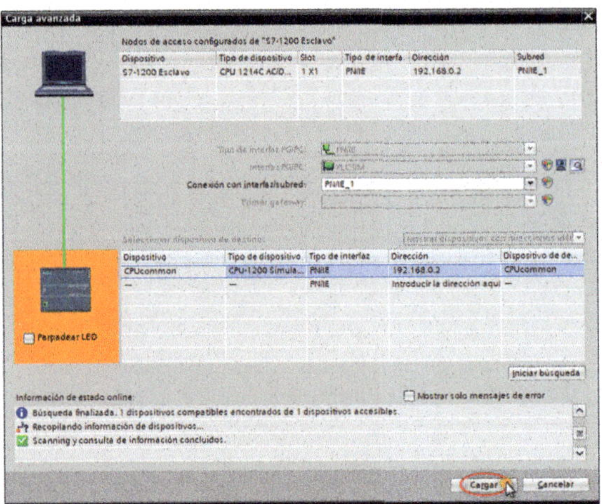

Figura 3.303

Pulsaremos sobre el botón «Establecer conexión».

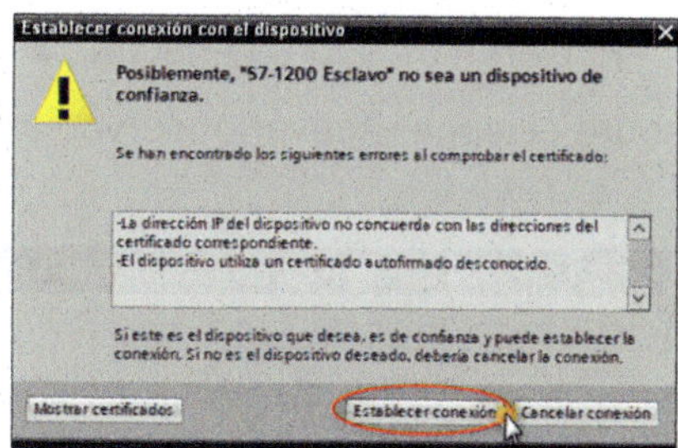

Figura 3.304

Pulsaremos sobre el botón «Cargar» y, seguidamente, pulsaremos al lado del nombre «Ninguna acción». En el desplegable, seleccionaremos «Arrancar módulo» y, seguidamente, pulsaremos «Finalizar».

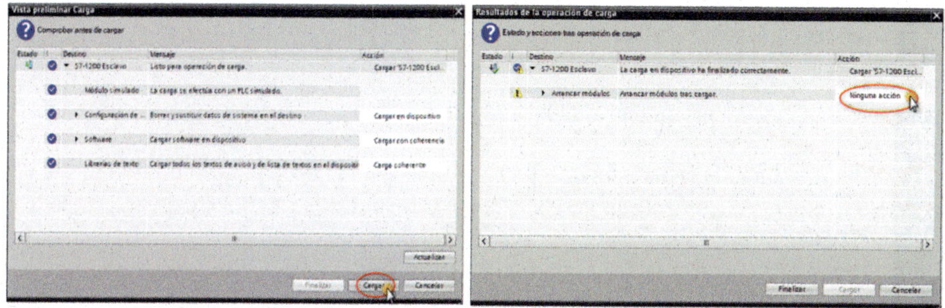

Figura 3.305 Figura 3.306

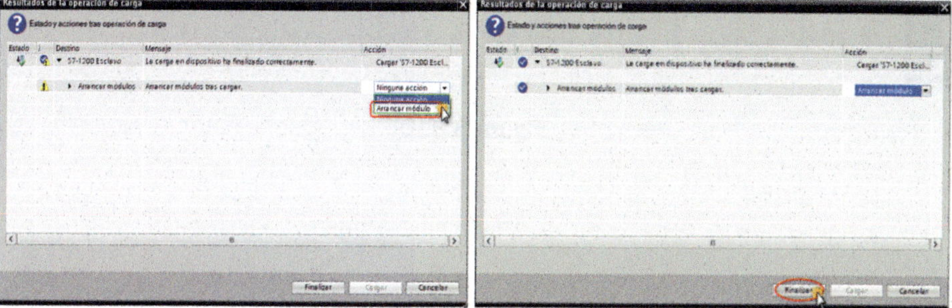

Figura 3.307 Figura 3.308

Pulsaremos sobre la flecha ▶ desplegable y, seguidamente, pulsaremos sobre el icono «Activar observación».

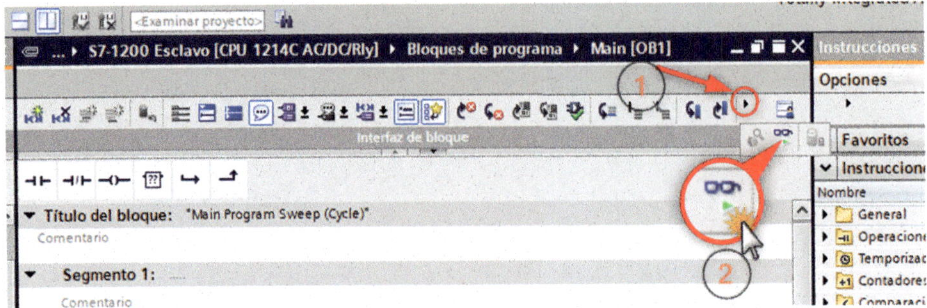

Figura 3.309

Pulsaremos «Simulación».

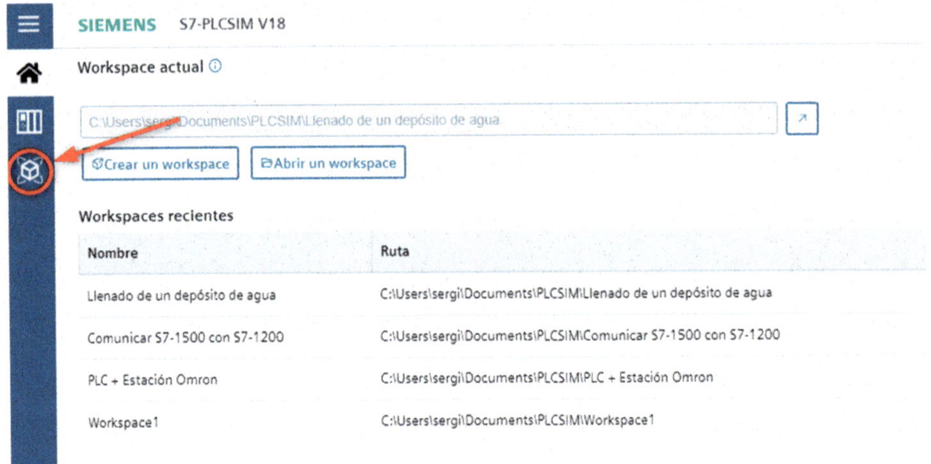

Figura 3.310

En la siguiente ventana, en la pestaña «Librería», pulsaremos sobre el símbolo [+] de la tabla SIM.

Figura 3.311

En la tabla, vemos que está asociado a la CPU S7-1200 Esclavo. Pulsaremos sobre la pestaña «Variables».

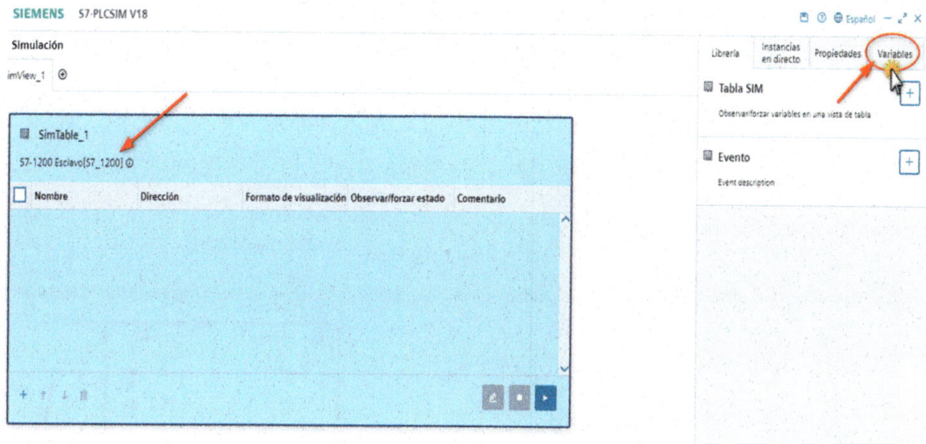

Figura 3.312

En la casilla «Instancia», marcaremos «S7-1200 Esclavo».

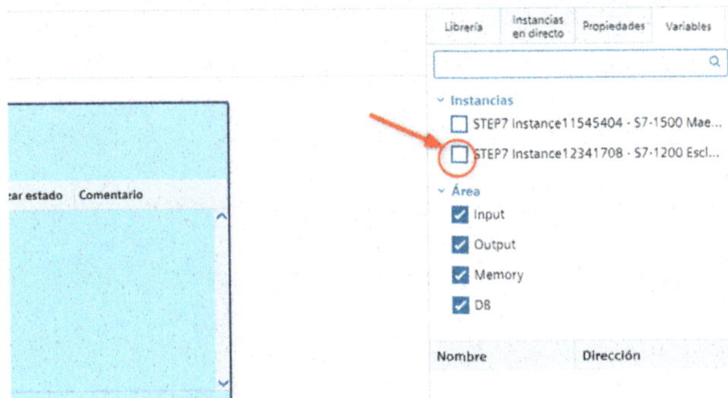

Figura 3.313

Con la barra de desplazamiento, bajaremos hasta la altura de la entrada «I0.0» y de las salidas «Q0.0, Q0.2 y Q0.1», y pulsaremos sobre cada una de ellas para agregarlas a la tabla «S7-1200 Esclavo».

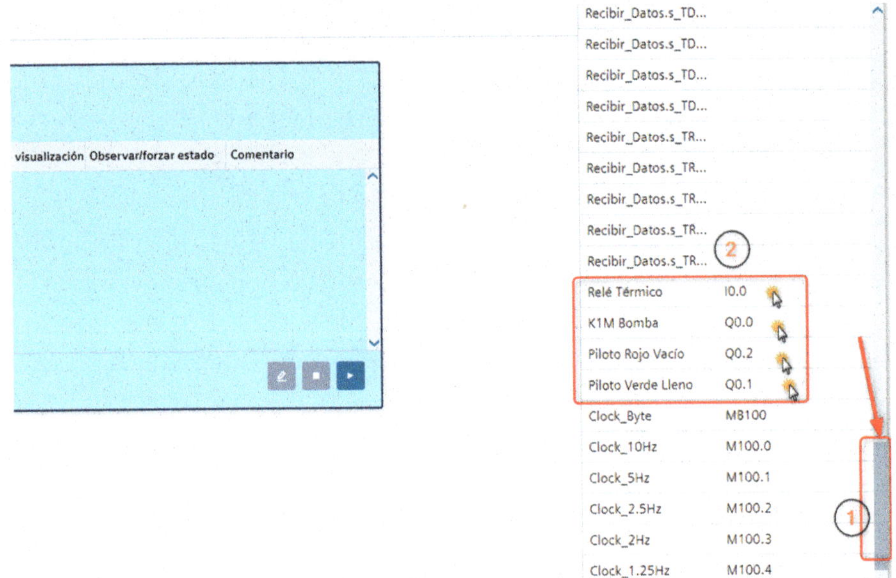

Figura 3.314

Pulsaremos sobre el icono «Iniciar».

SimTable_1

S7-1200 Esclavo[S7_1200]

Nombre	Dirección	Formato de visualización	Observar/forzar estado	Comentario
Relé Térmico	I0.0	Bool		
K1M Bomba	Q0.0	Bool		
Piloto Rojo Vacío	Q0.2	Bool		
Piloto Verde Lleno	Q0.1	Bool		

Figura 3.315

Ahora cambiaremos las condiciones de las entradas «I0.0» en la celda «Observar/forzar estado». Pondremos el valor «1», tal como hicimos con anterioridad.

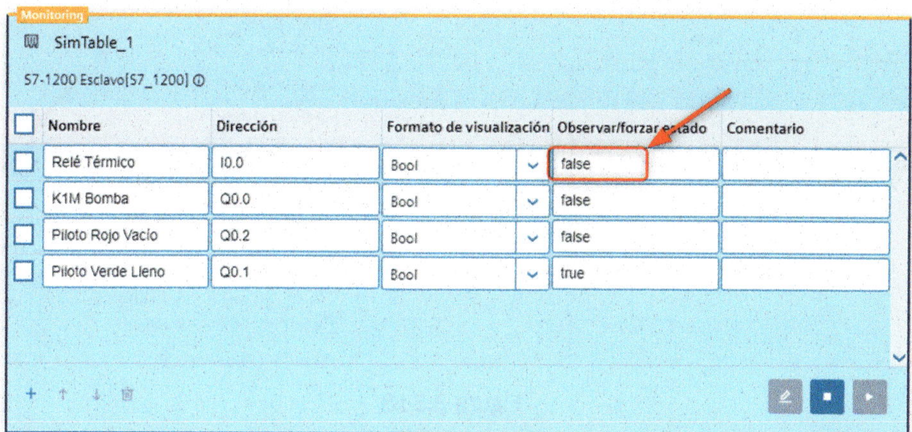

Figura 3.316

Pulsaremos sobre la pestaña «Propiedades».

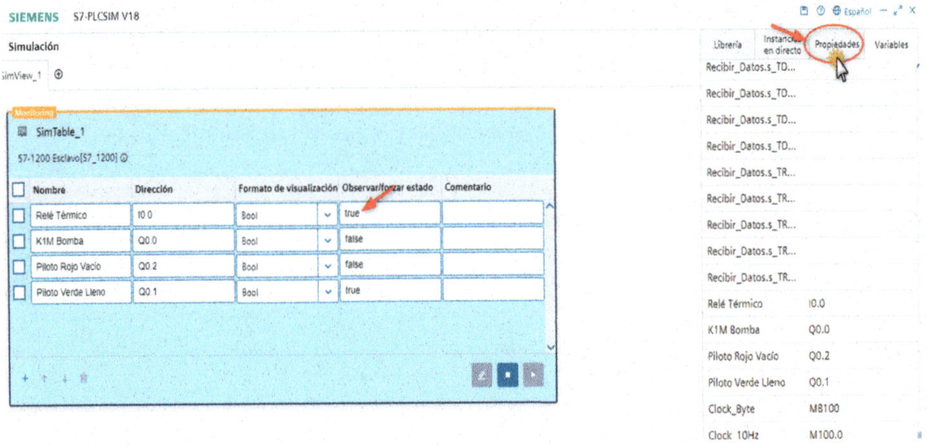

Figura 3.317

Ahora pulsaremos sobre la flecha desplegable de «Vincular PLC» y seleccionaremos «S7-1500 Maestro».

Figura 3.318

Como vemos, la tabla está asociada al «S7-1500 Maestro». Seleccionaremos la casilla «Nombre».

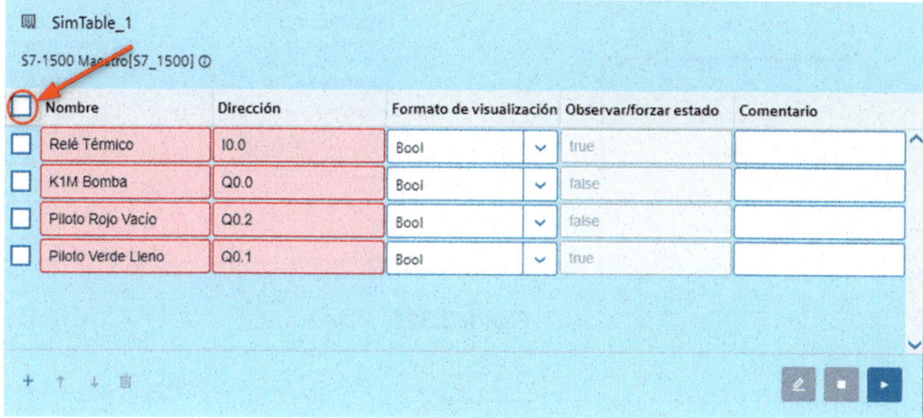

Figura 3.319

Pulsaremos sobre el icono «Eliminar».

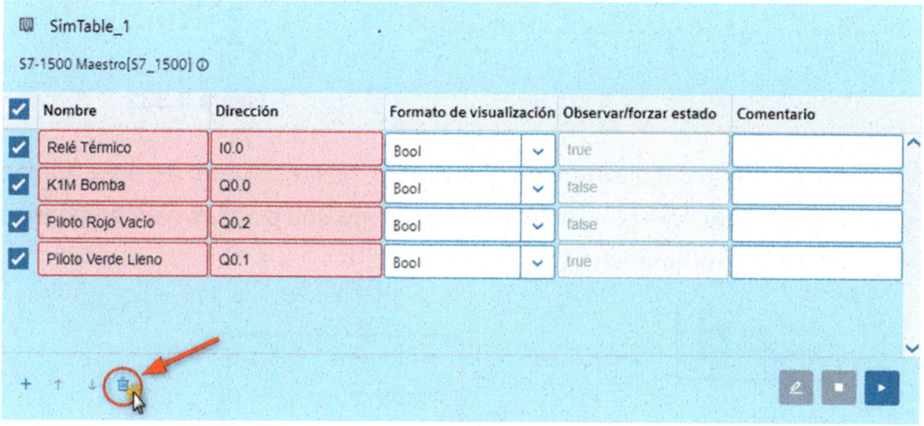

Figura 3.320

Pulsaremos sobre la pestaña «Variables».

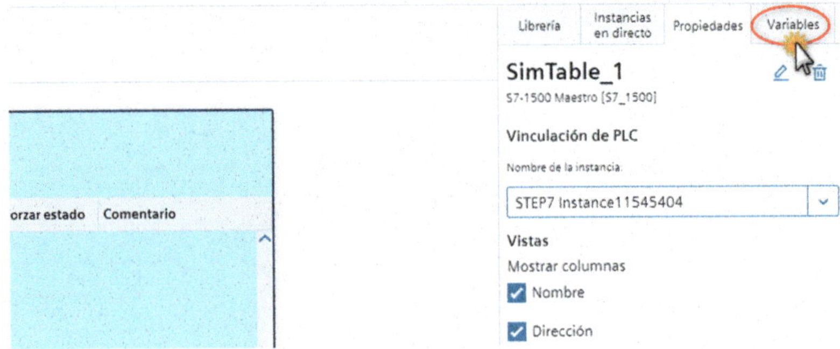

Figura 3.321

Subiremos con la barra de desplazamiento hacia arriba del todo y seleccionaremos la casilla de la instancia «S7-1500 Maestro».

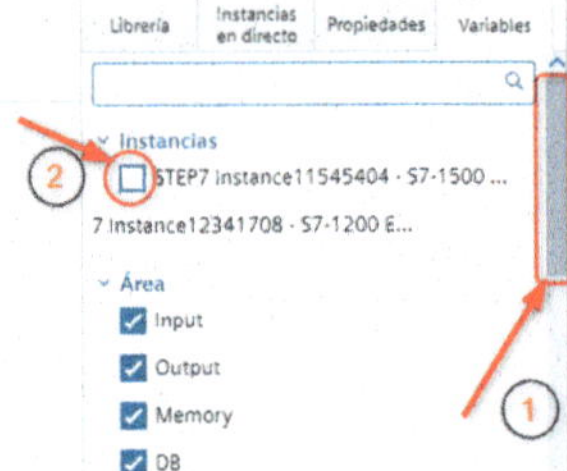

Figura 3.322

Con la barra de desplazamiento, bajaremos hasta la altura de las entradas «I0.1, I0.2, I0.3, I0.4 y I0.0» y pulsaremos en cada una de ellas para agregarlas a la tabla «S7-1500 Maestro».

Figura 3.323

Pulsaremos sobre el botón «Iniciar».

SimTable_1

S7-1500 Maestro[S7_1500]

Nombre	Dirección	Formato de visualización	Observar/forzar estado	Comentario
Seta Emergencia	I0.1	Bool		
Nivel Inferior	I0.2	Bool		
Nivel Superior	I0.3	Bool		
Detector Pozo	I0.4	Bool		
Interruptor	I0.0	Bool		

Figura 3.324

Ahora cambiaremos las condiciones de las entradas «I0.1, I0.2, I0.3 y I0.4» en la celda «Observar/forzar estado». Las cambiaremos al valor «1».

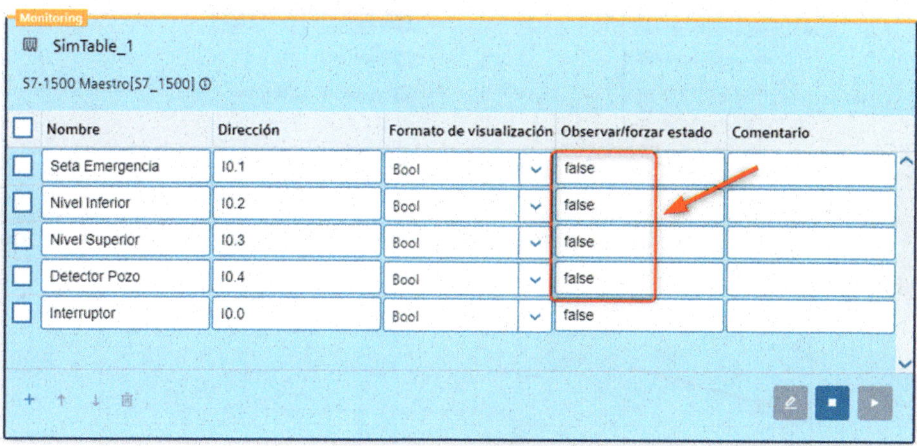

Figura 3.325

Pulsaremos sobre la pestaña «Propiedades».

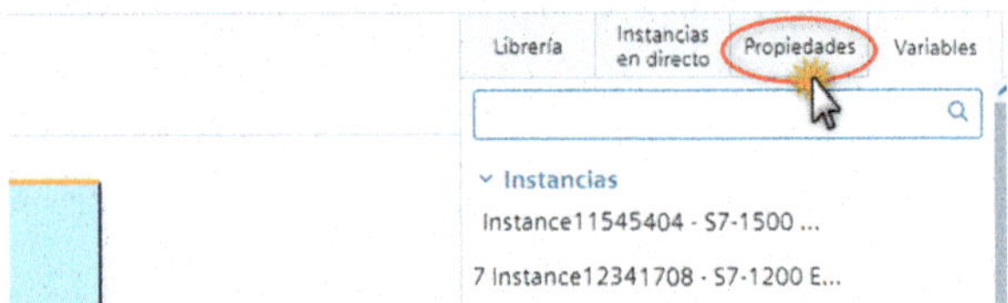

Figura 3.326

Luego pulsaremos sobre la flecha desplegable de «Vincular PLC» y seleccionaremos el de la instancia del «S7-1200 Esclavo».

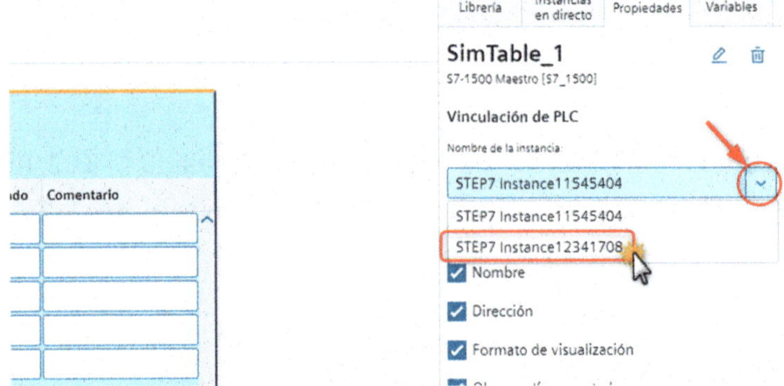

Figura 3.327

Seleccionaremos la casilla «Nombre» y pulsaremos sobre el icono «Eliminar».

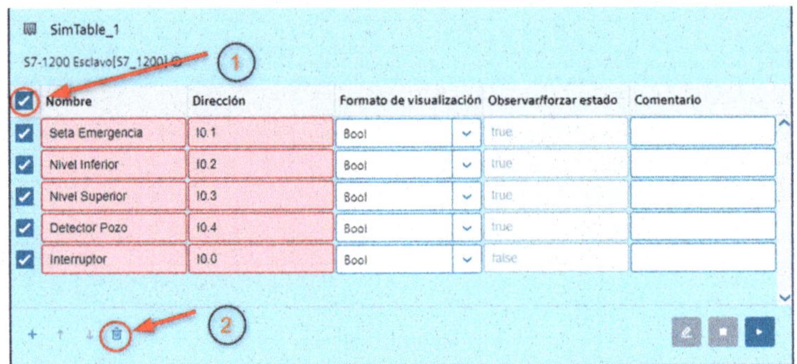

Figura 3.328

Marcaremos las casillas «Entrada» y «Salida» y pulsaremos sobre el botón «Cargar variables seleccionadas».

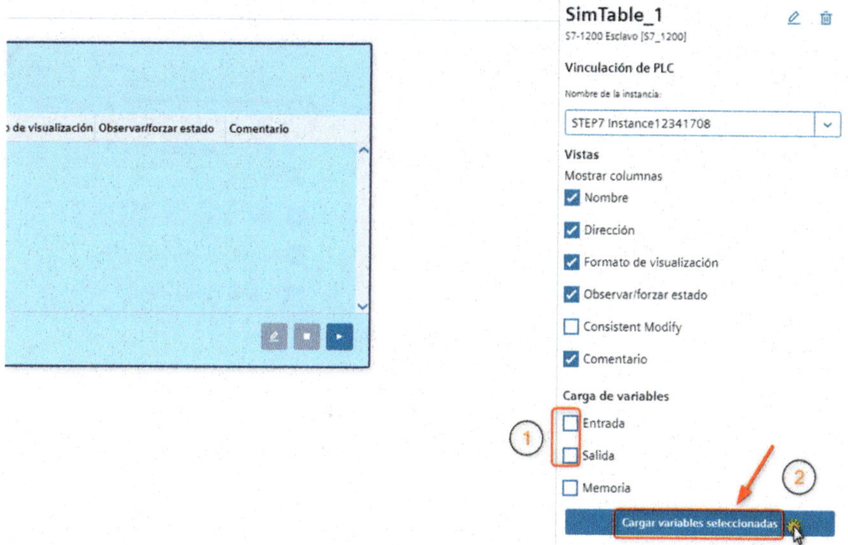

Figura 3.329

Pulsaremos «Iniciar».

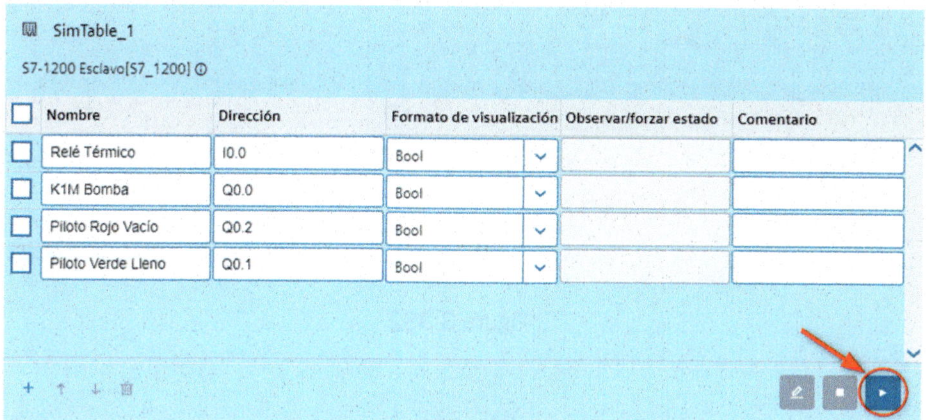

Figura 3.330

A continuación, pulsaremos sobre la flecha desplegable de «Vincular PLC» y seleccionaremos el de la instancia del «S7-1500 Maestro».

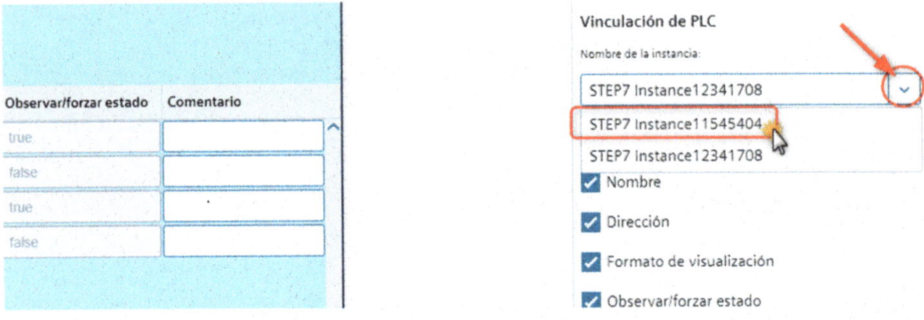

Figura 3.331

Marcaremos la casilla «Nombre» y pulsaremos sobre el icono «Eliminar». Dejamos marcadas las casillas «Entrada» y «Salida» y pulsaremos sobre el botón «Cargar variables seleccionadas».

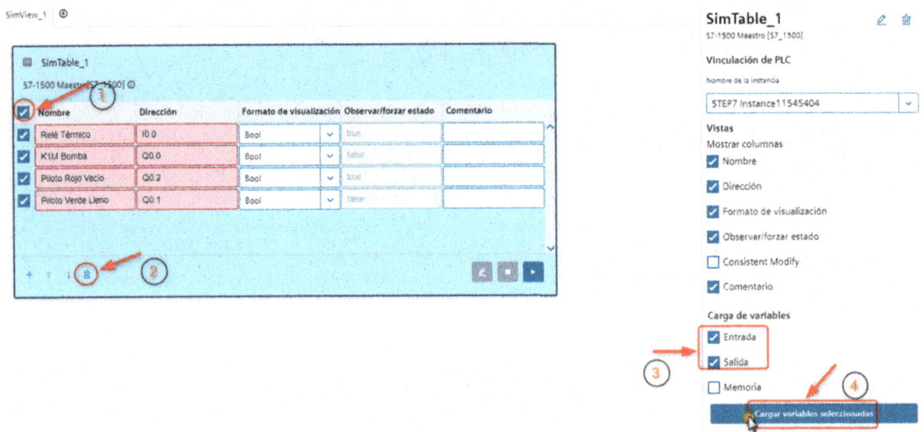

Figura 3.332

Pulsaremos sobre el botón «Iniciar».

SimTable_1

S7-1500 Maestro[S7_1500]

Nombre	Dirección	Formato de visualización	Observar/forzar estado	Comentario
Seta Emergencia	I0.1	Bool		
Nivel Inferior	I0.2	Bool		
Nivel Superior	I0.3	Bool		
Detector Pozo	I0.4	Bool		
Interruptor	I0.0	Bool		

Figura 3.333

De esta manera, podemos ir cambiado de tablas y cargar sus variables. Lógicamente, también podemos cambiar la condición de las variables.

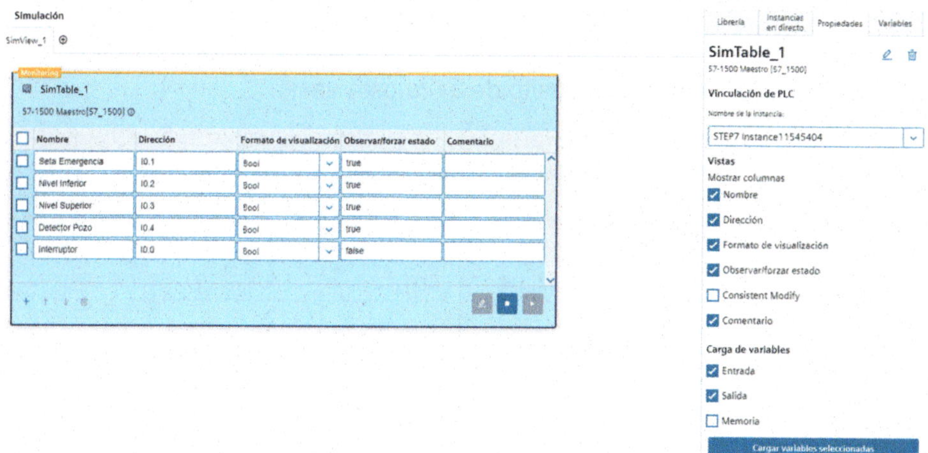

Figura 3.334

Con las barras de desplazamiento, ajustaremos las ventanas como vemos en la Figura 3.335.

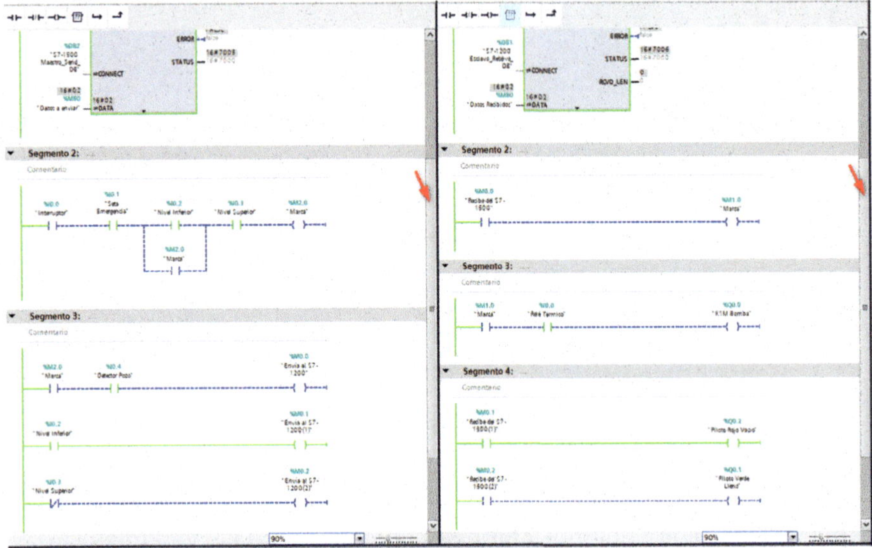

Figura 3.335

Como podemos ver, el depósito de agua está vacío.

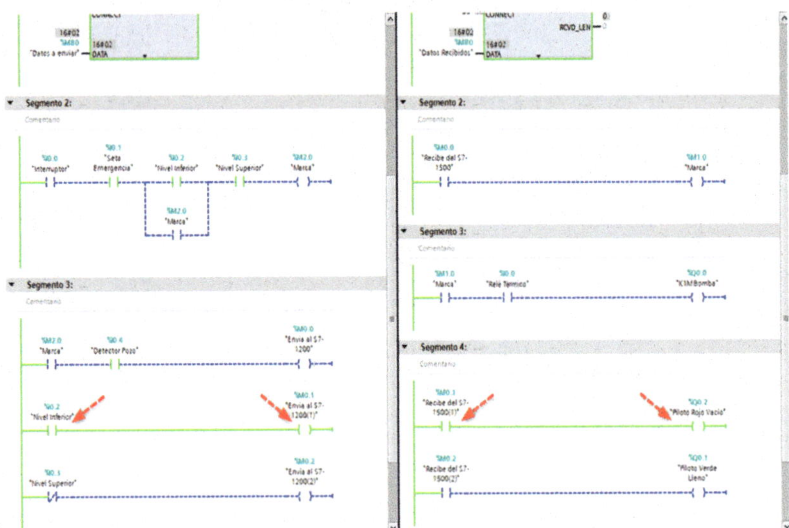

Figura 3.336

Iremos a la ventana del PLCSIM a cambiar la condición del «Interruptor», que pondremos a «1».

Monitoring

SimTable_1

S7-1500 Maestro[S7_1500]

Nombre	Dirección	Formato de visualización	Observar/forzar estado	Comentario
Seta Emergencia	I0.1	Bool	true	
Nivel Inferior	I0.2	Bool	true	
Nivel Superior	I0.3	Bool	true	
Detector Pozo	I0.4	Bool	true	
Interruptor	I0.0	Bool	false	

Figura 3.337

Al activar el interruptor, lo que hacemos es cambiar el estado de la bomba de llenado «Q0.0 - K1M Bomba», que de 0 pasa a 1, y comienza el llenado del depósito de agua.

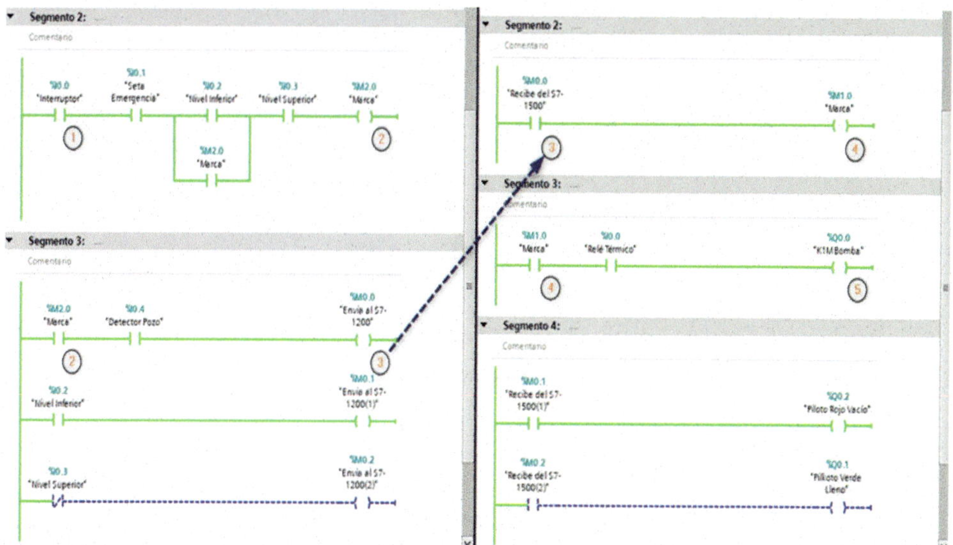

Figura 3.338

Iremos a la ventana del PLCSIM y cambiaremos la condición del «Nivel inferior»; la pondremos a «0».

Monitoring

SimTable_1

S7-1500 Maestro[S7_1500]

	Nombre	Dirección	Formato de visualización	Observar/forzar estado	Comentario
☐	Seta Emergencia	I0.1	Bool	true	
☐	Nivel Inferior	I0.2	Bool	true	
☐	Nivel Superior	I0.3	Bool	true	
☐	Detector Pozo	I0.4	Bool	true	
☐	Interruptor	I0.0	Bool	true	

Figura 3.339

Vemos que, al desactivar el nivel inferior, lo que hacemos es cambiar el estado del Piloto «Q0.2 - Piloto Rojo Vacío», que de 1 pasa a 0, y así nos indica que el depósito no está vacío.

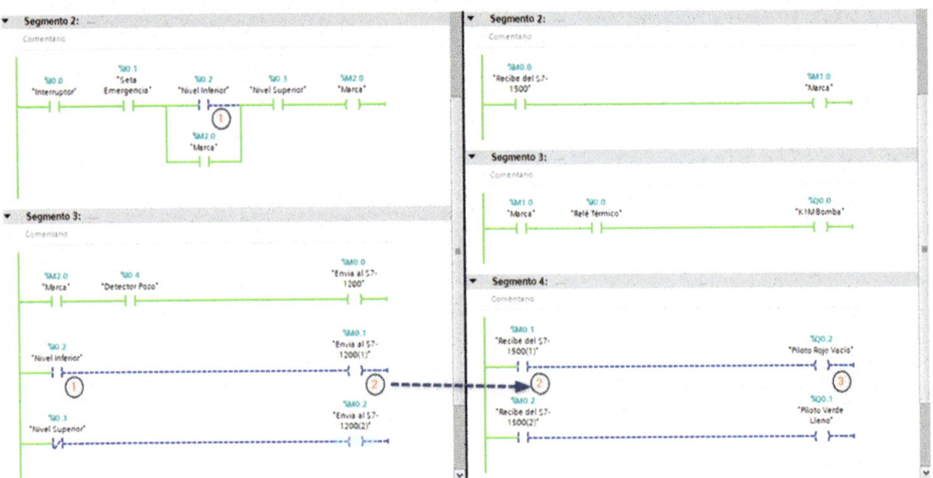

Figura 3.340

Iremos a la ventana del PLCSIM y cambiaremos la condición del «Nivel superior»; la pondremos a «0».

Monitoring

SimTable_1

S7-1500 Maestro[S7_1500]

Nombre	Dirección	Formato de visualización	Observar/forzar estado	Comentario
Seta Emergencia	I0.1	Bool	true	
Nivel Inferior	I0.2	Bool	false	
Nivel Superior	I0.3	Bool	true	
Detector Pozo	I0.4	Bool	true	
Interruptor	I0.0	Bool	true	

Figura 3.341

Al cambiar la condición de la variable «Nivel superior - I0.3», vemos que cambia la condición de la bomba de llenado «Q0.0 - K1M Bomba», que pasa de 1 a 0, y también cambia la condición de la variable «Q0.1 - Piloto Verde Lleno», que pasa de 0 a 1; esto nos indica que el depósito está lleno y que la bomba de agua está parada.

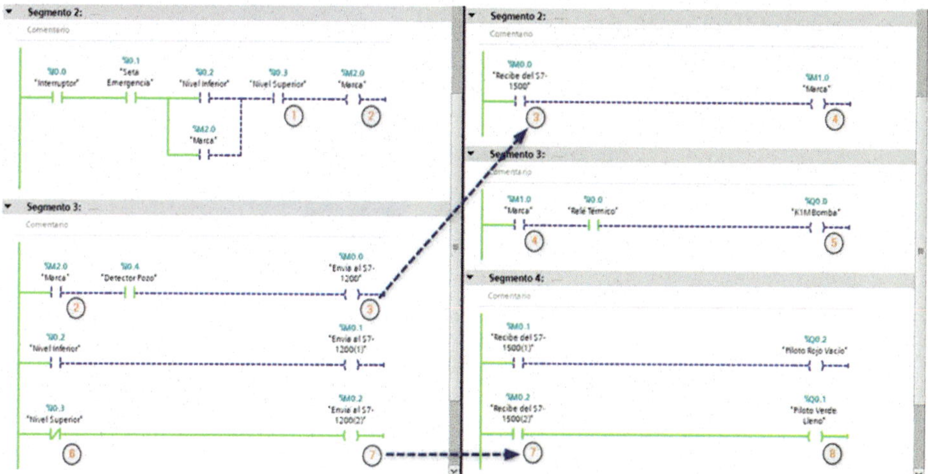

Figura 3.342

Ahora pueden ir probando; desactivar y activar el detector del pozo, también pueden desactivar y activar el relé térmico, la seta de emergencia, etc.

Es interesante jugar un poco con la simulación e ir probando cosas para ir viendo qué pasa en el proceso.

Para deshacer el «Dividir el área del editor verticalmente», pulsaremos sobre su icono.

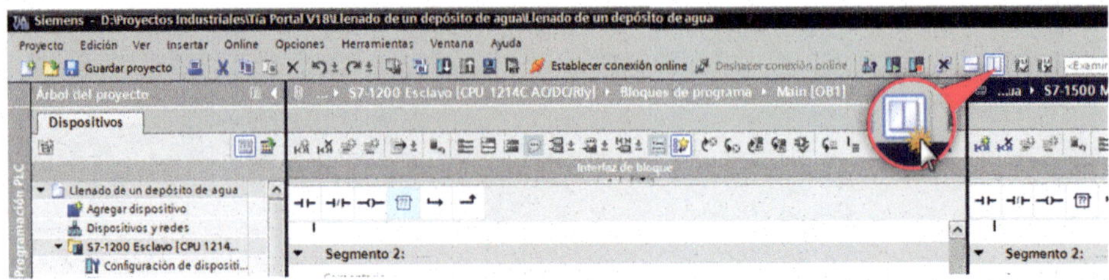

Figura 3.343

Una vez terminado, se puede guardar el proyecto, como hemos visto con anterioridad.

3.3. Bombas y niveles con dos PLC, 1 CPU 1516-3 PN/DP y 1 CPU 1214C AC/DC/Rly

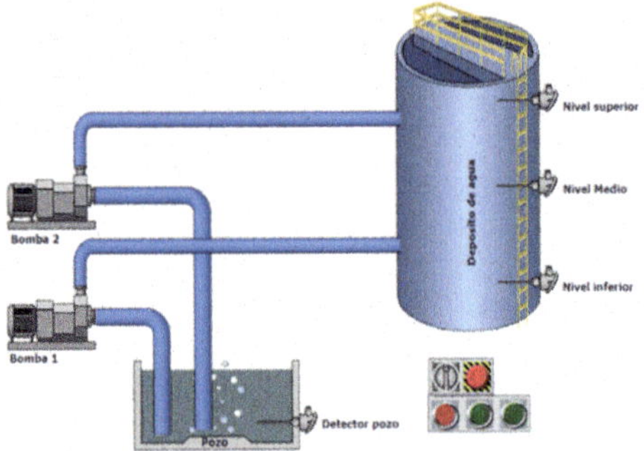

BOMBAS Y NIVELES

Proceso manual

En este modo, cada bomba podrá ponerse en marcha con un pulsador (el funcionamiento de cada una de las bombas es independiente) y tendremos un pulsador de paro común para las dos. Las bombas se pararán cuando el nivel del depósito alcance su nivel máximo o cuando el pozo se quede sin agua.

Proceso automático

En este modo, las bombas se pondrán en funcionamiento dependiendo del nivel de agua en el depósito:

1 Por debajo del nivel inferior, se pondrán en funcionamiento las dos bombas.

2 Por debajo del nivel medio y por encima del nivel inferior, se pondrá en funcionamiento la bomba 1.

3 Por debajo del nivel superior y por encima del nivel medio, se pondrá en funcionamiento la bomba 2.

Las bombas se pararán cuando el nivel del depósito alcance su nivel máximo o cuando el pozo se quede sin agua.

Esquema S7-1516-3 PN/DP.

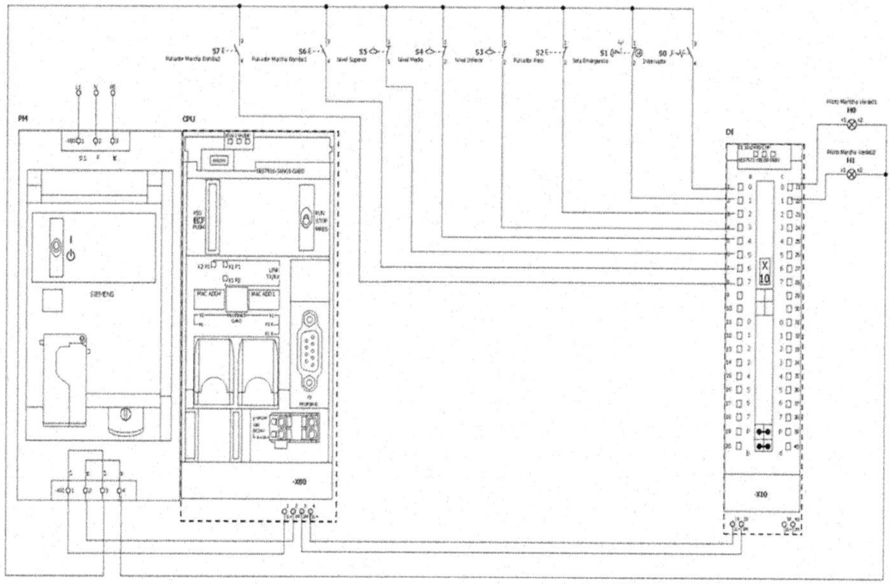

Figura 3.344

Esquema S7-1214C AC/DC/Rly.

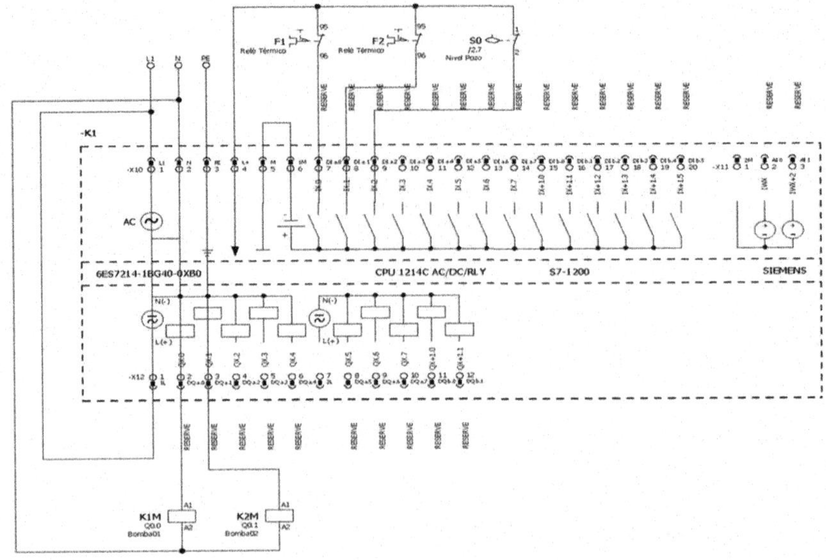

Figura 3.345

Conexión entre CPU S7-1516-3 PN/DP y S7-1214C AC/DC/Rly.

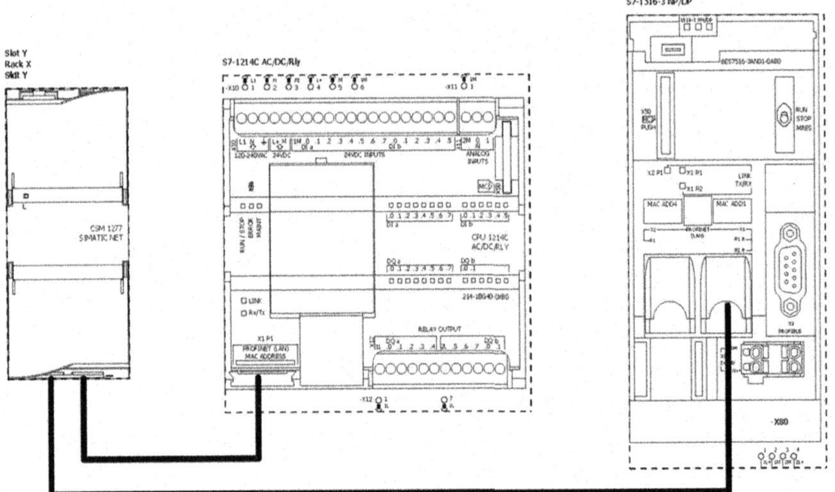

Figura 3.346

Vamos a abrir el programa TIA Portal  .

Una vez abierto, pulsaremos sobre la opción «Crear proyecto».

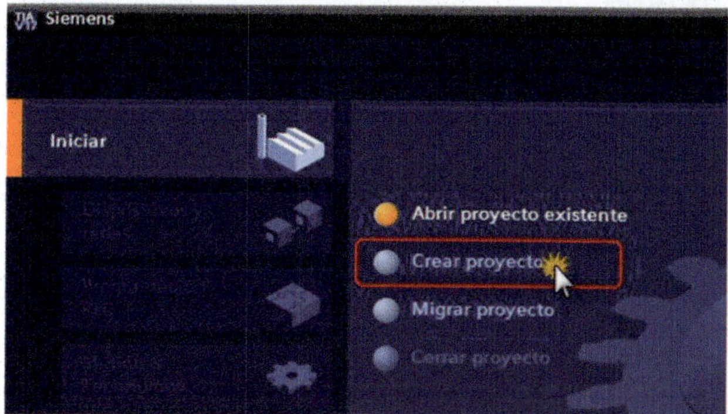

Figura 3.347

En «Nombre del proyecto», escribiremos «Bombas y Niveles» y pulsaremos sobre el botón Crear .

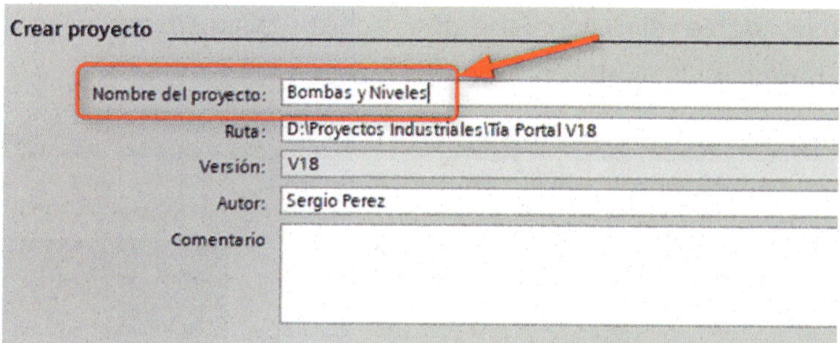

Figura 3.348

Ahora pulsaremos sobre la opción «Vista del proyecto», que tenemos en la parte inferior izquierda de la ventana del TIA Portal.

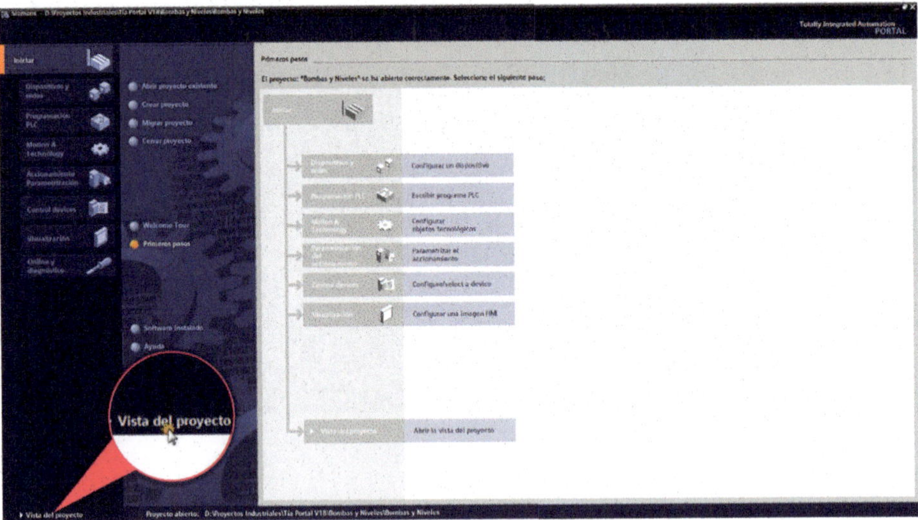

Figura 3.349

Haremos doble clic con el ratón sobre «Dispositivos y redes», que encontraremos en la ventana «Árbol del proyecto».

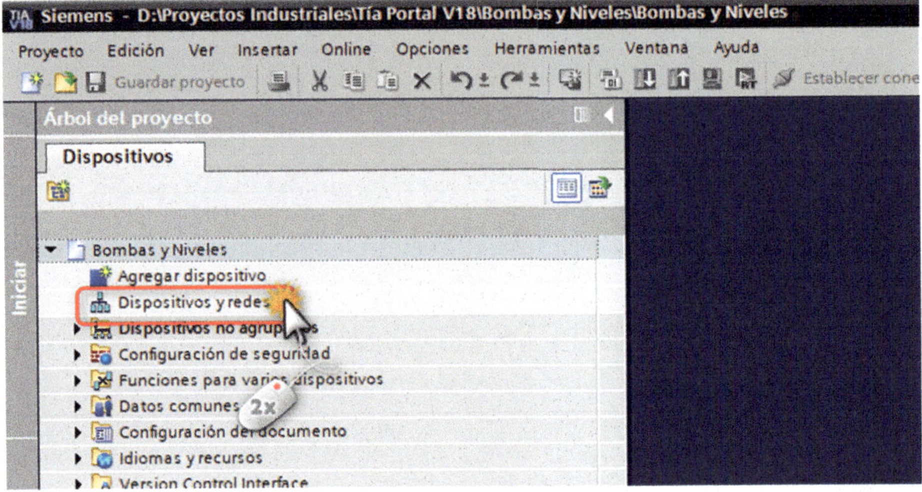

Figura 3.350

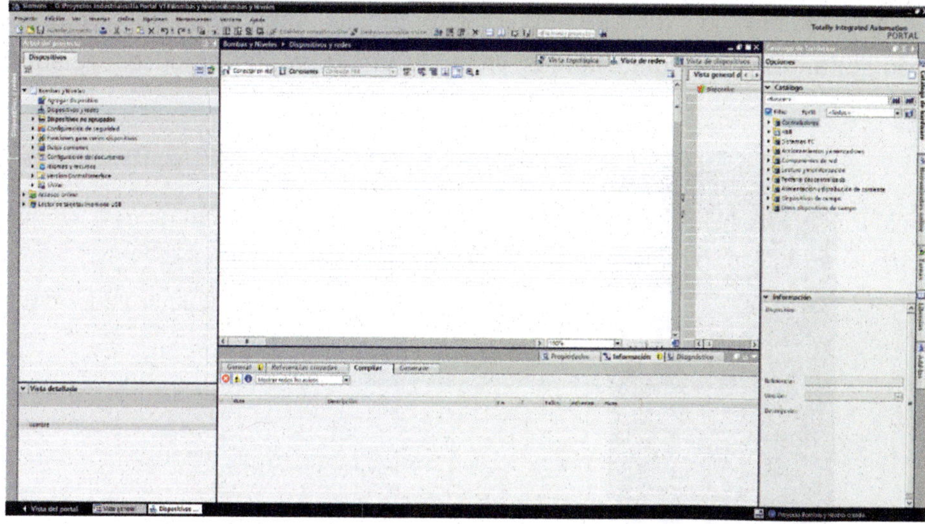

Figura 3.351

En los ejercicios prácticos guiados anteriores, hemos visto cómo añadir una CPU SIMATICS S7-1500 y S7-1200, módulos de entradas y salidas, y también fuentes de alimentación.

Hemos visto cómo renombrar las CPU como «Maestro» y «Esclavo», y también hemos visto cómo ir a las marcas de sistema y de ciclo y cómo activar los bits de marcas de ciclo. Así que vamos a empezar con la configuración.

1. Empezaremos añadiendo el hardware de la familia SIMATIC S7-1200. Para ello, añadiremos el siguiente elemento.

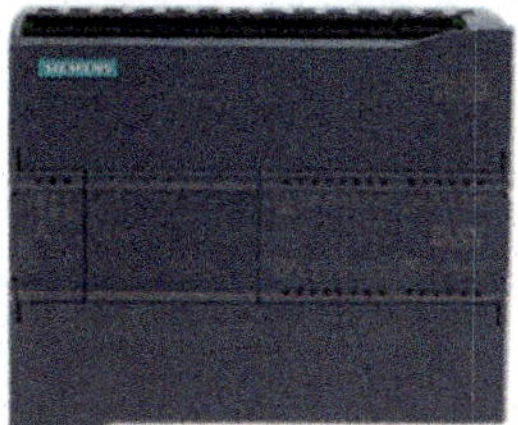

CPU 1214C AC/DC/Rly.

Ref. 6ES7 214-1BG40-0XB0.

Nos saldrá la ventana del asistente de seguridad del PLC; lo configuraremos tal como hemos visto en los ejercicios prácticos guiados anteriores.

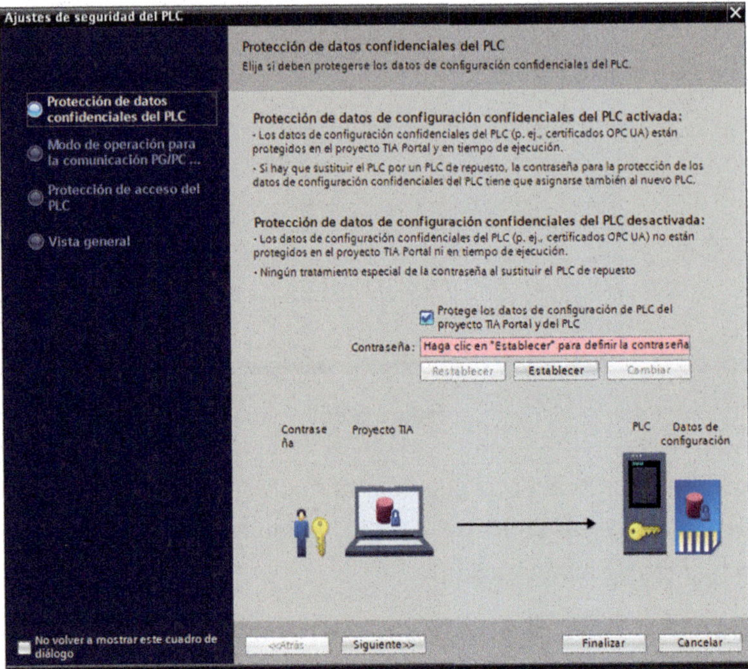

Figura 3.352

Ya tenemos añadida la CPU.

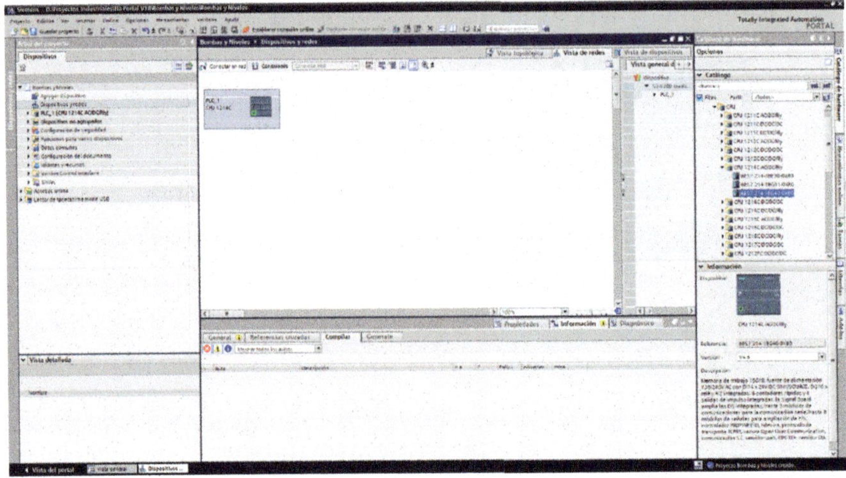

Figura 3.353

(2) Ahora añadiremos el hardware de la familia SIMATIC S7-1500, con sus módulos. Así pues, añadiremos los siguientes elementos.

CPU 1516-3 PN/DP.

Ref. 6ES7 516-3AN01-0AB0.

Cuando añadamos la CPU 1516-3 PN/DP, se abrirá la ventana del asistente de seguridad del PLC.

Fuente de alimentación.

PM 190W 120/230VAC Ref. 6EP1333-4BA00.

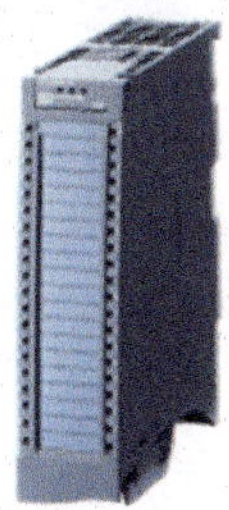

Módulo de entradas digitales (DI) - DI 32x24VDC HF Ref. 6ES7 521-1BL00-0AB0.

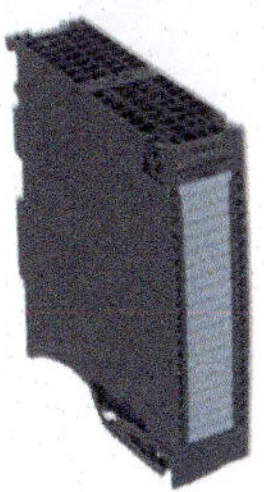

Módulo de salidas digitales (DO) - DQ 32x24VDC/0.5A HF Ref. 6ES7 522-1BL01-0AB0.

Una vez añadida la CPU S7-1516-3 PN/DP con sus respectivos módulos, pulsaremos sobre la pestaña «Vista de redes».

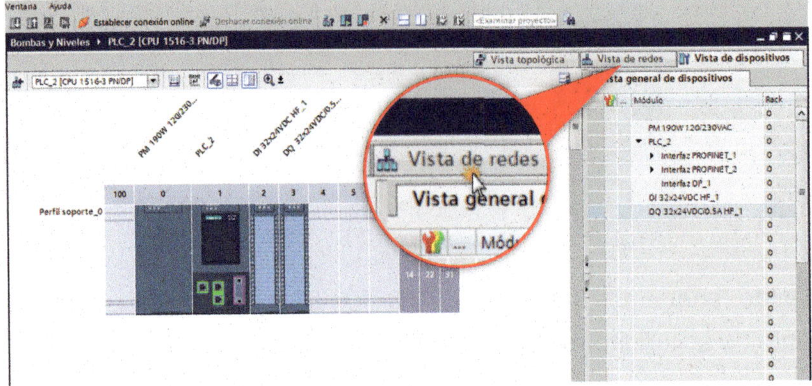

Figura 3.354

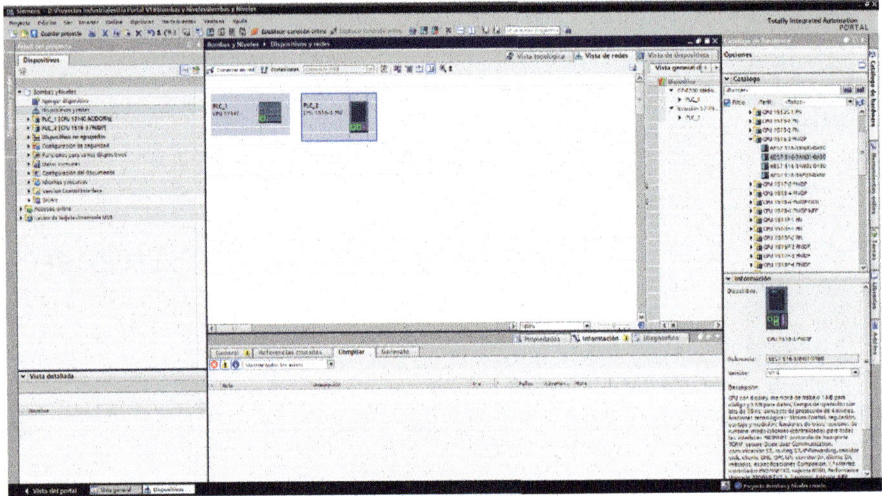

Figura 3.355

Ahora renombraremos las CPU (ya hemos visto cómo hay que hacerlo).

1. Al PLC_1 «CPU 1214C AC/DC/Rly» lo llamaremos «Esclavo».
2. Al PLC_2 «CPU 1516-3 PN/DP» lo llamaremos «Maestro».

Ahora haremos un clic con el botón izquierdo del ratón sobre la conexión de «Ethernet del S7-1500 Maestro», tal como vemos en la Figura 3.356. Sin soltarlo, lo arrastraremos hasta la conexión «Ethernet del S7-1200 Esclavo», y soltamos el botón izquierdo del ratón para hacer la conexión.

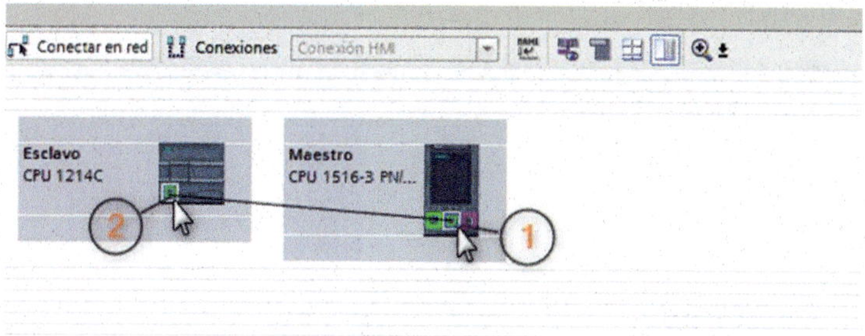

Figura 3.356

La conexión entre las CPU nos quedará tal como vemos en la Figura 3.357.

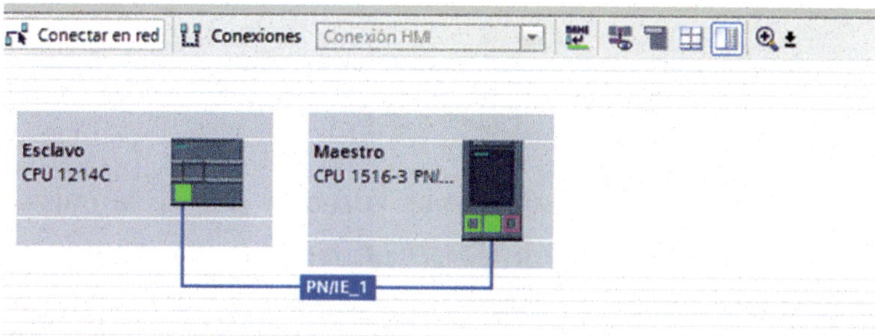

Figura 3.357

Como hemos hecho con anterioridad, debemos ir a las marcas de sistema y de ciclo y activar «Bits de marcas de ciclo», tanto en la CPU S7-1500 Maestro como en la CPU S7-1200 Esclavo.

En el S7-1200 Esclavo, marcaremos la casilla «Activar la utilización del byte de marcas de ciclo» y, en «Dirección del byte de marcas de ciclo», pondremos el valor numérico «100».

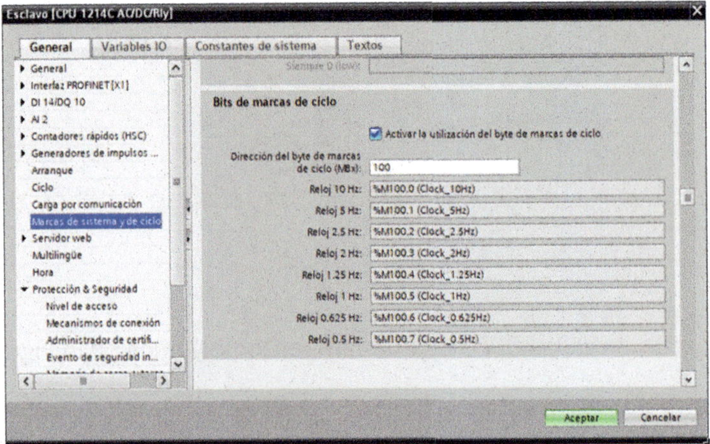

Figura 3.358

En el S7-1500 Maestro, marcaremos la casilla «Activar la utilización del byte de marcas de ciclo» y, en «Dirección del byte de marcas de ciclo», pondremos el valor numérico «100».

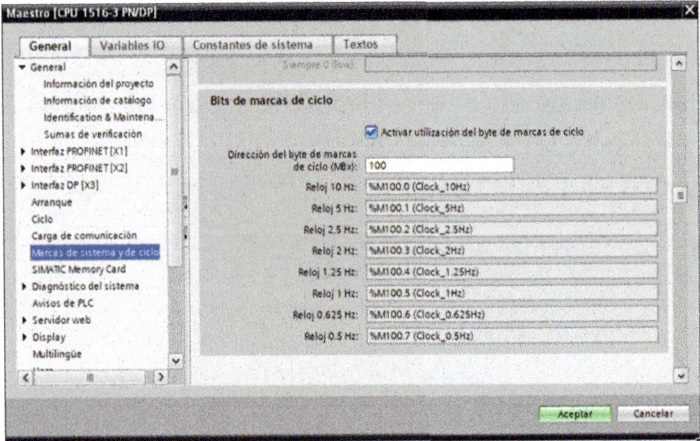

Figura 3.359

Iremos a la ventana «Árbol del proyecto» y haremos doble clic con el ratón sobre la carpeta «Maestro».

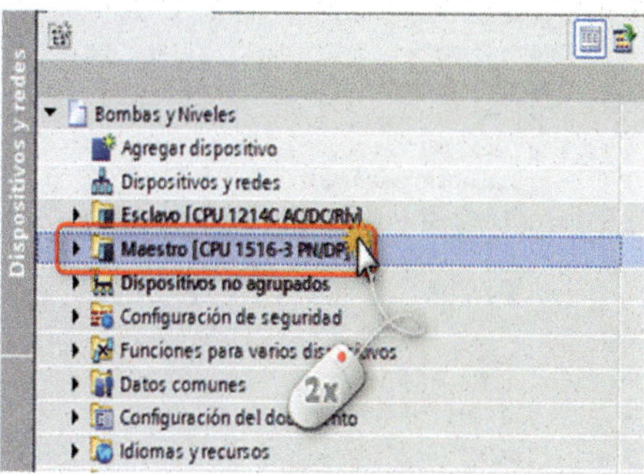

Figura 3.360

A continuación, haremos doble clic sobre la carpeta «Bloques de programa».

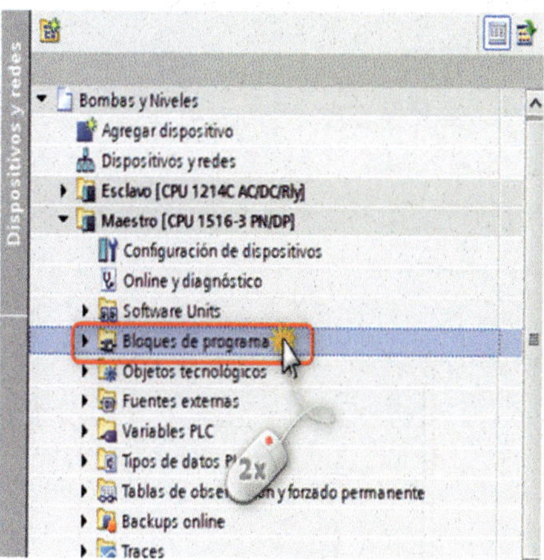

Figura 3.361

Seguidamente, haremos doble clic sobre la opción «Main OB1».

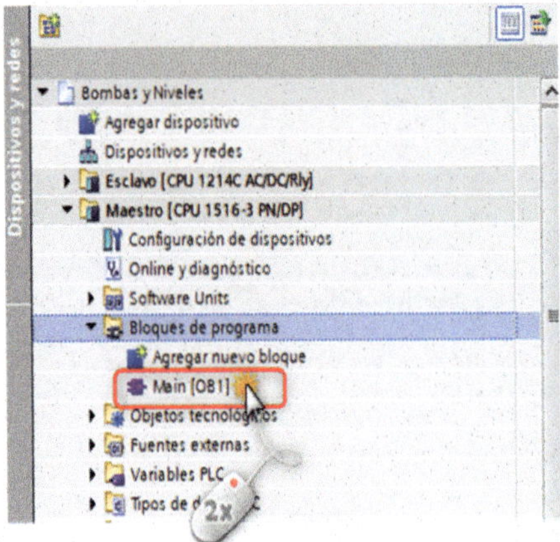

Figura 3.362

Ahora iremos a la ventana «Instrucciones» y desplegaremos el contenido de la categoría «Comunicación».

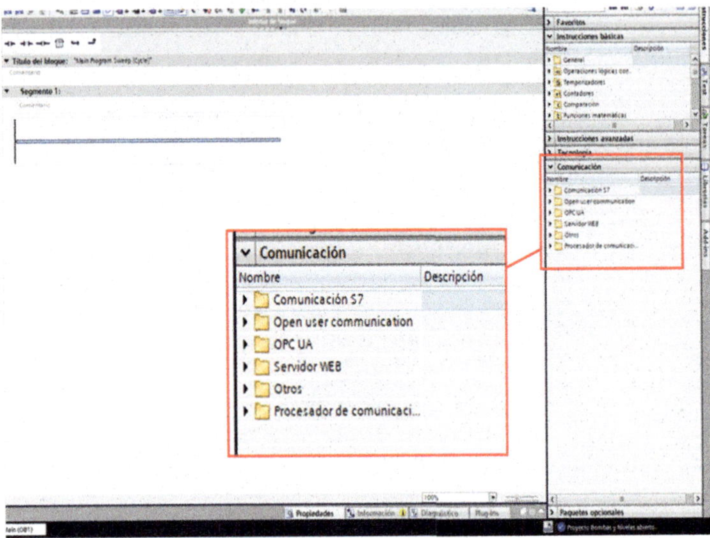

Figura 3.363

Haremos doble clic con el ratón sobre la carpeta «Open user communication».

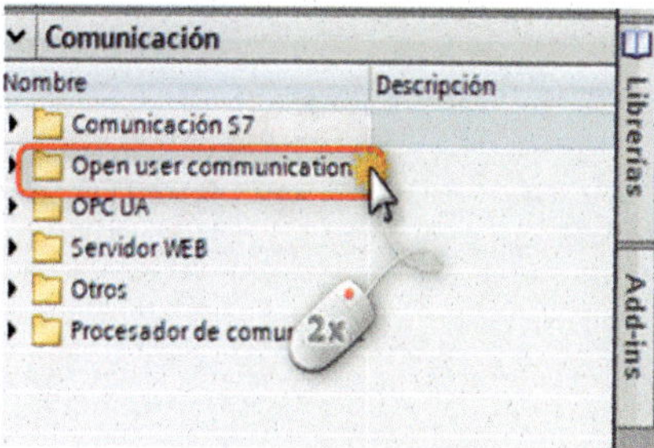

Figura 3.364

A continuación, arrastraremos la instrucción TSEND_C a la línea del segmento 1.

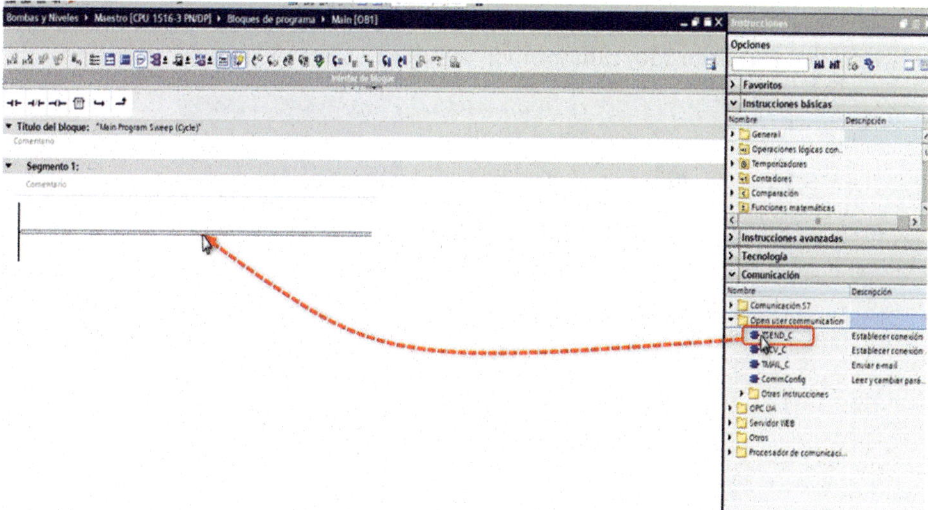

Figura 3.365

En la ventana que se nos abre, cambiaremos el nombre que hay por «Enviar_Datos».

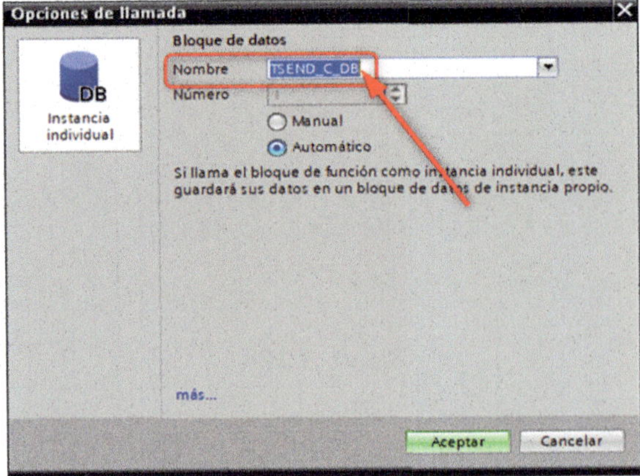

Figura 3.366

Una vez renombrado, pulsaremos sobre el botón «Aceptar».

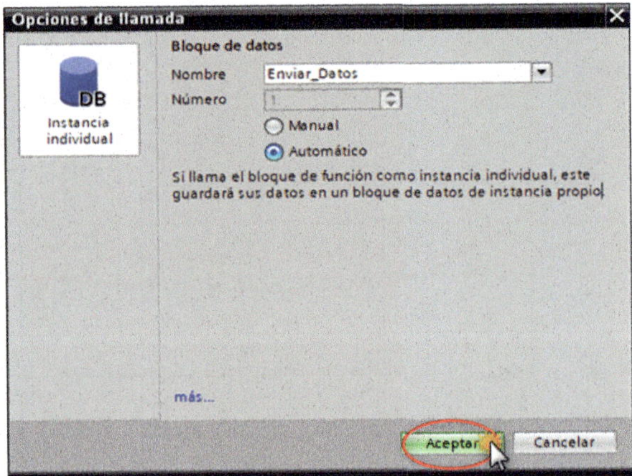

Figura 3.367

Pulsaremos sobre el icono «Iniciar configuración», de la instrucción «TSEND_C».

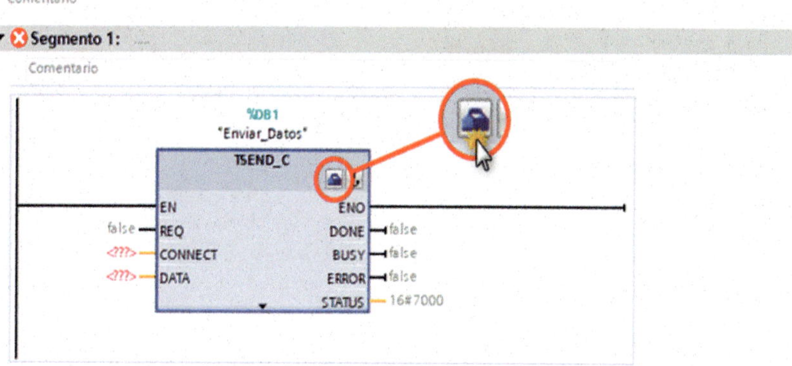

Figura 3.368

Pulsaremos sobre «Parámetros de la conexión».

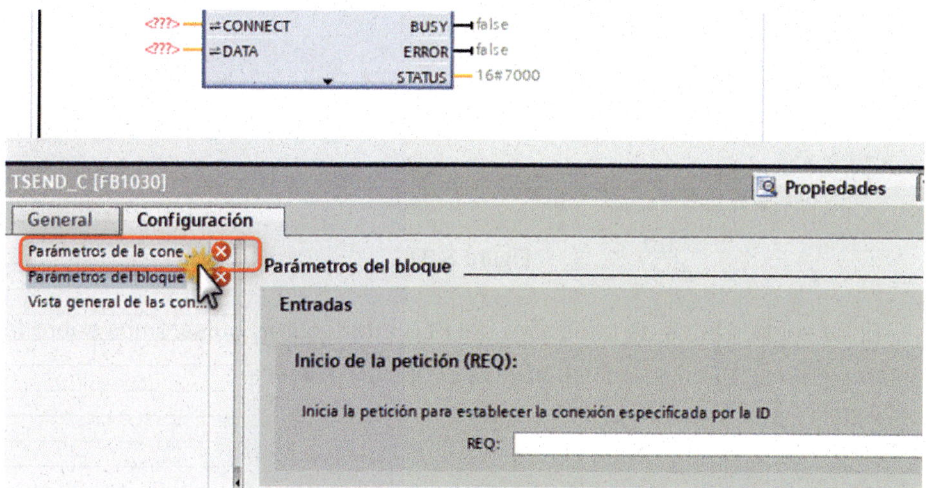

Figura 3.369

En el interlocutor, seleccionaremos el dispositivo que queremos comunicar, que en este caso será «Esclavo [CPU 1214C AC/DC/Rly]».

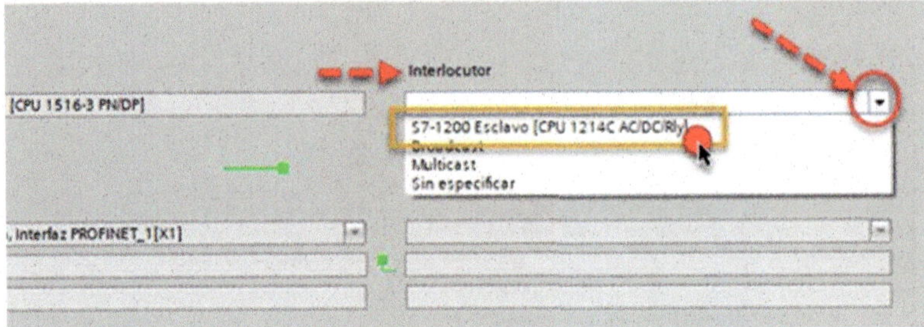

Figura 3.370

En la celda «Datos de conexión» del PLC Local, pulsaremos sobre la flecha desplegable y seleccionaremos la opción «Nuevo».

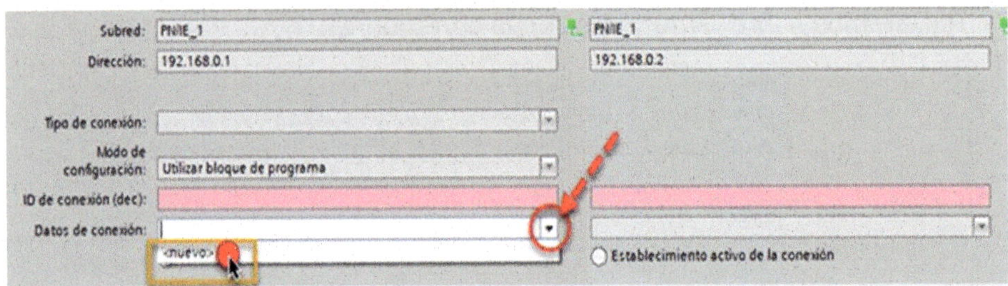

Figura 3.371

En la celda «Datos de conexión» del PLC Interlocutor, pulsaremos sobre la flecha desplegable y seleccionaremos la opción «Nuevo».

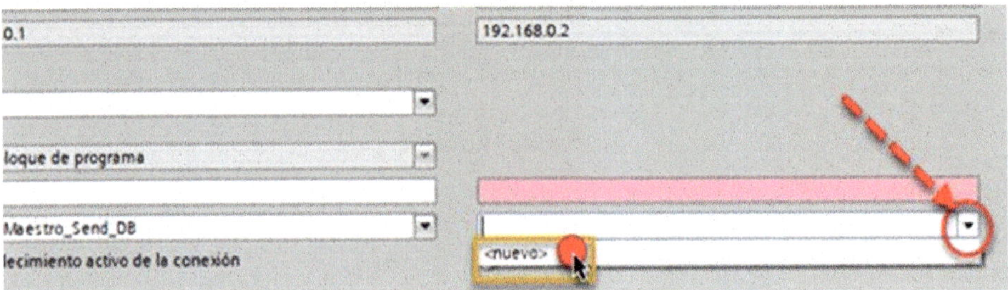

Figura 3.372

Ahora pulsaremos sobre la opción «Parámetros del bloque».

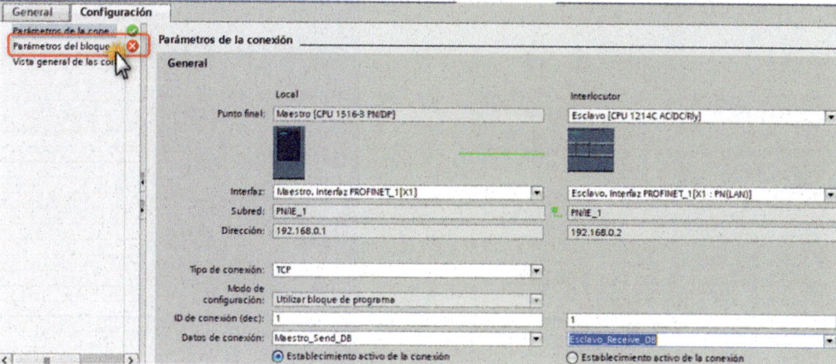

Figura 3.373

A continuación, configuraremos los parámetros de las celdas «REQ» y «CONT».

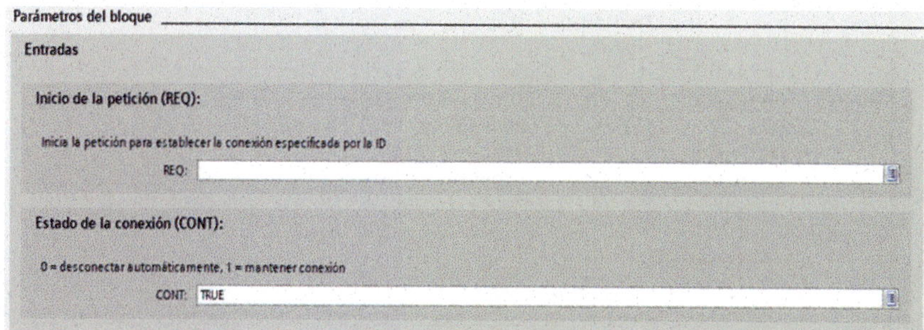

Figura 3.374

En «Inicio de la petición (REQ)», añadiremos la variable «Clock_10Hz».

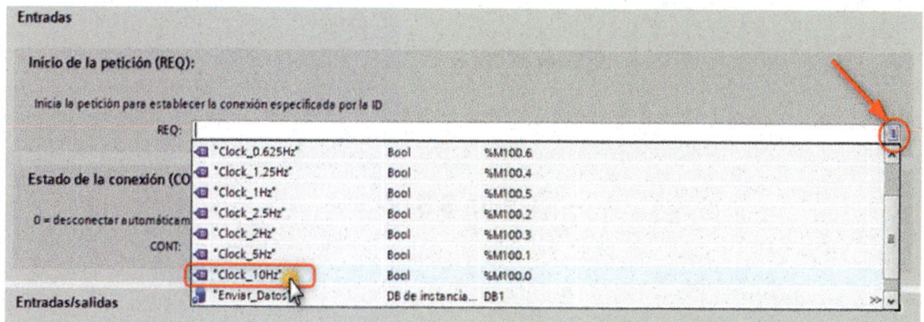

Figura 3.375

En «Estado de la conexión (CONT)», cambiaremos la palabra «TRUE» por el valor numérico «1».

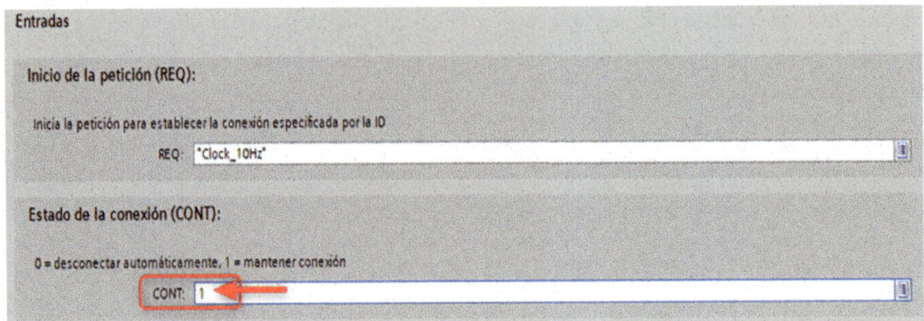

Figura 3.376

Ahora, en el bloque de instrucción «TSEND_C», añadiremos la dirección «MB0» y el nombre «Datos a enviar» en la opción «DATA» del bloque.

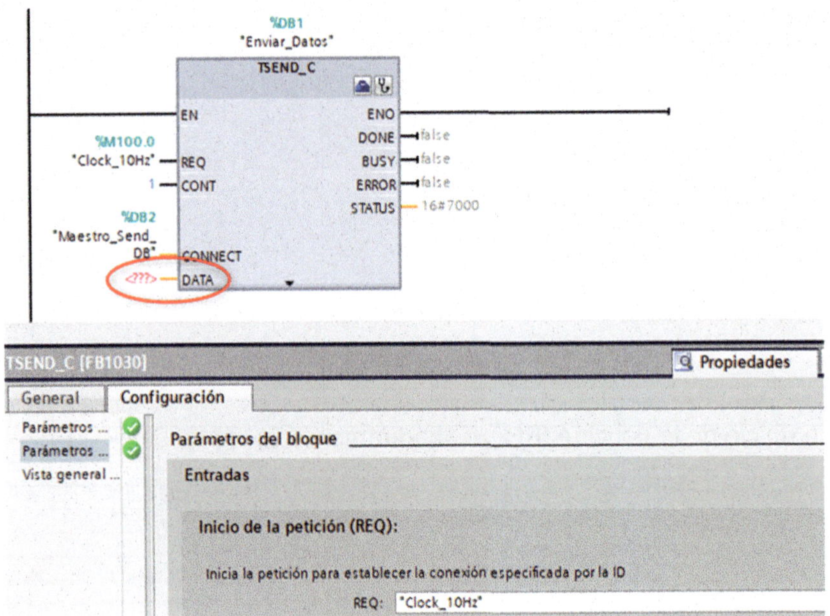

Figura 3.377

Ahora arrastraremos la instrucción TRCV_C a la línea del segmento 1, al lado de la función «TSEND_C».

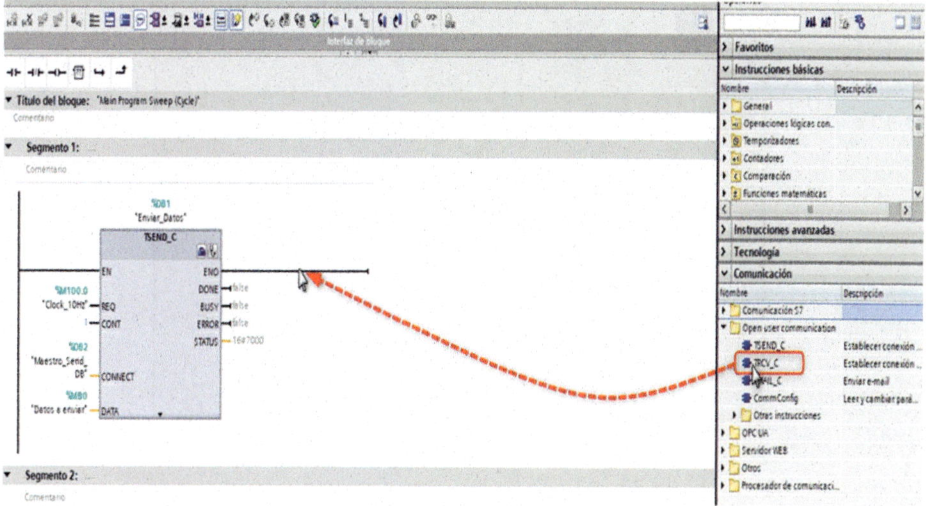

Figura 3.378

En la ventana que se nos abre, cambiaremos el nombre que hay por «Recibe_Datos».

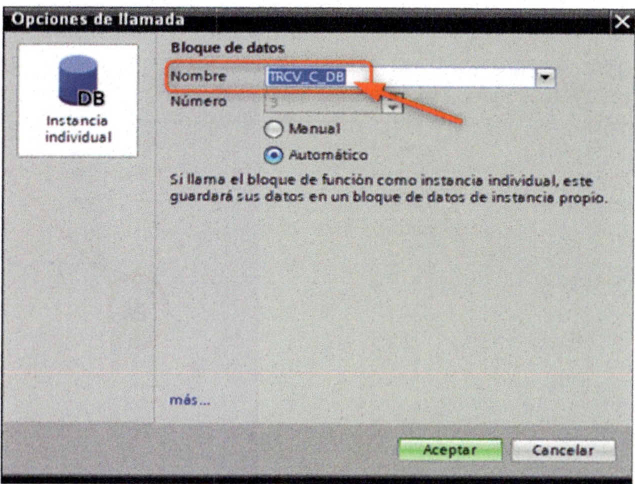

Figura 3.379

Una vez renombrado, pulsaremos sobre el botón «Aceptar».

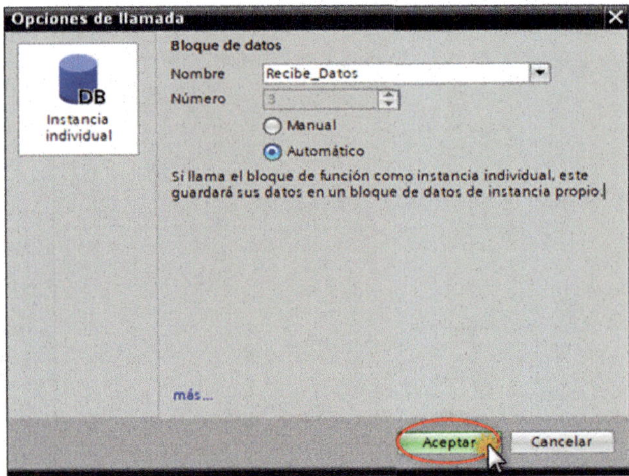

Figura 3.380

Pulsaremos sobre el icono «Iniciar configuración» de la instrucción «TRCV_C».

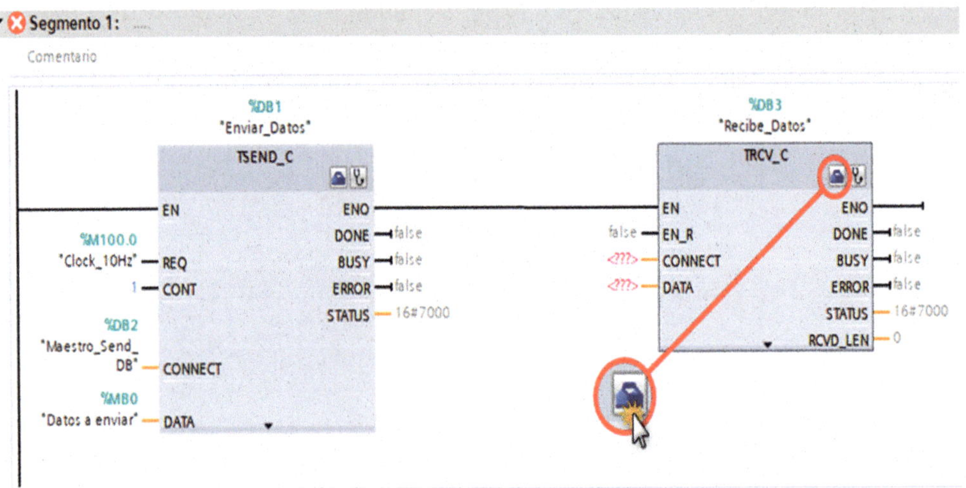

Figura 3.381

Pulsaremos sobre los «Parámetros de la conexión».

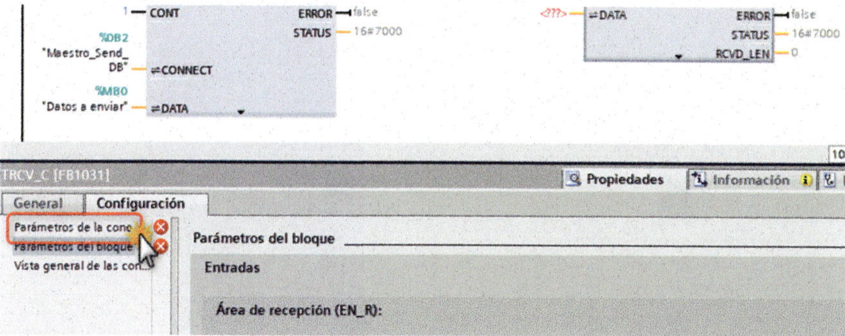

Figura 3.382

En el Interlocutor, seleccionaremos el dispositivo que queremos comunicar, que en este caso será «Esclavo [CPU 1214C AC/DC/Rly]».

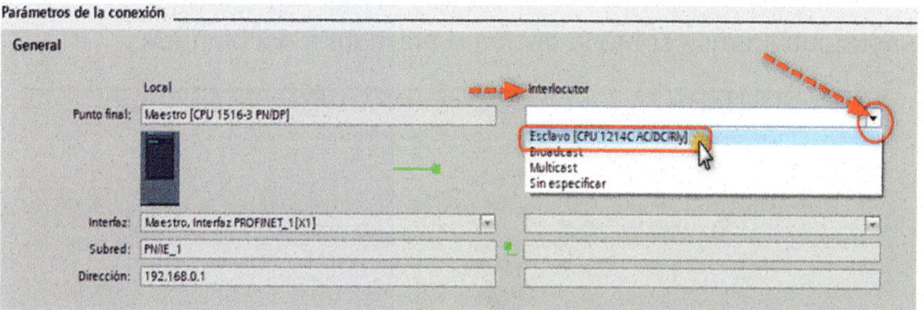

Figura 3.383

En la celda «Datos de conexión» del PLC Local, pulsaremos sobre la flecha desplegable y seleccionaremos la opción «Maestro_Send_DB».

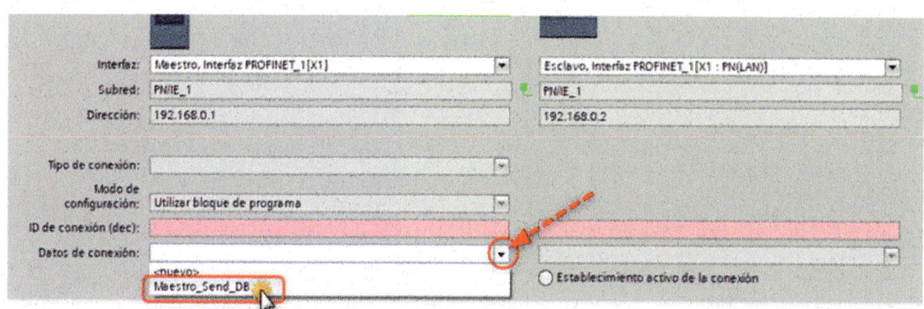

Figura 3.384

Vemos que automáticamente nos añade los datos de conexión del interlocutor.

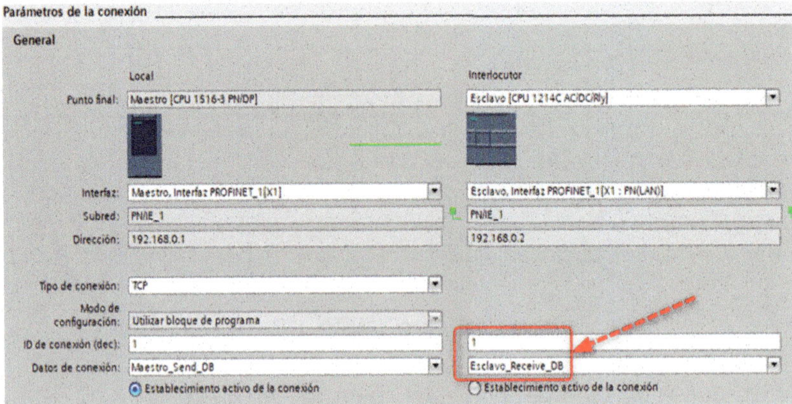

Figura 3.385

Ahora pulsaremos sobre la opción «Parámetros del bloque».

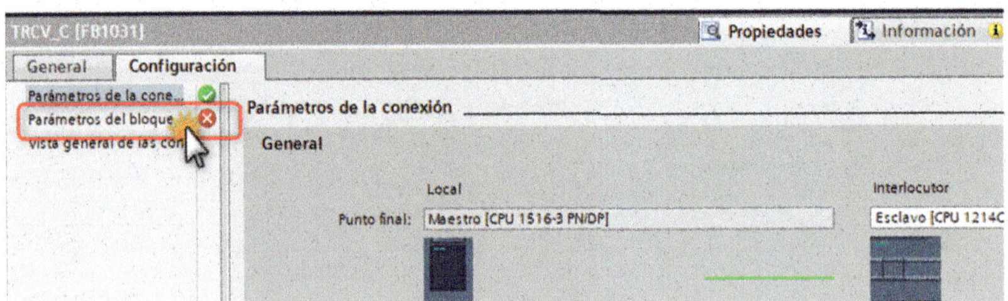

Figura 3.386

A continuación, configuraremos los parámetros de las celdas «EN_R» y «CONT».

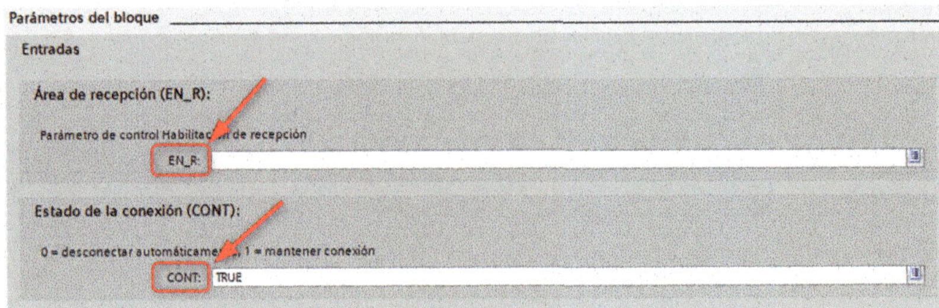

Figura 3.387

En «Área de recepción (EN_R)», añadiremos la variable «Clock_10Hz».

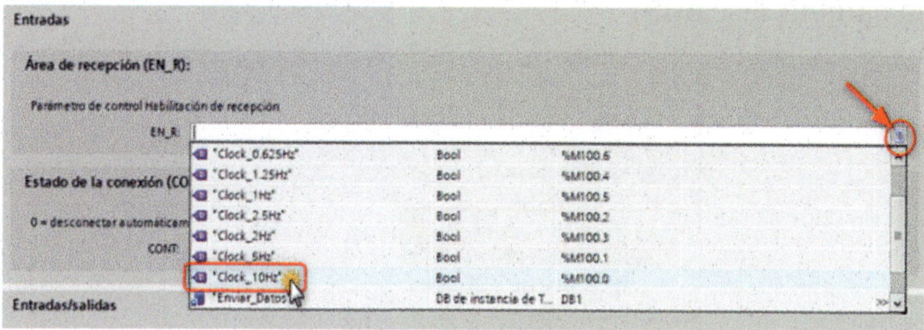

Figura 3.388

En «Estado de la conexión (CONT)», cambiaremos la palabra «TRUE» por el valor numérico «1».

Figura 3.389

Ahora, en el bloque de instrucción «TRCV_C», añadiremos la dirección «MB3» y el nombre «Recibe datos» en la opción «DATA» del bloque.

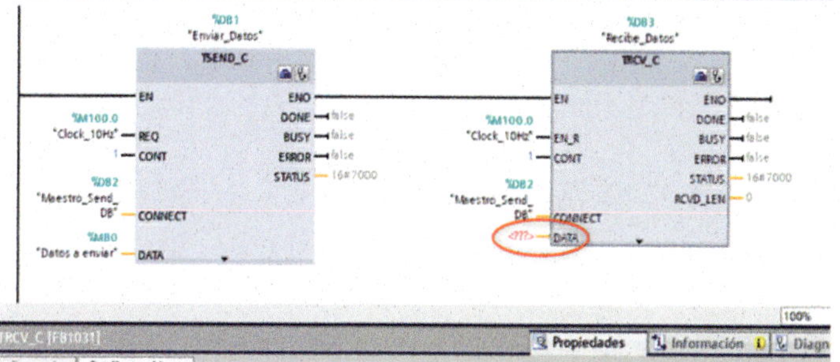

Figura 3.390

Iremos a la ventana «Árbol del proyecto» y haremos doble clic con el ratón sobre la carpeta «Esclavo».

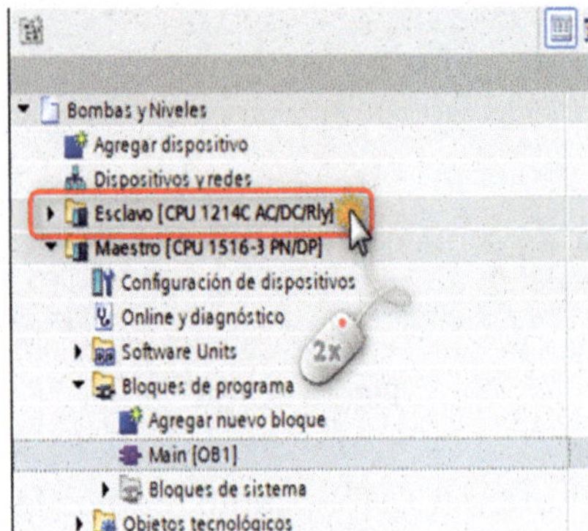

Figura 3.391

A continuación, haremos doble clic sobre la carpeta «Bloques de programa».

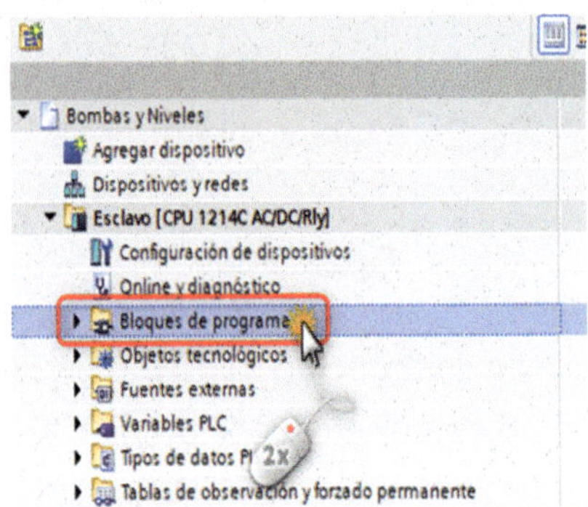

Figura 3.392

Seguidamente, haremos doble clic sobre la opción «Main OB1».

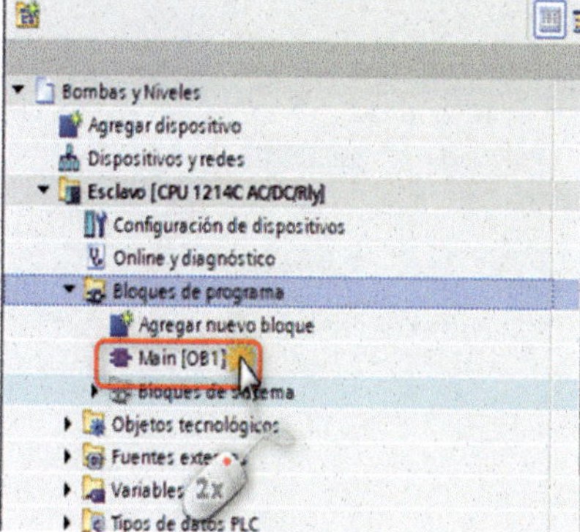

Figura 3.393

Añadiremos la instrucción TRCV_C a la línea del segmento 1 del «Esclavo»; haremos clic sobre él con el botón izquierdo del ratón y, sin soltarlo, lo arrastraremos hasta la línea del segmento 1 y lo añadiremos.

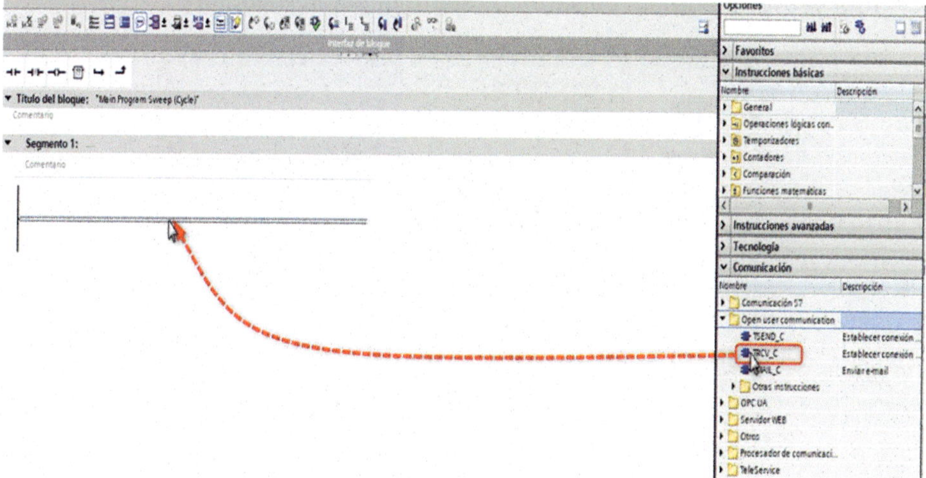

Figura 3.394

En la ventana que se nos abre, cambiaremos el nombre que hay por «Recibe_Datos».

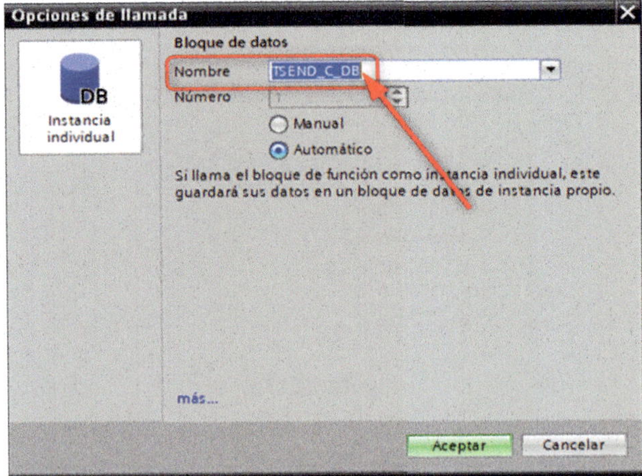

Figura 3.395

Una vez renombrado, pulsaremos sobre el botón «Aceptar».

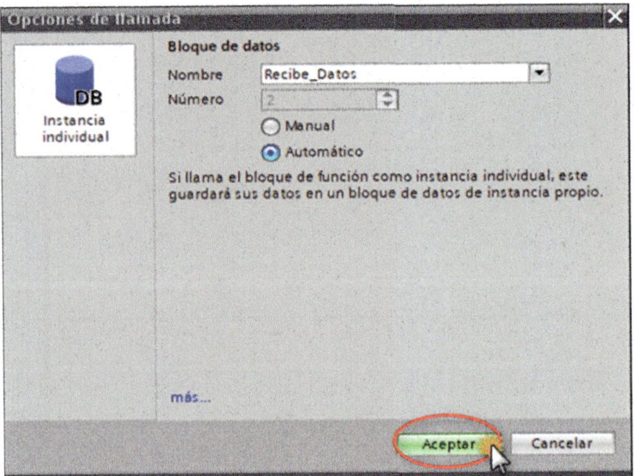

Figura 3.396

Pulsaremos sobre el icono «Iniciar configuración» de la instrucción «TRCV_C».

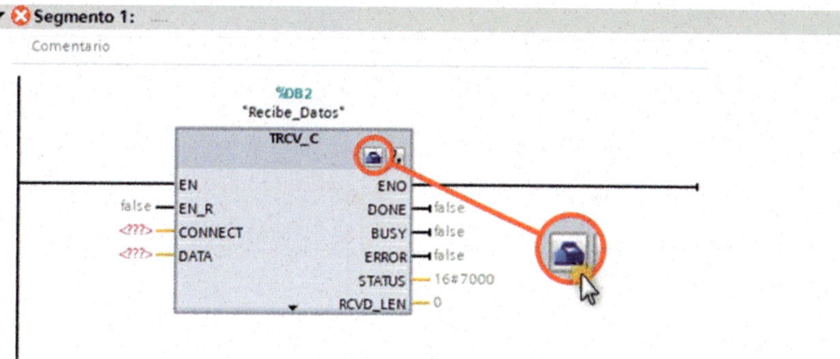

Figura 3.397

Pulsaremos sobre la opción «Parámetros de la conexión».

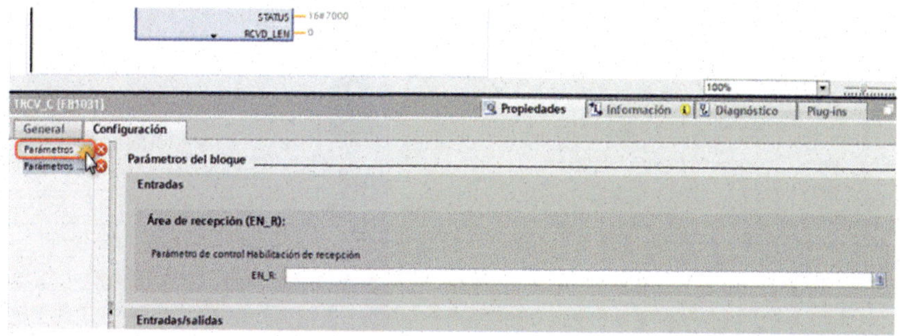

Figura 3.398

En el interlocutor, seleccionaremos el dispositivo que queremos comunicar, que en este caso será «Maestro [CPU 1516-3 PN/DP]».

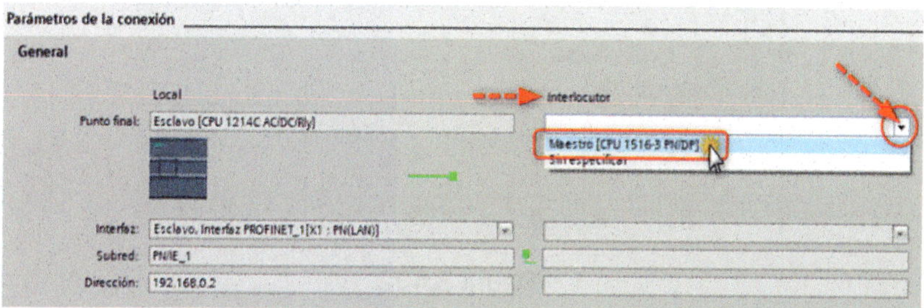

Figura 3.399

En la celda «Datos de conexión» del PLC Local, seleccionaremos la opción «Esclavo_Receive_ DB».

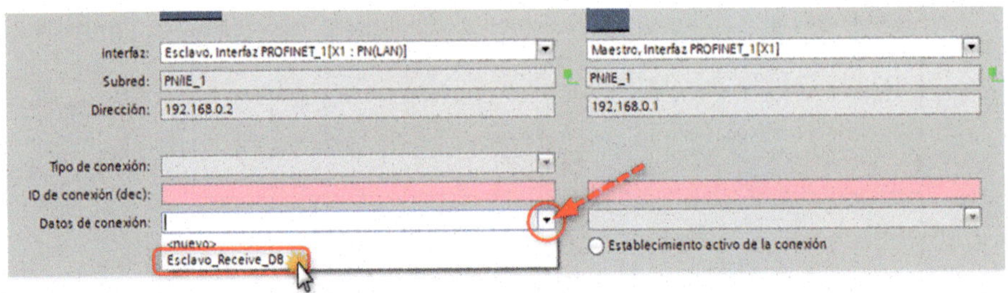

Figura 3.400

Automáticamente, nos añadirá los datos de conexión del interlocutor.

Figura 3.401

Seguidamente, pulsaremos sobre la opción «Parámetros del bloque».

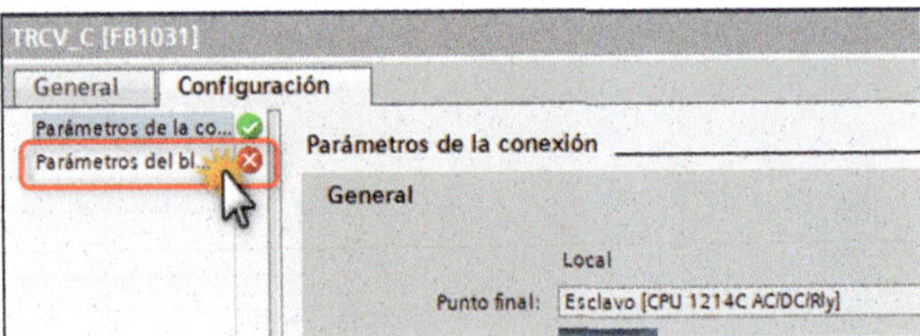

Figura 3.402

Ahora configuraremos los parámetros de las celdas «EN_R» y «CONT».

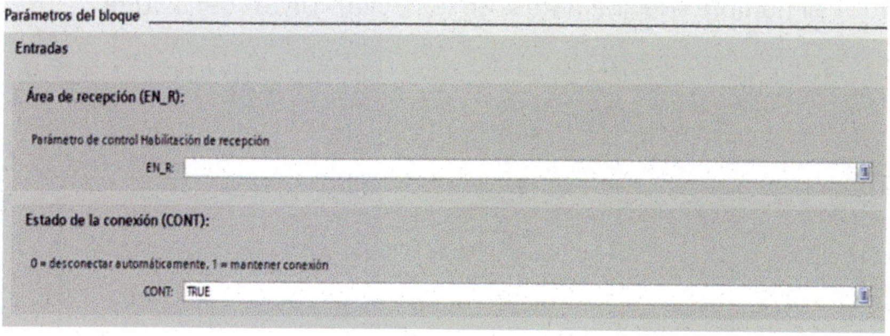

Parámetros del bloque

Entradas

Área de recepción (EN_R):

Parámetro de control Habilitación de recepción

EN_R:

Estado de la conexión (CONT):

0 = desconectar automáticamente, 1 = mantener conexión

CONT: TRUE

Figura 3.403

En el «Área de recepción (EN_R)», añadiremos la variable «Clock_10Hz».

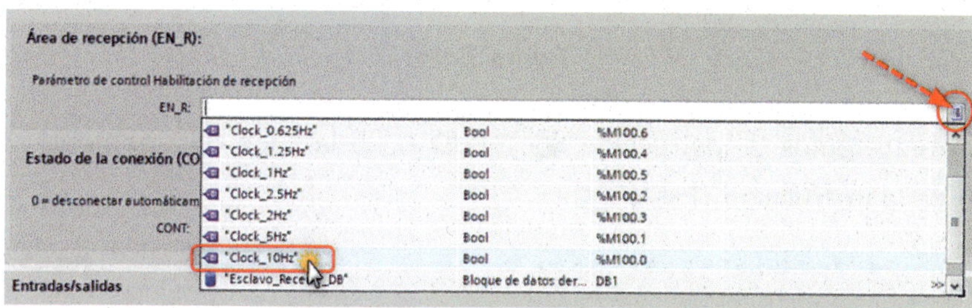

Figura 3.404

En «Estado de la conexión (CONT)», cambiaremos la palabra «TRUE» por el valor numérico «1».

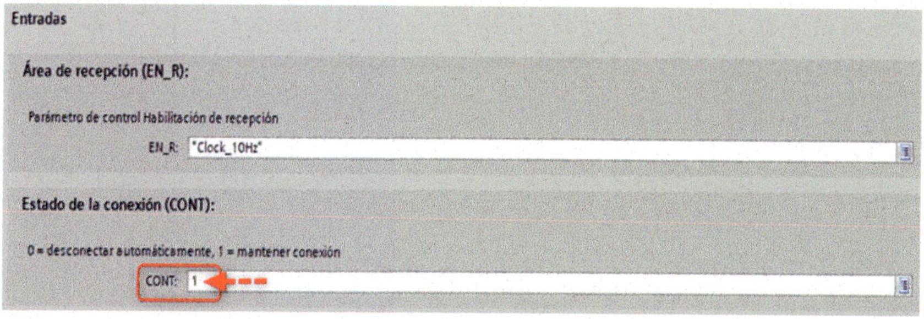

Entradas

Área de recepción (EN_R):

Parámetro de control Habilitación de recepción

EN_R: "Clock_10Hz"

Estado de la conexión (CONT):

0 = desconectar automáticamente, 1 = mantener conexión

CONT: 1

Figura 3.405

Ahora, en el bloque de instrucción «TRCV_C», añadiremos la dirección «MB0» y el nombre «Recibe datos» en la opción «DATA» del bloque.

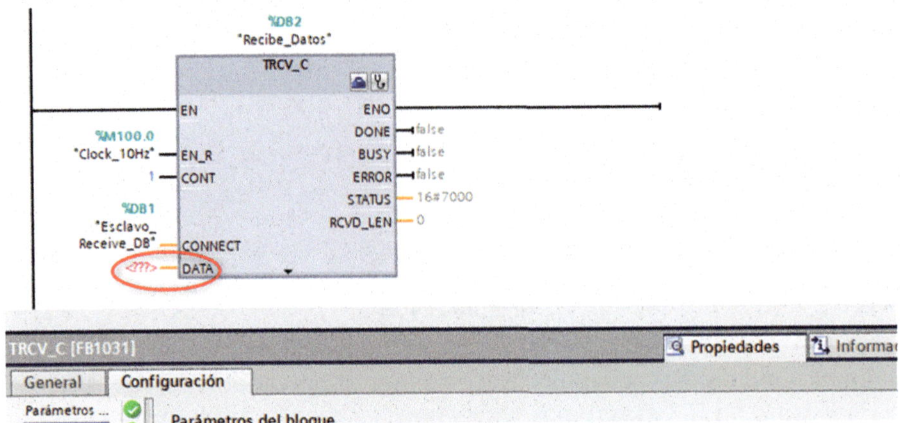

Figura 3.406

Arrastraremos la instrucción TSEND_C a la línea del segmento 1, al lado de la instrucción «TSEND_C».

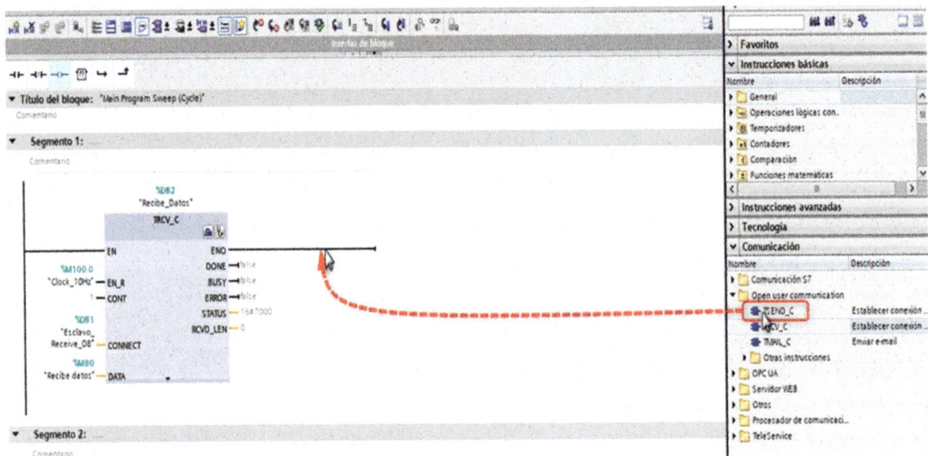

Figura 3.407

En la ventana que se nos abre, cambiaremos el nombre que hay por «Envia_Datos».

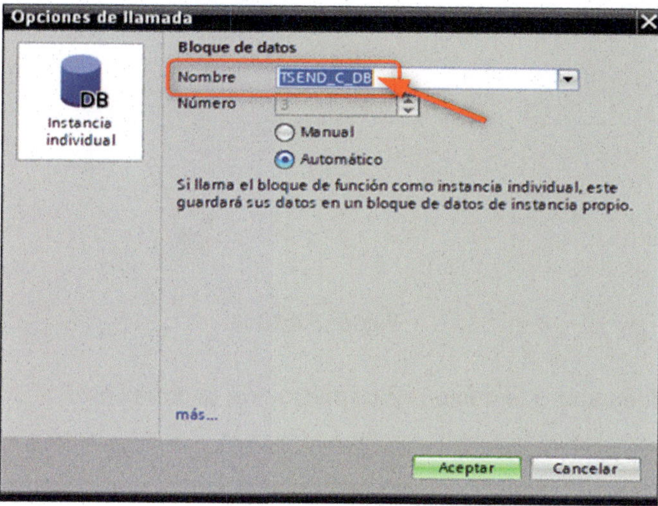

Figura 3.408

Una vez renombrado, pulsaremos sobre el botón «Aceptar».

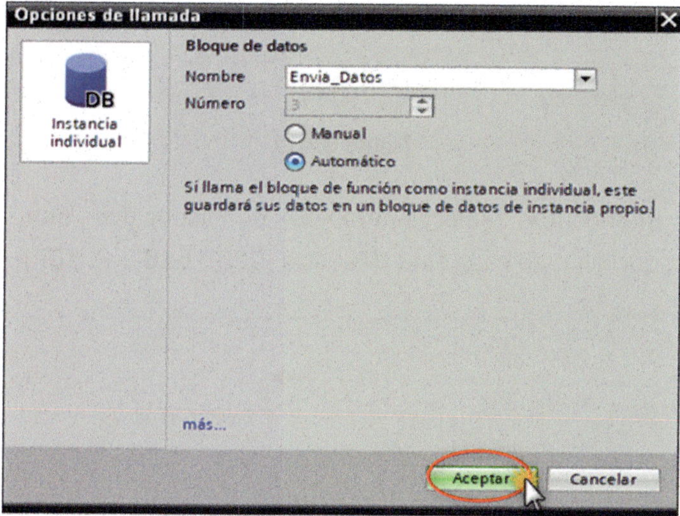

Figura 3.409

Pulsaremos sobre el icono «Iniciar configuración» de la instrucción «TSEND_C».

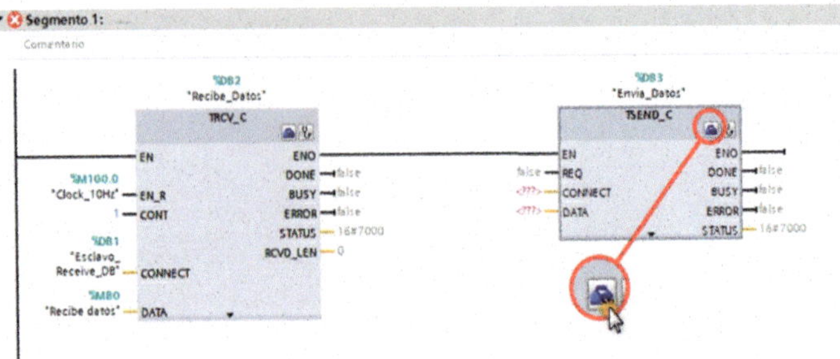

Figura 3.410

Pulsaremos sobre la opción «Parámetros de la conexión».

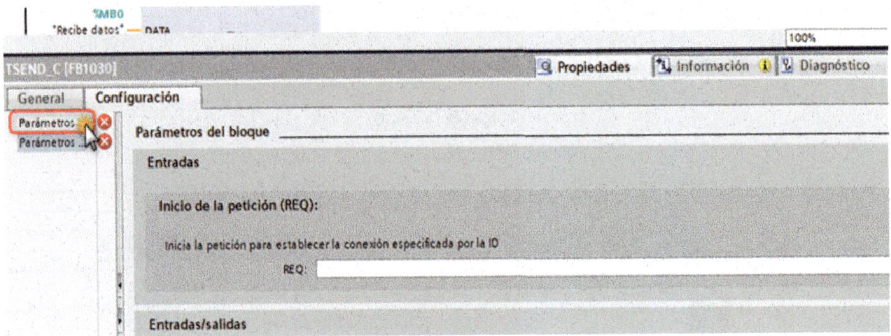

Figura 3.411

En el Interlocutor, seleccionaremos el dispositivo que queremos comunicar, que en este caso será «Maestro [CPU 1516-3 PN/DP]».

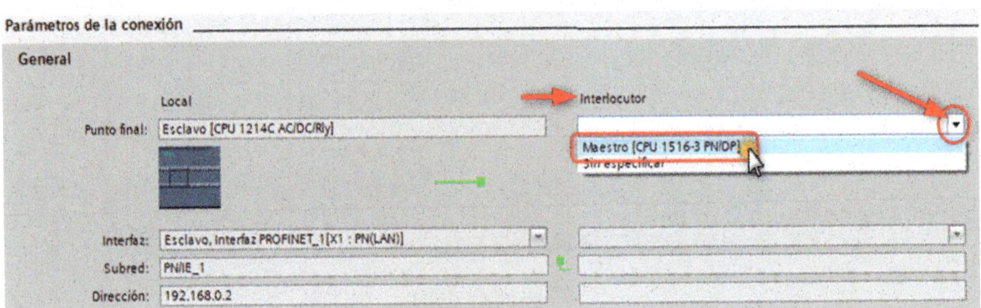

Figura 3.412

En la celda «Datos de conexión» del PLC Local, pulsaremos sobre la flecha desplegable y seleccionaremos la opción «Esclavo_Receive_DB».

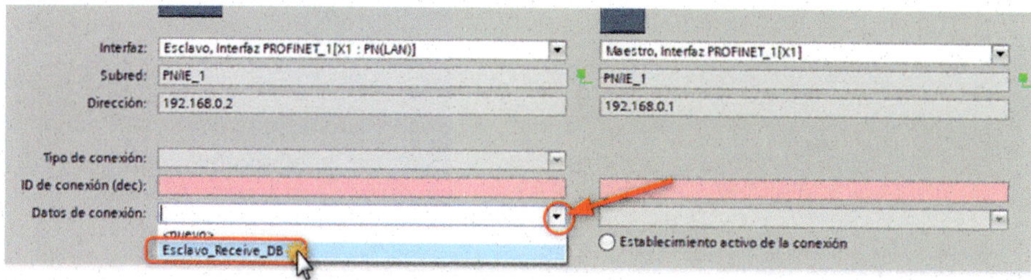

Figura 3.413

Automáticamente, nos añadirá los datos de conexión del interlocutor.

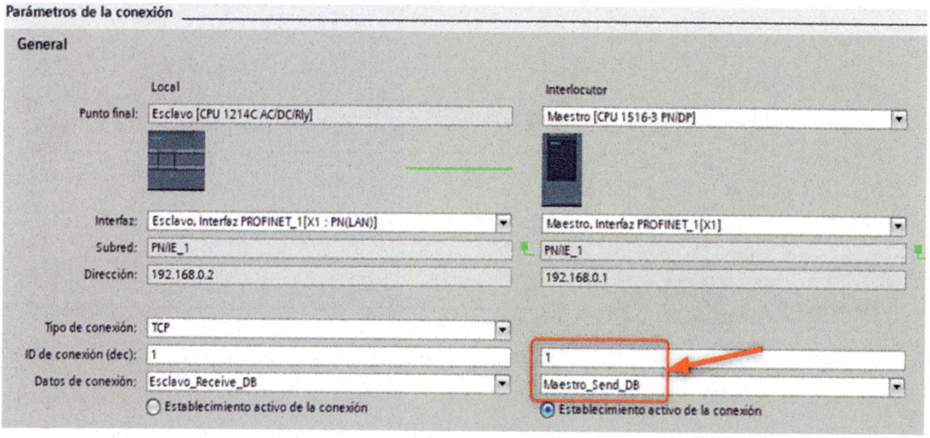

Figura 3.414

Seguidamente, pulsaremos sobre la opción «Parámetros del bloque».

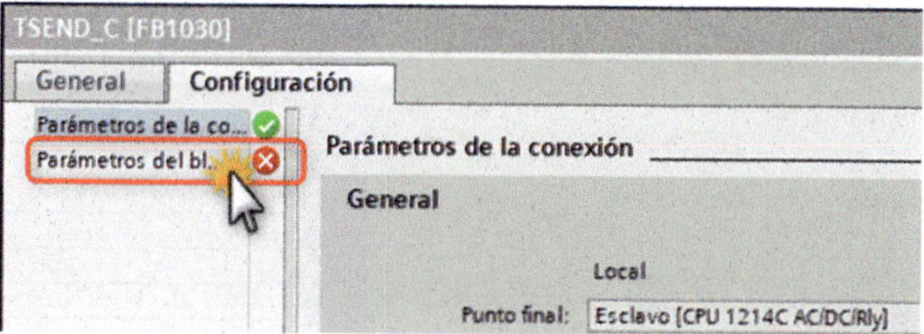

Figura 3.415

Ahora configuraremos los parámetros de las celdas «REQ» y «CONT».

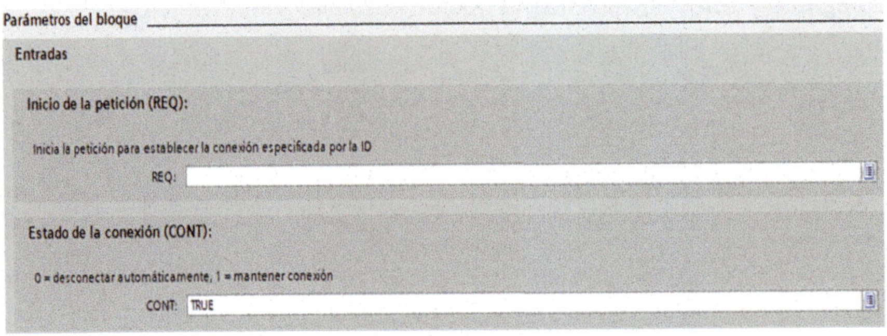

Parámetros del bloque

Entradas

Inicio de la petición (REQ):

Inicia la petición para establecer la conexión especificada por la ID

REQ:

Estado de la conexión (CONT):

0 = desconectar automáticamente, 1 = mantener conexión

CONT: TRUE

Figura 3.416

En «Inicio de la petición (REQ)», añadiremos la variable «Clock_10Hz».

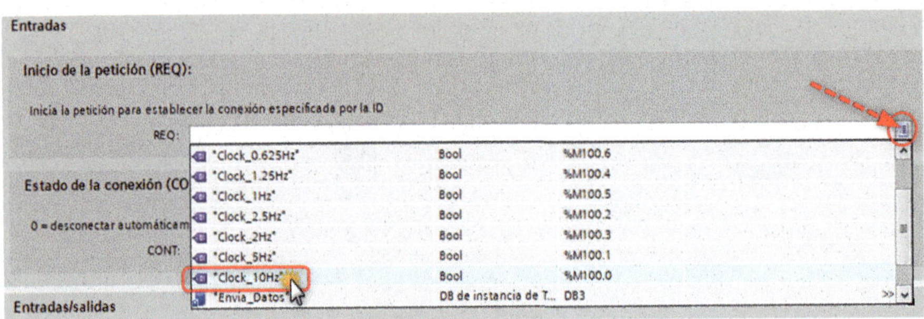

Figura 3.417

En «Estado de la conexión (CONT)», cambiaremos la palabra «TRUE» por el valor numérico «1».

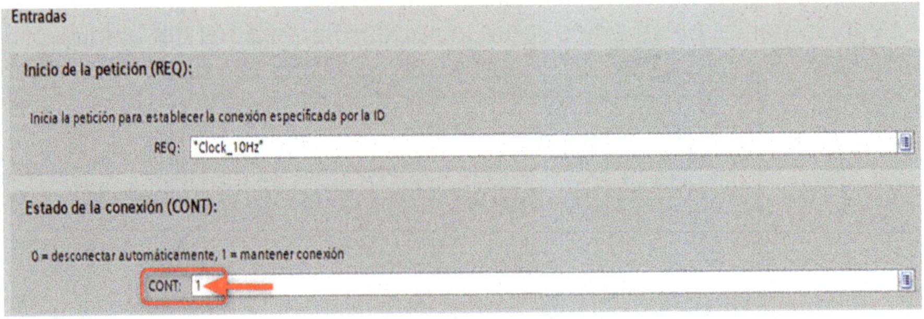

Entradas

Inicio de la petición (REQ):

Inicia la petición para establecer la conexión especificada por la ID

REQ: "Clock_10Hz"

Estado de la conexión (CONT):

0 = desconectar automáticamente, 1 = mantener conexión

CONT: 1

Figura 3.418

Ahora, en el bloque de instrucción «TSEND_C», añadiremos la dirección «MB3» y el nombre «Datos a enviar» en la opción «DATA» del bloque.

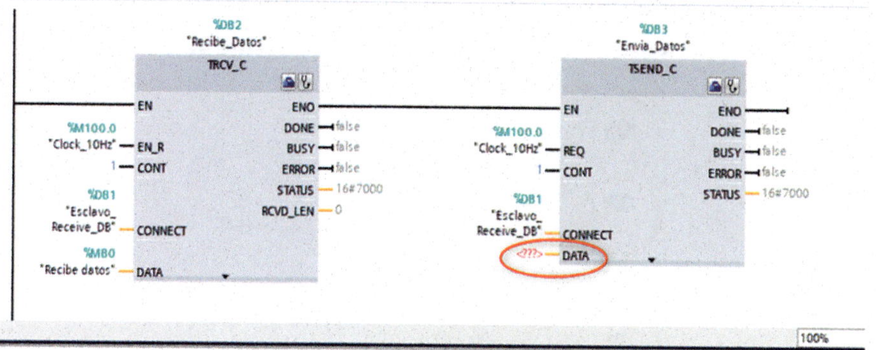

Figura 3.419

Haremos doble clic con el ratón sobre la carpeta «Esclavo» para ocultar su contenido.

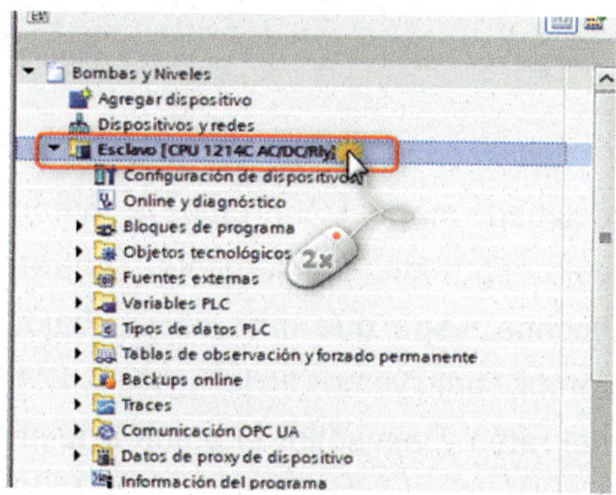

Figura 3.420

Haremos doble clic sobre la opción «Agregar nuevo bloque», que está dentro de la carpeta «Bloques de programa» del PLC Maestro.

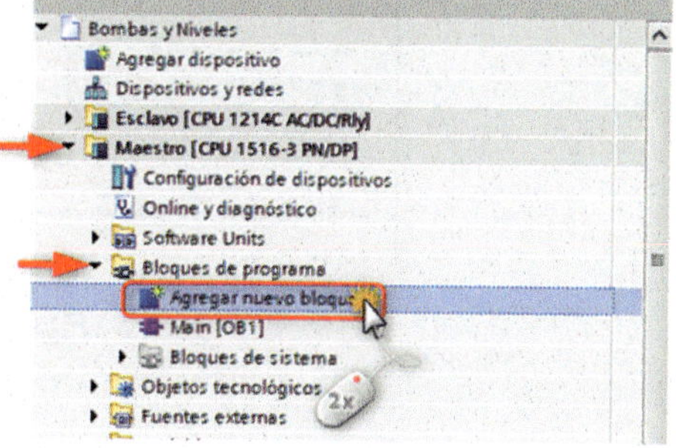

Figura 3.421

Aparecerá la ventana «Agregar nuevo bloque». Seleccionaremos el «(FB) bloque de función», y cambiaremos su «Nombre» por «Modo Manual». Seguidamente, pulsaremos sobre el botón «Aceptar».

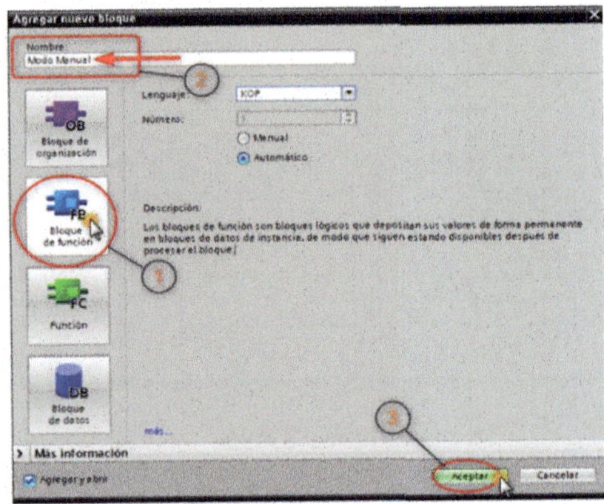

Figura 3.422

Veremos que, dentro de la carpeta «Bloques de programa», nos crea el «FB» del modo manual. Abriremos la ventana «Interfaz de bloque» que, por defecto, esta contraída; simplemente, pondremos el puntero del ratón al lado de la flechita negra que mira hacia abajo y veremos que el puntero cambia de forma, como vemos en la Figura 3.423. Haremos un clic con el botón izquierdo del ratón y, sin soltar el botón izquierdo, lo desplazaremos hacia abajo para que la ventana «Interfaz de bloque» comience a expandirse.

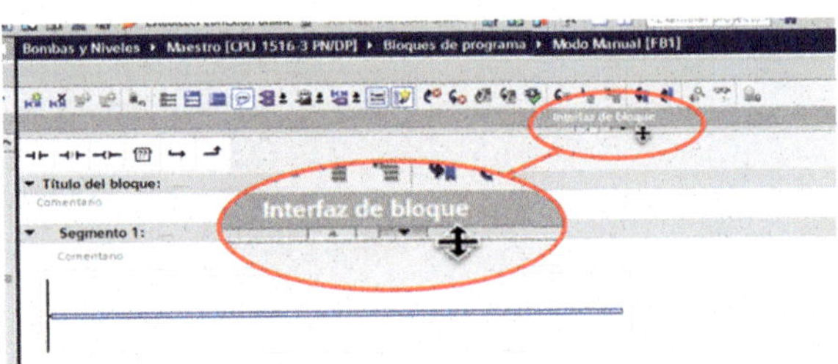

Figura 3.423

Dejaremos la ventana más o menos como la vemos en la Figura 3.424.

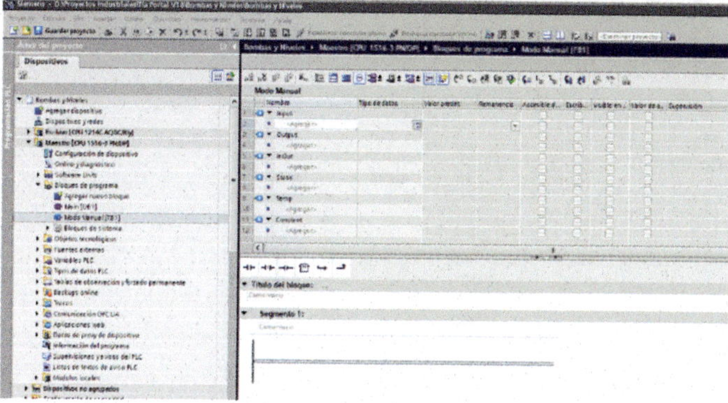

Figura 3.424

Iremos a la ventana «Árbol del proyecto» y haremos doble clic con el ratón sobre la carpeta «Variables PLC».

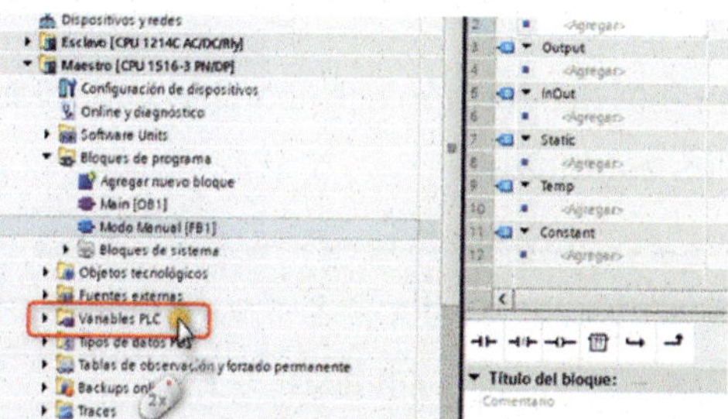

Figura 3.425

Seguidamente, haremos doble clic con el ratón sobre la opción «Tabla de variables estándar».

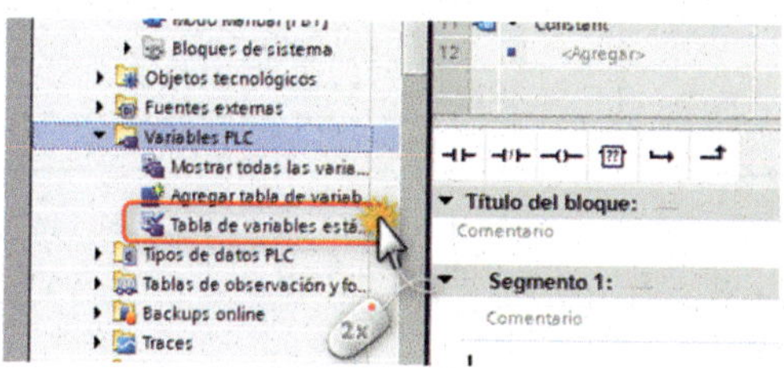

Figura 3.426

Se nos abrirá la ventana «Tabla de variables estándar» y veremos que ya tendremos insertadas las variables de las «Marcas de ciclo» y las marcas de las instrucciones «TSEND_C» y «TRCV_C».

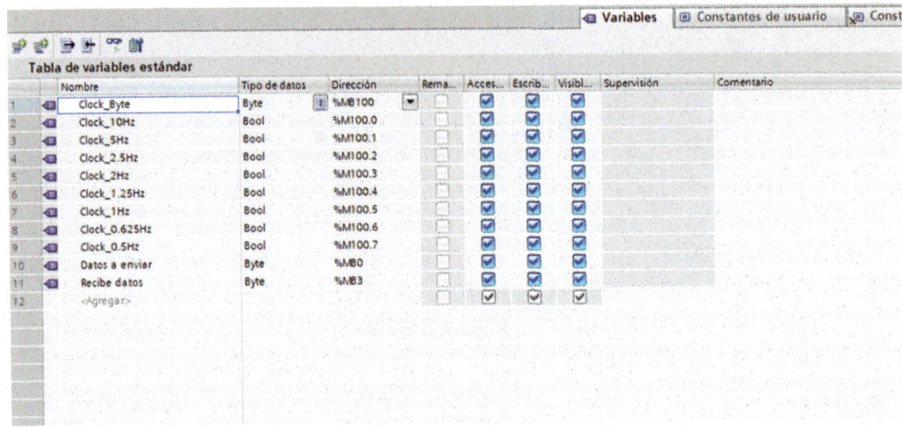

Figura 3.427

Aquí tenemos la tabla de «Nemónicos» con las variables que añadiremos a la «Tabla de variables estándar».

Tabla de Nemónicos - CPU S7-1500

Entradas	
Dirección	Nombre
I0.0	Interruptor Manual/Automático
I0.1	Seta Emergencia
I0.2	Pulsador Paro
I0.3	Nivel Inferior
I0.4	Nivel Medio
I0.5	Nivel Superior
I0.6	Pulsador Marcha Bomba_1
I0.7	Pulsador Marcha Bomba_2

Figura 3.428

Haremos doble clic con el botón izquierdo del ratón sobre la celda que pone «Agregar».

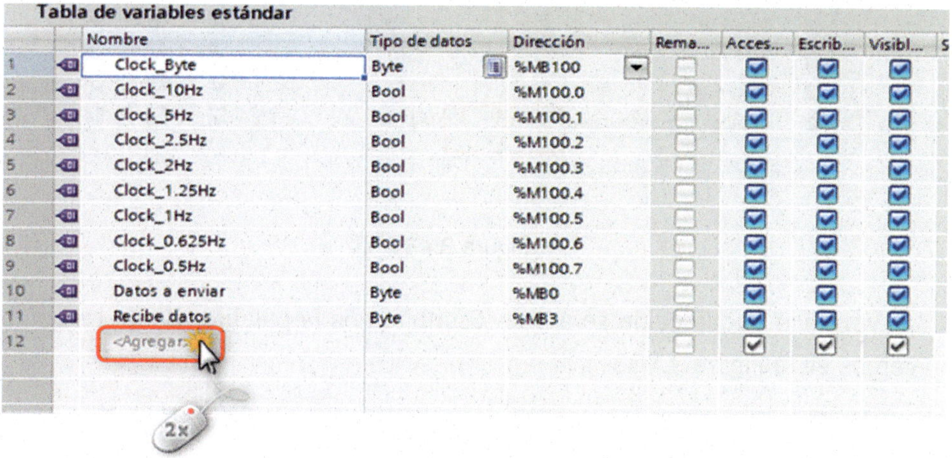

Tabla de variables estándar

	Nombre	Tipo de datos	Dirección	Rema...	Acces...	Escrib...	Visibl...
1	Clock_Byte	Byte	%MB100	☐	☑	☑	☑
2	Clock_10Hz	Bool	%M100.0	☐	☑	☑	☑
3	Clock_5Hz	Bool	%M100.1	☐	☑	☑	☑
4	Clock_2.5Hz	Bool	%M100.2	☐	☑	☑	☑
5	Clock_2Hz	Bool	%M100.3	☐	☑	☑	☑
6	Clock_1.25Hz	Bool	%M100.4	☐	☑	☑	☑
7	Clock_1Hz	Bool	%M100.5	☐	☑	☑	☑
8	Clock_0.625Hz	Bool	%M100.6	☐	☑	☑	☑
9	Clock_0.5Hz	Bool	%M100.7	☐	☑	☑	☑
10	Datos a enviar	Byte	%MB0	☐	☑	☑	☑
11	Recibe datos	Byte	%MB3	☐	☑	☑	☑
12	<Agregar>			☐	☑	☑	☑

2x

Figura 3.429

Dentro de la celda, escribiremos «Interruptor Manual/Automático». Una vez escrito, pulsaremos la tecla Intro del teclado.

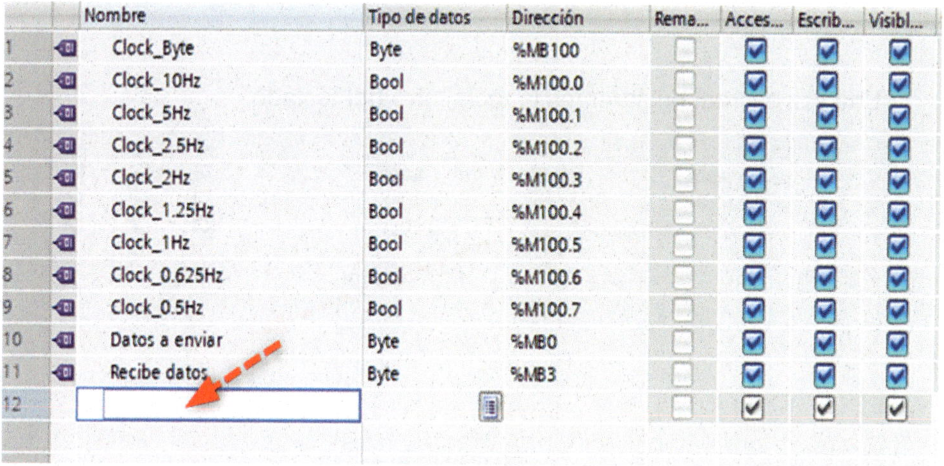

	Nombre	Tipo de datos	Dirección	Rema...	Acces...	Escrib...	Visibl...
1	Clock_Byte	Byte	%MB100	☐	☑	☑	☑
2	Clock_10Hz	Bool	%M100.0	☐	☑	☑	☑
3	Clock_5Hz	Bool	%M100.1	☐	☑	☑	☑
4	Clock_2.5Hz	Bool	%M100.2	☐	☑	☑	☑
5	Clock_2Hz	Bool	%M100.3	☐	☑	☑	☑
6	Clock_1.25Hz	Bool	%M100.4	☐	☑	☑	☑
7	Clock_1Hz	Bool	%M100.5	☐	☑	☑	☑
8	Clock_0.625Hz	Bool	%M100.6	☐	☑	☑	☑
9	Clock_0.5Hz	Bool	%M100.7	☐	☑	☑	☑
10	Datos a enviar	Byte	%MB0	☐	☑	☑	☑
11	Recibe datos	Byte	%MB3	☐	☑	☑	☑
12				☐	☑	☑	☑

Figura 3.430

A continuación, tendremos que cambiar el tipo de dato. Para ello, haremos un clic con el ratón sobre la celda «Byte».

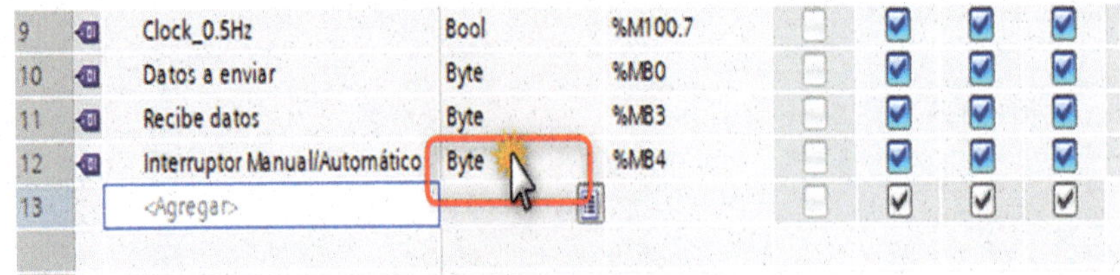

Figura 3.431

Veremos que la celda se activa. Escribiremos la palabra «Bool», tal como vemos en la Figura 3.433.

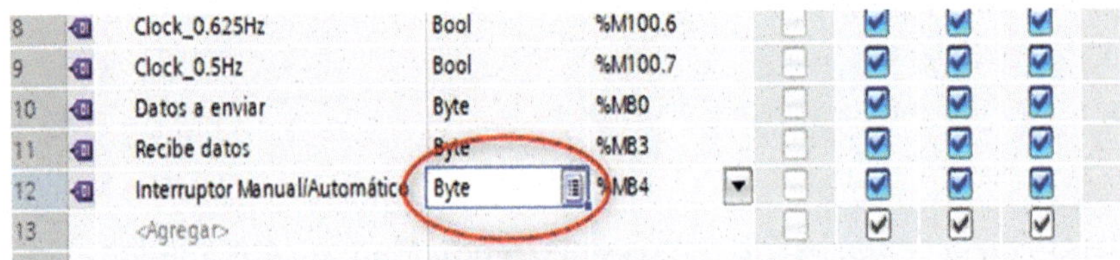

Figura 3.432

Una vez escrita, pulsaremos la tecla Intro del teclado.

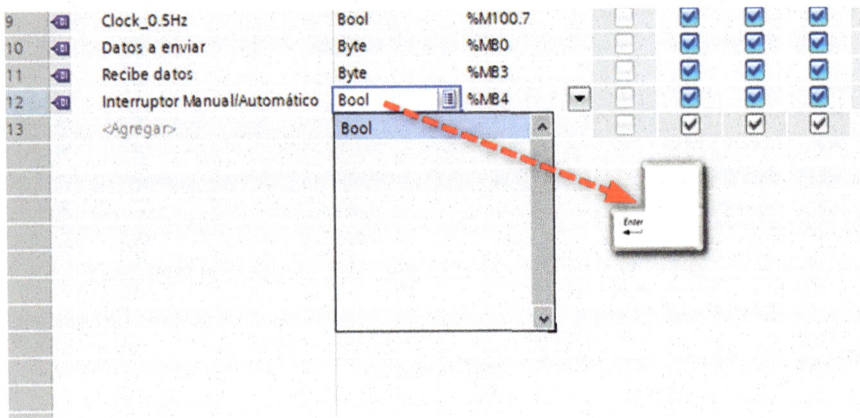

Figura 3.433

Ahora haremos un clic con el ratón sobre la celda «MB4» de dirección.

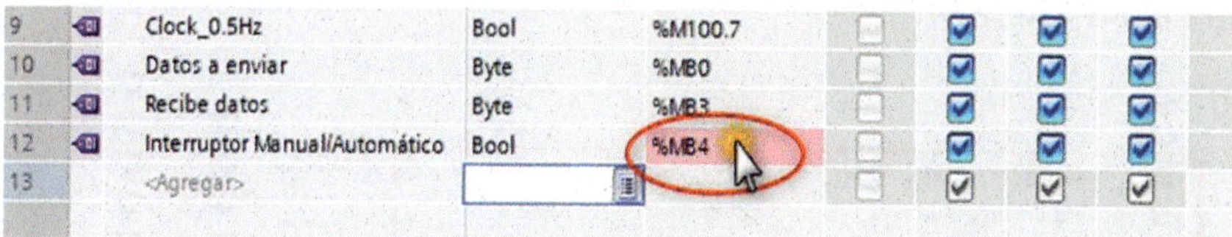

Figura 3.434

La celda se activará, tal como vemos en la Figura 3.435. Escribiremos la dirección «I0.0».

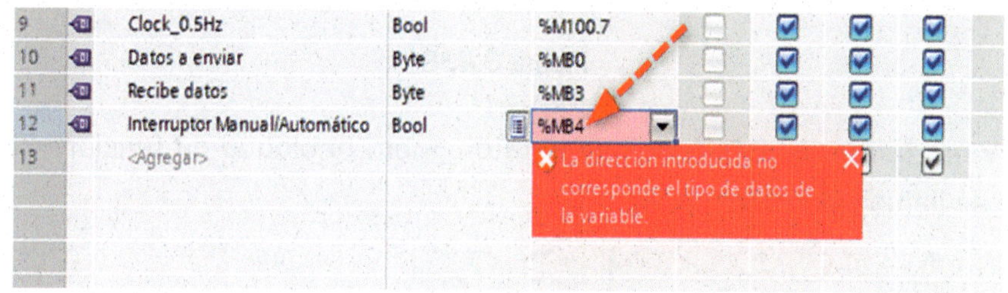

Figura 3.435

Una vez escrita la dirección «I0.0», pulsaremos la tecla Intro del teclado.

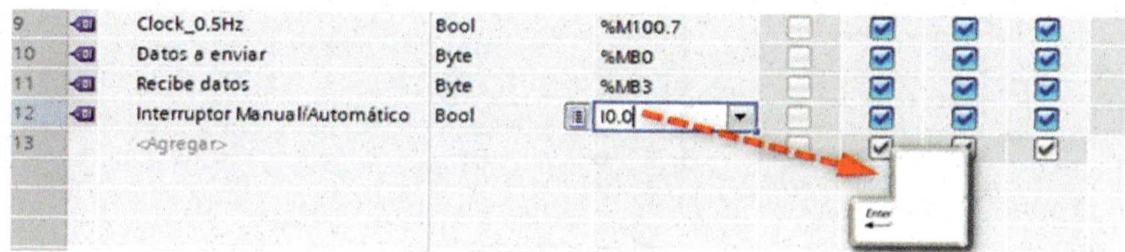

Figura 3.436

Ya hemos creado nuestra variable; ahora vamos a introducir las que faltan.

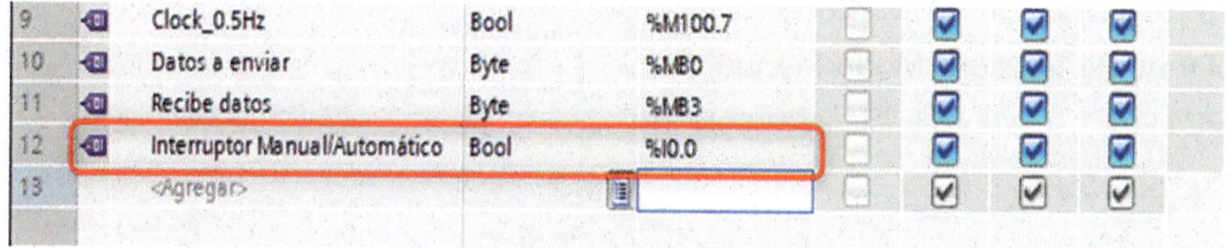

Figura 3.437

Una vez introducidas las variables que faltaban, quedará tal como vemos en la Figura 3.438.

	Nombre	Tipo	Dirección
10	Datos a enviar	Byte	%MB0
11	Recibe datos	Byte	%MB3
12	Interruptor Manual/Automático	Bool	%I0.0
13	Seta Emergencia	Bool	%I0.1
14	Pulsador Paro	Bool	%I0.2
15	Nivel Inferior	Bool	%I0.3
16	Nivel Medio	Bool	%I0.4
17	Nivel Superior	Bool	%I0.5
18	Pulsador Marcha Bomba_1	Bool	%I0.6
19	Pulsador Marcha Bomba_2	Bool	%I0.7
20	<Agregar>		

Figura 3.438

Ahora haremos doble clic con el ratón sobre el bloque de función «FB1», que se llama «Modo Manual».

Figura 3.439

Ya estamos en la ventana del bloque de función «Modo Manual [FB1]».

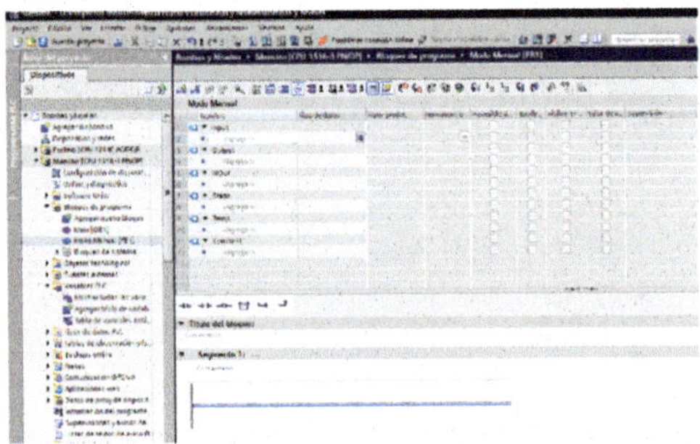

Figura 3.440

En la ventana «Interfaz de bloque», haremos doble clic con el ratón sobre la celda «Agregar» del apartado o categoría «Input».

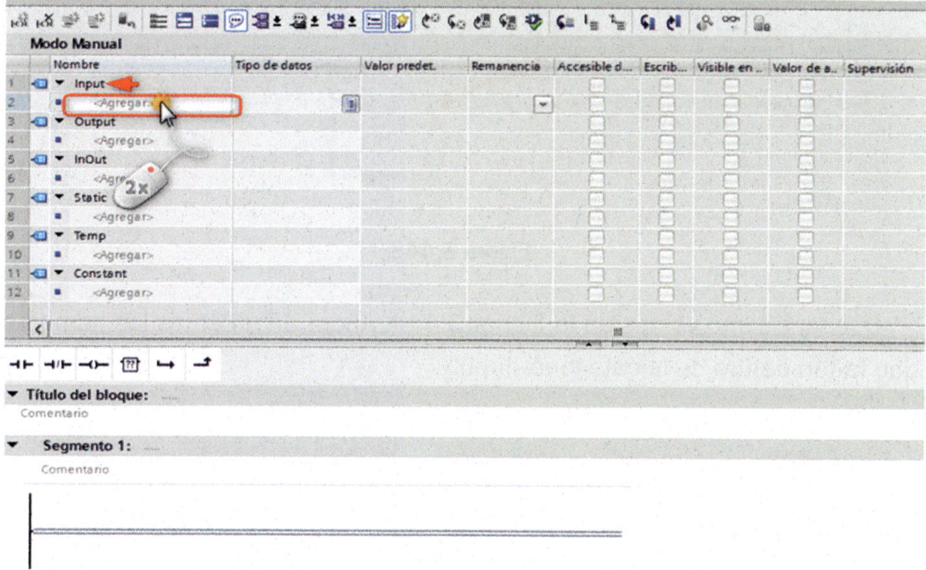

Figura 3.441

Dentro de la celda, escribiremos «Interruptor Manual/Automático».

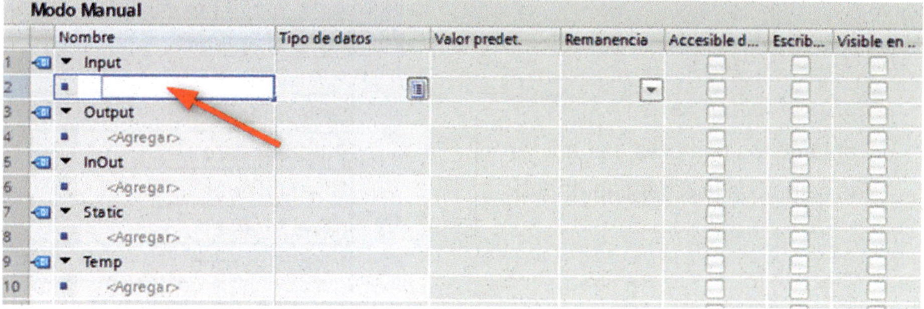

Figura 3.442

Una vez escrito, pulsaremos la tecla Intro del teclado.

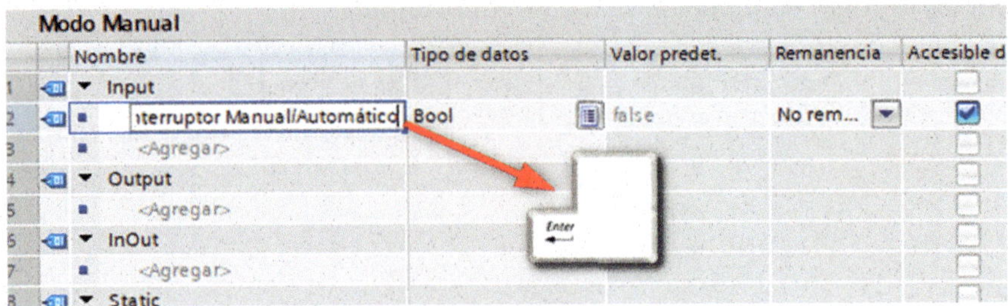

Figura 3.443

Quedará como vemos en la Figura 3.444. Ahora añadiremos los nombres que faltan dentro de la categoría «Input».

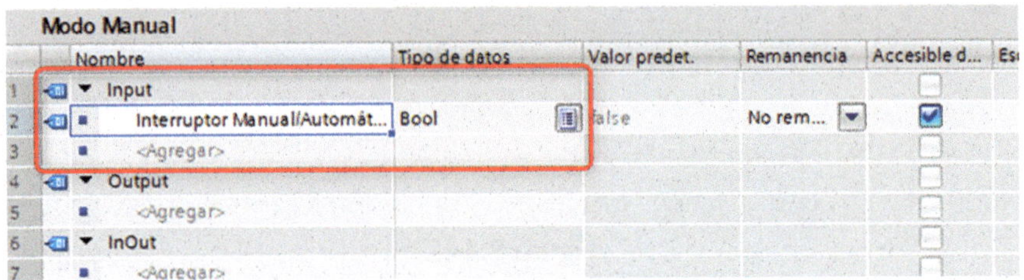

Figura 3.444

Tabla de los nombres a añadir en las celdas de la categoría «Input».

Input - Nombres
Seta Emergencia
Pulsador Paro
Nivel Inferior
Nivel Medio
Nivel Superior
Pulsador Marcha Bomba_1
Pulsador Marcha Bomba_2

Figura 3.445

Una vez añadidos los nombres a la categoría «Input», nos quedará tal como vemos en la Figura 3.446.

Modo Manual

	Nombre	Tipo de datos	Valor predet.
1	▼ Input		
2	Interruptor Manual/Automát...	Bool	false
3	Seta Emergencia	Bool	false
4	Pulsador Paro	Bool	false
5	Nivel Inferior	Bool	false
6	Nivel Medio	Bool	false
7	Nivel Superior	Bool	false
8	Pulsador Marcha Bomba_1	Bool	false
9	Pulsador Marcha Bomba_2	Bool	false
10	<Agregar>		
11	▼ Output		

Figura 3.446

Ahora añadiremos los contactos y la asignación al segmento 1.

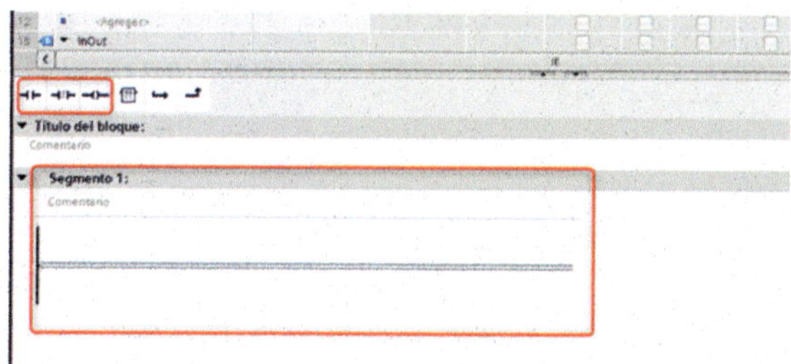

Figura 3.447

El segmento 1 nos tiene que quedar tal como vemos en la Figura 3.448.

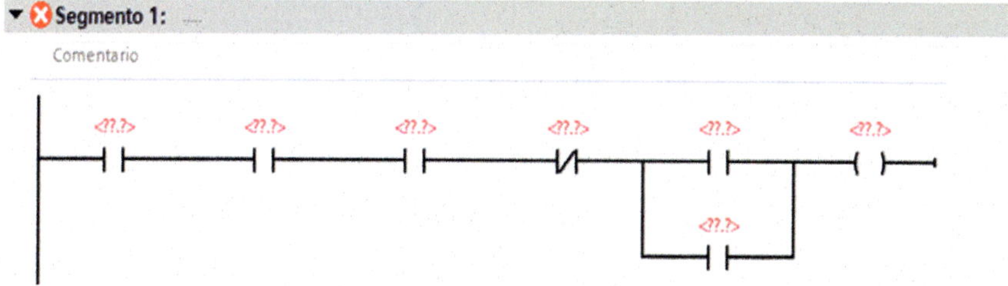

Figura 3.448

A continuación, haremos clic con el botón izquierdo del ratón sobre el símbolo de la variable «Seta Emergencia» y, sin soltarlo, lo arrastraremos hasta los interrogantes del primer «Contacto NO» normalmente abierto. Cuando tengamos el puntero sobre los interrogantes, aparecerá un rectángulo de color verde; entonces, soltaremos el botón del ratón para que se añada el nombre de la variable «Seta Emergencia».

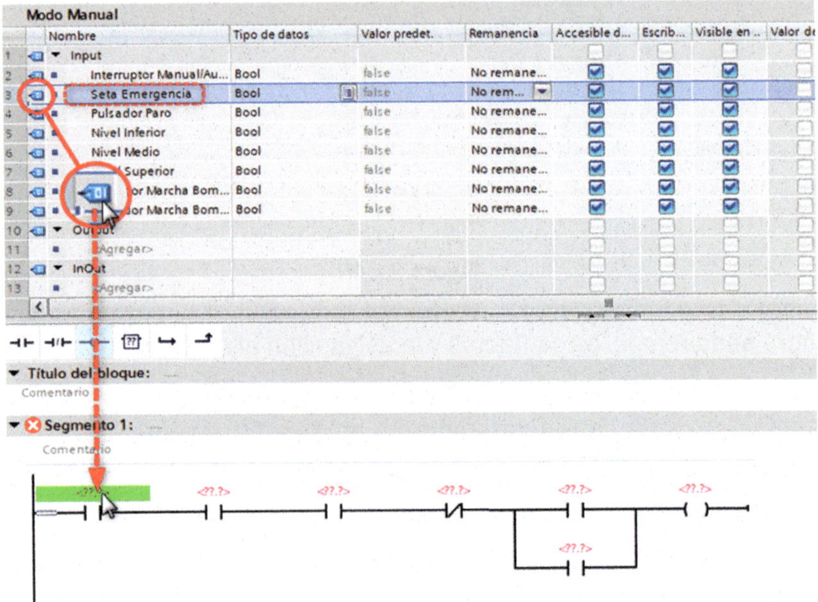

Figura 3.449

Repetiremos el mismo proceso con los demás contactos.

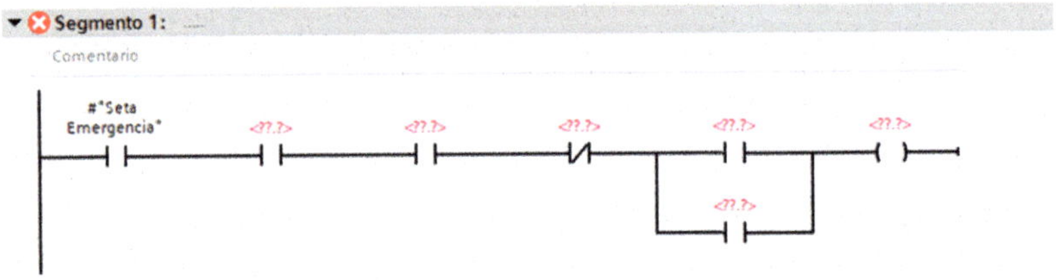

Figura 3.450

El segmento 1 nos irá quedando tal como vemos en la Figura 3.451.

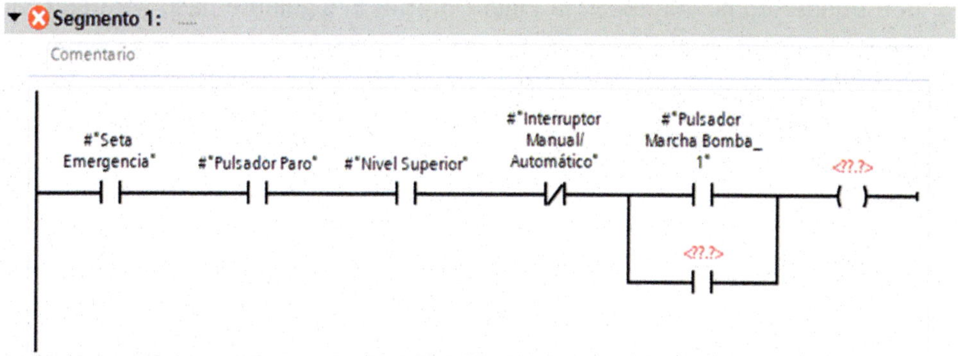

Segmento 1:
Comentario
#"Seta Emergencia"
#"Pulsador Paro"
#"Nivel Superior"
#"Interruptor Manual/ Automático"
#"Pulsador Marcha Bomba_ 1"
<??.?>
<??.?>

Figura 3.451

Añadiremos la dirección «M0.0» a la «Asignación» y al «Contacto NO».

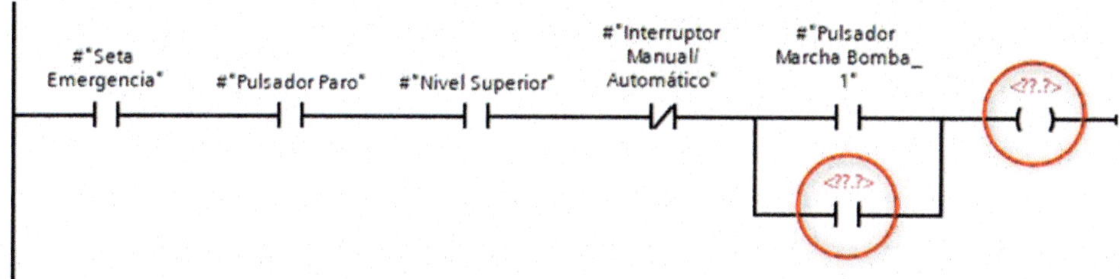

Figura 3.452

Nos quedará tal como vemos en la Figura 3.453.

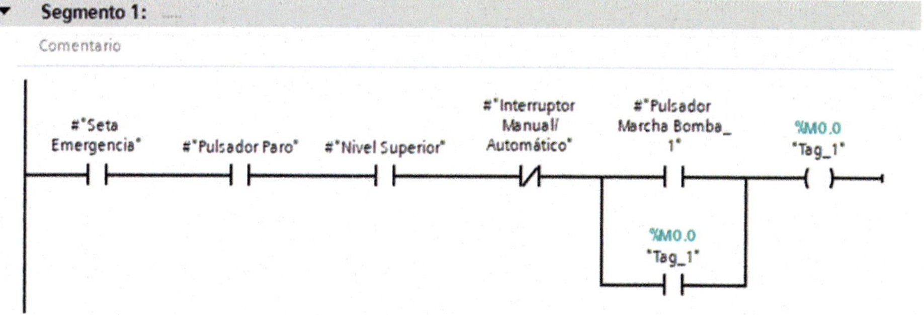

Figura 3.453

Ahora añadiremos los contactos y la asignación al segmento 2; nos tendrá que quedar como vemos en la Figura 3.454. El siguiente paso será asignar los nombres de las entradas «Input» a los siguientes contactos; lo haremos tal como lo hemos hecho en el segmento 1.

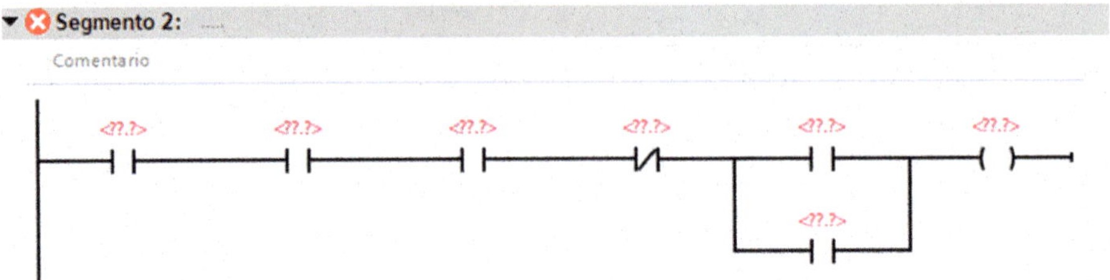

Figura 3.454

El segmento 2 nos quedará tal como vemos en la Figura 3.455.

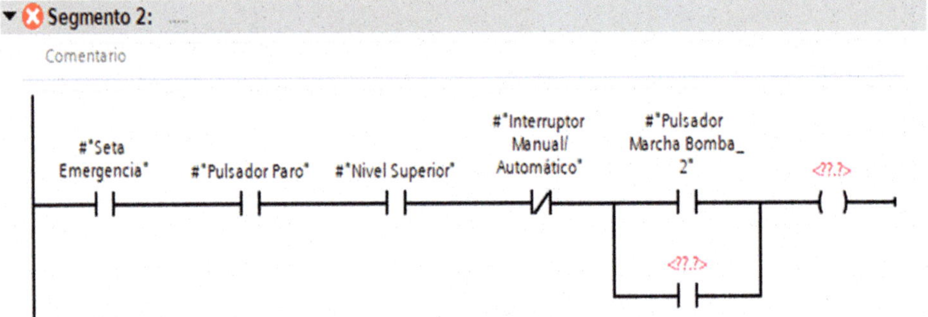

Figura 3.455

Añadiremos la dirección «M0.1» a la «Asignación» y al «Contacto NO».

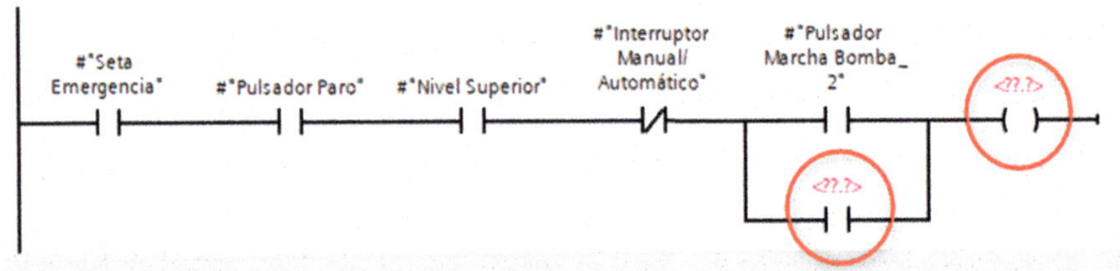

Figura 3.456

El segmento 2 nos quedará tal como vemos en la Figura 3.457.

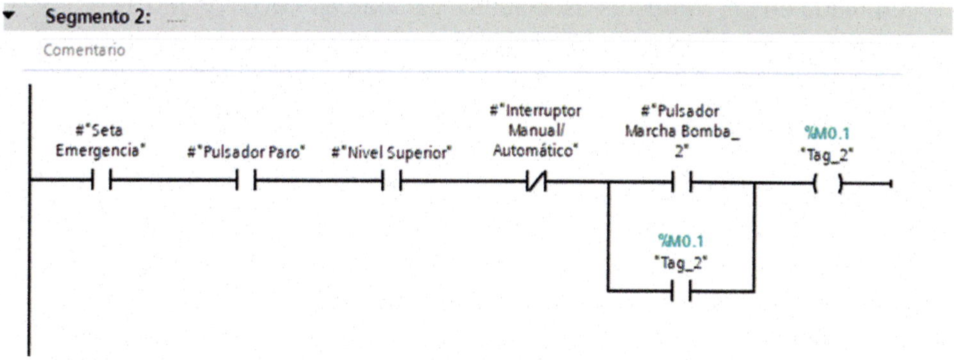

Segmento 2:

Comentario

Figura 3.457

Ahora renombraremos las variables de las asignaciones; la «M0.0» la llamaremos «Envía al S7- 1200» y la «M0.1» también la llamaremos «Envía al S7-1200».

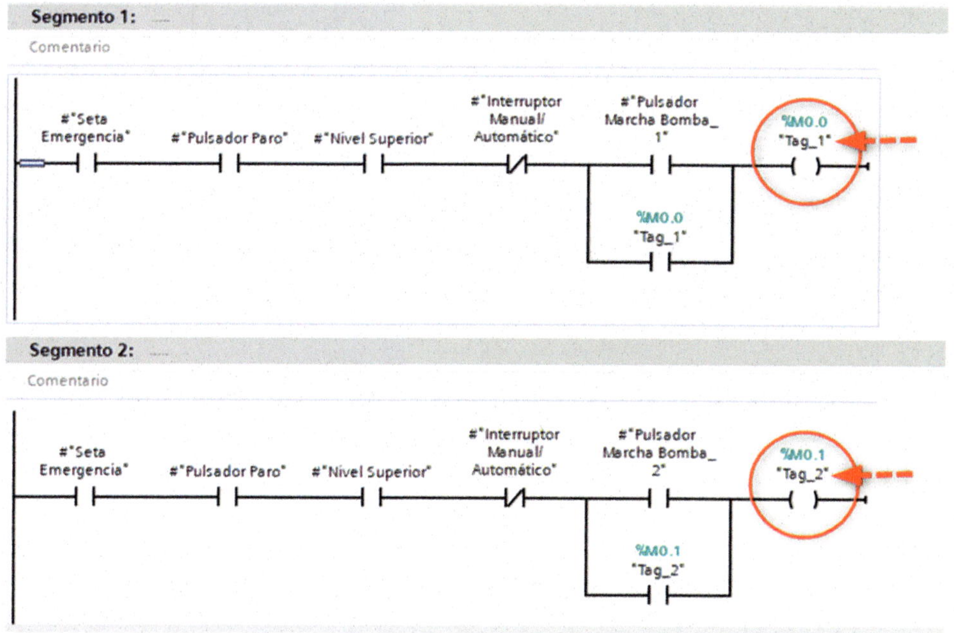

Figura 3.458

Al renombrar las variables de las asignaciones, el nombre ya lo tenemos cambiado en los contactos asociadas a las marcas «M0.0» y «M0.1».

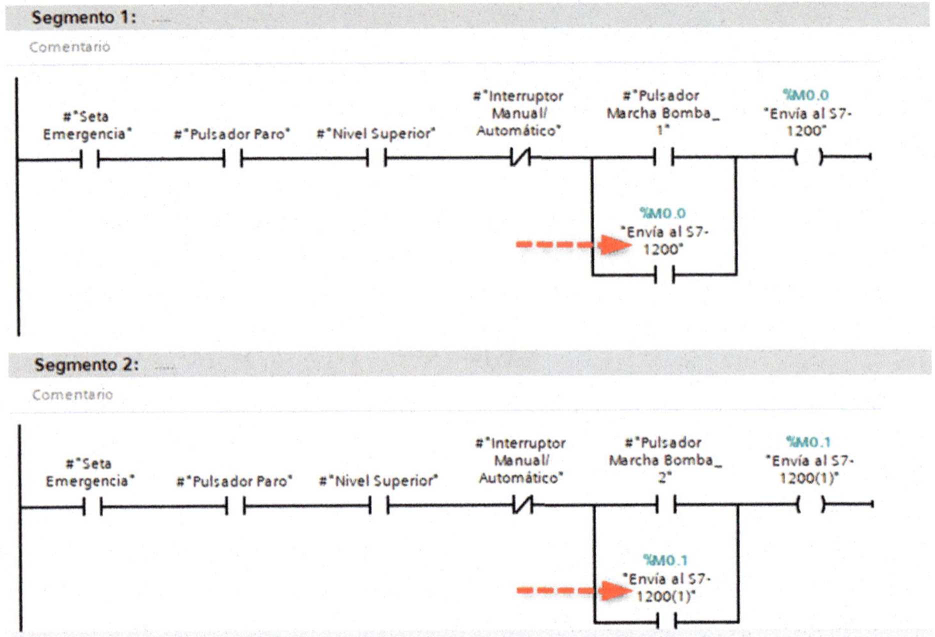

Figura 3.459

Iremos a la ventana «Árbol del proyecto» y haremos doble clic con el ratón sobre «Agregar nuevo bloque» de la carpeta «Bloques de programa» del «Maestro».

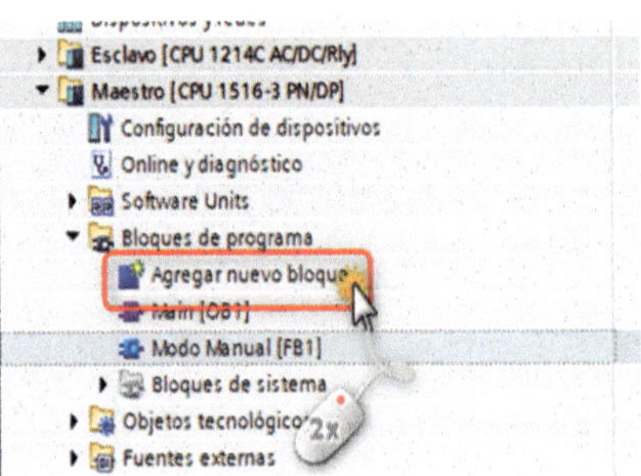

Figura 3.460

En este caso, seleccionaremos «(FC) función». Lo renombraremos y le pondremos «Modo Automático»; seguidamente, pulsaremos sobre el botón «Aceptar».

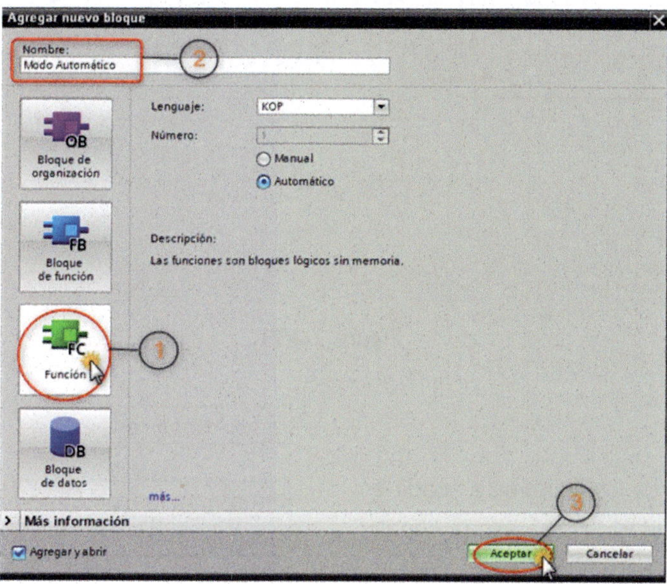

Figura 3.461

Como podemos ver, ya tenemos añadido nuestro bloque de funciones «(FC)». Expandiremos la ventana «Interfaz de bloque».

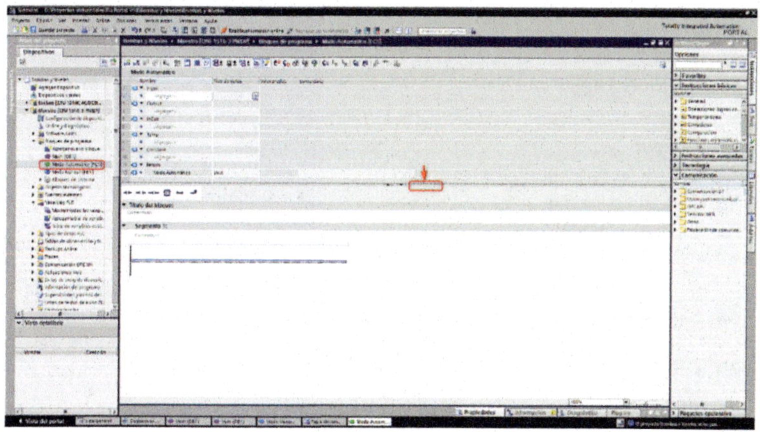

Figura 3.462

Añadiremos los nombres dentro de la categoría «Input», tal como hemos hecho con anterioridad en el «(FB)» modo manual.

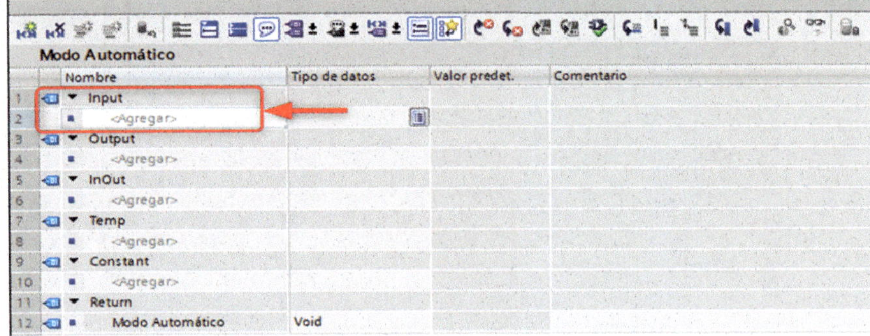

Figura 3.463

Tabla de los nombres a añadir en las celdas de la categoría «Input».

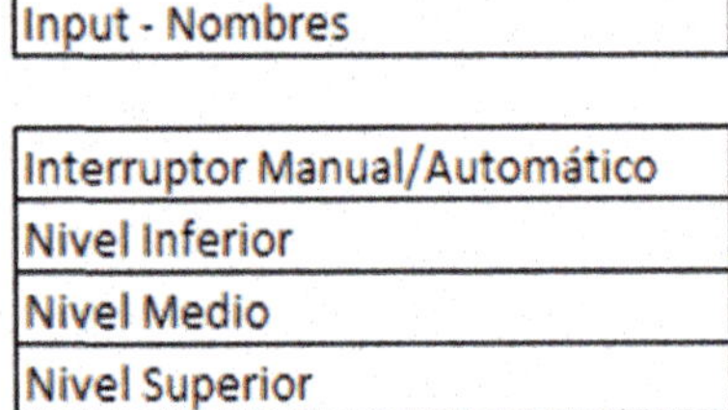

Input - Nombres
Interruptor Manual/Automático
Nivel Inferior
Nivel Medio
Nivel Superior

Figura 3.464

Una vez añadidos los nombres, nos quedará tal como vemos en la Figura 3.465.

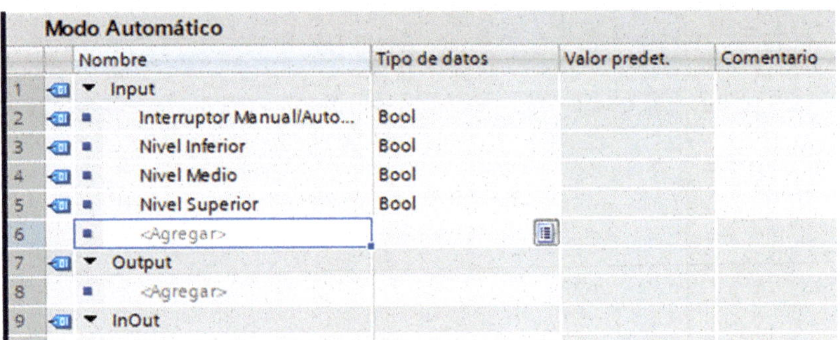

Figura 3.465

Ahora añadiremos los contactos y la asignación a los siguientes segmentos.

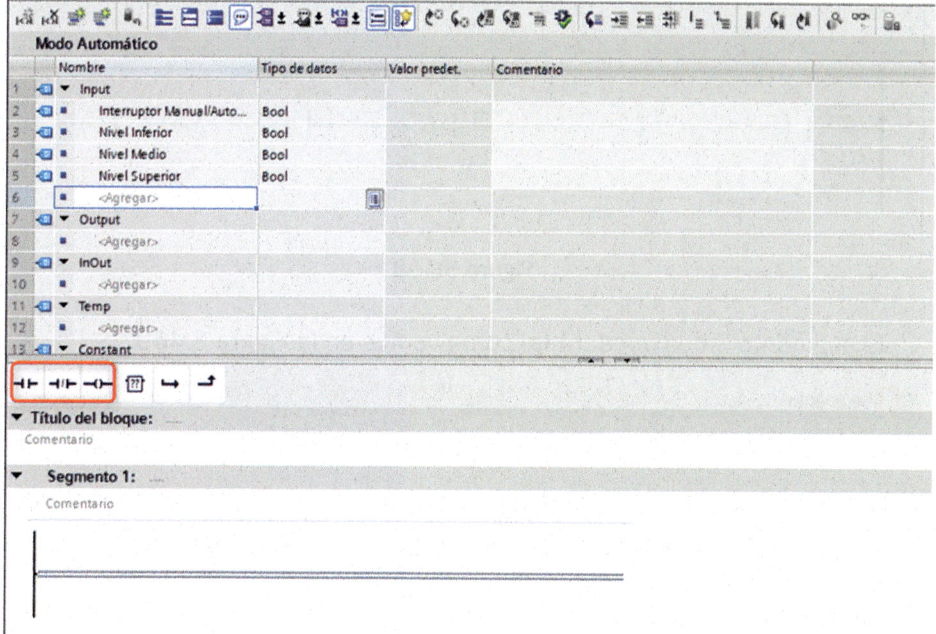

Figura 3.466

El segmento 1 nos quedará tal como vemos en la Figura 3.467.

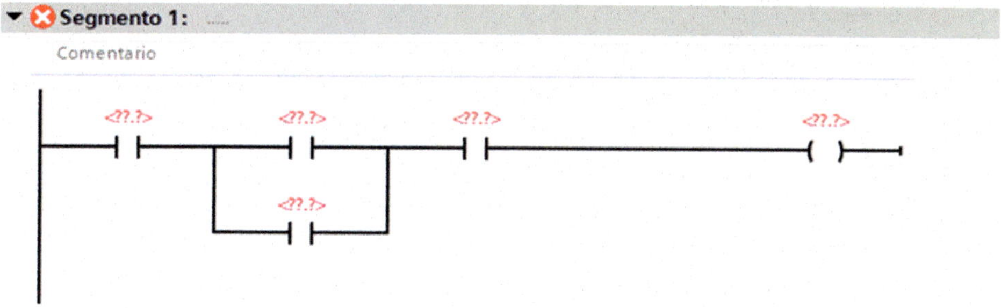

Segmento 1:

Comentario

<??.?> <??.?> <??.?> <??.?>

<??.?>

Figura 3.467

El segmento 2 nos quedará tal como vemos en la Figura 3.468.

Figura 3.468

El segmento 3 nos quedará tal como vemos en la Figura 3.469.

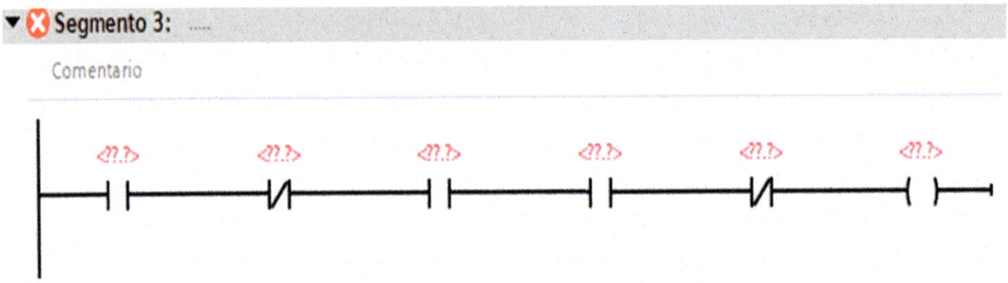

Figura 3.469

El segmento 4 nos quedará tal como vemos en la Figura 3.470.

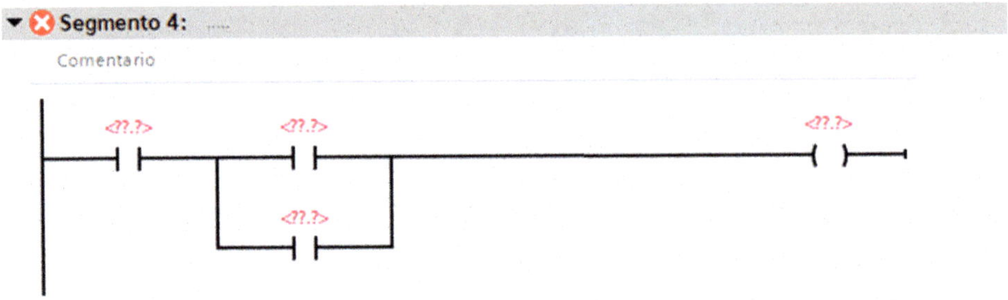

Figura 3.470

El segmento 5 nos quedará tal como vemos en la Figura 3.471.

Ahora asignaremos los nombres de las entradas «Input» a los contactos. También añadiremos las direcciones y los nombres a las marcas que asignemos a las asignaciones como contactos.

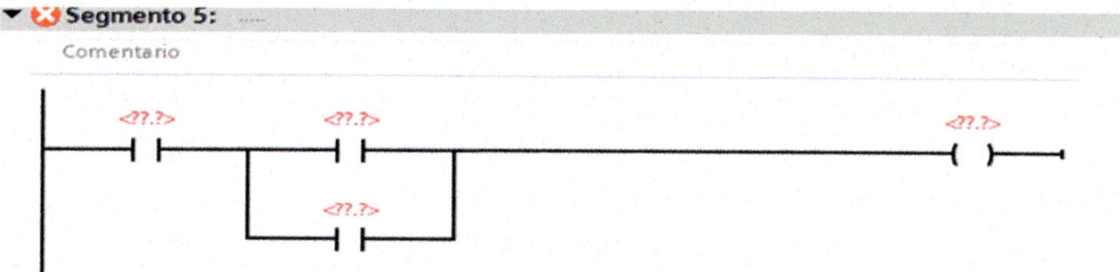

Figura 3.471

Así nos quedará ahora el segmento 1.

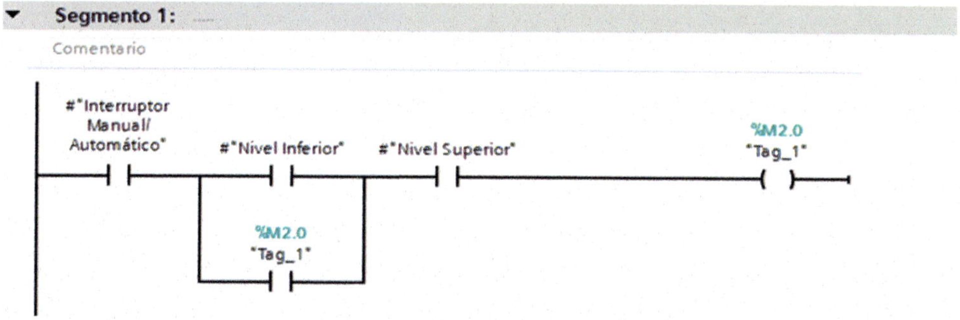

Figura 3.472

Así nos quedará ahora el segmento 2.

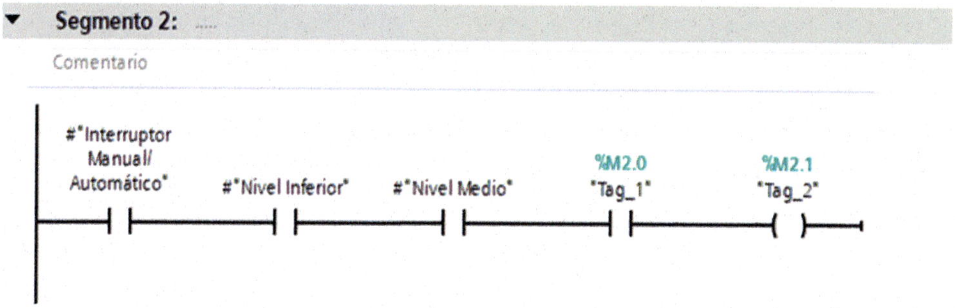

Figura 3.473

Así nos quedará ahora el segmento 3.

Segmento 3:
Comentario
#"Interruptor Manual/ Automático"
#"Nivel Medio"
#"Nivel Superior"
%M2.0
"Tag_1"
%M2.1
"Tag_2"
%M2.2
"Tag_3"

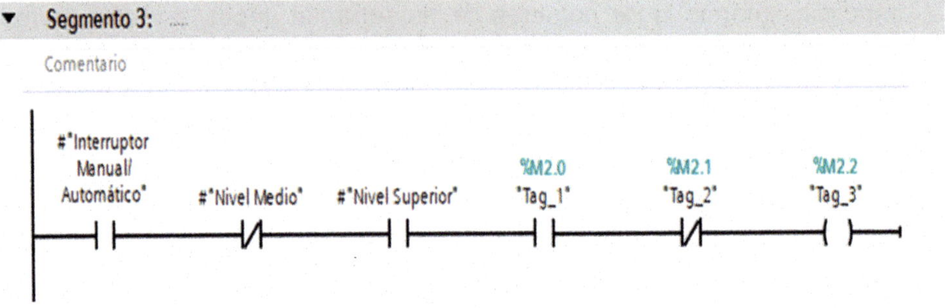

Figura 3.474

Así nos quedará ahora el segmento 4.

Segmento 4:
Comentario
#"Interruptor Manual/ Automático"
%M2.0
"Tag_1"
%M2.1
"Tag_2"
%M0.2
"Envía al S7-1200(2)"

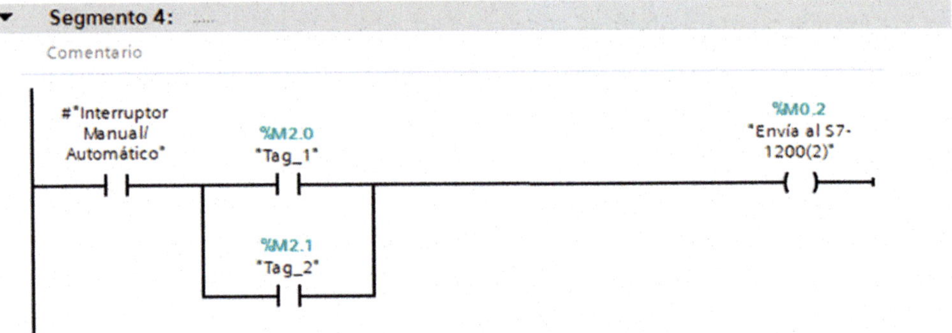

Figura 3.475

Así nos quedará ahora el segmento 5.

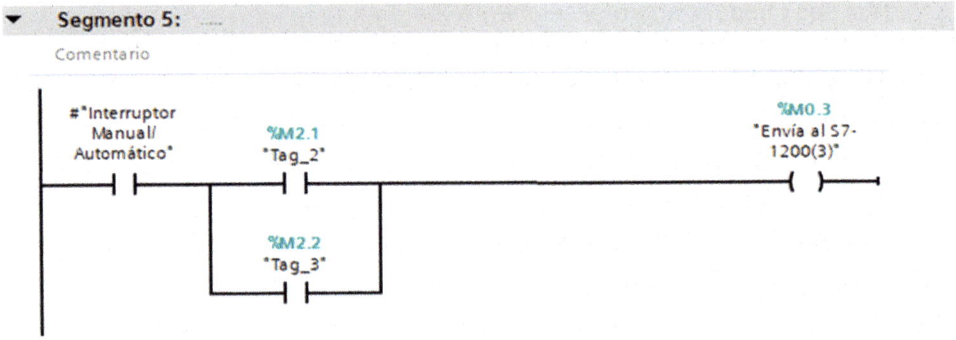

Segmento 5:
Comentario
#"Interruptor Manual/ Automático"
%M2.1
"Tag_2"
%M2.2
"Tag_3"
%M0.3
"Envía al S7-1200(3)"

Figura 3.476

Iremos a la ventana «Árbol del proyecto» y haremos doble clic con el ratón sobre la carpera «Esclavo».

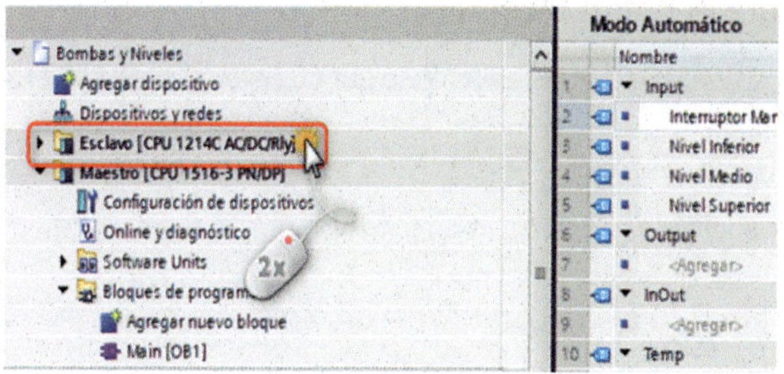

Figura 3.477

Seguidamente, haremos doble clic sobre la carpeta «Bloques de programa».

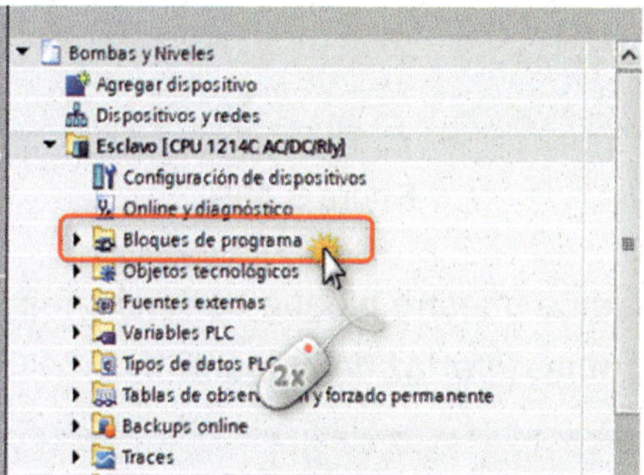

Figura 3.478

Y doble clic sobre la opción «Agregar nuevo bloque».

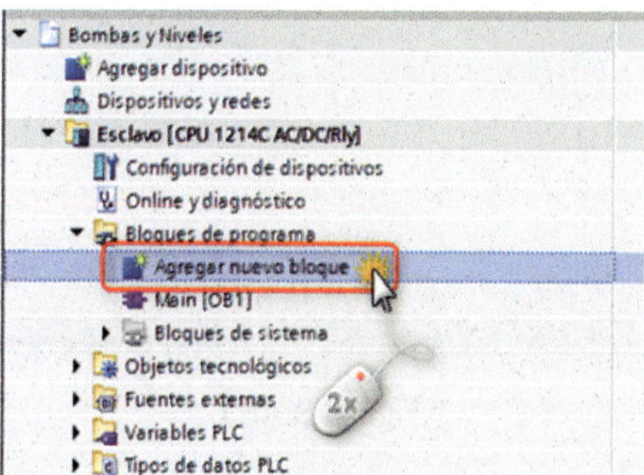

Figura 3.479

En la ventana que se abre, seleccionaremos «FC) función». Lo renombraremos y le pondremos «Salidas Bombas» y, seguidamente, pulsaremos sobre el botón «Aceptar».

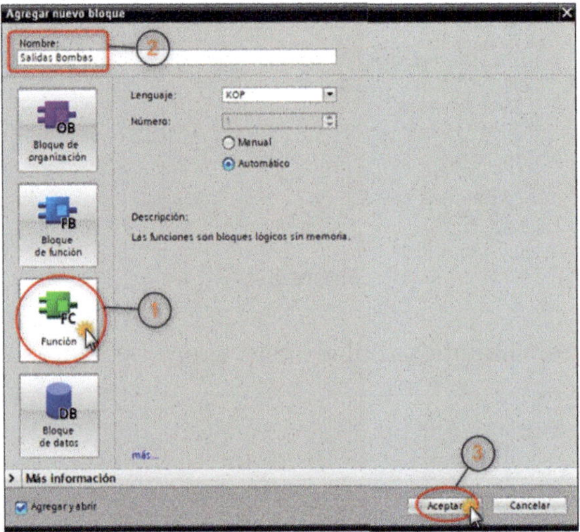

Figura 3.480

Ya tendremos añadido nuestro bloque de funciones «FC» salidas bombas. Expandiremos la ventana «Interfaz de bloque».

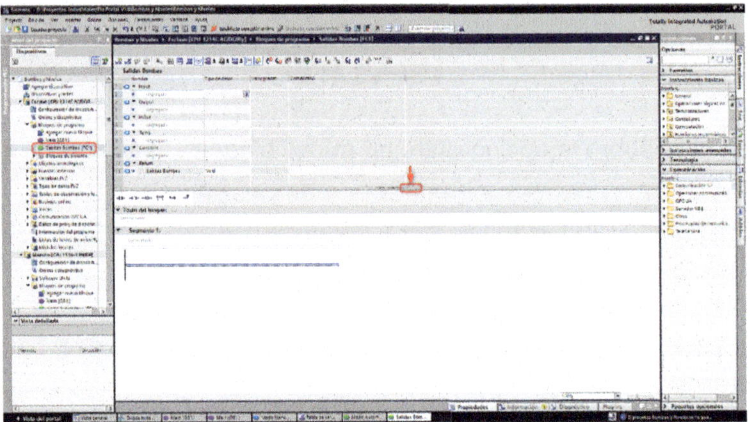

Figura 3.481

Ahora haremos doble clic con el ratón sobre la carpeta «Variables PLC».

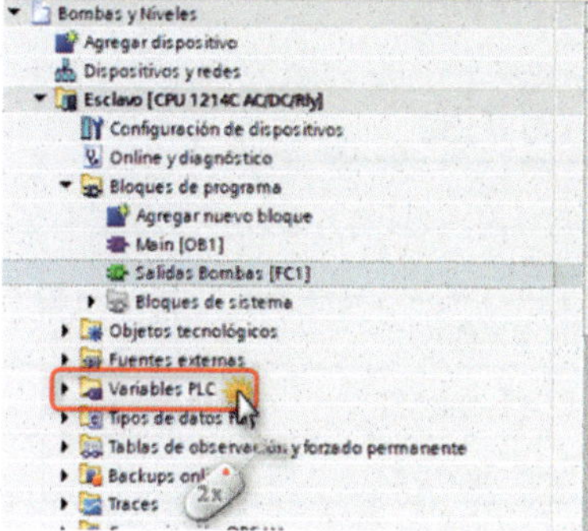

Figura 3.482

Seguidamente, haremos doble clic con el ratón sobre la opción «Tabla de variables estándar».

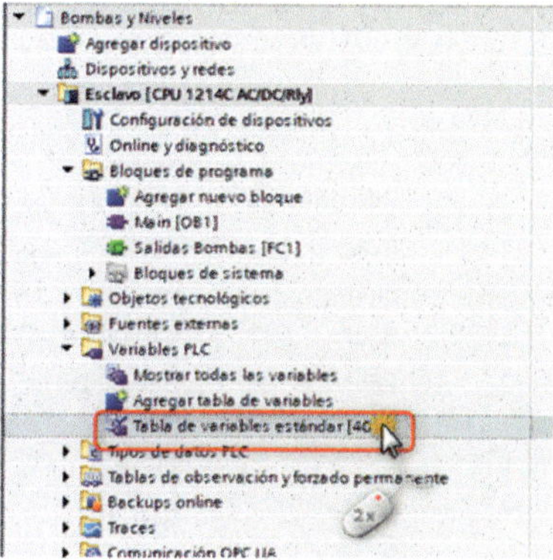

Se nos abrirá la ventana «Tabla de variables estándar» y, como podremos ver, ya tendremos insertadas las variables de las «Marcas de ciclo», así como las marcas de las instrucciones «TRCV_C» y «TSEND_C».

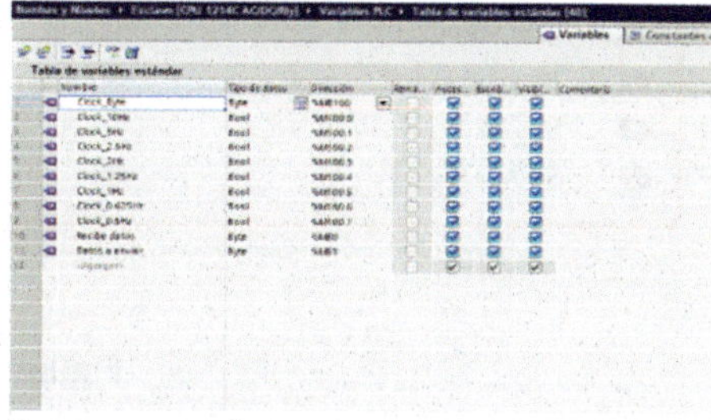

Figura 3.484

Aquí tenemos la tabla de «Nemónicos» con las variables que añadiremos a la «Tabla de variables estándar».

Tabla de Nemónicos - CPU S7-1200

Entradas	
Dirección	Nombre
I0.0	Rele Térmico F1
I0.1	Relé Térmico F2
I0.2	Nivel de Pozo

Salidas	
Dirección	Nombre
Q0.0	Bomba_01
Q0.1	Bomba_02

Figura 3.485

Una vez introducidas las variables, nos quedará tal como vemos en la Figura 3.486. Recuerden que hay que cambiar el tipo de dato a «Bool» y las direcciones.

Tabla de variables estándar

	Nombre	Tipo de datos	Dirección	Rema...	Acces...	Escrib...	Visibl...
1	Clock_Byte	Byte	%MB100	☐	☑	☑	☑
2	Clock_10Hz	Bool	%M100.0	☐	☑	☑	☑
3	Clock_5Hz	Bool	%M100.1	☐	☑	☑	☑
4	Clock_2.5Hz	Bool	%M100.2	☐	☑	☑	☑
5	Clock_2Hz	Bool	%M100.3	☐	☑	☑	☑
6	Clock_1.25Hz	Bool	%M100.4	☐	☑	☑	☑
7	Clock_1Hz	Bool	%M100.5	☐	☑	☑	☑
8	Clock_0.625Hz	Bool	%M100.6	☐	☑	☑	☑
9	Clock_0.5Hz	Bool	%M100.7	☐	☑	☑	☑
10	Recibe datos	Byte	%MB0	☐	☑	☑	☑
11	Datos a enviar	Byte	%MB3	☐	☑	☑	☑
12	Relé Térmico F1	Bool	%I0.0	☐	☑	☑	☑
13	Relé Térmico F2	Bool	%I0.1	☐	☑	☑	☑
14	Nivel de Pozo	Bool	%I0.2	☐	☑	☑	☑
15	Bomba_01	Bool	%Q0.0	☐	☑	☑	☑
16	Bomba_02	Bool	%Q0.1	☐	☑	☑	☑
17	<Agregar>			☐	☑	☑	☑

Figura 3.486

Haremos doble clic con el ratón sobre la función «FC» salidas bombas.

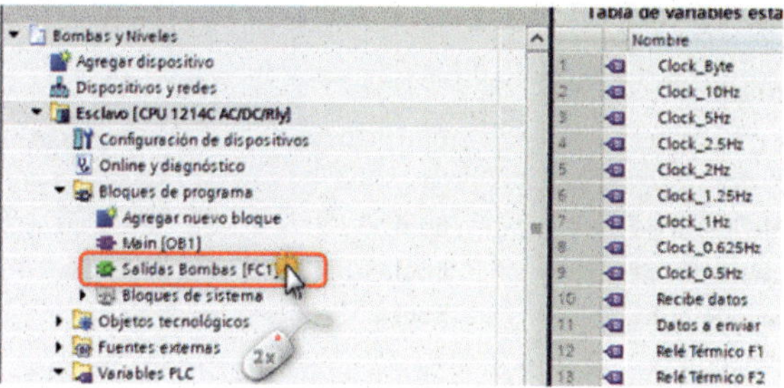

Figura 3.487

Ahora añadiremos los nombres a las entradas «Input» y a las salidas «Output».

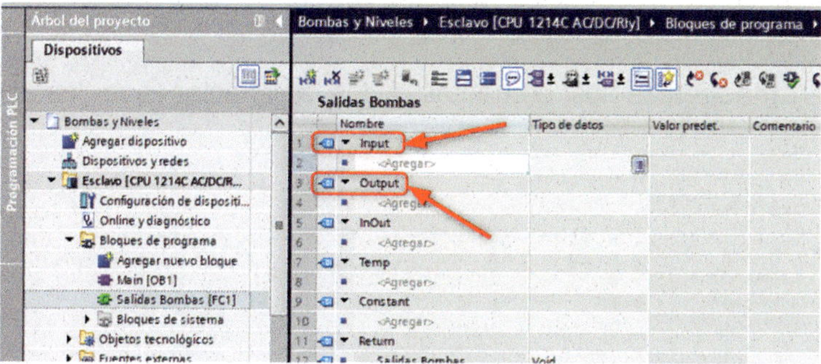

Figura 3.488

Tabla de los nombres a añadir en las celdas de las categorías «Input» y «Output».

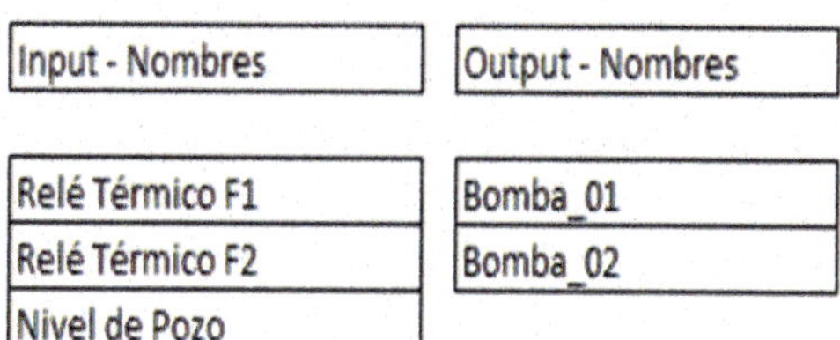

Input - Nombres	Output - Nombres
Relé Térmico F1	Bomba_01
Relé Térmico F2	Bomba_02
Nivel de Pozo	

Figura 3.489

Una vez añadidos los nombres a las categorías «Input» y «Output», nos quedará tal como vemos en la Figura 3.490.

Salidas Bombas

	Nombre	Tipo de datos	Valor predet.	Comentario
1	▼ Input			
2	■ Relé Térmico F1	Bool		
3	■ Relé Térmico F2	Bool		
4	■ Nivel de Pozo	Bool		
5	■ <Agregar>			
6	▼ Output			
7	■ Bomba_01	Bool		
8	■ Bomba_02	Bool		
9	■ <Agregar>			
10	▼ InOut			

Figura 3.490

Ahora añadiremos los contactos y las asignaciones a los siguientes segmentos.

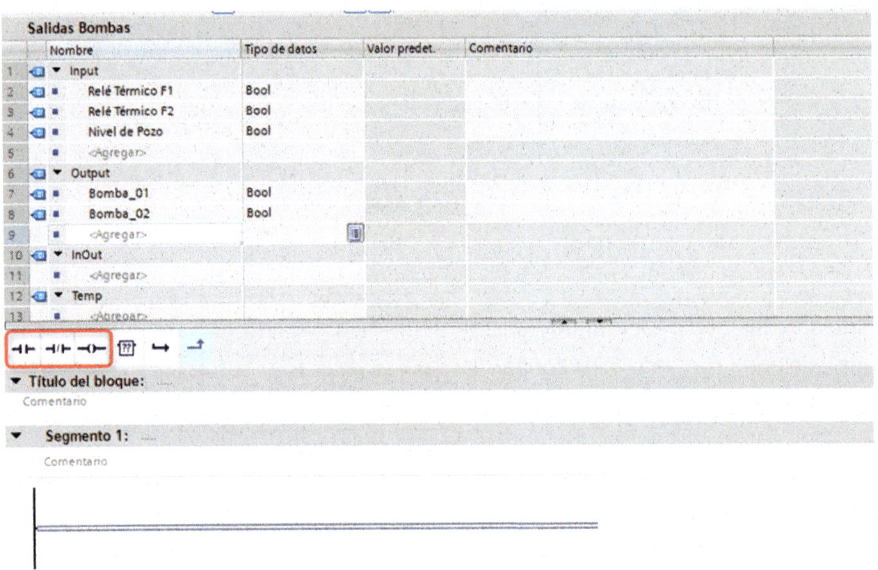

Figura 3.491

Así nos quedará el segmento 1.

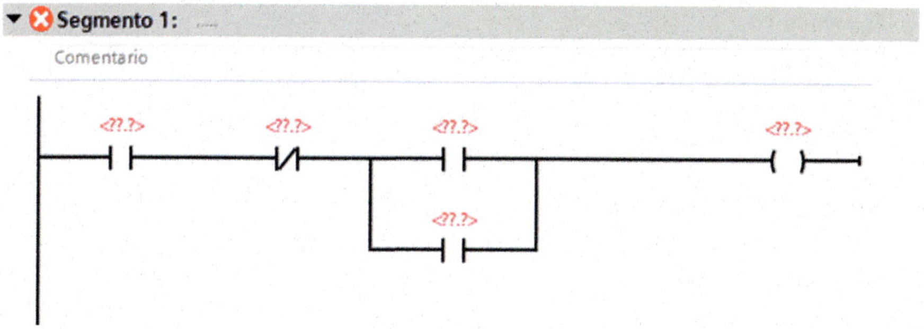

Figura 3.492

Así nos quedará el segmento 2.

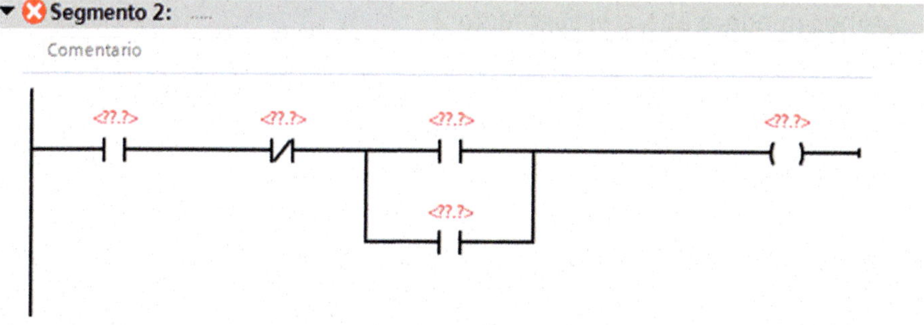

Figura 3.493

Ahora asignaremos los nombres de las entradas «Input» a los contactos, y los nombres de las salidas «Output» a las asignaciones. También añadiremos las direcciones y los nombres a las marcas que asignemos a las asignaciones como contactos.

Así nos quedará ahora el segmento 1.

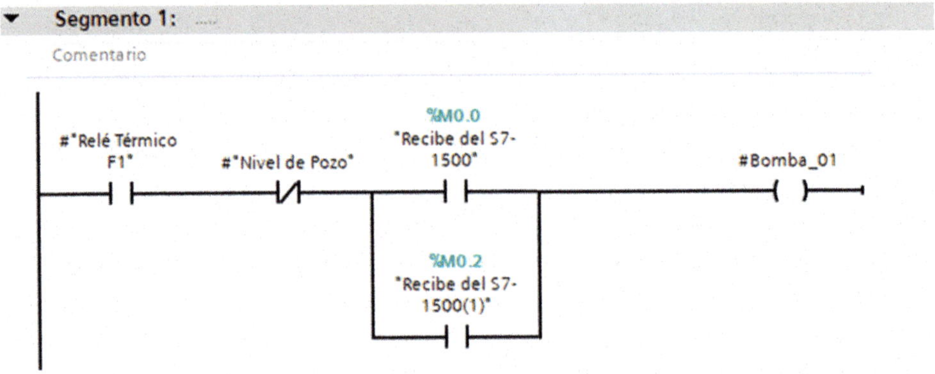

Segmento 1:
Comentario
%M0.0
"Recibe del S7-1500"
#"Relé Térmico F1"
#"Nivel de Pozo"
#Bomba_01
%M0.2
"Recibe del S7-1500(1)"

Figura 3.494

Así nos quedará ahora el segmento 2.

Segmento 2:
Comentario
%M0.1
"Recibe del S7-1500(2)"
#"Relé Térmico F2"
#"Nivel de Pozo"
#Bomba_02
%M0.3
"Recibe del S7-1500(3)"

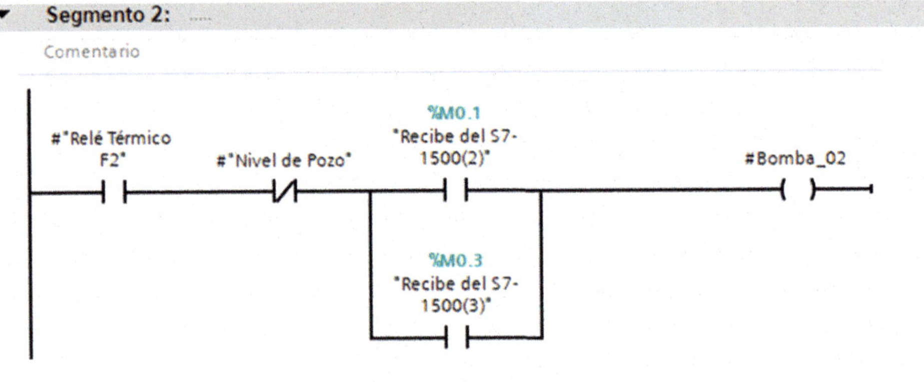

Figura 3.495

Iremos a la ventana «Árbol del proyecto» y haremos doble clic sobre la opción «Main [OB1]» del Esclavo, que está dentro de la carpeta «Bloques de programa».

Bombas y Niveles
Agregar dispositivo
Dispositivos y redes
Esclavo [CPU 1214C AC/DC/Rly]
Configuración de dispositivos
Online y diagnóstico
Bloques de programa
Agregar nuevo bloque
Main [OB1]
[FC1]
Bloques de sistema
2x

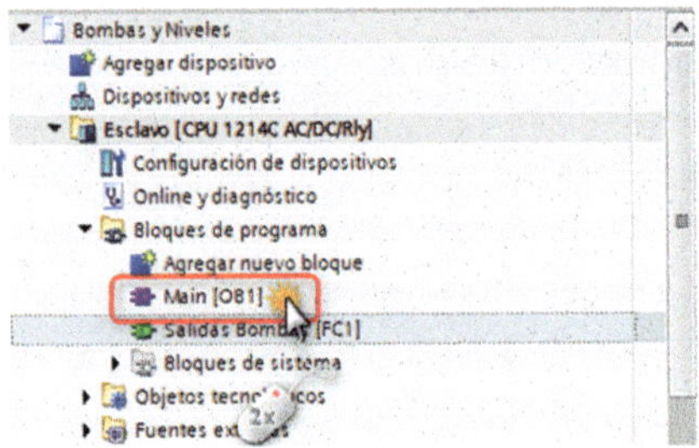

Figura 3.496

Si tenemos la ventana «Interfaz de bloque» extendida, pulsaremos sobre la flechita negra que apunta hacia arriba para contraerla.

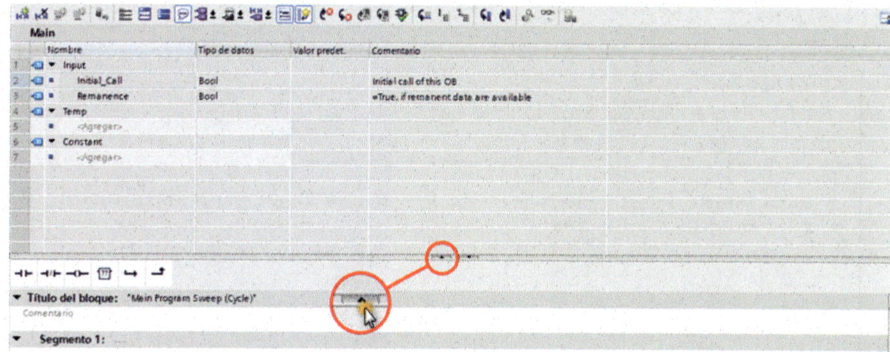

Figura 3.497

Ahora arrastraremos la función «Salidas Bombas [FC1]» a la línea del segmento 2. Haremos clic con el botón izquierdo del ratón sobre esa función y, sin soltarlo, lo llevaremos hacia la línea. Cuando veamos que sale el cuadradito de color verde, soltaremos el botón izquierdo del ratón para que se agregue al segmento 2.

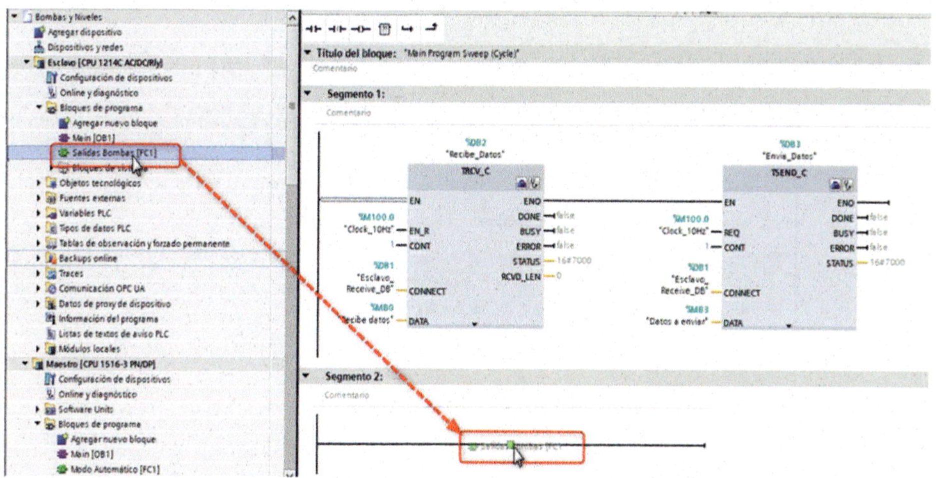

Figura 3.498

Veremos que se añade la función «FC» en el segmento 2. Será el momento de asociar las variables.

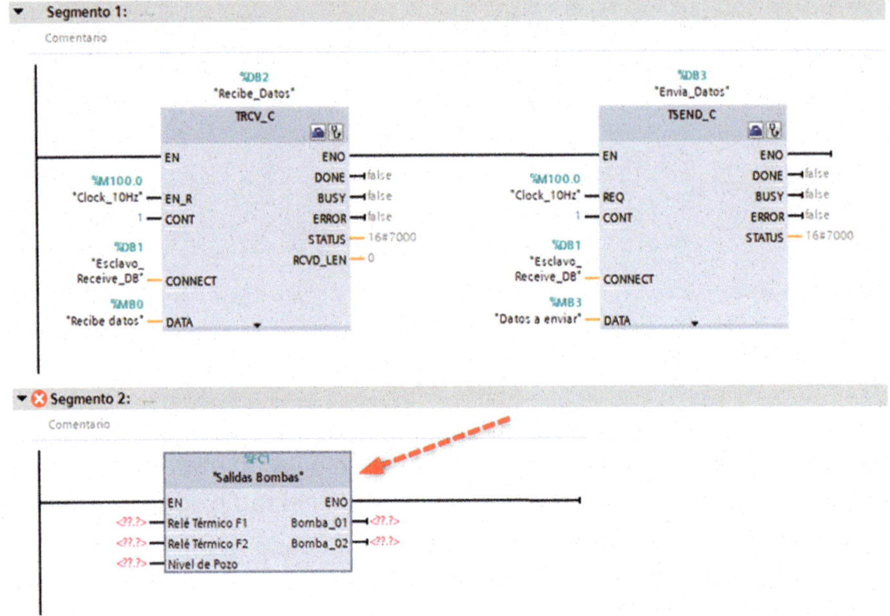

Figura 3.499

Haremos doble clic sobre los interrogantes del «Relé Térmico F1».

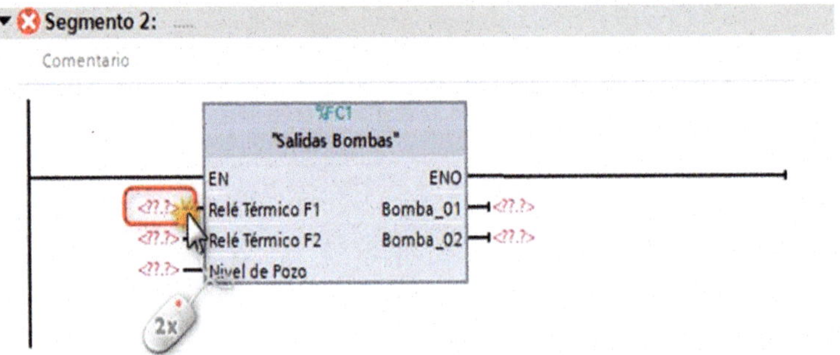

Figura 3.500

Haremos clic con el botón izquierdo del ratón sobre el «Icono archivo».

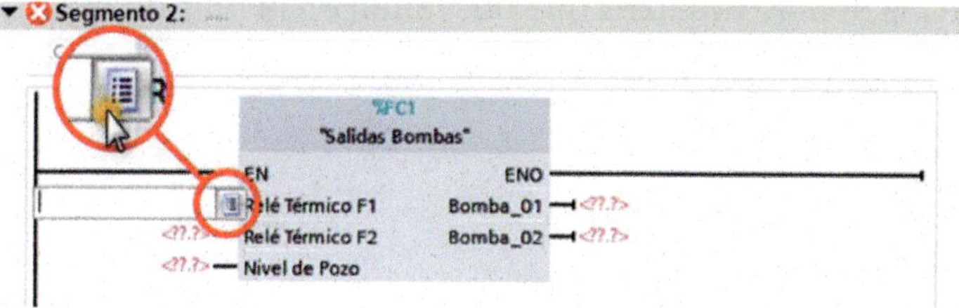

Figura 3.501

En la ventana que se nos abre, con la barra de desplazamiento bajaremos hasta la variable «Relé Térmico F1» y haremos un clic con el ratón sobre ella.

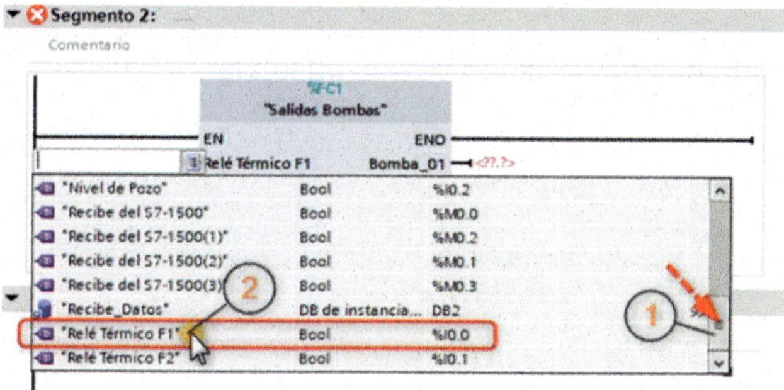

Figura 3.502

Veremos que, dentro de la celda, tenemos el nombre de la variable. Pulsaremos la tecla Intro del teclado.

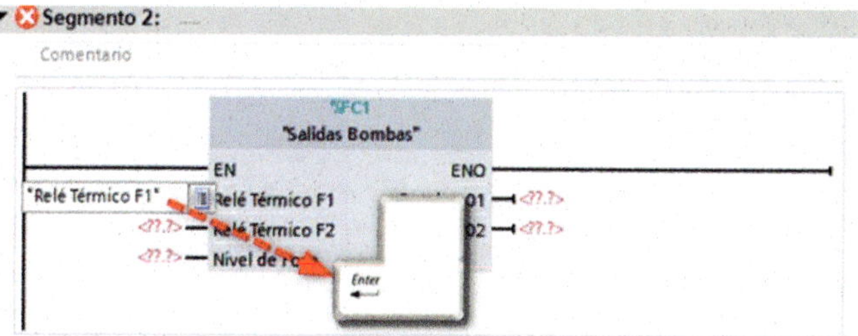

Figura 3.503

Quedará como vemos en la Figura 3.504. Ahora haremos exactamente lo mismo con las demás variables que nos faltan en la función «Salidas Bombas [FC1».

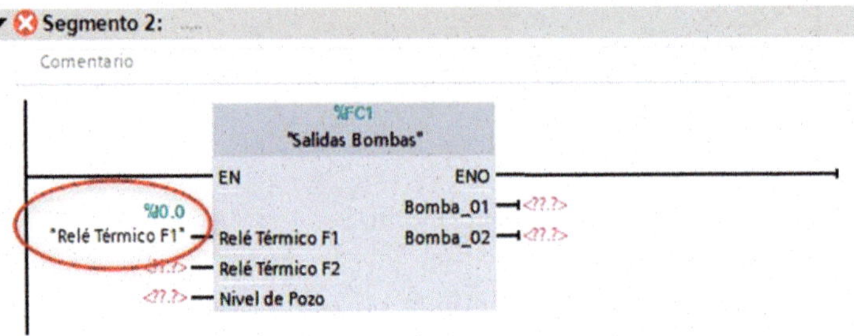

Figura 3.504

Nos tiene que quedar tal como vemos en la Figura 3.505.

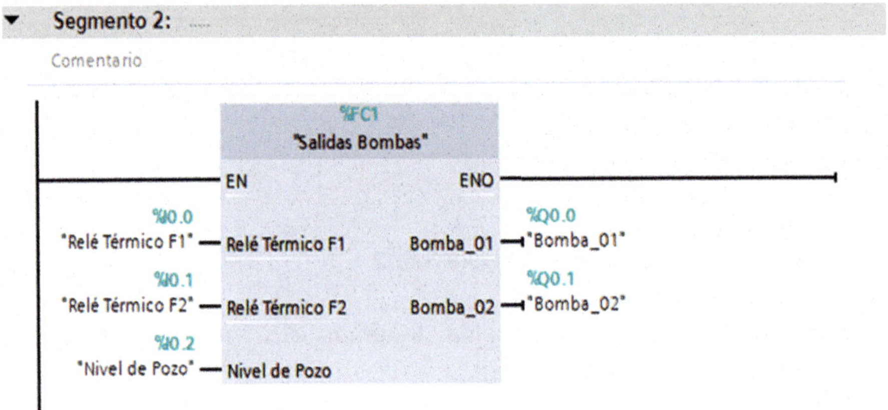

Figura 3.505

Ahora haremos doble clic con el ratón sobre la carpeta «Esclavo» para contraer el contenido.

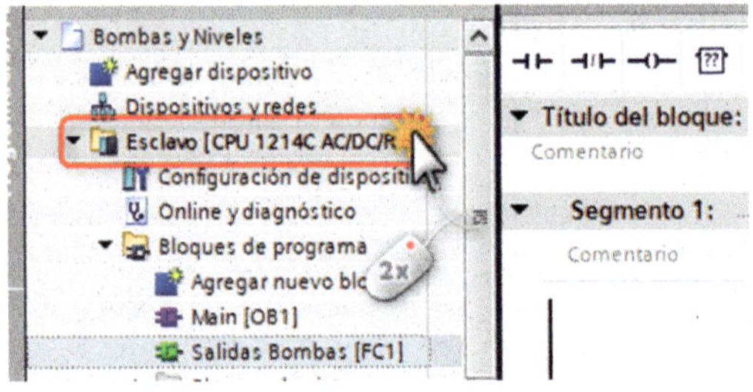

Figura 3.506

Seguidamente, haremos doble clic sobre «Main [OB1]», que está dentro de la carpeta «Bloques de programa» de la carpeta «Maestro».

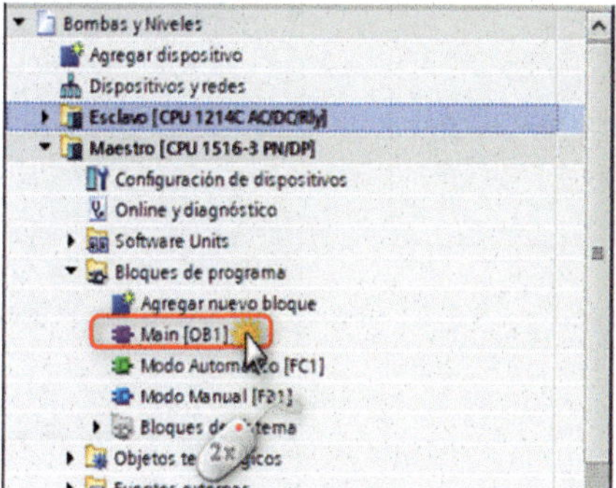

Figura 3.507

Arrastraremos la función «Modo Manual [FB1]» a la línea del segmento 2. Haremos clic sobre ella y, sin soltarlo, lo llevaremos hacia el segmento. Cuando veamos que sale el cuadradito de color verde, soltaremos el botón izquierdo del ratón para que se agregue al segmento 2.

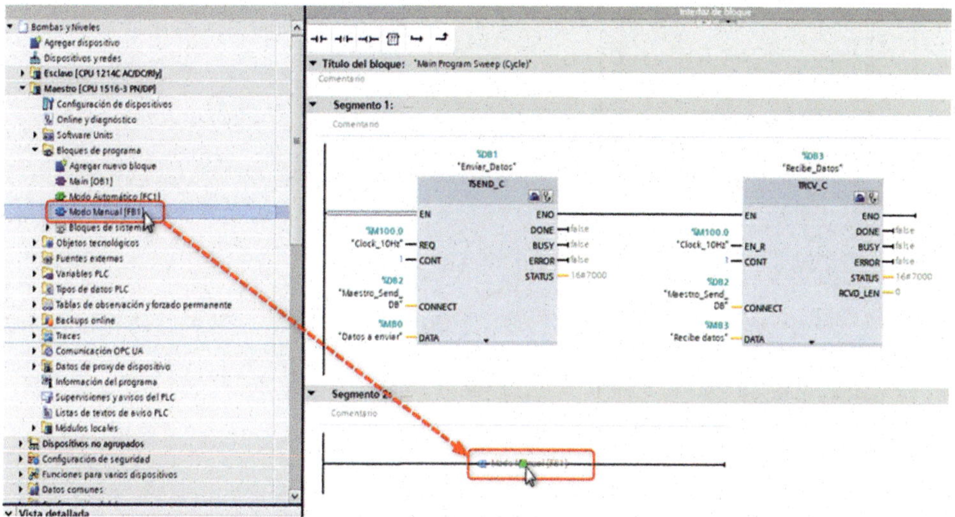

Figura 3.508

En la ventana que se nos abre, pulsaremos «Aceptar».

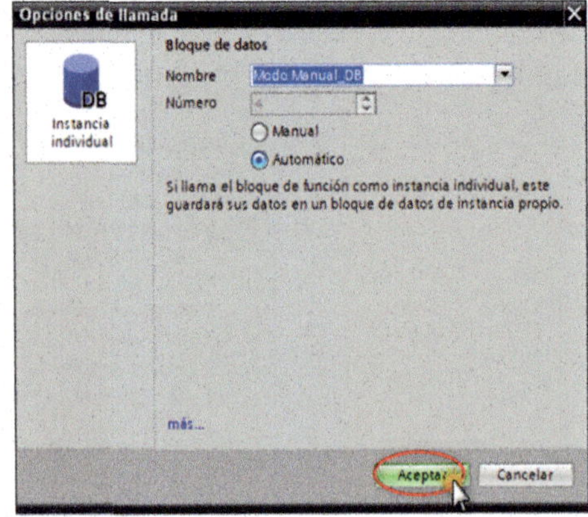

Figura 3.509

Ahora arrastraremos la función «Modo Automático [FC1]» a la línea del segmento 2, al lado de la función «Modo Manual [FB1]». Haremos clic sobre ella y, sin soltarlo, lo llevaremos hacia el segmento. Cuando veamos que sale el cuadradito de color verde, soltaremos el botón izquierdo del ratón para que se agregue al segmento 2.

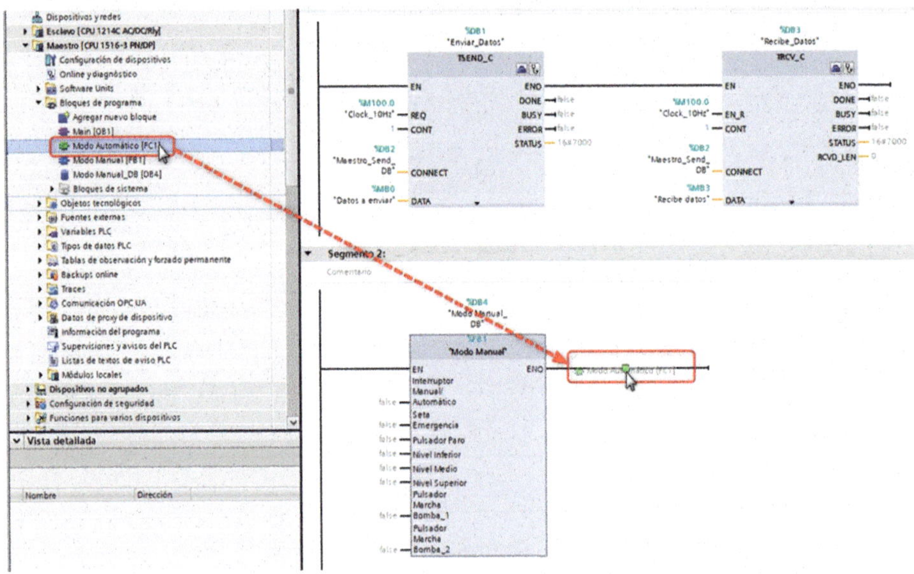

Figura 3.510

Los dos bloques nos quedarán tal como vemos en la Figura 3.511. Ahora tenemos que asociar las variables, tal como hemos hecho con anterioridad.

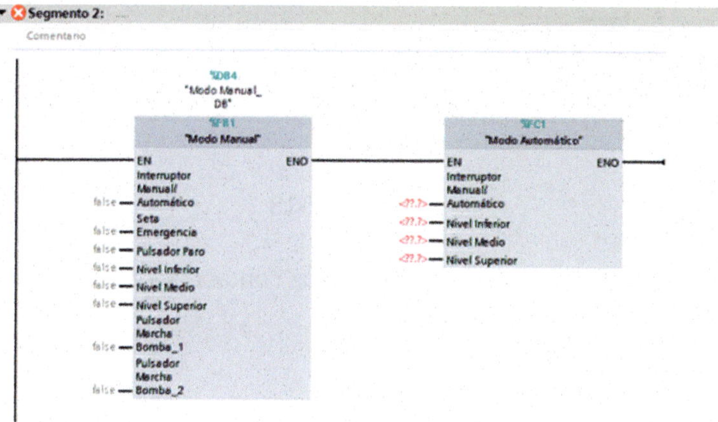

Figura 3.511

El segmento 2 nos tendrá que quedar tal como vemos en la Figura 3.512.

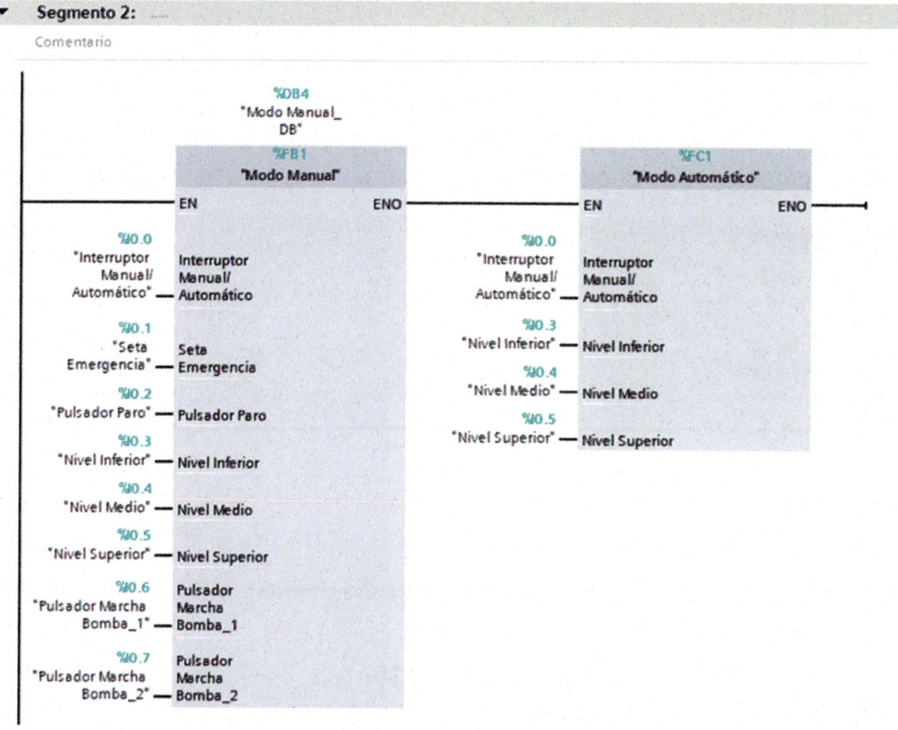

Figura 3.512

Ahora iremos al segmento 3, y añadiremos un par de «Contactos NO» y un par de «Asignaciones» en diferentes líneas.

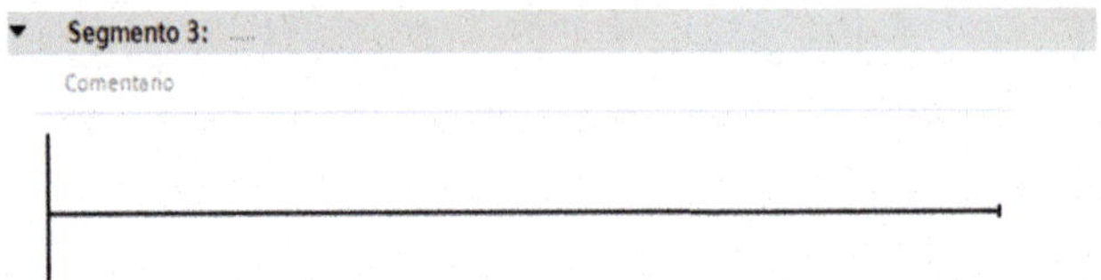

Figura 3.513

Añadiremos las siguientes variables a los contactos y a las asignaciones.

Figura 3.514

El segmento 3 nos quedará así.

Figura 3.515

Iremos a la ventana «Árbol del proyecto» y haremos doble clic con el ratón sobre la carpeta «Esclavo».

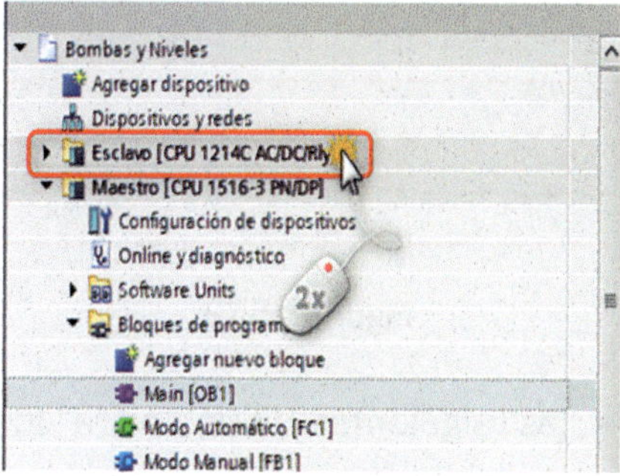

Figura 3.516

Seguidamente, haremos doble clic sobre la carpeta «Bloques de programa».

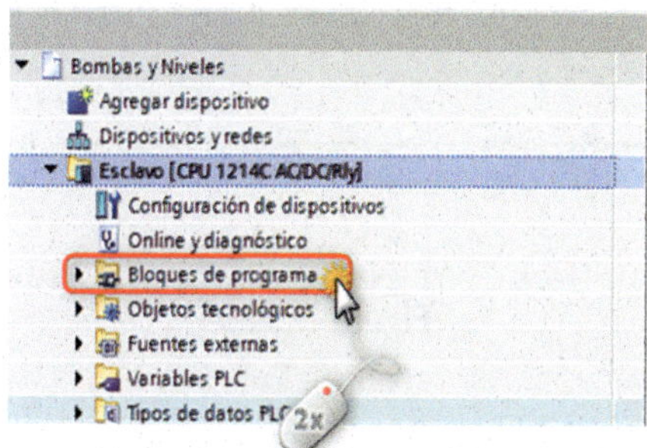

Figura 3.517

Y sobre la opción «Main [OB1]».

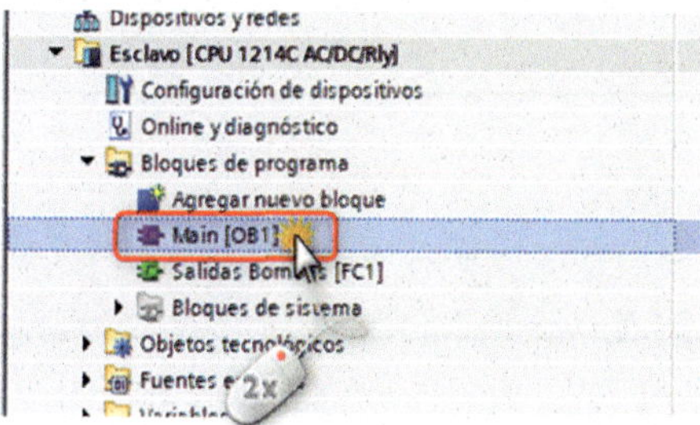

Figura 3.518

Iremos al segmento 3, y añadiremos un par de «Contactos NO» y un par de «Asignaciones» en diferentes líneas.

Segmento 3:

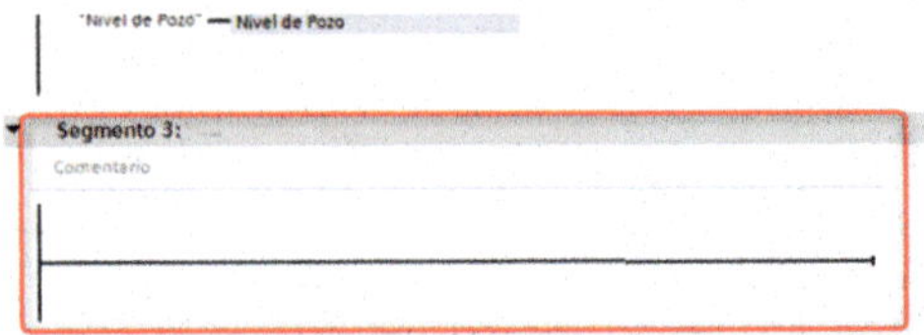

Figura 3.519

Ahora añadiremos las siguientes variables a los contactos y a las asignaciones.

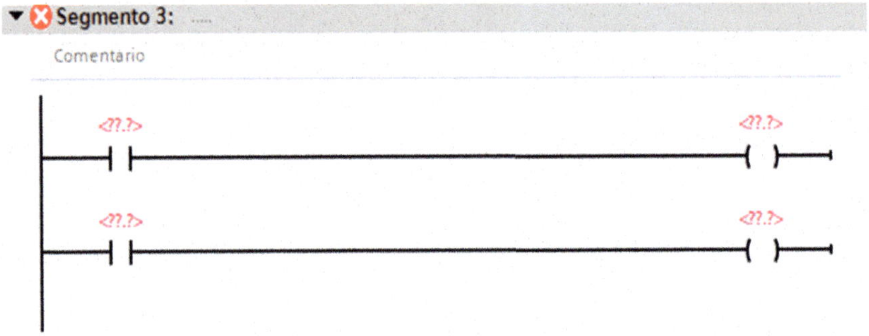

Segmento 3:
Comentario
<??.?>
<??.?>
<??.?>
<??.?>

Figura 3.520

Así nos quedara ahora el segmento 3.

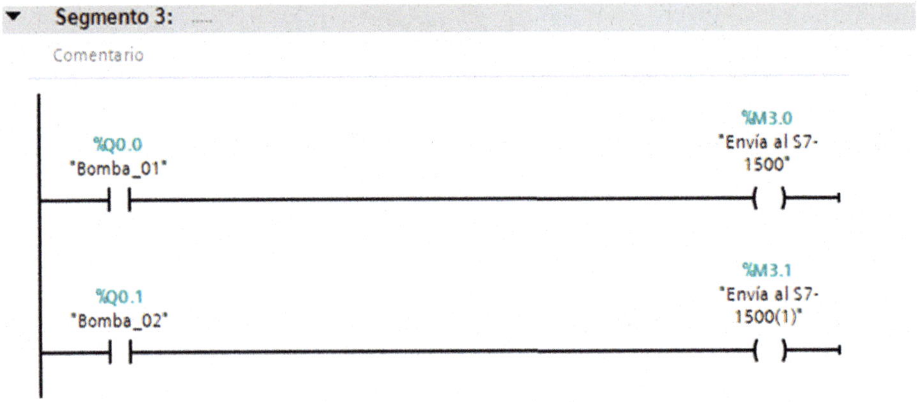

Segmento 3:
Comentario
%Q0.0
"Bomba_01"
%M3.0
"Envía al S7-1500"
%Q0.1
"Bomba_02"
%M3.1
"Envía al S7-1500(1)"

Figura 3.521

Haremos doble clic sobre el «Main [OB1]» de la CPU Maestro.

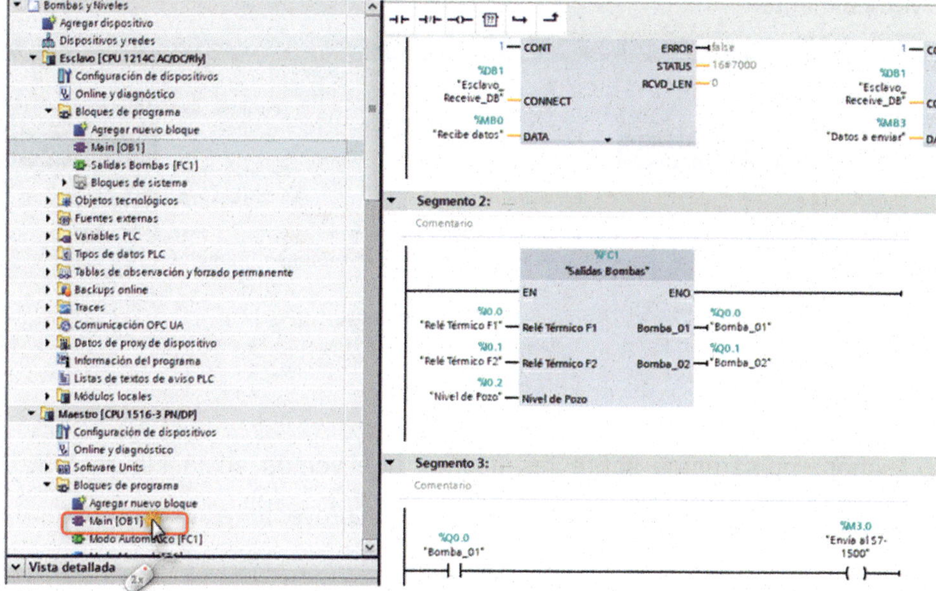

Figura 3.522

Seguidamente, pulsaremos sobre la pestaña «Ventana».

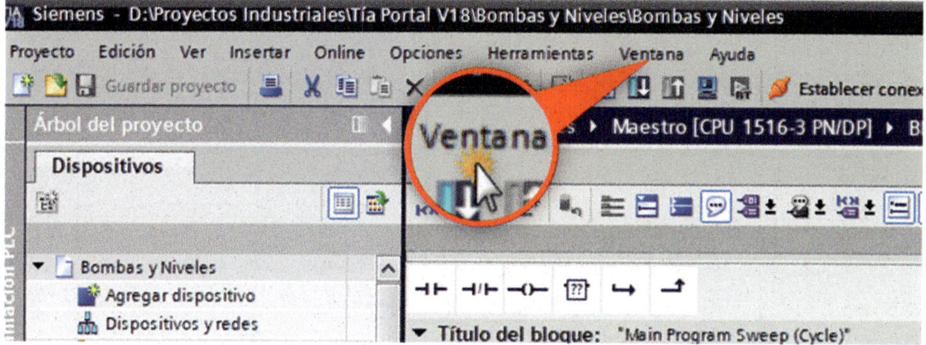

Figura 3.523

En el desplegable, pulsaremos sobre la opción «Dividir área del editor verticalmente».

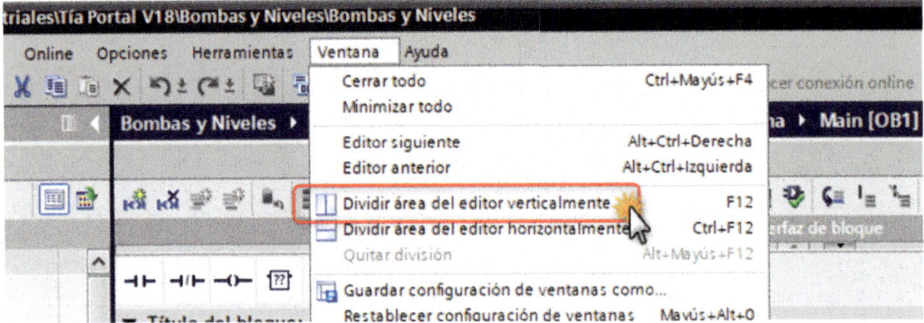

Figura 3.524

Ahora pulsaremos sobre las flechas que vemos en la Figura 3.525 - , para contraer las ventanas «Árbol del proyecto» e «Instrucciones».

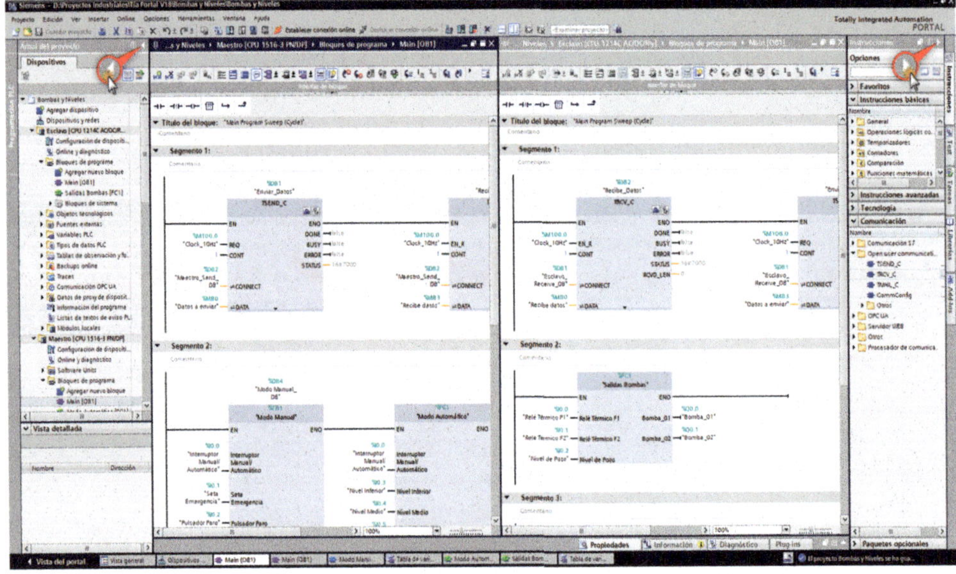

Figura 3.525

Ahora veremos que tenemos más amplias las dos ventanas de las CPU «Maestro» y «Esclavo».

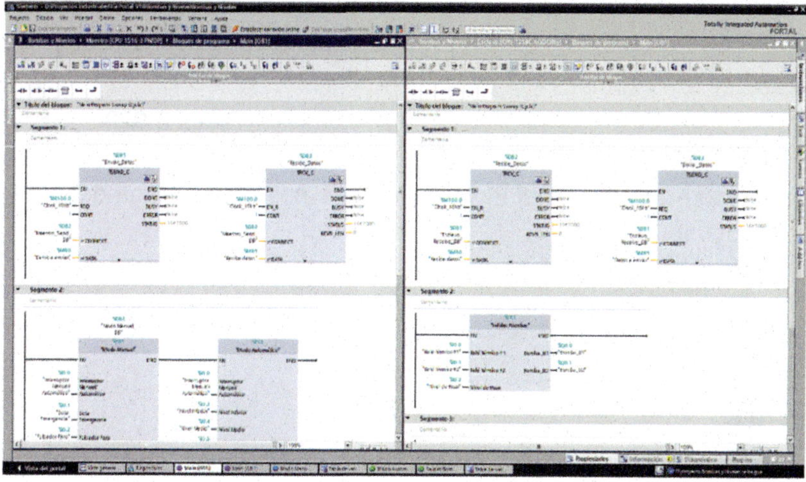

Figura 3.526

Seleccionaremos la ventana de la «CPU Maestro» y pulsaremos sobre el icono «Iniciar simulación».

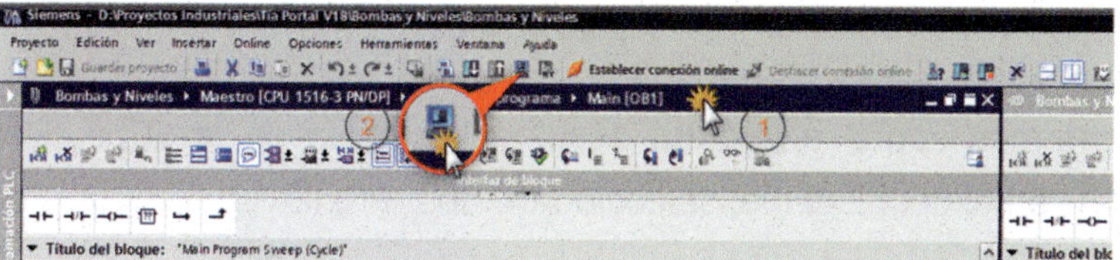

Figura 3.527

En esta ventana, simplemente pulsaremos sobre el botón «Aceptar».

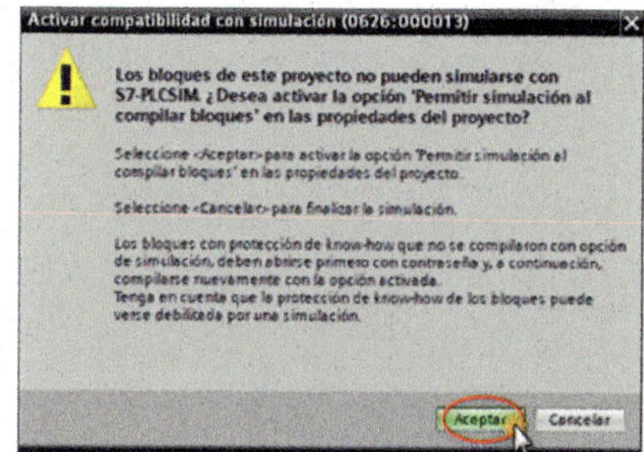

Figura 3.528

En esta ventana, también pulsaremos sobre el botón «Aceptar».

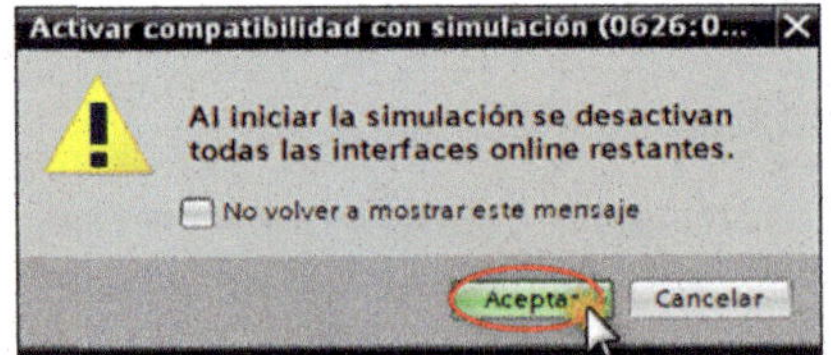

Figura 3.529

Cuando se haya abierto el PLCSIM, volveremos a la ventana del TIA Portal.

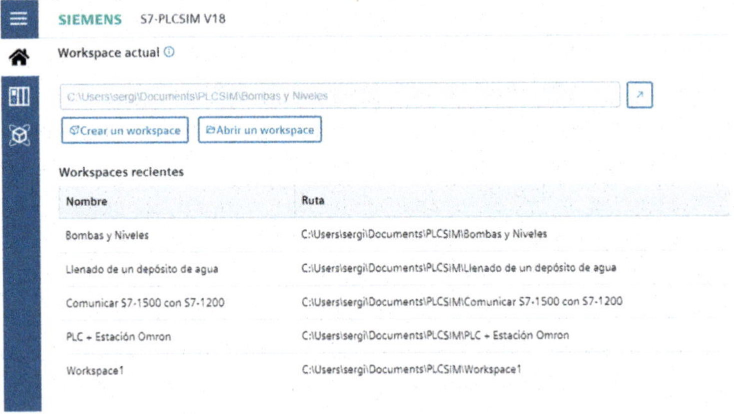

Figura 3.530

Pulsaremos sobre la flechita desplegable de la celda «Tipo de interfaz PG/PC» y, en el desplegable, seleccionaremos «PN/IE».

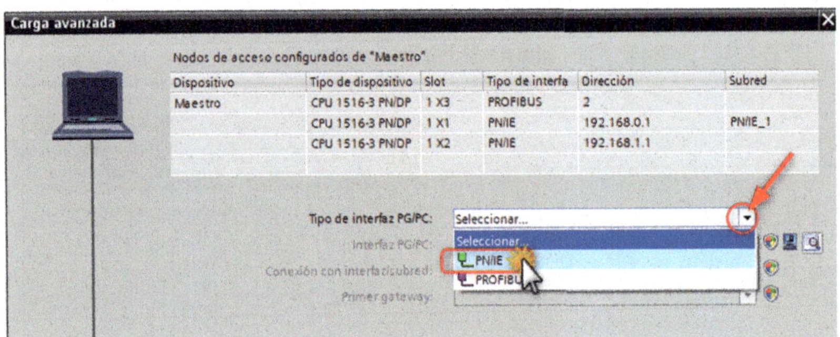

Figura 3.531

Pulsaremos sobre la flechita desplegable de la celda «Conexión con interfaz/subred» y, en el desplegable, seleccionaremos «PN/IE_1».

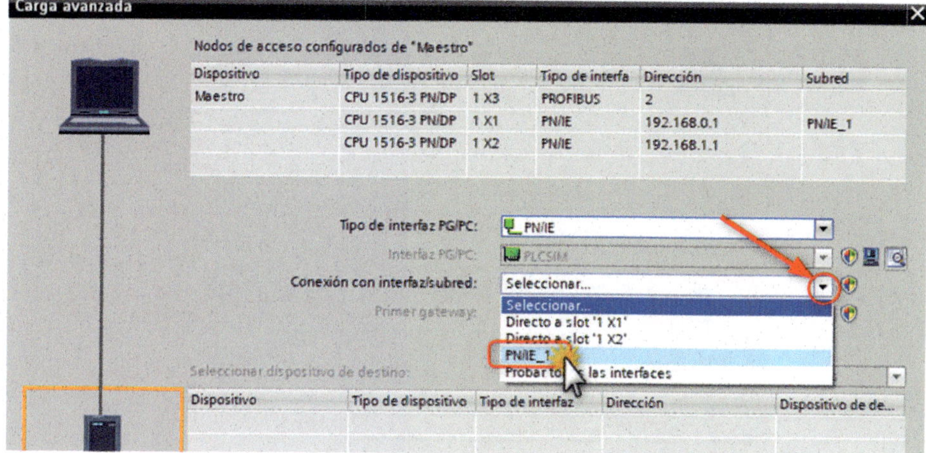

Figura 3.532

Ahora pulsaremos sobre el botón «Iniciar búsqueda».

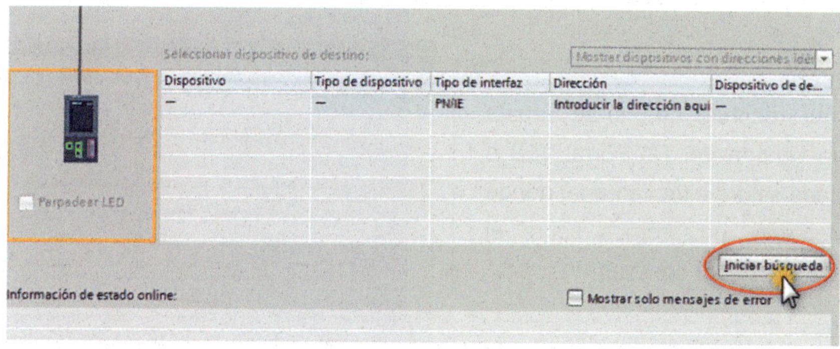

Figura 3.533

Vemos que nos detecta la CPU, así que pulsaremos sobre el botón «Cargar».

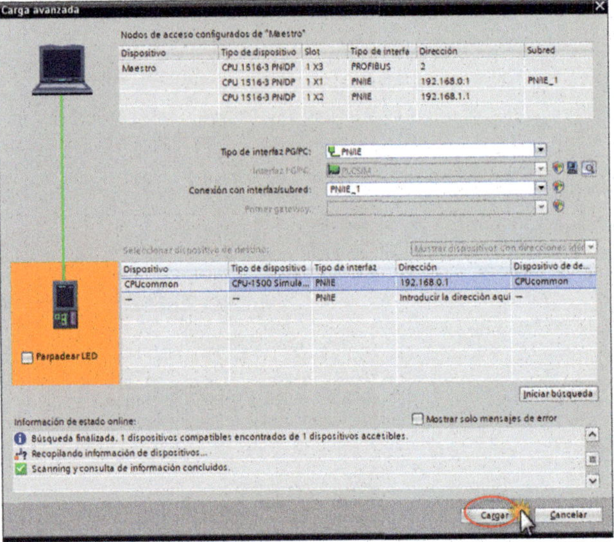

Figura 3.534

Hay que recordar que, si se trabaja con la versión del TIA Portal V18 o V17, nos saldrá esta ventana, donde simplemente pulsaremos sobre el botón «Establecer conexión».

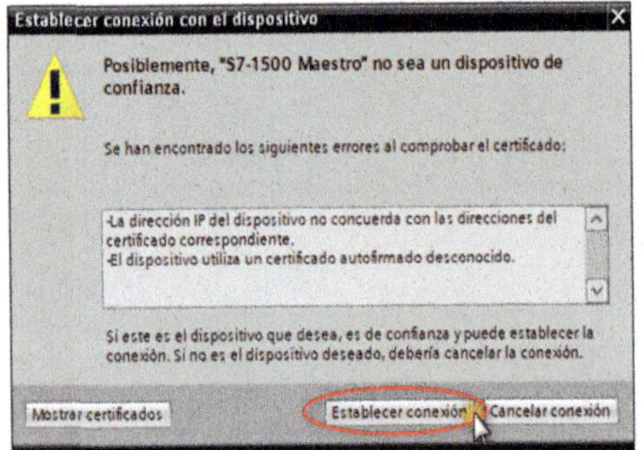

Figura 3.535

Pulsaremos sobre el botón «Cargar» y, seguidamente, pulsaremos al lado del nombre «Ninguna acción». En el desplegable, seleccionaremos «Arrancar módulo» y, seguidamente, pulsaremos «Finalizar».

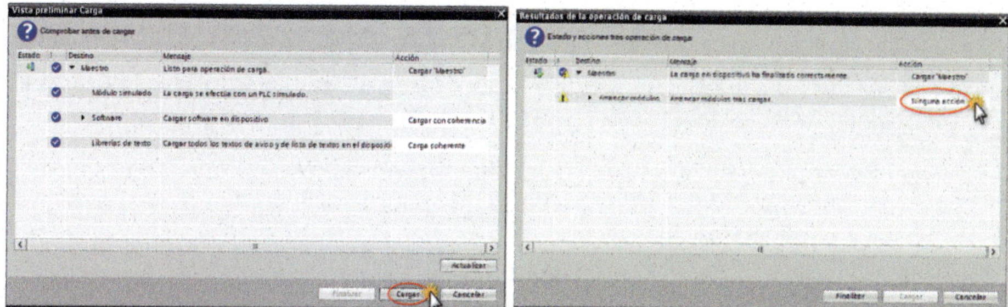

Figura 3.536 Figura 3.537

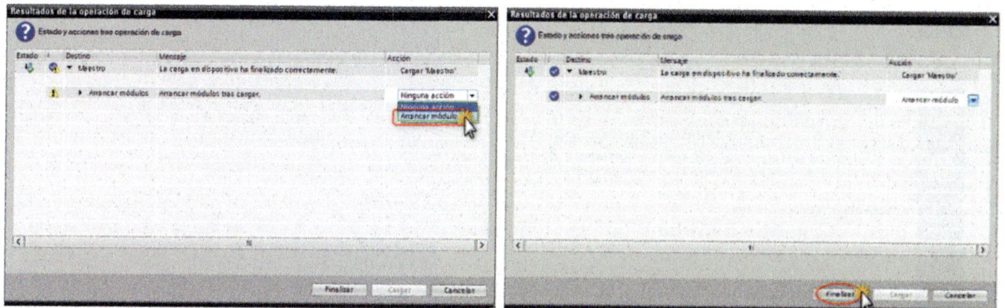

Figura 3.538 Figura 3.539

Ahora pulsaremos sobre el icono «Activar observación».

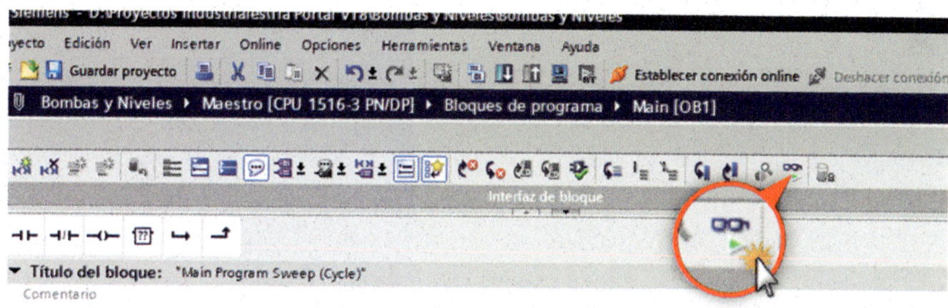

Figura 3.540

Seleccionaremos la ventana de la «CPU Esclavo» y pulsaremos sobre el icono «Iniciar simulación».

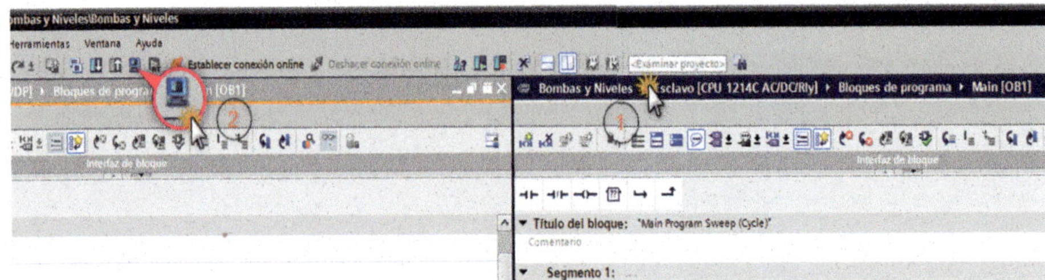

Figura 3.541

Cuando se haya abierto el PLCSIM, volveremos a la ventana del TIA Portal.

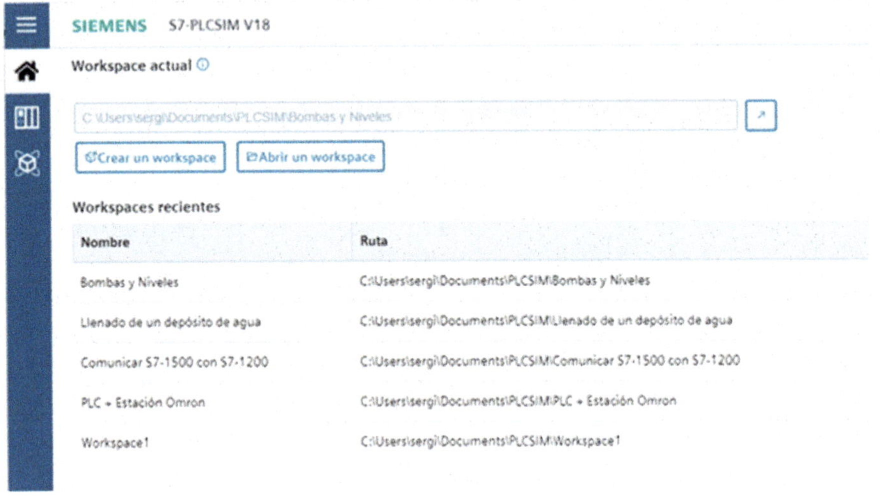

Figura 3.542

Seguidamente, se nos abrirá también la ventana de carga avanzada. Veremos que, en «Conexión con interfaz/subred», ya está asignada la conexión «PN/IE_1». Si no lo estuviera, lo cambiaríamos. Ahora pulsaremos sobre el botón «Iniciar búsqueda».

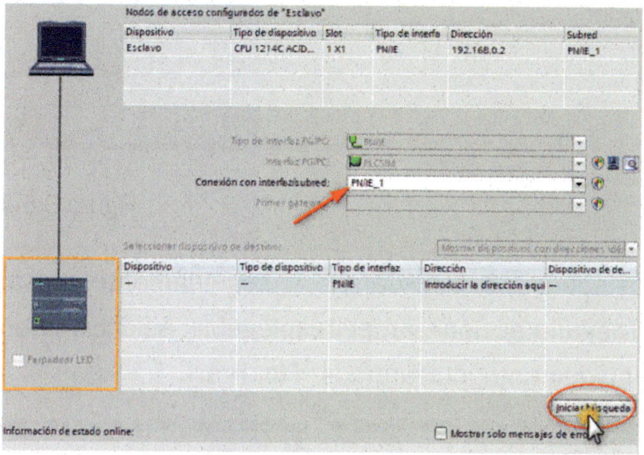

Figura 3.543

Vemos que nos detecta la CPU, así que pulsaremos sobre el botón «Cargar».

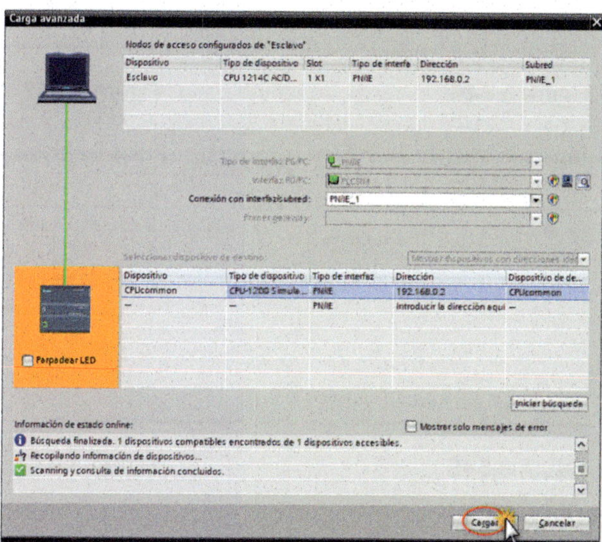

Figura 3.544

Pulsaremos sobre el botón «Establecer conexión».

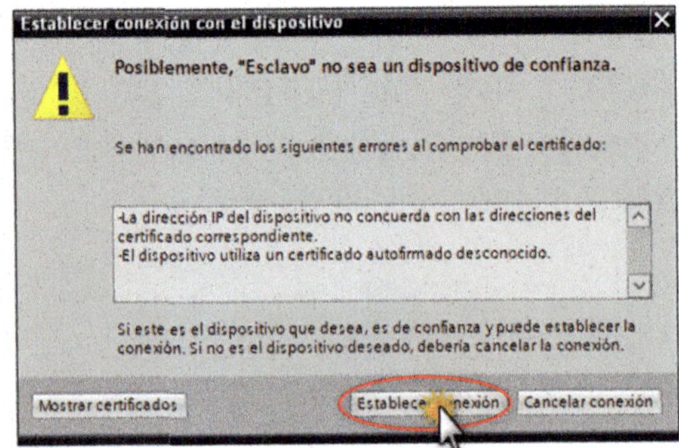

Figura 3.545

Pulsaremos sobre el botón «Cargar» y, seguidamente, pulsaremos al lado del nombre «Ninguna acción». En el desplegable, seleccionaremos «Arrancar módulo» y, seguidamente, pulsaremos «Finalizar».

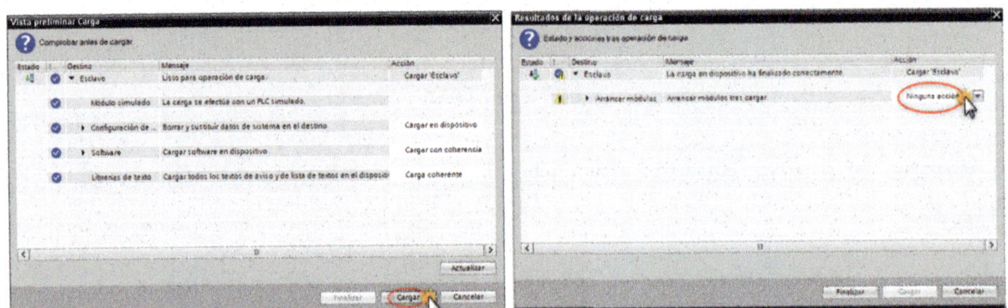

Figura 3.546

Figura 3.547

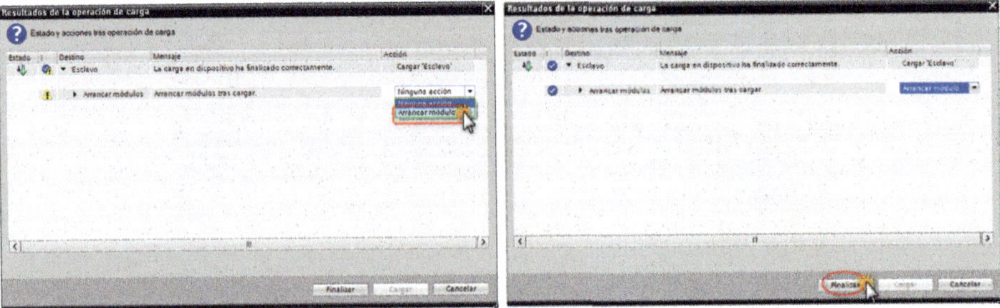

Figura 3.548

Figura 3.549

A continuación, pulsaremos sobre el icono «Activar observación».

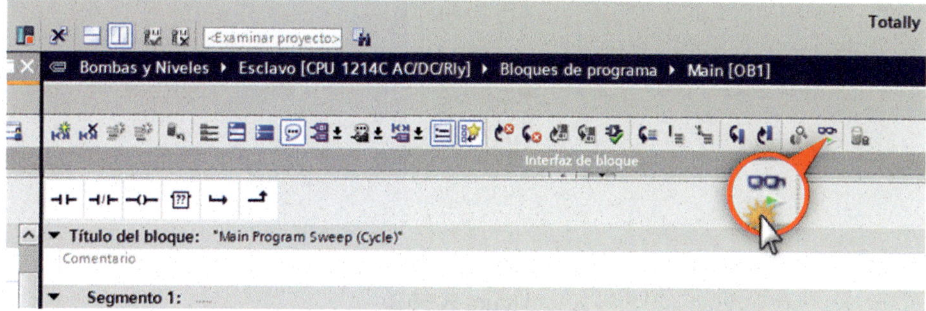

Figura 3.550

Pulsaremos sobre el icono «Simulación».

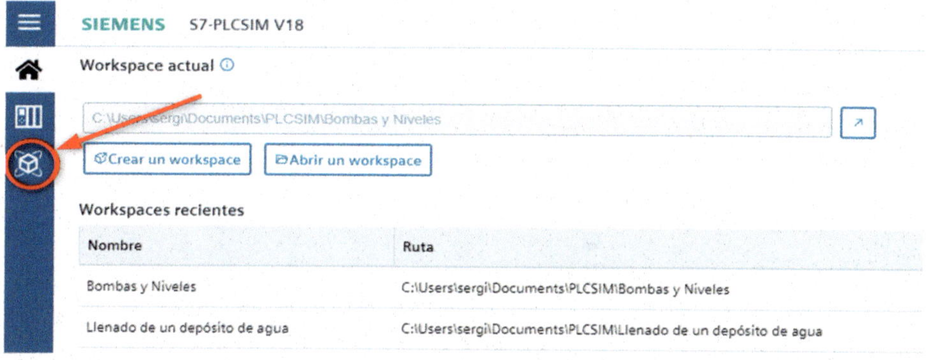

Figura 3.551

En la siguiente ventana, en la pestaña «Librería», pulsaremos sobre el símbolo [+] de la tabla SIM.

Figura 3.552

Pulsaremos sobre la pestaña «Variables».

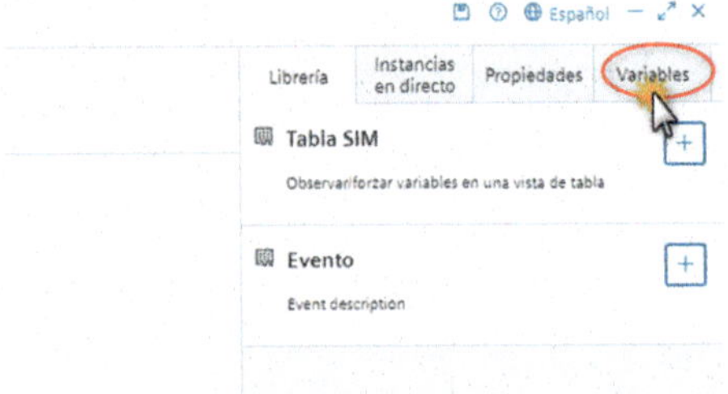

Figura 3.553

Marcaremos la casilla de la instancia de la CPU «Esclavo».

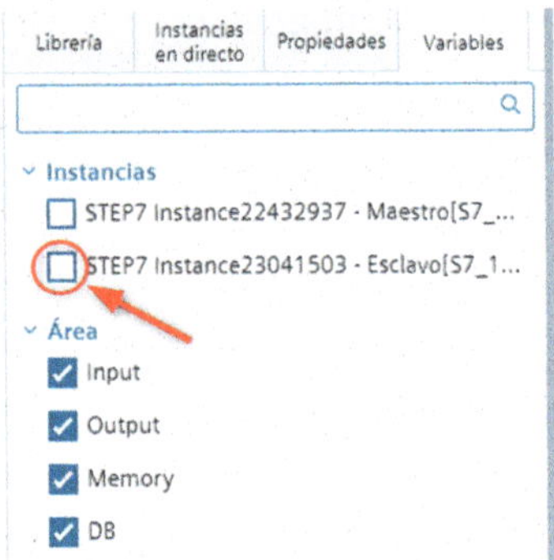

Figura 3.554

Con la barra de desplazamiento, bajaremos hasta las entradas y salidas, y haremos clic sobre cada una de ellas para agregarlas a la tabla.

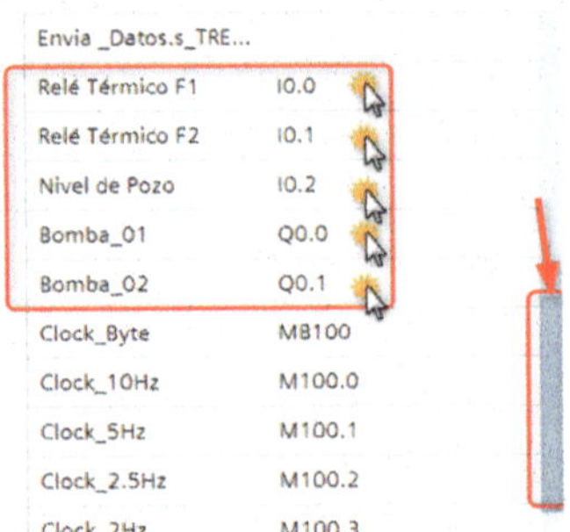

Figura 3.555

Pulsaremos sobre el botón «Iniciar».

SimTable_1

Esclavo[S7_1200]

Nombre	Dirección	Formato de visualización	Observar/forzar estado	Comentario
Relé Térmico F1	I0.0	Bool		
Relé Térmico F2	I0.1	Bool		
Nivel de Pozo	I0.2	Bool		
Bomba_01	Q0.0	Bool		
Bomba_02	Q0.1	Bool		

Figura 3.556

Ahora cambiaremos las condiciones, tal como vemos en la Figura 3.557, e igual que hemos hecho con anterioridad.

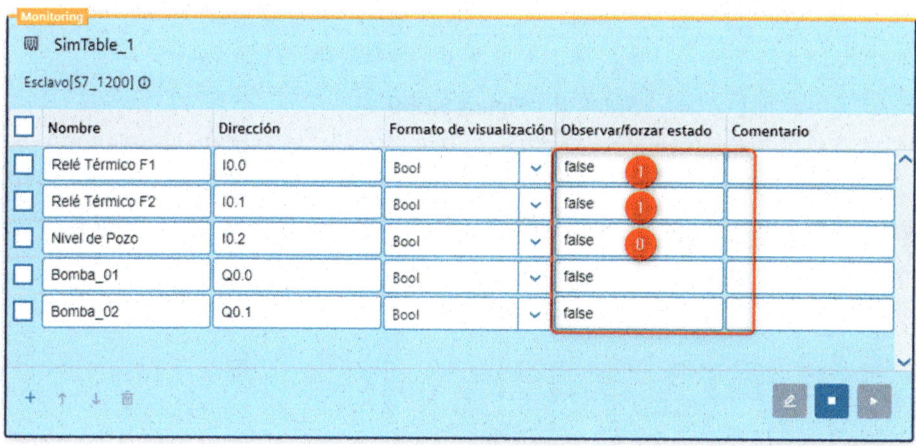

Figura 3.557

Pulsaremos sobre la pestaña «Librería».

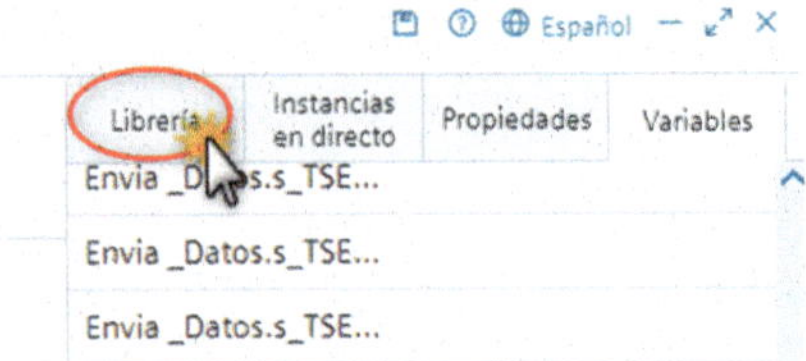

Figura 3.558

Y sobre el símbolo [+] de la tabla SIM.

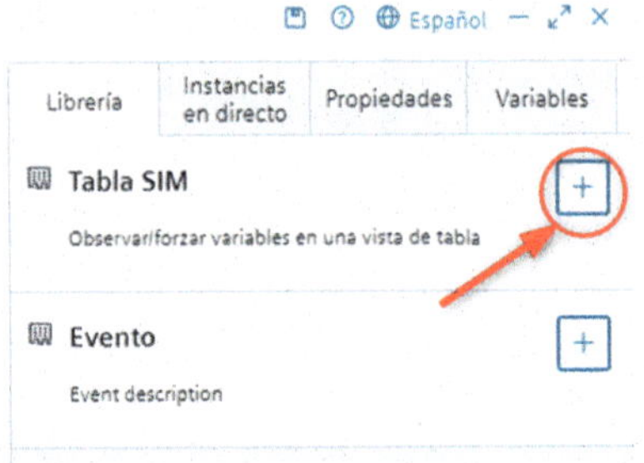

Figura 3.559

Moveremos la segunda tabla un poco hacia abajo, y veremos que está asociado a la «CPU Esclavo». Pulsaremos sobre la pestaña «Propiedades».

Figura 3.560

Con la tabla seleccionada, pulsaremos sobre la flecha desplegable de la vinculación «PLC» y, en el desplegable, seleccionaremos la instancia del «Maestro S7-1500».

Figura 3.561

Veremos que la tabla ya ha cambiado a la «CPU Maestro». Pulsaremos sobre la pestaña «Variables».

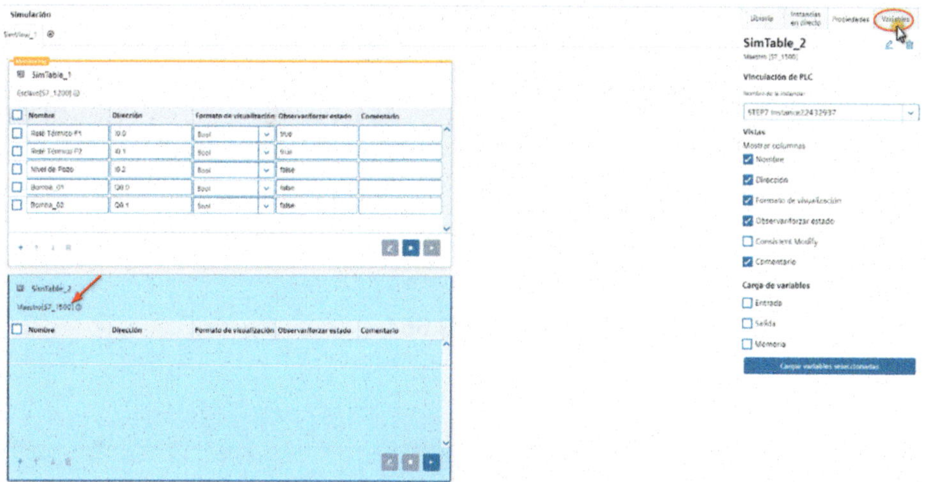

Figura 3.562

Marcaremos la casilla de la instancia de la CPU «Maestro».

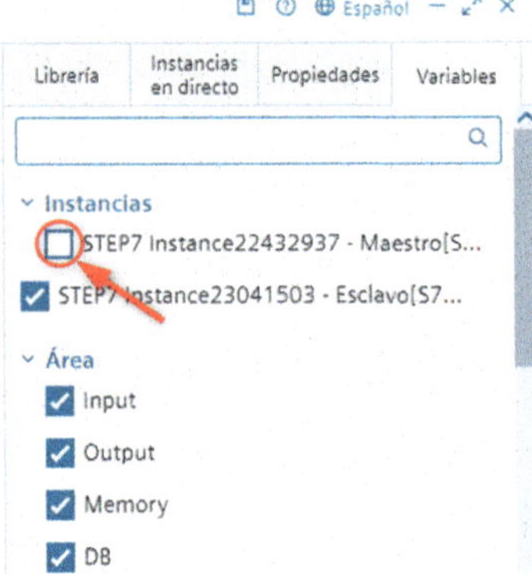

Figura 3.563

Con la barra de desplazamiento, bajaremos hasta las entradas y salidas, y haremos clic sobre cada una de ellas para agregarlas a la tabla.

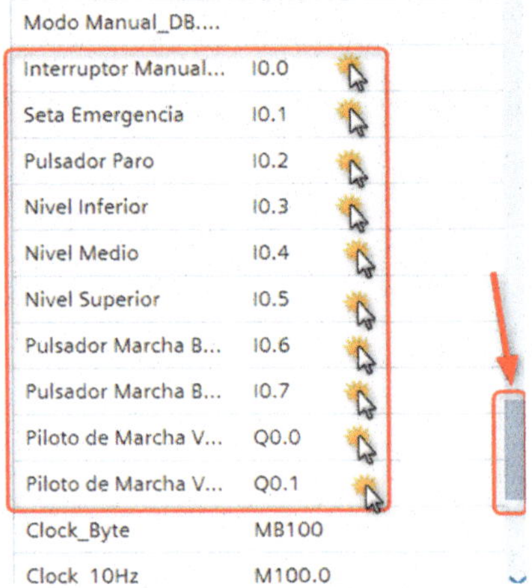

Figura 3.564

Pulsaremos sobre el botón «Iniciar».

SimTable_2

Maestro[S7_1500]

Nombre	Dirección	Formato de visualización	Observar/forzar estado	Comentario
Interruptor Manual/Aut...	I0.0	Bool		
Seta Emergencia	I0.1	Bool		
Pulsador Paro	I0.2	Bool		
Nivel Inferior	I0.3	Bool		
Nivel Medio	I0.4	Bool		
Nivel Superior	I0.5	Bool		
Pulsador Marcha Bom...	I0.6	Bool		
Pulsador Marcha Bom...	I0.7	Bool		
Piloto de Marcha Verd...	Q0.0	Bool		
Piloto de Marcha Verd...	Q0.1	Bool		

Figura 3.565

Ahora cambiaremos las condiciones, tal como vemos en la Figura 3.566, e igual que hemos hecho con anterioridad.

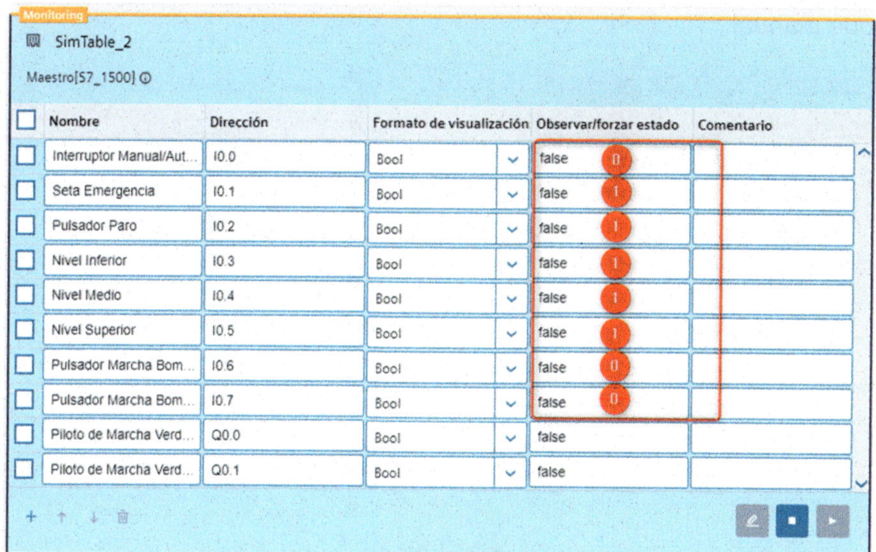

Monitoring

SimTable_2

Maestro[S7_1500]

Nombre	Dirección	Formato de visualización	Observar/forzar estado		Comentario
Interruptor Manual/Aut...	I0.0	Bool	false	0	
Seta Emergencia	I0.1	Bool	false	1	
Pulsador Paro	I0.2	Bool	false	1	
Nivel Inferior	I0.3	Bool	false	1	
Nivel Medio	I0.4	Bool	false	1	
Nivel Superior	I0.5	Bool	false	1	
Pulsador Marcha Bom...	I0.6	Bool	false	0	
Pulsador Marcha Bom...	I0.7	Bool	false	0	
Piloto de Marcha Verd...	Q0.0	Bool	false		
Piloto de Marcha Verd...	Q0.1	Bool	false		

Figura 3.566

Ya podemos empezar a simular el proceso.

SimTable_1

Esclavo[S7_1200]

Nombre	Dirección	Formato de visualización	Observar/forzar estado	Comentario
Relé Térmico F1	I0.0	Bool	true	
Relé Térmico F2	I0.1	Bool	true	
Nivel de Pozo	I0.2	Bool	false	
Bomba_01	Q0.0	Bool	false	
Bomba_02	Q0.1	Bool	false	

SimTable_2

Maestro[S7_1500]

Nombre	Dirección	Formato de visualización	Observar/forzar estado	Comentario
Interruptor Manual/Aut...	I0.0	Bool	false	
Seta Emergencia	I0.1	Bool	true	
Pulsador Paro	I0.2	Bool	true	
Nivel Inferior	I0.3	Bool	true	
Nivel Medio	I0.4	Bool	true	
Nivel Superior	I0.5	Bool	true	
Pulsador Marcha Bom...	I0.6	Bool	false	
Pulsador Marcha Bom...	I0.7	Bool	false	
Piloto de Marcha Verd...	Q0.0	Bool	false	
Piloto de Marcha Verd	Q0.1	Bool	false	

Figura 3.567

Ajustaremos las ventanas como en la Figura 3.568. Ahora lo tenemos en modo manual.

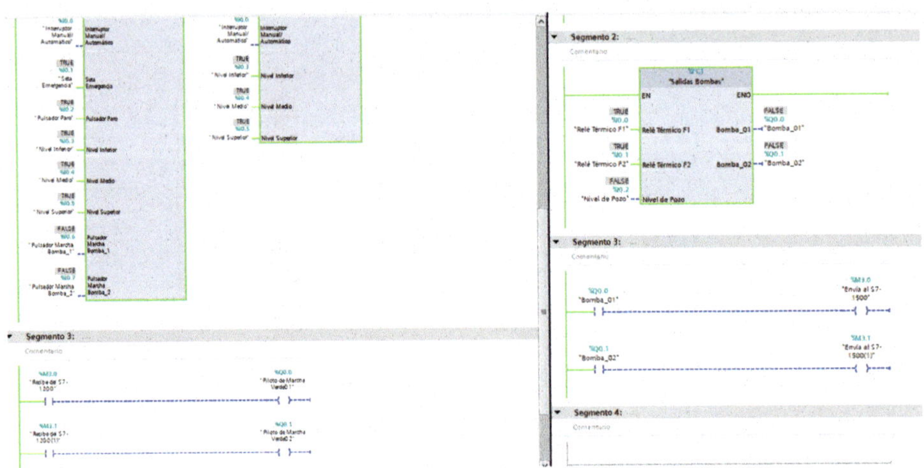

Figura 3.568

Cambiaremos la condición del «Pulsador Marcha Bomba_1» a «1» y, seguidamente, volveremos a cambiar su condición a «0».

Maestro[S7_1500]

	Nombre	Dirección	Formato de visualización	Observar/forzar estado	Comentario
☐	Interruptor Manual/Aut...	I0.0	Bool	false	
☐	Seta Emergencia	I0.1	Bool	true	
☐	Pulsador Paro	I0.2	Bool	true	
☐	Nivel Inferior	I0.3	Bool	true	
☐	Nivel Medio	I0.4	Bool	true	
☐	Nivel Superior	I0.5	Bool	true	
☐	Pulsador Marcha Bom...	I0.6	Bool	false (1) — (0)	
☐	Pulsador Marcha Bom...	I0.7	Bool	false	
☐	Piloto de Marcha Verd...	Q0.0	Bool	false	
☐	Piloto de Marcha Verd...	Q0.1	Bool	false	

Figura 3.569

Veremos que se activa la salida Bomba_01 «Q0.0» de la CPU Esclavo que, al mismo tiempo, activa la marca «M3.0» que lo envía al S7-1500. La CPU Maestro recibe del S7-1200 y activa la salida Piloto de Marcha Verde01 «Q0.0».

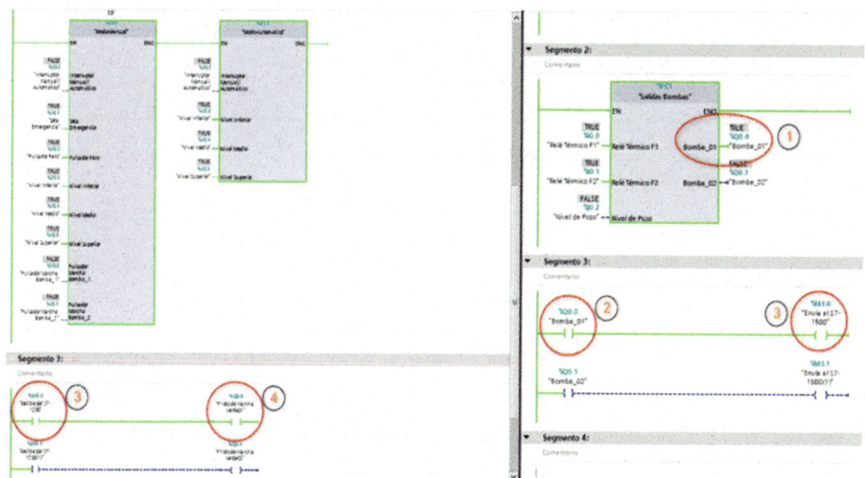

Figura 3.570

Cambiaremos la condición del «Pulsador Marcha Bomba_2» a «1» y, seguidamente, volveremos a cambiarla a «0».

Maestro[S7_1500]

Nombre	Dirección	Formato de visualización	Observar/forzar estado	Comentario
Interruptor Manual/Aut...	I0.0	Bool	false	
Seta Emergencia	I0.1	Bool	true	
Pulsador Paro	I0.2	Bool	true	
Nivel Inferior	I0.3	Bool	true	
Nivel Medio	I0.4	Bool	true	
Nivel Superior	I0.5	Bool	true	
Pulsador Marcha Bom...	I0.6	Bool	false	
Pulsador Marcha Bom...	I0.7	Bool	false 1 — 0	
Piloto de Marcha Verd...	Q0.0	Bool	true	
Piloto de Marcha Verd...	Q0.1	Bool	false	

Figura 3.571

Veremos que se activa la salida Bomba_02 «Q0.1» de la CPU Esclavo que, al mismo tiempo, activa la marca «M3.1» que lo envía al S7-1500. La CPU Maestro recibe del S7-1200 y activa la salida Piloto de Marcha Verde02 «Q0.1».

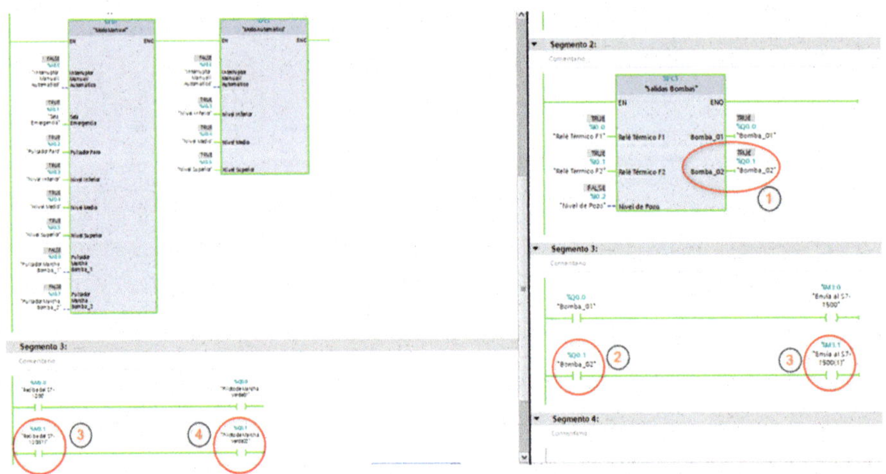

Figura 3.572

Ahora cambiaremos la condición de los niveles a «0»; primero el inferior, luego el medio y, seguidamente, el superior.

SimTable_2

Maestro[S7_1500]

Nombre	Dirección	Formato de visualización	Observar/forzar estado	Comentario
Interruptor Manual/Aut...	I0.0	Bool	false	
Seta Emergencia	I0.1	Bool	true	
Pulsador Paro	I0.2	Bool	true	
Nivel Inferior	I0.3	Bool	true 0	
Nivel Medio	I0.4	Bool	true 0	
Nivel Superior	I0.5	Bool	true 0	
Pulsador Marcha Bom...	I0.6	Bool	false	
Pulsador Marcha Bom...	I0.7	Bool	false	
Piloto de Marcha Verd...	Q0.0	Bool	true	
Piloto de Marcha Verd...	Q0.1	Bool	true	

Figura 3.573

Como podemos ver, las bombas se desactivan. Volveremos a cambiar las condiciones de los niveles a «1»; primero el superior, luego el medio y, seguidamente, el inferior. Hasta que no volvamos a pulsar los pulsadores de marcha de las bombas, estas no se activarán.

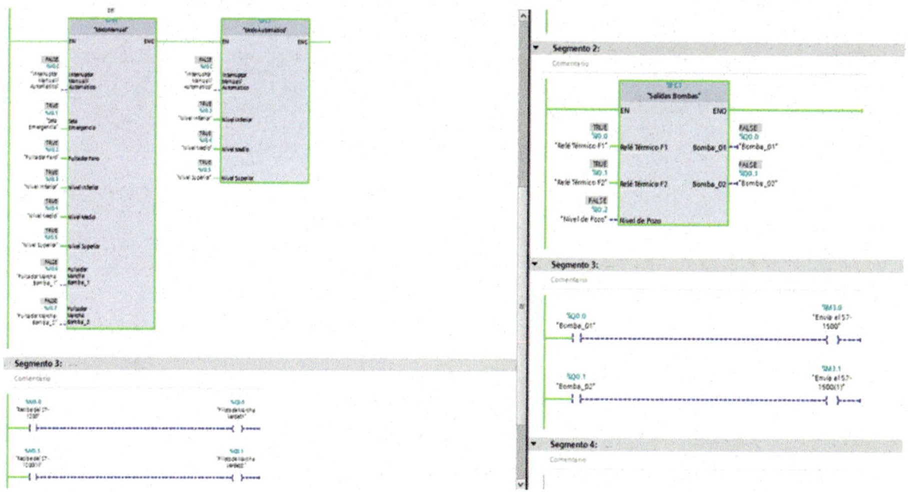

Figura 3.574

Ahora cambiaremos la condición del «Interruptor Manual/Automático» a «1».

Maestro[S7_1500]

Nombre	Dirección	Formato de visualización	Observar/forzar estado	Comentario
Interruptor Manual/Aut...	I0.0	Bool	false (1)	
Seta Emergencia	I0.1	Bool	true	
Pulsador Paro	I0.2	Bool	true	
Nivel Inferior	I0.3	Bool	true	
Nivel Medio	I0.4	Bool	true	
Nivel Superior	I0.5	Bool	true	
Pulsador Marcha Bom...	I0.6	Bool	false	
Pulsador Marcha Bom...	I0.7	Bool	false	
Piloto de Marcha Verd...	Q0.0	Bool	false	
Piloto de Marcha Verd...	Q0.1	Bool	false	

Figura 3.575

Veremos que se activan las dos bombas en la CPU Esclavo y, desde el Esclavo, se activan los pilotos de marcha de la CPU Maestro.

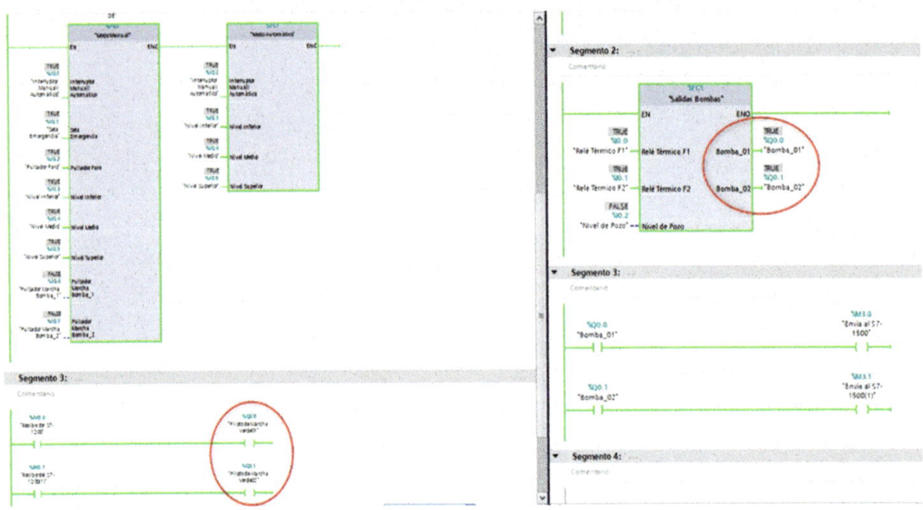

Figura 3.576

Ahora cambiaremos la condición del «Nivel inferior» a «0».

Maestro[S7_1500]

	Nombre	Dirección	Formato de visualización	Observar/forzar estado	Comentario
☐	Interruptor Manual/Aut...	I0.0	Bool	true	
☐	Seta Emergencia	I0.1	Bool	true	
☐	Pulsador Paro	I0.2	Bool	true	
☐	Nivel Inferior	I0.3	Bool	true	
☐	Nivel Medio	I0.4	Bool	true	
☐	Nivel Superior	I0.5	Bool	true	
☐	Pulsador Marcha Bom...	I0.6	Bool	false	
☐	Pulsador Marcha Bom...	I0.7	Bool	false	
☐	Piloto de Marcha Verd...	Q0.0	Bool	true	
☐	Piloto de Marcha Verd...	Q0.1	Bool	true	

Figura 3.577

Vemos que la «Bomba_02» se desactiva y la «Bomba_01» sigue activada.

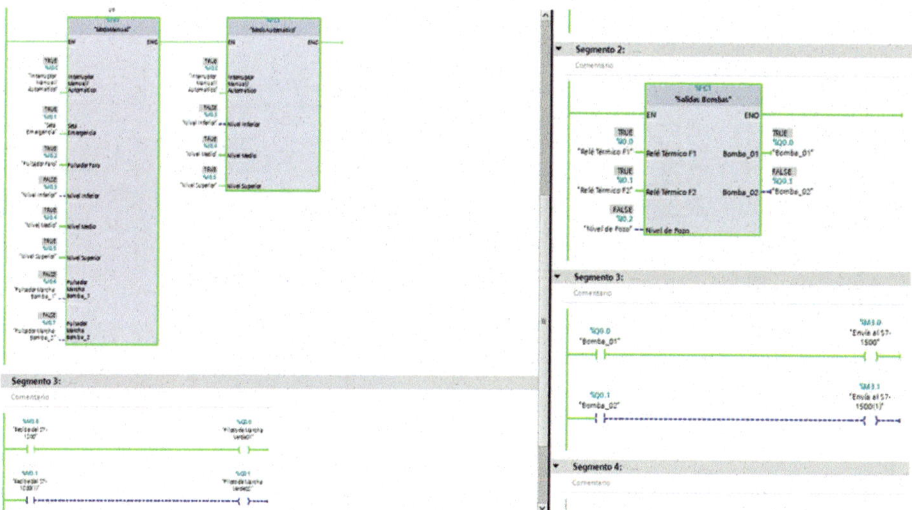

Figura 3.578

Ahora cambiaremos la condición del «Nivel Medio» a «0».

Maestro[S7_1500]

Nombre	Dirección	Formato de visualización	Observar/forzar estado	Comentario
Interruptor Manual/Aut...	I0.0	Bool	true	
Seta Emergencia	I0.1	Bool	true	
Pulsador Paro	I0.2	Bool	true	
Nivel Inferior	I0.3	Bool	false	
Nivel Medio	I0.4	Bool	true 0	
Nivel Superior	I0.5	Bool	true	
Pulsador Marcha Bom...	I0.6	Bool	false	
Pulsador Marcha Bom...	I0.7	Bool	false	
Piloto de Marcha Verd...	Q0.0	Bool	true	
Piloto de Marcha Verd...	Q0.1	Bool	false	

Figura 3.579

Vemos que la «Bomba_01» sigue activada y que la «Bomba_02» se vuelve activar.

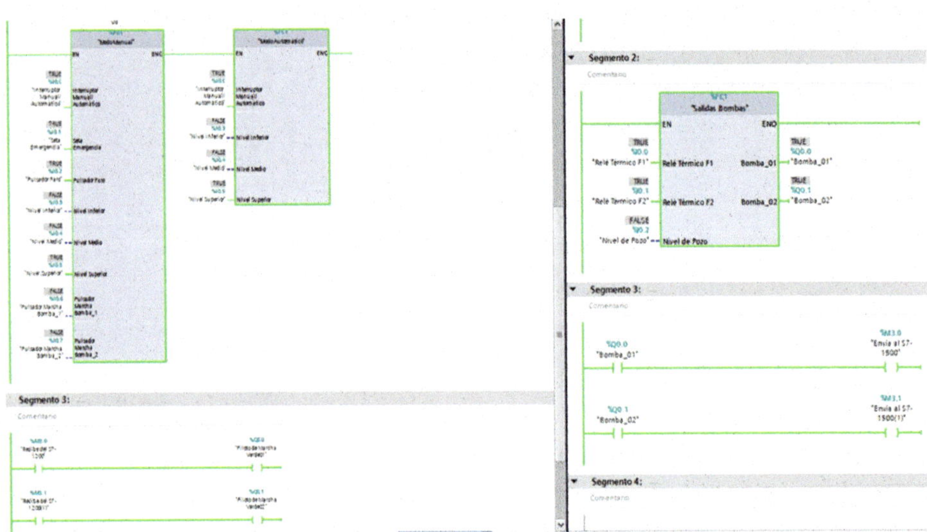

Figura 3.580

Ahora cambiaremos la condición del «Nivel Superior» a «0».

SimTable_2

Maestro[S7_1500]

Nombre	Dirección	Formato de visualización	Observar/forzar estado	Comentario
Interruptor Manual/Aut...	I0.0	Bool	true	
Seta Emergencia	I0.1	Bool	true	
Pulsador Paro	I0.2	Bool	true	
Nivel Inferior	I0.3	Bool	false	
Nivel Medio	I0.4	Bool	false	
Nivel Superior	I0.5	Bool	true 0	
Pulsador Marcha Bom...	I0.6	Bool	false	
Pulsador Marcha Bom...	I0.7	Bool	false	
Piloto de Marcha Verd...	Q0.0	Bool	true	
Piloto de Marcha Verd...	Q0.1	Bool	true	

Figura 3.581

Vemos que la «Bomba_01» y la «Bomba_02» se desactivan.

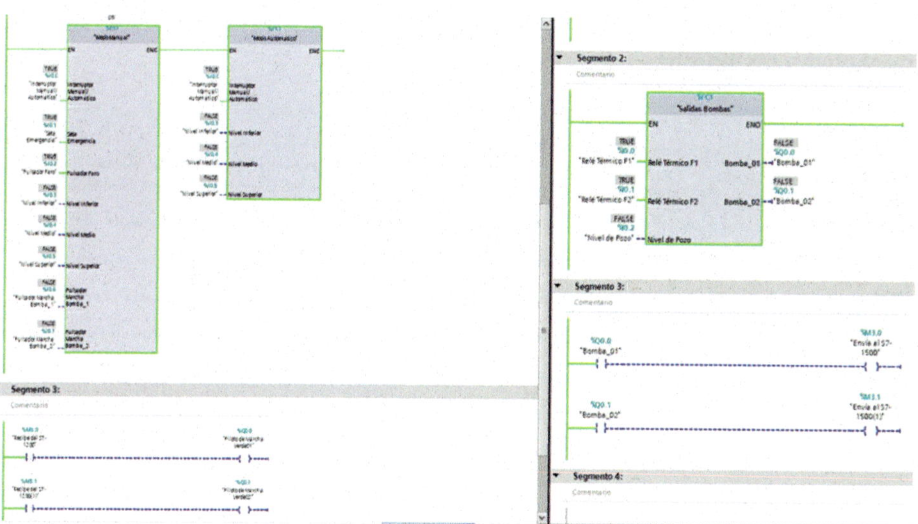

Figura 3.582

Si vamos cambiando la condición a «1» del «Nivel Superior», luego del «Nivel Medio» y luego del «Nivel Inferior», veremos que se volverán activar las dos bombas y los pilotos de marcha.

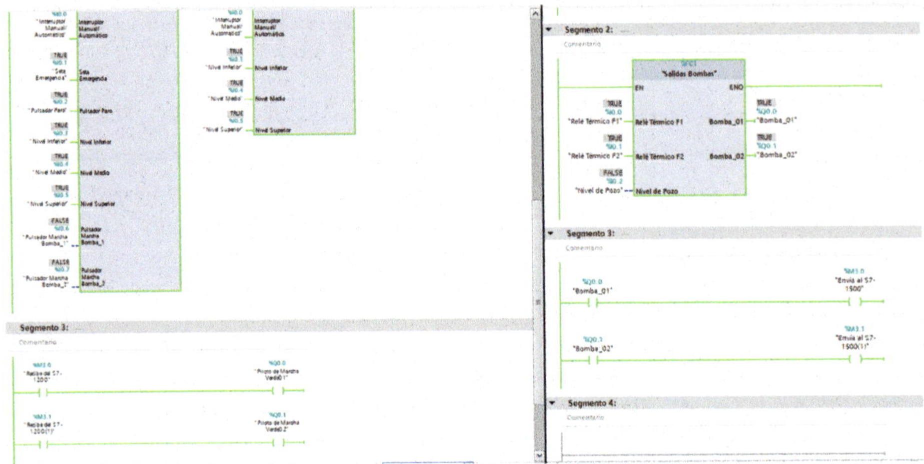

Figura 3.583

Ahora cambiaremos la condición del «Nivel de Pozo» a «1». Veremos que se desactivan las bombas y los pilotos.

Esclavo[S7_1200]

	Nombre	Dirección	Formato de visualización	Observar/forzar estado	Comentario
☐	Relé Térmico F1	I0.0	Bool	true	
☐	Relé Térmico F2	I0.1	Bool	true	
☐	Nivel de Pozo	I0.2	Bool	false	
☐	Bomba_01	Q0.0	Bool	true	
☐	Bomba_02	Q0.1	Bool	true	

Figura 3.584

Podemos hacer las combinaciones que queramos: poner en marcha, pulsar la seta de emergencia, pulsador de paro, desactivar los térmicos, etc.

Es interesante ir jugando con la simulación e ir viendo qué es lo que pasa en el proceso.

CAPÍTULO 4
EJERCÍCIO PRÁCTICO GUIADO DE PROFINET (GET/PUT)

4.1. Comunicar CPU 1214C AC/DC/Rly + CPU 1516-3 PN/DP + ET200MP + sistema abierto

Vamos a abrir el programa TIA Portal  .

Pulsaremos con el ratón sobre la opción «Crear proyecto».

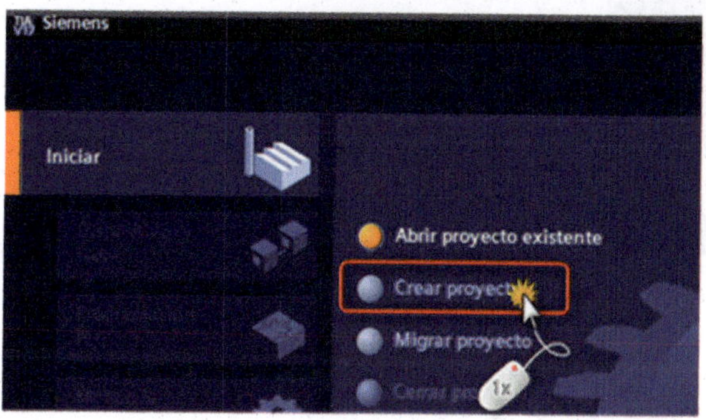

Figura 4.1

En «Nombre del proyecto», escribiremos «Comunicar PLCs» y pulsaremos sobre el botón Crear.

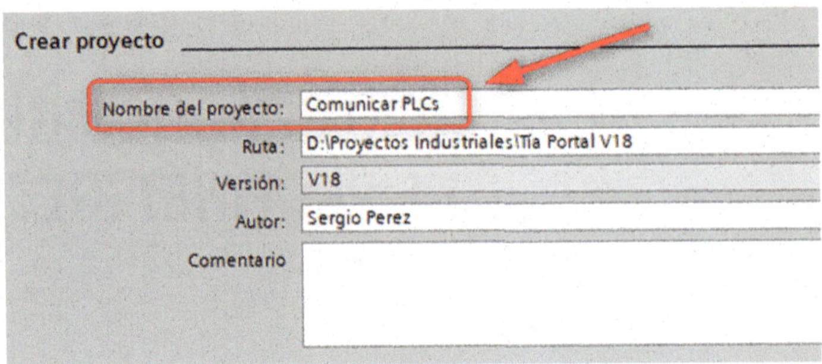

Figura 4.2

Pulsaremos sobre la opción «Vista del proyecto», en la parte inferior izquierda de la ventana del TIA Portal.

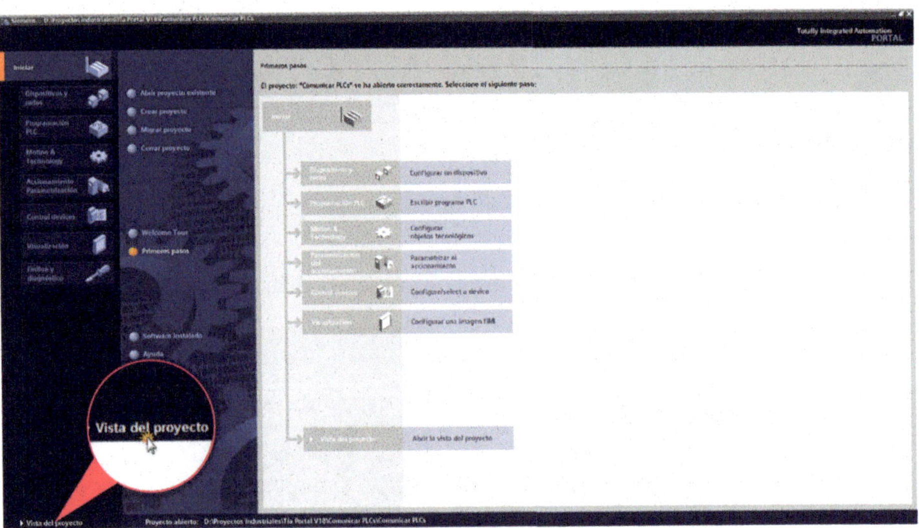

Figura 4.3

Ahora configuraremos el hardware. En la ventana «Árbol del proyecto», haremos doble clic con el ratón sobre «Dispositivos y redes».

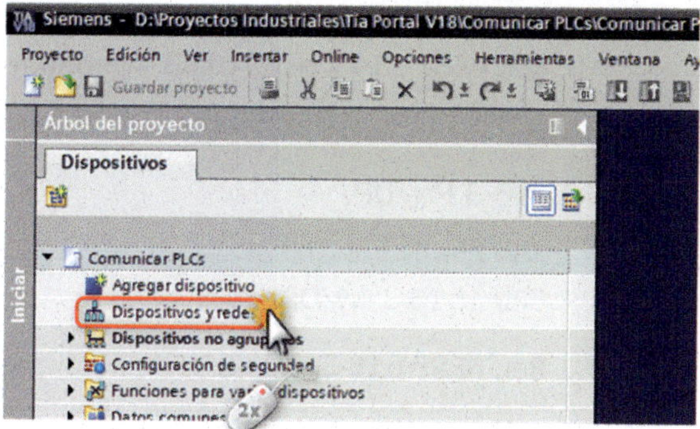

Figura 4.4

Ya sabemos cómo tenemos que añadir las CPU y sus módulos de entradas y salidas, así que vamos a configurar el hardware.

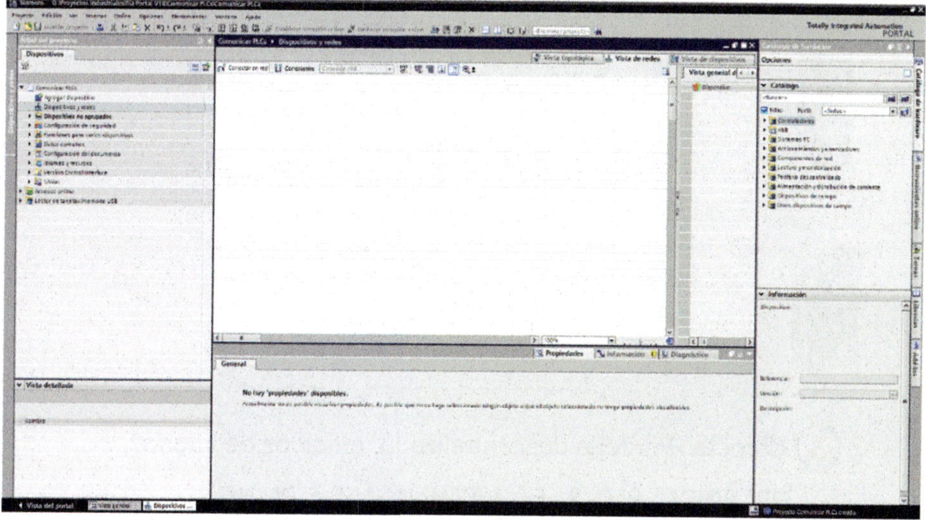

Figura 4.5

(1) PLC_1 - CPU 1214C AC/DC/Rly.

CPU 1214C AC/DC/Rly.

Ref. 6ES7 214-1BG40-0XB0 – Firmware: V4.4.

(2) PLC_2 - CPU 1516-3 PN/DP.

CPU 1516-3 PN/DP.

Ref. 6ES7 516-3AN01-0AB0 – Firmware: V2.8.

Fuente de alimentación - PM 190W 120/230VAC.

Ref. 6EP1333-4BA00.

Módulo de entradas digitales (DI) - DI 16X24VDC HF.

Ref. 6ES7 521-1BH00-0AB00.

Módulo de salidas digitales (DO) - DQ 16X24VDC/0.5A HF. Ref. 6ES7 522-1BH01-0AB0.

(3) Carpeta «Periferia descentralizada, módulos de interfaz, PROFINET». PLC_3 - ET 200MP IM 155-5 PN HF.

ET 200MP IM 155-5 PN HF. Ref. 6ES7 155-5AA00-0AC0.

Fuente de alimentación - PS 25W 24VDC. Ref. 6ES7 505-0KA00-0AB0.

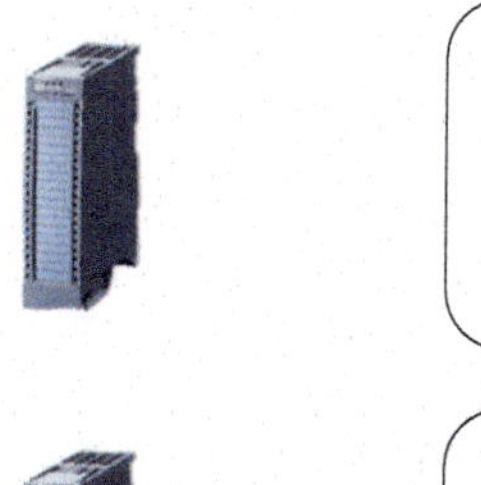

Módulo de entradas digitales (DI) - DI 16X24VDC HF.

Ref. 6ES7 521-1BH00-0AB0.

Módulo de salidas digitales (DQ) - DQ 16X24VDC/0.5A HF.

Ref. 6ES7 522-1BH01-0AB0.

Una vez configurado el hardware, toca añadir la CPU Omron.

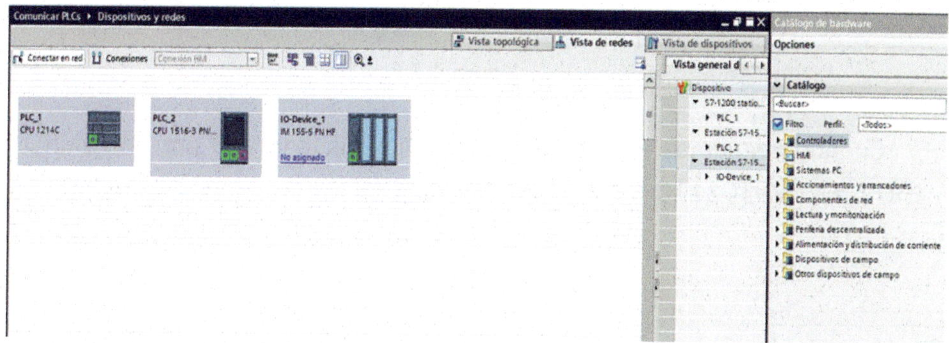

Figura 4.6

Añadiremos una estación de Omron que funcionará juntamente con dispositivos de hardware y software de otros fabricantes (en este caso, será con Siemens).

Añadiremos al catálogo de dispositivo el fichero con la extensión GSDML de la estación (en este caso, es la del Omron), como hemos hecho con anterioridad. Ya sabemos que estos ficheros son necesarios para poder trabajar en cualquier plataforma de sistema abierto.

Enlace para descargar el fichero:

https://industrial.omron.es/es/products/smartslice#ddf

En la página que se nos abre, nos desplazaremos hacia abajo con la barra de desplazamiento.

Figura 4.7

Cuando lleguemos a esta altura, haremos clic sobre la opción «OMRON GRT1- PNT 20101116» para poder descargar el fichero en el ordenador.

Figura 4.8

Una vez descargado el fichero y descomprimido, cargaremos el archivo, como hemos hecho con anterioridad, en el catálogo de hardware del TIA Portal.

Debemos recordar que hay que pulsar sobre la pestaña «Opciones» y, en el desplegable, seleccionar la opción «Administrar archivos de descripción de dispositivos».

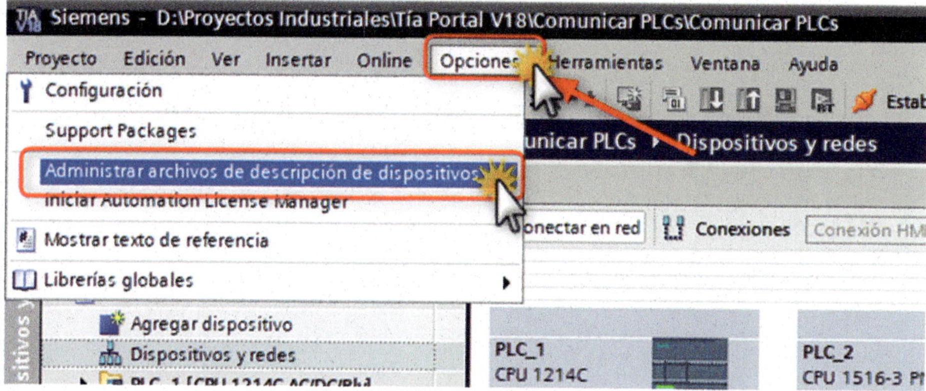

Figura 4.9

En la ventana que se nos abre, pulsaremos sobre el botón (como podemos ver en la Figura 4.10) para que se nos abra la ventana «Explorador de archivos», en la que buscaremos la carpeta que hemos descomprimido previamente y que contiene el archivo GSDML. Seleccionaremos la carpeta y pulsaremos sobre el botón «Seleccionar carpeta» de la ventana «Explorador de archivos».

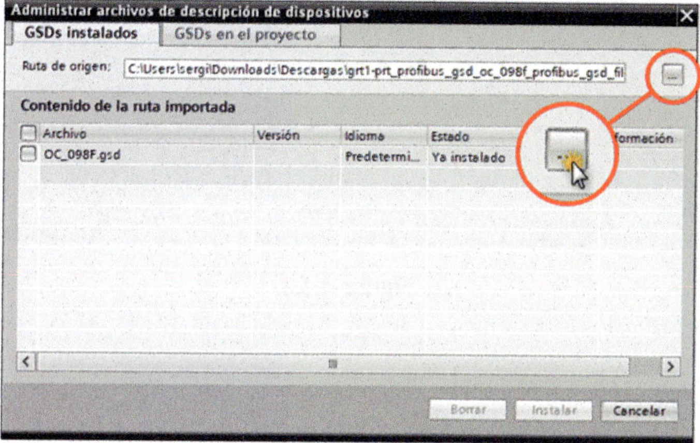

Figura 4.10

Una vez cargado el archivo, marcaremos la casilla y, seguidamente, pulsaremos sobre el botón «Instalar».

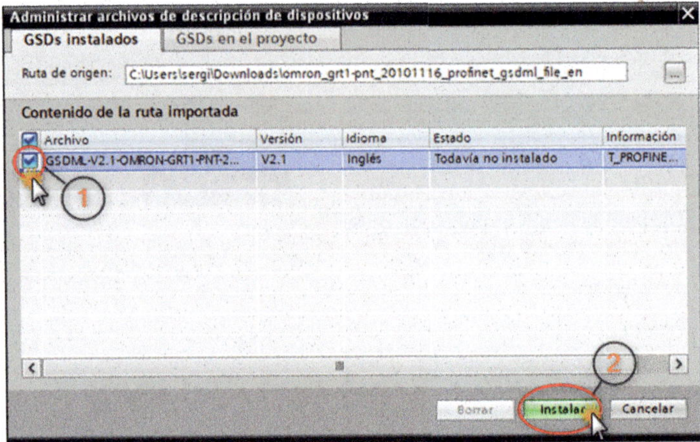

Figura 4.11

Una vez instalado el archivo, pulsaremos «Cerrar».

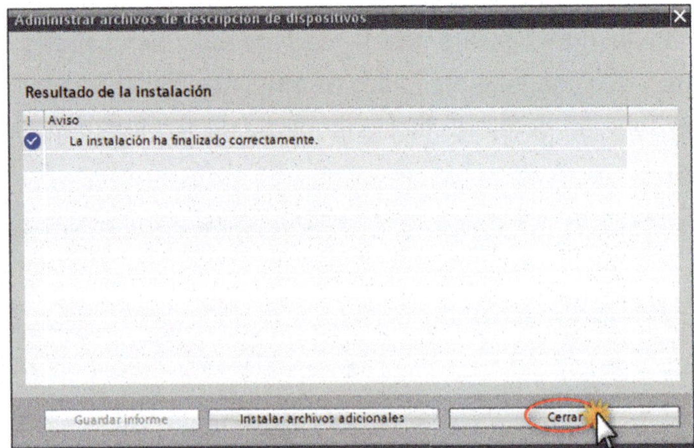

Figura 4.12

Una vez actualizado el catálogo de hardware, volveremos hacer doble clic con el ratón sobre «Dispositivos y redes».

Figura 4.13

Ahora añadiremos la CPU Omron.

4 PLC_4 - CPU Omron GRT1-PNT.

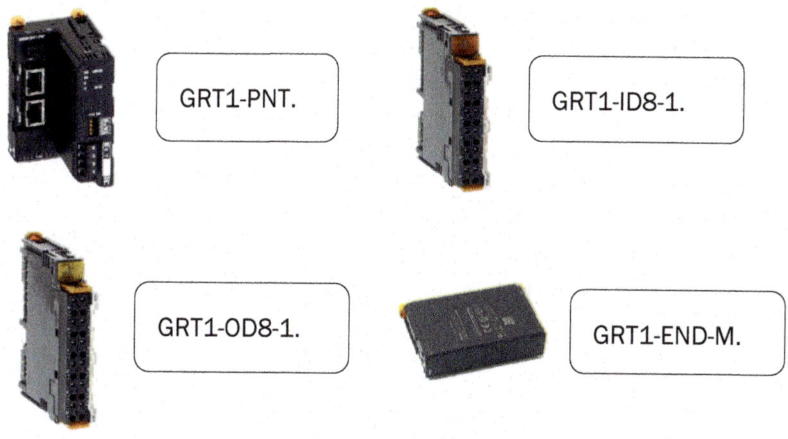

Iremos a la ventana «Catálogo de hardware», y desplegaremos el contenido de las carpetas que vemos numeradas en la Figura 4.14. Haremos doble clic con el ratón sobre ellas, hasta que lleguemos a la referencia «GRT1-PNT», que también seleccionaremos para agregar a la ventana «Vista de redes» con las demás CPU.

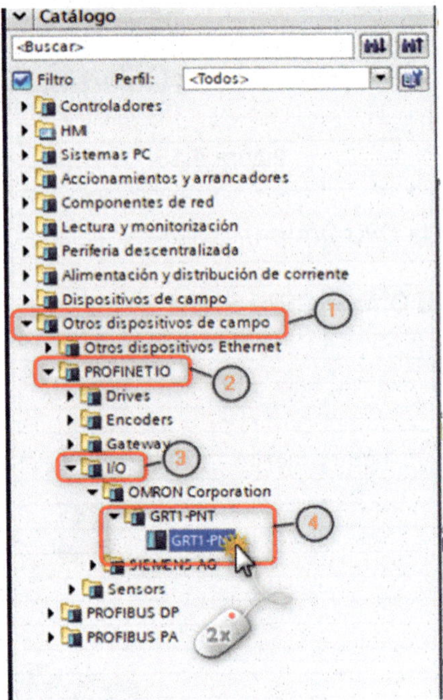

Figura 4.14

Haremos doble clic con el ratón sobre «CPU Omron».

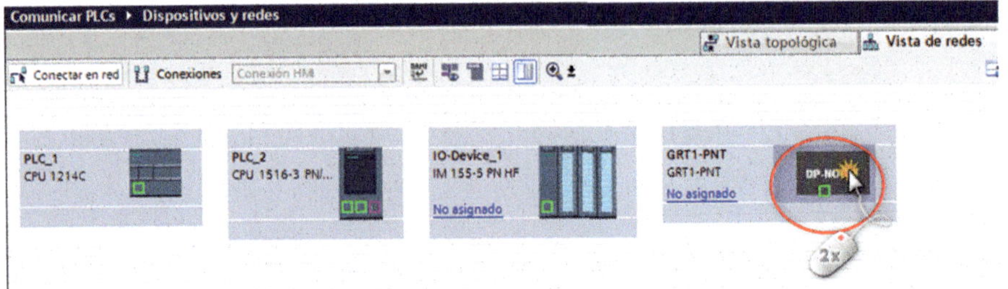

Figura 4.15

En la ventana «Catálogo de hardware», iremos a la categoría «Catálogo» y haremos doble clic sobre la carpeta «Módulo».

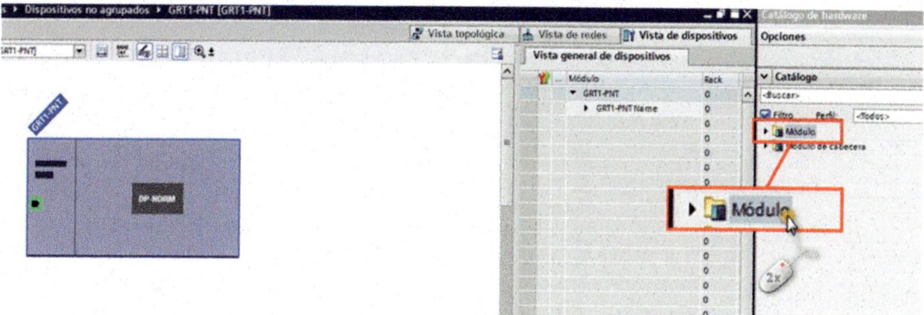

Figura 4.16

Luego, haremos doble clic sobre la carpeta «Digital Inputs».

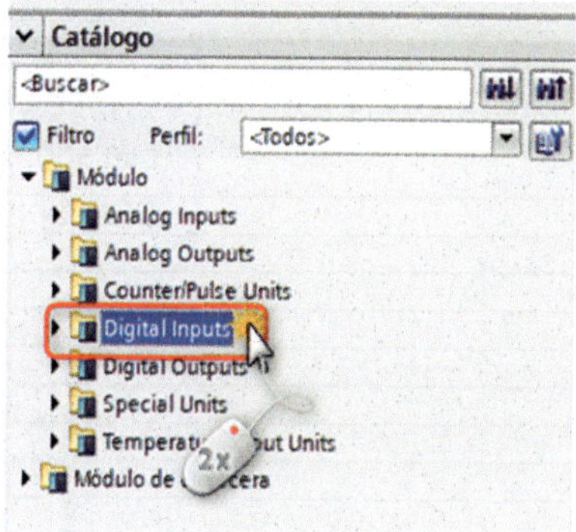

Figura 4.17

Seguidamente, haremos doble clic sobre la referencia «GRT1-ID8-1».

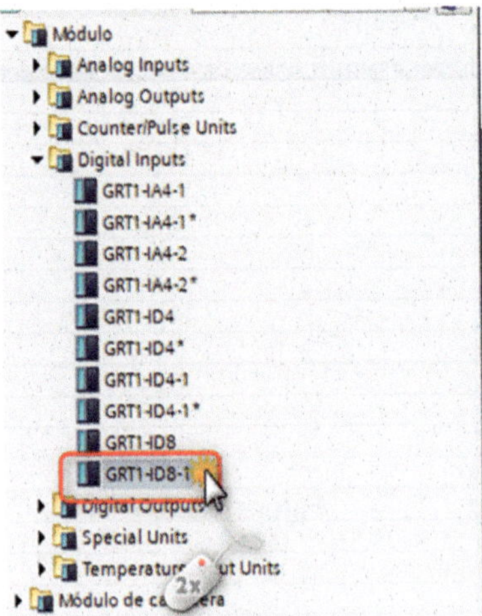

Figura 4.18

Ahora haremos doble clic sobre la carpeta «Digital Outputs».

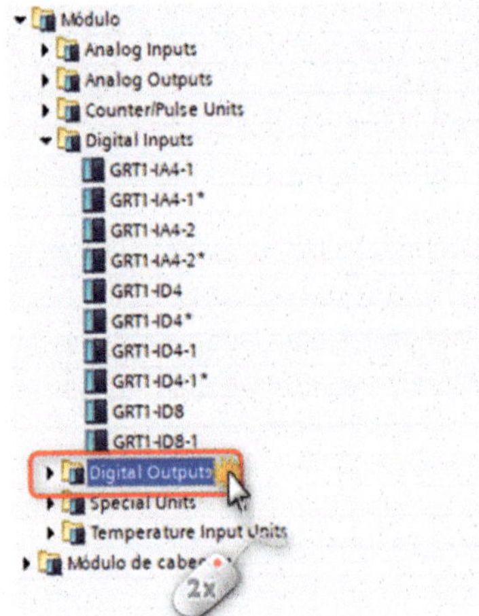

Figura 4.19

Seguidamente, haremos doble clic sobre la referencia «GRT1-OD8-1».

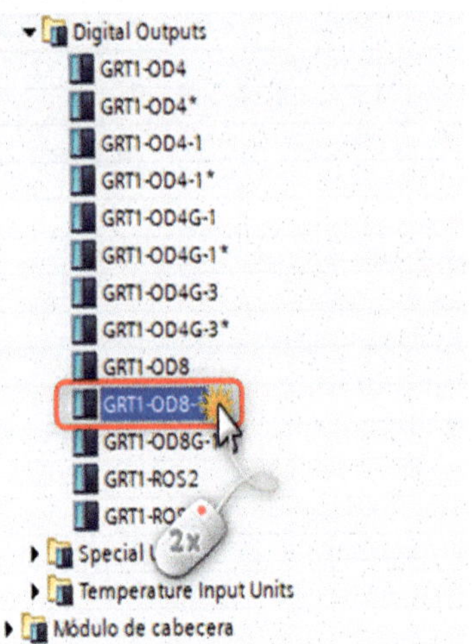

Figura 4.20

En este caso, tendremos que cerrar la configuración de hardware. Para ello, añadiremos el módulo final; este módulo se llama «END-M» (fin de módulo).

Haremos doble clic sobre la carpeta «Special Units».

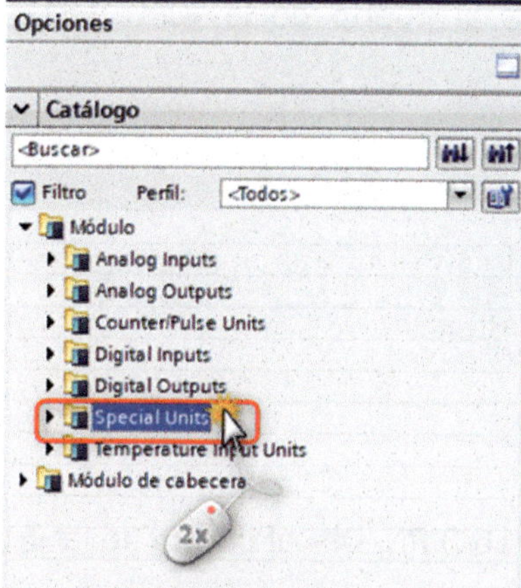

Figura 4.21

Seguidamente, haremos doble clic sobre la referencia «GRT1-END-M».

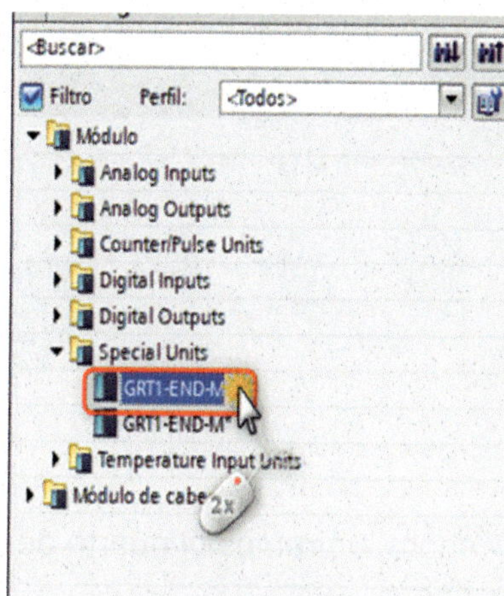

Figura 4.22

Ya tenemos configurado el hardware. Ahora pulsaremos sobe la pestaña «Vista de redes».

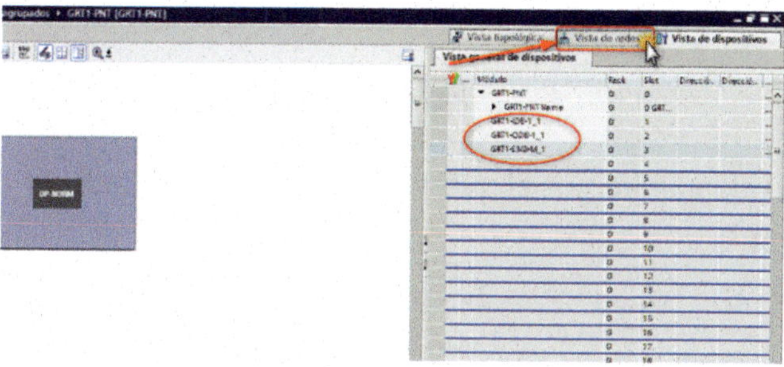

Figura 4.23

A continuación, realizaremos las conexiones.

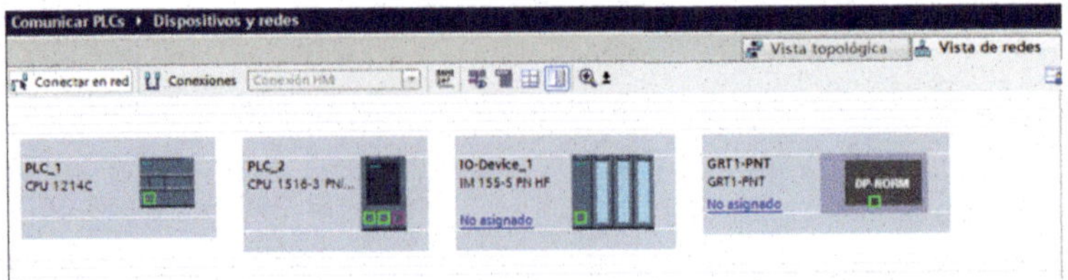

Figura 4.24

Uniremos el puerto de la «CPU 1214C» al puerto de la «CPU 1516-3 PN/DP».

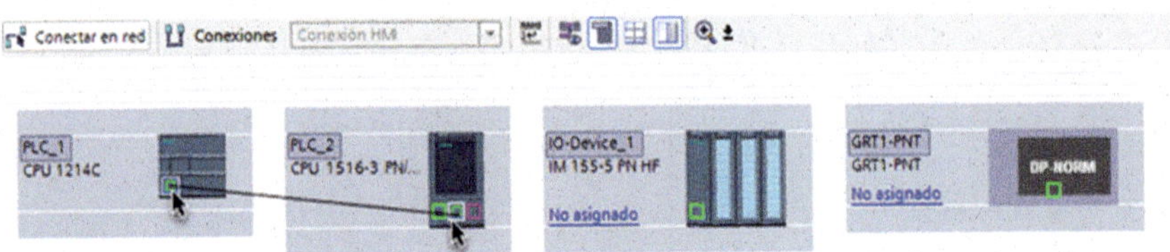

Figura 4.25

Ahora, uniremos el puerto de la «CPU 1516-3 PN/DP» al puerto de la «ET - IM 155-5».

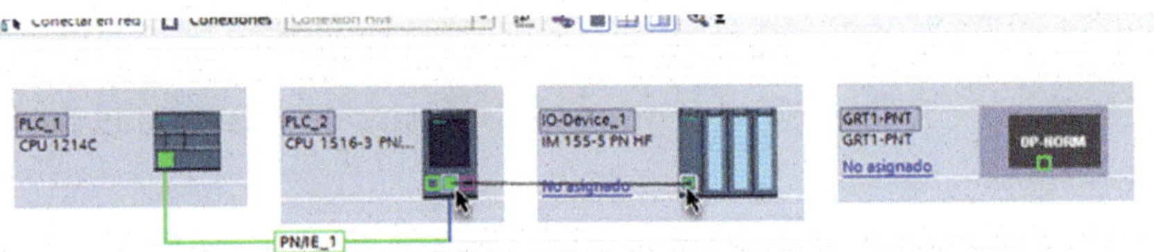

Figura 4.26

A continuación, uniremos el puerto de la «CPU 1516-3 PN/DP» al puerto de la «CPU Omron».

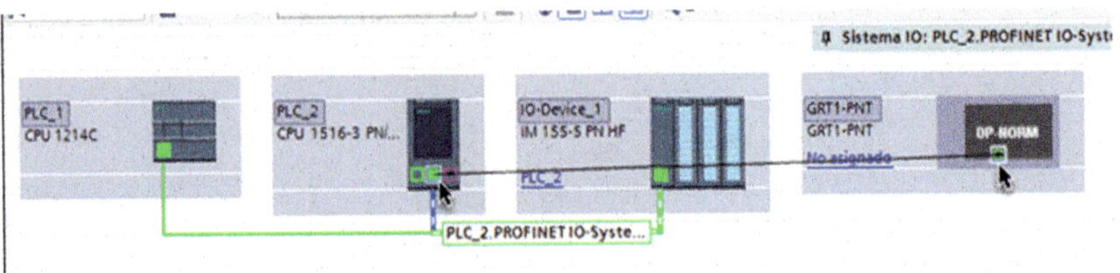

Figura 4.27

Luego, pulsaremos sobre el icono «Mostrar direcciones».

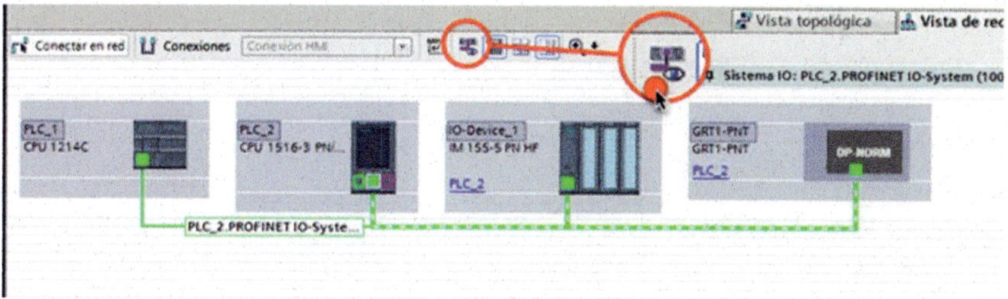

Figura 4.28

Y haremos doble clic sobre la «CPU 1214C».

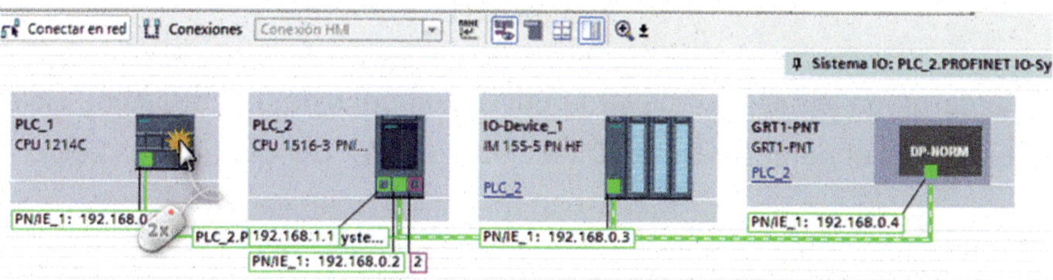

Figura 4.29

Si nos fijamos, veremos las direcciones de las entradas digitales «DI», de las salidas digitales «DQ» y de las entradas analógicas «AI».

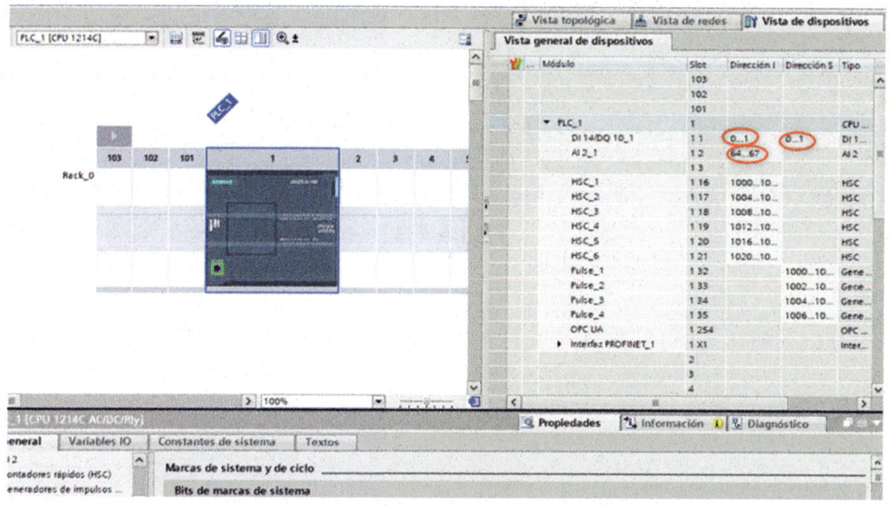

Figura 4.30

Ahora, en «Propiedades», «General», seleccionaremos la opción «Marcas de sistema y de ciclo».

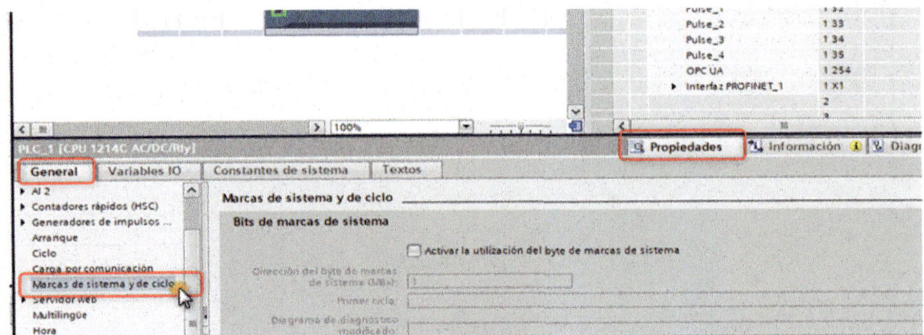

Figura 4.31

Marcaremos la casilla «Activar la utilización del byte de marcas de ciclo» y cambiaremos el número «0» de «Dirección del byte» por el número «100».

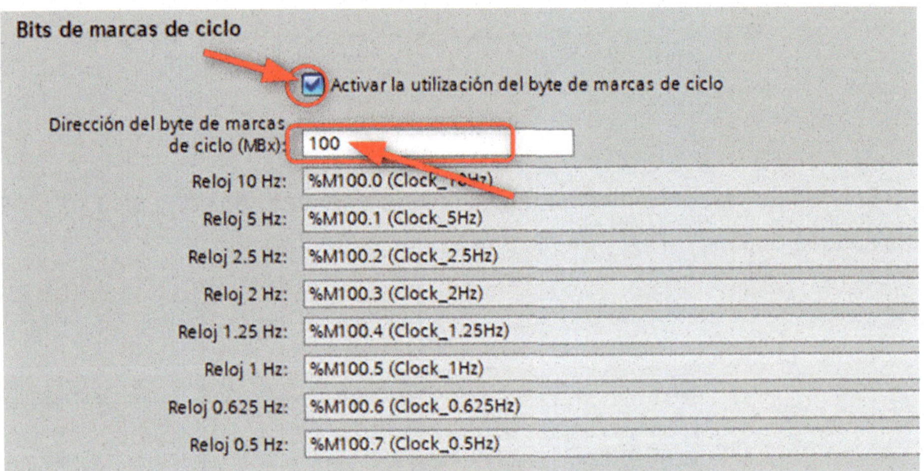

Figura 4.32

Ahora pulsaremos sobre la pestaña «Variables IO».

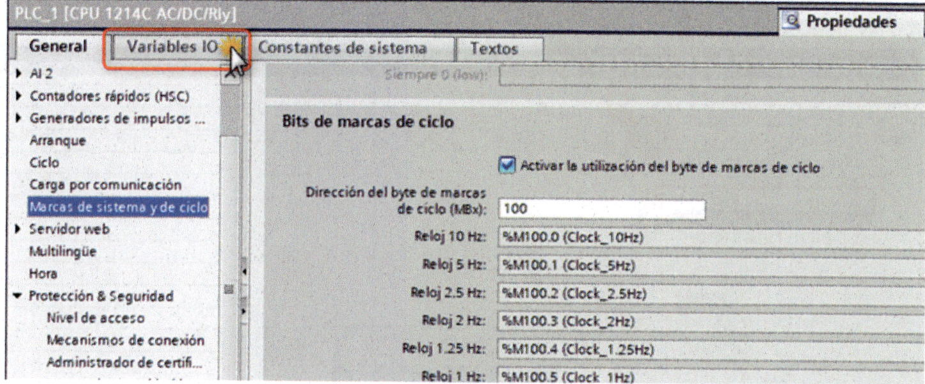

Figura 4.33

Si desplazamos la barra de desplazamiento hacia abajo, veremos las direcciones y el tipo de dato de las entradas y salidas digitales y de las entradas analógicas, como las marcas de ciclo.

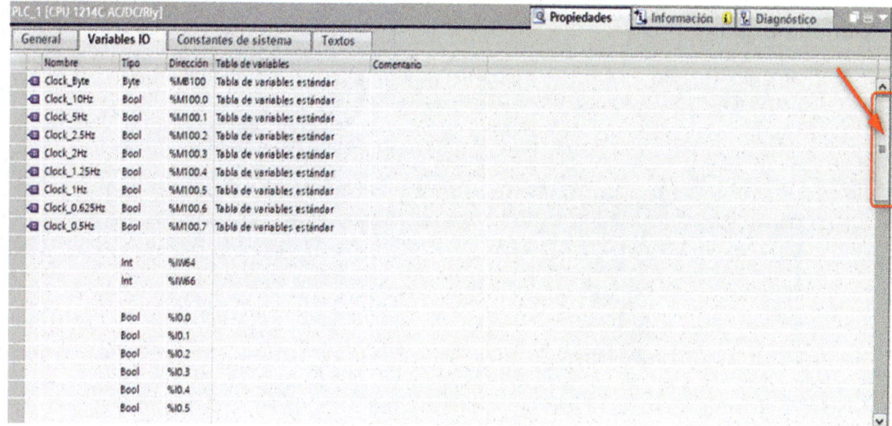

Nombre	Tipo	Dirección	Tabla de variables	Comentario
Clock_Byte	Byte	%MB100	Tabla de variables estándar	
Clock_10Hz	Bool	%M100.0	Tabla de variables estándar	
Clock_5Hz	Bool	%M100.1	Tabla de variables estándar	
Clock_2.5Hz	Bool	%M100.2	Tabla de variables estándar	
Clock_2Hz	Bool	%M100.3	Tabla de variables estándar	
Clock_1.25Hz	Bool	%M100.4	Tabla de variables estándar	
Clock_1Hz	Bool	%M100.5	Tabla de variables estándar	
Clock_0.625Hz	Bool	%M100.6	Tabla de variables estándar	
Clock_0.5Hz	Bool	%M100.7	Tabla de variables estándar	
	Int	%IW64		
	Int	%IW66		
	Bool	%I0.0		
	Bool	%I0.1		
	Bool	%I0.2		
	Bool	%I0.3		
	Bool	%I0.4		
	Bool	%I0.5		

Figura 4.34

Ahora pulsaremos sobre la flechita desplegable que vemos en la Figura 4.35 y, en el desplegable, seleccionaremos «IO-Device_1».

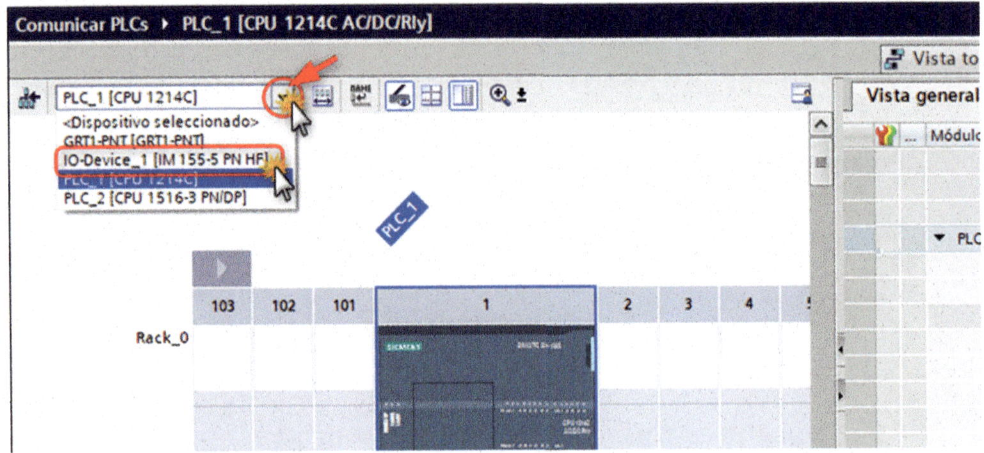

Figura 4.35

Si nos fijamos, veremos las direcciones de las entradas digitales «DI» y de las salidas digitales «DQ».

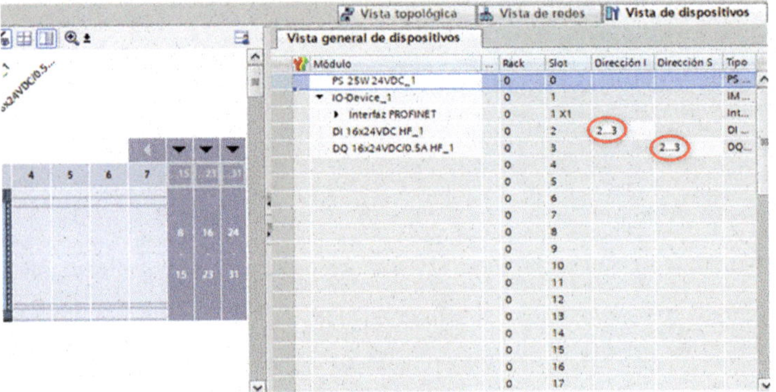

Figura 4.36

Seleccionaremos el módulo de entradas digitales «DI» y, en la pestaña «Variables IO», veremos el tipo de dato y direcciones del módulo «DI».

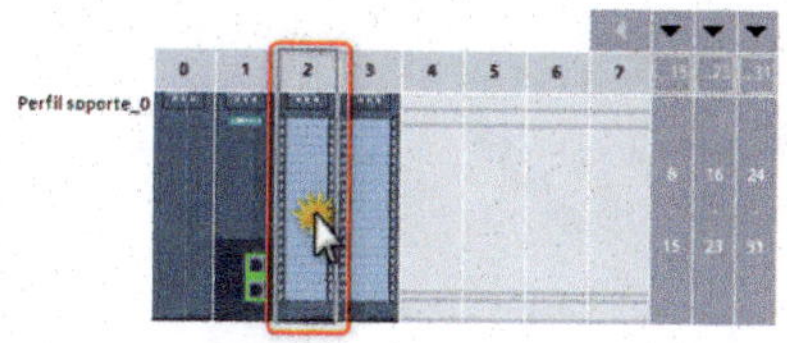

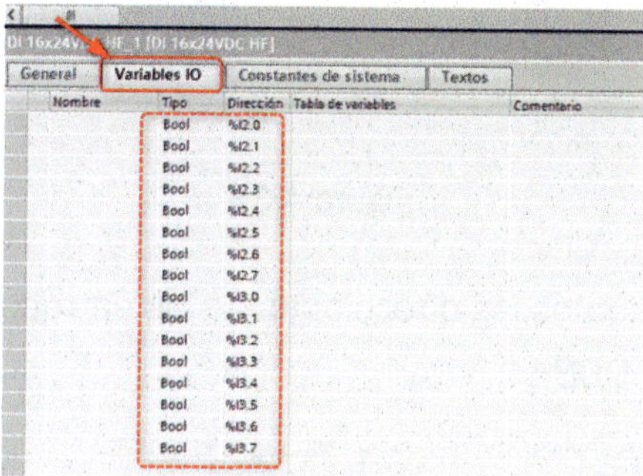

Nombre	Tipo	Dirección	Tabla de variables	Comentario
	Bool	%I2.0		
	Bool	%I2.1		
	Bool	%I2.2		
	Bool	%I2.3		
	Bool	%I2.4		
	Bool	%I2.5		
	Bool	%I2.6		
	Bool	%I2.7		
	Bool	%I3.0		
	Bool	%I3.1		
	Bool	%I3.2		
	Bool	%I3.3		
	Bool	%I3.4		
	Bool	%I3.5		
	Bool	%I3.6		
	Bool	%I3.7		

Figura 4.37

Ahora seleccionaremos el módulo de salidas digitales «DQ» y veremos el tipo de dato y direcciones del módulo «DQ».

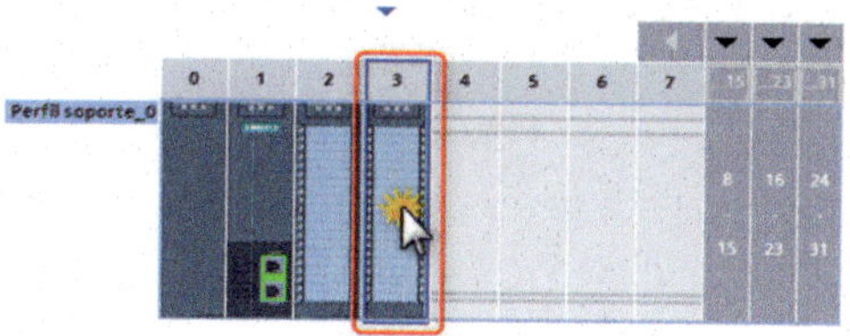

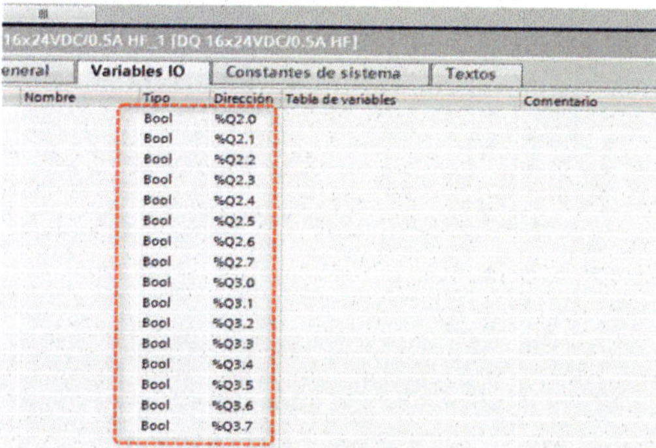

Nombre	Tipo	Dirección	Tabla de variables	Comentario
	Bool	%Q2.0		
	Bool	%Q2.1		
	Bool	%Q2.2		
	Bool	%Q2.3		
	Bool	%Q2.4		
	Bool	%Q2.5		
	Bool	%Q2.6		
	Bool	%Q2.7		
	Bool	%Q3.0		
	Bool	%Q3.1		
	Bool	%Q3.2		
	Bool	%Q3.3		
	Bool	%Q3.4		
	Bool	%Q3.5		
	Bool	%Q3.6		
	Bool	%Q3.7		

Figura 4.38

Pulsaremos sobre la flechita desplegable que vemos en la Figura 4.39 y, en el desplegable, seleccionaremos la opción «GRT1-PNT».

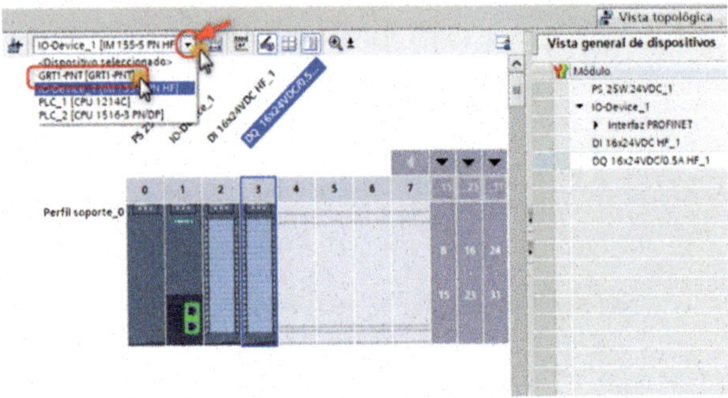

Figura 4.39

Si nos fijamos, veremos las direcciones de las entradas digitales «ID8» y de las salidas digitales «OD8».

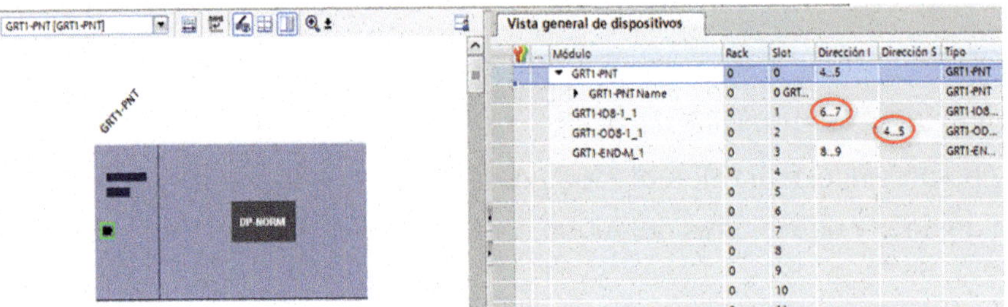

Figura 4.40

Si seleccionamos la celda del módulo de entradas digitales «ID8», veremos, en la pestaña «Variables IO», las direcciones del módulo y el tipo de dato.

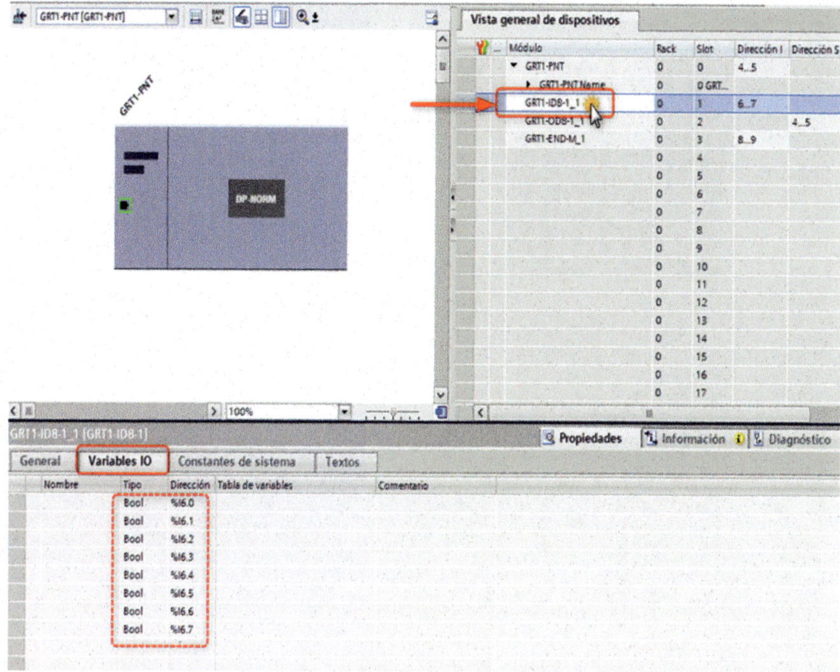

Figura 4.41

Si seleccionamos la celda del módulo de salidas digitales «OD8», veremos, en la pestaña «Variables IO», las direcciones del módulo y el tipo de dato.

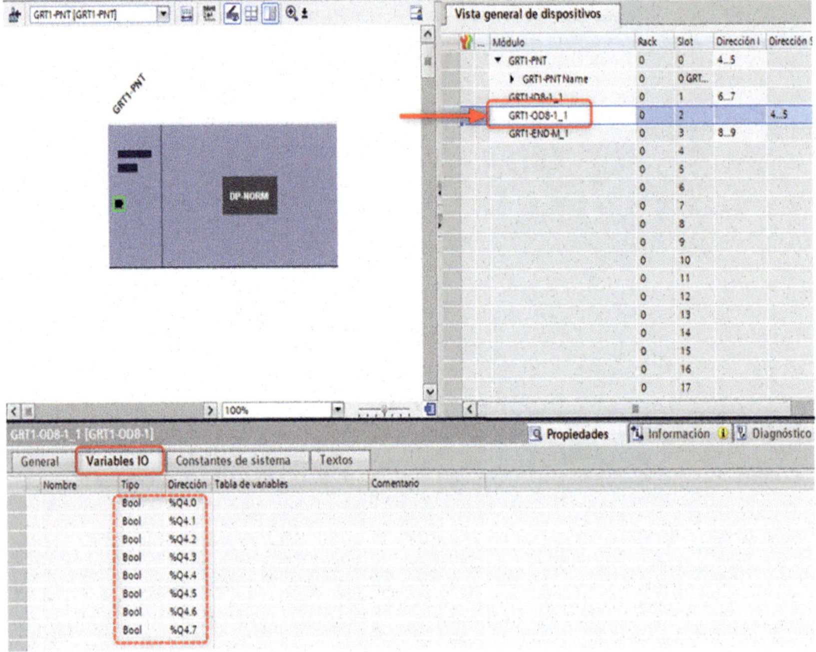

Figura 4.42

Ahora pulsaremos sobre la flechita desplegable y, en el desplegable, seleccionaremos «CPU 1516-3 PN/DP».

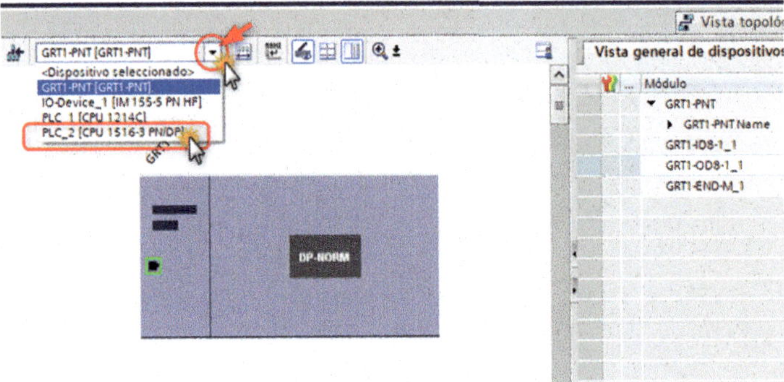

Figura 4.43

Vemos las direcciones de las entradas y salidas digitales.

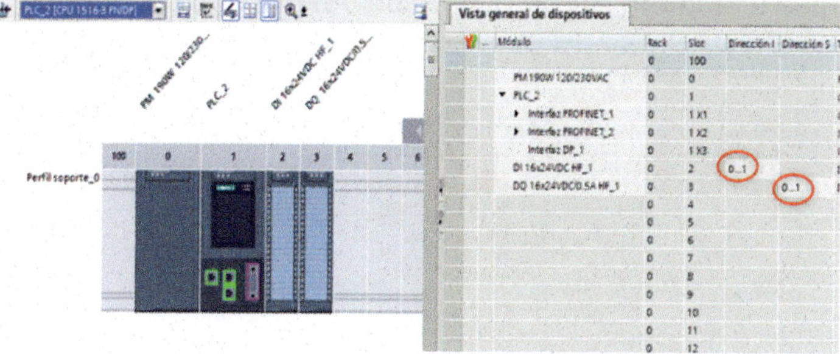

Figura 4.44

Ahora seleccionaremos la CPU.

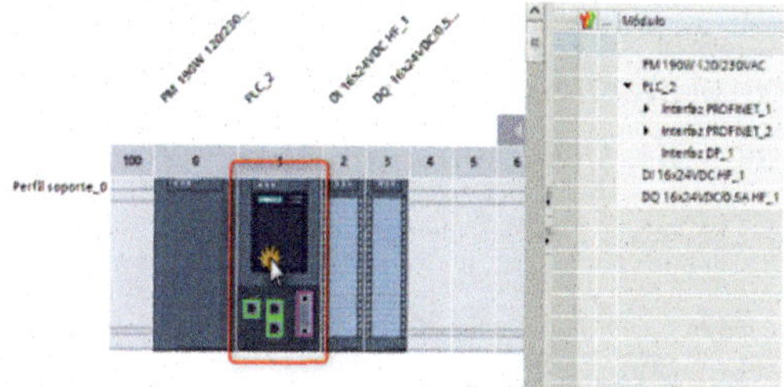

Figura 4.45

En «Propiedades», «General», seleccionaremos la opción «Marcas de sistema y de ciclo».

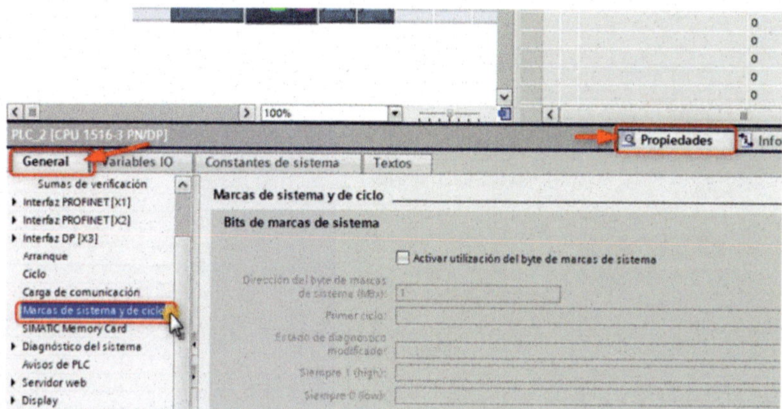

Figura 4.46

Marcaremos la casilla «Activar la utilización del byte de marcas de ciclo», y cambiaremos el número «0» de «Dirección del byte» por el número «100».

Bits de marcas de ciclo

Activar la utilización del byte de marcas de ciclo

Dirección del byte de marcas de ciclo (MBx):	100
Reloj 10 Hz:	%M100.0 (Clock_10Hz)
Reloj 5 Hz:	%M100.1 (Clock_5Hz)
Reloj 2.5 Hz:	%M100.2 (Clock_2.5Hz)
Reloj 2 Hz:	%M100.3 (Clock_2Hz)
Reloj 1.25 Hz:	%M100.4 (Clock_1.25Hz)
Reloj 1 Hz:	%M100.5 (Clock_1Hz)
Reloj 0.625 Hz:	%M100.6 (Clock_0.625Hz)
Reloj 0.5 Hz:	%M100.7 (Clock_0.5Hz)

Figura 4.47

Seleccionaremos el módulo de entradas digitales «DI» y, en la pestaña «General» del módulo «DI», seleccionaremos «Direcciones E/S».

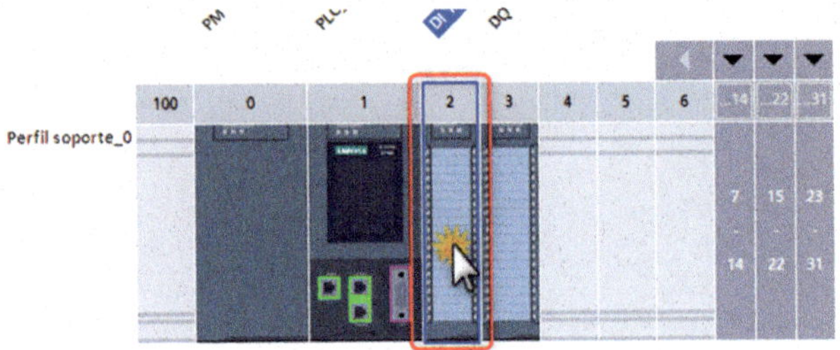

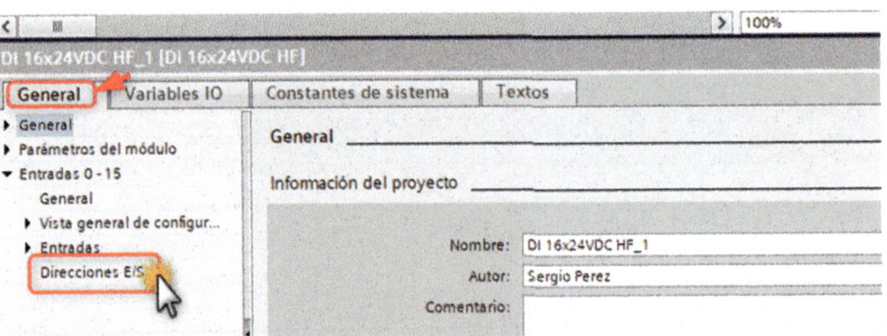

Figura 4.48

Como podemos ver, la dirección inicial es «0» y la final es «1». Lo que haremos será cambiar la dirección inicial por el número «10».

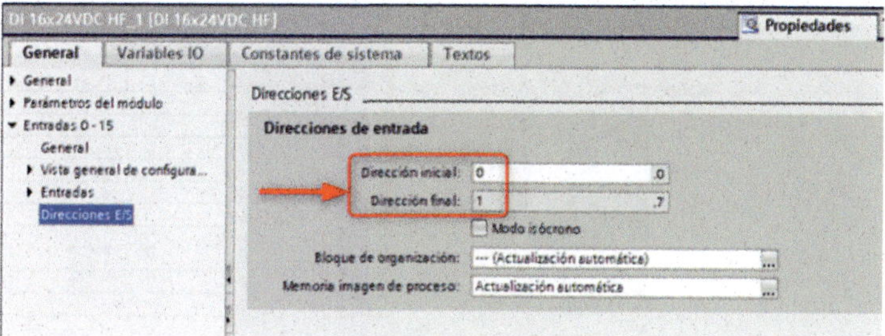

Figura 4.49

Ahora podemos ver que la dirección inicial es «10» y la final es «11». Pulsaremos sobre la pestaña «Variables IO».

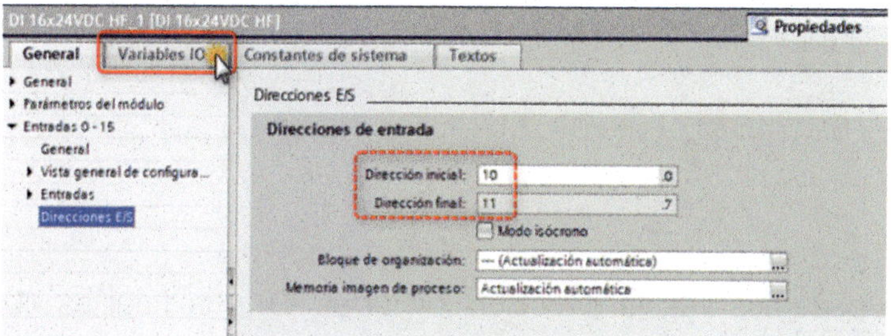

Figura 4.50

Las direcciones del módulo de entradas digitales han cambiado a los valores que hemos puesto. Pulsaremos sobre la pestaña «General».

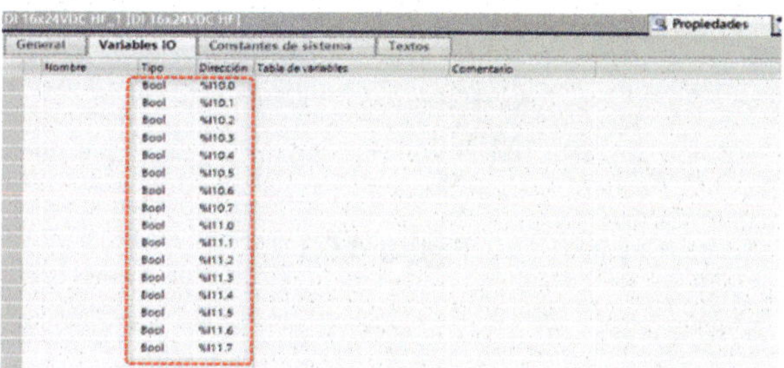

Figura 4.51

Seleccionaremos el módulo de salidas digitales «DQ» y, en la pestaña «General» del módulo «DQ», seleccionaremos la opción «Direcciones E/S».

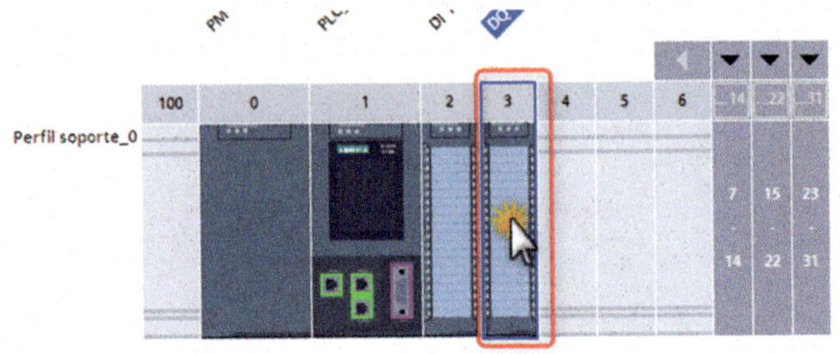

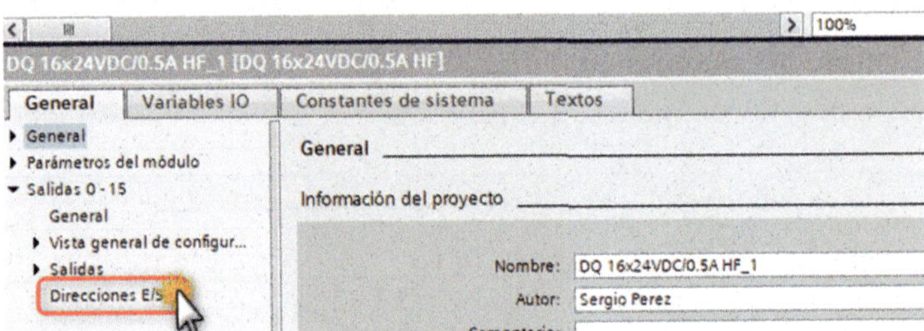

Figura 4.52

Como podemos ver, la dirección inicial es «0» y la final es «1». Lo que haremos será cambiar la dirección inicial por el número «6».

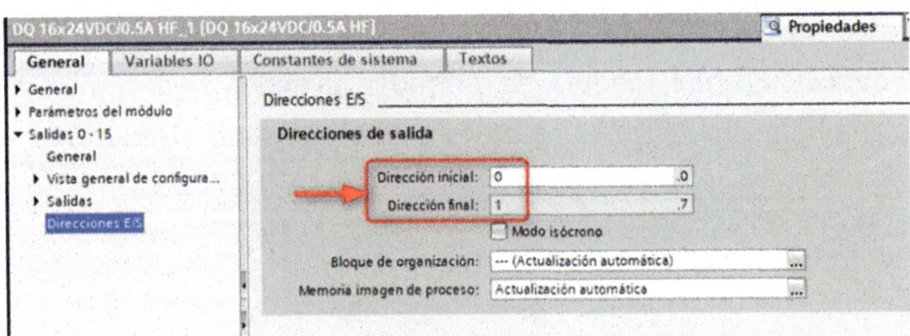

Figura 4.53

Ahora podemos ver que la dirección inicial es «6» y la final es «7». Pulsaremos sobre la pestaña «Variables IO».

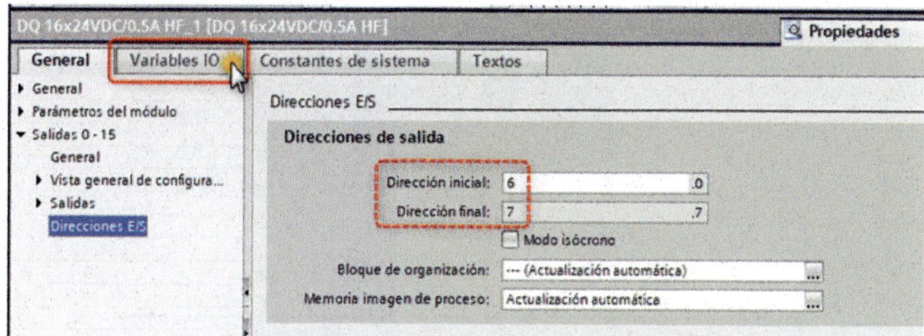

Figura 4.54

Las direcciones del módulo de salidas digitales han cambiado a los valores que hemos puesto.

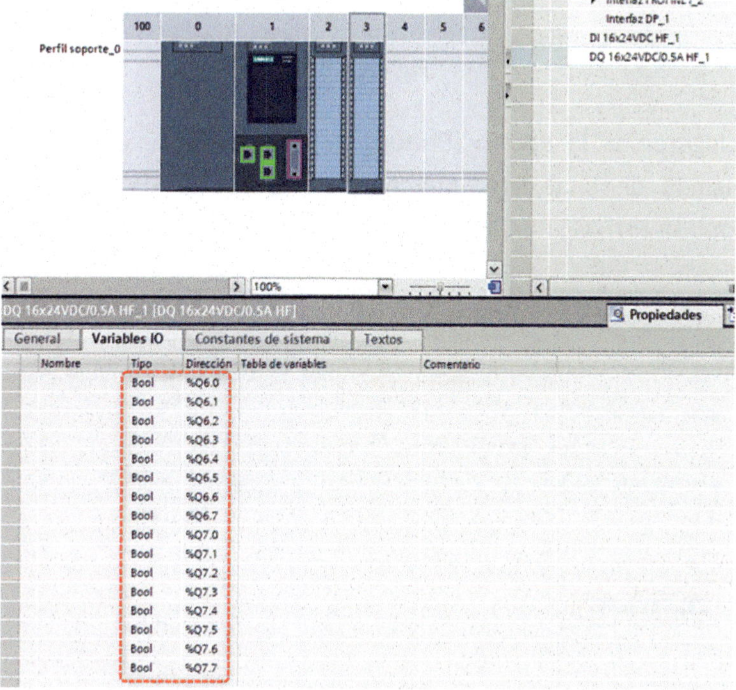

Figura 4.55

Ahora seleccionaremos la CPU y, posteriormente, la pestaña «General».

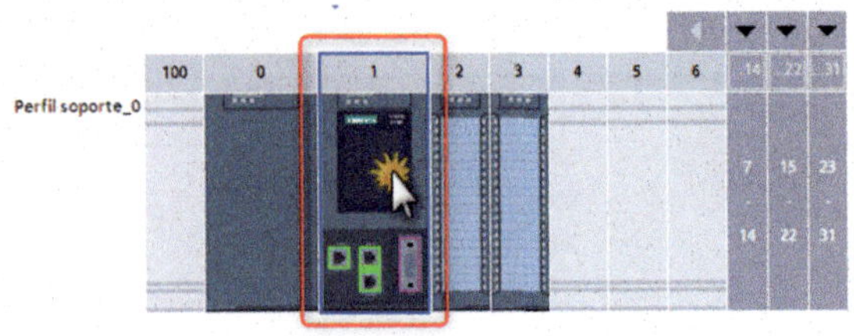

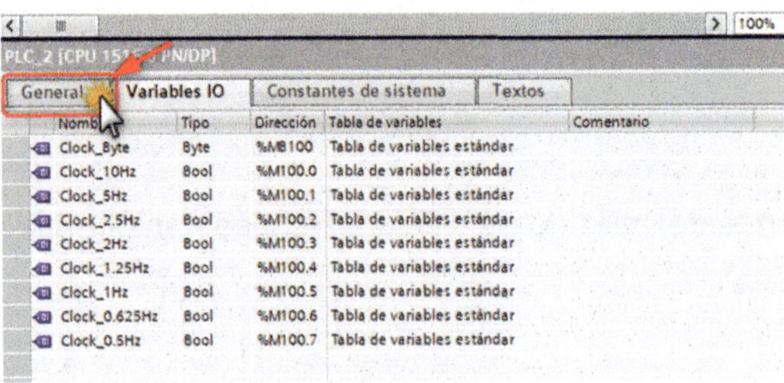

Figura 4.56

Desplegaremos la opción «Protección & Seguridad», y seleccionaremos «Mecanismos de conexión». Marcaremos la casilla «Permitir acceso vía comunicación PUT/GET del interlocutor remoto».

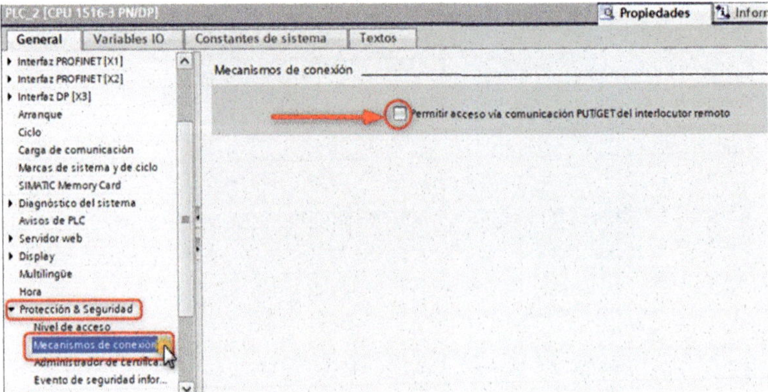

Figura 4.57

Ahora pulsaremos sobre la flechita desplegable y, en el desplegable, seleccionaremos «CPU 1214C».

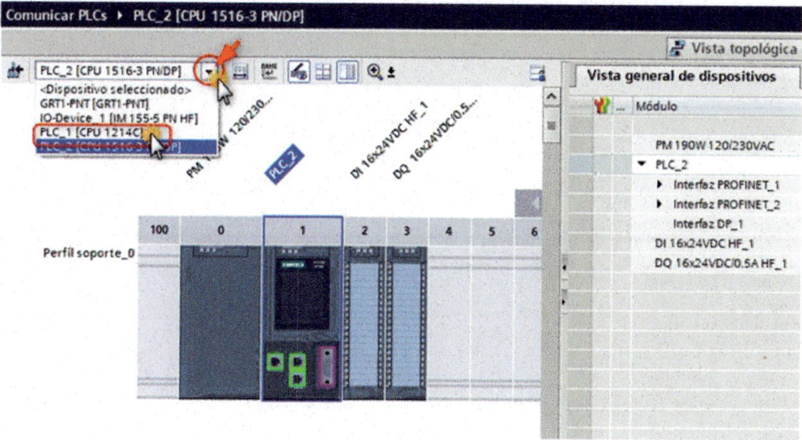

Figura 4.58

Seleccionaremos la CPU.

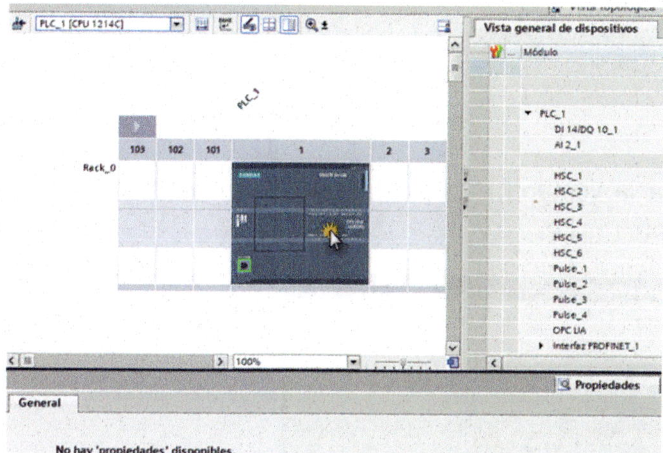

Figura 4.59

Desplegaremos la opción «Protección & Seguridad», y seleccionaremos «Mecanismos de conexión». Marcaremos la casilla «Permitir acceso vía comunicación PUT/GET del interlocutor remoto».

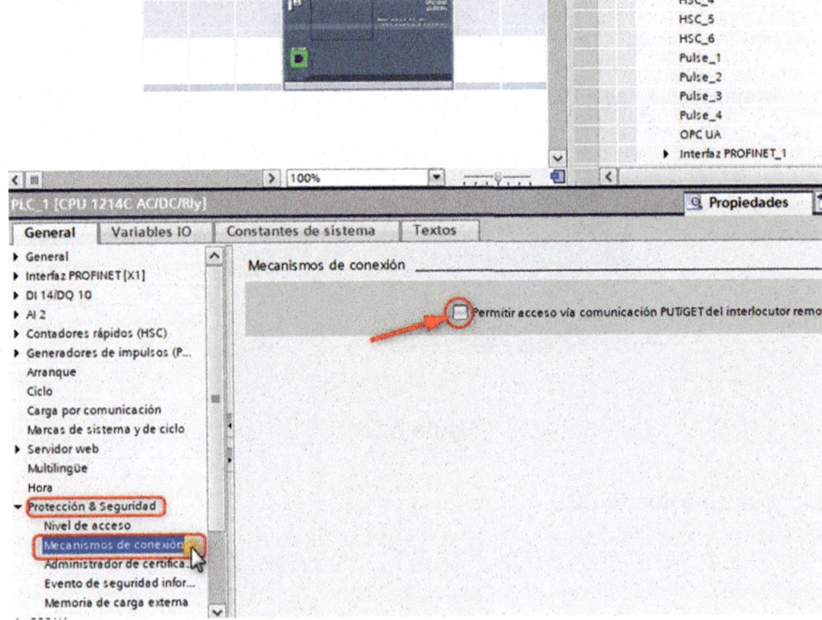

Figura 4.60

Iremos a la ventana «Árbol del proyecto» y haremos doble clic sobre la carpeta «CPU 1214C».

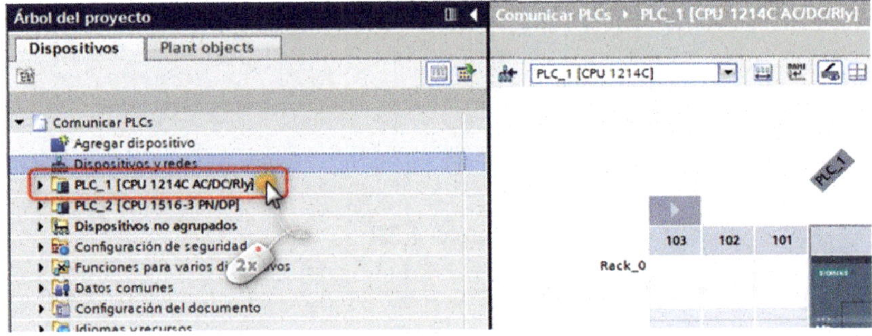

Figura 4.61

Seguidamente, haremos doble clic sobre la carpeta «Bloques de programa».

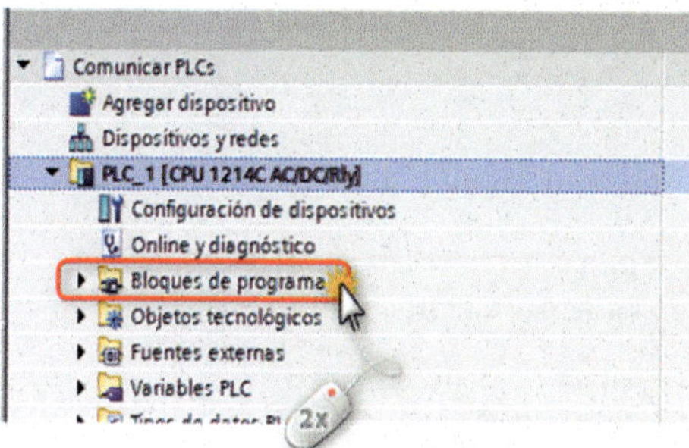

Figura 4.62

Y, luego, sobre la opción «Main OB1».

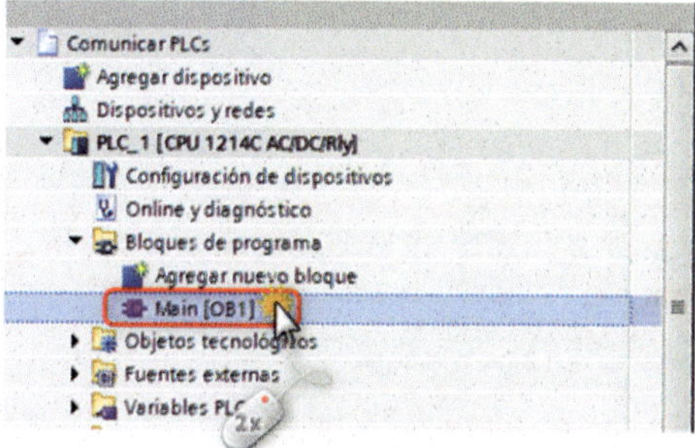

Figura 4.63

Ahora añadiremos los bloques GET y PUT.

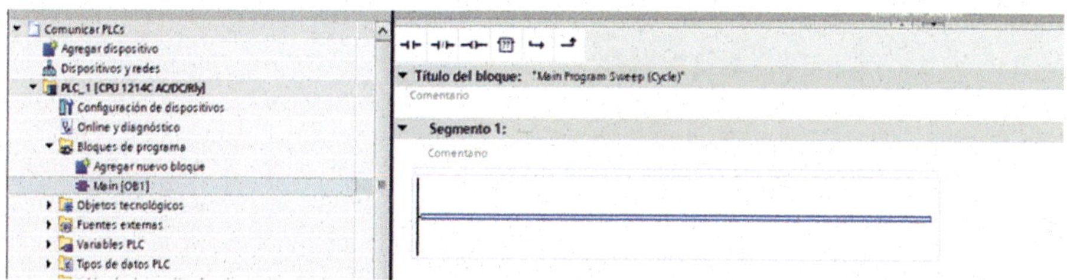

Figura 4.64

El bloque GET lee datos de una CPU remota, y el bloque PUT escribe datos en una CPU remota.

Si tenemos expandida la categoría «Instrucciones básicas», pulsaremos sobre la flechita de la categoría para contraer su contenido.

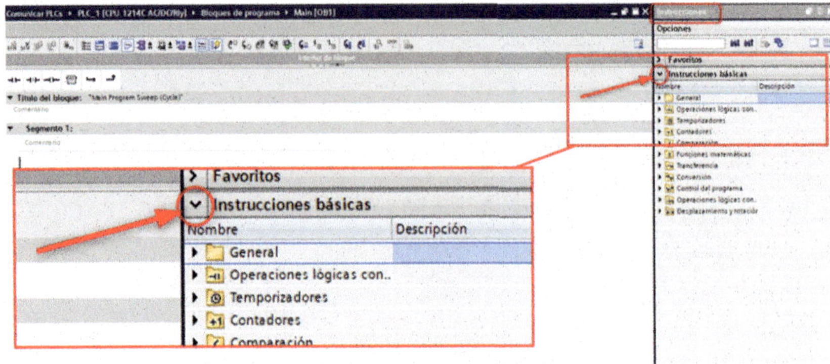

Figura 4.65

Ahora pincharemos sobre la flechita de la categoría «Comunicación» para expandir su contenido.

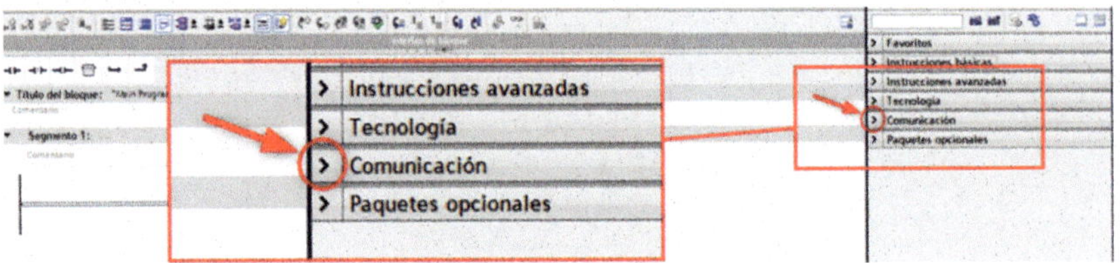

Figura 4.66

Haremos doble clic sobre la carpeta «Comunicación S7».

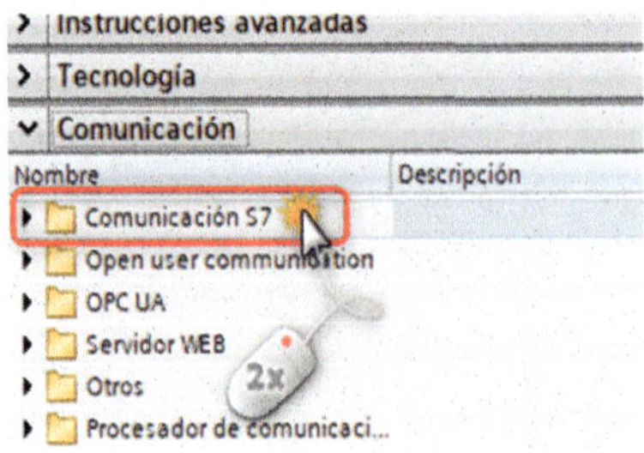

Figura 4.67

A continuación, arrastraremos el bloque GET hasta el segmento 1, tal como vemos en la Figura 4.68.

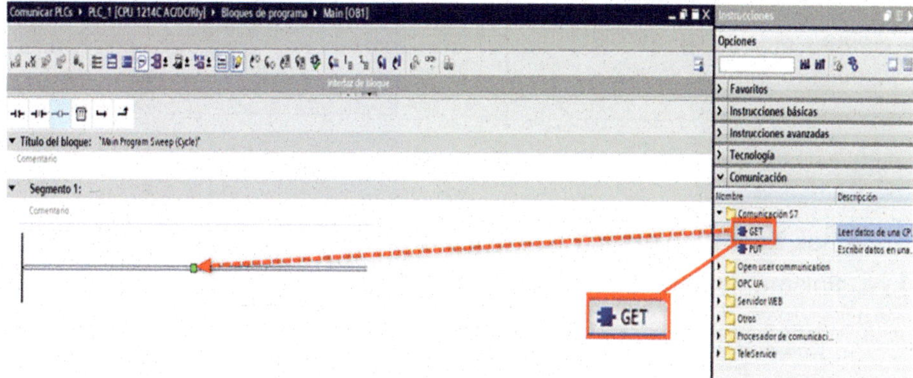

Figura 4.68

En la ventana que nos aparece de la llamada del DB de instancia individual, pulsaremos sobre el botón «Aceptar».

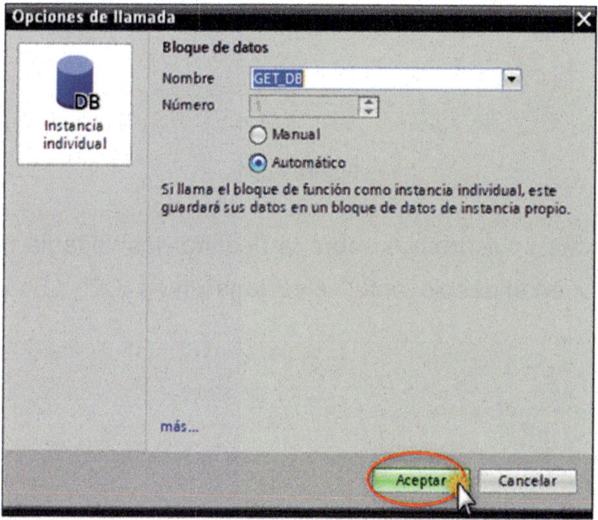

Figura 4.69

Ahora, en el bloque de función GET, pulsaremos sobre el icono «Iniciar configuración».

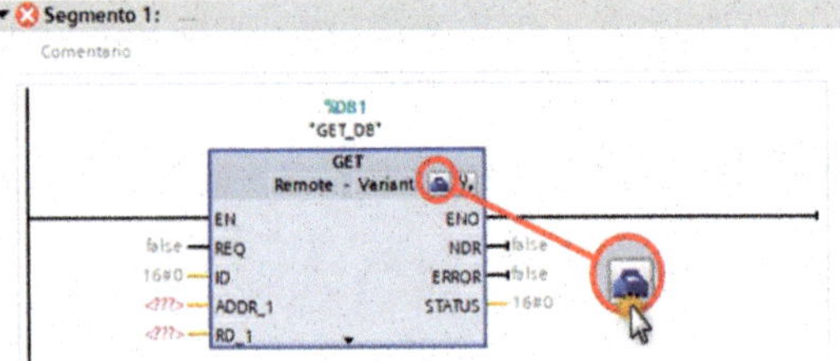

Figura 4.70

Se nos abrirá la ventana de configuración, tal como vemos en la Figura 4.71. Pulsaremos sobre la opción «Parámetros de la conexión».

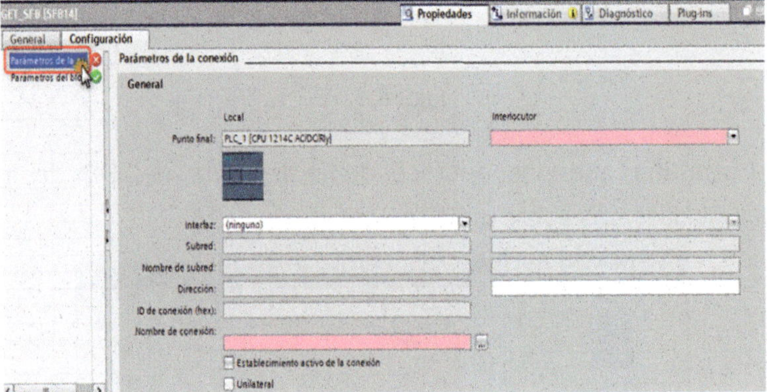

Figura 4.71

A continuación, pulsaremos sobre la flechita desplegable de la celda del «Interlocutor» y, en el desplegable, seleccionaremos «CPU 1516-3 PN/DP».

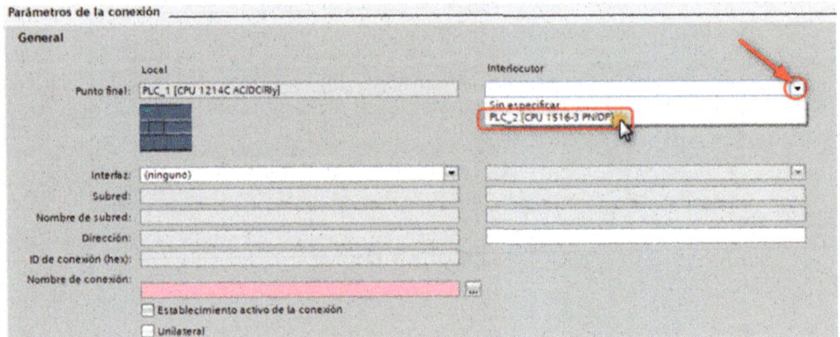

Figura 4.72

Quedará tal como vemos en la Figura 4.73.

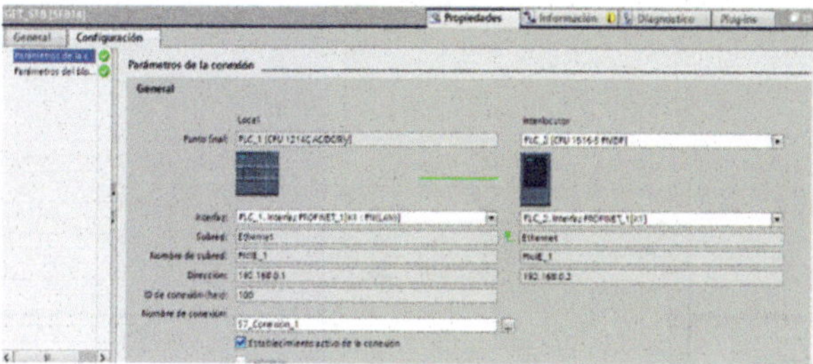

Figura 4.73

Ahora añadiremos los parámetros que están dentro de los rectángulos que vemos en la Figura 4.74.

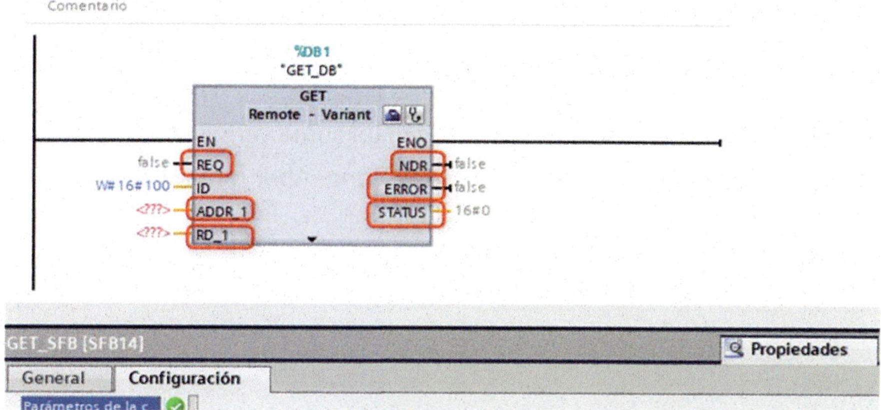

Figura 4.74

REQ: asignamos la variable «M100.0 - Clock_10Hz».

NDR: escribimos «M1.0» y pulsamos Intro.

ERROR: escribimos «M1.1» y pulsamos Intro.

STATUS: escribimos «MW2» y pulsamos Intro.

ADDR_1: escribimos «P#M300.0 BYTE 4» y pulsamos Intro.

RD_1: escribimos «P#M305.0 BYTE 4» y pulsamos Intro.

Nos quedará tal como vemos en la Figura 4.75.

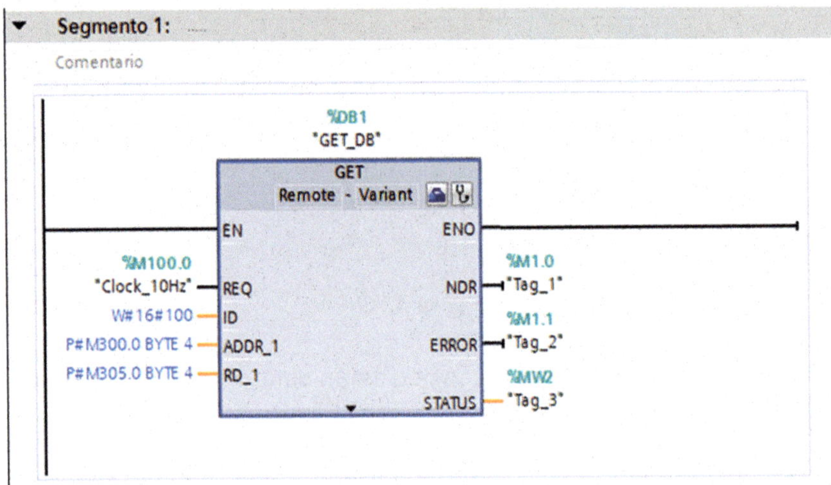

Figura 4.75

Ahora seleccionaremos la línea vertical, tal como vemos en la Figura 4.76 y, seguidamente, haremos un clic sobre el icono «Abrir rama».

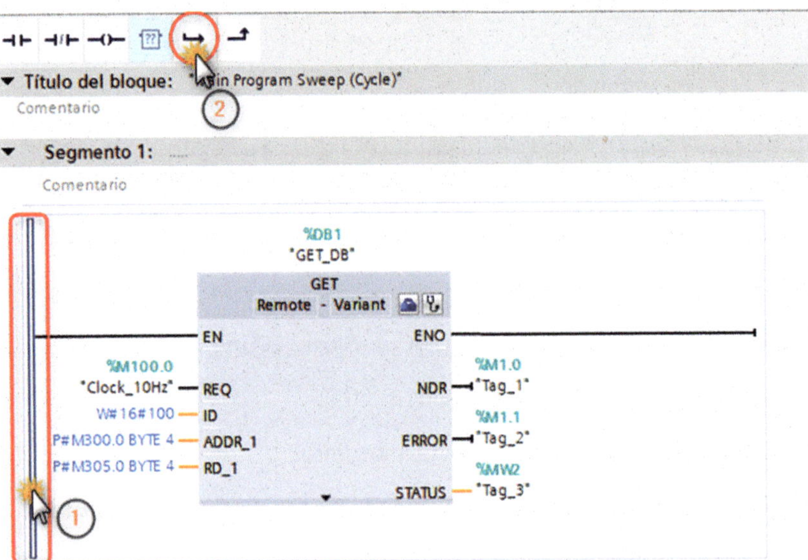

Figura 4.76

Arrastraremos el bloque PUT hasta la rama que hemos abierto, tal como vemos en la imagen.

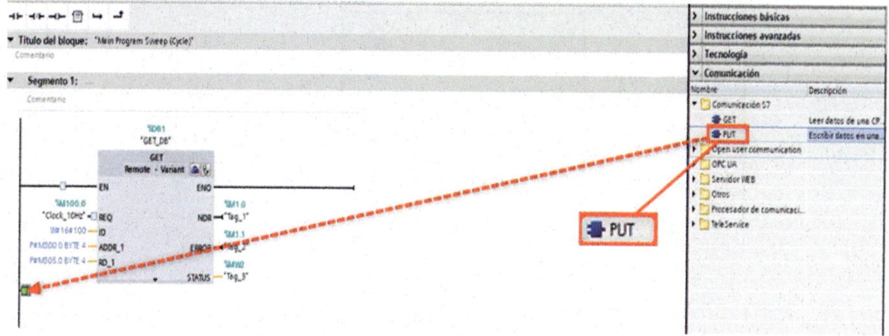

Figura 4.77

En la ventana que nos aparece de la llamada del DB de instancia individual, pulsaremos sobre el botón «Aceptar».

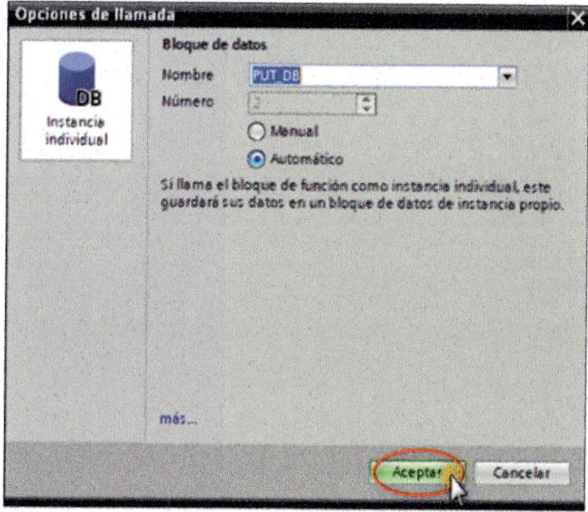

Figura 4.78

Pulsaremos sobre el icono «Iniciar configuración».

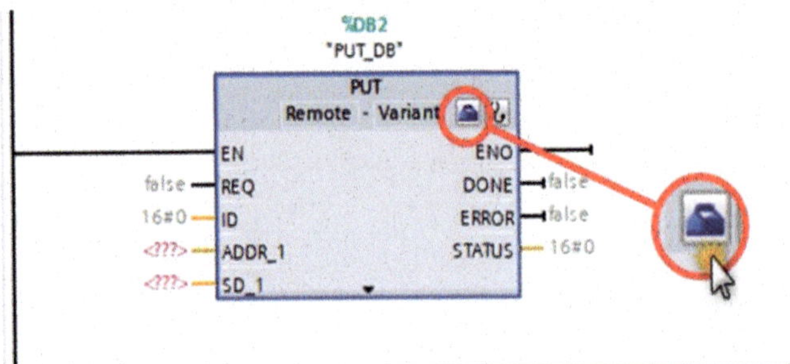

Figura 4.79

En la ventana «Parámetros de la conexión», pulsaremos sobre la flechita desplegable de la celda «Interlocutor» y, en el desplegable, seleccionaremos la opción «CPU 1516-3 PN/DP».

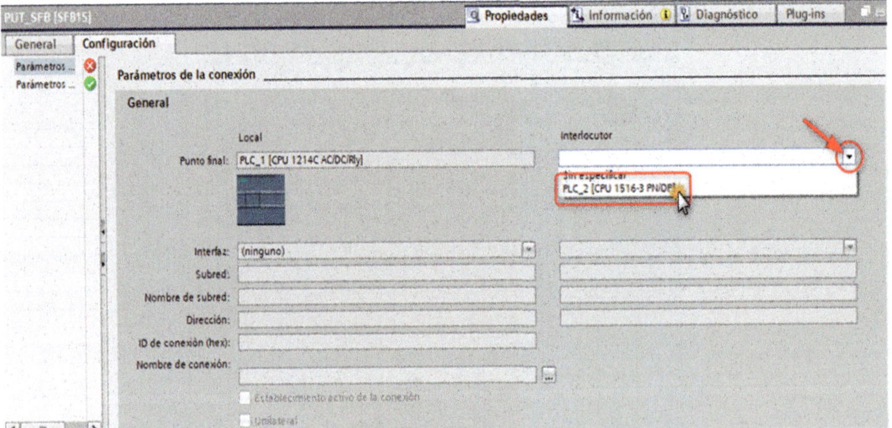

Figura 4.80

Nos quedará tal como vemos en la Figura 4.81.

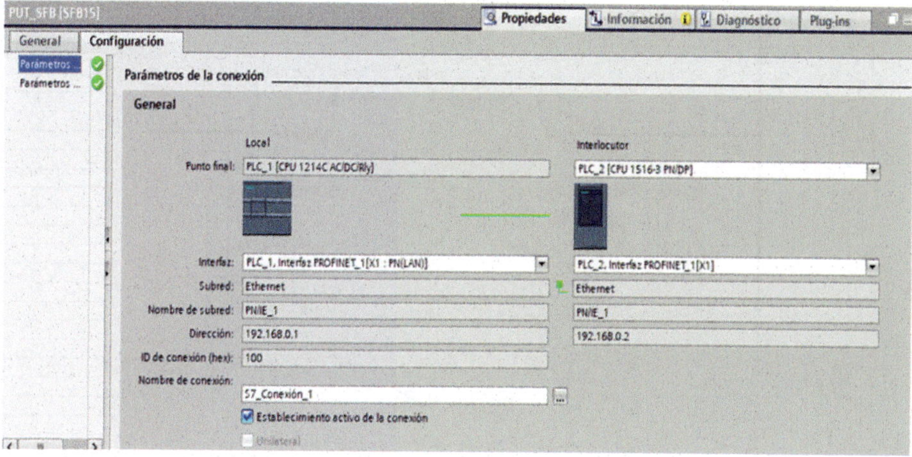

Figura 4.81

Ahora añadiremos los parámetros, como hemos hecho con la función GET.

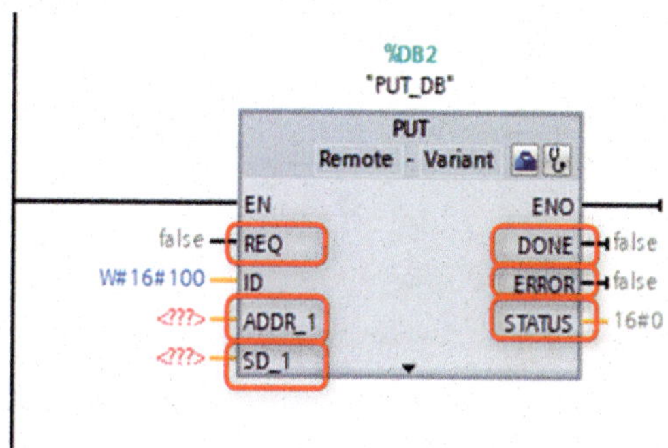

Figura 4.82

REQ: asignamos la variable «Clock_10Hz M100.0».

DONE: escribimos «M4.0» y pulsamos Intro.

ERROR: escribimos «M4.1» y pulsamos Intro.

STATUS: escribimos «MW5» y pulsamos Intro.

ADDR_1: escribimos «P#M205.0 BYTE 4» y pulsamos Intro.

SD_1: escribimos «P#M200.0 BYTE 4» y pulsamos Intro.

Nos quedará tal como vemos en la Figura 4.83.

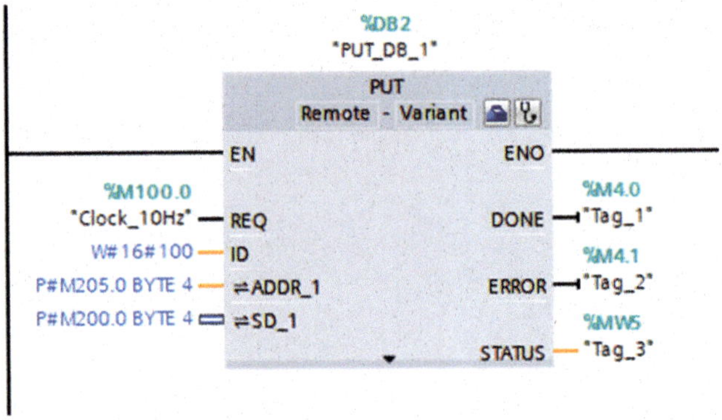

Figura 4.83

Ahora haremos un clic sobre la flechita desplegable que vemos en la Figura 4.84 del bloque de función GET.

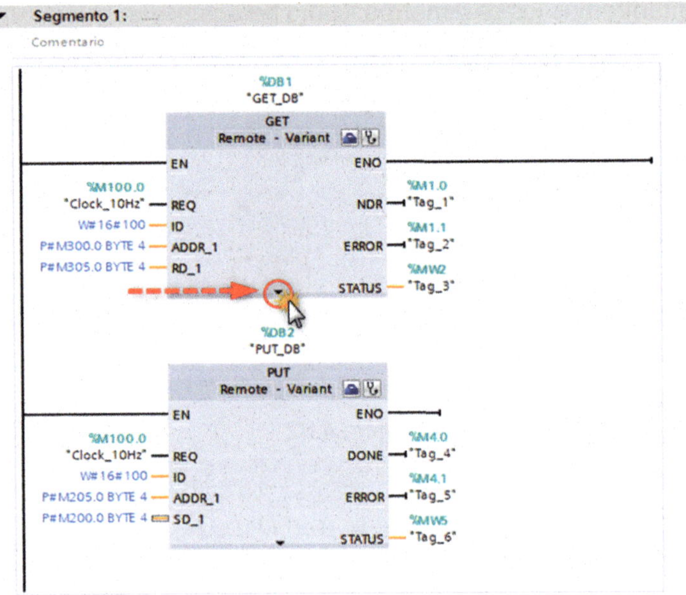

Figura 4.84

En los parámetros «ADDR_2» y «RD_2», añadiremos los siguientes valores.

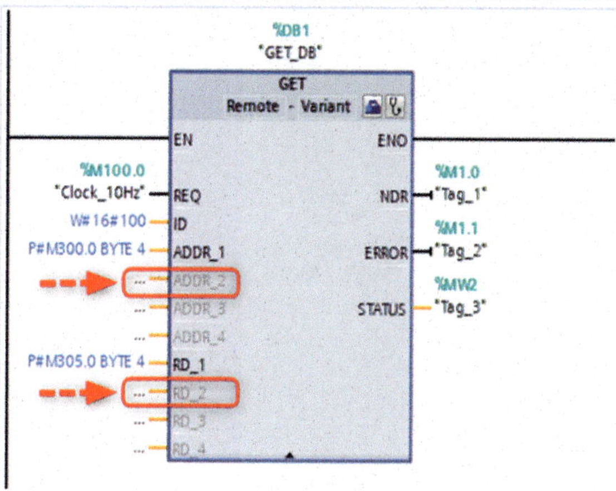

Figura 4.85

ADDR_2: escribimos «P#M301.0 BYTE 4» y pulsamos Intro.

RD_2: escribimos «P#M306.0 BYTE 4» y pulsamos Intro.

Nos quedará tal como vemos en la Figura 4.86.

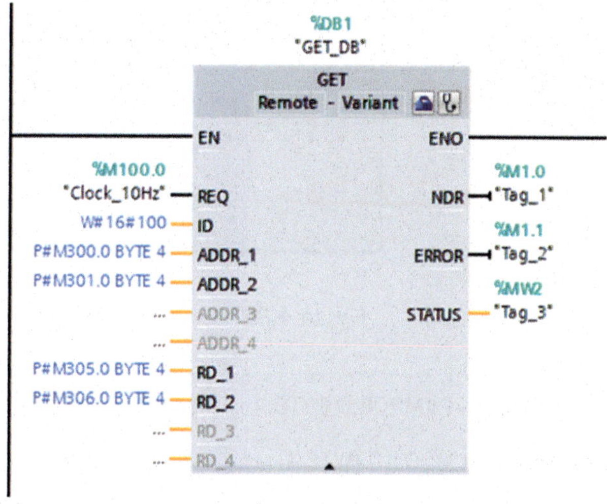

Figura 4.86

Ahora haremos un clic sobre la flechita desplegable que vemos en la Figura 4.87 del bloque de función PUT.

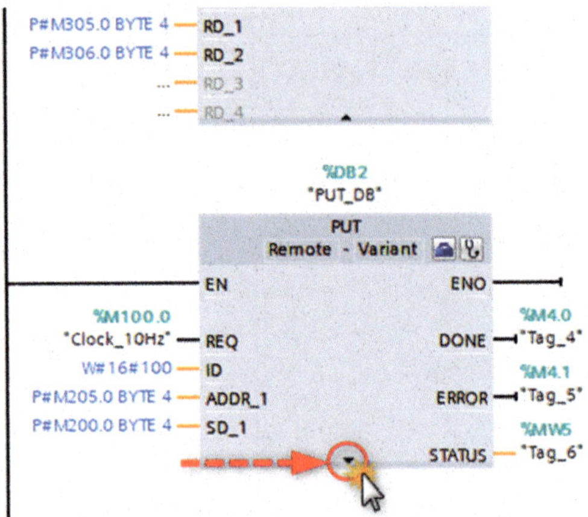

Figura 4.87

En los parámetros «ADDR_2» y «SD_2» añadiremos los siguientes valores.

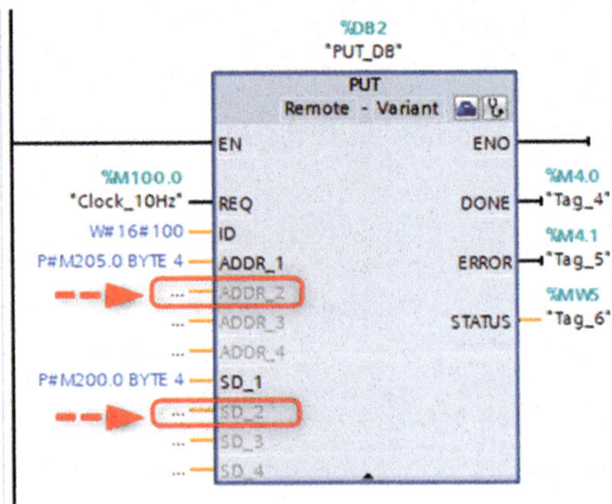

Figura 4.88

ADDR_2: escribimos «P#M206.0 BYTE 4» y pulsamos Intro.

SD_2: escribimos «P#M201.0 BYTE 4» y pulsamos Intro.

Nos quedará tal como vemos en la Figura 4.89.

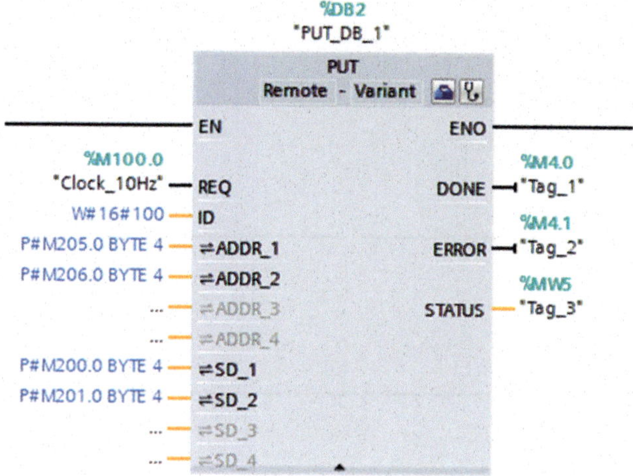

Figura 4.89

A continuación, realizaremos la siguiente programación. Seguiremos dentro del Main OB1 del PLC 1214C AC/DC/Rly, pondremos los comentarios en cada segmento y haremos la programación tal como vemos en las siguientes figuras.

Segmento 2. Desde el PLC 1214C AC/DC/Rly se activan las salidas del PLC 1516-3 PN/DP.

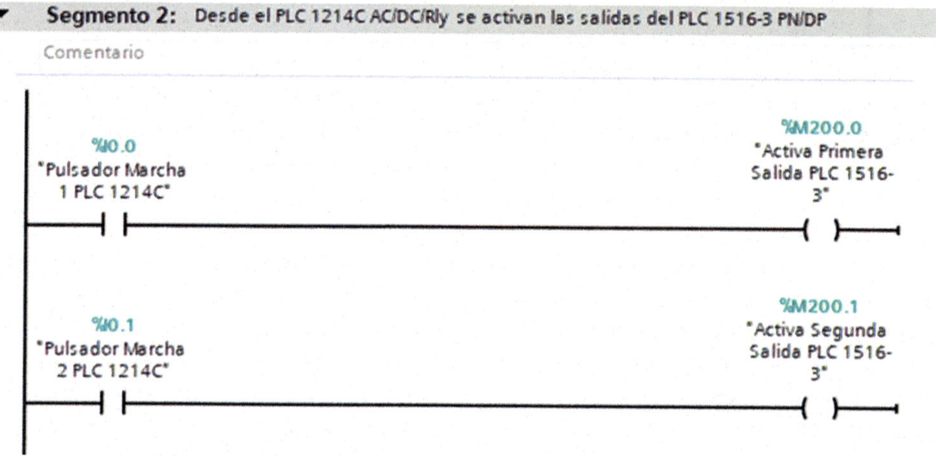

Figura 4.90

Segmento 3. Se activan salidas del PLC 1214C AC/DC/Rly desde el PLC 1516-3 PN/DP.

Segmento 3: Se activan salidas del PLC 1214C AC/DC/Rly desde el PLC 1516-3 PN/DP

Comentario

%M305.0
"Activa Primera Salida PLC 1214C"

%Q0.0
"Primera Salida"

%M305.1
"Activa Segunda Salida PLC 1214C"

%Q0.1
"Segunda Salida"

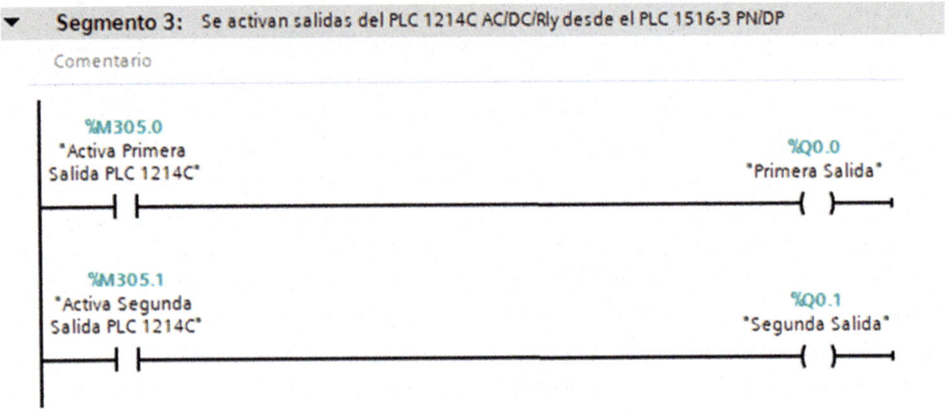

Figura 4.91

Segmento 4. Desde el PLC 1214C AC/DC/Rly se activan salidas de la ET200 MP y PLC Omron a través del PLC 1516-3 PN/DP.

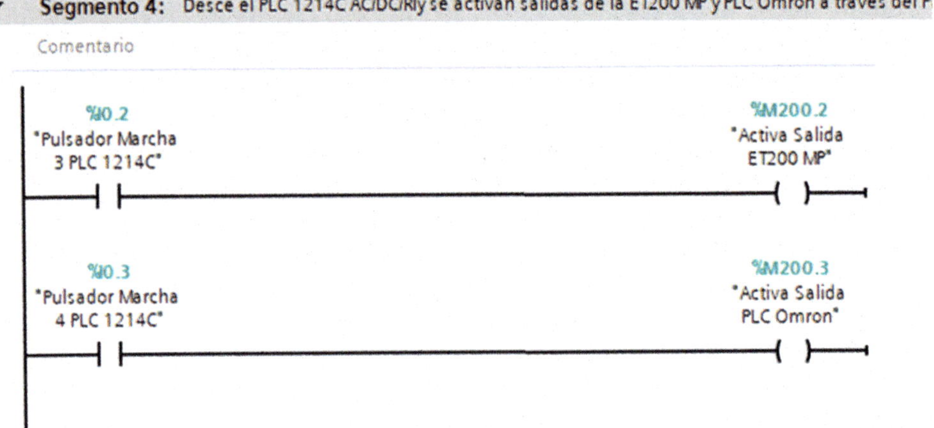

Figura 4.92

Segmento 5. A través del PLC 1516-3 PN/DP, la ET200 MP y PLC Omron activan salidas PLC 1214C AC/CD/Rly.

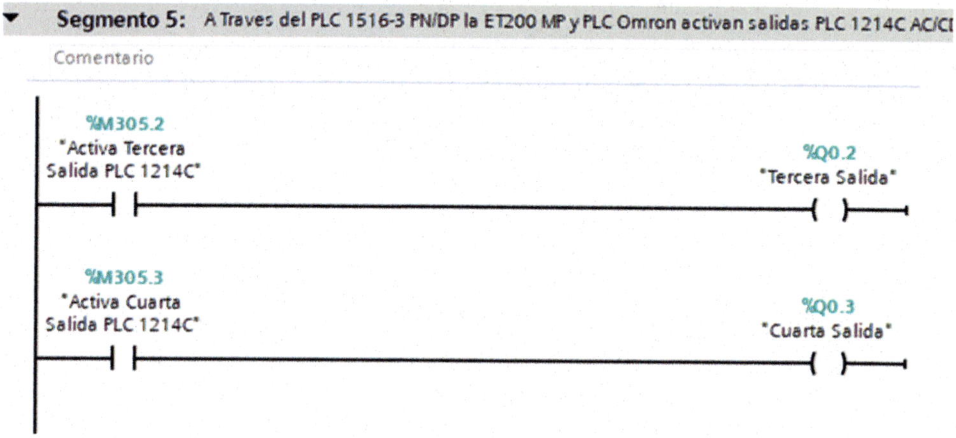

Segmento 5: A Traves del PLC 1516-3 PN/DP la ET200 MP y PLC Omron activan salidas PLC 1214C AC/C

Comentario

%M305.2
"Activa Tercera Salida PLC 1214C"

%Q0.2
"Tercera Salida"

%M305.3
"Activa Cuarta Salida PLC 1214C"

%Q0.3
"Cuarta Salida"

Figura 4.93

Ahora iremos a la ventana «Árbol del proyecto», y haremos doble clic sobre la carpeta «CPU 1214C» para contraerla.

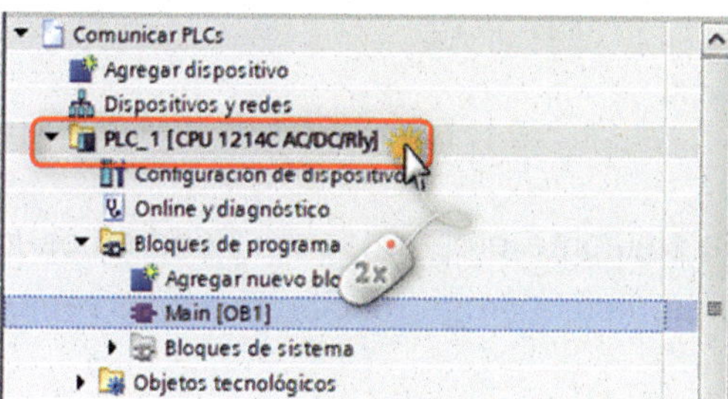

Figura 4.94

Seguidamente, haremos doble clic sobre la carpeta «CPU 1516-3».

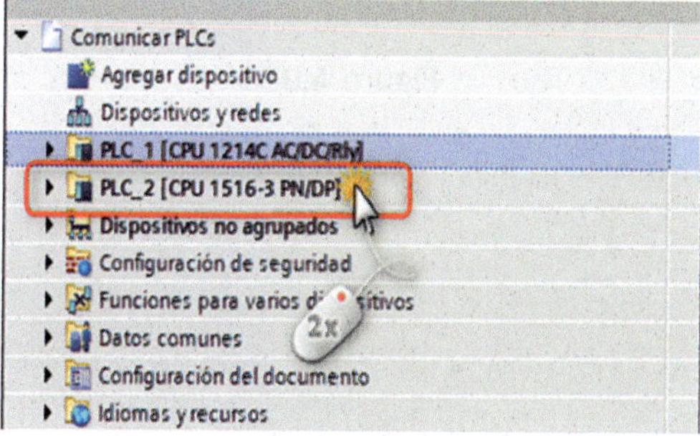

Figura 4.95

Luego haremos doble clic sobre «Bloques de programa».

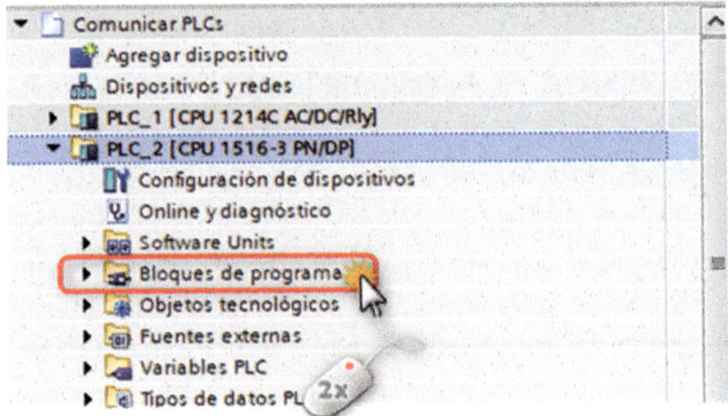

Figura 4.96

Y sobre la opción «Main [OB1]».

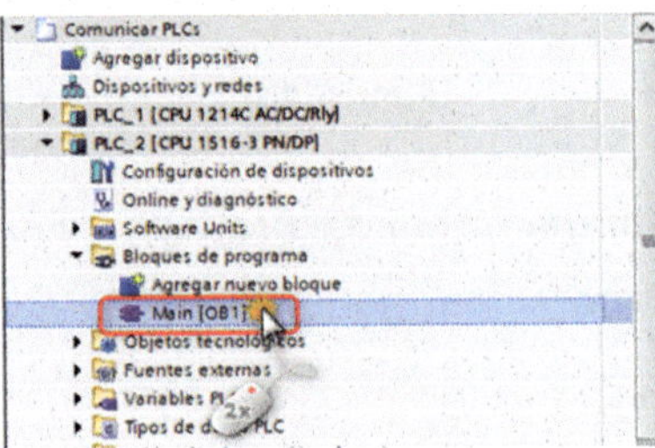

Figura 4.97

Realizaremos la siguiente programación. Pondremos los comentarios en cada segmento y haremos la programación tal como vemos en las siguientes figuras.

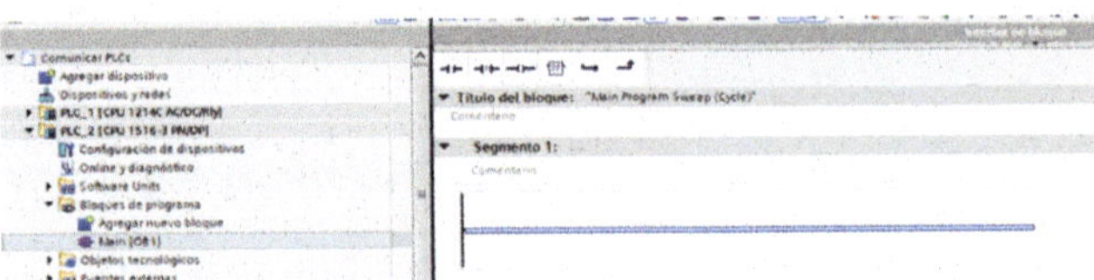

Figura 4.98

Segmento 1. Se activan salidas del PLC 1516-3 PN/DP desde el PLC 1214C AC/CD/Rly.

Segmento 1: Se activan salidas del PLC 1516-3 PN/DP desde el PLC 1214C AC/CD/Rly

Comentario

%M205.0
"Activa Primera Salida PLC 1516-3"

%Q6.0
"Primera Salida"

%M205.1
"Actica Segunda Salida PLC 1516-3"

%Q6.1
"Segunda Salida"

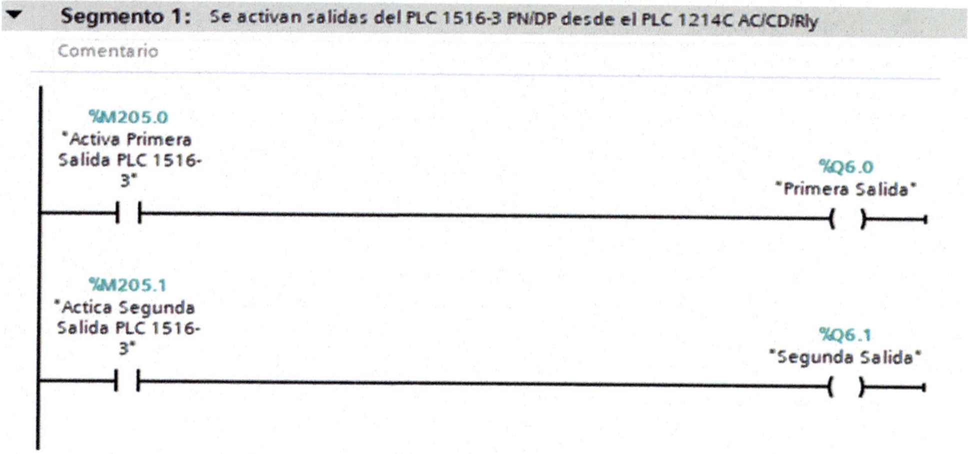

Figura 4.99

Segmento 2. Desde el PLC 1516-3 PN/DP se activan salidas del PLC 1214C AC/DC/Rly.

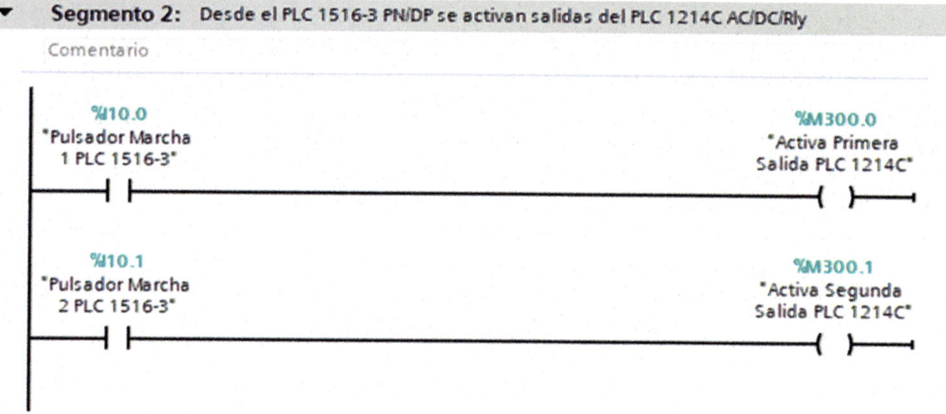

Figura 4.100

Segmento 3. Desde el PLC 1516-3 PN/DP se activan salidas de la ET200 MP y PLC Omron.

▼ **Segmento 3:** Desde el PLC 1516-3 PN/DP se activan salidas de la ET200 MP y PLC Omron

Comentario

%I10.2
"Pulsador Marcha 3 PLC 1516C"

%Q2.0
"Primera salida ET200 MP"

%I10.3
"Pulsador Marcha 4 PLC 1516C"

%Q4.0
"Primera Salida PLC Omron"

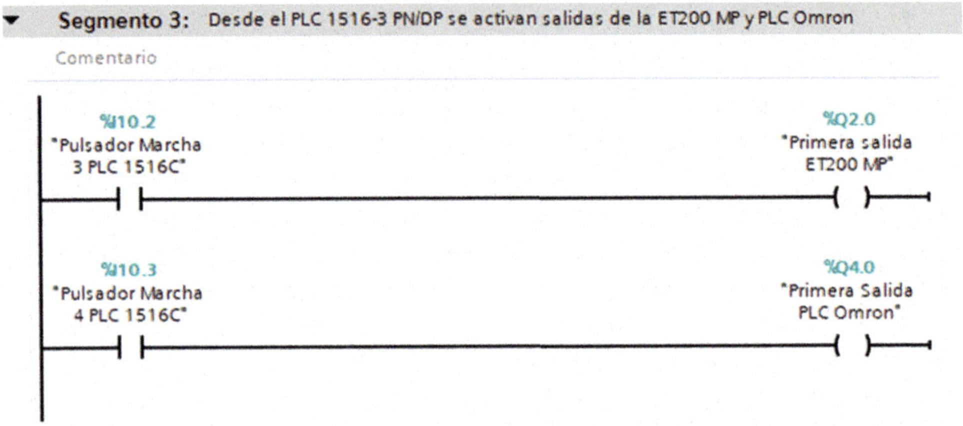

Figura 4.101

Segmento 4. Desde el PLC 1214C AC/DC/Rly, y a través del PLC 1516-3 PN/DP, se activan salidas de la ET200 MP y del PLC Omron.

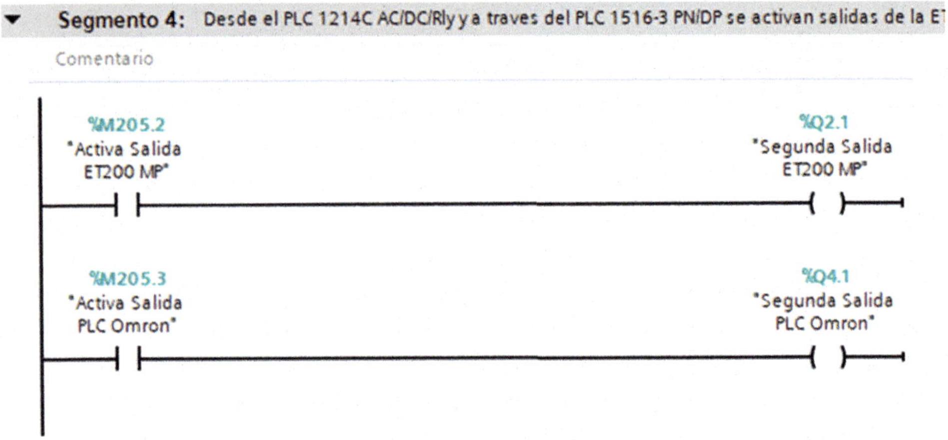

▼ **Segmento 4:** Desde el PLC 1214C AC/DC/Rly y a traves del PLC 1516-3 PN/DP se activan salidas de la E

Comentario

%M205.2
"Activa Salida ET200 MP"

%Q2.1
"Segunda Salida ET200 MP"

%M205.3
"Activa Salida PLC Omron"

%Q4.1
"Segunda Salida PLC Omron"

Figura 4.102

Segmento 5. ET 200 MP y PLC Omron activan salidas del PLC 1214C AC/DC/Rly a través del PLC 1516-3 PN/DP.

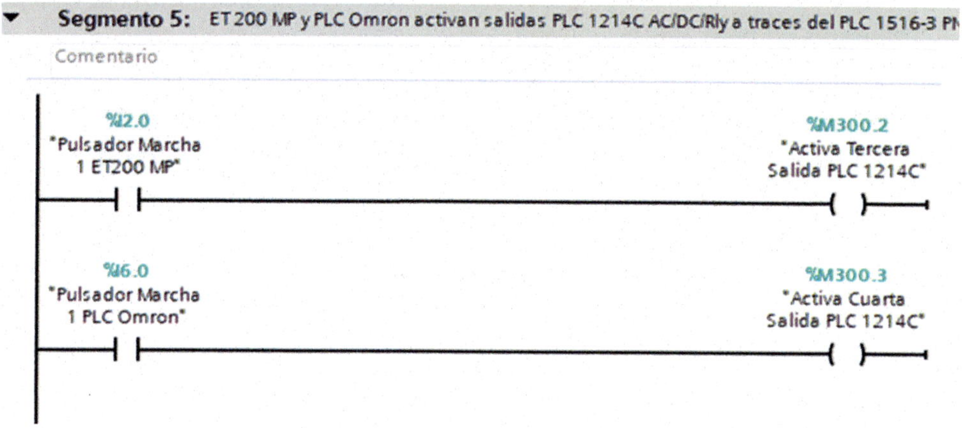

Segmento 5: ET200 MP y PLC Omron activan salidas PLC 1214C AC/DC/Rly a traces del PLC 1516-3 PN

Comentario

%I2.0
"Pulsador Marcha 1 ET200 MP"

%M300.2
"Activa Tercera Salida PLC 1214C"

%I6.0
"Pulsador Marcha 1 PLC Omron"

%M300.3
"Activa Cuarta Salida PLC 1214C"

Figura 4.103

Iremos a la ventana «Árbol del proyecto», y haremos doble clic sobre «Dispositivos y redes».

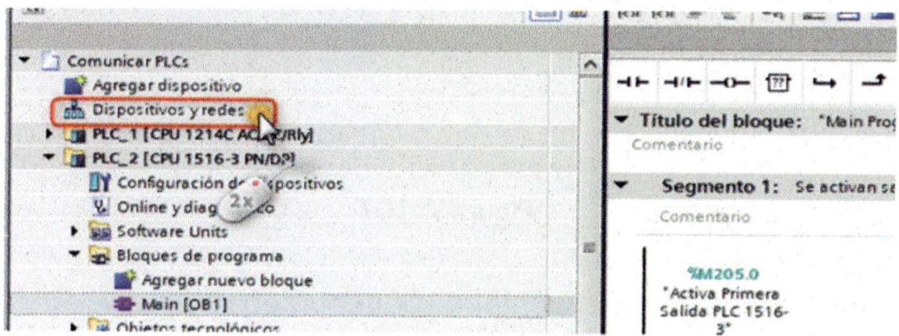

Figura 4.104

En la ventana central, pulsaremos sobre la pestaña «Conexiones».

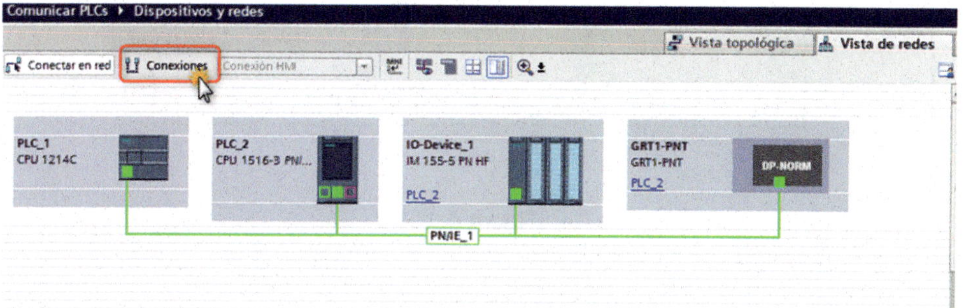

Figura 4.105

Pulsaremos sobre la flechita de la celda «Conexión HMI».

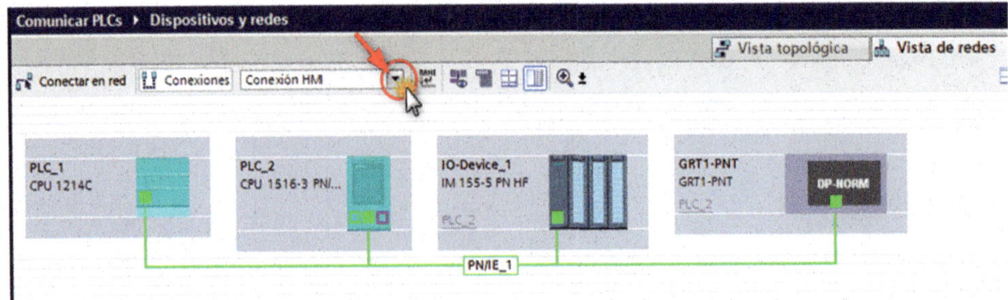

Figura 4.106

En el desplegable que nos aparece, seleccionaremos la opción «Conexión S7».

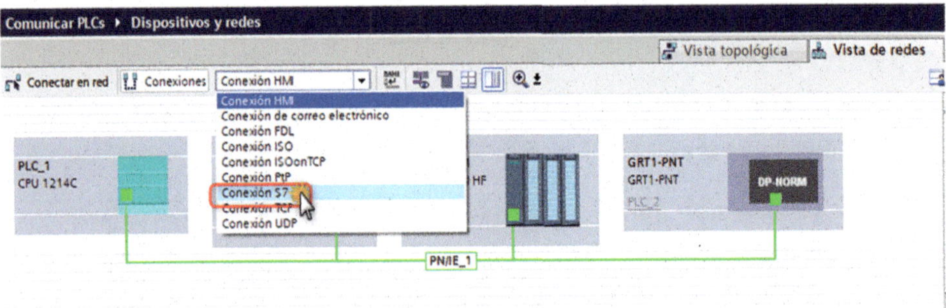

Figura 4.107

Ahora pulsaremos sobre la pestaña «Conectar en red».

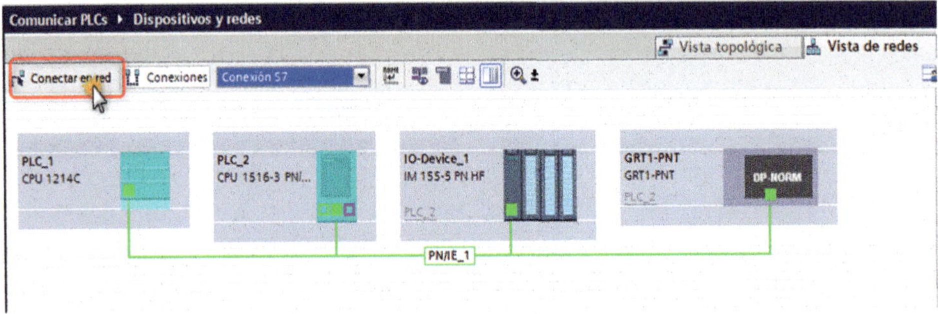

Figura 4.108

A continuación, haremos la simulación para ver la funcionalidad.

Haremos doble clic sobre el «Main [OB1]» de la CPU 1214C AC/DC/Rly.

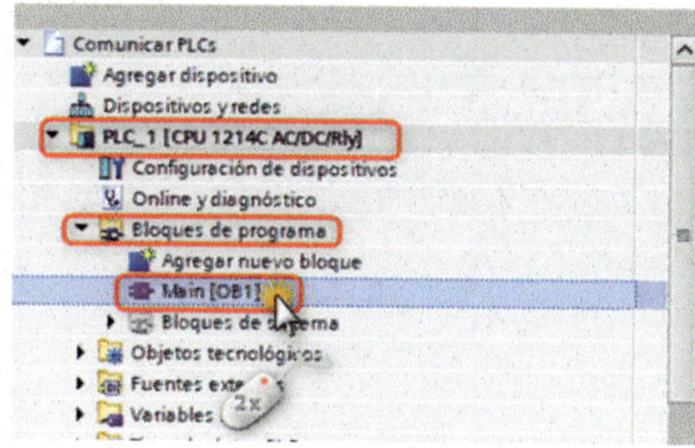

Figura 4.109

Pulsaremos sobre el icono «Dividir el área del editor verticalmente».

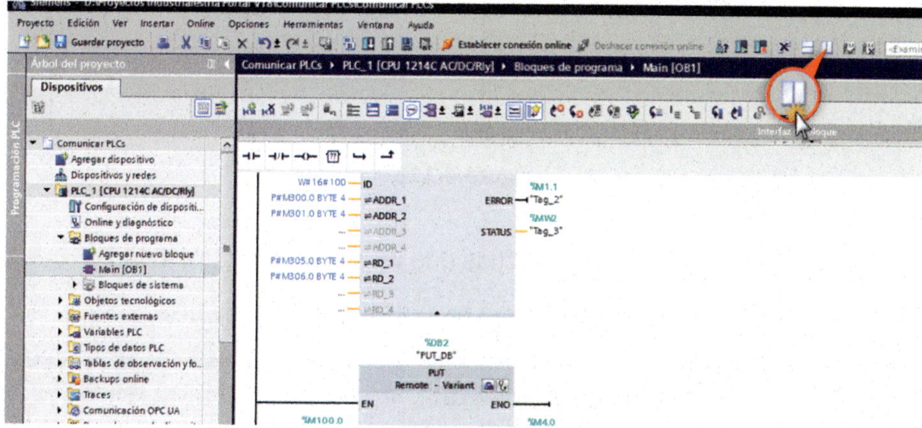

Figura 4.110

Si aparece la ventana «Dispositivos y redes», pulsaremos sobre la «X» para cerrarla.

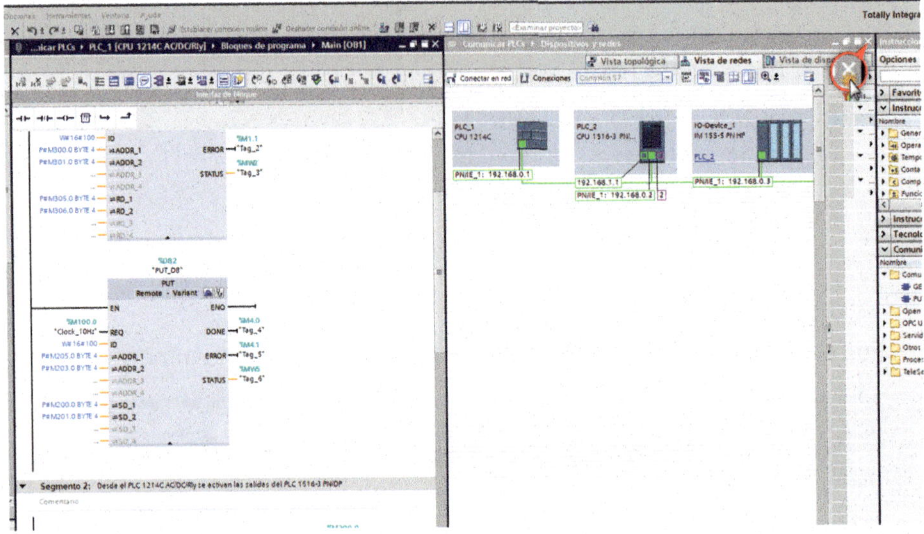

Figura 4.111

Ahora pulsaremos sobre las flechas que vemos en la Figura 4.112 - para contraer las ventanas «Árbol del proyecto» e «Instrucciones».

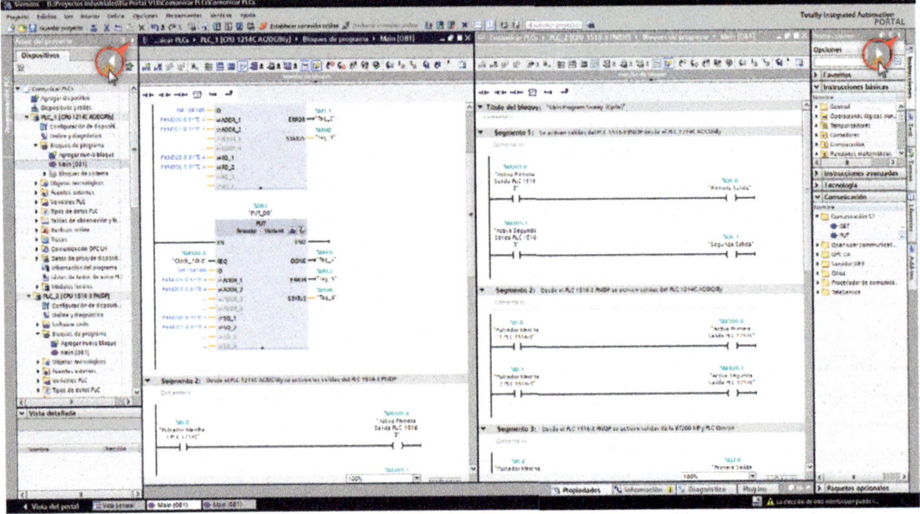

Figura 4.112

Anteriormente, ya hemos visto cómo iniciar la simulación.

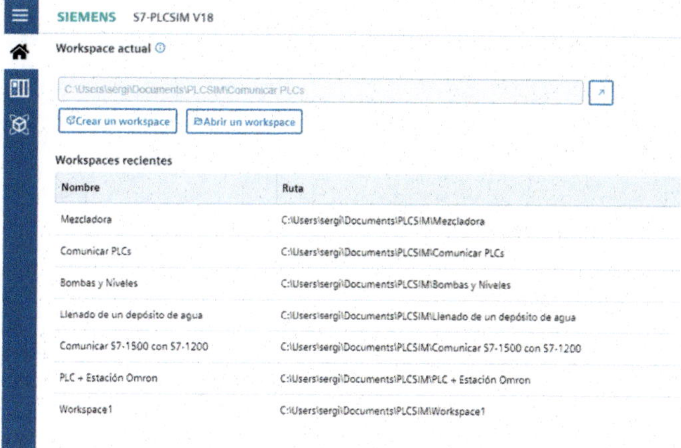

Figura 4.113

1 PLC_1 S7-1200 [CPU 1214C AC/DC/Rly].

SimTable_2

PLC_1 [S7_1200]

Nombre	Dirección	Formato de visualización	Observar/forzar estado	Comentario
Pulsador Marcha 1 PL...	I0.0	Bool	false	
Pulsador Marcha 2 PL...	I0.1	Bool	false	
Pulsador Marcha 3 PL...	I0.2	Bool	false	
Pulsador Marcha 4 PL...	I0.3	Bool	false	
Primera Salida	Q0.0	Bool	false	
Segunda Salida	Q0.1	Bool	false	
Tercera Salida	Q0.2	Bool	false	
Cuarta Salida	Q0.3	Bool	false	

Figura 4.114

(2) PLC_2 S7-1500 [CPU 1516-3 PN/DP].

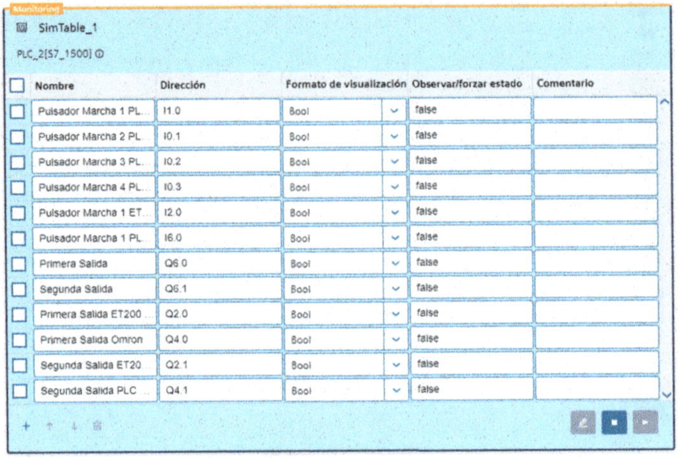

Monitoring
SimTable_1
PLC_2[S7_1500]

Nombre	Dirección	Formato de visualización	Observar/forzar estado	Comentario
Pulsador Marcha 1 PL...	I1.0	Bool	false	
Pulsador Marcha 2 PL...	I0.1	Bool	false	
Pulsador Marcha 3 PL...	I0.2	Bool	false	
Pulsador Marcha 4 PL...	I0.3	Bool	false	
Pulsador Marcha 1 ET...	I2.0	Bool	false	
Pulsador Marcha 1 PL...	I6.0	Bool	false	
Primera Salida	Q6.0	Bool	false	
Segunda Salida	Q6.1	Bool	false	
Primera Salida ET200 ...	Q2.0	Bool	false	
Primera Salida Omron	Q4.0	Bool	false	
Segunda Salida ET20...	Q2.1	Bool	false	
Segunda Salida PLC ...	Q4.1	Bool	false	

Figura 4.115

Iremos cambiando las condiciones de 0 a 1 en los pulsadores del PLC_1 y del PLC_2, e iremos viendo cómo se van activando las salidas según nos informa el comentario de cada segmento.

Si diera la casualidad de que una entrada no dejara cambiar su condición desde PLCSim, podría deberse a un fallo puntual del simulador. En ese caso, podemos hacer un forzado permanente a esa entrada.

CAPÍTULO 5
EJERCICIO PRÁCTICO GUIADO DE PROFINET Y PROFIBUS

5.1. Detección de cajas pequeñas y cajas grandes, comunicando CPU 1516-3 PN/DP, dos periferias descentralizadas ET200S, una periferia descentralizada ET200M y una pantalla SIMATIC Comfort Panel TP700 Comfort

Vamos a abrir el programa TIA Portal 

.

Pulsaremos con el ratón sobre la opción «Crear proyecto».

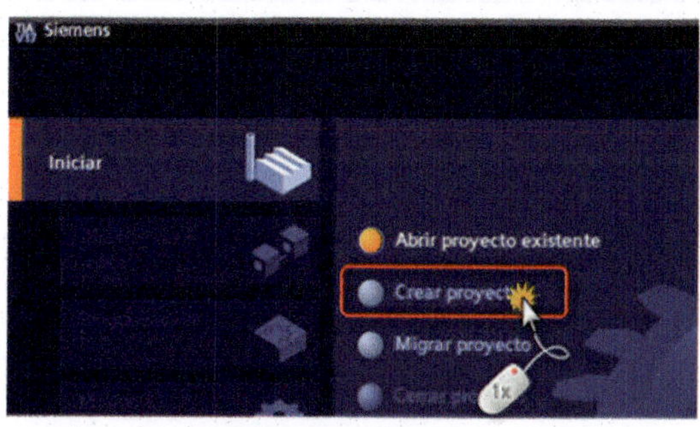

Figura 5.1

En «Nombre del proyecto», escribiremos «Comunicar Profinet y Profibus» y pulsaremos sobre el botón Crear.

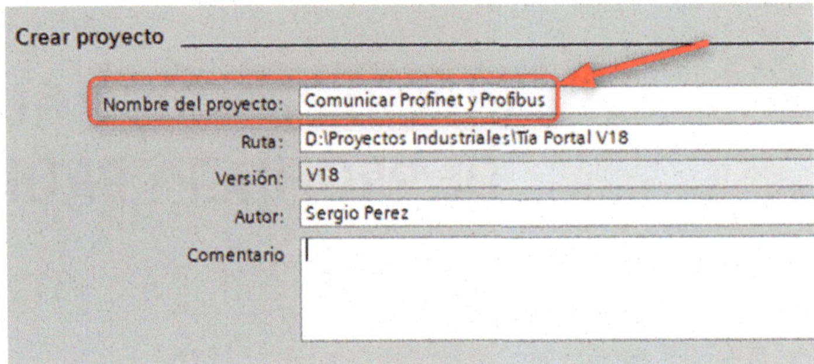

Figura 5.2

En esta ventana, pulsaremos sobre la opción «Vista del proyecto», en la parte inferior izquierda de la ventana del TIA Portal.

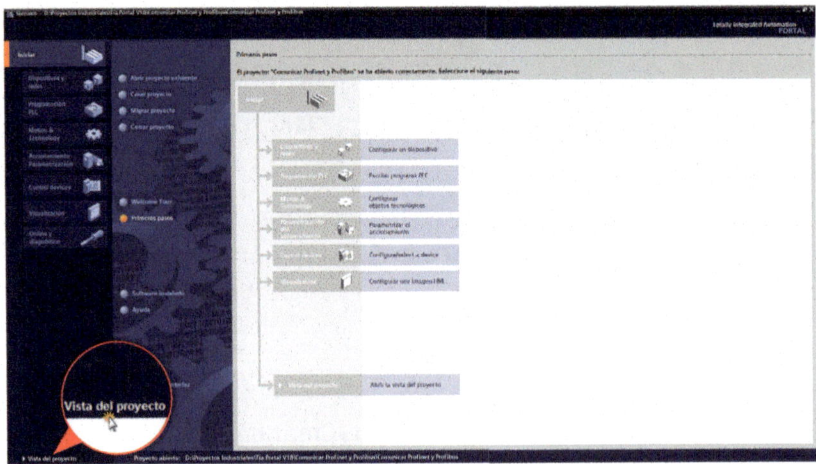

Figura 5.3

Ahora configuraremos el hardware. En la ventana «Árbol del proyecto», haremos doble clic con el ratón sobre «Dispositivos y redes».

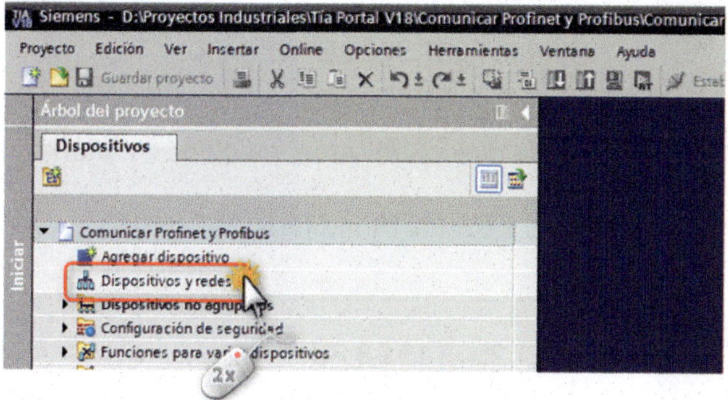

Figura 5.4

Ya sabemos cómo añadir la CPU y sus módulos de entradas y salidas, así como las periferias descentralizadas con sus módulos. Por tanto, vamos a configurar el hardware.

(1) PLC - CPU 1516-3 PN/DP (Añadimos 1).

CPU 1516-3 PN/DP.

Ref. 6ES7 516-3AN01-0AB0/V2.8.

Fuente de alimentación - PM 190W 120/230VAC.

Ref. 6EP1333-4BA00.

Módulo de entradas digitales (DI) - DI 16X24VDC HF.

Ref. 6ES7 521-1BH00-0AB00.

Módulo de salidas digitales (DO) - DQ 16X24VDC/0.5A HF.

Ref. 6ES7 522-1BH01-0AB0.

2 Carpeta (Periferia descentralizada, módulos de interfaz, PROFINET).

PLC - ET 200S 151-3 PN (Añadimos 2).

ET 200S 151-3 PN.

Ref. 6ES7 151-3AA22-0AB0.

Fuente de alimentación - PM-E 24V DC.

Ref. 6ES7 138-4CA01-0AA0.

Módulo de entradas digitales (DI) - 8DI X 24V DC.

Ref. 6ES7 131-4BF00-0AA0.

Módulo de salidas digitales (DO) - 4DO X 24V DC/ 0.5A ST.

Ref. 6ES7 132-4BD02-0AA0.

3 Carpeta (Periferia descentralizada, módulos de interfaz, PROFIBUS).

PLC - ET 200M IM 153-1 (Añadimos 1).

ET 200M 153-1.

Ref. 6ES7 153-1AA03-0XB0.

Fuente de alimentación - PS 307 5A.

Ref. 6ES7 307-1EA00-0AA0.

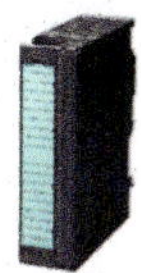

Módulo de entradas digitales (DI) - 16 X 24VDC.

Ref. 6ES7 321-1BH02-0AA0.

Módulo de salidas digitales (DO) - 8 X 24VDC/0.5A.

Ref. 6ES7 322-8BF00-0AB0.

Una vez añadido el hardware, vamos a renombrar.

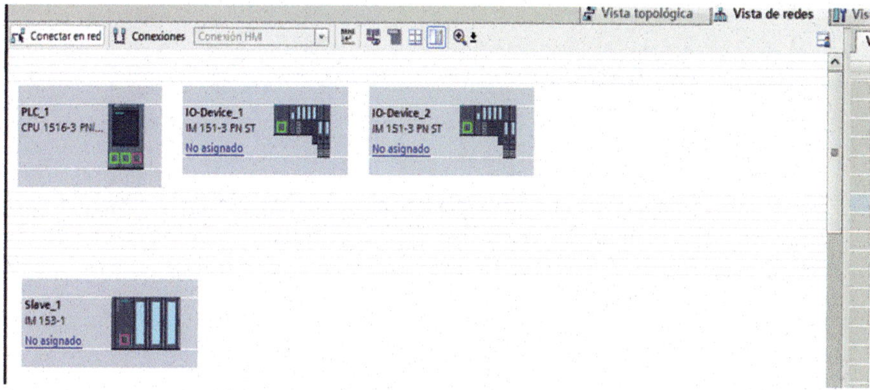

Figura 5.5

Nos quedará tal como vemos en la Figura 5.6. Ahora nos centraremos en las conexiones.

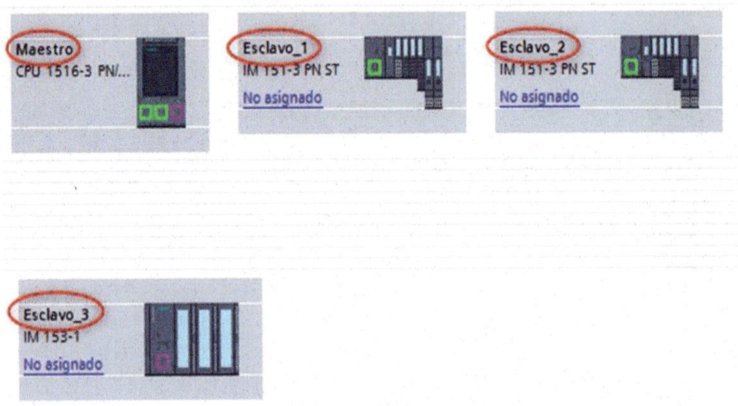

Figura 5.6

Uniremos el puerto de la CPU Maestro al puerto del Esclavo_1.

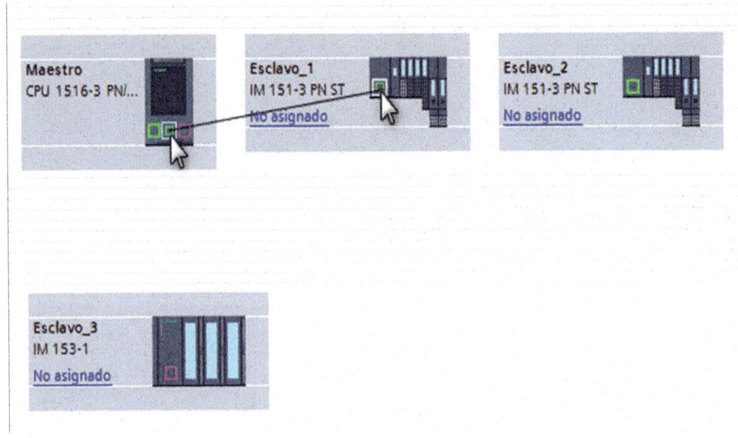

Figura 5.7

Ahora, uniremos el puerto de la CPU Maestro al puerto del Esclavo_2.

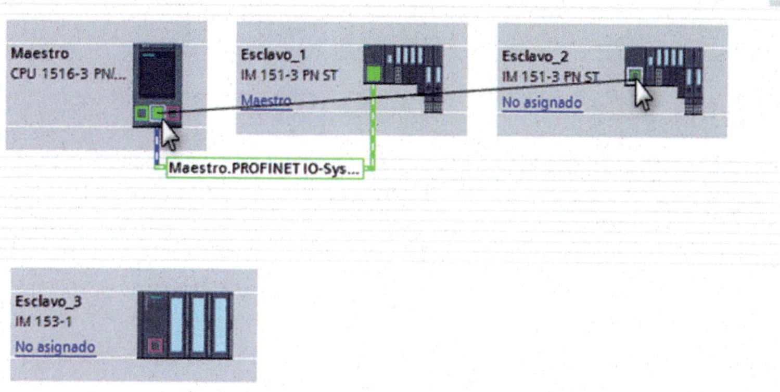

Figura 5.8

Y el puerto de Profibus de la CPU Maestro al puerto del Esclavo_3.

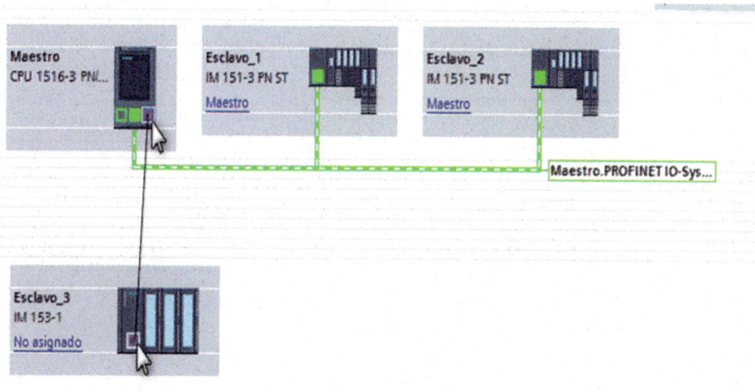

Figura 5.9

Pulsaremos sobre el icono «Mostrar direcciones».

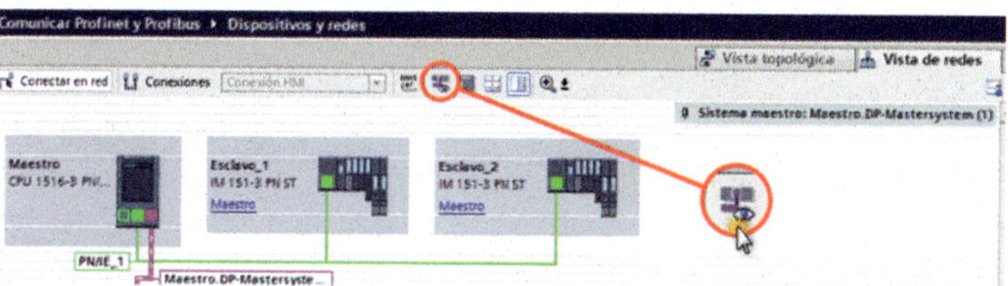

Figura 5.10

Nos quedará tal como vemos en la Figura 5.11.

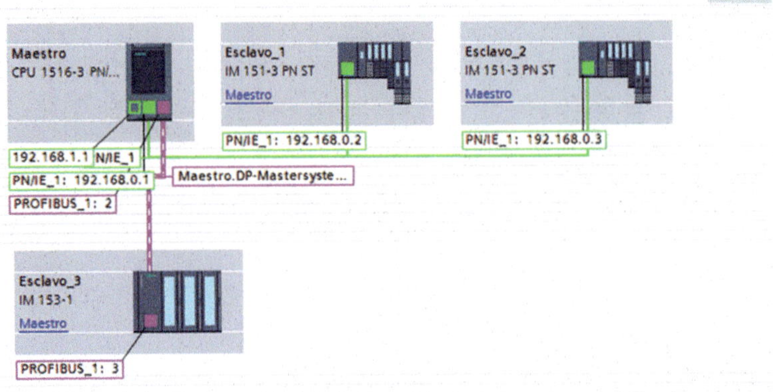

Figura 5.11

A continuación, haremos una programación sencilla, para ver cómo se comunican entre ellos y su funcionalidad.

Tabla de Nemónicos (Maestro)

Entradas	
Dirección	Nombre
I0.0	Pulsador Marcha S7-1500
I0.1	Pulsador Paro S7-1500

Salidas	
Dirección	Nombre
Q0.0	Cinta_3 Caja Pequeña Maestro

Figura 5.12

Tabla de Nemónicos (Esclavo_1)

Entradas	
Dirección	Nombre
I2.0	Sensor_3 Esclavo_1

Salidas	
Dirección	Nombre
Q1.0	Cinta_1 Esclavo_1

Figura 5.13

Tabla de Nemónicos (Esclavo_2)	

Entradas	
Dirección	Nombre
I3.0	Sensor_2 Esclavo_2

Salidas	
Dirección	Nombre
Q2.0	Cinta_2 Esclavo_2

Figura 5.14

Tabla de Nemónicos (Esclavo_3)	

Entradas	
Dirección	Nombre
I4.0	Sensor_1 Esclavo_3

Salidas	
Dirección	Nombre
Q3.0	Cinta_3 Caja Grande Esclavo_3

Figura 5.15

Tabla de Nemónicos (Pantalla)	

Entradas	
Dirección	Nombre
M0.0	Reset Cajas Grandes
M0.1	Reset Cajas Pequeñas

Figura 5.16

Tabla de Nemónicos (Marcas)	

Entradas	
Dirección	Nombre
MD100	Tag_1
MD101	Tag_2
MD102	Tag_3

Figura 5.17

Iremos a la ventana «Árbol del proyecto» y haremos doble clic con el ratón sobre la carpeta «Maestro».

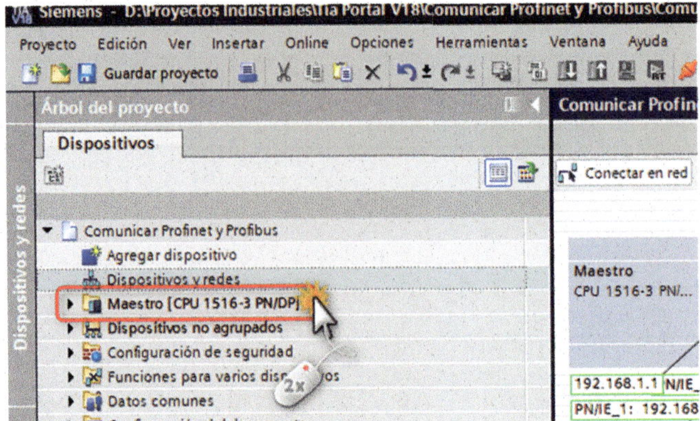

Figura 5.18

Haremos doble clic sobre la carpeta «Variables PLC» y, seguidamente, doble clic sobre «Tabla de variables estándar».

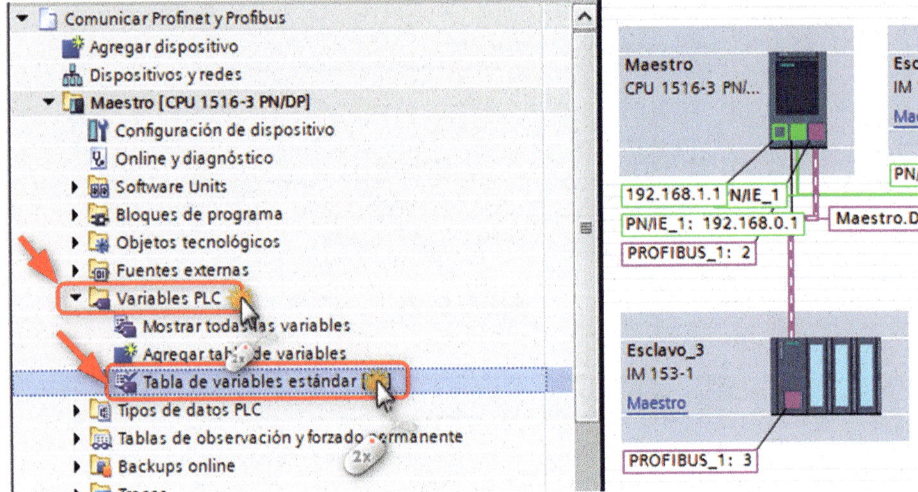

Figura 5.19

Ahora, introduciremos todas las variables de las tablas de nemónicos a la tabla de variables.

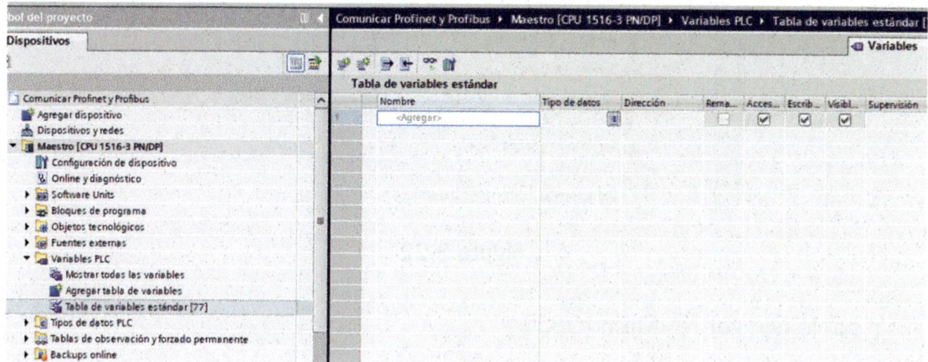

Figura 5.20

Nos quedará tal como vemos en la Figura 5.21. Debemos fijarnos también en el tipo de datos.

Tabla de variables estándar

	Nombre	Tipo de datos	Dirección	Rema...	Acces...	Escrib...	Visibl...	Sup
1	Pulsador Marcha S7-1500	Bool	%I0.0	☐	☑	☑	☑	
2	Pulsador Paro S7-1500	Bool	%I0.1	☐	☑	☑	☑	
3	Sensor_3_Esclavo_1	Bool	%I2.0	☐	☑	☑	☑	
4	Sensor_2_Esclavo_2	Bool	%I3.0	☐	☑	☑	☑	
5	Sensor_1_Esclavo_3	Bool	%I4.0	☐	☑	☑	☑	
6	Cinta_3_Caja Pequeña Maestro	Bool	%Q0.0	☐	☑	☑	☑	
7	Cinta_1 Esclavo_1	Bool	%Q1.0	☐	☑	☑	☑	
8	Cinta_2 Esclavo_2	Bool	%Q2.0	☐	☑	☑	☑	
9	Cinta_3 Caja Grande Esclavo_3	Bool	%Q3.0	☐	☑	☑	☑	
10	Reset Cajas Grandes	Bool	%M0.0	☐	☑	☑	☑	
11	Reset Cajas Pequeñas	Bool	%M0.1	☐	☑	☑	☑	
12	Tag_1	Time	%MD100	☐	☑	☑	☑	
13	Tag_2	DWord	%MD102	☐	☑	☑	☑	
14	Tag_3	DWord	%MD101	☐	☑	☑	☑	
15	<Agregar>			☐	☑	☑	☑	

Figura 5.21

Ahora haremos doble clic sobre la carpeta «Bloques de programa».

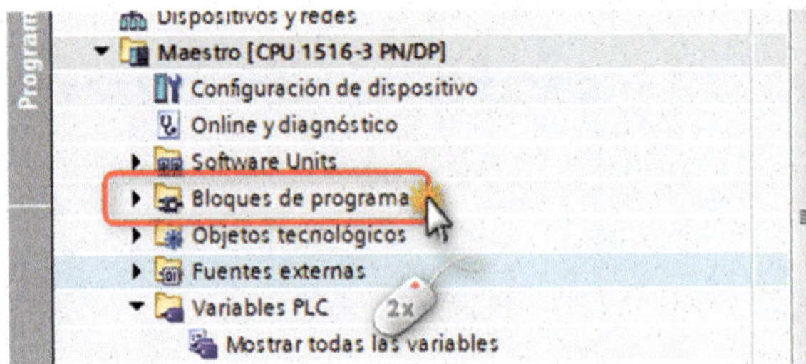

Figura 5.22

Y doble clic sobre «Main [OB1]».

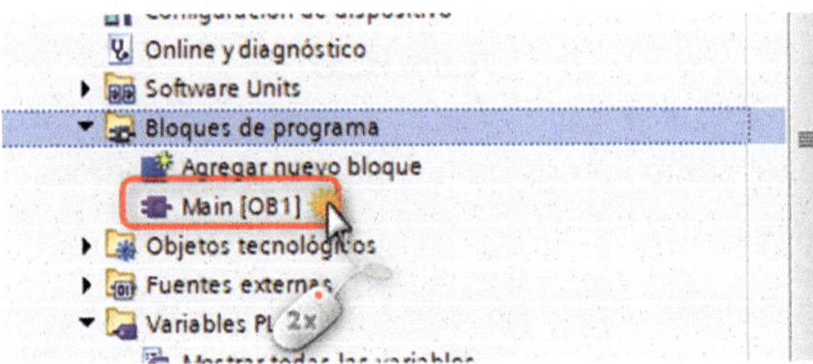

Figura 5.23

A continuación, haremos la siguiente programación.

En el segmento 1, hay que cambiar la asignación a un SET. Simplemente, pulsamos sobre la asignación y veremos que, en la esquina superior derecha, tenemos un pequeño triangulo de color naranja; ponemos el puntero encima.

Figura 5.24

Veremos que se habilita una flecha desplegable; pulsaremos sobre ella.

%Q1.0
"Cinta_1 Esclavo_
1"
-( )-

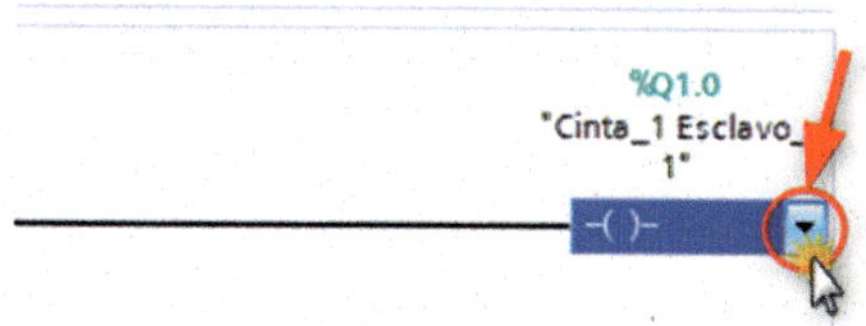

Figura 5.25

En el desplegable que aparece, seleccionaremos la opción «S» (que será el SET). Podemos ver otras opciones, como RESET «R».

%Q1.0
"Cinta_1 Esclavo_
1"
-( )-
-(/)-
R
S
RESET_BF
-(P)-
-(N)-
-(PT)-
-[RT]-
SC
CU

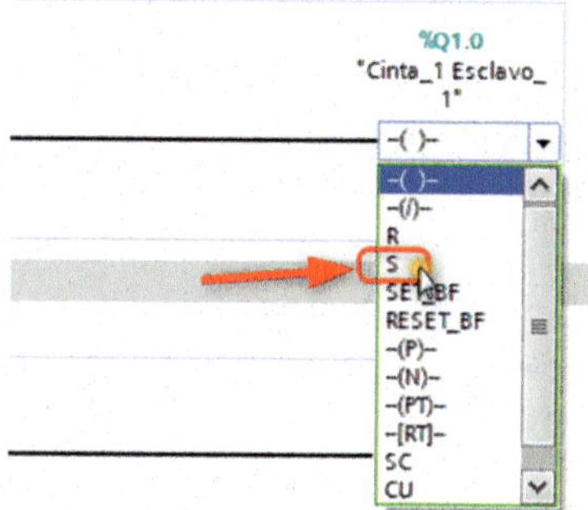

Figura 5.26

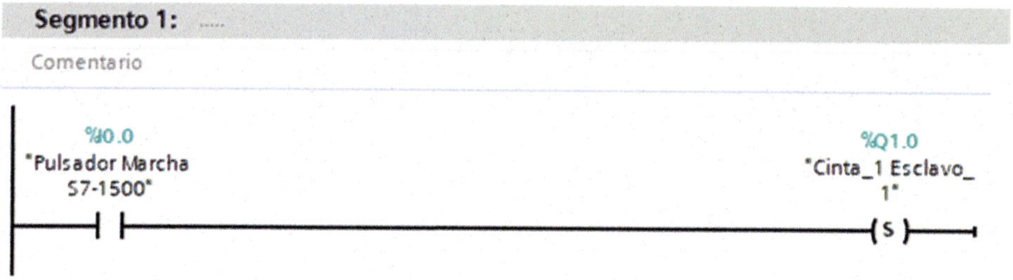

Segmento 1:
Comentario
%I0.0
"Pulsador Marcha
S7-1500"
%Q1.0
"Cinta_1 Esclavo_
1"
S

Figura 5.27

Segmento 2:
Comentario
%I4.0
"Sensor_1_
Esclavo_3"
%Q2.0
"Cinta_2 Esclavo_
2"
S

Figura 5.28

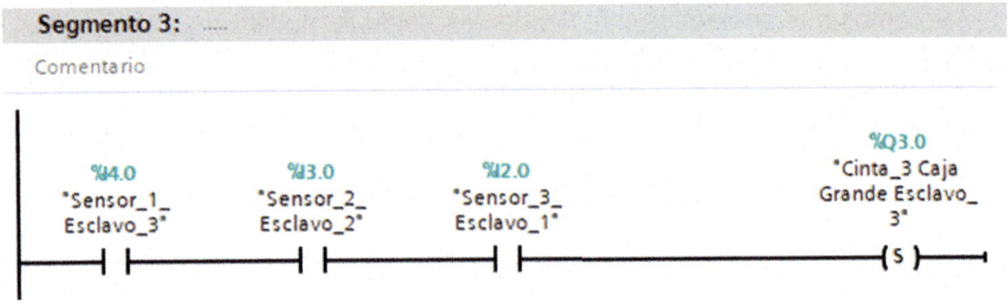

Segmento 3: .....
Comentario
%I4.0
"Sensor_1_
Esclavo_3"
%I3.0
"Sensor_2_
Esclavo_2"
%I2.0
"Sensor_3_
Esclavo_1"
%Q3.0
"Cinta_3 Caja
Grande Esclavo_
3"
S

Figura 5.29

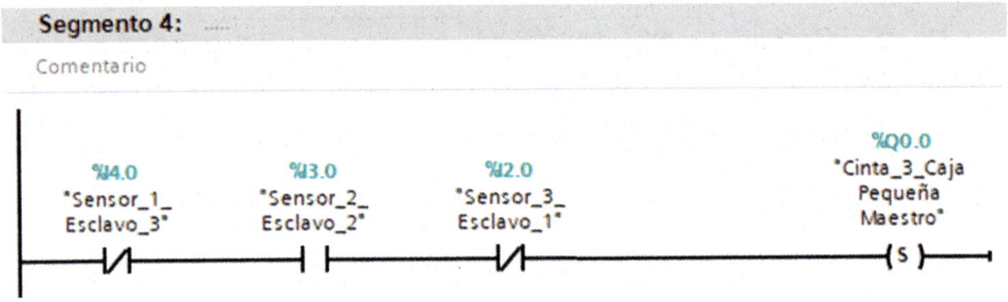

Segmento 4: .....
Comentario
%I4.0
"Sensor_1_
Esclavo_3"
%I3.0
"Sensor_2_
Esclavo_2"
%I2.0
"Sensor_3_
Esclavo_1"
%Q0.0
"Cinta_3_Caja
Pequeña
Maestro"
S

Figura 5.30

Segmento 5: .....
Comentario
%I4.0
"Sensor_1_
Esclavo_3"
%I3.0
"Sensor_2_
Esclavo_2"
%I2.0
"Sensor_3_
Esclavo_1"
%Q2.0
"Cinta_2 Esclavo_
2"
S

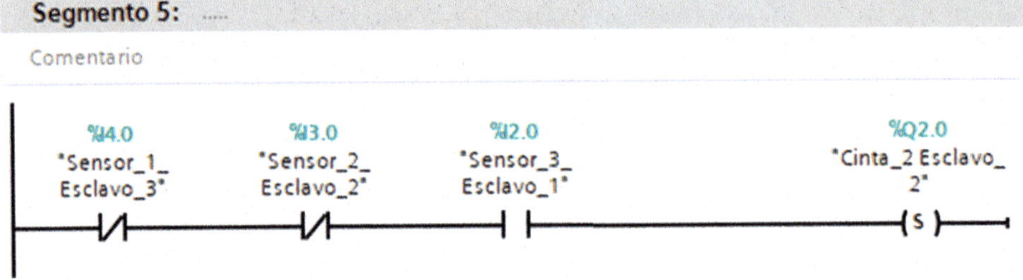

Figura 5.31

Iremos a la ventana «Instrucciones» y, en la categoría «Instrucciones básicas», desplegaremos el contenido de la carpeta «Temporizadores». Arrastraremos la instrucción TON a la línea del segmento 6, entre el contacto NO «Q3.0» y la asignación «Q3.0».

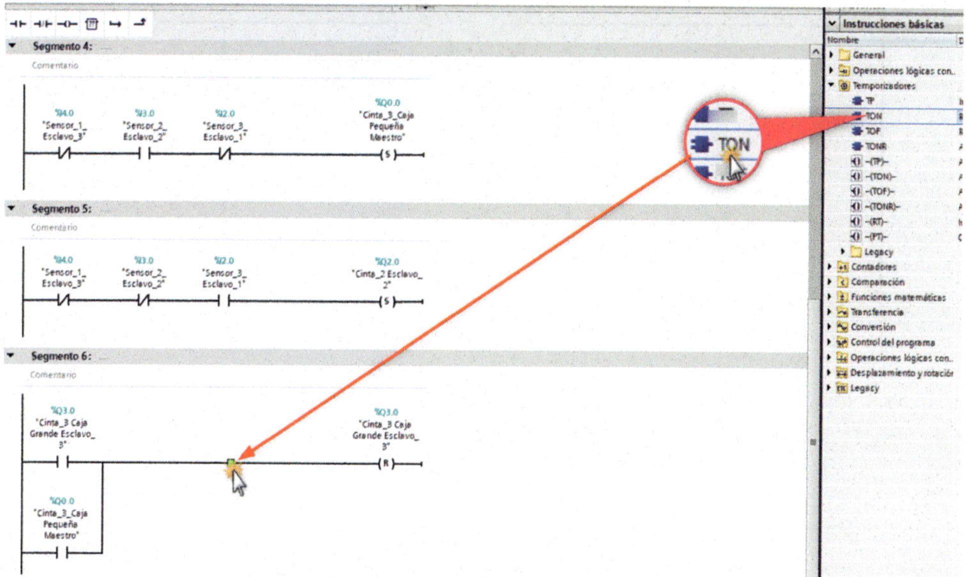

Figura 5.32

En la ventana que se nos abre, pulsaremos sobre el botón «Aceptar».

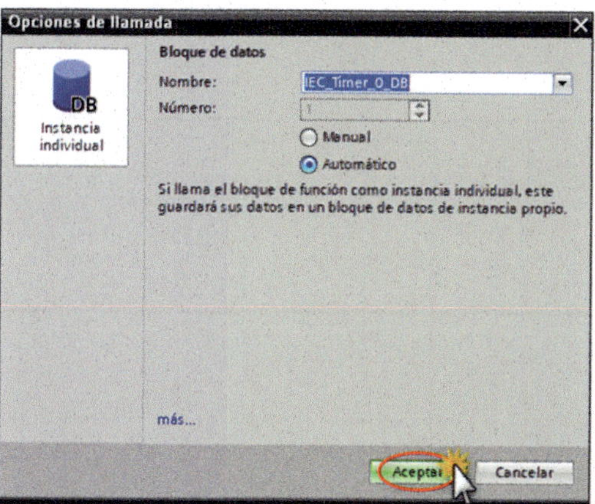

Figura 5.33

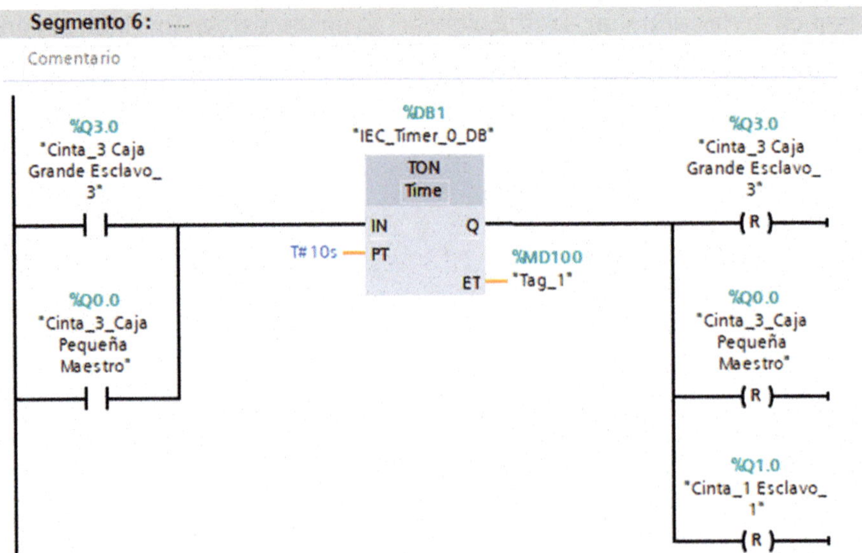

Figura 5.34

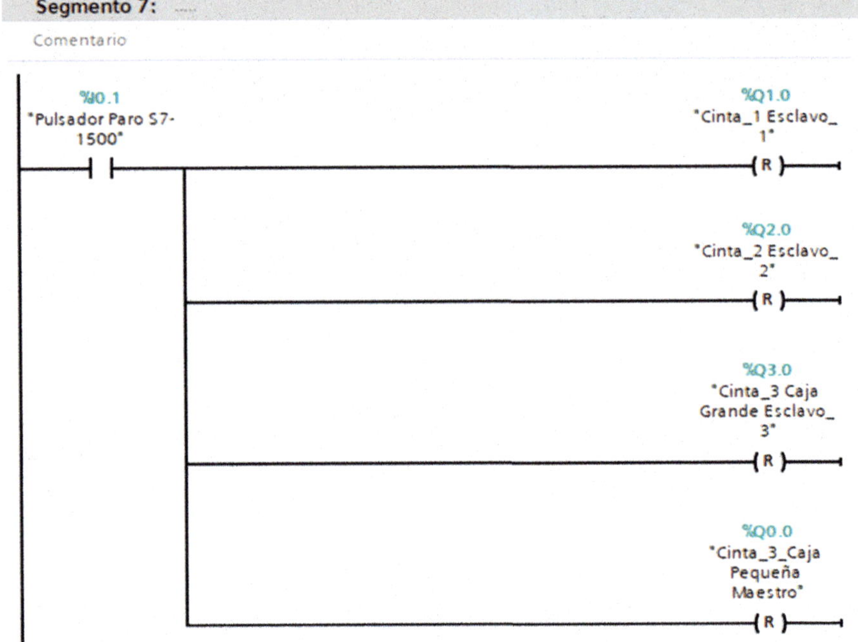

Figura 5.35

El «CTU» es un contador ascendente, que está dentro de la carpeta «Contadores» en las instrucciones básicas.

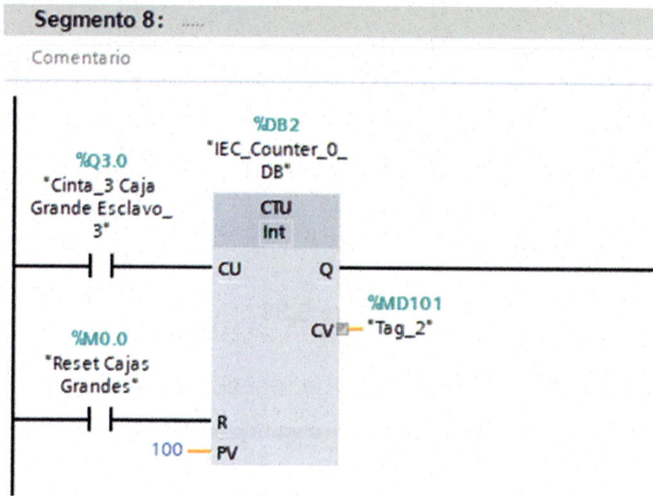

Figura 5.36

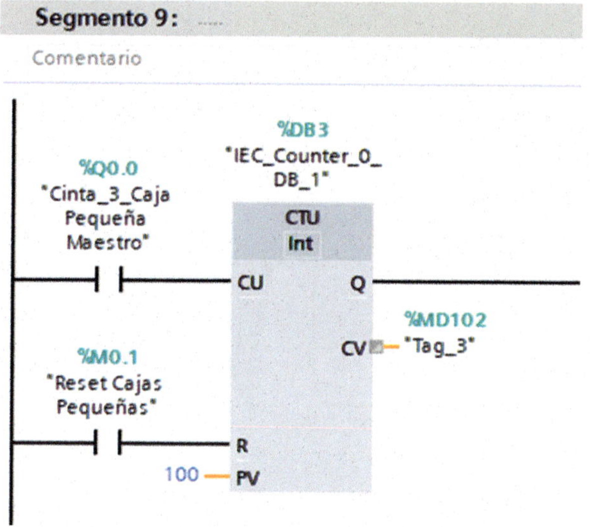

Figura 5.37

Iremos a la ventana «Árbol del proyecto» y haremos doble clic sobre «Dispositivos y redes».

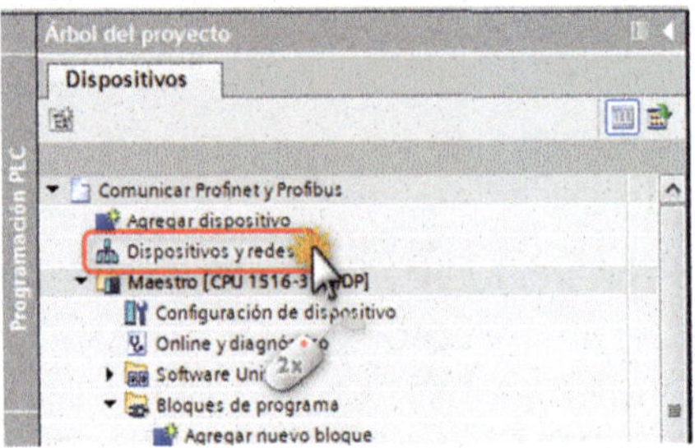

Figura 5.38

Ya estaremos en la ventana «Vista de redes».

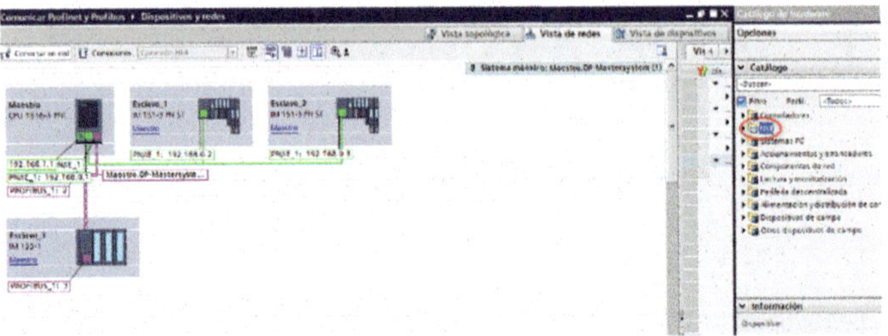

Figura 5.39

④ Pantalla HMI

TP700Comfort, 7".

Ref. 6AV2 124-0GC01-0AX0.

Iremos a la ventana «Catálogo de hardware», y añadiremos una pantalla. Para ello, desplegaremos el contenido de la carpeta «HMI» y, después, haremos lo mismo en la carpeta «SIMATIC Comfort Panel». Luego, seguiremos desplegando la carpeta «Pantalla de 7"» y la carpeta «TP700 Comfort», y haremos doble clic sobre la referencia «6AV2 124-0GC01-0AX0».

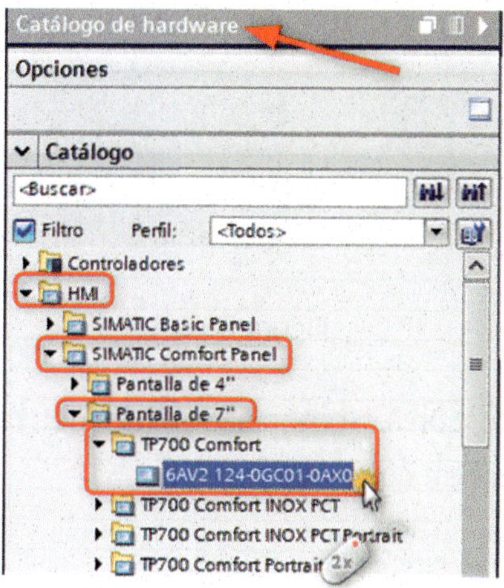

Figura 5.40

Ahora, uniremos el puerto de Profinet que nos queda libre de la «CPU Maestro» al puerto de Profinet de la pantalla «HMI».

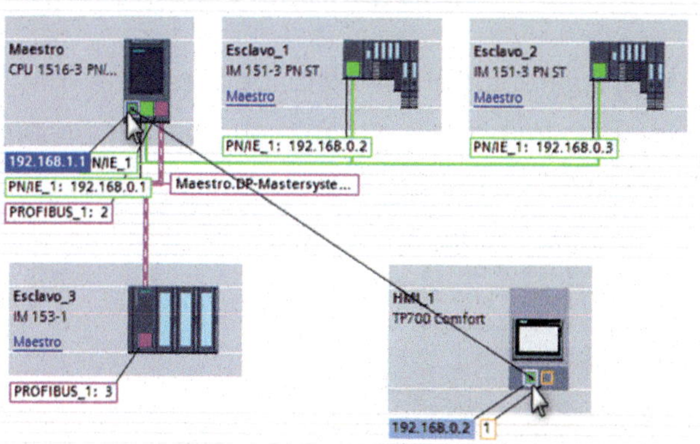

Figura 5.41

Nos quedará tal como podemos ver en la Figura 5.42.

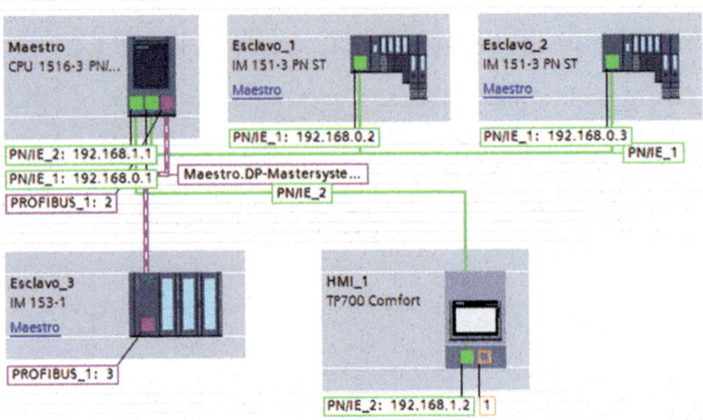

Figura 5.42

Haremos doble clic con el botón izquierdo del ratón sobre la carpeta «Maestro» para contraer su contenido.

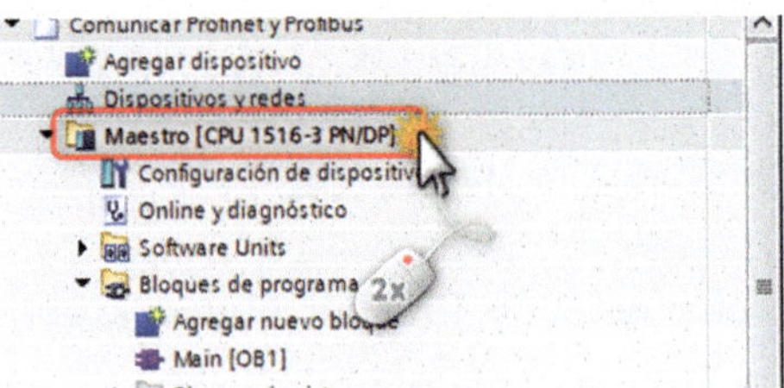

Figura 5.43

A continuación, desplegaremos el contenido de la carpeta «HMI_1 [TP700 Comfort]» y de la carpeta «Imágenes», y haremos doble clic sobre «Agregar imagen».

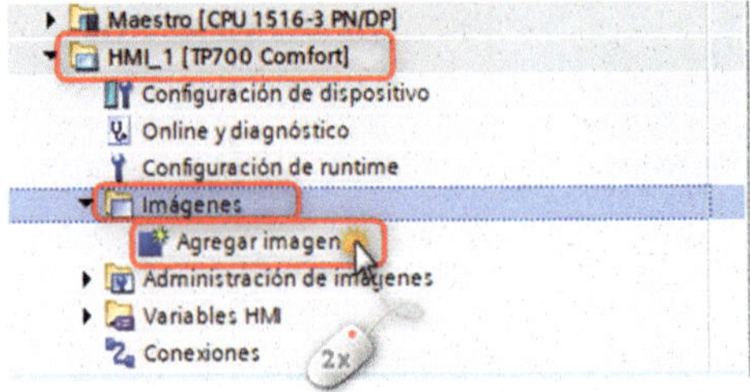

Figura 5.44

Nos aparecerá la pantalla HMI. Ahora crearemos una pantalla fácil y sencilla, para ver la comunicación y el proceso.

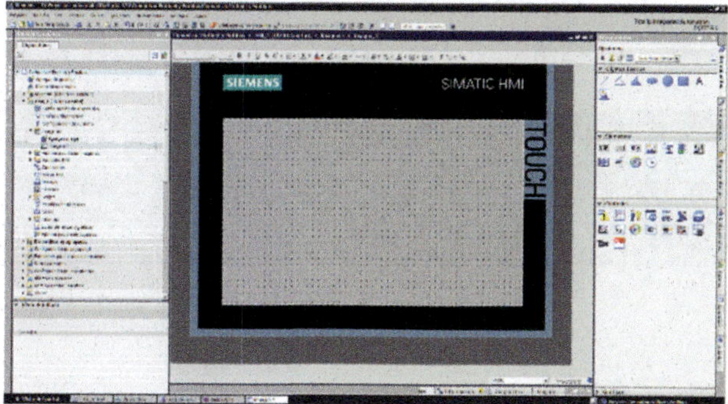

Figura 5.45

En la categoría «Objetos básicos», arrastraremos el rectángulo hasta la pantalla HMI, tal como vemos en la Figura 5.46.

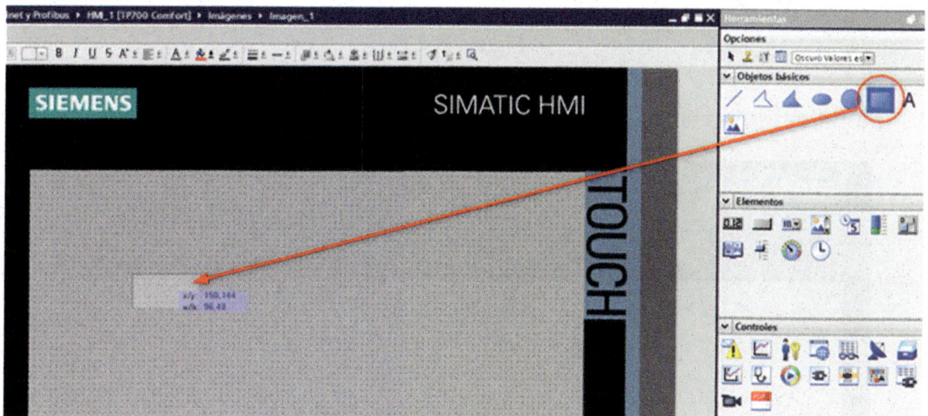

Figura 5.46

Veremos que el objeto, cuando lo añadimos, tiene unos cuadritos pequeños, tal como vemos en la Figura 5.47. Si ponemos el puntero del ratón sobre alguno de ellos, hacemos un clic con el botón izquierdo del ratón y no lo soltamos, podemos cambiar el tamaño del objeto.

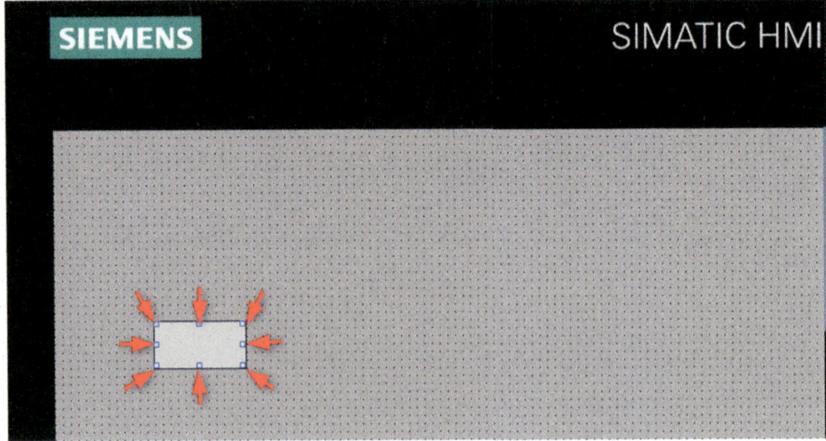

Figura 5.47

Modificaremos su tamaño para que quede como en la Figura 5.48.

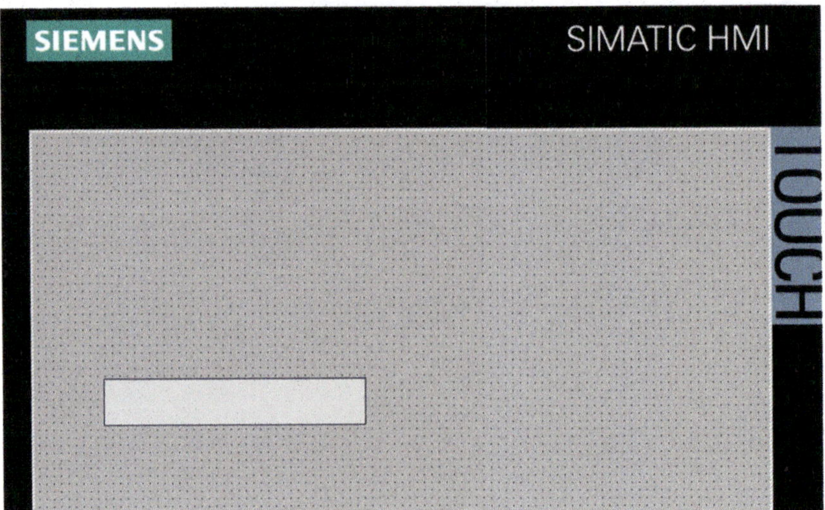

Figura 5.48

Ahora, pulsaremos sobre el rectángulo para que quede seleccionado y, seguidamente, pulsaremos Ctrl + C. Lo que haremos será copiar el objeto. A continuación, pulsaremos Ctrl + V, lo cual duplicará el objeto y lo pegará en pantalla.

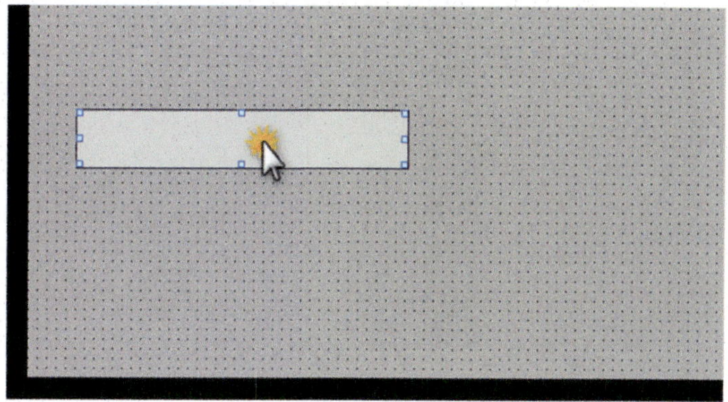

Figura 5.49

Veremos que nos aparece el mismo objeto encima del principal. Lo arrastraremos hacia la derecha para que nos quede al lado del objeto principal.

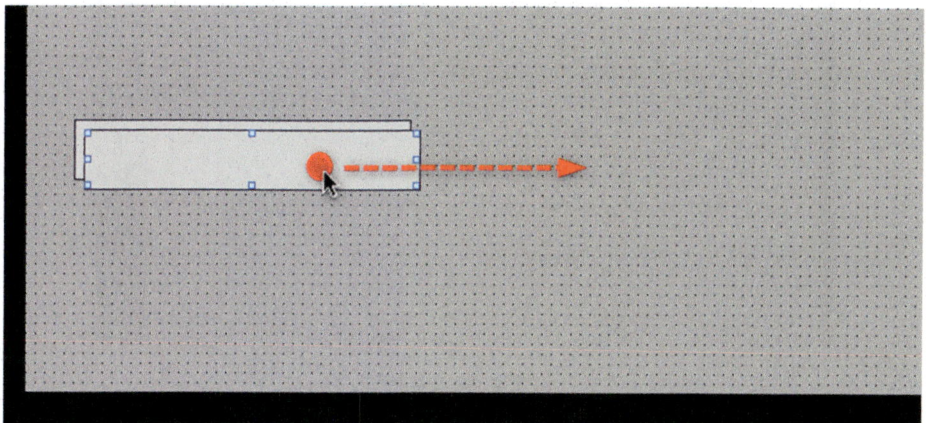

Figura 5.50

Añadiremos otro rectángulo.

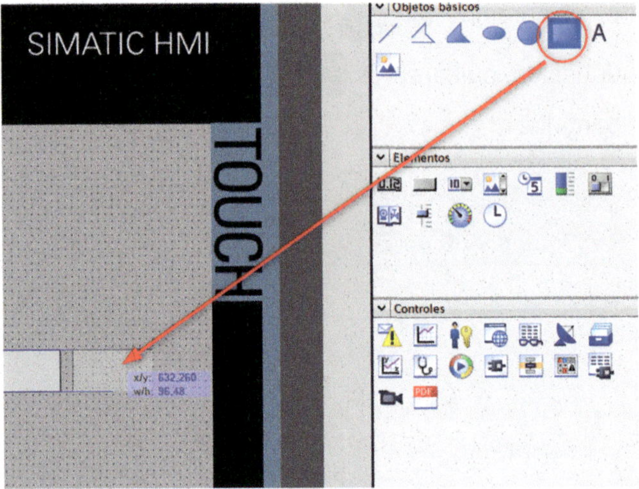

Figura 5.51

Cambiaremos el tamaño y la forma del rectángulo.

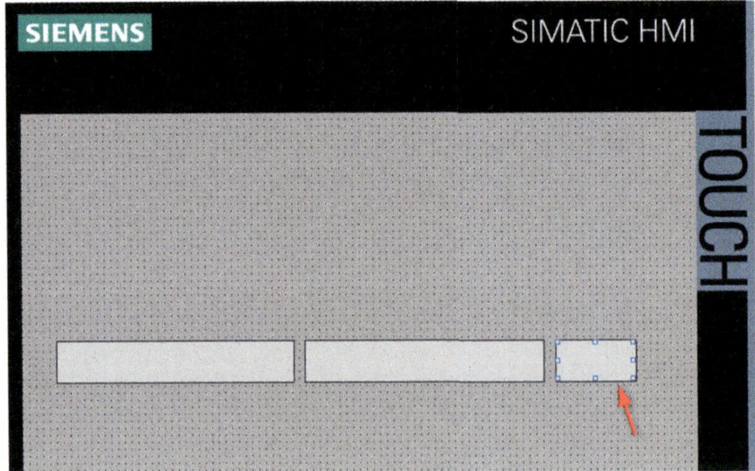

Figura 5.52

Tendrá que quedar más o menos como vemos en la Figura 5.53.

Figura 5.53

Arrastraremos el objeto «Campo de texto» y lo colocaremos debajo del primer objeto.

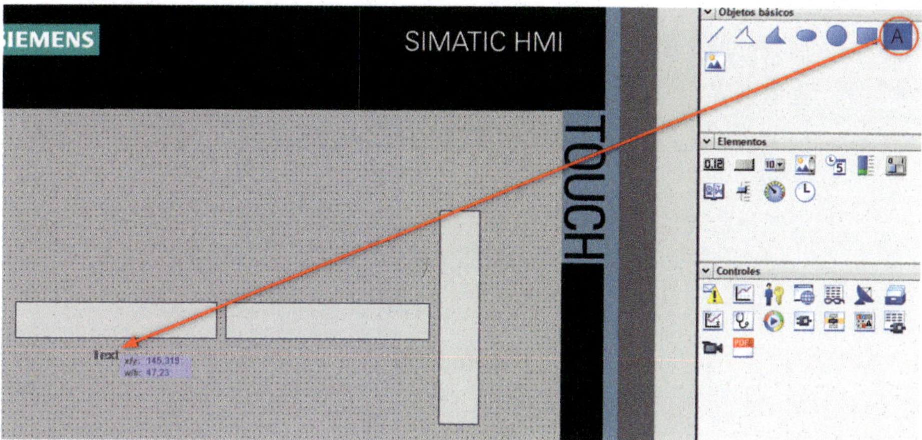

Figura 5.54

Al añadir el objeto «Text» y hacer doble clic sobre él, veremos que se pone de color azul; eso quiere decir que nos permite cambiar el nombre y poner el que queramos. Si desapareciera el color azul, simplemente hacemos doble clic con el ratón encima del objeto y volvería a ponerse azul para poder renombrar. Cambiaremos su nombre a «Cinta 1».

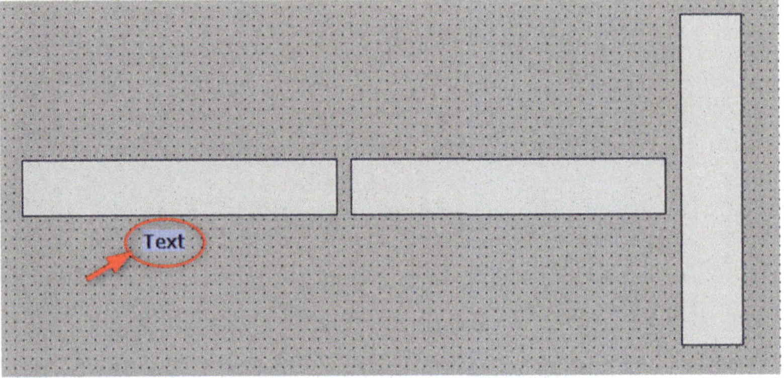

Figura 5.55

Ahora haremos lo mismo con los dos objetos que nos quedan. Al objeto que está en paralelo le vamos a poner el nombre «Cinta 2», y al objeto que está en vertical le pondremos el nombre «Cinta 3».

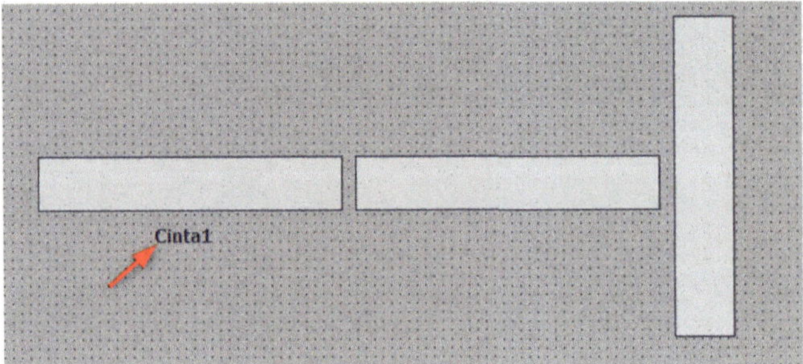

Figura 5.56

Ahora seleccionaremos el nombre «Cinta 3» y, seguidamente, pulsaremos sobre la flechita desplegable que hay al lado del icono «Girar objetos». En el desplegable que aparece, pulsaremos sobre el icono «Girar objeto hacia la izquierda».

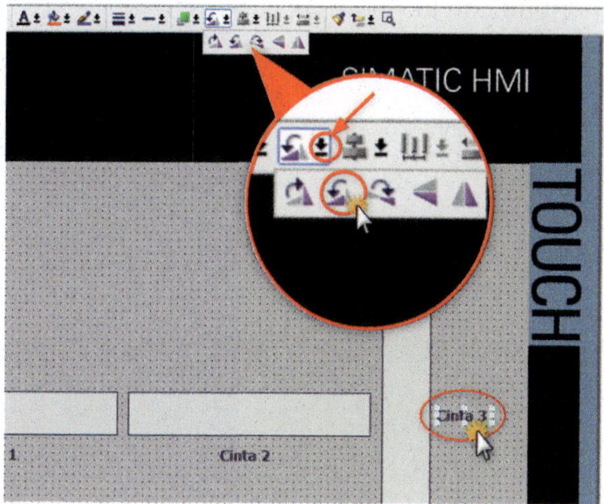

Figura 5.57

Añadiremos el objeto «Círculo» encima de la «Cinta 2»; añadiremos 3 círculos, uno al lado del otro.

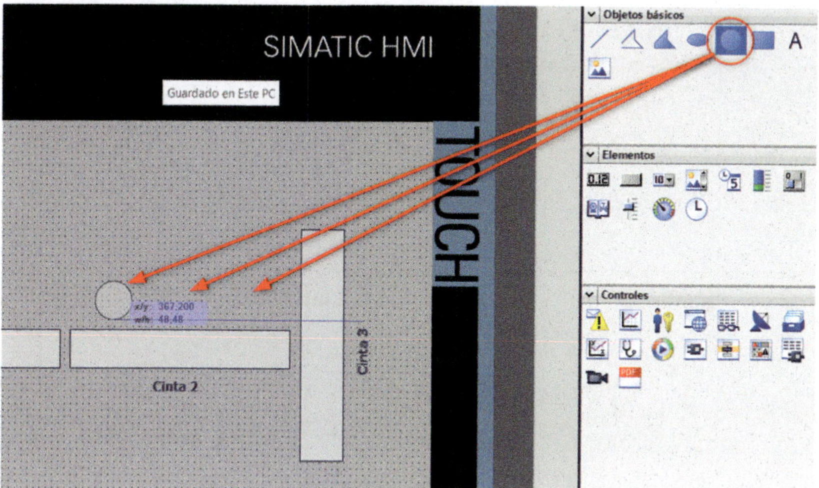

Figura 5.58

Tendrá que quedar como se ve en la Figura 5.59. Le pondremos texto a cada círculo y cambiaremos su sentido, tal como hemos hecho con anterioridad con la «Cinta 3». Tendrá que quedar como se ve en la Figura 5.59. Le pondremos texto a cada círculo y cambiaremos su sentido, tal como hemos hecho con anterioridad con la «Cinta 3».

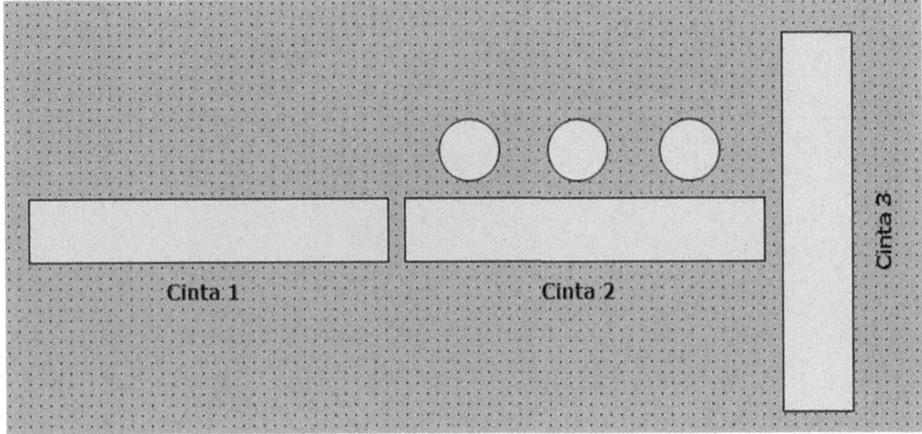

Figura 5.59

Nos quedará tal como vemos en la Figura 5.60.

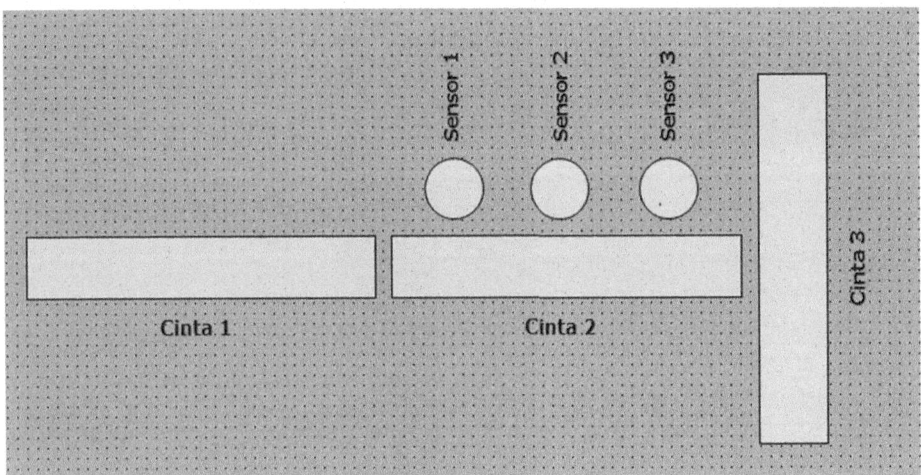

Figura 5.60

Añadiremos un «Círculo» dentro de la «Cinta 3», en la parte superior.

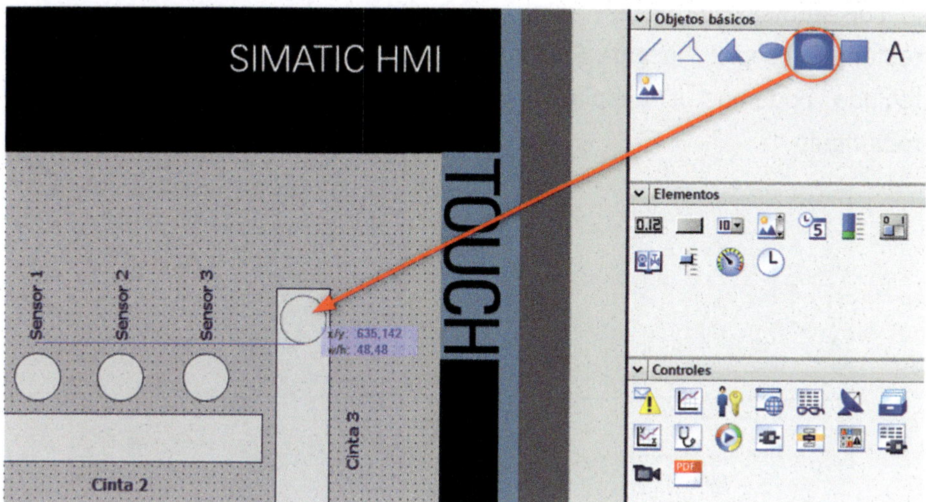

Figura 5.61

Ahora cambiaremos su tamaño.

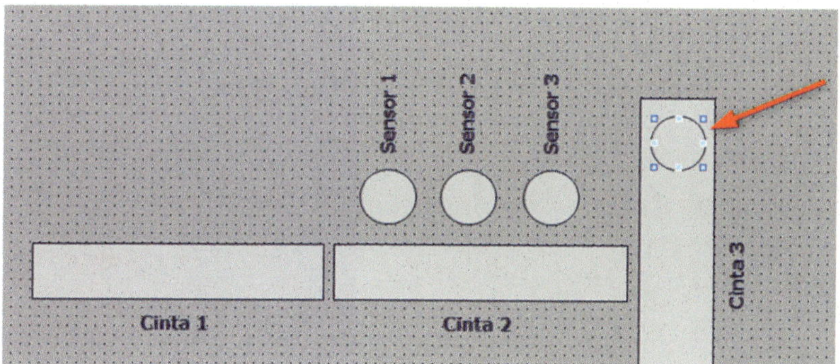

Figura 5.62

Tendrá que quedarnos más o menos como vemos en la Figura 5.63. Ahora lo copiaremos tres veces, igual que hemos hecho anteriormente con el rectángulo (copiar y pegar). Si lo tenemos seleccionado, con los cursores del teclado podemos ir desplazando el objeto para cuadrarlo dentro del rectángulo.

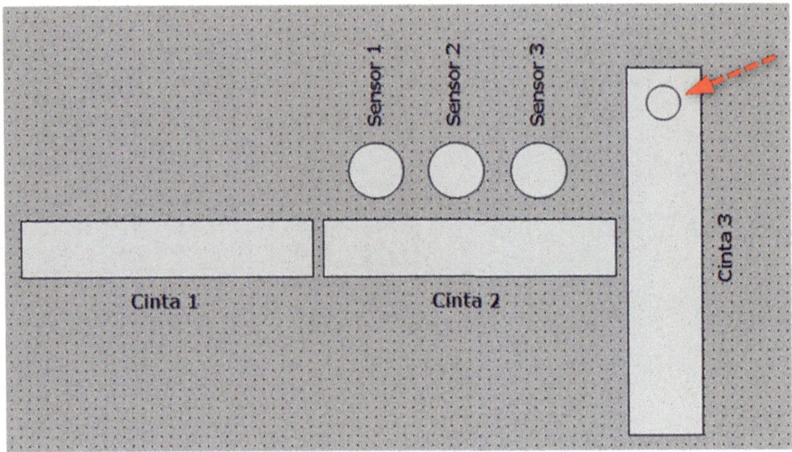

Figura 5.63

Tendrá que quedar tal como se ve en la Figura 5.64.

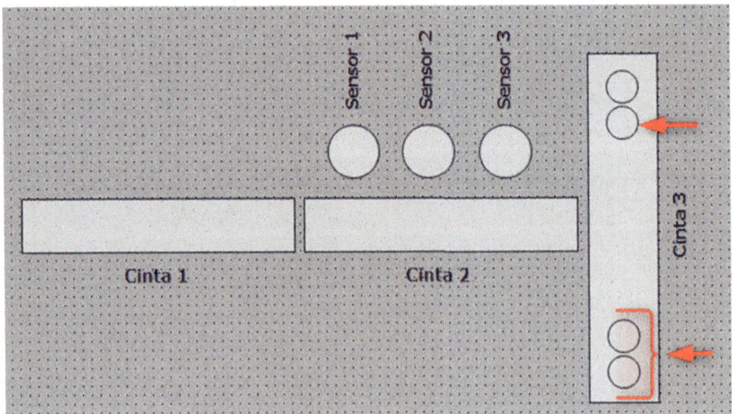

Figura 5.64

Ahora haremos doble clic sobre la «Cinta 1».

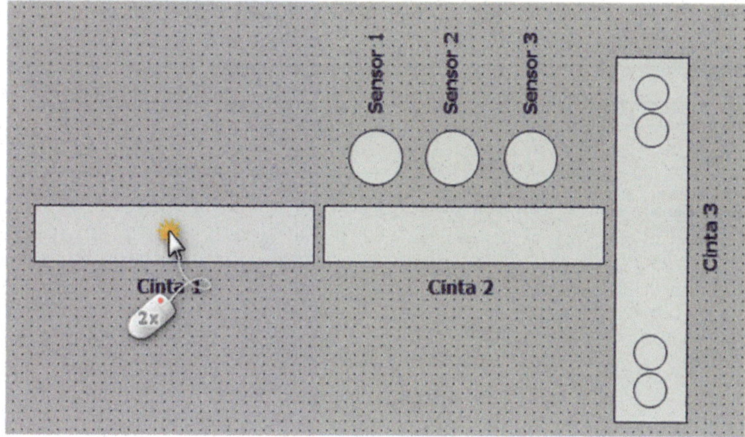

Figura 5.65

Se nos abrirá la pantalla dividida, y seleccionaremos la pestaña «Propiedades» (si no sale seleccionada por defecto). Seguidamente, pulsaremos sobre la pestaña «Animaciones».

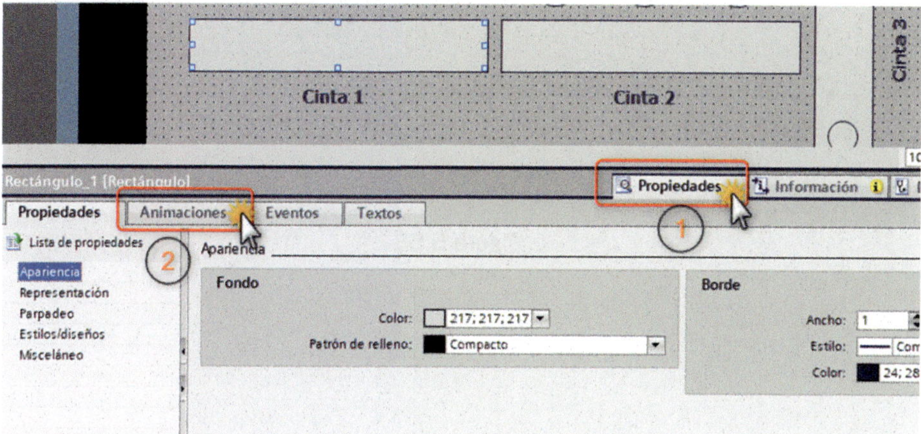

Figura 5.66

Ahora seleccionaremos la opción «Visualización» y, seguidamente, pulsaremos sobre el icono «Dinamizar colores y parpadeo».

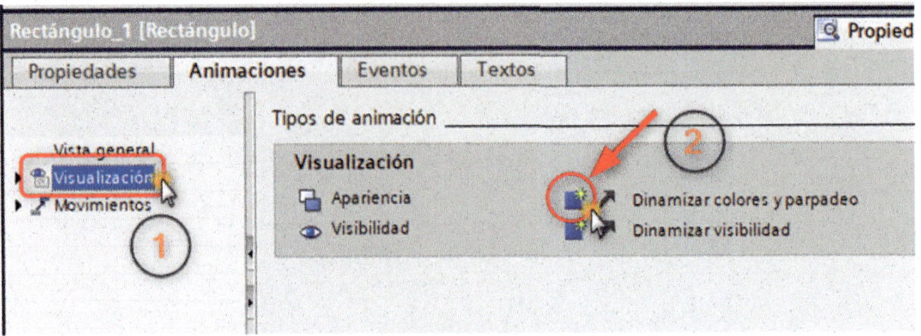

Figura 5.67

En esta ventana, pulsaremos sobre el icono que tiene tres puntos, que corresponde a la variable.

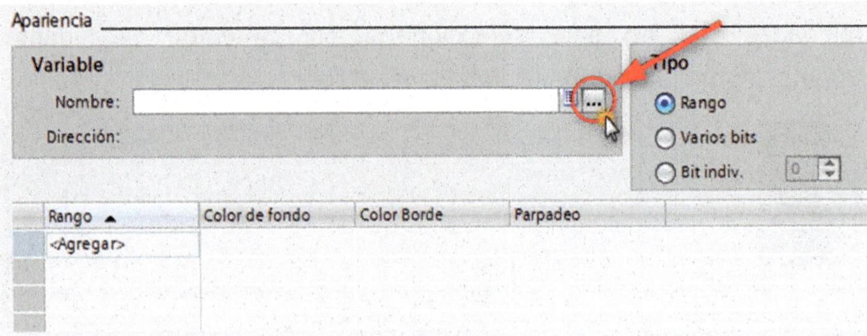

Figura 5.68

En la ventana que nos aparece, desplegaremos el contenido de la carpeta «Variables PLC», que corresponde al PLC Maestro, y seleccionaremos la opción «Tabla de variables». Nos aparecerán las variables que hemos creado en la programación; seleccionaremos la variable «Cinta_1 Esclavo_1» y, seguidamente, pulsaremos sobre el símbolo «Aceptar», que es de color verde.

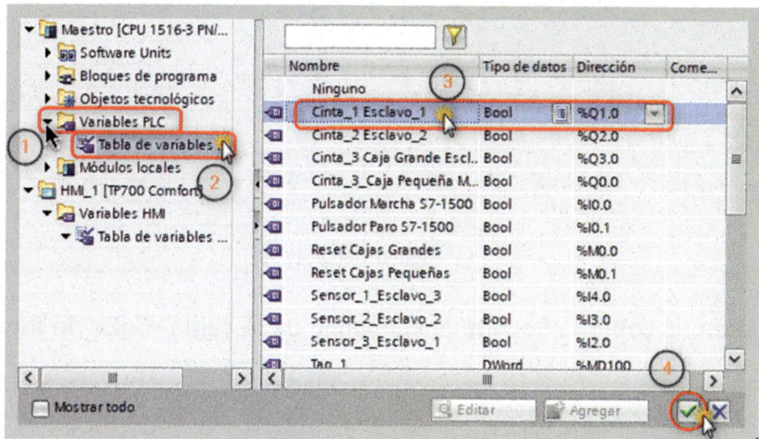

Figura 5.69

Como podemos ver, tenemos la variable asociada a la «Apariencia». Ahora haremos doble clic sobre la celda «Agregar».

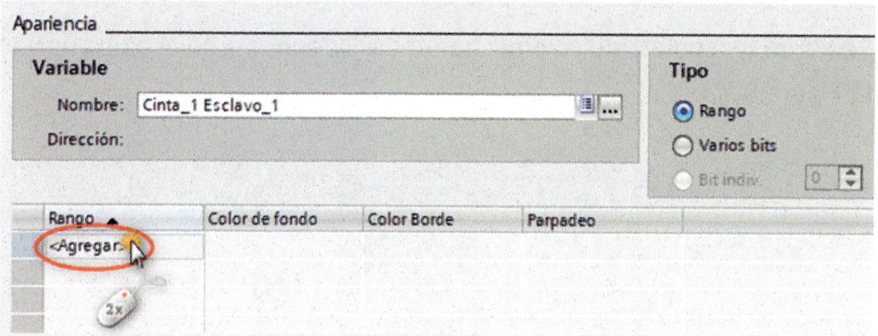

Figura 5.70

A continuación, volveremos a hacer doble clic sobre la siguiente celda «Agregar».

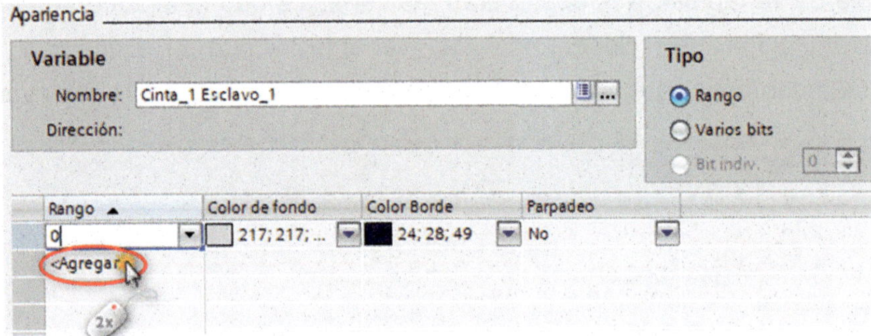

Figura 5.71

Pulsaremos sobre la flechita desplegable de la celda «Color de fondo» del «Rango 1».

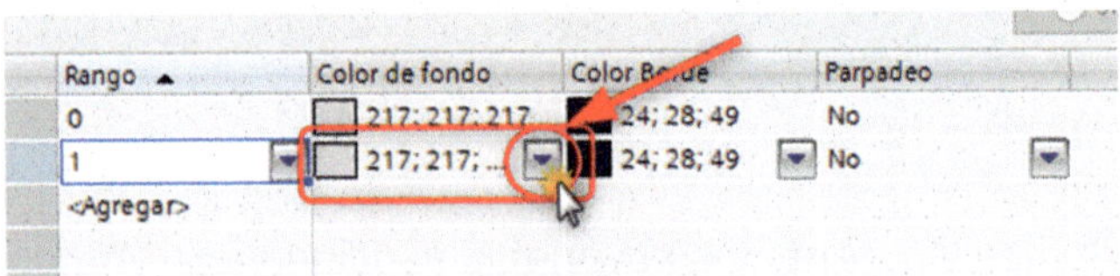

Figura 5.72

Se abrirá una paleta de colores; haremos clic sobre el color azul que vemos en la Figura 5.73.

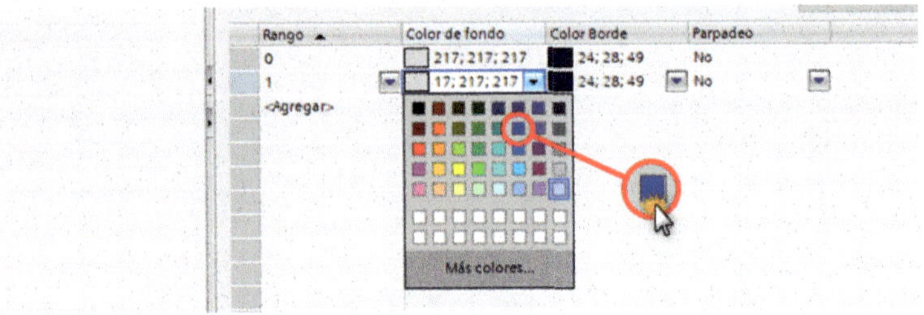

Figura 5.73

Nos quedará como vemos en la Figura 5.74. Esto quiere decir que cuando la «Cinta_1 Esclavo_1» esté en la condición «0», estará parada y de color gris; y cuando la cinta cambie su condición a «1», estará en marcha y se pondrá de color azul.

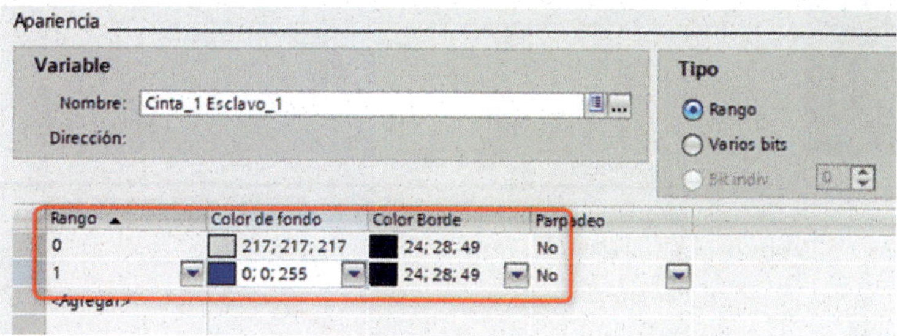

Figura 5.74

Seleccionaremos la «Cinta 2».

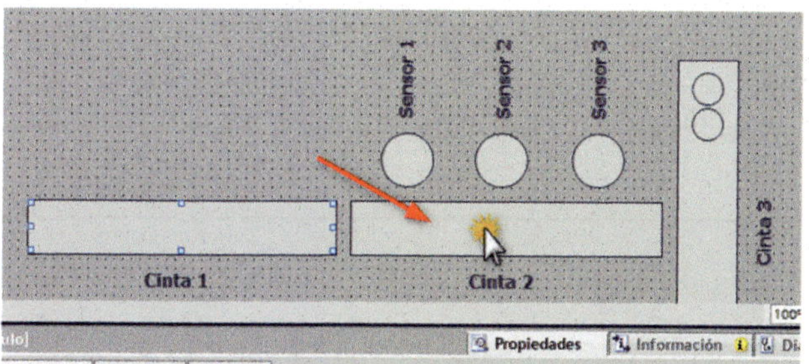

Figura 5.75

Realizaremos el mismo proceso que acabamos de hacer con la «Cinta 1». Lo que cambiará será la variable que le asignaremos que, en este caso, será «Cinta_2 Esclavo_2 - Q2.0».

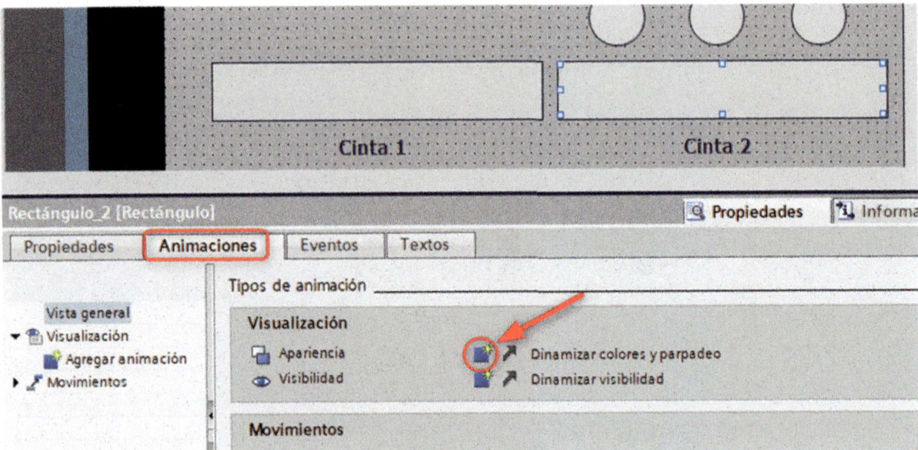

Figura 5.76

Nos quedará tal como vemos en la Figura 5.77.

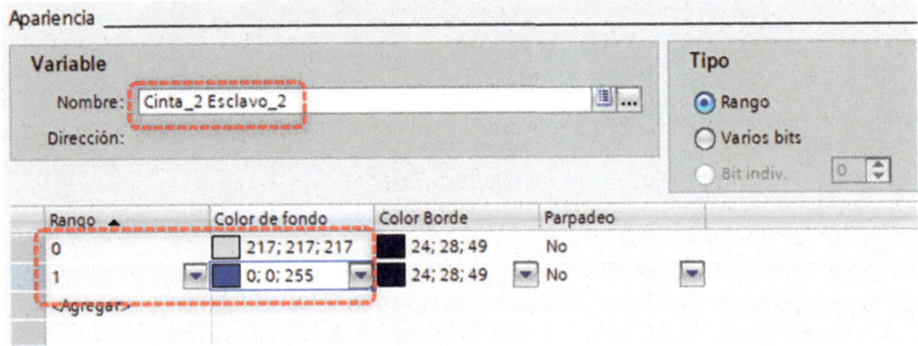

Figura 5.77

Ahora seleccionaremos el primer círculo, tal como vemos en la Figura 5.78 y, seguidamente, en la ventana «Animaciones», pulsaremos sobre el icono «Dinamizar colores y parpadeo».

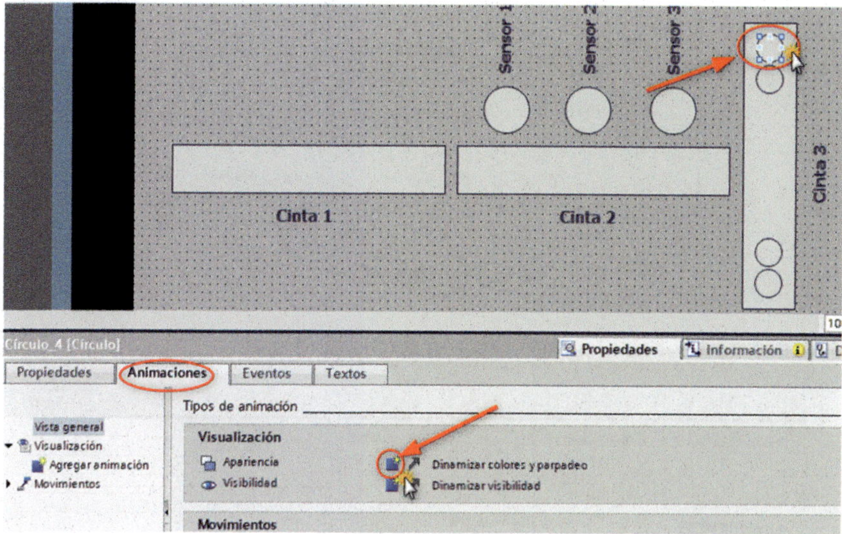

Figura 5.78

En «Variable», asignaremos la variable «Cinta_3 Caja Grande Esclavo_3 - Q3.0»; en el «Rango 1», en color de fondo, asignaremos «Naranja»; y en la celda «Parpadeo», pondremos la condición «Sí».

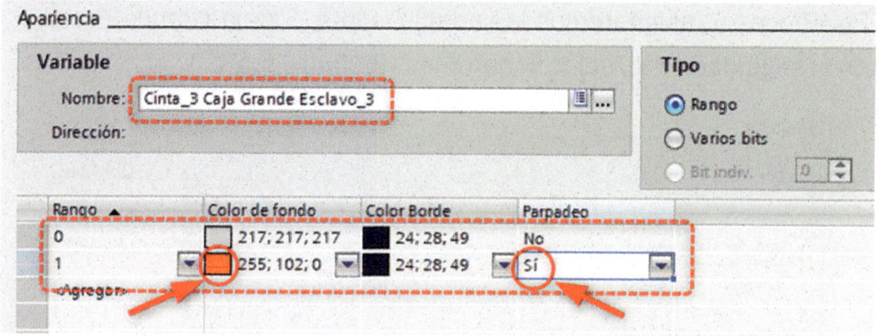

Figura 5.79

Ahora pulsaremos sobre la opción «Visualización».

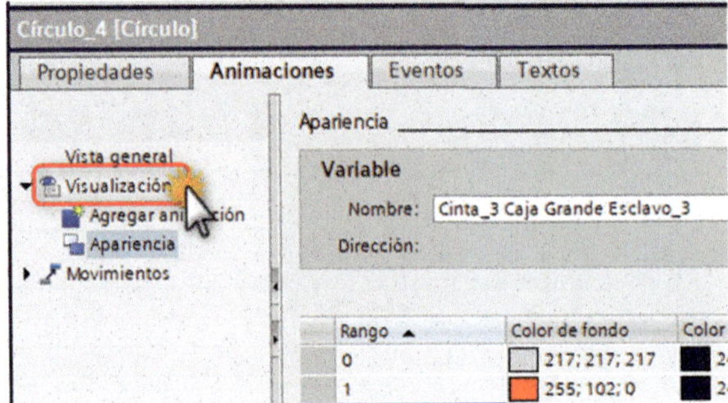

Figura 5.80

Pulsaremos sobre el icono «Dinamizar visibilidad».

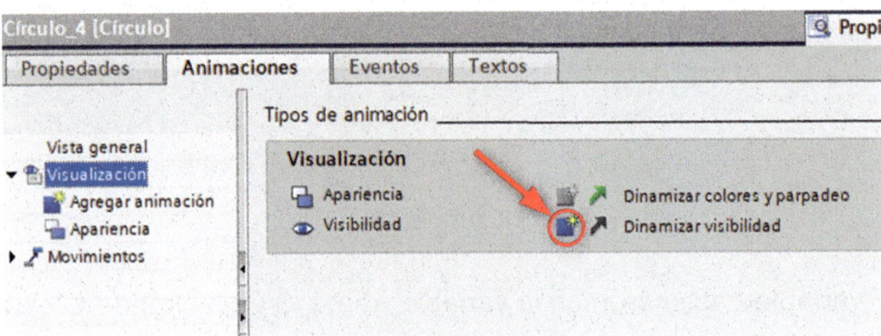

Figura 5.81

En «Proceso», asignaremos la variable «Cinta_3 Caja Grande Esclavo_3 – Q3.0» y, seguidamente, seleccionaremos «Bit individual».

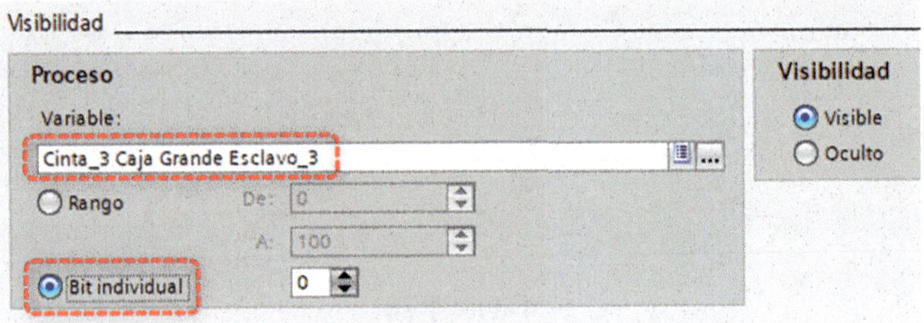

Figura 5.82

Ahora seleccionaremos el siguiente círculo, y configuraremos la «Apariencia» y la «Visibilidad». Haremos exactamente lo mismo que acabamos de hacer con el círculo anterior.

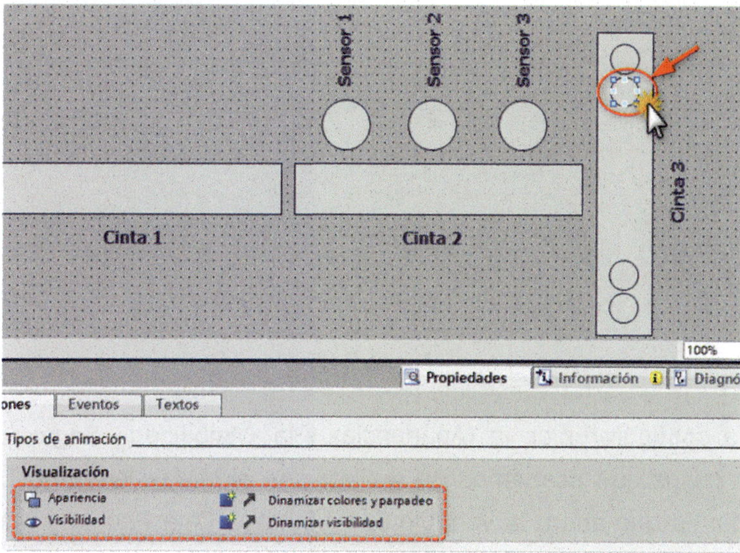

Figura 5.83

En «Apariencia», «Dinamizar colores y parpadeo», asignaremos los mismos parámetros que en el círculo anterior.

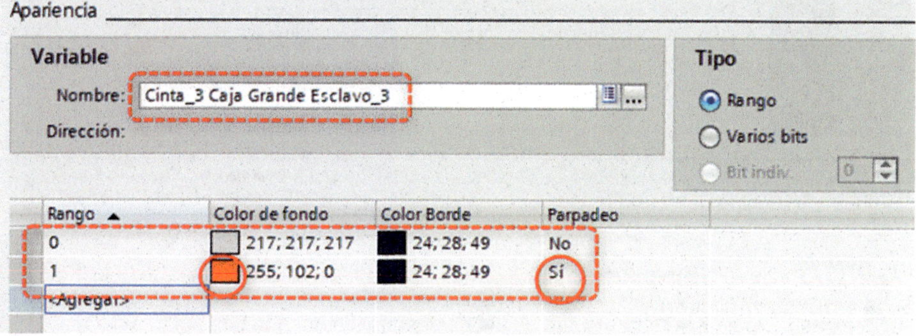

Figura 5.84

En «Visibilidad», «Dinamizar visibilidad», asignaremos los mismos parámetros que en el círculo anterior.

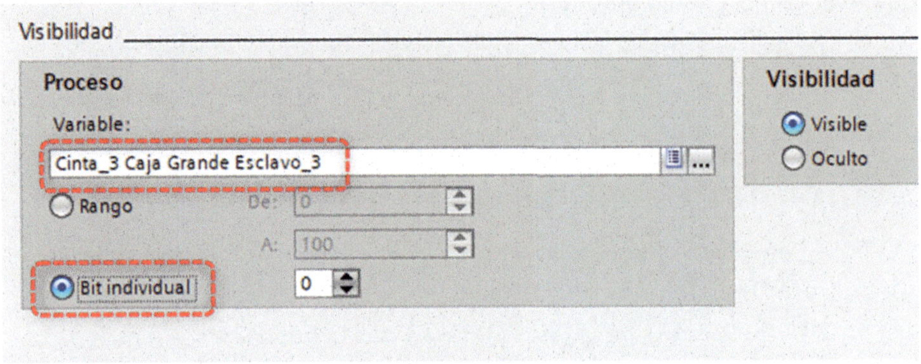

Figura 5.85

Ahora configuraremos la «Apariencia» y la «Visibilidad». Seguiremos los mismos pasos que acabamos de realizar con el círculo anterior. La única diferencia es que ahora la variable será «Cinta_3 Caja Pequeña Maestro - Q0.0»; por lo demás, los pasos a seguir serán exactamente los mismos.

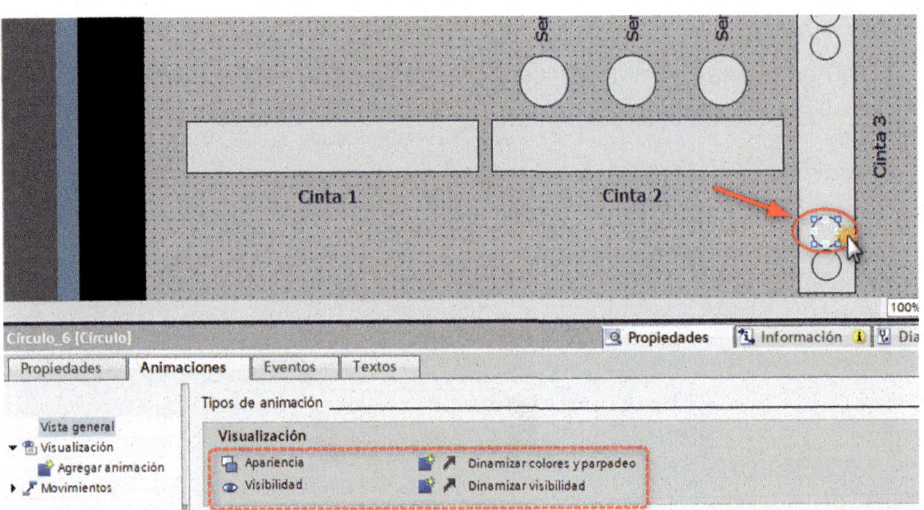

Figura 5.86

En «Apariencia», «Dinamizar colores y parpadeo», seguiremos el mismo proceso que en los círculos anteriores; la única diferencia será la variable, que en este caso será «Cinta_3 Caja Pequeña Maestro - Q0.0».

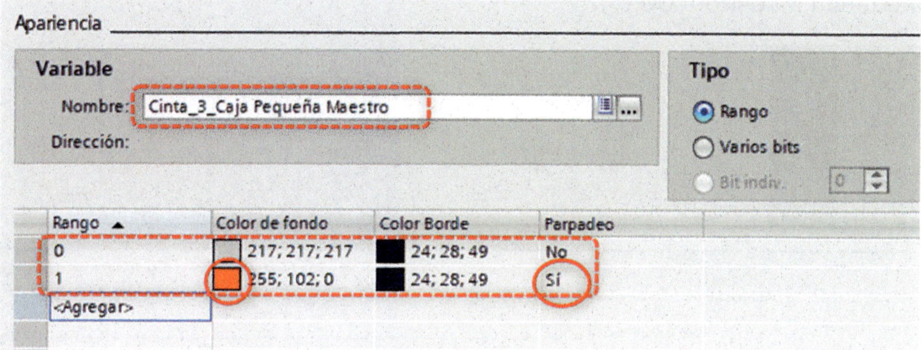

Figura 5.87

En «Visibilidad», «Dinamizar visibilidad», seguiremos el mismo proceso que en los círculos anteriores; la única diferencia será la variable, que en este caso será «Cinta_3 Caja Pequeña Maestro - Q0.0».

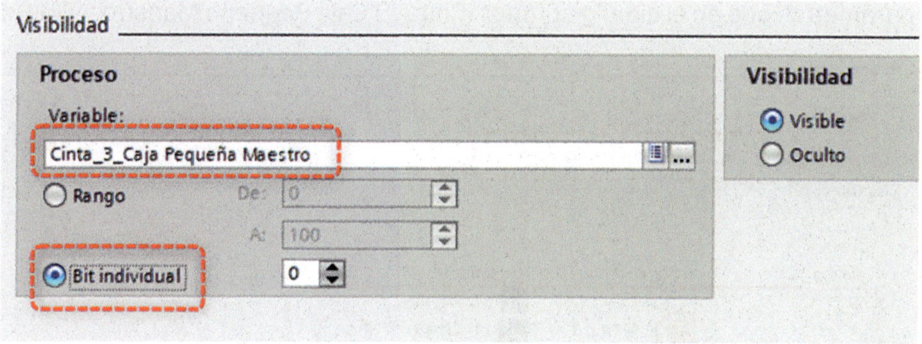

Figura 5.88

Ahora seleccionaremos el último círculo que hay en la «Cinta 3», y configuraremos la «Apariencia» y la «Visibilidad». Seguiremos exactamente los mismos pasos que acabamos de realizar con el círculo anterior «Cinta_3 Caja Pequeña Maestro – Q0.0».

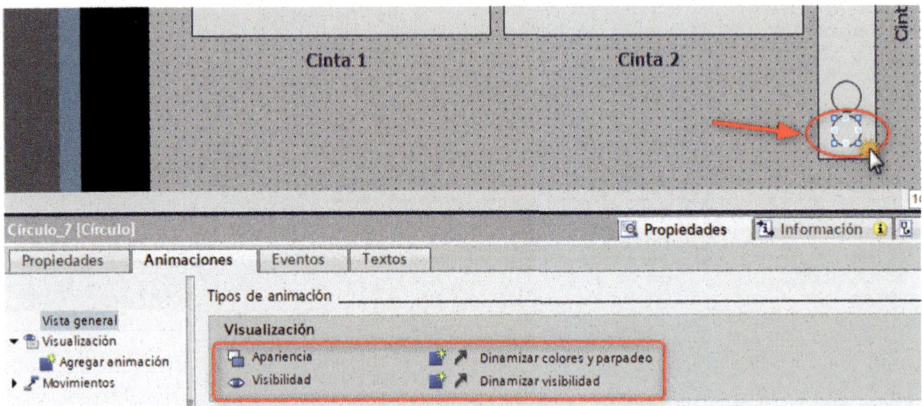

Figura 5.89

En «Apariencia», «Dinamizar colores y parpadeo», asignaremos los mismos parámetros que en el círculo anterior «Cinta_3 Caja Pequeña Maestro – Q0.0».

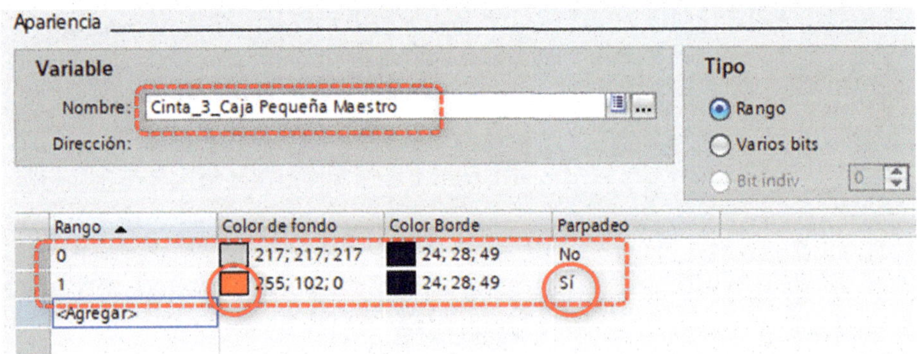

Figura 5.90

En «Visibilidad», «Dinamizar visibilidad», asignaremos los mismos parámetros que en el círculo anterior «Cinta_3 Caja Pequeña Maestro – Q0.0».

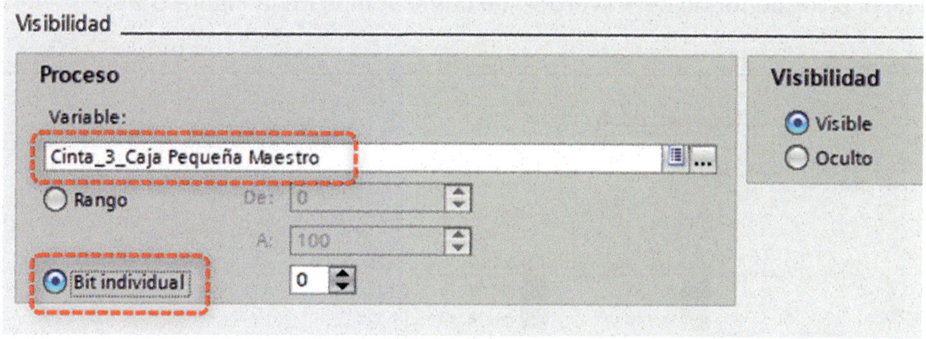

Figura 5.91

Ahora seleccionaremos el círculo del sensor 1 y configuraremos «Apariencia», «Dinamizar colores y parpadeo».

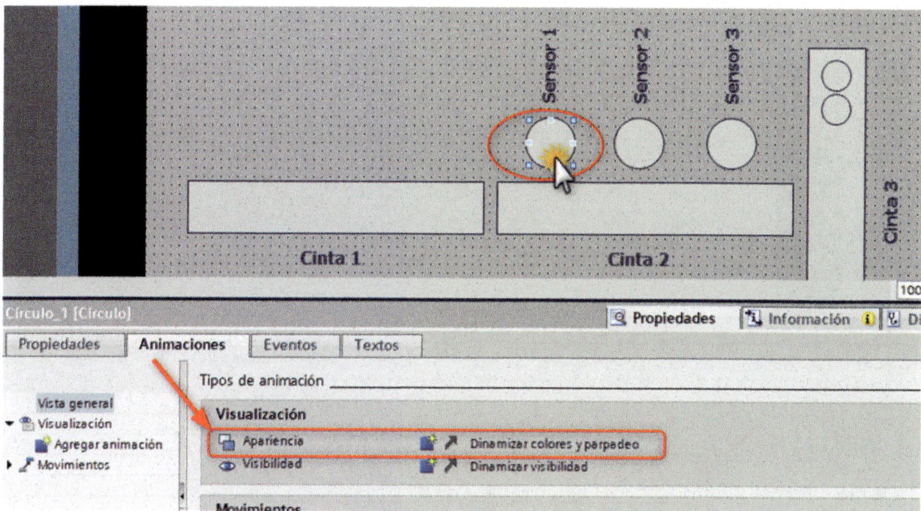

Figura 5.92

En el apartado «Variable», asociaremos la variable «Sensor_1 Esclavo_3 - I4.0»; en el «Rango 0», asignaremos «Negro» al color de fondo; y en el «Rango 1», el color de fondo será «Verde», tal como vemos en la Figura 5.93.

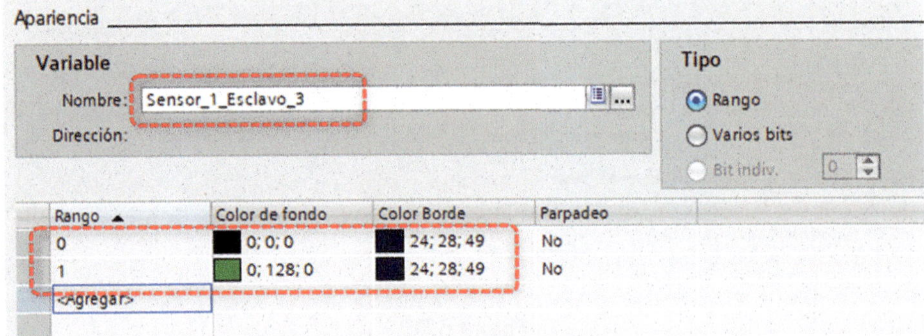

Figura 5.93

Seleccionaremos el círculo del sensor 2 y configuraremos «Apariencia», «Dinamizar colores y parpadeo».

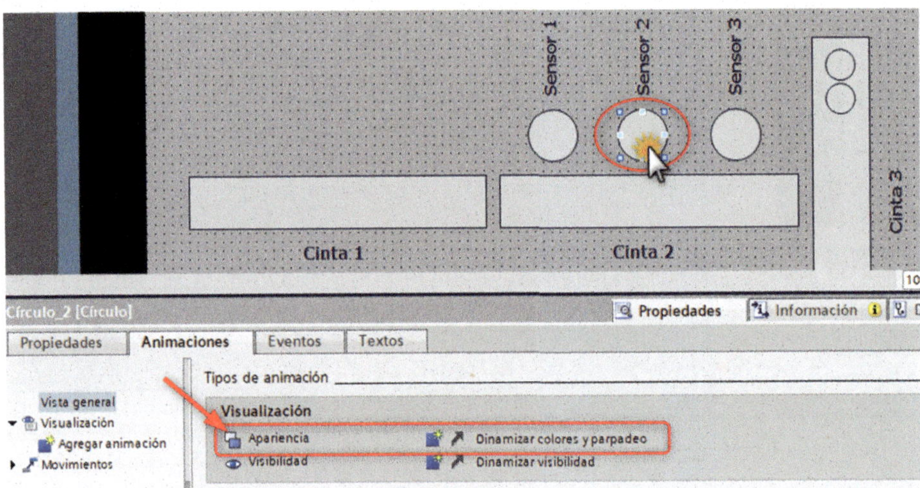

Figura 5.94

En el apartado «Variable», asociaremos la variable «Sensor_2 Esclavo_2 - I3.0»; en el «Rango 0», asignaremos «Negro» al color de fondo; y en el «Rango 1», el color de fondo será «Verde».

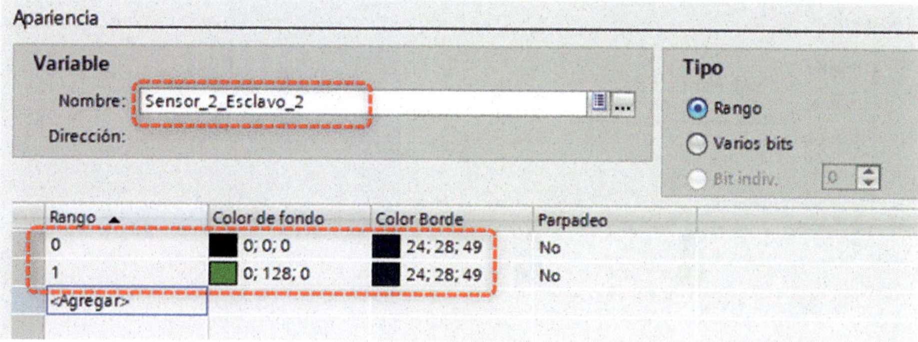

Figura 5.95

Seleccionaremos el círculo del sensor 3 y configuraremos «Apariencia», «Dinamizar colores y parpadeo».

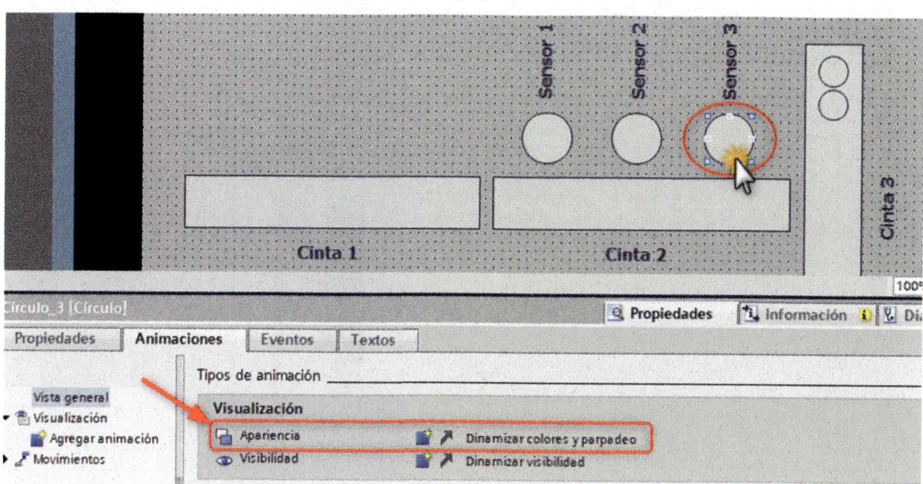

Figura 5.96

En el apartado «Variable», asociaremos la variable «Sensor_3 Esclavo_1 - I2.0»; en el «Rango 0», asignaremos «Negro» al color de fondo; y en el «Rango 1», el color de fondo será «Verde».

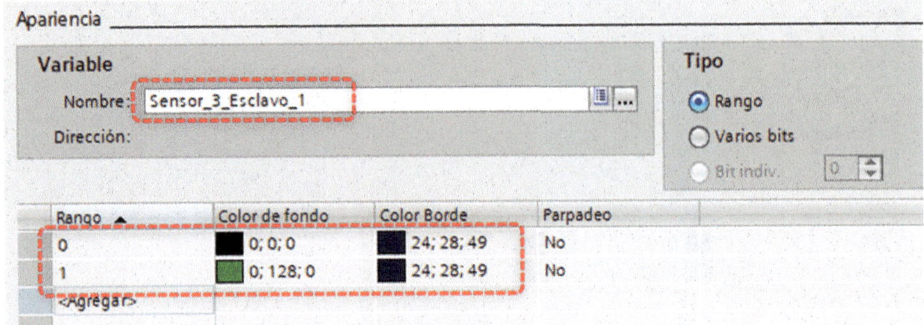

Figura 5.97

Añadiremos también dos campos de texto.

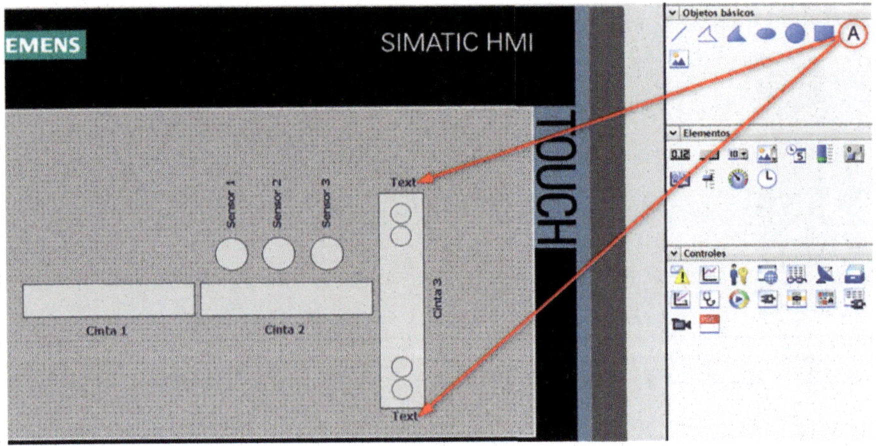

Figura 5.98

Renombraremos los campos de texto que acabamos de añadir a la pantalla; los llamaremos «Caja Grande» y «Caja Pequeña», tal como podemos ver en la Figura 5.99.

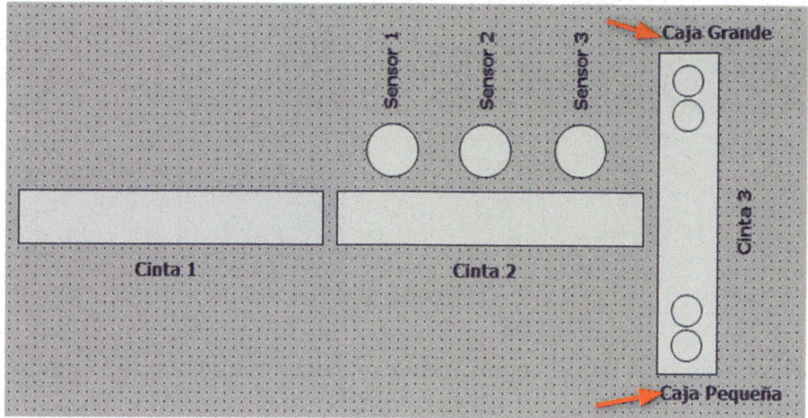

Figura 5.99

En la categoría «Elementos», añadiremos dos objetos que serán «Campos E/S»; los colocaremos en la pantalla tal como vemos en la Figura 5.100.

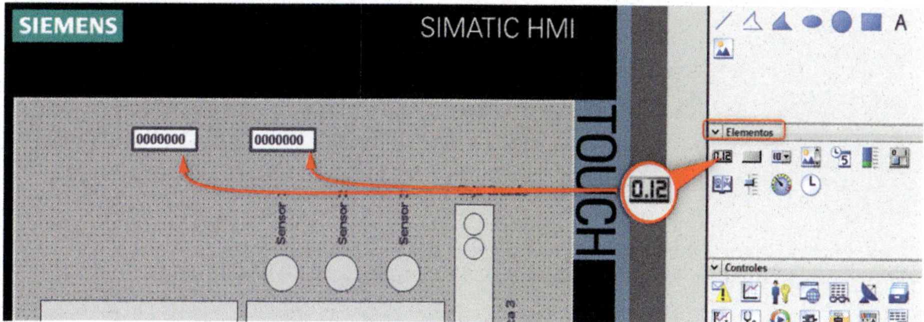

Figura 5.100

También añadiremos dos campos de texto, tal como vemos en la Figura 5.101.

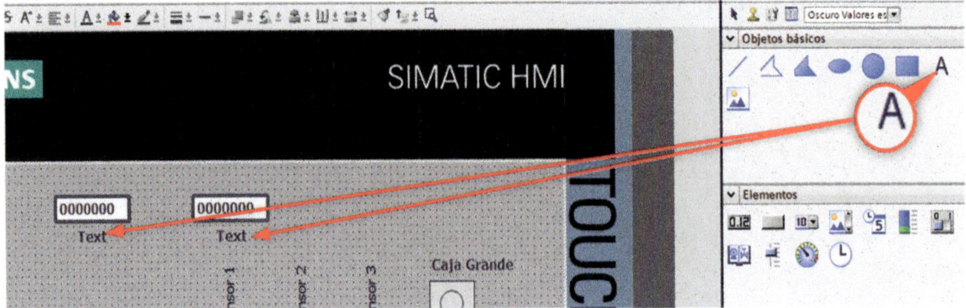

Figura 5.101

Renombraremos los campos de texto que acabamos de añadir a la pantalla; los llamaremos «Contador Cajas Pequeñas» y «Contador Cajas Grandes», tal como podemos ver en la Figura 5.102.

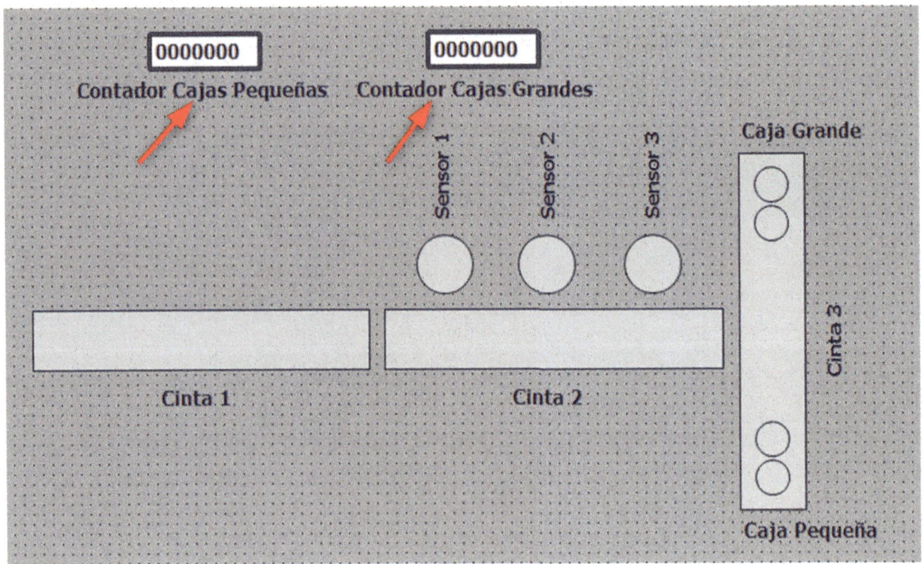

Figura 5.102

Desplazaremos de posición el «Contador Cajas Grades» y lo colocaremos como en la Figura 5.103.

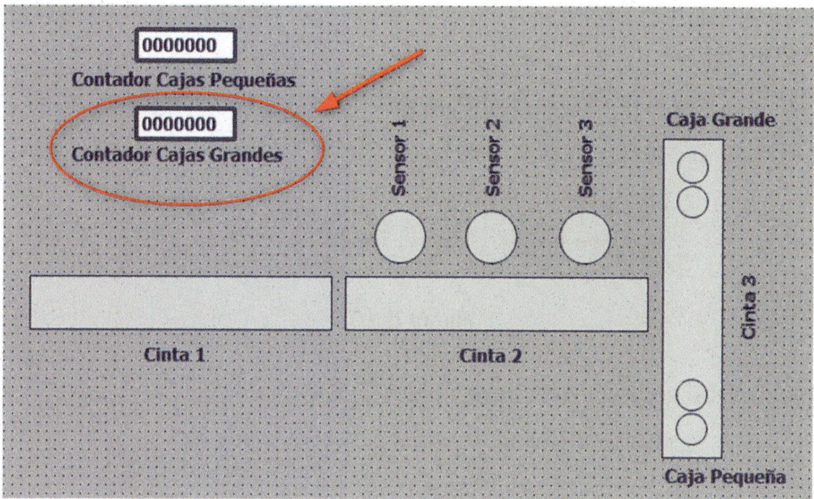

Figura 5.103

Añadiremos dos «Botones», que tenemos en la categoría «Elementos», y los colocaremos tal como vemos en la Figura 5.104.

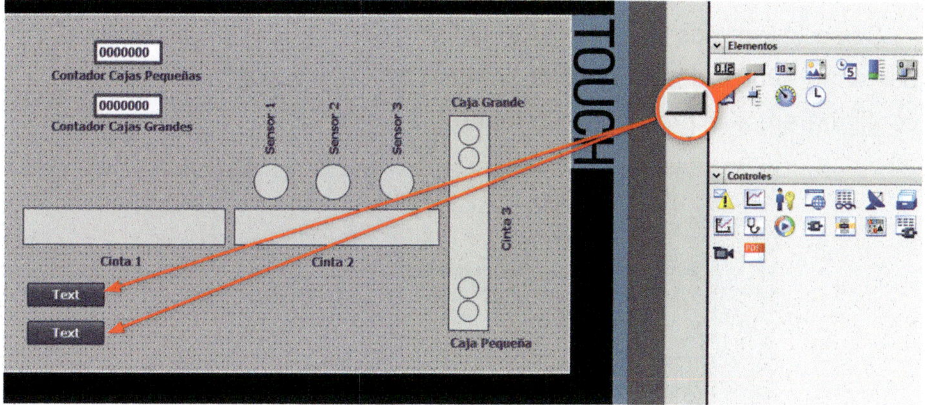

Figura 5.104

Renombraremos los botones. Para ello, haremos doble clic sobre la palabra «Text». Luego, escribiremos «Reset C.P» (que corresponde al contador de las cajas pequeñas) y «Reset C.G» (que corresponde al contador de las cajas grandes).

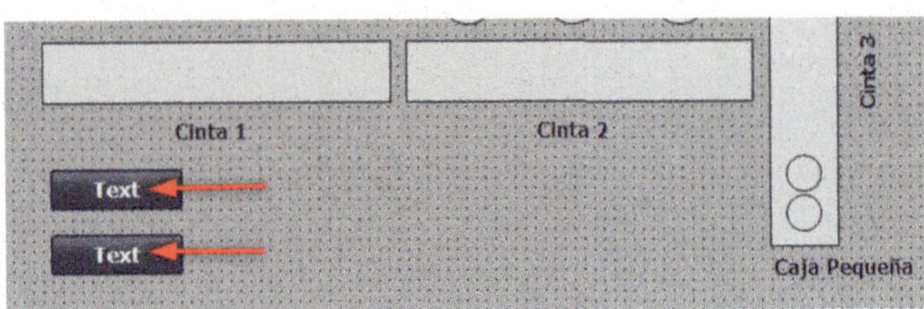

Figura 5.105

Quedará tal como vemos en la Figura 5.106.

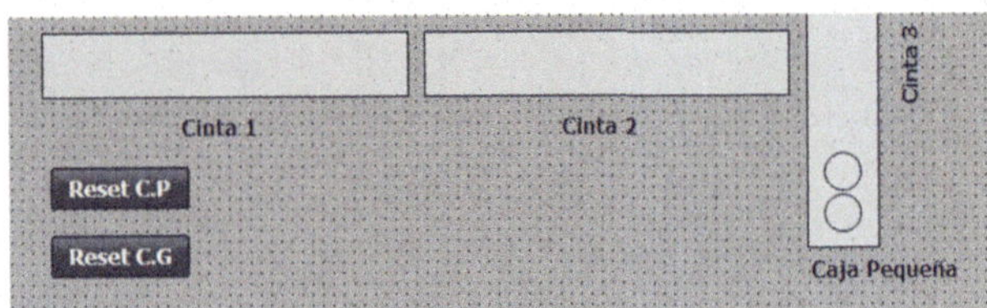

Figura 5.106

Seleccionaremos «Campo E/S» del contador de cajas pequeñas. En la pestaña «Propiedades», seleccionaremos la categoría «General», y configuraremos el proceso y el formato.

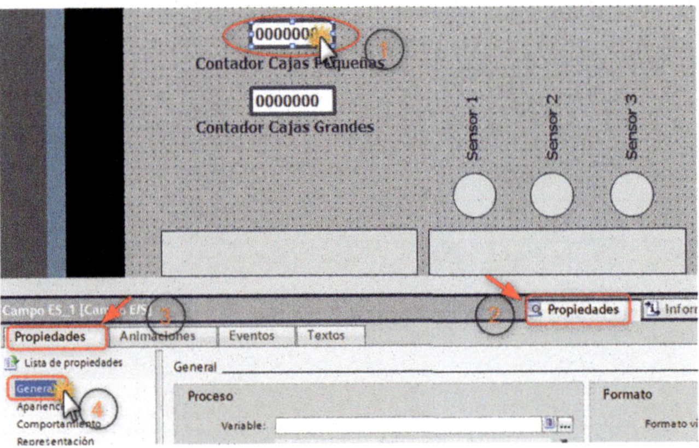

Figura 5.107

Haremos un clic sobre el icono de los tres puntos, tal como vemos en la Figura 5.108.

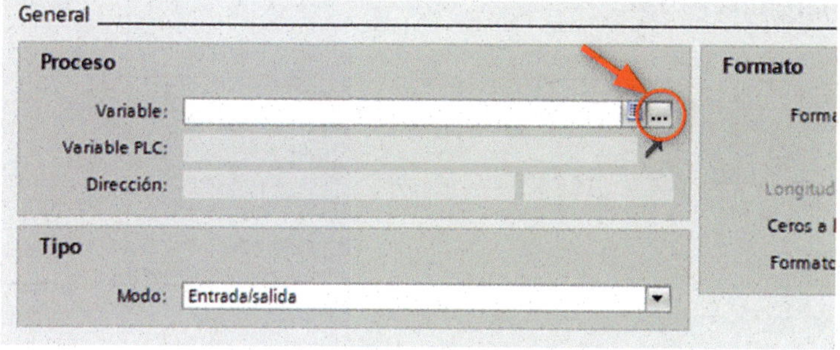

Figura 5.108

En la ventana que aparece, desplegaremos el contenido de la carpeta «Variables PLC», que corresponde al PLC Maestro, y seleccionaremos la opción «Tabla de variables». Nos aparecerán las variables que hemos creado en la programación. Seleccionaremos la variable «Tag_2», que corresponde a la marca «MD102» y, seguidamente, pulsaremos sobre el símbolo «Aceptar», que es de color verde.

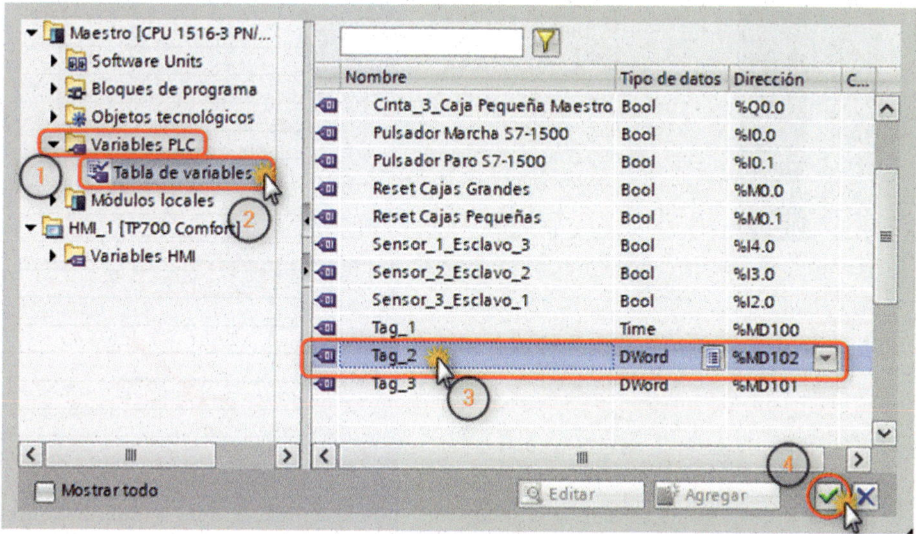

Figura 5.109

En la categoría «Formato», pulsaremos sobre la flechita desplegable de la celda «Formato represent.» y, en el desplegable que nos aparece, seleccionaremos «999».

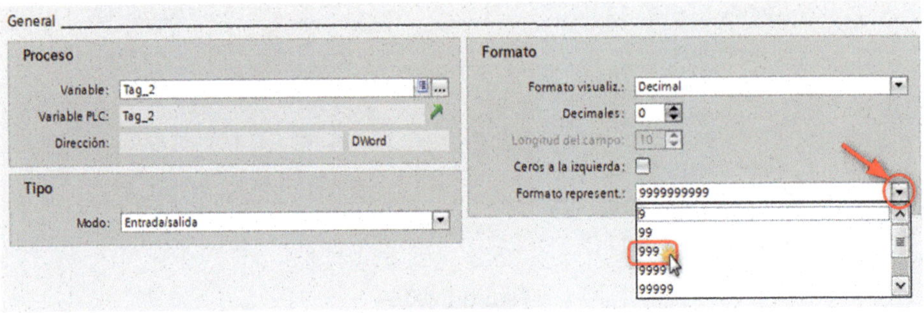

Figura 5.110

Ahora seleccionaremos «Campo E/S» del contador de cajas grandes. Seguidamente, pulsaremos sobre el icono con los tres puntos, tal como vemos en la Figura 5.111.

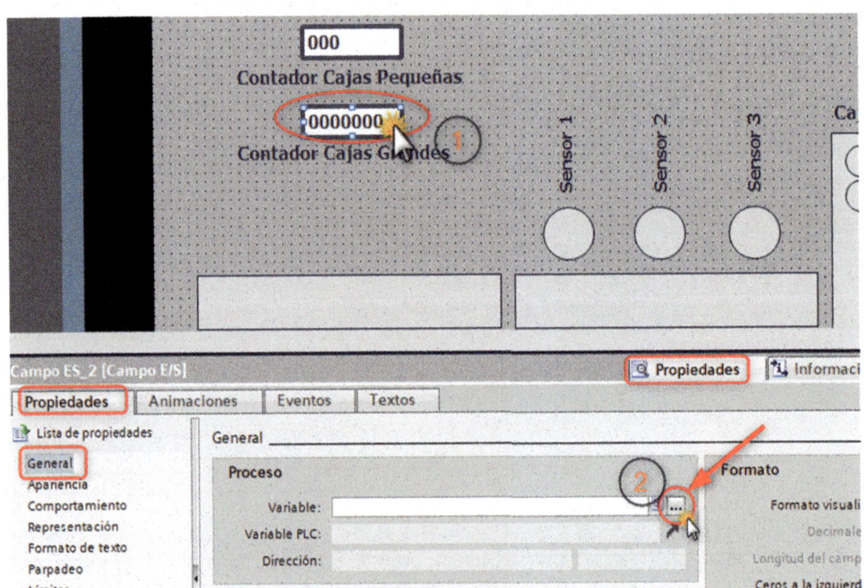

Figura 5.111

En la ventana que aparece, desplegaremos el contenido de la carpeta «Bloques de programa» y «Bloques de sistema», y seleccionaremos la opción «Recursos de programa». Ya en la ventana central, pulsaremos sobre la flechita desplegable del contenido del «IEC_Counter_0_DB», que corresponde al «DB2» y, en el desplegable, seleccionaremos la opción «CV» y pulsaremos sobre el icono «Aceptar», que es de color verde.

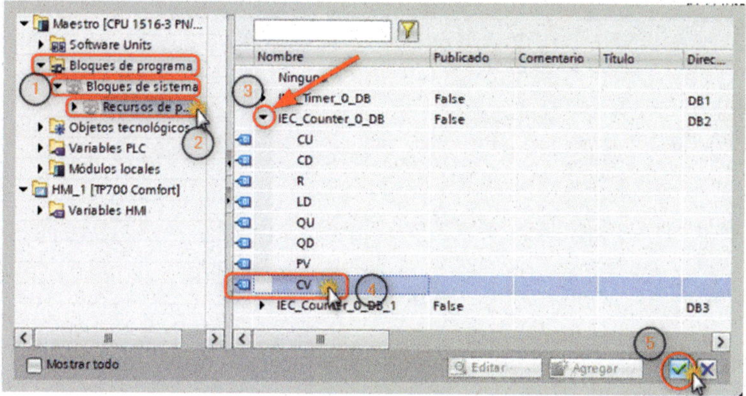

Figura 5.112

En la categoría «Formato», pulsaremos sobre la flechita desplegable de la celda «Formato represent.» y, en el desplegable que nos aparece, seleccionaremos «999». Si vemos que delante de la numeración hay una «s», tendremos que cambiar, en la celda «Formato de visualización», a otro formato y, de inmediato, volver a cambiar de formato a «Decimal».

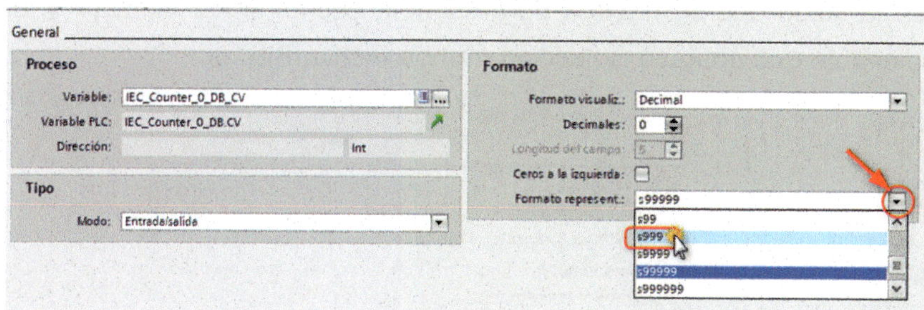

Figura 5.113

Seleccionaremos el botón «Reset C.P», pulsaremos sobre la pestaña «Eventos» y seleccionaremos «Pulsar».

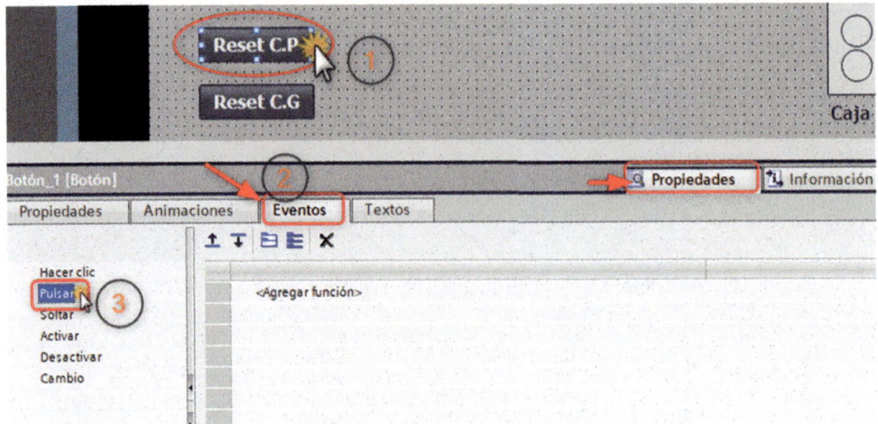

Figura 5.114

Ahora, haremos doble clic con el ratón sobre «Agregar función».

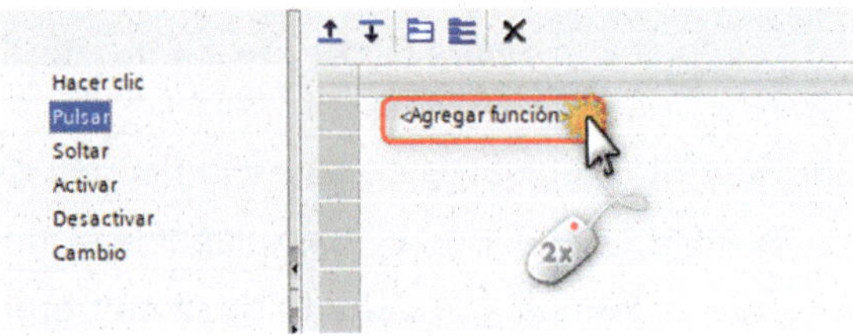

Figura 5.115

En la celda que se habilita para escribir, escribiremos «Activar» y, en el desplegable que aparece, seleccionaremos «ActivarBit».

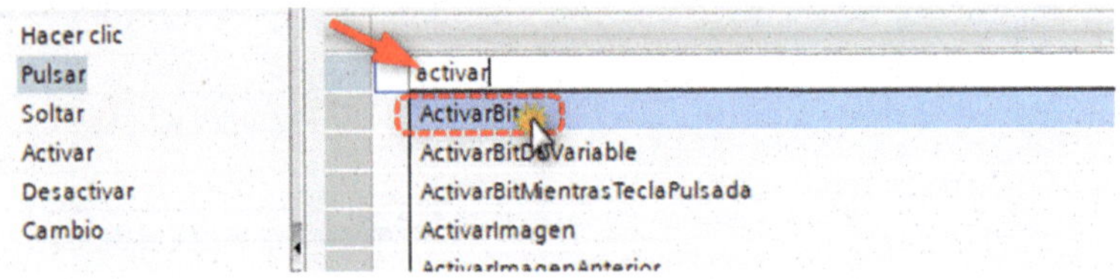

Figura 5.116

Haremos clic sobre la celda rosa.

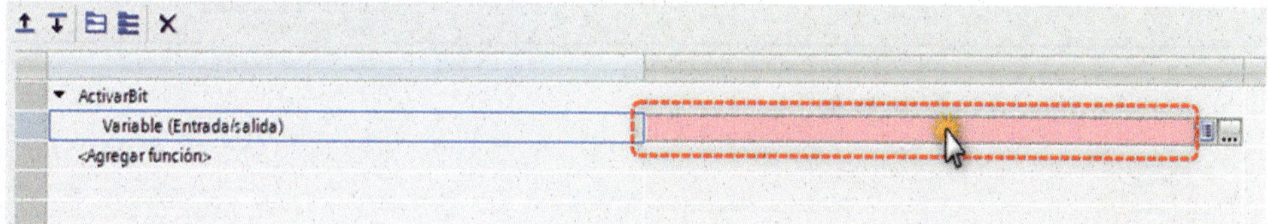

Figura 5.117

Seguidamente, haremos clic sobre el icono de los tres puntos.

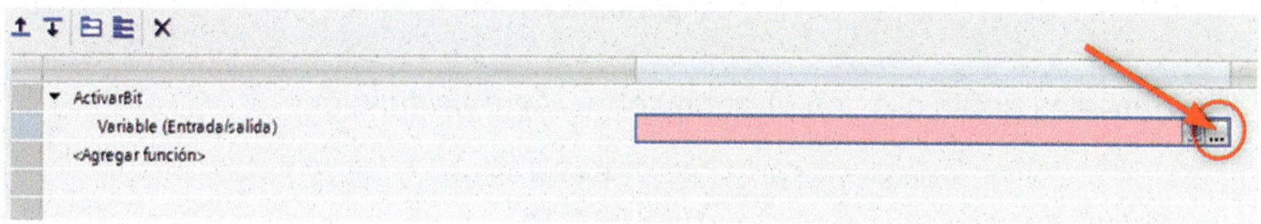

Figura 5.118

En la ventana que aparece, desplegaremos el contenido de la carpeta «Variables PLC» y seleccionaremos «Tabla de variables». En la ventana central, seleccionaremos la variable «Reset Cajas Pequeñas» y pulsaremos sobre el botón «Aceptar».

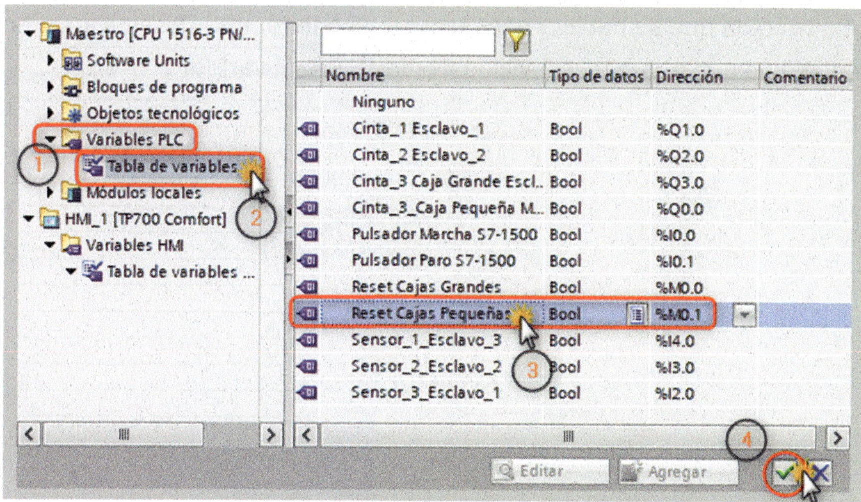

Figura 5.119

Ahora seleccionaremos «Soltar».

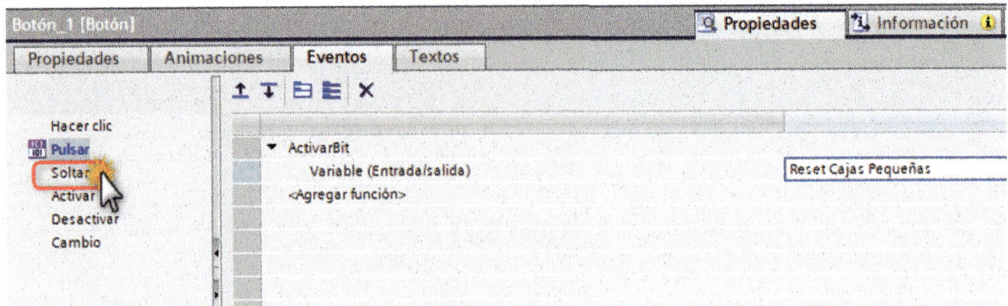

Figura 5.120

Haremos doble clic con el ratón sobre «Agregar función».

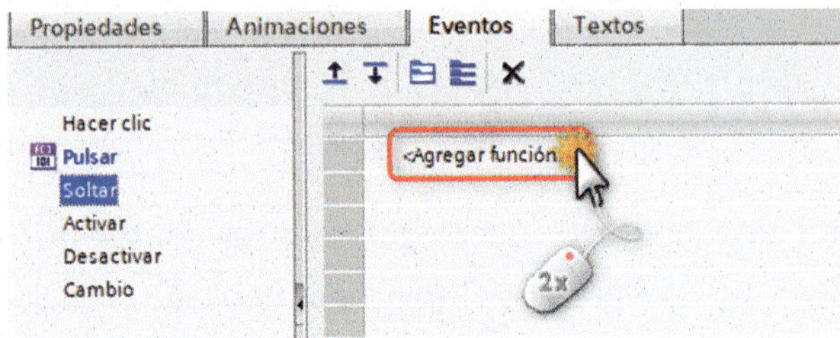

Figura 5.121

En la celda que se habilita para escribir, escribiremos «Desactivar» y, en el desplegable que aparece, seleccionaremos «DesactivarBit».

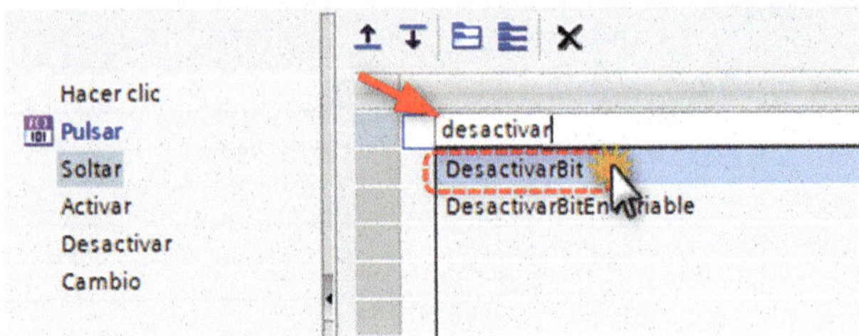

Figura 5.122

Haremos clic sobre la celda rosa.

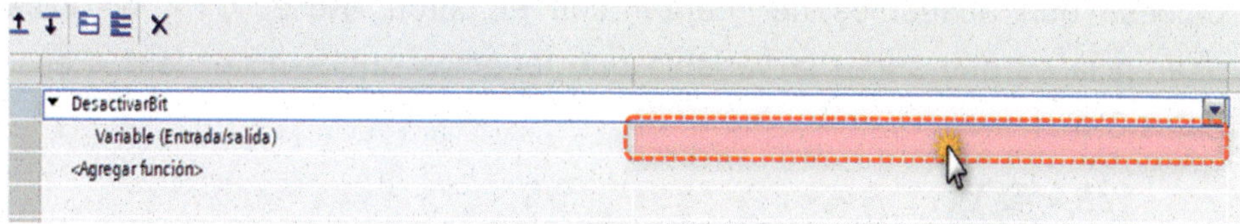

Figura 5.123

Seguidamente, haremos clic sobre el icono de los tres puntos.

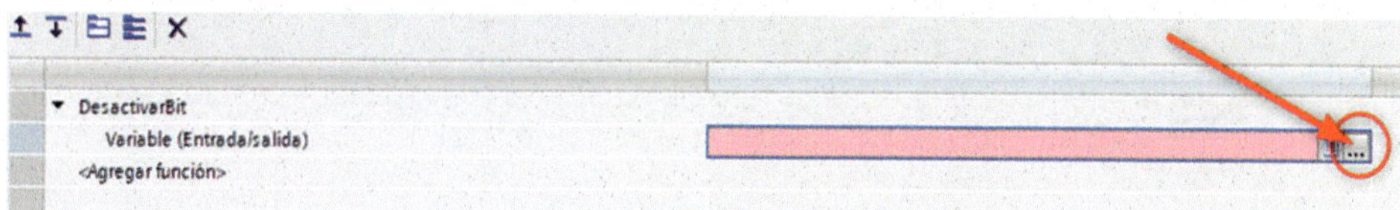

Figura 5.124

En la ventana que aparece, desplegaremos el contenido de la carpeta «Variables PLC» y seleccionaremos «Tabla de variables». En la ventana central, seleccionaremos la variable «Reset Cajas Pequeñas» y pulsaremos sobre el botón «Aceptar».

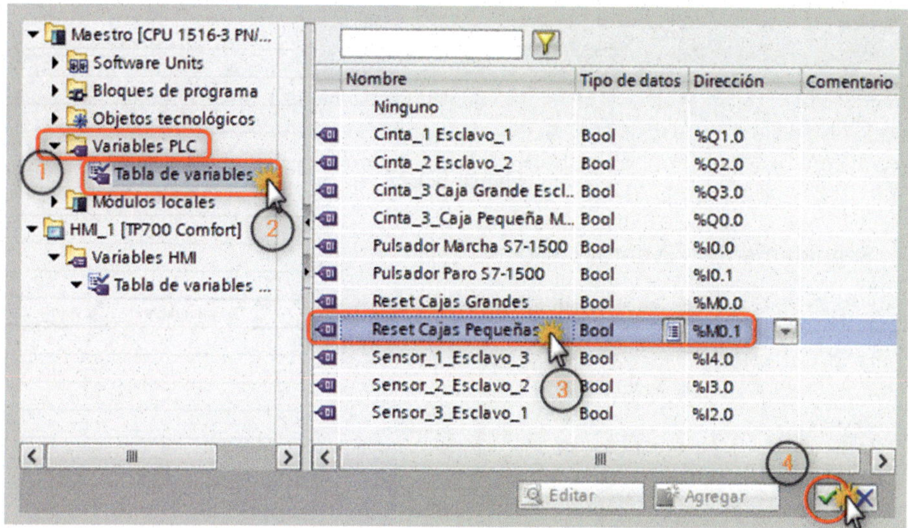

Figura 5.125

Seleccionaremos «Reset C.G». A continuación, realizaremos el mismo proceso que acabamos de realizar con el botón «Reset C.P»; la única diferencia es que ahora la variable que tenemos que asociar será «Reset Cajas Grandes».

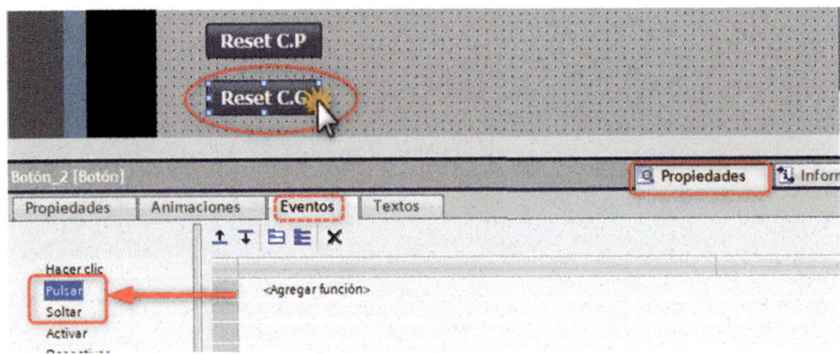

Figura 5.126

Iremos a «Eventos», «Pulsar».

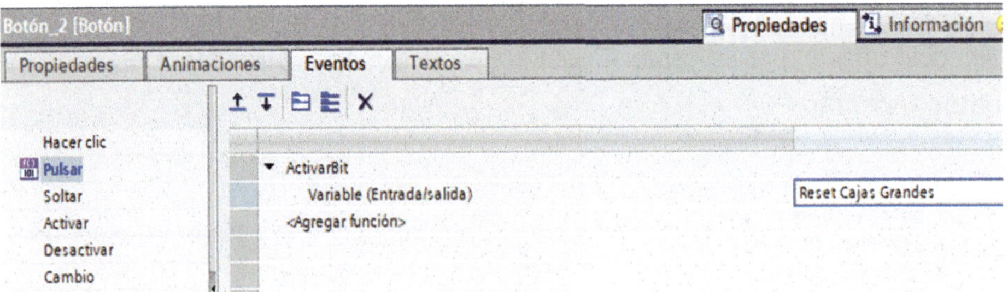

Figura 5.127

Seguidamente, «Eventos», «Soltar».

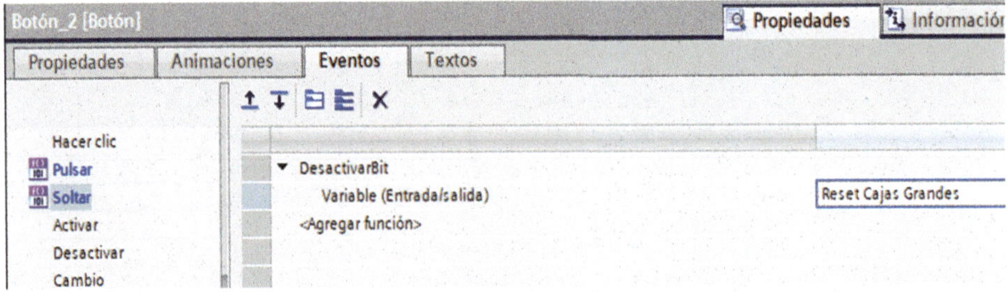

Figura 5.128

Añadiremos otro botón a la pantalla, tal como vemos en la Figura 5.129.

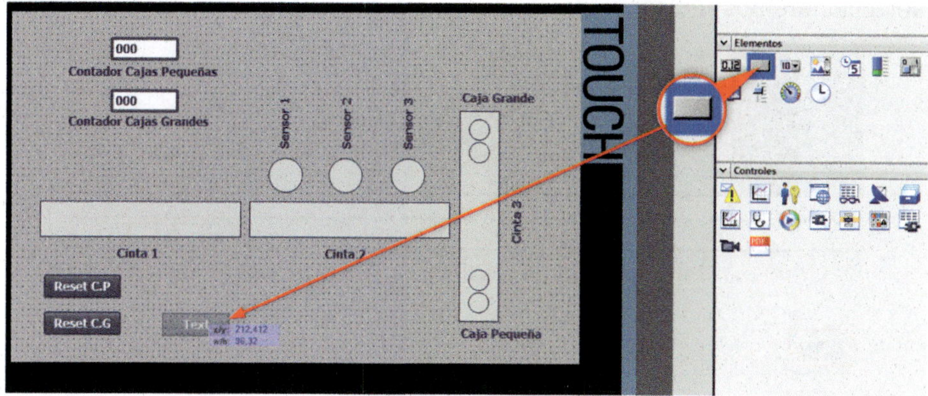

Figura 5.129

Ahora redimensionaremos el botón y lo renombraremos con el nombre «Cerrar Pantalla».

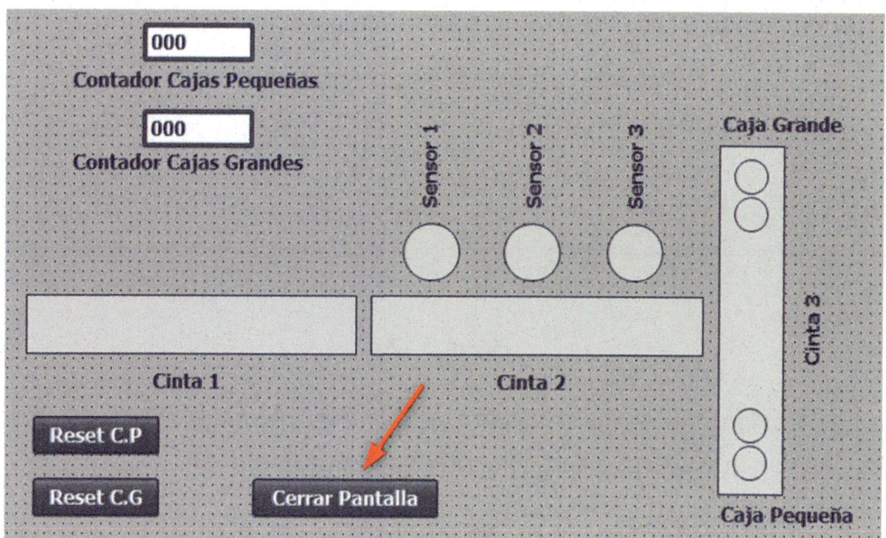

Figura 5.130

Seleccionaremos «Cerrar Pantalla» y, en la pestaña «Eventos», seleccionaremos «Pulsar».

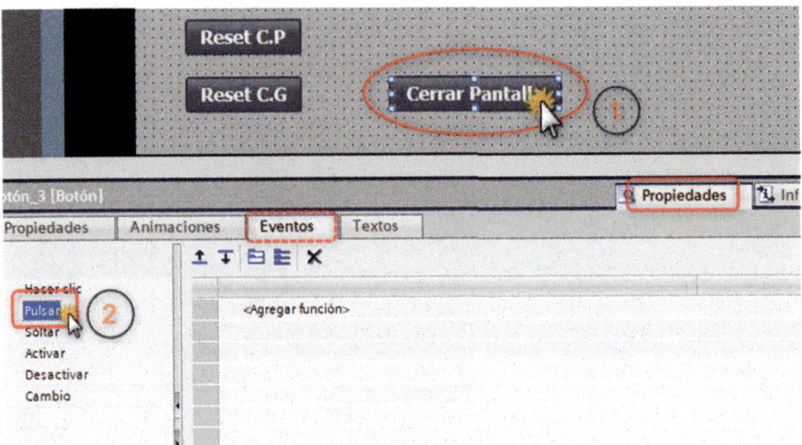

Figura 5.131

Haremos doble clic con el ratón sobre «Agregar función».

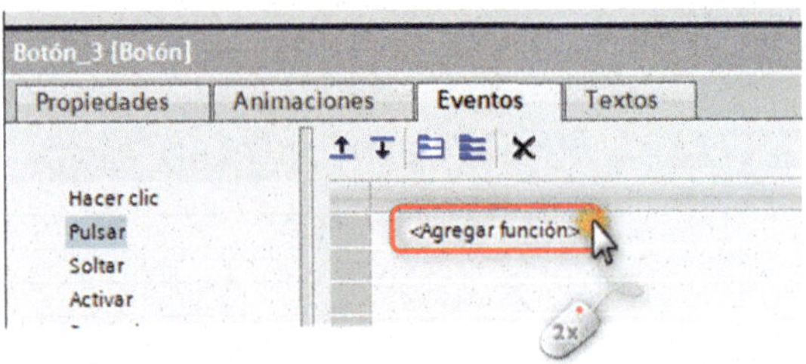

Figura 5.132

En la celda que se habilita para escribir, escribiremos «Parar» y, en el desplegable que aparece, seleccionaremos «PararRuntime».

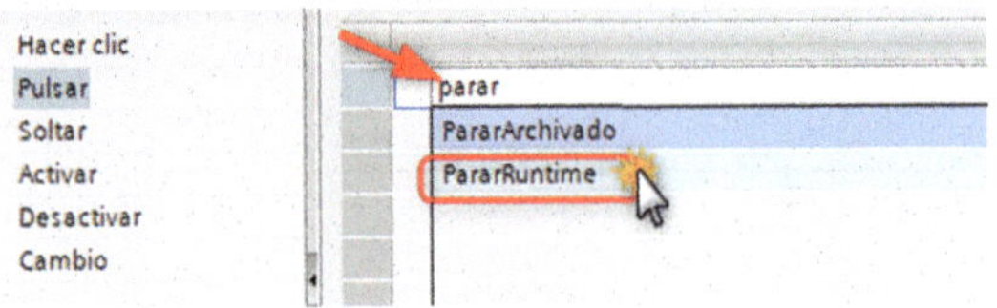

Figura 5.133

Ahora pulsaremos sobre la pestaña «Propiedades».

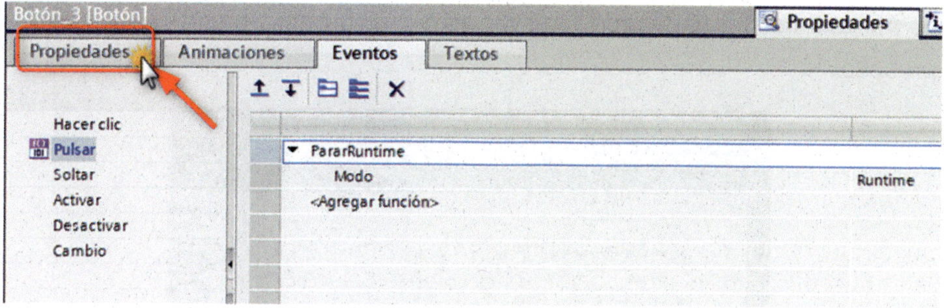

Figura 5.134

Luego, sobre «Patrón de relleno».

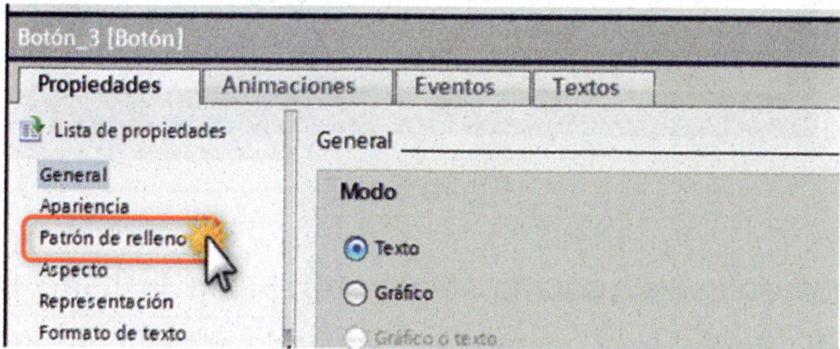

Figura 5.135

En la categoría «Gradiente», en «Color de fondo», pulsaremos sobre la flecha desplegable y, en la tabla de colores que nos aparece, seleccionaremos el color «Rojo».

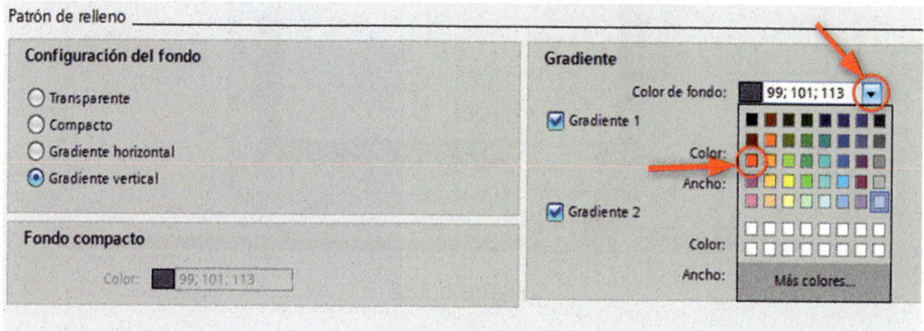

Figura 5.136

La pantalla nos quedará tal como vemos en la Figura 5.137.

Ahora toca simularlo todo para ver cómo se comunican entre ellos y ver su proceso.

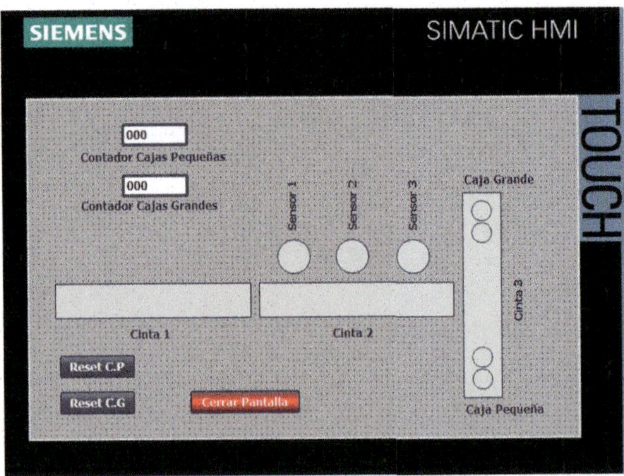

Figura 5.137

Pulsaremos sobre la pestaña «Main [OB1]», en la parte inferior de la ventana del TIA Portal; esta pestaña corresponde al Main de la CPU Maestro.

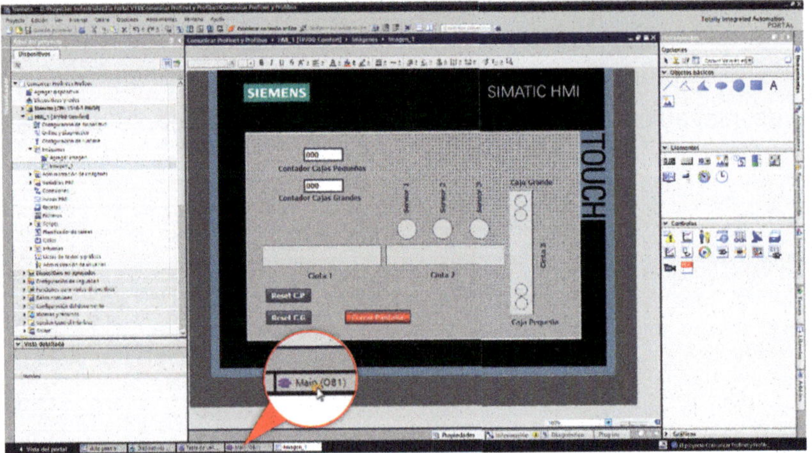

Figura 5.138

Haremos un clic sobre el icono de «Iniciar simulación».

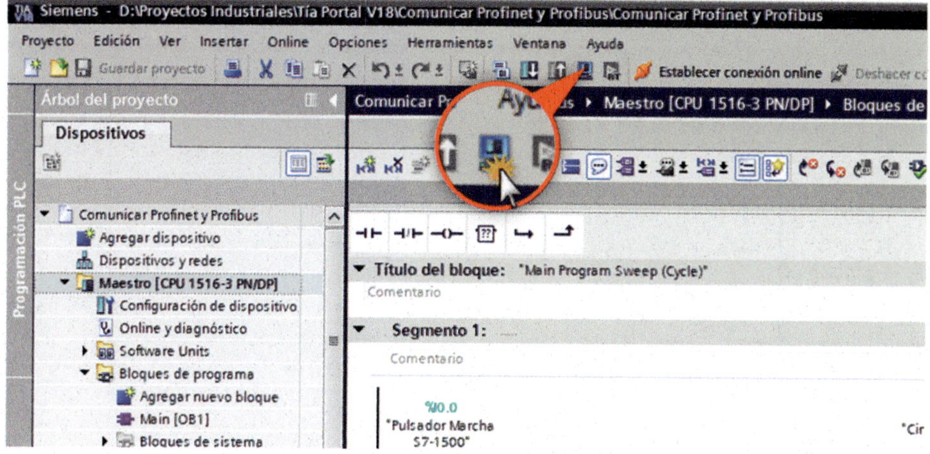

Figura 5.139

Ya hemos visto con anterioridad cómo tenemos que iniciar la simulación.

(1) Maestro [CPU 1516-3 PN/DP].

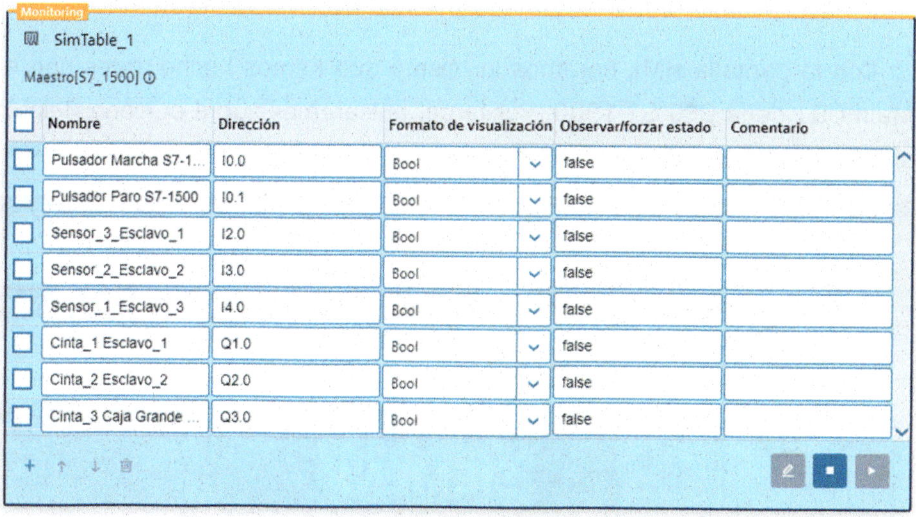
Monitoring

SimTable_1

Maestro[S7_1500]

Nombre	Dirección	Formato de visualización	Observar/forzar estado	Comentario
Pulsador Marcha S7-1...	I0.0	Bool	false	
Pulsador Paro S7-1500	I0.1	Bool	false	
Sensor_3_Esclavo_1	I2.0	Bool	false	
Sensor_2_Esclavo_2	I3.0	Bool	false	
Sensor_1_Esclavo_3	I4.0	Bool	false	
Cinta_1 Esclavo_1	Q1.0	Bool	false	
Cinta_2 Esclavo_2	Q2.0	Bool	false	
Cinta_3 Caja Grande ...	Q3.0	Bool	false	

Figura 5.140

Pulsaremos sobre la pestaña «Imagen_1», en la parte inferior de la ventana del TIA Portal; esta pestaña corresponde a la pantalla HMI.

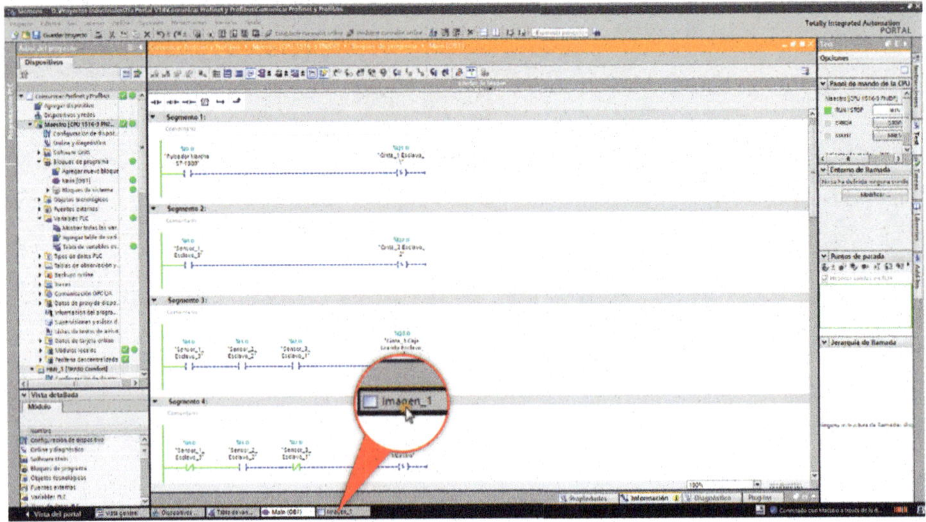

Figura 5.141

(2) Pantalla HMI TP700Comfort, 7".

Con la pantalla HMI, haremos lo mismo que hemos hecho antes con el Main OB1 de la CPU S7-1500. Por tanto, pulsaremos sobre el icono «Iniciar simulación».

Figura 5.142

En la ventana que se nos abre, pulsaremos sobre el botón «Aceptar».

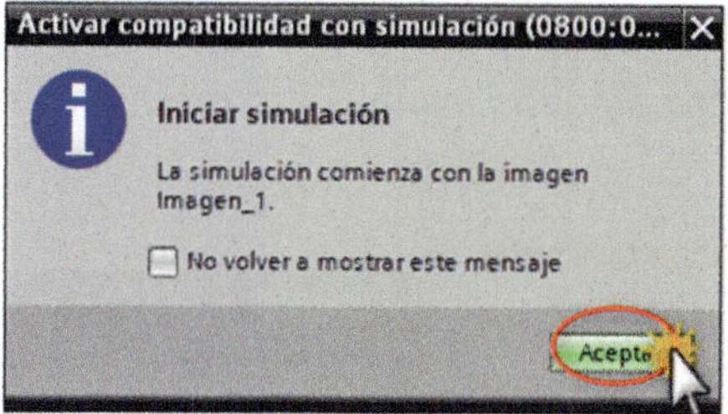

Figura 5.143

Arrancará el «WinCC Runtime Advance».

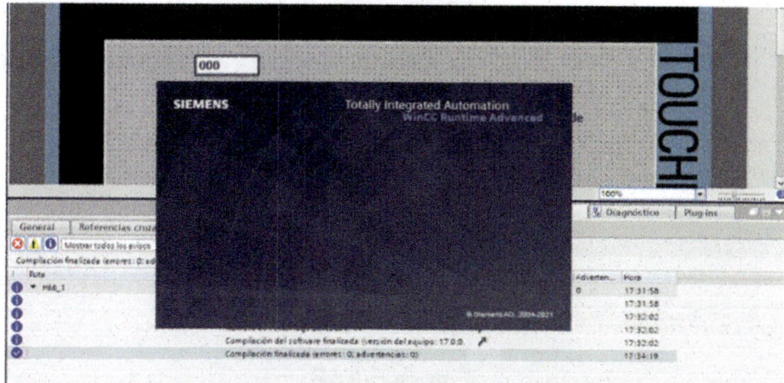

Figura 5.144

Se nos mostrará la pantalla HMI.

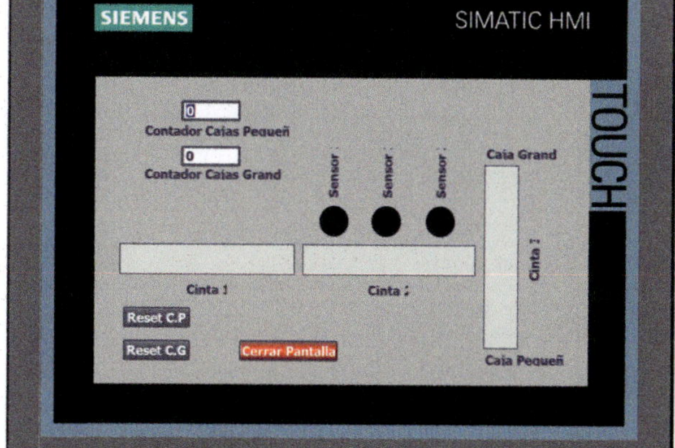

Figura 5.145

Ahora ajustaremos las ventanas para poder ver todo el proceso.

Podemos colocarlo a nuestro gusto. En general, si se trabaja con varias pantallas se hace más cómodo y visual, pero también podemos ir ajustándolo según nos interese.

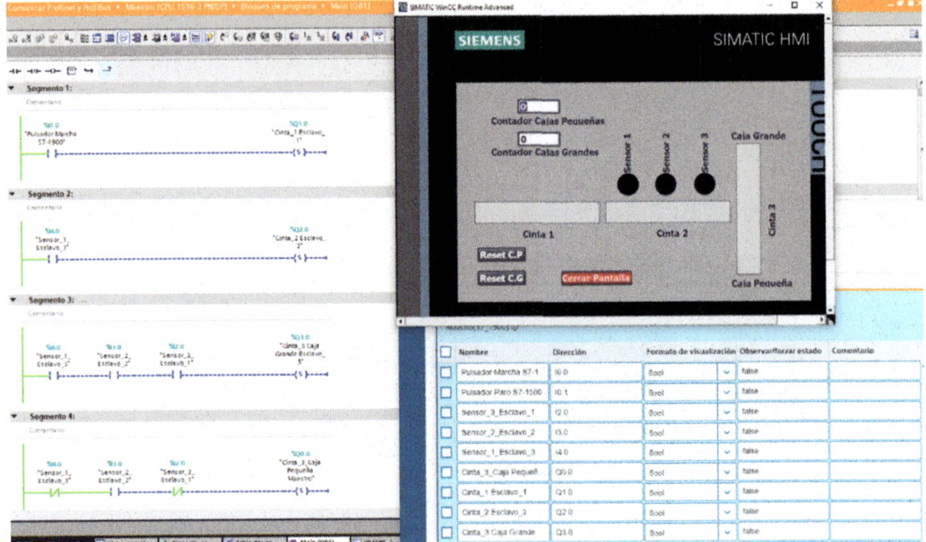

Figura 5.146

Volveremos a cambiar la condición del «Pulsador Marcha – I0.0» a «1» y, seguidamente, volveremos a cambiarla a «0».

Monitoring

SimTable_1

Maestro[S7_1500]

	Nombre	Dirección	Formato de visualización	Observar/forzar estado
☐	Pulsador Marcha S7-1...	I0.0	Bool	false 1 — 0
☐	Pulsador Paro S7-1500	I0.1	Bool	false
☐	Sensor_3_Esclavo_1	I2.0	Bool	false
☐	Sensor_2_Esclavo_2	I3.0	Bool	false
☐	Sensor_1_Esclavo_3	I4.0	Bool	false

Figura 5.147

Veremos que se activa la «Cinta 1» en la pantalla HMI, y que en la ventana del Main OB1, en el segmento 1, se activa la salida «Q1.0», que corresponde a la «Cinta 1».

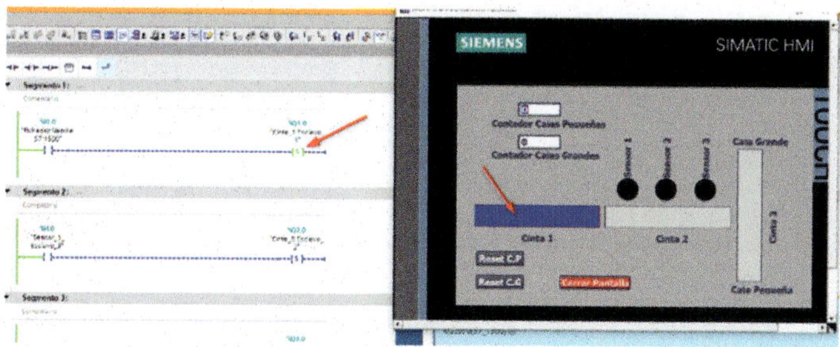

Figura 5.148

Cambiaremos la condición del «Sensor_1 Esclavo_3 - I4.0» a «1» y, seguidamente, volveremos a cambiarla a «0».

☐	Nombre	Dirección	Formato de visualización	Observar/forzar estado	Comenta
☐	Pulsador Marcha S7-1...	I0.0	Bool	false	
☐	Pulsador Paro S7-1500	I0.1	Bool	false	
☐	Sensor_3_Esclavo_1	I2.0	Bool	false	
☐	Sensor_2_Esclavo_2	I3.0	Bool	false	
☐	Sensor_1_Esclavo_3	I4.0	Bool	false 1 — 0	
☐	Cinta_3_Caja Pequeñ...	Q0.0	Bool	false	

Figura 5.149

Veremos que, cuando detecta el sensor 1, se activa la «Cinta 2».

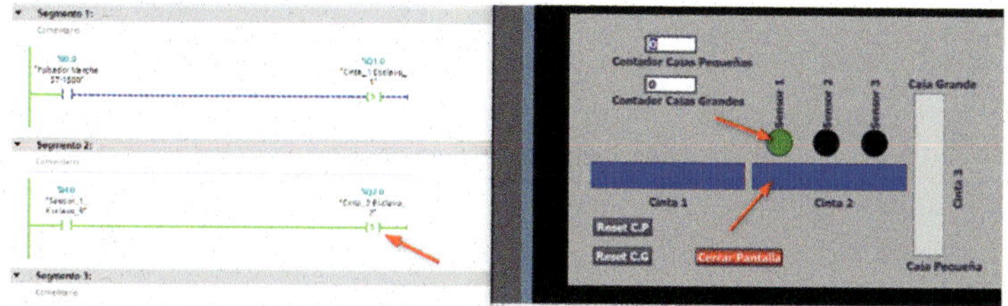

Figura 5.150

Cambiaremos la condición del «Sensor_2 Esclavo_2 - I3.0» a «1» y, seguidamente, volveremos a cambiarla a «0».

	Nombre	Dirección	Formato de visualización	Observar/forzar estado
☐	Pulsador Marcha S7-1...	I0.0	Bool	false
☐	Pulsador Paro S7-1500	I0.1	Bool	false
☐	Sensor_3_Esclavo_1	I2.0	Bool	false
☐	Sensor_2_Esclavo_2	I3.0	Bool	false (1 — 0)
☐	Sensor_1_Esclavo_3	I4.0	Bool	true

Figura 5.151

Veremos que se activa la «Cinta 3» hacia las «Cajas pequeñas», ya que este sensor es el que se encarga de detectar las cajas pequeñas. También veremos que nos cuenta la caja que ha detectado y que, pasados los 10 segundos, la «Cinta 3» y la «Cinta 1» se pararán.

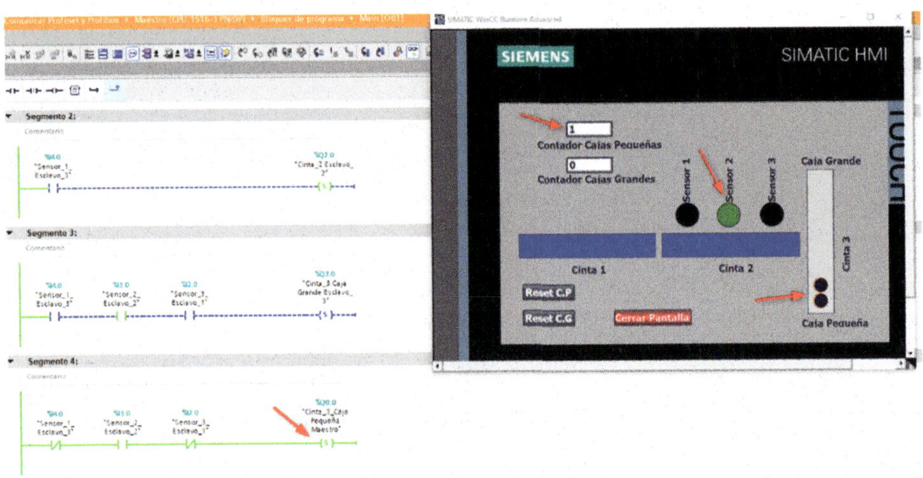

Figura 5.152

Cambiaremos la condición del «Pulsador Marcha - I0.0» a «1» y, seguidamente, volveremos a cambiarla a «0».

Nombre	Dirección	Formato de visualización	Observar/forzar estado
Pulsador Marcha S7-1...	I0.0	Bool	false 1 — 0
Pulsador Paro S7-1500	I0.1	Bool	false
Sensor_3_Esclavo_1	I2.0	Bool	false
Sensor_2_Esclavo_2	I3.0	Bool	false
Sensor_1_Esclavo_3	I4.0	Bool	false

Figura 5.153

Veremos que se activa la «Cinta 1».

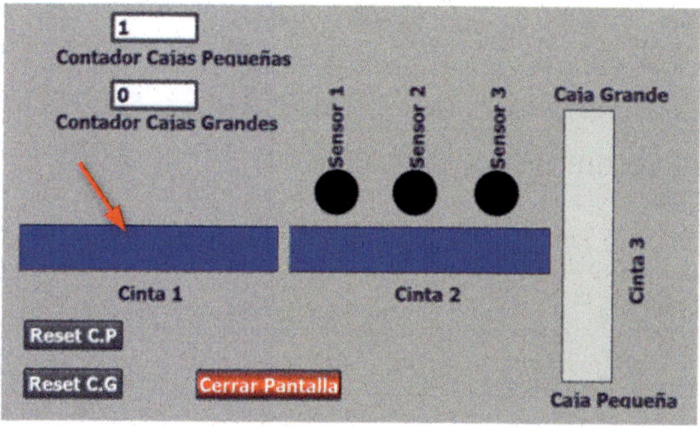

Figura 5.154

Cambiaremos la condición del «Sensor_1», «Sensor_2» y «Sensor_3» a «1» y, seguidamente, volveremos a cambiarla a «0».

Nombre	Dirección	Formato de visualización	Observar/forzar estado	C
Pulsador Marcha S7-1...	I0.0	Bool	false	
Pulsador Paro S7-1500	I0.1	Bool	false	
Sensor_3_Esclavo_1	I2.0	Bool	false 1 — 0	
Sensor_2_Esclavo_2	I3.0	Bool	false 1 — 0	
Sensor_1_Esclavo_3	I4.0	Bool	false 1 — 0	
Cinta_3_Caja_Pequeñ	Q0.0	Bool	false	

Figura 5.155

Veremos que se activa la «Cinta 3» hacia las «Cajas grandes», ya que estos sensores son los que se encargan de detectar las cajas grandes. También veremos que nos cuenta la caja que ha detectado y que, pasado los 10 segundos, la «Cinta 3» y la «Cinta 1» se pararán.

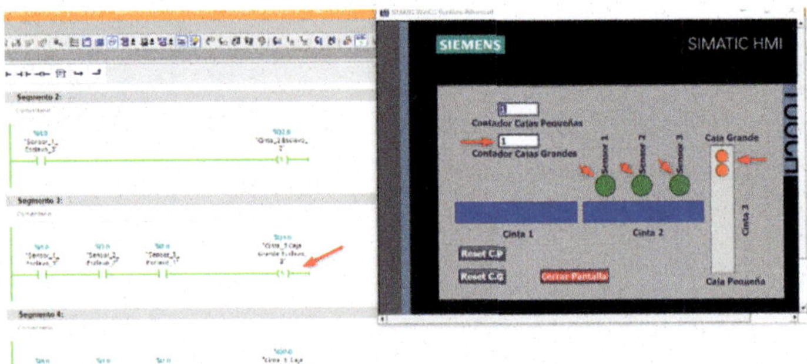

Figura 5.156

Cambiaremos la condición del «Pulsador Paro S7-1500- I0.1» a «1» y, seguidamente, volveremos a cambiarla a «0».

☐	Nombre	Dirección	Formato de visualización	Observar/forzar estado
☐	Pulsador Marcha S7-1...	I0.0	Bool	false
☐	Pulsador Paro S7-1500	I0.1	Bool	false 1 — 0
☐	Sensor_3_Esclavo_1	I2.0	Bool	false
☐	Sensor_2_Esclavo_2	I3.0	Bool	false

Figura 5.157

Veremos que se para todo el proceso.

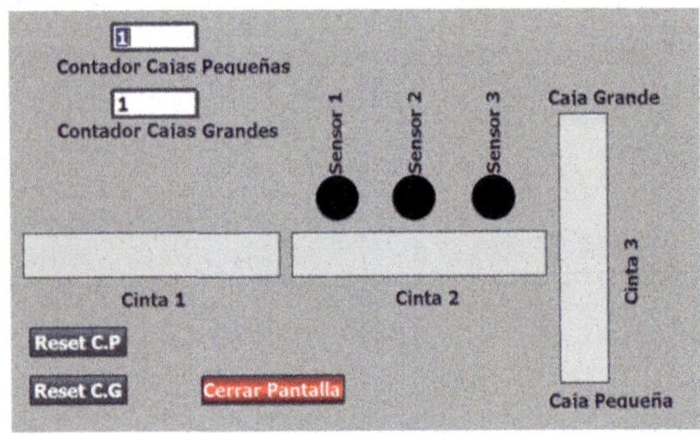

Figura 5.158

Si pulsamos sobre los botones de «Reset C.P» y «Reset C.G», veremos que los contadores se pondrán a «0».

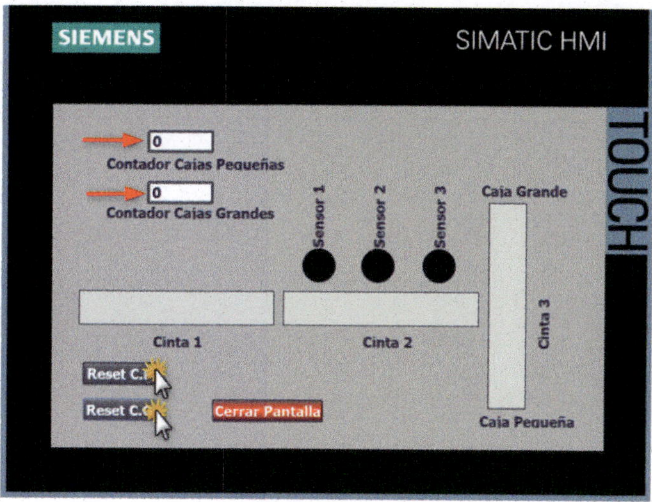

Figura 5.159

Si pulsamos sobre el botón «Cerrar Pantalla», saldremos del «WinCC Runtime Advance», y se cerrará la pantalla HMI.

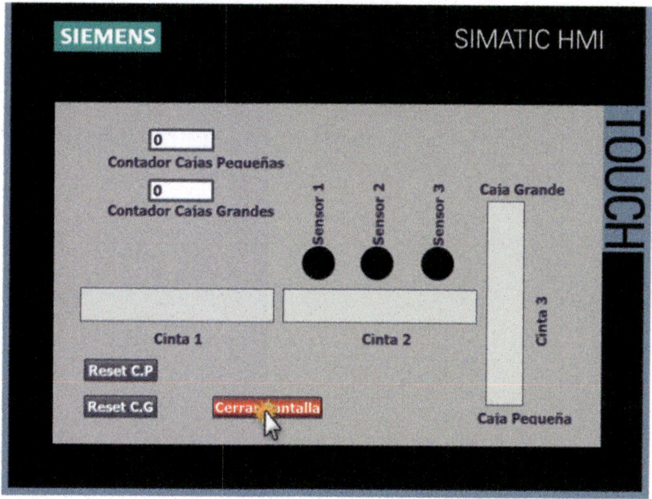

Figura 5.160

Ahora, podemos ir probando más combinaciones y ver el proceso.

CAPÍTULO 6
DICCIONARIO - SIGNIFICADOS

6.1. Diccionario - Significados

Programa Lineal

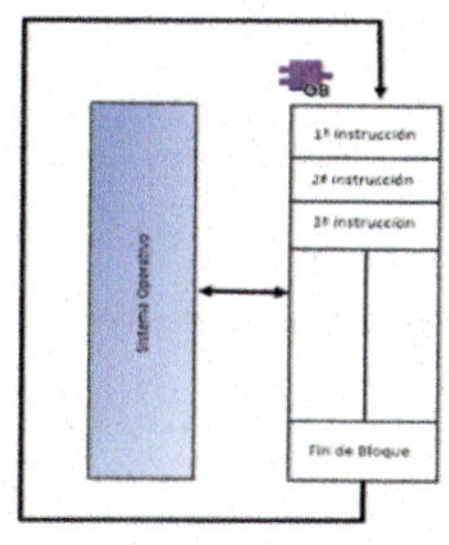

Figura 6.1

Una programación lineal es aquella en la que se guardan las instrucciones en un bloque y se ejecutan en el orden en el que se han guardado en la memoria de programa. Al llegar al fin del programa (fin de bloque), la ejecución del programa vuelve a comenzar desde el principio. Esto se denomina «ejecución cíclica». El tiempo que necesita un dispositivo para ejecutar una vez todas las instrucciones se denominan «tiempo de ciclo». La ejecución lineal del programa se utiliza normalmente para controladores sencillos, no demasiado amplios, y se puede implementar en un único bloque de organización (OB).

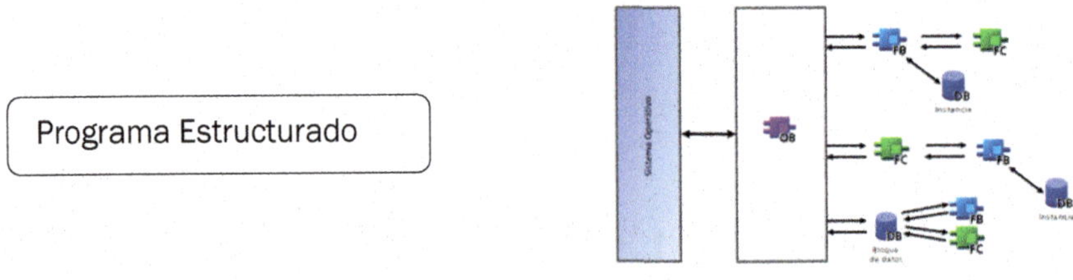

Figura 6.2

En el caso de tareas de control amplias, el programa se subdivide en bloques de programa más pequeños, abarcables y ordenados por funciones. Esto presenta la ventaja de permitir la comprobación de las partes del programa de forma independiente y ejecutarlas como una función global durante el funcionamiento. Los bloques de programa deben ser llamados por el bloque de orden superior. Si se detecta un fin de bloque, el programa continuará ejecutándose en el bloque que llama, detrás de la llamada.

Bloques

El OB es un bloque de organización que permite estructurar el programa. Este bloque sirve de interfaz entre el sistema operativo y el programa que crea el usuario. El programa completo puede almacenarse en un OB que se ejecuta cíclicamente (programa lineal) o puede dividirse y almacenarse en distintos bloques (programa estructurado). No debemos olvidar que el programa principal siempre será el bloque de organización (OB1).

Bloque de función

Un bloque de función (FB) es una subrutina que se ejecuta cuando se la llama desde otro bloque lógico (OB, FB o FC). Son bloques de almacenamiento de datos, y lo hacen de manera permanente. El almacenamiento de datos se realiza en una instancia (que se llama DB) o en un bloque de datos (DB). Los FB tienen una memoria variable ubicada en este bloque. El DB, que es la instancia o la llamada, ofrece un bloque de memoria que está asociado al bloque de función (FB); se la llama «instancia», y los datos que introducimos en la instancia se guardan en el bloque de datos o en la instancia.

Función

La función (FC) es un bloque lógico que, por lo general, realiza una operación específica con una serie de valores de entrada. El FC almacena los resultados de la operación en memoria. Se utilizan para realizar tareas, como operaciones estándar y reutilizables (por ejemplo, en cálculos matemáticos u operaciones lógicas). El FC es una subrutina que se ejecuta cuando es llamado desde otro bloque (OB, FB o FC).

Bloque de datos

Los bloques de datos (DB) son áreas de datos del programa de usuario, en las que los datos son distribuidos de forma estructurada. Un DB global almacena los datos de los bloques lógicos en el programa, y cualquier OB, FB o FC puede acceder a esos datos; el DB de instancia almacena los datos en un FB específico.

Open user communication (OUC)

Basado en el TCP/IP, sería el estándar para la comunicación con CPU SIMATIC S7, y también entre dispositivos con diferentes marcas y modelos. Tendríamos como instrucciones incluidas TSEND_C y TRCV_C.

TSEND_C

La instrucción TSEND_C permite configurar y establecer una conexión. Una vez configurada y establecida la conexión, la CPU la mantiene y la vigila automáticamente.

Esta instrucción se ejecuta de forma asíncrona y tiene las siguientes funciones:

- Configurar y establecer una conexión.
- Enviar datos a través de la conexión existente.
- Deshacer o iniciar la conexión.

TRCV_C

La instrucción TRCV_C se ejecuta de forma asíncrona y ejecuta por orden las funciones siguientes:

- Configurar y establecer una configuración.
- Recibir datos a través de la conexión existente.
- Deshacer o inicializar la conexión.

Comunicación S7

Es una comunicación de un solo sentido, es decir, podemos escribir la instrucción en cualquier PLC para obtener o transferir datos a otro PLC. Tendríamos como instrucciones incluidas GET y PUT.

GET

La instrucción GET permite leer datos desde una CPU remota; la CPU remota puede encontrarse en el estado operativo RUN o STOP.

PUT

La instrucción PUT escribe datos en una CPU remota; la CPU remota puede encontrarse en el estado operativo RUN o STOP.

Servidor WEB

El servidor web permite que los usuarios autorizados monitoricen y administren la CPU a través de una red. Eso permite llevar a cabo evaluaciones y diagnósticos salvando grandes distancias. La monitorización y la evaluación es posible sin STEP 7; tan solo se requiere un servidor web. Asegúrese de proteger la CPU con las medidas apropiadas para prevenir accesos no autorizados (por ejemplo, restricción del acceso a la red, uso de firewalls). Tendríamos como instrucción incluida el WWW.

WWW

La instrucción WWW inicializa el servidor web de la CPU, o sincroniza las páginas web definidas por el usuario (es decir, páginas de usuario) con el programa de usuario de la CPU. Las páginas de usuario, junto con el servidor web de la CPU, ofrecen la posibilidad de acceder con un navegador web a páginas web de libre configuración de la CPU. Mediante instrucciones de scripts (por ejemplo, JavaScript) y de código HTML en páginas de usuario, es posible transmitir datos a la CPU desde un navegador web para su posterior procesamiento, así como visualizar datos del área de operandos de la CPU en el navegador. Para la sincronización del programa de usuario con el servidor web, y también para la inicialización, es necesario llamar la instrucción «WWW» en el programa de usuario.

Modbus TCP

MODBUS TCP es una variante de la familia MODBUS de protocolos de comunicación simples y neutrales para la supervisión y el control de equipos de automatización. Específicamente, cubre el uso de la mensajería MODBUS en un entorno Intranet o Internet utilizando los protocolos TCP/IP. El uso más común de los protocolos, en este momento, es la conexión Ethernet de PLC, módulos de E/S y puertas de enlace a otros buses de campo o redes de E/S simples. Tendríamos como instrucciones incluidas MB_CLIENT y MB_SERVER.

MB_CLIENT

La instrucción «MB_CLIENT» permite la comunicación como cliente Modbus TCP a través de la conexión PROFINET. Permite establecer una conexión entre el cliente y el servidor, enviar órdenes Modbus y recibir respuestas, así como controlar la desconexión del cliente Modbus TCP.

MB_SERVER

La instrucción «MB_SERVER» permite la comunicación como servidor Modbus TCP a través de una conexión PROFINET. Permite procesar solicitudes de conexión de un cliente Modbus TCP, recibir y procesar solicitudes de Modbus y enviar mensajes de respuesta.

Modbus

Modbus es un protocolo de comunicaciones abierto ampliamente utilizado, que entrega datos entre sistemas y dispositivos de control. Es un protocolo maestro/esclavo y utiliza un conjunto de comandos fijos para comunicarse. El dispositivo maestro Modbus puede escribir datos en un dispositivo esclavo Modbus y, opcionalmente, solicitar una respuesta del esclavo. Los datos Modbus se almacenan utilizando bobinas de un solo bit y tipos de entrada discreta, así como registros de entrada de 16 bits y registros de retención para obtener información más detallada. Tendríamos como instrucciones incluidas MB_COMM_LOAD, MB_MASTER y MB_SLAVE.

MB_COMM_LOAD

La instrucción «MB_COMM_LOAD» configura un puerto para la comunicación mediante el protocolo Modbus RTU. Para ello, se puede utilizar el hardware siguiente:

- Hasta tres módulos punto a punto (PtP) CM 1241 RS485 o CM 1241 RS232.
- Además, una tarjeta de comunicación CB 1241 RS485 MB_MASTER.

La instrucción «MB_MASTER» permite al programa comunicarse como maestro Modbus a través del puerto de un módulo punto a punto (CM) o una tarjeta de comunicación (CB). Es posible acceder a los datos de uno o de varios dispositivos esclavo Modbus.

Para que la instrucción «MB_MASTER» pueda comunicarse con un puerto, se debe ejecutar previamente «MB_COMM_LOAD».

Cuando se inserta la instrucción «MB_MASTER» en el programa, se crea un DB de instancia. Introduzca este DB de instancia en el parámetro de entrada MB_DB de la instrucción «MB_COMM_LOAD».

MB_SLAVE

La instrucción «MB_SLAVE» permite al programa comunicarse como esclavo Modbus a través del puerto de un módulo punto a punto (PtP) o una tarjeta de comunicación (CB). Un maestro Modbus RTU puede enviar una solicitud y el programa responde ejecutando «MB_SLAVE».

Cuando se inserta la instrucción «MB_SLAVE» en el programa, es preciso asignar un bloque de datos de instancia unívoco. Este bloque de datos de instancia se utiliza cuando se especifica en el parámetro MB_DB de la instrucción «MB_COMM_LOAD».

Simatic Apps

Los usuarios de las aplicaciones móviles pueden realizar muchas tareas típicas en y alrededor de una máquina o planta de forma más rápida y eficaz. Además de la adquisición básica de información, también facilita una puesta en marcha, un mantenimiento y un diagnóstico rápidos, flexibles y sin complicaciones y, no menos importante, el funcionamiento de la planta.

La aplicación S7 le conecta con sus controladores SIMATIC S7-1200, S7-1500 y ET200 SP a través de WiFi. Esto brinda acceso completo a varias estaciones con fines de diagnóstico y control, y permite configurar la CPU para que funcione o se detenga. Además, es posible mostrar variables y etiquetas y modificarlas agregándolas a una lista de etiquetas.

Convierta su reloj inteligente en un servicio de mensajería para la planta de producción: dependiendo de su configuración, la aplicación SIMATIC Notifier le informa automáticamente de los mensajes importantes de su planta.

La aplicación SIMATIC WinCC Sm@rtClient, en combinación con el SIMATIC WinCC Sm@rtServer, permite el control y la operación remota móvil de sistemas SIMATIC HMI a través de Industrial Ethernet o WLAN.

Con la aplicación SIMATIC Energy Manager, puede adquirir fácilmente de forma manual valores de contador que aún no se han adquirido automáticamente. Ahorra tiempo y aumenta la calidad de los datos con una verificación de plausibilidad inmediata durante la adquisición de datos. Los datos verificados y preparados se transmiten al SIMATIC Energy Manager PRO para la gestión energética de toda la empresa.

El Logo! app es una herramienta para monitorear y controlar los LOGO! dispositivos. Puede usarlo para verificar y monitorear el estado de E/S, los valores de VM y los datos de diagnóstico.

Con la aplicación móvil SIMATIC WinCC OA OPERATOR, puede monitorear y controlar su planta simplemente con su teléfono inteligente.

Proneta

PRONETA Basic (gratuito)

Simplifica la puesta en servicio y la configuración de su red PROFINET. La topología de su red se lee automáticamente. Puede adaptar manualmente los parámetros de dirección de cada dispositivo PROFINET o, simplemente, aplicar los parámetros de una plantilla, que también se puede crear con PRONETA Basic.

Puede usar PRONETA Basic para configurar, controlar y monitorear módulos de E/S. Los resultados de la prueba se proporcionan en un registro fácil de ver. PRONETA Basic es compatible con SIMATIC ET 200SP, ET 200SP HA, ET 200M, ET 200MP, ET 200AL, ET 200eco PN y ET 200S periferia distribuida, sistemas IO para elementos calefactores SIPLUS HCS, los módulos centrales de periferia en la mayoría de SIMATIC CPU S7-1500 y CPU ET 200SP, así como módulos IO-Link.

PRONETA Professional (con licencia)

Con PRONETA Professional, puede escanear automáticamente una red PROFINET a través de la API a intervalos regulares y, como resultado, documentar de forma transparente la configuración real del sistema. Esto brinda nuevas oportunidades para planificar mejor el servicio y el mantenimiento y, por lo tanto, optimizar el funcionamiento de la planta. Por lo tanto, puede evitar situaciones no deseadas durante el mantenimiento y el servicio, como la falta de una pieza de repuesto compatible. El resultado es una mejora en la disponibilidad de producción.

Protocolo de comunicación industrial

Conjunto de normas que permite a dos identidades que se encuentren en un mismo sistema establecer una comunicación, con el objetivo de pasar información a través de diversas variables.

AS-Interface

AS-Interface, o AS-i, es un bus de sensores y actuadores estándar internacional IEC62026-2 y europeo EN 50295 para el nivel de campo más bajo desde 1999. Fue diseñado en 1990 e introducido al mercado en 1994 como una alternativa económica al cableado tradicional.

IO-Link

Es un protocolo de comunicaciones en serie alámbrico (o inalámbrico) punto a punto digital que usa el omnipresente cable de tres hilos para las conexiones de sensores y actuadores. También se usa para los dispositivos que necesitan alimentación adicional, ya que incluye la interfaz estándar de cinco hilos.

OPC UA (Open Platform Communications - Unified Architecture)

La OPC UA es un protocolo de comunicación disponible de forma gratuita diseñado específicamente para la automatización industrial. Permite el intercambio de información y datos en dispositivos dentro de máquinas, entre máquinas y desde máquinas a sistemas.

Profibus

Es un estándar de comunicaciones para buses de campo. El protocolo derivado PA (Process Automation) es un subconjunto de este estándar, orientado a las comunicaciones de instrumentos de proceso. Es decir, equipos que transmiten señales análogas como presión, temperatura, y otros.

Profinet

Es el estándar abierto de Ethernet industrial líder en Europa para todas las áreas de tecnología de automatización industrial. Este tipo de sistema de comunicación permite el intercambio de datos en tiempo real ente dispositivos de control y dispositivos de campo usando Ethernet Industrial. PROFINET es el sucesor de PROFIBUS, un protocolo estándar de bus de campo estandarizado por la organización internacional PROFIBUS & PROFINET (PI).

TSN (Time-Sensitive Networking)

Time Sensitive Networking es un conjunto de estándares que debe mejorar las propiedades de tiempo real de las redes Ethernet actuales. Por tanto, se trata de varios estándares individuales, que actualmente se definen en el TSN Task Group de la organización de normalización IEEE 802.1. Sin embargo, Ethernet TSN no es un protocolo de comunicación independiente, sino que define funciones que de nuevo pueden ser utilizadas por distintos protocolos como OPC UA o PROFINET.

Wifi 6

Es el nuevo protocolo Wifi 802.11ax que vamos a tener en los nuevos dispositivos, que nos va a permitir interconectar nuestros dispositivos a más velocidad, a 9 Gbps. Para las comunicaciones inalámbricas industriales permite velocidades de datos más altas, rendimiento mejorado, mayor eficiencia y viabilidad futura.

5G

Hace referencia a la 5ª generación de la tecnología usada en comunicaciones móviles, por lo que no es un término nuevo como tal, sino una evolución directa del actual 4G/LTE. Diseñado para proveer de una mayor capacidad de usuarios, mayores velocidades de transmisión y una muy baja latencia de red comparado con sus predecesores, su enorme fiabilidad permitirá la creación de nuevos servicios innovadores a lo largo de los diferentes sectores de la industria.

Una de las principales diferencias entre el 5G y las generaciones anteriores reside en su fuerte enfoque en la comunicación de tipo máquina y en el Internet de las cosas (IoT). Además, tiene el potencial de proveer conectividad inalámbrica para un gran rango de diferentes aplicaciones industriales.

WLAN

Los avances que se están logrando en la digitalización de la industria serían inconcebibles sin la tecnología de comunicaciones más avanzada. Para proporcionar a las empresas la mejor infraestructura posible para el intercambio de datos de todo tipo, Siemens ha desarrollado productos dedicados de LAN inalámbrica industrial (WLAN) con funciones adicionales especiales para satisfacer las demandas específicas de Wi-Fi en la industria. Son particularmente útiles para aplicaciones en automatización; por ejemplo, en la fabricación de automóviles, el transporte y la logística, y en la industria del petróleo y del gas.

Ethernet industrial

El protocolo Ethernet aplicado a la industria, generalmente conocido como Ethernet industrial, es uno de los estándares actuales de comunicación para los dispositivos en la industria. Gracias a sus múltiples beneficios, desde el manejo de grandes cantidades de datos hasta el abanico de posibilidades que brinda al tratarse de tecnología abierta, aumenta la eficiencia, agilidad y posibilidades de los sistemas en las fábricas, y ayuda a protegerlos, permitiendo la automatización segura y eficaz. Su evolución ha sido notable y, aunque aún tiene retos que solventar, la homogeneización de los estándares industriales desemboca en él.

CANopen

Es un protocolo de capa de aplicación CAN recogido en la norma EN 50325-4. Es un protocolo de capa de aplicación industrial de bajo nivel para aplicaciones de automatización. Conecta dispositivos de automatización entre sí mediante mensajes entre pares. Basado en el estándar de comunicaciones físicas CAN (Controller Area Network), CANopen utiliza el hardware de CAN para definir un protocolo de capa de aplicación que estructura la tarea de configuración, acceso y mensajería entre varios tipos de dispositivos de automatización. Ha sido desarrollado por CiA, asociación sin ánimo de lucro formada por fabricantes y usuarios del bus CAN.

CC-Link

Es una red de arquitectura abierta que fue desarrollada originalmente por la Mitsubishi Electric Corporation en 1997. En 2000, CC-Link fue lanzada como una «red abierta», para que los fabricantes de equipos de automatización independientes pudieran incorporar compatibilidad CC-Link en sus productos. En el mismo año, se formó la organización sin ánimo de lucro CLPA (CC-Link Partner Association), para gestionar y supervisar la tecnología de red y apoyar a los miembros de fabricante. Más de 1200 productos compatibles con CC-Link de cientos de fabricantes de automatización ya están disponibles. CC-

Link está disponible en varios formatos diferentes: CC-Link, CC-Link LT, CC-Link Safety, CC-Link IE (Industrial Ethernet) - Control y CC-Link IE campo. Algunos productos compatibles son PC industriales, autómatas, robots, servos, las unidades múltiples de válvulas, módulos de E/S digitales y analógicas, controladores de temperatura o controladores de flujo de masa.

EtherCAT

EtherCAT fue desarrollado originalmente por Beckhoff Automation, un importante fabricante de PLC (controladores lógicos programables) utilizados en automatización industrial y sistemas de control en tiempo real.

EtherCAT significa «Ethernet para tecnología de automatización de control». Es un protocolo que brinda el poder y la flexibilidad de Ethernet a los sectores de:

- Automatización industrial.
- Control de movimiento.
- Sistemas de control en tiempo real y sistemas de adquisición de datos.

DeviceNet

Protocolo de comunicación para conectar sensores, actuadores y sistemas de automatización en general. Presentado en 1994, DeviceNet es una implementación del protocolo Common Industrial Protocol (CIP) para redes de comunicaciones industriales. Desarrollado originalmente por Allen- Bradley. Utilizado principalmente en la interconexión de controladores industriales y dispositivos de entrada/salida (E/S o I/O).

Ethernet POWERLINK

Es un protocolo de comunicación en tiempo real basado en hardware estándar Ethernet. Su principio de funcionamiento hace que el POWERLINK sea apto para aplicaciones de automatización industrial donde varios elementos de control tengan que comunicar entre ellos de forma rápida, isócrona y, sobre todo, precisa (es decir, minimizando el tiempo de latencia de la red), garantizando desde luego que el proceso de comunicación sea fiable y repetitivo. POWERLINK no es un hardware, sino que es un software que funciona sobre un hardware estándar.

Archivos GSD/GSDML

Para configurar los equipos de campo (PROFINET, PROFIBUS) de cada fabricante en la configuración de equipos de STEP 7 (TIA Portal), hay que instalar previamente el archivo GSD.

Un GSD es un archivo de texto ASCII que contiene las especificaciones del dispositivo para la comunicación; sin este archivo no es posible configurar la red. A menudo, este archivo va acompañado de una imagen representativa del dispositivo.

Los archivos GSDML (General Station Description Markup Language) son archivos GSD escritos en formato XML. Se describen las características del modelo de dispositivo PROFINET. Contienen un «perfil» con las propiedades del equipo (como interfaces, etc.), con cuya ayuda se puede configurar la comunicación con dichos equipos.

Bluetooth LE e IoT celular en la automatización industrial

Bluetooth Low Energy (BLE) es una alternativa a IEEE 802.15.4 en la que el bajo coste y el consumo son las principales prioridades, y la velocidad y el alcance pueden sacrificarse. Funciona en la misma frecuencia de 2.4 GHz que el Bluetooth estándar. La principal ventaja de Bluetooth LE es que es compatible de forma nativa con sistemas operativos móviles como Android de la Open Handset Alliance, iOS de Apple y varias permutaciones de Windows de Microsoft. Esto, sumado al hecho de que los grandes proveedores de electrónica, como Logitech Corp., son los que más han invertido en I+D, hace que no sea de extrañar que Bluetooth LE siga siendo principalmente una opción de conectividad inalámbrica para los dispositivos de consumo. Esto contrasta con WirelessHART, que ha estado y sigue estando centrado principalmente en las aplicaciones IIoT.

WirelessHART

Protocolo basado en 802.15.4, y apoyado por la Fundación de Comunicaciones HART, ABB, Siemens y otros. Se trata de un estándar sólido y bien respaldado para las aplicaciones de automatización industrial. La fiabilidad de la red se mantiene mediante una red mallada de salto de frecuencia con sincronización de tiempo. En cambio, la mayoría de los protocolos de comunicación inalámbrica basados en tecnologías Wi-Fi y móviles utilizan una topología de red en estrella menos resistente, que requiere que todos los dispositivos se conecten a un dispositivo central. Todas las comunicaciones se encriptan con AES de 128 bits, y el acceso de los usuarios puede controlarse de forma estricta.

MQTT (Message Queuing Telemetry Transport)

Es un protocolo de red abierto OASIS e ISO (ISO/IEC 20922) de peso ligero y de suscripción de publicación que transporta mensajes entre dispositivos. El protocolo de comunicación de automatización suele funcionar sobre TCP/IP; sin embargo, cualquier protocolo de red que proporcione conexiones ordenadas, sin pérdidas y bidireccionales, puede soportar MQTT. Está diseñado para conexiones con lugares remotos, en los que se requiere una «pequeña huella de código» o el ancho de banda de la red es limitado.

Foundation Fieldbus (FF)

Es un protocolo de comunicación digital para redes industriales, específicamente utilizado en aplicaciones de control distribuido. Puede comunicar grandes volúmenes de información, ideal para aplicaciones con varios lazos complejos de control de procesos y automatización. Está orientado principalmente a la interconexión de dispositivos en industrias de proceso continuo. Los dispositivos de campo son alimentados a través del bus Fieldbus cuando la potencia requerida para el funcionamiento lo permite.

EtherNet/IP

Está diseñado para utilizar tecnología Ethernet estándar (IEEE 802.3) para aplicaciones de automatización industrial. Esta solución mantiene el cumplimiento con los estándares de IEEE Ethernet y ofrece opciones de topología, entre ellas una estrella convencional con dispositivos de infraestructura Ethernet estándar o un anillo a nivel del dispositivo (DLR) con dispositivos EtherNet/IP habilitados. Este protocolo también incluye QuickConnect™, que permite el intercambio de dispositivos mientras la red está en funcionamiento.